冷库电气技术应用手册

盛德庄　编著

中国建筑工业出版社

图书在版编目(CIP)数据

冷库电气技术应用手册/盛德庄编著. —北京:中国建筑工业出版社,2003

ISBN 7-112-05941-0

Ⅰ.冷… Ⅱ.盛… Ⅲ.①冷藏库-电气设备-技术手册 ②冷藏库-电气控制-技术手册 Ⅳ. TB657.1-62

中国版本图书馆CIP数据核字(2003)第060778号

本书内容包括具有冷库特点的变配电、动力、照明设计;自动控制项目、自动化元件;继电器接点控制线路的逻辑设计在冷库中的应用;可编程控制器在冷库中的应用;计算机网络在冷库中的应用等。可供从事冷库电气设计、冷库电气施工、运行与管理技术人员使用与参考。

* * *

责任编辑:俞辉群
责任设计:崔兰萍
责任校对:刘玉英

冷库电气技术应用手册

盛德庄 编著

*

中国建筑工业出版社出版、发行(北京西郊百万庄)
新 华 书 店 经 销
煤炭工业出版社印刷厂印刷

*

开本:787×1092毫米 1/16 印张:29¾ 字数:736千字
2003年10月第一版 2003年10月第一次印刷
印数:1—2500册 定价:**65.00**元
ISBN 7-112-05941-0
TU·5219(11580)

版权所有 翻印必究
如有印装质量问题,可寄本社退换

(邮政编码100037)

本社网址:http://www.china-abp.com.cn
网上书店:http://www.china-building.com.cn

前　言

本书依据《冷库设计规范》GB50072—2001和作者本人从事冷库电气设计、施工多年积累的经验以及国内外有关的先进技术编写而成，内容包括具有冷库特点的变配电、动力、照明和自动控制项目及自动化元件、继电器接点控制线路的逻辑设计在冷库中的应用、可编程控制器在冷库中的应用、计算机网络在冷库中的应用等。

在编写过程中跟踪了冷库新技术的科研成果，例如国内贸易工程设计研究院欣辉公司开发研制成功的《XH-2000冷冻、冷藏自动控制系统》，是将冷库自动控制技术、计算机技术、CRT显示技术和通信技术相结合的冷库监控系统的计算机网络。在多个冷库应用成功，并在2001年通过国家技术鉴定后，编入本书，介绍给读者。

本书为新建冷库的主管者提供了如何选择冷库自动化项目的参考意见和组建冷库的策略。

本书为冷库电气设计人员提供了逻辑设计方法，继电器接点控制线路图翻译成梯形图的方法，冷冻、冷藏自动控制系统如何组成计算机网络的方法。

本书为冷库电气施工，运行与管理的工程技术人员熟悉冷库新规范及排除运行中的故障提供了方法。

开始编写本书时得到了国内贸易工程设计研究院史纪纯副总工程师的支持和具体帮助，并且对第1章～第6章进行了初审。在编写《继电器接点控制线路逻辑设计在冷库中的应用》一章时，胡崇文高工（国内贸易工程设计研究院）详尽地介绍了自己从事冷库自动化设计的心得和体会。在编写《可编程控制器在冷库中的应用》一章时，田凯军高工（国内贸易工程设计研究院）、郑颖副教授（防化兵工程学院）、尹玲高工（国家仪表总局）热情提供资料。在编写“微型计算机网络在冷库中的应用”一章时，张伟高工（国内贸易工程设计研究院）无私提供XH-2000冷冻、冷藏自动控制系统计算机网络资料，并且对第7、8章进行了初审。在编写过程中还得到谭庆红、王珂、谭晓燕、刘松江的协助，特在此致以诚挚的谢意。但限于编者的水平，还望诸多制冷电气专家、同行和读者对本书中存在的缺点、错误和不足之处，不吝指教。

编者

2003年

目　录

第1章　冷库基本知识

冷库主要用于食品的冷冻加工及冷藏,它与一般仓库不同,它需要通过人工制冷来保持库内一定的温度和湿度,气调库还需要控制氧和二氧化碳气体成分的比例,从而保证食品贮藏的质量。因此冷库的建筑、结构、电气设计都有其自己的特点。

1.1　冷库的类型

1.1.1　按其生产性质分类

按其生产性质分类可分为生产性冷库、分配性冷库、零售性冷库、综合性冷库等4类。

(1)生产性冷库

生产性冷库主要建在交通运输方便,货源比较集中的产区。肉、禽、蛋、鱼虾、果蔬等食品就地加工,食品在此冻结并作短期冷藏贮存后,即运往其他销售区。它的特点是:冷库加工能力较大,有一定容量的周转用冷藏库。

鱼类生产性冷库为了供给鱼船用冰,还设有较大能力的制冰车间和冰库。

生产性冷库的工艺流程如方框图1-1~图1-4所示。

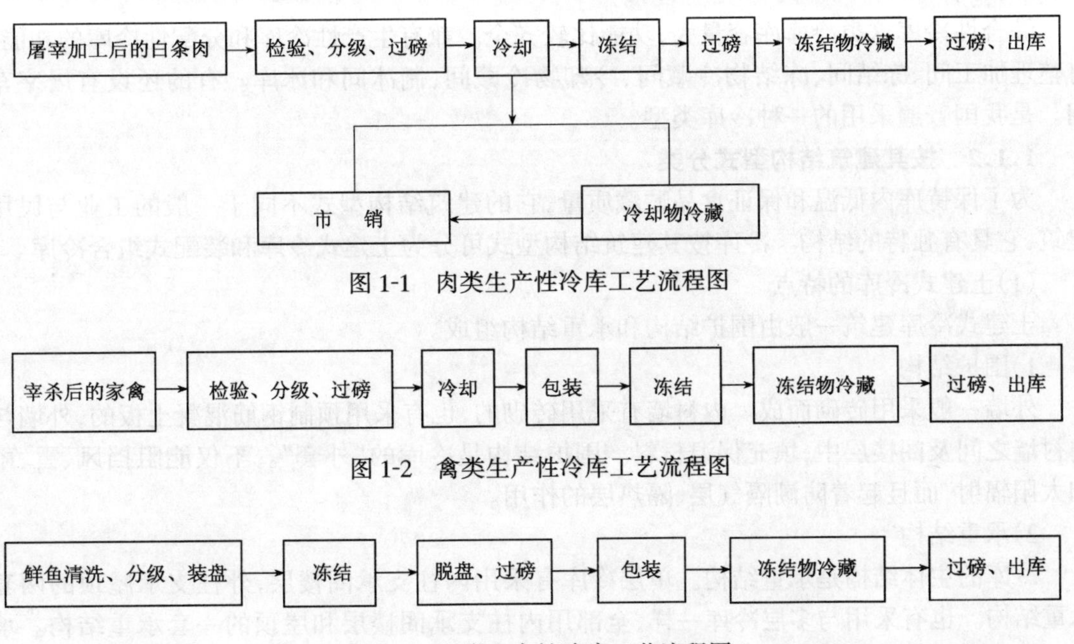

图1-1　肉类生产性冷库工艺流程图

图1-2　禽类生产性冷库工艺流程图

图1-3　鱼类生产性冷库工艺流程图

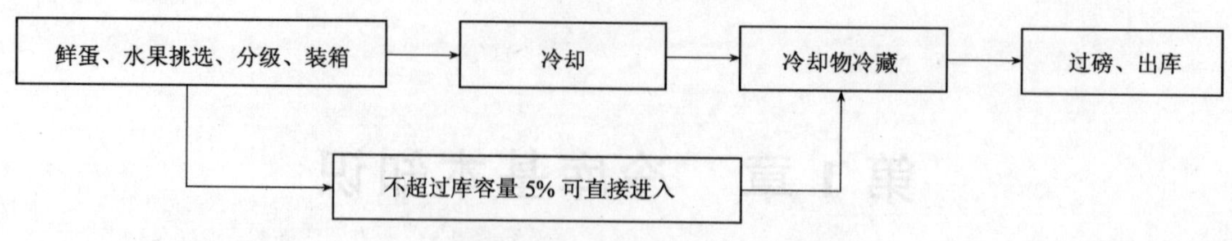

图1-4 鲜蛋、水果生产性冷库工艺流程图

(2)分配性冷库

分配性冷库一般建在大中城市,水陆交通枢纽和人口较多的工矿区,作为市场供应中转运输和贮藏食品之用,其生产特点是冻结量小,冷藏量大,进出货物比较集中,吞吐迅速。冻结食品工艺流程如方框图1-5所示。贮藏鲜蛋、水果的分配性冷库的工艺流程与生产性冷库方框图1-4相同。

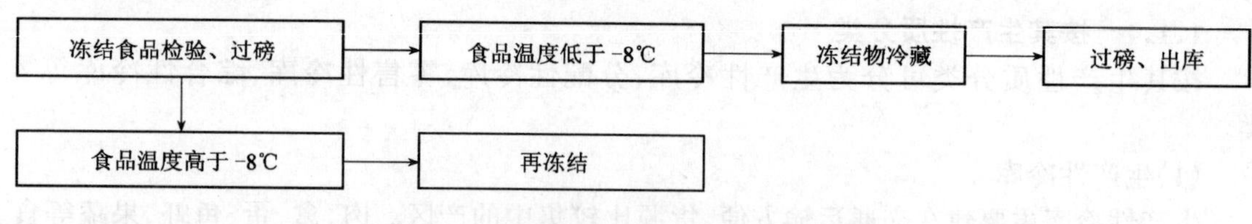

图1-5 分配性冷库冻结食品工艺流程图

(3)零售性冷库

零售性冷库一般采用装配式冷库,建在工矿企业或城市中的大型副食店内,供临时贮存零售食品之用,其特点是库容量小,贮存期短,库温则随食品要求不同而异。

(4)综合性冷库

综合性冷库这类冷库库容量大,功能比较齐全。兼有生产性冷库和分配性冷库的功能,有整理加工间、冻结间、冻结物冷藏间、冷却物冷藏间,制冰间和冰库。有的还设有屠宰车间。是我国普遍采用的一种冷库类型。

1.1.2 按其建筑结构型式分类

为了保持库内低温和保证食品贮藏质量,它的建筑结构型式不同于一般的工业与民用建筑,它具有独特的结构。冷库按其建筑结构型式可分为土建式冷库和装配式组合冷库。

(1)土建式冷库的特点

土建式冷库建筑一般由围护结构和承重结构组成。

1)围护结构

外墙一般采用砖砌而成。内衬墙有采用砖砌的,也有采用预制钢筋混凝土板的,外墙与内衬墙之间及阁楼层中,填充保温材料。围护结构是冷库的“外套”。不仅能阻挡风、雪、雨和太阳辐射,而且起着防潮隔气层、隔热层的作用。

2)承重结构

冷库的主体结构是承重结构。单层冷库有采用内柱支承阁楼层,外柱支承屋顶的两套承重结构。也有采用与多层冷库一样,全部用内柱支承阁楼层和屋顶的一套承重结构。承重结构起着承受风力、积雪的重量,自重、货物、设备和人的重量。

其主体结构中的柱、楼板、屋顶及基础多采用现浇钢筋混凝土结构。

3)构造要求

冷库的地面要求隔热防冻,它的柱、墙体、楼板、屋面的做法,都严格要求具有隔热性、密封性,坚固性和抗冻性来保证主库建筑物的质量。

(2)装配式冷库的特点

装配式冷库一般为轻钢结构的单层冷库,也有采用钢筋混凝土框架结构和预应力钢筋混凝土结构。装配式冷库的主要特点是库体组合灵活、随意。可根据不同的场地拼装成不同外形尺寸和高度的冷库,可在室外安装,也可在室内安装。又可拆装搬迁。由于采用了轻钢结构,复合隔热墙板,所以库体重量轻,对基础的压力减小,故整体抗震性能好。按其承重方式分为内承重结构、外承重结构、自承重结构等3种。

1)内承重结构:在库房内侧设钢柱、钢梁、轻钢龙骨。外挂预制隔热墙板、隔热屋面板,利用库房内的钢框架安装制冷等设备。这种结构便于制冷设备、照明灯具、管线的安装。

2)外承重结构:在库房外侧设钢柱、钢梁、轻钢龙骨。内挂预制隔热墙板、隔热顶板,这种结构对制冷设备、照明灯具、管线的安装都比较复杂。一般照明灯具和温度传感器挂在尼龙钩上,尼龙钩穿过隔热顶板固定在龙骨上。电线管线也沿库外框架或龙骨敷设。入库的孔洞用密封材料密封。

3)自承重结构:没有框架,利用预制隔热板自身良好的机械强度,构成无框架结构,这种结构多用于室内安装。

1.1.3 按库容量分类

我国商业冷库按库容量分为4类,见表1-1。

冷库按库容量分类 表1-1

规模分类	冷藏容量(t)	冻结能力(t/d)	
		生产性冷藏库	分配性冷藏库
大型冷库	10000及以上	120～160	40～80
大中型冷库	5000以上～10000以下	80～120	40～60
中小型冷库	1000～5000	40～80	20～40
小型冷库	<1000	20～40	<20

1.1.4 按冷库温度分级

我国装配式冷库专业标准ZBX99003—86中按库温分级,分为L、D、J等3级,详见表1-2。

冷库按库温分级 表1-2

冷库级别	L级冷库	D级冷库	J级冷库
冷库代号	L	D	J
库内温度(℃)	+5～-5	-10～-18	-23

1.2 冷库的组成

冷库是低温条件下贮藏货物的建筑群。由主库、制冷压缩机房、设备间、循环水泵房、变配电所(室)等及其附属辅助建(构)筑物组成,如图1-6～图1-9所示。

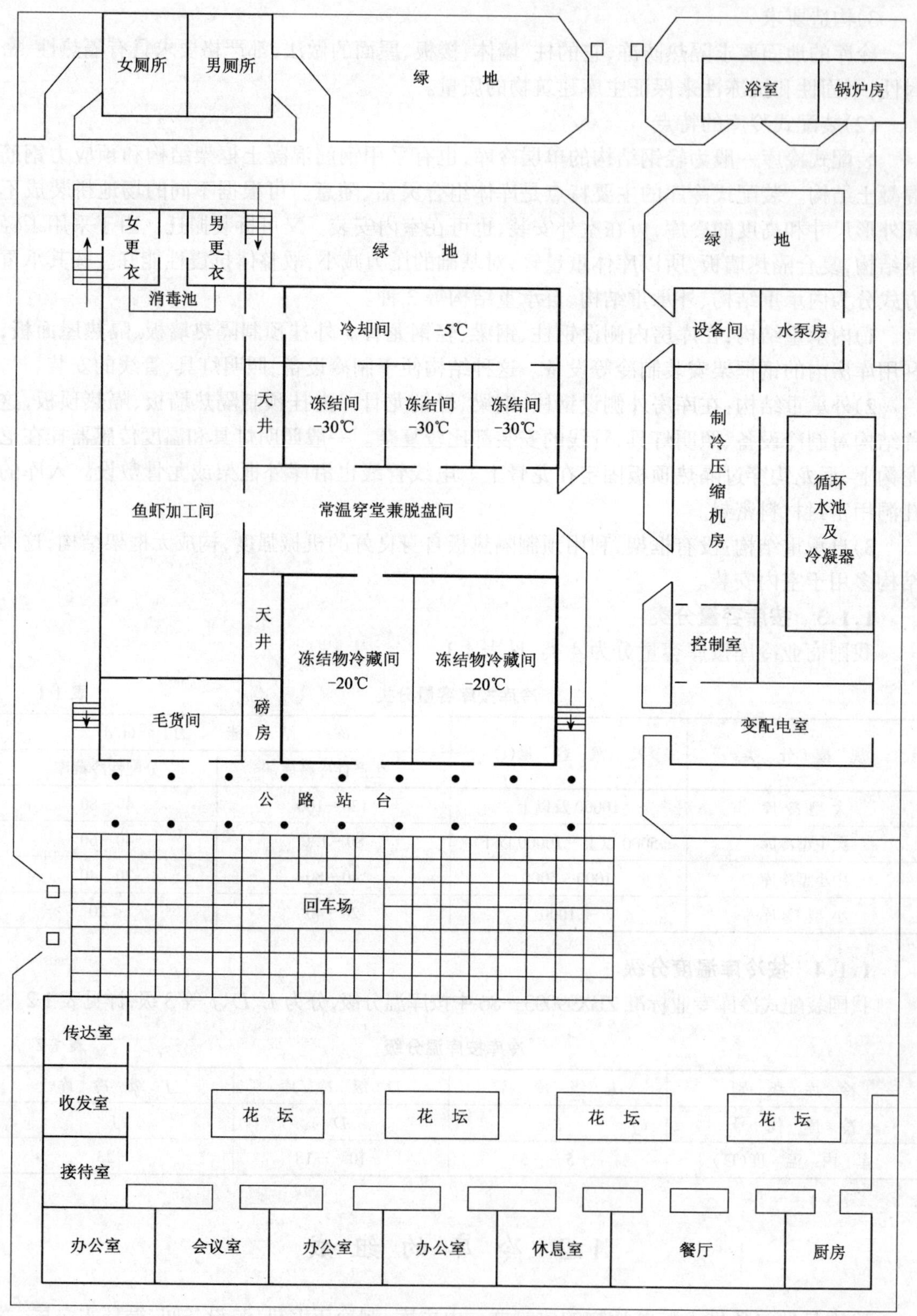

图1-6　水产冷库总平面示意图

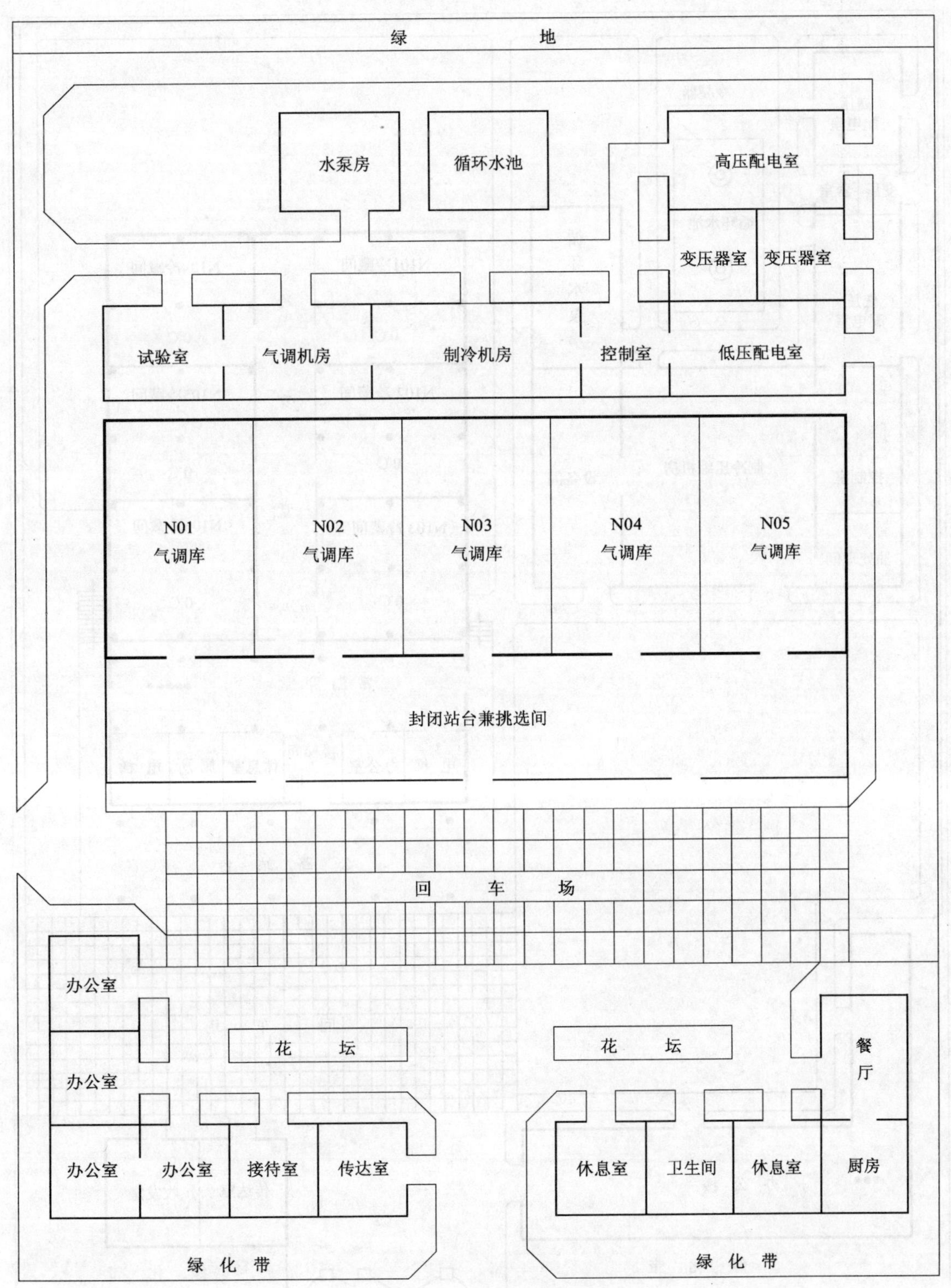

图 1-7　气调库总平面示意图

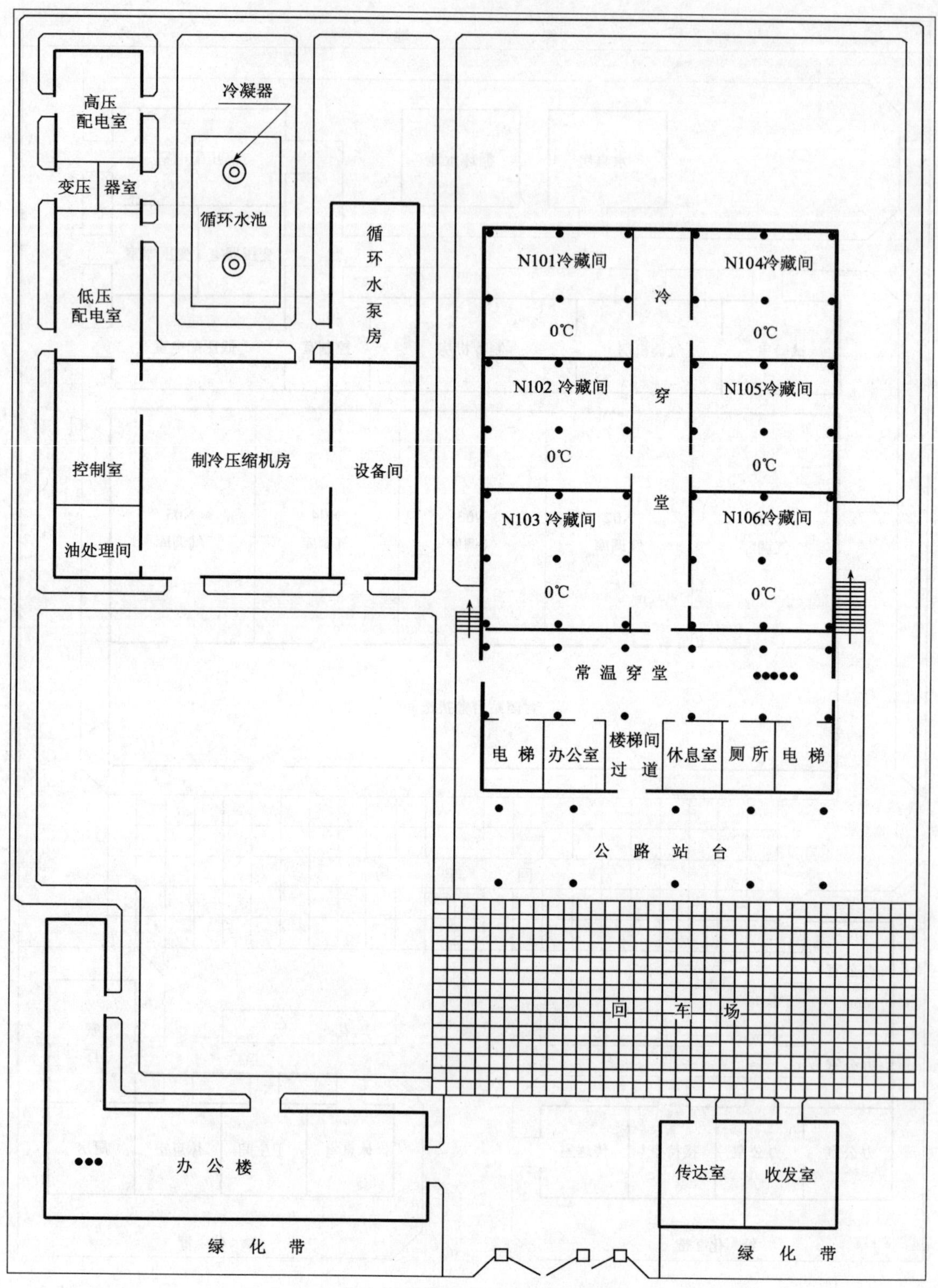

图1-8 多层冷库总平面示意图

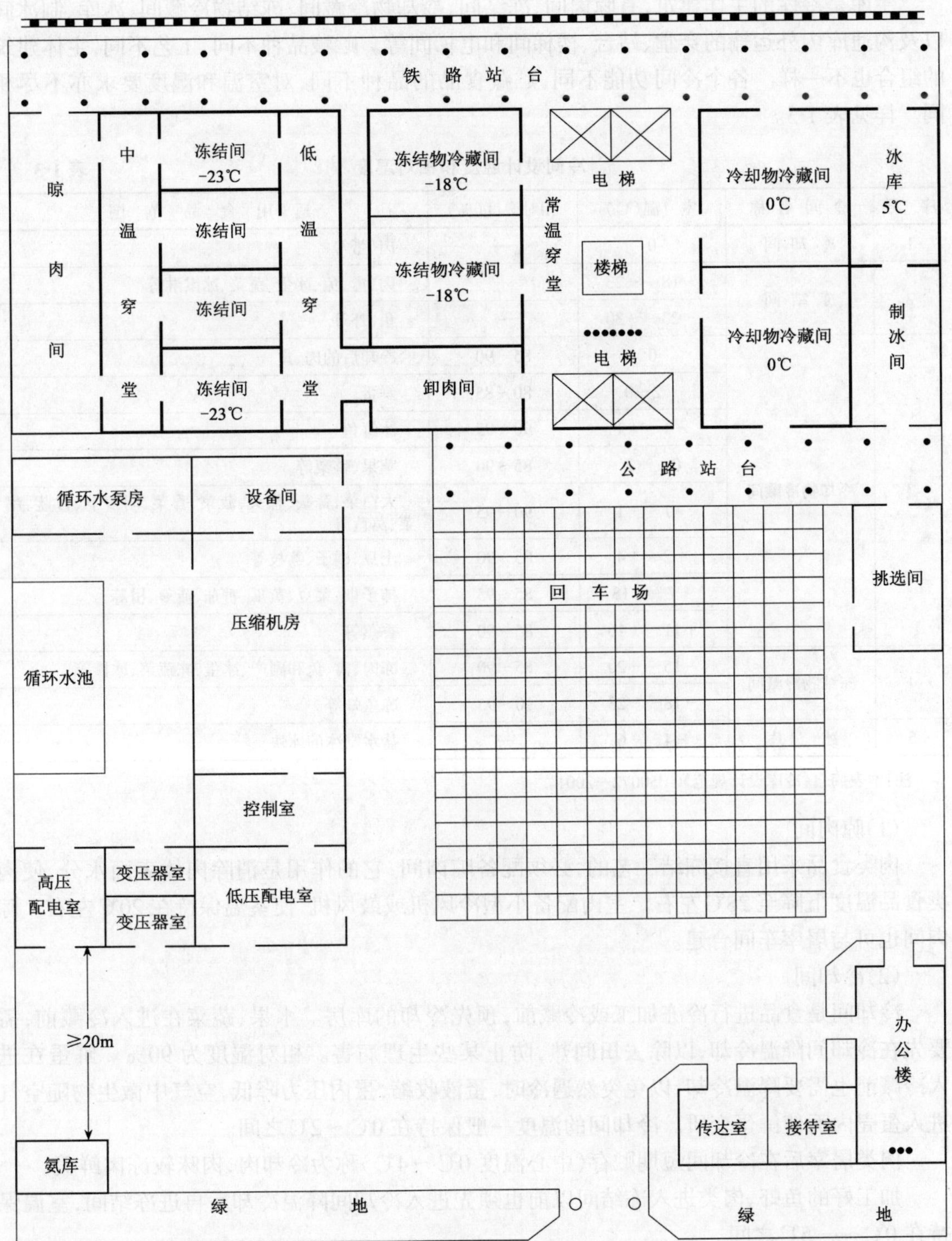

图1-9 综合冷库总平面示意图

1.2.1 主库

主库是冷库的主体建筑，有晾肉间、冻结间、冷却物冷藏间、冻结物冷藏间、冰库、制冰间以及沟通库内外运输的穿堂、站台、楼梯间和电梯间等。贮藏品种不同，工艺不同，主体建筑的组合也不一样。各个冷间功能不同，贮藏食品的品种不同，对室温和湿度要求亦不尽相同。详见表1-3。

冷间设计温度和相对湿度 表1-3

序号	冷间名称	室温(℃)	相对湿度(%)	适用食品范围
1	冷却间	0	—	肉、蛋等
2	冻结间	-18～-23	—	肉、禽、兔、冰蛋、蔬菜、冰淇淋等
		-23～-30	—	鱼、虾等
3	冷却物冷藏间	0	85～90	冷却后的肉、禽
		-2～0	80～85	鲜蛋
		-1～+1	90～95	冰鲜鱼
		0～+2	85～90	苹果、鸭梨等
		-1～+1	90～95	大白菜、蒜薹、葱头、菠菜、香菜、胡萝卜、甘蓝、芹菜、莴苣等
		+2～+4	85～90	土豆、橘子、荔枝等
		+7～+13	85～95	柿子椒、菜豆、黄瓜、番茄、菠萝、柑等
		+11～+16	85～90	香蕉等
4	冻结物冷藏间	-15～-20	85～90	冻肉、禽、兔和副产、冰蛋、冻蔬菜、冰棒等
		-18～-23	90～95	冻鱼虾等
5	冰库	-4～-6	—	盐水制冰的冰块

注：本表摘自《冷库设计规范》GB50072—2001。

(1)晾肉间

肉类食品采用直接冻结工艺的，必须配备晾肉间，它的作用是消除肉体表面水分，使肉类食品温度下降至28℃左右。室内配备小型冷风机或鼓风机，使室温保持在20℃左右。晾肉间也可与屠宰车间合建。

(2)冷却间

冷却间是食品进行冷冻加工或冷藏前，预先冷却的库房。水果、蔬菜在进入冷藏前，需要先在冷却间降温冷却，以除去田间热，防止某些生理病害。相对湿度为90%。鲜蛋在进入冷藏前也需要降温冷却，以免突然遇冷时，蛋液收缩，蛋内压力降低，空气中微生物随空气进入蛋壳内而使鲜蛋变质。冷却间的温度一般保持在0℃～2℃之间。

肉类屠宰后在冷却间短期贮存(中心温度0℃～4℃)称为冷却肉，肉味较冻肉鲜美。

加工好的鱼虾、肉类进入冻结间以前也须先进入冷却间降温冷却后再进冻结间，室温保持在0℃～-5℃之间。

冷却间的冷却设备一般采用吊顶冷风机，强制库内空气循环，加速食品的冷却，当食品达到冷却要求的温度后称为“冷却物”，即可送进冷却物冷藏间贮存。或送冻结间冻结。

(3)冻结间

冻结间是食品进行冷冻加工的库房，要求温度较低，肉、禽、兔、冰蛋、蔬菜、冰淇淋等室温在－18℃～－23℃之间；鱼、虾等室温在－23℃～－30℃之间。冷却设备大部分采用强烈吹风式空气冷却器，也有采用搁架式排管，当采用空气冷却器冻结时，其蒸发盘管采用热氨熔霜和水冲霜相结合。当采用搁架排管冻结时，采用人工扫霜，定期用热氨熔霜去冰壳，使管内润滑油排出，冷库门设置电热丝防冻。冷冻好的食品送入冻结物冷藏间贮存。

(4)冷藏间

1)冷却物冷藏间(俗称高温库)

主要贮藏新鲜的蛋品、水果和蔬菜等，贮藏品种不同，要求室温也不一样，详见表1-3，冷却设备采用空气冷却器，安装在库房一端的中央，采用多喷口的风道均匀送风，空气冷却器蒸发盘管采用水冲霜。冷藏门的上方安装冷风幕。

2)冻结物冷藏间(俗称低温库)

用于贮藏已冻结好的食品，库温要求详见表1-3，冷却设备一般采用顶排管或墙排管，采用人工扫霜和定期热氨熔霜，也有采用空气冷却器制冷的，采用空气冷却器冷却时，采用热氨熔霜和水冲霜相结合的方式。冷藏间门上设置电热丝加热防冻，门的上方安装冷风幕。

(5)气调保鲜间

水果、蔬菜在冷库内贮藏时，仍然有呼吸作用，这种呼吸作用消耗了水果、蔬菜组织中的糖类、酸类及其他的有机物质。这种呼吸作用越强，水果、蔬菜衰老也就越快。因此低温贮藏还达不到理想的保鲜效果。必须抑制果、蔬的呼吸作用，延缓衰老，达到保鲜目的。抑制水果、蔬菜的呼吸作用的方法，就是采用气调方法改变水果、蔬菜库内空气组成比例，适当降低空气中氧的含量，提高二氧化碳的浓度，以抑制水果、蔬菜的新陈代谢作用，达到延长贮藏保鲜的目的，简称“CA”贮藏。

新鲜空气的标准组成是：氧(O_2)21％、氮(N_2)78％。其他1％(其中二氧化碳(CO_2)含量为0.03％)。而不同品种的水果蔬菜气调贮藏中，对气体成分的要求不同，如表1-4所示。

水果蔬菜对气体成分的要求 表1-4

名　称	贮藏温度(℃)	相对湿度(％)	O_2含量(％)	CO_2含量(％)	贮藏期(天)	气调方式选择
红玉苹果	1	85～90	1.5	1	120	箱装，整库气调
黄元帅苹果	0	85～90	1.5	3.5	120	箱装，整库气调
红元帅苹果	－0.5	85～90	1.5	3.5	120	箱装，整库气调
鸭　梨	±0.5	90	2	3	120	箱装，整库气调
香　梨	－1	90	3～5	1～1.5	240	硅膜或帐式
哈密瓜	3～4	80	3	1	120	硅膜或帐式
樱　桃	－1	85～90	7～16	4～10	—	硅　膜
柑　橘	＋8	95	—	—	—	箱装，整库气调
西红柿	12	90	4～8	0～4	60	硅　膜
芹　菜	1	95	3	5～7	90	帐　式
生　菜	1	95	3	5～7	10	帐　式
蒜　薹	0	95	5～8	5～10	240	硅膜袋或帐式
胡萝卜	1	95	3	5～7	180	帐　式
香　菜	1	95	3	5～7	90	帐　式

气调保鲜有自然降氧法和机械降氧法两种，自然降氧法是将水果、蔬菜装入硅橡胶薄膜袋子内，靠水果、蔬菜本身的呼吸作用的耗氧能力来降低空气中氧气含量和提高二氧化碳的浓度，并利用薄膜对气体的渗透，透出过多的二氧化碳，补入消耗的氧气，起到自发气调作用。机械降氧法是采用催化燃烧降氧设备、二氧化碳脱除设备、乙烯脱除设备等来改变室内气体成分，达到气体调节的目的。

气调设备都自带控制设备，只需提供一路电源。

(6)制冰间

冰在食品保鲜中用途很多，从海中或养殖场内捕捞鱼虾后运输到加工间需要冰，鲜货长途运输需要冰。医疗、科研、生活服务等部门也需要冰。所以大、中型冷库中常附设制冰间，制冰方式有盐水制冰、桶式快速制冰设备、沉箱管组式快速制冰设备和管冰机及片冰机等，不同的食品生产工艺，需要采用不同的制冰设备，各种制冰设备具有不同的特点。

盐水制冰是广泛采用的一种制冰方式，一般大、中型冷库附设盐水制冰间。采用成套盐水制冰设备，成套盐水制冰设备有日产 5t、10t、15t、20t、30t、60t、180t、240t 等规格。

制冰间的位置靠近设备间和冰库。盐水制冰间内，设置有电动葫芦作起重冰块之用，制冰池旁设搅拌机。氨液分离器等设备。

(7)冰库

冰库即是贮冰间。冰库和冻结物冷藏间相似，它的冷却设备也是采用光滑顶排管，室高在 6m 及 6m 以上时增设墙排管，冰库的温度一般要求 -4℃ ~ -6℃。快速制冰的冰库库温要求 -10℃。

(8)穿堂

穿堂是食品进出冷库的通道，也是联系各冷间的交通枢纽，按其温度的不同，有低温穿堂，中温穿堂，常温穿堂等3种。

1)低温穿堂：设置有隔热措施和冷却排管或吊顶风机。

2)中温穿堂：只设置隔热措施，没有冷却设备。

3)常温穿堂：不设置隔热措施和冷却设备。

(9)电梯间

电梯是多层冷库作为垂直运输之用，电梯数量及大小，视吞吐量由工艺决定。《冷库设计规范》GB50072—2001 第 4.3.8 条规定设置货梯的数量按下列规定计算：

1)3t 货梯运载能力按每小时 20t 计算；2t 货梯运载能力按每小时 13t 计算；

2)以铁路进出货为主的冷库及港口中转冷库应按进出货吨位和装卸允许时间确定设置货梯的数量。

通常小于 5000t 的多层冷库配置 2 台 3t 货梯，5000～10000t 多层冷库配置 3～4 台 3t 货梯。

(10)站台

站台有铁路站台、公路站台和联系站台，供装卸货物之用。一般站台为罩棚式。

1)铁路站台

《冷库设计规范》GB50072—2001 第 4.3.6 条规定：铁路站台宽 7～12m；站台长 220m，当受地形等条件限制时，可适当缩短，但不少于 128m。

2)公路站台

《冷库设计规范》GB50072—2001 第 4.3.5 条规定:公称体积大于 4500m^3 的冷库,其站台宽度为 6~8m;公称体积小于 4500m^3 的冷库,其站台宽度为 4~6m;

也有的冷库建封闭式站台。封闭式站台与冷库穿堂合并布置。其宽度根据使用要求确定。封闭式站台的门洞尺寸及数量应与货物吞吐量相适应。

(11)主库辅助房间

库房工作人员需要的办公室、烘衣室、更衣室、休息室及卫生间布置于穿堂附近,多层库宜设置在首层。

1.2.2 制冷压缩机房

制冷压缩机房是冷库的主要动力车间,主要安装制冷压缩机及其配套设备。按《建筑设计防火规范》GBJ16 的规定,氨压缩机房的火灾危险性分类应属乙类,因此机房的耐火等级、层数、面积、防火间距、防爆、安全疏散等建筑设计要求均需按照该规范中对乙类生产厂房的规定。一般机房设置在主库附近,为独立单层建筑,有两个通向室外的出入口,门窗向外开,有良好的采光和通风对流好的条件。并要安装事故通风设备,以确保安全。

1.2.3 设备间

设备间与机房相连接,主要安装低压循环贮液桶,氨泵等辅助设备及操作平台。应设两个出入口,至少要有一个出入口通向室外。

1.2.4 油处理间

油处理间与机房相连,主要安装油桶、油泵及油处理机,须安装通风设备。

1.2.5 循环水泵房

循环水泵房一般与机房相连接,或靠近机房设置,主要安装循环水泵和冲霜水泵,屋顶安装冷却塔。当消防水压不能满足消防要求时,需设置消防水泵。消防水泵也安装在循环水泵房。

1.2.6 变配电室和柴油发电机房

变配电室和柴油发电机房一般与压缩机房毗连,但也可独立设置,此时应尽量靠近压缩机房,因为压缩机机房是冷库的电气负荷中心。

1.2.7 整理加工间

整理加工间是鱼虾、蛋品,果蔬等食品在进库前,须先进行挑选,分级,整理,过磅,装盘或包装的场所。

整理加工间要求良好的采光和通风条件。每小时应有 1~2 次的通风换气。地面要便于冲洗,排水要通畅。

1.2.8 氨库

氨库是贮藏氨气瓶的仓库,一般要求建在离生产厂房 20~30m 的地方,距离住宅区 50~150m,应选用不低于二级的耐火建筑材料,采用轻型屋面,门窗均应向外开,并应有良好的自然通风条件。室内照明采用防爆灯具。

1.2.9 办公室及生活福利间

各类型冷库根据当地情况配置办公室和工人休息室、锅炉房、洗澡间、卫生间、更衣室等福利设施。

1.3 人工制冷的基本原理

冷间的降温是采用蒸汽压缩方式进行人工制冷。利用液态制冷剂(氨或氟利昂)在一定低温和压力下吸走食品内的热量,将其热量散发到库外大气和水中,使其降温。从而达到对食品冷却、冷冻和冷藏的目的。

图1-10是人工制冷的基本原理,它由制冷压缩机、冷凝器、节流阀(或膨胀阀)、冷却设备(蒸发器)等组成,并用管道依次连接成一个封闭循环系统。当制冷剂(氨或氟利昂)气体被压缩机吸入,经压缩后变成高温、高压气体排入冷凝器内,在冷凝器中与不断流过的冷却介质(冷却水或空气)进行热交换,被冷凝为液体。液体经节流阀(或膨胀阀)节流减压后,成为低温、低压的制冷剂液体进入蒸发器,低温、低压的制冷剂液体在蒸发器盘管内吸收周围介质的热量而气化,气化了的制冷剂又被吸入压缩机压缩。这样制冷剂在系统内作了一次循环运动,由气体变成液体,又由液体变成气体,如此不断的经过压缩、冷凝、节流减压、蒸发等过程。只要制冷剂不停地在系统内循环,蒸发器周围的热量不断地被吸收,库内温度就会逐渐降下来,这就是人工制冷的基本原理。

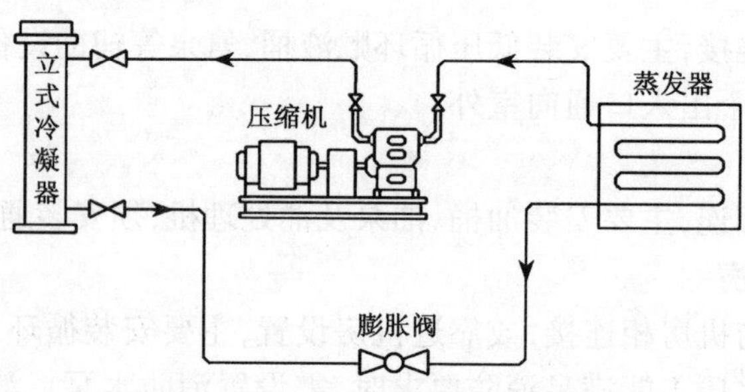

图1-10 人工制冷基本原理图

冷库在实际的生产过程中,除具有上述主要制冷系设备外,还配置了一些辅助设备,才能使整个制冷系统安全、可靠、经济地运行。从图1-11单级压缩制冷系统流程示意图中得知:辅助设备有油分离器、集油器、氨液分离器、氨液过滤器、空气分离器、高压贮液桶、低压循环贮液桶、氨泵等。冷凝器冷却水系统还有循环水泵和循环水池。双级压缩制冷系统与单级压缩制冷系统不同之处,在于压缩过程分两阶段进行,在高级压缩与低级压缩之间安装了一个中间冷却器。现将冷库制冷系统所配置的辅助设备的作用简单介绍如下:

1.3.1 冷凝器

冷凝器是蒸气压缩式制冷系统中的主要热交换设备之一,它的作用是将压缩机排出的高温、高压制冷剂蒸气冷凝为高压饱和液体。按其冷却方式的不同,冷凝器可分为如下3类:

(1)水冷式冷凝器

在水冷式冷凝器中,采用循环冷却水作为冷却介质,制冷剂蒸气放出的热量被冷却水带走,同时被冷凝为高压饱和液体。

(2)蒸发式冷凝器

在蒸发式冷凝器中,以水和空气作为冷却介质,在冷却水浇淋的同时,风机强劲吹风,制冷剂蒸气放出的热量被冷却水和流动的空气带走,同时制冷剂蒸气被冷凝为高压饱和液体。

(3)空气式冷凝器

在空气式冷凝器中,以空气作为冷却介质,采用风机强劲吹风,使空气流动,制冷剂蒸气放出的热量被流动的空气带走,从而冷凝为高压饱和液体。

冷凝器的冷凝压力需要控制在一定的范围内,冷凝压力过高,影响制冷系统安全运行,冷凝压力过低,可能导致蒸发器供液不足,影响热氨冲霜效果。

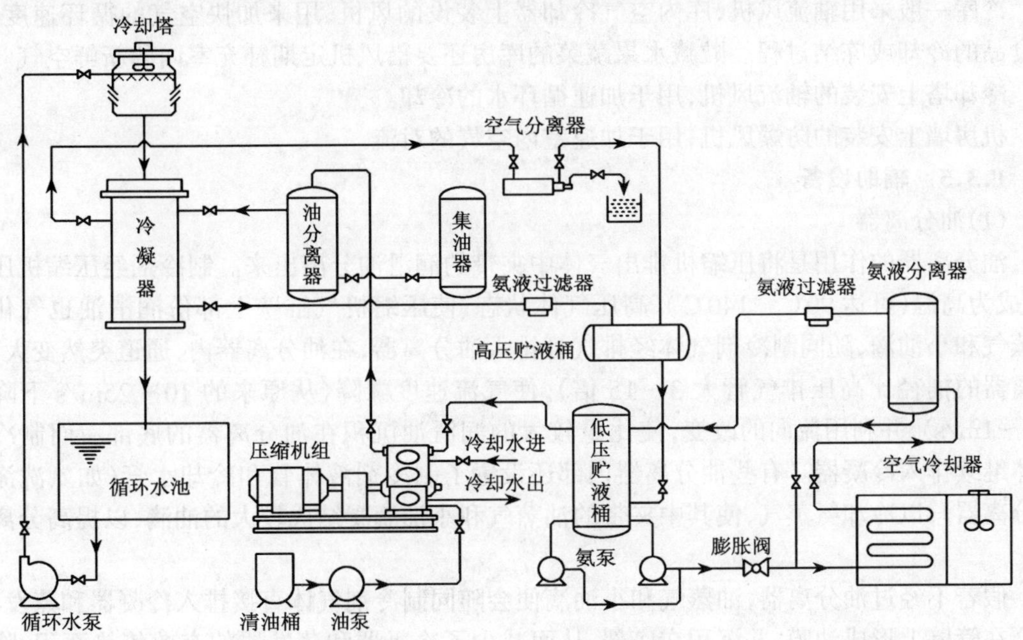

图 1-11 单级压缩制冷流程示意图

1.3.2 蒸发器

蒸发器是制冷系统中的冷却设备,是产生冷效应的低压热交换器。制冷剂液体在蒸发器内吸收被冷却介质(如盐水或空气)的热量,使被冷却介质温度降低。

根据不同的被冷却介质,蒸发器可分为3类:

(1)冷却液体(盐水或水)等载冷剂的蒸发器

冷却盐水或水等载冷剂的蒸发器有几种形式,如壳管式蒸发器、立管式蒸发器、板式蒸发器。

(2)冷却空气的蒸发器

冷却空气的蒸发器有两种:一种是安装在冻结间或冻结物冷藏间的冷却排管,靠空气自然对流冷却。另一种是安装在冻结间或冷却物冷藏间的空气冷却器,也称为冷风机,空气藉风机的风力强制循环冷却。

1.3.3 泵类

(1)氨泵

氨泵用于大、中型冷库氨泵供液系统中。其作用是将低压循环贮液桶中的低压低温的氨液输送到各冷间的空气冷却器或冷却排管中去。

(2)油泵

油泵的作用是将清油桶的油输送至压缩机曲轴箱。

(3)循环水泵

循环水泵的作用是给冷却塔、冷凝器,压缩机水套等提供循环冷却水。

(4)冲霜水泵

冲霜水泵的作用是给蒸发器提供冲霜水。

1.3.4 风机

冷库一般采用轴流风机,库内空气冷却器上装设的风机,用来加快空气的循环速度,加速食品的冷却或冻结过程。贮藏水果蔬菜的库房还要借风机定期补充室内的新鲜空气。

冷却塔上安装的轴流风机,用于加速循环水的冷却。

机房墙上安装的防爆风机,用于加速室内空气的对流。

1.3.5 辅助设备

(1)油分离器

油分离器的作用是将压缩机排出气体中夹带的润滑油分离出来。制冷剂经压缩机压缩后,成为高温(可达90℃～140℃)、高压气体状态,使压缩机气缸壁上部份润滑油也气化成油蒸气和小油滴,随同制冷剂气体经排气管排入油分离器,在油分离器内,通道突然变大(油分离器的桶径比高压排气管大3～15倍),使气流速度骤降(从原来的10～25m/s下降至0.8～1m/s),并利用流向的改变,使比重较大的润滑油沉积在油分离器的底部。而制冷剂气体继续排入冷凝器。有些油分离器内部还设置了制冷剂液体管和冷却水管(如氨洗涤式油分离器),以冷却氨蒸气,使其中夹带的油蒸气和小油滴凝结成较大的油滴,以提高分离效果。

假若不经过油分离器,油蒸气和小油滴便会随同制冷剂气体直接排入冷凝器和蒸发器,就会在管壁上形成油膜,并沉积在底部,从而减少了冷凝器和蒸发器的有效传热面积,降低了它们的传热系数。使冷凝器压力升高,相应的蒸发压力下,导致制冷剂的蒸发温度升高,降低制冷能力,使制冷系统不能正常运行。因此在压缩机与冷凝器之间必须设置油分离器。

(2)集油器

集油器用于收集油分离器、冷凝器、贮氨器、中间冷却器、蒸发器等高低压容器分离出来的润滑油,在低压状态下安全地放出系统。并将油中夹带的氨回收,以减少氨的损失。

(3)空气分离器

空气分离器又名放空气器。放空气的作用是清除制冷系统中的空气和不凝气体。氨—气混合物在冷凝器内冷却到蒸发温度时,混合物中的氨凝结成液体,排入高压贮液桶。而空气和不凝气体由空气分离器排放出制冷系统。

(4)高压贮液桶

高压贮液桶是贮存从冷凝器中排出的氨液,向各制冷设备提供氨液量。

(5)低压循环贮液桶

低压循环贮液桶的作用是贮存和稳定地供应氨泵循环所需要的低压氨液,又能对冷间的回气进行气液分离。保证压缩机的干行程。必要时又可兼作排液桶。

(6)氨液分离器

氨液分离器是重力供液系统的重要辅助设备。其作用是将从蒸发器或冷却排管内所蒸发的气体,在吸入压缩机前将回气中所含的氨液微滴分离出来,保证压缩机的干行程。分离出来的液滴下落到氨液分离器的底部流回冷却设备。此外,氨液分离器也可将流入的氨液的无效蒸气分离掉。以充分发挥冷却设备有效面积的吸热作用。

(7)中间冷却器

中间冷却器用于双级压缩制冷系统中,它的作用是使压缩机低压级所排出的过热蒸气被冷却到与中间压力相对应的饱和温度,以及借助中间冷却器内氨液与盘管的热交换,使冷凝后的饱和液体被冷却到设计规定的过冷温度。中间冷却器还能分离压缩机低压级排出气体中所含的油。

(8)氨液过滤器

氨液过滤器安装在浮球阀、自动阀或氨泵进液管之前的管路上,用以保护氨泵的旋转部件不受损坏,浮球阀、自动阀不致堵塞失灵。

(9)氨气过滤器

氨气过滤器安装在压缩机吸气管路上,用以滤除气体中的夹杂物,如铁屑、氧化皮、焊渣等坚硬物质不致进入压缩机气缸而受损害。

(10)清油桶

清油桶贮存精滤过的润滑油,以供压缩机加油用。

(11)阀门

在制冷系统中,为了控制氨液、氨气、润滑油及冷却水或冲霜水的流量和流向,在设备和管路上设置了许多阀门。按它们的用途可分为截止阀、膨胀阀、安全阀等。

1.4 电 气 设 计 特 点

1.4.1 供电设计特点

(1)负荷分级

冷库要求供电有可靠的保证,因为冷间温度不允许过大的波动,经常停电,难以保证食品贮藏质量。《冷库设计规范》GB50072—2001 中第 7.1.1 条规定:“冷库应按二级负荷供电。冷库公称体积在 2500m^3 以下的小型冷库可按三级负荷供电”。第 7.1.2 条规定:“当供电电源不能满足要求且条件允许时。可设置自备柴油发电机组电源,自备电源的容量应能满足冷库保温运行的需要。”

(2)负荷调节

冷库用电负荷应根据冷库生产淡、旺季节进行调节,以节约能源和生产费用的开支。《冷库设计规范》GB50072—2001 中第 7.1.4 条规定:“当冷库电力负荷大于 315kVA 且淡旺季负荷相差较大时,在保证压缩机可靠启动的条件下,宜选用两台变压器。变压器负荷率可采用 0.8~0.9。”

1.4.2 氨压缩机房、设备间动力、照明设计特点

因氨压缩机房制冷系统采用氨作制冷剂,而氨是有毒性的、能燃烧并有爆炸危险的,当氨气在空气中的含量达到 0.5%~0.6%时,人在其中停留 30min 即可中毒;氨气在空气中的含量达到 11%~14%时可以点燃;氨气的含量达到 16%~25%时会引起爆炸。但是氨制冷剂在制冷设备中是密闭循环运行,在正常运行时不可能出现爆炸气体混合物。根据《爆炸和火灾危险环境电力装置设计规范》GB50058—92 第 2.2.1 条和第 2.2.3 条规定,氨制冷剂

属于第2级释放源,氨压缩机房属于2区爆炸危险区域。根据第2.2.5条规定:“可采用局部机械通风降低爆炸危险区域等级”。因此动力、照明设计应符合有关爆炸场所的设计规范的要求。

《冷库设计规范》GB50072—2001对氨压缩机房、设备间动力、照明设计作如下规定:

(1)氨压缩机房宜安装氨气浓度自动测量装置,当氨气浓度接近爆炸下限的10%时应能发出报警信号。

(2)氨压缩机房设置事故排风机

事故排风机应选用防爆型电机,正常工作情况下,换气次数不应小于8次/h。当制冷系统因意外事故而被切断供电电源时,应能保证事故排风机的可靠供电,事故排风机的过载保护宜作用于信号报警系统而不直接停排风机。事故排风机的按钮箱应在氨压缩机房门外侧的墙内暗装。

(3)氨压缩机房宜设控制室,控制室应位于机房一侧。机房和控制室的隔墙上应装设固定密封观察窗。

(4)正常运行中会产生火花的氨压缩机和氨泵的启动控制设备不应布置在氨压缩机房中。

(5)因为氨气比空气轻,氨压缩机房照明宜采用防爆型的荧光灯具,设备间操作平台上可采用防爆型白炽灯具。

(6)氨压缩机房宜设置应急照明,可采用带蓄电池组的应急照明灯具,应急照明持续时间不应小于30min。

(7)氨压缩机房的线路敷设应符合防爆等级2区的要求。

1)动力线路宜采用铜芯绝缘电线穿钢管暗敷设,或采用无铠装铜芯电缆在电缆沟内敷设。

2)照明线路宜采用截面不小于1.5mm^{3}铜芯绝缘电线穿钢管明敷设。

1.4.3 冷间动力、照明设计特点

冻结间、冷藏间、低温穿堂等属于低温高湿环境,鱼虾整理间、屠宰车间等属于高湿环境,电气设计应符合防腐蚀和防潮的安全用电要求。

1)冷间的动力、照明控制设备应集中布置在常温穿堂内或月台群房等干燥场所。

2)冷间照明灯具宜选用外壳防护等级为IP54级并带有保护罩的防潮白炽灯具。

3)穿过库房隔热层的电气线路,宜集中敷设,且必须采取可靠的防火及防止产生冷桥的措施。

4)库房阁楼层内不得装置电气设备和电气线路。

1.4.4 冷库所属防雷类别

根据《冷库设计规范》GB50072—2001中第7.3.18条规定,冷库宜按三类防雷建筑物设防雷设施。

1.4.5 自动控制

冷库自动控制有如下内容:

(1)自动安全保护装置

氨压缩机、氨泵等制冷设备均设置有自动安全保护装置。安全保护是冷库自动控制中必须有的内容。无论采用局部自控、还是全自动运行都有自动安全保护装置,以保护机器、

设备的正常运行和操作人员的安全。

(2)库房温度调节和空气冷却器自动冲霜。

(3)压缩机的自动开、停和能量调节。

(4)冷凝压力自控。

(5)氨泵及液位自控。

(6)最佳工况调节。

采用自动控制技术、微型计算机技术、CRT显示技术和通信技术相结合的计算机网络，对冷冻、冷藏制冷系统实行监控，使制冷装置保持在最经济、最合理的工况下运行，通过最佳工况调节，使食品在冷加工和冷藏过程中保持最好的质量，同时节约能源，从而达到降低经营管理费用的目的。

第 2 章　冷库供电设计

2.1 负荷分级及负荷计算

2.1.1　负荷分级

冷库要求供电有可靠的保证,因为冷间温度不允许过大的波动,经常停电,难以保证食品的贮藏质量。根据《冷库设计规范》GB50072—2001 中第 7.1.1 条规定:"冷库应按二级负荷供电。冷库公称体积在 2500m^3 以下的小型冷库可按三级负荷供电"。

根据《工业与民用供电系统设计规范》GBJ52—33 对二级负荷供电系统的规定:"应尽量做到当发生电力变压器故障或电力线路常见故障时不致中断供电"。所以冷库可采用一回路专用线供电,当供电质量不能保证时可考虑双电源供电。

当冷库不能取得一路可靠的市电电源,又无条件取得第二电源时,可选用柴油发电机作为备用电源,备用电源的容量应能满足冷库保温运行的需要。

2.1.2　负荷调节

冷库用电负荷应根据冷库生产淡、旺季节进行调节,以节约能源和生产费用的开支。《冷库设计规范》GB50072—2001 中第 7.1.4 条规定:"当冷库电力负荷大于 315kVA 且淡旺季负荷相差较大时,在保证压缩机可靠启动的条件下,宜选用两台变压器。变压器负荷率可采用 0.8~0.9。"

2.1.3　负荷计算

(1)冷库电力负荷计算一般采用需要系数法确定计算负荷,将全库的总电力负荷(不包括备用负荷)乘以需要系数,直接求出计算负荷,方法简便,其计算公式如下:

有功功率
$$P_{js} = K_x \times P_e \text{(kW)} \tag{2-1}$$

无功功率
$$Q_{js} = P_{js} \times \text{tg}\varphi \text{(kVar)} \tag{2-2}$$

视在功率
$$S_{js} = \sqrt{P_{js}^2 + Q_{js}^2} \text{(kVA)} \tag{2-3}$$

或:
$$S_{js} = \frac{P_{js}}{\cos\varphi} \text{(kVA)} \tag{2-4}$$

计算电流
$$I_{js} = \frac{S_{js}}{\sqrt{3}U_r} \text{(A)} \tag{2-5}$$

式中 P_e——全库用电设备的额定容量(kW);

K_x——需要系数,全库总电力负荷需要系数可采用 0.55~0.7;

$\cos\varphi$——经人工补偿后,冷库用电设备总的功率因数,新建冷库一般取 0.9;

$\text{tg}\varphi$——功率因数角的正切值,$\cos\varphi$,$\text{tg}\varphi$,$\sin\varphi$ 的对应值见表 2-1。

U_r——用电设备额定电压(线电压),(kV)。

冷库负荷计算示例见表 2-3。

cosφ、tgφ、sinφ 对应值　　表 2-1

cosφ	tgφ	sinφ	cosφ	tgφ	sinφ	cosφ	tgφ	sinφ
1.000	0.000	0.000	0.770	0.829	0.639	0.570	1.442	0.822
0.990	0.142	0.141	0.760	0.855	0.650	0.560	1.480	0.829
0.980	0.203	0.199	0.750	0.882	0.661	0.550	1.519	0.835
0.970	0.251	0.243	0.740	0.909	0.673	0.540	1.559	0.842
0.960	0.292	0.280	0.730	0.936	0.683	0.530	1.600	0.848
0.950	0.329	0.312	0.720	0.964	0.694	0.520	1.643	0.854
0.940	0.363	0.341	0.710	0.992	0.704	0.480	1.828	0.877
0.930	0.395	0.367	0.700	1.021	0.714	0.470	1.878	0.883
0.920	0.426	0.392	0.690	1.049	0.724	0.460	1.931	0.888
0.910	0.456	0.415	0.680	1.078	0.733	0.450	1.984	0.893
0.900	0.484	0.436	0.670	1.108	0.742	0.440	2.041	0.898
0.890	0.512	0.456	0.660	1.138	0.751	0.430	2.100	0.903
0.880	0.540	0.475	0.650	1.169	0.760	0.420	2.161	0.908
0.870	0.567	0.493	0.640	1.200	0.768	0.410	2.225	0.912
0.860	0.593	0.510	0.630	1.233	0.777	0.400	2.291	0.916
0.850	0.620	0.527	0.620	1.266	0.785	0.390	2.360	0.921
0.840	0.646	0.543	0.610	1.299	0.792	0.380	2.434	0.925
0.830	0.672	0.558	0.600	1.334	0.800	0.370	2.511	0.929
0.820	0.698	0.572	0.590	1.369	0.807	0.360	2.592	0.933
0.810	0.724	0.586	0.580	1.405	0.815	0.350	2.676	0.937
0.800	0.750	0.600	0.510	1.686	0.860	0.340	2.765	0.940
0.790	0.776	0.613	0.500	1.732	0.866	0.330	2.861	0.944
0.780	0.802	0.626	0.490	1.780	0.872	0.320	2.960	0.947

(2)需要系数 K_x 值根据下列原则确定：

1)一般情况下 K_x 值可在 0.55 至 0.70 之间选择，并结合下列因素确定：

A. 根据制冷压缩机轴功率与其电动机容量的匹配情况，匹配合适的 K_x 值，取大值，匹配不合适且电动机容量裕度大的 K_x 值取小值。

B. 根据冷库的规模和用电情况，如果规模大，车间多，用电设备数量多，总电力负荷大的 K_x 值取小值，反之取大值。

C. 根据冷库所在地的环境温度，环境温度低的地区（北方地区或采暖地区）K_x 值取小值,反之取大值。

2)特殊情况下,K_x 值可小于0.55,例如一些规模大,车间多的冷库,且氨压缩机台数多,氨压缩机轴功率与电动机容量匹配又相当差时,K_x 值可小于0.55。

3)特殊情况下 K_x 值可大于0.7,例如一些小型冷库,且氨压缩机台数很少时(例如只有1~2台)。

2.1.4 功率因数的提高

(1)冷库自然功率因数的估计

冷库中的用电设备,如压缩机、氨泵、循环水泵、冷风机等所配电动机,均为交流感应异步电动机,额定功率因数一般在0.85左右。而库房温度降到要求值后,冷库就处于保温阶段,制冷设备有的停车,有的处于轻载运行,使得功率因数降低,因此冷库的自然平均功率因数较低,一般为0.7~0.8之间。在绝大多数情况下冷库都必须采用人工补偿,方能达到供电局对功率因数0.9的要求。

(2)提高功率因数的方法

1)提高用电设备的自然功率因数,合理选用电动机和变压器,避免大马拉小车现象,例如使电动机的运行负荷为其额定功率的45%以上,如能接近满负荷运行,则更为理想。根据《冷库设计规范》GB50072—2001规定,冷库变压器的负荷率可采用80%~90%之间。

合理安排和调整工艺流程,改善电气设备的运行方式,减少空载运行。

2)冷库一般采用静电电容器集中补偿或集中与分散补偿相结合的方式补偿无功功率,用以提高功率因数,因为静电电容器有以下优点:

A. 电能损耗少;

B. 占地面积少;

C. 初投资少;

D. 电容器组合容量可大可小,比较灵活,还可根据负荷情况自动切换电容器组。

(3)补偿容量的计算方法

1)按照冷库的特点,确定冷库负荷补偿前的功率因数值 $\cos\varphi_1$ 及其对应的正切值 $\mathrm{tg}\varphi_1$。

2)按照电业部门的要求,确定必须达到的功率因数值 $\cos\varphi_2$ 及其对应的正切值 $\mathrm{tg}\varphi_2$。

3)补偿容量的计算可按下式确定:

$$Q_c = P_{js}(\mathrm{tg}\varphi_1 - \mathrm{tg}\varphi_2)(\mathrm{kVar}) \tag{2-6}$$

或

$$Q_c = P_{js} \cdot q_c(\mathrm{kVar}) \tag{2-7}$$

式中 $\mathrm{tg}\varphi_1$——补偿前计算负荷功率因数角的正切值;

$\mathrm{tg}\varphi_2$——补偿后计算负荷功率因数角的正切值;

q_c——无功功率补偿率,(kVar/kW)见表2-2。

(4)静电电容器的选择与安装位置

冷库无功功率补偿,一般选用成套低压电容器柜,在变压器低压侧作集中补偿,一般低压电容器柜安装于低压配室内,与低压配电柜并列安装,当台数多时,也可布置在独立的电容器室内。当冷库规模大,库区范围广,负荷分散,配电线路长时,可采用集中与分散相结合的补偿方式,或者作分散补偿。

每 1kW 有功功率所需补偿的无功容量 ΔQ_c(kVar/kW) 表 2-2

补偿前 $\cos\varphi_1$	补偿后 $\cos\varphi_2$								
	0.80	0.82	0.84	0.86	0.88	0.90	0.92	0.94	0.96
0.40	1.54	1.60	1.65	1.70	1.75	1.81	1.87	1.93	2.00
0.42	1.41	1.40	1.52	1.57	1.62	1.68	1.74	1.80	1.87
0.44	1.29	1.34	1.39	1.45	1.50	1.55	1.61	1.68	1.75
0.46	1.18	1.23	1.29	1.34	1.39	1.45	1.50	1.57	1.64
0.48	1.08	1.13	1.18	1.23	1.29	1.34	1.40	1.46	1.54
0.50	0.98	1.04	1.09	1.14	1.19	1.25	1.31	1.37	1.44
0.52	0.89	0.91	1.00	1.05	1.10	1.16	1.21	1.28	1.35
0.54	0.81	0.86	0.91	0.97	1.02	1.07	1.13	1.20	1.27
0.56	0.73	0.78	0.83	0.89	0.94	0.99	1.05	1.12	1.19
0.58	0.66	0.71	0.76	0.81	0.87	0.92	0.98	1.04	1.12
0.60	0.58	0.64	0.69	0.74	0.79	0.85	0.91	0.97	1.04
0.62	0.52	0.57	0.62	0.67	0.73	0.78	0.84	0.90	0.98
0.64	0.45	0.50	0.56	0.61	0.66	0.72	0.77	0.84	0.91
0.66	0.39	0.44	0.49	0.55	0.60	0.65	0.71	0.78	0.85
0.68	0.33	0.38	0.43	0.48	0.54	0.59	0.65	0.71	0.79
0.70	0.27	0.32	0.38	0.43	0.48	0.54	0.59	0.66	0.73
0.72	0.21	0.27	0.32	0.37	0.42	0.48	0.54	0.60	0.67
0.74	0.16	0.21	0.26	0.31	0.37	0.42	0.48	0.54	0.62
0.76	0.10	0.16	0.21	0.26	0.31	0.37	0.43	0.49	0.56
0.78	0.05	0.11	0.16	0.21	0.26	0.32	0.38	0.44	0.51
0.80	—	0.05	0.10	0.16	0.21	0.27	0.33	0.39	0.46
0.82	—	—	0.05	0.10	0.16	0.22	0.27	0.34	0.41
0.84	—	—	—	0.06	0.11	0.16	0.22	0.29	0.35
0.86	—	—	—	—	0.06	0.11	0.17	0.23	0.30
0.88	—	—	—	—	—	0.06	0.11	0.18	0.25
0.90	—	—	—	—	—	—	0.06	0.12	0.19

负荷计算示例 表 2-3

序号	设备名称	安装台数(台)	工作台数(台)	单机容量(kW)	总容量(kW)	需要系数(Kx)	功率因数 $\cos\varphi_1$	功率因数 $\cos\varphi_2$	负荷计算 Pjs (kW)	负荷计算 Qjs (kVar)	负荷计算 Sjs (kVA)
1	氨压缩机	4	3	90	270						
2	氨压缩机	5	4	75	300						
3	氨 泵	4	4	3	12						
4	油泵及油处理机	1(套)	1	11	11						
5	事故排风机	3	3	1.5	4.5						
6	循环水泵	3	2	45	90						
7	冷却塔风机	3	3	15	45						
8	冲霜泵	2	1	15	15						
9	空气冷却器风机	20	20	6.6	132						
10	电 梯	2	2	15	30						
11	制冰间动力				15						
12	锅炉房动力				30						
13	照 明				20						
	合 计				989.5	0.6	0.78	0.9	593.7	476.15	
无功功率补偿容量		593.7×0.32								190	
变压器选择		2×400kVA,负荷率 β=82%								286	659.06

2.2 冷库高、低压配电系统的选择

2.2.1 冷库高压配电系统的选择

(1)基本要求

冷库配电系统设计,直接影响到工程的投资和运行安全,因此结合冷库特点,在设计配电系统时,必须满足以下几点要求:

1)为保证冷库设备运行安全可靠,同时投资费用最小,这就要求在设计中贯彻按其需要配设,因地制宜的方针。例如,当属于二级负荷供电的冷库,就近可取得的10kV电源是农用电,每月停电次数太多,供电质量不能保证,但距离冷库几公里外可取得第二电源,是采用第二电源方案,还是采用柴油发电机作为备用电源,经过技术经济比较后确定。

2)冷库附近有35kV、10kV和6kV供电线路时,应首先选择10kV作为高压电源,因为35kV供电系统设备多,技术较复杂,一次投资多,而6kV供电系统属于将要淘汰的范围。

3)考虑施工、运行、检修维护方便,因此要求配电系统简单、可靠。

4)根据负荷计算,变压器容量在315kVA以上时,为了提高供电可靠性及有利于冷库淡旺季负荷变化时的经济运行,宜选用两台变压器的供电方案,单台变压器要保证最大一台制冷压缩机的可靠启动。

(2)几种高压配电系统方案比较

1)单电源,单变压器,不设高压开关柜,这种配电系统在电源断电或变压器及开关发生

故障时，均不能保证可靠供电，但接线方式简单明了，造价低，因此适用于机组不多，且低压计量的小型冷库，如图 2-1～图 2-2 所示。图 2-1 是 10kV 电源架空进线方案。图 2-2 是 10kV 电源电缆进线方案。

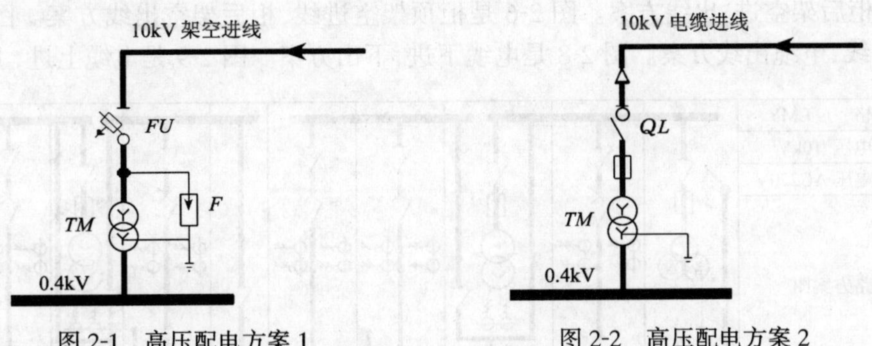

图 2-1　高压配电方案 1　　　　图 2-2　高压配电方案 2

2）单电源，双台变压器，该方案多应用于大、中型冷库生产淡、旺季负荷的调节。生产旺季时，两台变压器同时工作，淡季时只一台变压器工作，该方案与双电源方案比较初始投资低，负荷调节灵活、运行费用低，能做到经济运行。如图 2-3～图 2-4 所示。图 2-3 是 10kV 电源架空进线方案。图 2-4 是 10kV 电源电缆进线方案。

主母线规格　LMY					
一次额定电压　10kV					
二次操作电压　AC220V					
一次线路方案图					
高压开关柜编号	1	2	3	4	5
高压开关柜型号　GG-1A	68	11	JL-01	03	03
用　途	TV	电源	计量	变压器	变压器

图 2-3　高压配电方案 3

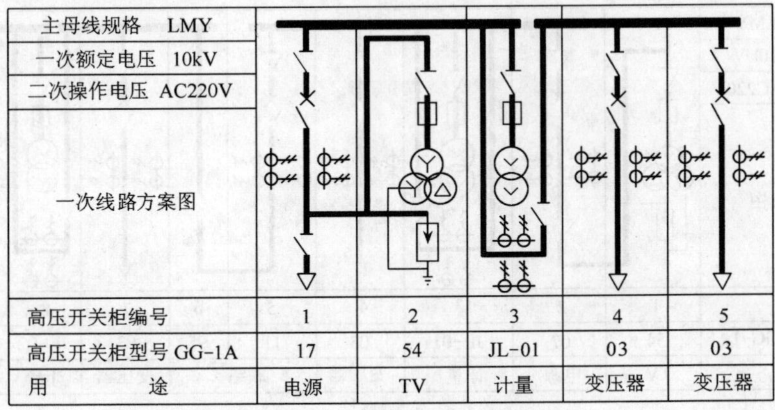

主母线规格　LMY					
一次额定电压　10kV					
二次操作电压　AC220V					
一次线路方案图					
高压开关柜编号	1	2	3	4	5
高压开关柜型号 GG-1A	17	54	JL-01	03	03
用　途	电源	TV	计量	变压器	变压器

图 2-4　高压配电方案 4

3)双电源,双台变压器,两电源同时工作,变压器分列运行,平常各负担50%负荷,当其中之一电源断电时,另一回路电源可以继续供电,承担全部负荷,或重要负荷。供电元件均有备用,保证了供电可靠性,但造价较高,该方案适用于大型冷库。如图2-5~图2-9所示。图2-5是柜后架空进、出线方案。图2-6是柜顶架空进线,柜后架空出线方案。图2-7是柜顶架空进线,电缆出线方案。图2-8是电缆下进,下出方案。图2-9是电缆上进,上出方案。

主母线规格 LMY										
一次额定电压 10kV										
二次操作电压 AC220V										
一次线路方案图										
高压配电柜编号	1	2	3	4		6	7	8	9	10
高压配电柜型号 GG-1A	106	12	JL-01	03	11	95	03	JL-02	12	106
用　途	TV	电源	计量	变压器	联络		变压器	计量	电源	TV

图2-5 高压配电方案5

主母线规格 LMY										
一次额定电压 10kV										
二次操作电压 AC220V										
一次线路方案图										
高压开关柜编号	1	2	3	4	5	6	7	8	9	10
高压开关柜型号 GG-1A	68	11	JL-01	03	11	95	03	JL-02	11	68
用　途	TV	电源	计量	变压器	联络		变压器	计量	电源	TV

图2-6 高压配电方案6

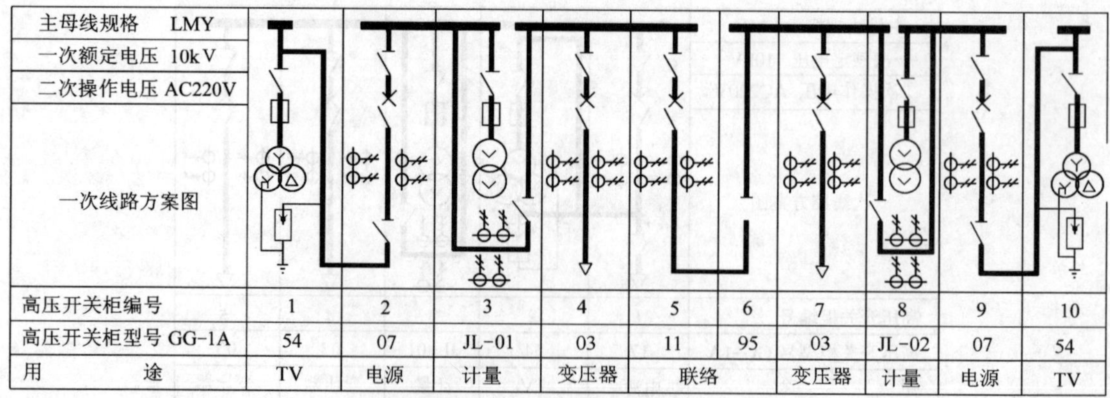

主母线规格 LMY										
一次额定电压 10kV										
二次操作电压 AC220V										
一次线路方案图										
高压开关柜编号	1	2	3	4	5	6	7	8	9	10
高压开关柜型号 GG-1A	54	07	JL-01	03	11	95	03	JL-02	07	54
用　途	TV	电源	计量	变压器	联络		变压器	计量	电源	TV

图2-7 高压配电方案7

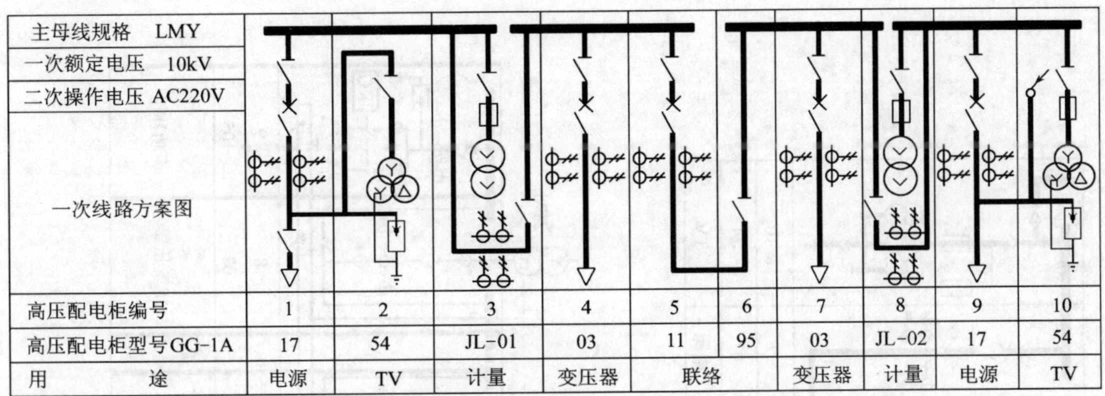

主母线规格 LMY										
一次额定电压 10kV										
二次操作电压 AC220V										
一次线路方案图										
高压配电柜编号	1	2	3	4	5	6	7	8	9	10
高压配电柜型号GG-1A	17	54	JL-01	03	11	95	03	JL-02	17	54
用途	电源	TV	计量	变压器	联络		变压器	计量	电源	TV

图 2-8 高压配电方案 8

4)双电源,双台变压器,电源一用一备,本方案与前一个方案有相同的优点,但是当工作电源突然断电,备用电源投入前,会有短暂的停电。

5)双电源,三台以上变压器,此方案随着变压器的增多,供电可靠性也随着提高,但造价也随之增加,因此当两个机房距离很远时,才采用这一方案。

2.2.2 低压配电系统选择

(1)基本要求

1)冷库低压配电一般采用 380/220V 中性点直接接地系统,照明负荷和动力负荷一般由同一台变压器供电,但分别计费。

2)有两台变压器供电的低压配电系统,低压母线宜分段,中间设计联络开关,以保证供电的可靠性和运行的灵活性。如图 2-10 所示。

3)多台压缩机组、多台电梯或互为备用的机组宜由不同的母线段配电。

4)单相用电设备应均匀地分配到三相系统中。对 Y/Y_0-12 接线的三相变压器,由单相负荷不平衡引起的中性线电流不得超过低压绕组额定电流的 25%。且其任一相电流在满载时都不得超过额定电流值。

5)备用照明的两个电源应从不同的母线段上引接。

(2)低压配电方式

1)放射式配电

氨压缩机房一般都与变配电室毗邻布置,氨压缩机组又是冷库中最大的用电设备,因此对氨压缩机宜采用放射式配电(见《冷库设计规范》GB50072—2001),每台氨压缩机的电源都直接从低压配电屏引出。氨压缩机房中的事故排风机、多层主库中的电梯的配电也是采用放射式配电,这种配电方式,供电可靠性高,配电线路发生故障后,互不影响,切换操作方便,保护简单,便于自动化,如图 2-11 所示。

2)树干式配电

厂区各辅助车间用电设备采用树干式配电,这种配电方式,配电设备及有色金属消耗少,系统灵活性大,但干线故障时,影响范围大,如图 2-12 所示。

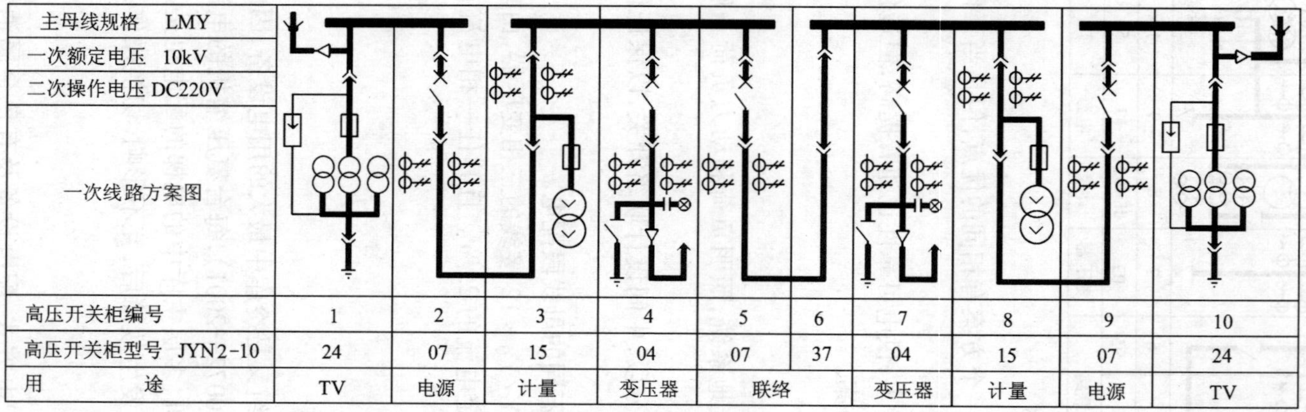

主母线规格 LMY										
一次额定电压 10kV										
二次操作电压 DC220V										
一次线路方案图										
高压开关柜编号	1	2	3	4	5	6	7	8	9	10
高压开关柜型号 JYN2-10	24	07	15	04	07	37	04	15	07	24
用途	TV	电源	计量	变压器	联络		变压器	计量	电源	TV

图 2-9 高压配电方案 9

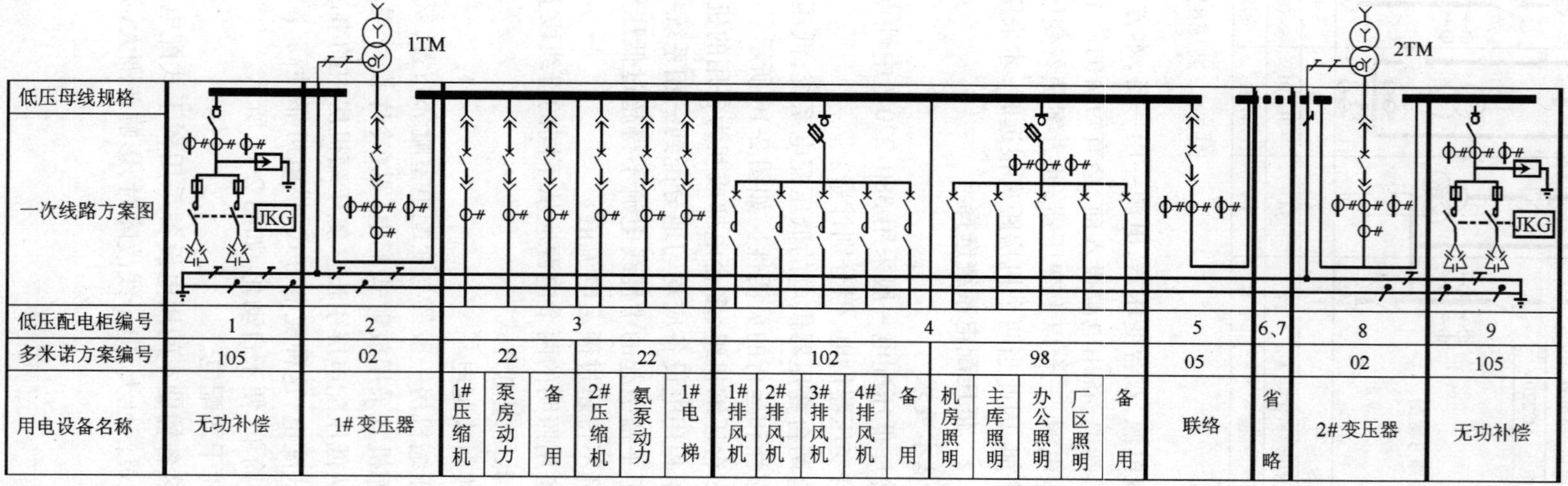

低压母线规格																						
一次线路方案图	JKG	1TM																			2TM	JKG
低压配电柜编号	1	2	3						4										5	6、7	8	9
多米诺方案编号	105	02	22			22			102					98					05		02	105
用电设备名称	无功补偿	1#变压器	1#压缩机	泵房动力	备用	2#压缩机	氨泵动力	1#电梯	1#排风机	2#排风机	3#排风机	4#排风机	备用	机房照明	主库照明	办公照明	厂区照明	备用	联络	省略	2#变压器	无功补偿

图 2-10 低压配电系统方案图

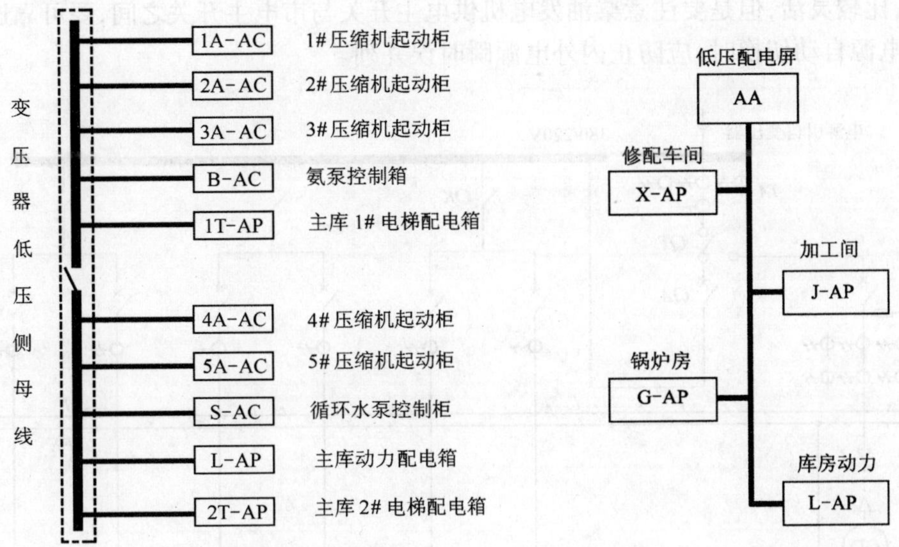

图 2-11 放射式配电系统

图 2-12 放射式配电系统

3)链式配电

主库冷间(冷却、冷冻、冷藏)采用链式配电,因为每一冷间设备容量较小,彼此相距很近,且又距离低压配电室较远,故采用链式配电,每一回路链式连接的配电箱(或启动柜)一般不宜超过5台。如图2-13所示。

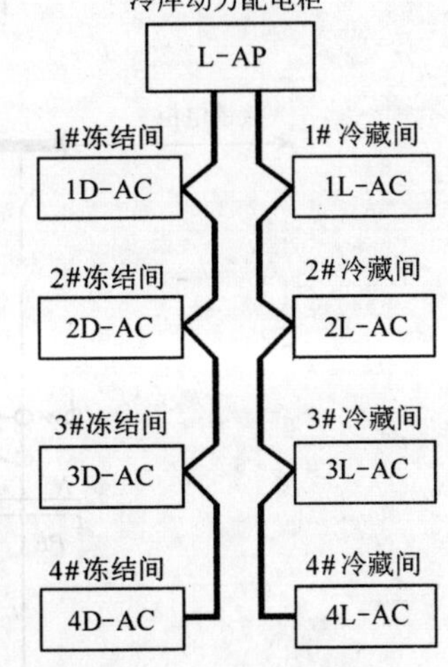

图 2-13 链式配电系统

供电给容量较小的用电设备的插座,采用链式配电时,每一条环链回路的插座数量可不受5个的限制,可适当增加数量。

4)柴油发电机接线方案

冷库常用柴油发电机的单机容量在500kW以下,发电机的电压多为400V,机房可以独立工作,多台机组可以单母线运行,也可以母线分段运行,主要是以满足用电负荷为标准。主接线应满足以下要求:

A. 电业部门不允许与市网并网运行,因此柴油发电机供电主开关与市电主开关之间,要可靠连锁,当设置内外电源自动切换时,应防止内外电源瞬时误并列。

B. 并列运行的柴油发电机组要设置母联开关,以增加灵活性。

C. 备用机组要充分考虑其运行的灵活性。

D. 柴油发电机组供电时,市电电源计费电度表不应工作。

E. 对不需要柴油发电机组供电的低压配电回路,在市电停电后,应自动或手动切除。

图2-14为一台柴油发电机作为备用电源的主接线,当市电停电后,手动切换,接通柴油发电机,当市电停电恢复供电后,手动切除柴油发电机组。

图2-15为两台柴油发电机组,分别接在两段低压母线上,两台机组既可分段运行,又可

并列运行，比较灵活，但是要注意柴油发电机供电主开关与市电主开关之间，要可靠连锁，当设置内外电源自动切换时，应防止内外电源瞬时误并列。

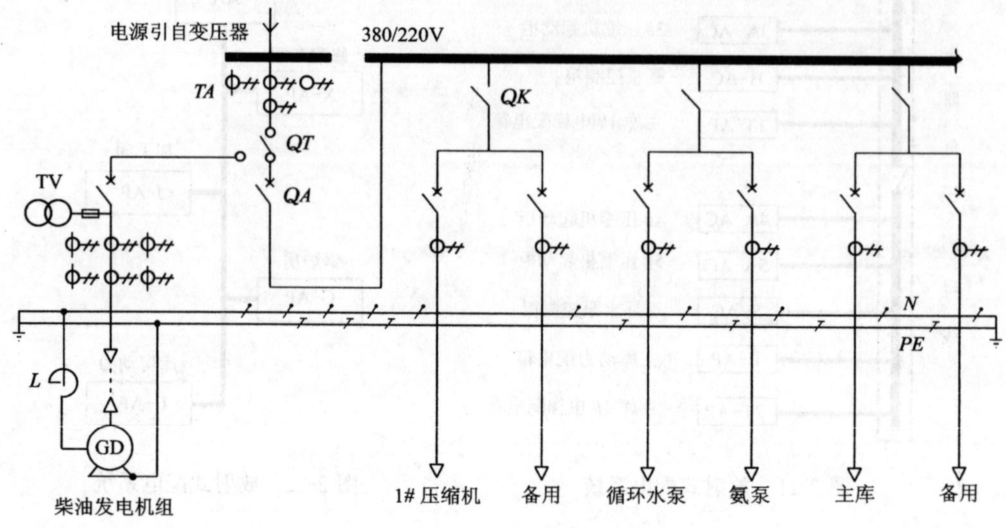

图2-14　柴油发电机手动切换接线方案

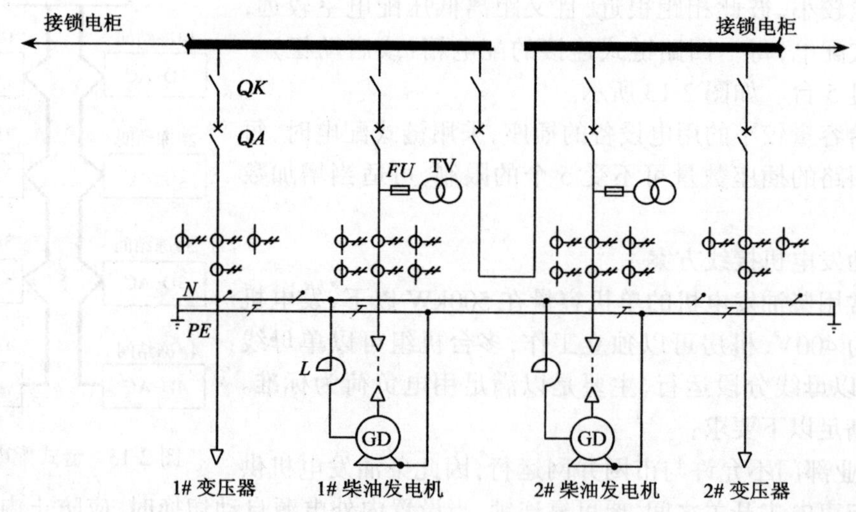

图2-15　紫油发电机自动切换接线方案

2.3 短路电流计算

2.3.1 短路电流计算目的及注意事项

在供配电系统中，发生短路时，短路电流很大，在短路电路中的电器元件（如变压器、开关、母线、绝缘瓷瓶、电缆等），将经受一定时间的过热（热效应）和巨大的机械力作用（动效应），因此在选择电器元件时，必须根据短路电流的数值来校验其在短路故障状态下的稳定性。在设计继电保护装置及选择限制短路电流的电抗器时，均须进行短路电流计算，以使设计合理，动作可靠，避免电气设备在短路时遭到破坏。

(1)为校验主要电器元件，通常须计算下列短路电流值：

1)计算三相短路电流冲击值 i_{ch} 和三相短路电流第一周全电流有效值 I_{ch} 来校验电器和母线的动稳定。

2)计算三相短路电流周期分量第一周有效值 I'' 和三相短路电流稳态有效值 I_k(时间为无穷大短路电流周期分量有效值)，用来校验电器和载流部分的热稳定。

3)计算短路后 0.2 秒短路电流周期分量有效值 $I_{0.2}$，用来校验高压开关设备在短路发生后 0.2 秒时的遮断电流和遮断容量。

(2)在校验高压电器和导体的稳定性时，一般以最大运行方式下的三相短路电流为依据。

在继电保护计算中，不仅要考虑最大运行方式下的三相短路电流，而且还应验算最小运行方式下的两相短路电流或单相短路电流。

(3)在计算高压系统中的短路电流时，只需考虑对短路电流有影响的电路元件，(如发电机、变压器、电抗器、架空线和电缆等)的电抗，由于发电机、变压器、电抗器的电阻远小于本身的电抗，因此其有效电阻可不予考虑。但当架空线路和电缆线路较长，使短路电路的总电阻大于总电抗的 1/3 时，以及在计算短路电流的非周期分量的时间常数时，仍需计入电阻。

(4)冷库变压器容量远小于电力系统电源容量，短流电流周期分量不衰减，可按无限大电源容量的网络短路进行计算。也可按其供电线路的开关额定遮断容量作为系统的短路容量。

(5)低压网络短路电流计算特点

1)在计算低压网络(380/220V)短路电流时，高压系统短路电流计算条件同样适用于低压网络短路电流计算。

2)在低压网络短路电流计算中，一般不允许忽略短路电路各元件的有效电阻。但是短路点的电弧电阻、导线连接点、开关设备和电器的接触电阻可忽略不计。

3)为了简化短路电流计算，使短路电流值偏于安全，允许不考虑不超过回路总阻抗10%的元件，因此在一般情况下只需计及长度超过 10m 的母线或电缆以及 300/5A 以下的电流互感器一次线圈阻抗。

4)计算采用有名单位制(欧姆制)，即电压用 V，电阻用 mΩ，电流用 kA，容量用 kVA。

2.3.2 电路元件参数的换算及网络变换

短路电路的电参数有两种表示方式：一是有名单位制，二是标幺制。有名单位制一般用于 1kV 以下低压系统的短路电流的计算。标幺制一般用于高压系统的计算，因为高压系统中大多数元件的阻抗是用相对单位表示的，故广泛采用标幺制计算。

(1)标幺制

标幺制是一种相对单位制，电参数的标幺值为其有名值与基准值之比，其计算公式见表 2-4。公式中的基准容量可以任意选定，但为了计算方便，一般取 100MVA，常用的基准值见表 2-5。

标幺值计算 表2-4

序号	计算名称	计算公式	符号及测量单位
1	容量标幺值	$S_*=\frac{S}{S_j}$	S——有名单位表示的容量(MVA) U——有名单位表示的电压(kV) I——有名单位表示的电流(kA) X——有名单位表示的电抗(Ω) S_j——基准量表示的容量(MVA) U_j——基准量表示的电压(kV) I_j——基准量表示的电流(kA) X_j——基准量表示的电抗(Ω)
2	电压标幺值	$U_*=\frac{U}{U_j}$	
3	电流标幺值	$I_*=\frac{I}{I_j}$	
4	电抗标幺值	$X_*=\frac{X}{X_j}=\frac{X\cdot S_j}{U_j^2}$	

常用基准值($S_j=100$MVA) 表2-5

系统标称电压 U_n(kV)	0.38	3	6	10	35	110
基准电压 $U_j=U_p*$(kV)	0.40	3.15	6.30	10.5	37	115
基准电流 I_j(kA)	144.30	18.30	9.16	5.50	1.56	0.5

注:"*"$U_j=U_p\approx10.5U_n$,但对于0.38kV,则 $U_j=10\times U_n=1.05\times0.38=0.4$kV。

在用标幺制计算时,首先注意选定电量(S、U、I、X)的基准量(S_j、U_j、I_j、X_j),然后再换算成基准条件下的标幺值(S_*、U_*、I_*、X_*)。在实际计算时,通常先设定 S_j、U_j,再计算确定 I_j 和 X_j。

采用标幺值计算短路电路的总阻抗时,必须先将元件电抗的有名值和相对值,按同一基准容量换算成标幺值,而基准电压采用各元件所在级的平均电压,电路元件的阻抗标幺值和有名值的换算公式见表2-6。

(2)有名单位制

用有名单位制(或称姆制)计算短路电路的总阻抗时,必须把各电压级所在元件阻抗的相对值和欧姆值,都归算到短路所在级平均电压下的欧姆值,换算公式见表2-6。

(3)网络变换

网络变换的目的是为了简化短路电路,以求得电源至短路点间的等值总阻抗,标幺制和有名单位制的常用电抗网络变换公式完全相同,详见表2-7。

表2-7序号5中应用了$\sum$Y法,根据各电源点的电势是相等的,电源点间的转移阻抗中将不会有短路电流流过的概念,由多支路星形变为具有对角线的多角形公式推导出$\sum$Y法,即合成阻抗为各并联阻抗倒数之和,如表中公式所示。

电路元件阻抗标幺值和有名值的换算公式 表 2-6

序号	元件名称	标幺值	有名值	符号说明
1	同步电机 (同步发电机或电动机)	$X''_{*d}=\frac{x''_d\%}{100}\cdot\frac{S_j}{S_r}=X''_d\frac{S_j}{S_r}$	$X''_d=\frac{x''_d\%}{100}\cdot\frac{U_j^2}{S_r}=X''_d\cdot\frac{U_j^2}{S_r}$	S_r——同步电机的额定容量,(MVA); S_{rT}——变压器的额定容量,(MVA),对于三相绕组变压器,是指最大容量绕组的额定容量; X''_d——同步电机的超瞬变电抗相对值; $x''_d\%$——同步电机的超瞬变电抗百分值; $u_k\%$——变压器阻抗电压百分值; $x_k\%$——电抗器的电抗百分值; U_r——额定电压(指线电压),(kV); I_r——额定电流,(kA); X、R——线路每相电抗值、电阻值,(Ω); S''_s——系统短路容量,(MVA); S_j——基准容量,(MVA); I_j——基准电流,(kA); ΔP——变压器短路损耗;(kW); U_j——基准电压,(kV),对于发电机实际是设备电压。
2	变压器	$R_{*T}=\Delta P\frac{S_j}{S_r^2}\times10^{-3}$ $X_{*T}=\sqrt{Z_{*T}^2-R_{*T}^2}$ $Z_{*T}=\frac{u_k\%}{100}\cdot\frac{S_j}{S_r}$ 当电阻可以忽略不计时 $X_{*T}=\frac{u_k\%}{100}\cdot\frac{S_j}{S_r}$	$R_T=\frac{\Delta P}{3I_r^2}\times10^{-3}=\frac{\Delta PU_r^2}{S_{rT}^2}\times10^{-3}$ $X_T=\sqrt{Z_T^2-R_T^2}$ $Z_T=\frac{u_k\%}{100}\cdot\frac{U_r^2}{S_r}$ 当电阻可以忽略不计时 $X_T=\frac{u_k\%}{100}\cdot\frac{U_r^2}{S_r}$	
3	电抗器	$X_{*k}=\frac{x_k\%}{100}\cdot\frac{U_r}{\sqrt{3}I_r}\cdot\frac{S_j}{U_j^2}$ $=\frac{x_k\%}{100}\cdot\frac{U_r}{I_r}\cdot\frac{I_j}{U_j}$	$X_k=\frac{x_k\%}{100}\cdot\frac{U_r}{\sqrt{3}I_r}$	
4	线路	$X_*=X\frac{S_j}{U_j^2}$; $R_*=R\frac{I_j}{U_j}$		
5	电力系统(已知短路容量S''_s)	$X_{*s}=\frac{S_j}{S''_s}$	$X_s=\frac{U_j}{S''_s}$	
6	基准电压相同,从某一基准容量S_{j1}下的标幺值X_{*1}换算到另一基准容量S_j下的标幺值X_*。	$X_*=X_{*1}\frac{S_j}{S_{j1}}$		
7	将电压U_{j1}下的电抗值X_1换算到另一电压U_{j2}下的电抗值X_2		$X_2=X_1\frac{U_{j2}^2}{U_{j1}^2}$	

常用电抗网络变换公式

表 2-7

序号	变换名称	原网络	变换后的网络	换算公式
1	串联	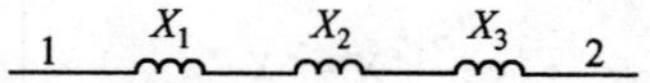 1 X_1 X_2 X_3 2	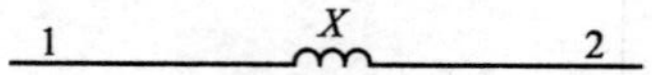 1 X 2	$X=X_1+X_2+\cdots+X_n$
2	并联	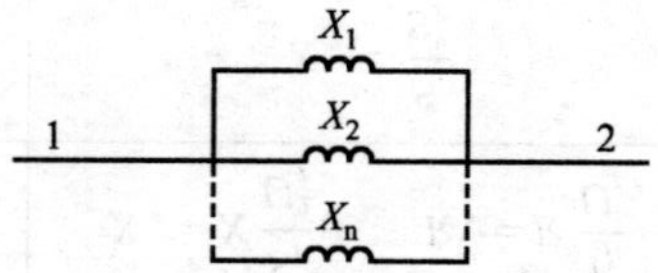 1 X_1 X_2 X_n 2	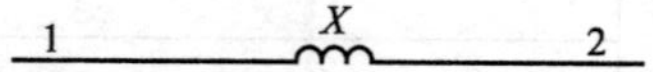 1 X 2	$X=\dfrac{1}{\dfrac{1}{X_1}+\dfrac{1}{X_2}+\cdots+\dfrac{1}{X_n}}$ 当只有两个支路时： $X=\dfrac{X_1\cdot X_2}{X_1+X_2}$
3	三角形变成等值星形	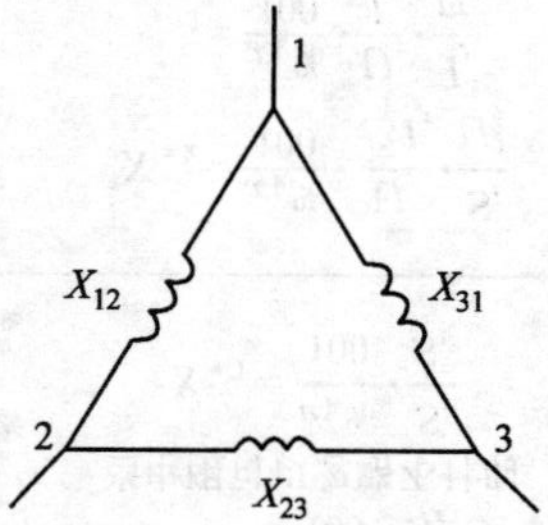 1 2 3 X_{12} X_{31} X_{23}	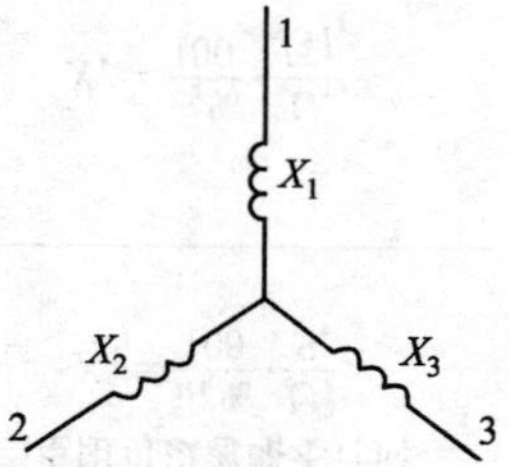 1 2 3 X_1 X_2 X_3	$X_1=\dfrac{X_{12}\cdot X_{31}}{X_{12}+X_{23}+X_{31}}$ $X_2=\dfrac{X_{12}\cdot X_{23}}{X_{12}+X_{23}+X_{31}}$ $X_3=\dfrac{X_{23}\cdot X_{31}}{X_{12}+X_{23}+X_{31}}$
4	星形变成等值三角形	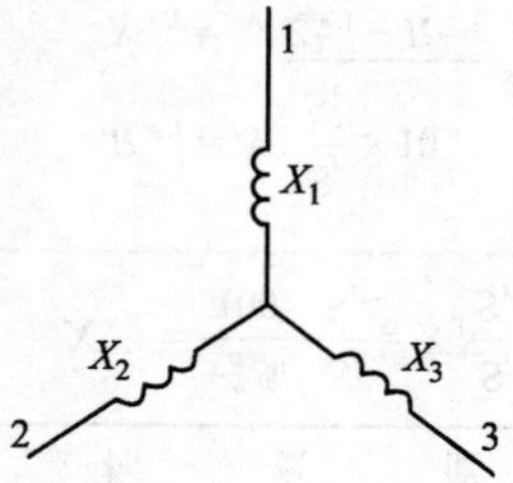 1 2 3 X_1 X_2 X_3	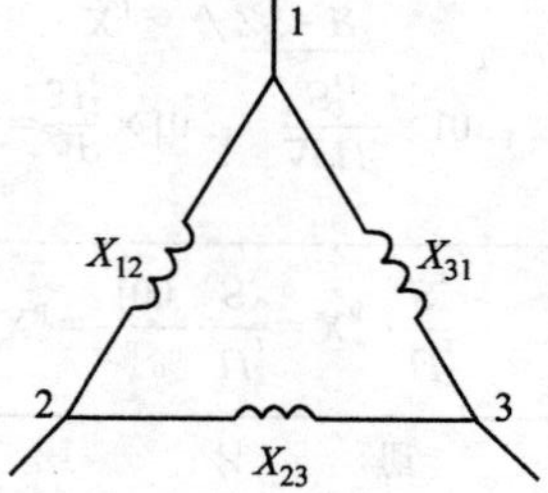 1 2 3 X_{12} X_{31} X_{23}	$X_{12}=X_1+X_2+\dfrac{X_1\cdot X_2}{X_3}$ $X_{23}=X_2+X_3+\dfrac{X_2\cdot X_3}{X_1}$ $X_{31}=X_3+X_1+\dfrac{X_3\cdot X_1}{X_2}$

续表

序号	变换名称	原网络	变换后的网络	换算公式
5	四角形变成有对角线的四边形	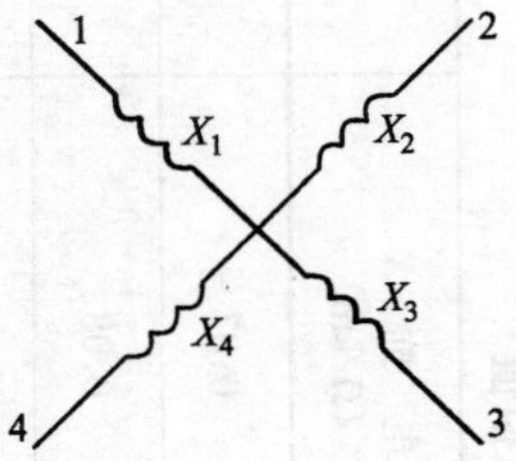	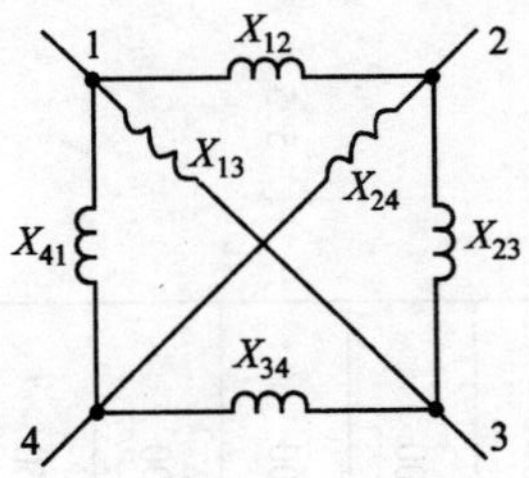	$X_{12}=X_1\cdot X_2\sum Y$ $X_{23}=X_2\cdot X_3\sum Y$ $X_{24}=X_2\cdot X_4\sum Y$ 式中：$\sum Y=\frac{1}{X_1}+\frac{1}{X_2}+\frac{1}{X_3}+\frac{1}{X_4}$
6	有对角线的四边形变成四角形	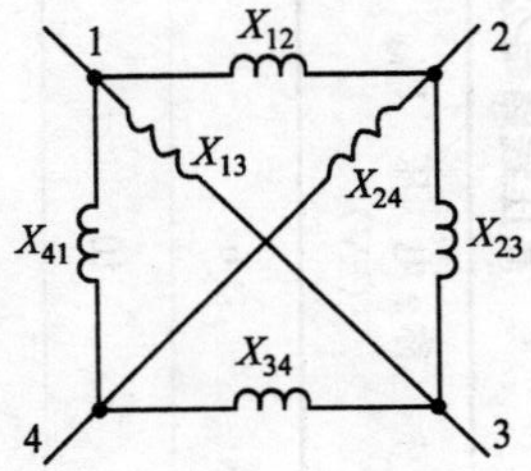	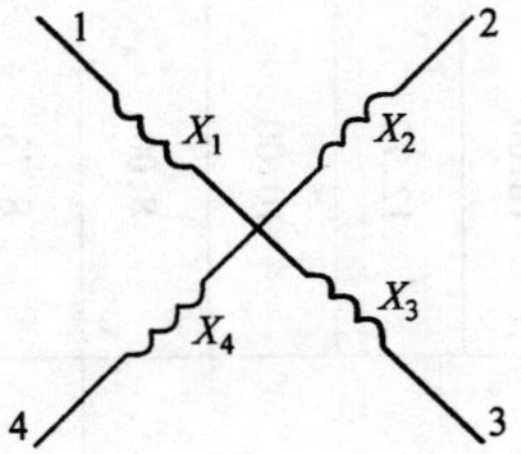	$X_1=\frac{1}{\frac{1}{X_{12}}+\frac{1}{X_{13}}+\frac{1}{X_{41}}+\frac{X_{24}}{X_{12}\cdot X_{41}}}$ $X_2=\frac{1}{\frac{1}{X_{12}}+\frac{1}{X_{23}}+\frac{1}{X_{24}}+\frac{X_{13}}{X_{12}\cdot X_{23}}}$ $X_3=\frac{1}{1+\frac{X_{12}}{X_{23}}+\frac{X_{12}}{X_{24}}+\frac{X_{13}}{X_{23}}}$ $X_4=\frac{1}{1+\frac{X_{12}}{X_{13}}+\frac{X_{12}}{X_{41}}+\frac{X_{24}}{X_{41}}}$

2.3.3 高压系统电路元件的阻抗

冷库高压系统电路主要元件有电力变压器、10(6)kV 电力电缆和架空线路。

(1)电力变压器

三相双绕组电力变压器的电抗标幺值可按表 2-6 有关公式计算。表 2-8 列出了冷库常用三相双绕组电力变压器的电抗标幺值($S_j=100$MVA)。

(2)高压线路

在对高压线路的短路电流计算要求不十分精确时,可查表 2-9。如果要求计算比较精确时,可查表 2-10～表 2-12。

三相双绕组电力变压器的电抗标幺值 表 2-8

变压器容量(kVA)	阻抗电压(%)	$S_j=100$MVA 时电抗标幺值	变压器容量(kVA)	阻抗电压(%)	$S_j=100$MVA 时电抗标幺值
200	4	20.00	1000	5.5	5.50
250		16.00	1250		4.40
315		12.70	1600		3.44
400		10.00	2000		2.75
500		8.00	2500		2.20
630	4.5	8.73	3150		1.75
800	5.5	6.88	4000		1.38

高压线路每公里电抗近似值 表 2-9

线路种类	标称电压 U_n (kV)	电抗 X (Ω/km)	$S_j=100$MVA 时电抗标幺值 X_*
电缆线路	6	0.07	0.176
	10	0.08	0.073
	35	0.12	0.009
架空线路	6	0.35	0.882
	10	0.35	0.317
	35	0.40	0.029

注:计算电抗标幺值时,所采用的基准电压 U_j,分别为 6.3、10.5、37。

10(6)kV 油浸纸绝缘和不滴流浸渍纸绝缘三芯电力电缆每公里阻抗 表 2-10

标称截面 (mm^2)	6kV						10kV					
	$t=65$℃时线芯交流电阻 R (Ω/km)		电抗 X (Ω/km)	$U_j=6.3$kV $S_j=100$MVA 电阻和电抗标幺值			$t=60$℃时线芯交流电阻 R(Ω/km)		电抗 X (Ω/km)	$U_j=6.3$kV $S_j=100$MVA 电阻和电抗标幺值		
				R_*		X_*				R_*		X_*
	铝	铜		铝	铜		铝	铜		铝	铜	
10	3.395	2.071	0.107	8.555	5.219	0.269						
16	2.122	1.294	0.099	5.347	3.261	0.250	2.085	1.272	0.110	1.897	1.158	0.100
25	1.358	0.828	0.088	3.422	2.087	0.221	1.335	0.814	0.098	1.215	0.741	0.089
35	0.970	0.592	0.083	2.444	1.492	0.210	0.953	0.581	0.092	0.867	0.529	0.084
50	0.679	0.414	0.079	1.711	1.043	0.200	0.667	0.407	0.087	0.607	0.370	0.079
70	0.485	0.296	0.076	1.222	0.746	0.191	0.477	0.291	0.083	0.434	0.265	0.075
95	0.357	0.218	0.074	0.900	0.549	0.185	0.351	0.214	0.080	0.319	0.195	0.073
120	0.283	0.173	0.072	0.713	0.436	0.182	0.278	0.170	0.078	0.253	0.155	0.071
150	0.226	0.138	0.072	0.570	0.348	0.180	0.222	0.136	0.077	0.202	0.124	0.070
185	0.183	0. 112	0.070	0.461	0.282	0.176	0.180	0.110	0.075	0.164	0.100	0.068
240	0.141	0.086	0.069	0.355	0.217	0.174	0.139	0.085	0.073	0.126	0.077	0.067

10(6)kV 交联取聚乙烯绝缘三芯电力电缆每公里阻抗 **表 2-11**

标称截面 (mm^2)	$t=90$℃时线芯交流电阻 R (Ω/km)		6kV				10kV			
			电抗 R (Ω/km)	$U_j=6.3$kV $S_j=100$MVA时 电阻和电抗标幺值			电抗 R (Ω/km)	$U_j=20.5$kV $S_j=100$MVA时 电阻和电抗标幺值		
				R_*		X_*		R_*		X_*
	铝	铜		铝	铜			铝	铜	
16	2.301	1.404	0.124	5.799	3.538	0.312	0.133	2.094	1.278	0.121
25	1.473	0.898	0.111	3.712	2.263	0.280	0.120	1.340	0.817	0.109
35	1.052	0.642	0.105	2.651	1.618	0.264	0.113	0.957	0.584	0.103
50	0.736	0.449	0.099	1.855	1.131	0.249	0.107	0.670	0.409	0.097
70	0.526	0.321	0.093	1.326	0.809	0.236	0.101	0.479	0.292	0.091
95	0.388	0.236	0.089	0.978	0.595	0.225	0.096	0.353	0.215	0.087
120	0.307	0.187	0.087	0.774	0.471	0.219	0.095	0.279	0.170	0.087
150	0.245	0.150	0.085	0.617	0.378	0.214	0.093	0.223	0.137	0.084
185	0.199	0.121	0.082	0.501	0.305	0.208	0.090	0.181	0.110	0.082
240	0.153	0.094	0.080	0.386	0.237	0.202	0.087	0.139	0.086	0.079

10(6)kV 架空线路每公里阻抗 **表 2-12**

标称截面 (mm^2)	$t=70$℃时交流电阻						线间几何均距 $D_j=1000mm$ 时电抗			线间几何均距 $D_j=1250mm$ 时电抗		
	R (Ω/km)		$S_j=100MVA$ 时的标幺值 R_*				X (Ω/km)	$S_j=100MVA$ 时的标幺值 X_*		X (Ω/km)	$S_j=100MVA$ 时的标幺值 X_*	
			$U_j=6.3kV$		$U_j=10.5kV$			$U_j=6.3kV$	$U_j=10.5kV$		$U_j=6.3kV$	$U_j=10.5kV$
	铝	铜	铝	铜	铝	铜						
16	2.16	1.32	5.44	3.32	1.98	1.20	0.39	0.98	0.35	0.41	1.03	0.37
25	1.38	0.84	3.48	2.12	1.26	0.77	0.38	0.96	0.34	0.39	0.98	0.35
35	0.99	0.60	2.49	1.52	0.90	0.55	0.37	0.93	0.34	0.38	0.96	0.34
50	0.69	0.42	1.74	1.06	0.63	0.38	0.36	0.91	0.33	0.37	0.93	0.34
70	0.49	0.30	1.24	0.76	0.45	0.27	0.35	0.88	0.32	0.36	0.91	0.33
95	0.36	0.22	0.92	0.56	0.33	0.20	0.34	0.86	0.31	0.35	0.88	0.32
120	0.29	0.18	0.73	0.44	0.26	0.16	0.33	0.83	0.30	0.34	0.86	0.31
150	0.23	0.14	0.58	0.35	0.21	0.13	0.32	0.81	0.29	0.34	0.86	0.31
185	0.19	0.11	0.47	0.29	0.17	0.10	0.31	0.78	0.28	0.33	0.83	0.30
240	0.14	0.09	0.36	0.22	0.13	0.08	0.31	0.78	0.28	0.32	0.81	0.29

2.3.4 高压系统短路电流计算

冷库电源一般来自大中型电力系统，冷库内专用变电所的容量远比系统容量要小得多，而阻抗却比系统大得多，当变压器、开关、线路发生短路时，供电系统母线上的电压变动很小，可认为电压不变，即系统容量为无限大，当无限大容量系统发生短路时，短路电流周期分量在短路过程中可认为是恒定的。即：

$$I_Z = I'' = I_{0.2} = I_k \tag{2-8}$$

式中 I_Z——短路电流有效值，(kA)；

I''——三相短路电流周期分量第1周有效值，(kA)；

$I_{0.2}$——短路后0.2s的短路电流周期分量有效值，(kA)；

I_k——稳态短路电流有效值(时间为无穷大短路周期分量有效值)(kA)。

(1)无限大容量高压系统三相短路电流计算公式见表2-13。

无限大容量系统三相短路电流计算公式 表2-13

序 号	计 算 名 称	计 算 公 式	符 号 及 测 量 单 位
1	短路电流周期分量有效值(标幺值)	$I''_* = I_{*Z} = S_{*k} = \frac{I}{X_{*js}}$(kA)	I_{*Z}——短路电流周期分量有效值标幺值 S_{*k}——短路容量标幺值 X_{*js}——短路电路总电抗(计算电抗)标幺值 S_k——短路容量(MVA) I_j——基准电流(kA) S_j——基准容量(MVA) U_p——短路点所在点的平均电压(kV) Z_{js}——短路电路总阻抗(Ω) R_{js}——短路电路总电阻(Ω) X_{js}——短路电路总电抗(Ω) K_C——短路电路冲击系数
2	短路电流有效值	$I_Z = I_{*Z} I_j = I''_* I_j = \frac{I_j}{X_{*js}}$(kA) $I_Z = I'' = \frac{U_p}{\sqrt{3} X_{js}}$(kA) $I_Z = I'' = \frac{U_p}{\sqrt{3} Z_{js}} = \frac{U_p}{\sqrt{3}\sqrt{R_{js}^2 + X_{js}^2}}$(kA)	
3	短路全电流最大有效值	$I_{ch} = I_Z \sqrt{I + 2(K_C - 1)^2}$(kA)	
4	短路冲击电流	$i_{ch} = I_Z \sqrt{2} K_C$(kA)	
5	短路容量	$S_k = \frac{S_j}{X_{*js}}$(MVA)	

注：电阻较大的电路中$\left(R_\Sigma > \frac{1}{3} X_\Sigma\right)$，发生短路时短路电流衰减较快，可取$K_C = 1.3$。则：$i_{ch} = 1.84I''$；$I_{ch} = 1.09I''$；总电阻较小的电路中$\left(R_\Sigma \leqslant \frac{1}{3} X_\Sigma\right)$，可取$K_C = 1.8$。则：$i_{ch} = 2.55I''$；$I_{ch} = 1.51I''$。

(2)采用查图表的方法计算三相短路电流值

1)按总电抗$X_{*\Sigma}$计算短路电流，已知电压、总电抗，从表2-14中查得短路电流有效值I_Z、短路全电流有效值I_{ch}、短路冲击电流i_{ch}和短路容量S_k。

2)已知总电抗$X_{*\Sigma}$和电压、从图2-16或图2-17中查得短路电流有效值I_Z、短路全电流有效值I_{ch}、短路冲击电流i_{ch}和短路容量S_k。

按总电抗 $X_{*\Sigma}$ 计算短路电流表 **表 2-14**

名称 / 总电抗 $X_{*\Sigma}$	10kV 时短路电流(kA)			35kV 时短路电流(kA)			短路容量(MVA)
	I_Z	I_{ch}	i_{ch}	I_Z	I_{ch}	i_{ch}	S_k
1.0	5.500	8.260	14.000	1.560	2.370	3.98	100
1.5	3.670	5.580	9.370	1.040	1.580	2.65	66.7
2.0	2.750	4.180	7.020	0.780	1.180	1.99	50.0
2.5	2.200	3.340	5.610	0.623	0.950	1.59	40.0
3.0	1.834	2.790	4.680	0.520	0.790	1.33	33.4
3.5	1.570	2.390	1.010	0.446	0.678	1.140	28.6
4.0	1.375	2.090	3.510	0.390	0.592	0.994	25.0
4.5	1.220	1.850	3.110	0.347	0.527	0.885	22.2
5.0	1.100	1.670	2.810	0.312	0.473	0.795	20.0
6	0.917	1.390	2.340	0.260	0.395	0.662	16.7
7	0.787	1.190	2.010	0.223	0.339	0.568	14.3
8	0.688	1.050	1.750	0.195	0.296	0.497	12.5
9	0.612	0.930	1.560	0.174	0.264	0.443	11.1
10	0.550	0.836	1.40	0.156	0.237	0.397	10.0
12	0.458	0.696	1.170	0.130	0.198	0.331	8.35
14	0.939	0.597	1.000	0.111	0.169	0.283	7.15
16	0.344	0.522	0.877	0.098	0.149	0.250	6.25
18	0.306	0.465	0.780	0.087	0.132	0.222	5.55
20	0.275	0.418	0.702	0.078	0.118	0.199	5.0

已知短路容量 S_k 和电压、从图 2-16 或图 2-17 中查得短路电流有效值 I_Z、短路全电流有效值 I_{ch}、短路冲击电流 i_{ch}和总电抗 $X_{*\Sigma}$。

图 2-16 和图 2-17 中曲线数值读法见图 2-18。

图 2-16 中的 i_{ch}、I_{ch}曲线是按冲击系数 $K_c=1.8$ 绘出，适用于短路点远离发电厂，总电阻较小的电路中$\left(R_{\Sigma}\leqslant\frac{1}{3}X_{\Sigma}\right)$。

当计算系统变压器容量为 1000kVA 及以下时，且总电阻较大的电路中$\left(R_{\Sigma}>\frac{1}{3}X_{\Sigma}\right)$，发生短路时短路电流衰减较快，可采用图 2-17 中的曲线($K_c=1.3$)。若图 2-16 中 $K_{ch}\neq1.8$，图 2-17 中 $K_{ch}\neq1.3$ 时，则需将查得的 i_{ch}和 I_{ch}值乘以不同的换算系数，见表 2-15。

当计算系统的总阻抗 $X_{*\Sigma}$比图上坐标数值大 n 倍时，则查出的 I_Z 和 S_k 数值相应减少 n 倍；反之，当计算系统的总阻抗 $X_{*\Sigma}$比图上坐标数值小 n 倍时，则查得的 I_Z 和 S_k 数值相应增大 n 倍。因此，当计算系统的总阻抗 $X_{*\Sigma}$超出图上坐标数值时，仍可按比例查出相应的短路电流和短路容量的数值。

关于图 2-16 和图 2-17 中曲线数值读法如图 2-18 所示。

冲击系数 $K_c \neq 1.2$ 时，i_{ch} 和 I_{ch} 值的换算系数表 表 2-15

冲击系数 K_c	i_{ch} 换算系数 K_1	I_{ch} 换算系数 K_2	冲击系数 K_c	i_{ch} 换算系数 K_1	I_{ch} 换算系数 K_2
1.10	0.61	0.67	1.50	0.82	0.81
1.15	0.64	0.67	1.55	0.86	0.84
1.20	0.67	0.68	1.60	0.88	0.87
1.25	0.68	0.70	1.65	0.91	0.90
1.30	0.72	0.71	1.70	0.94	0.92
1.35	0.74	0.74	1.80	1.00	1.00
1.40	0.78	0.76	1.90	1.06	1.07
1.45	0.81	0.78	2.00	1.10	1.14

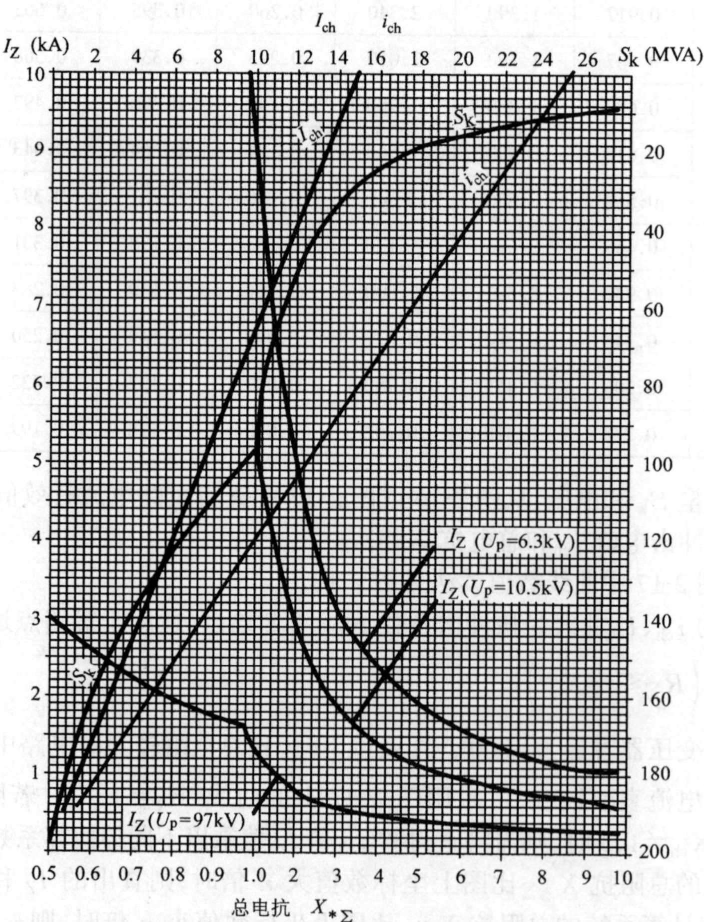

图 2-16 短路电流计算图

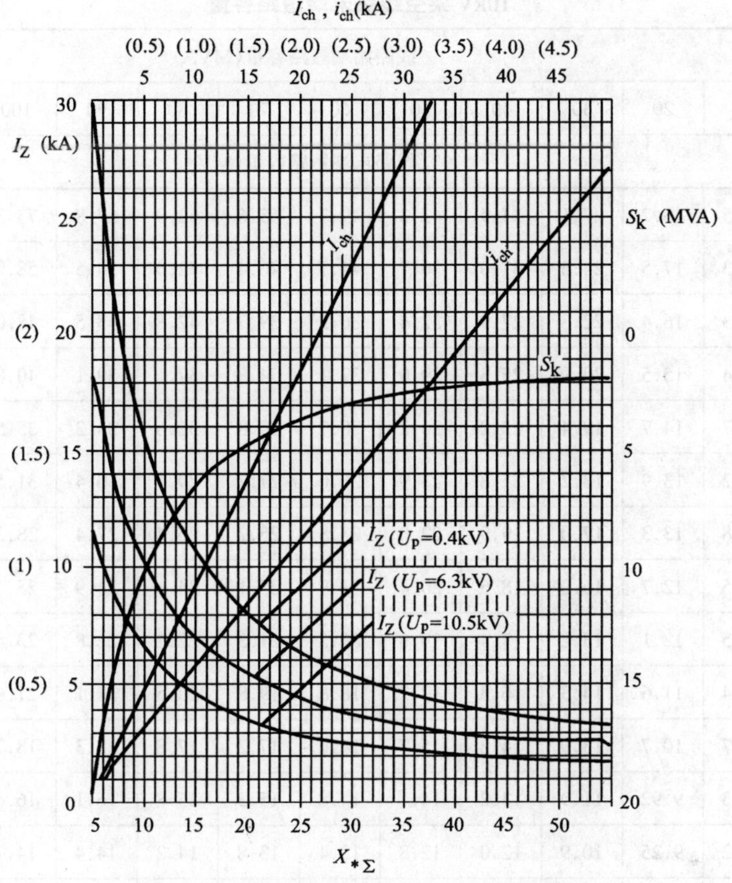

图 2-17　1000kVA 变压器短路电流计算图

注：括号内的短路电流数值用于 6.3kV，10.5kV

括号外的短路电流数值用于 0.4kV

已知总阻抗的查表法：

1→2→3　读 I_Z；

3→4→5　读 I_{ch}；

3→6→7　读 i_{ch}

1→8→9　读 S_k

已知总短路容量的查表法：

9→8→2→3　读 I_Z；

3→4→5　读 I_{ch}；

3→6→7　读 i_{ch}

9→8→1　读 $X_{*\Sigma}$

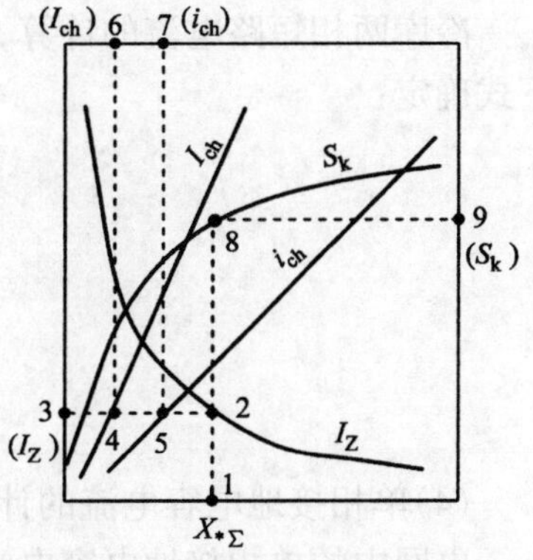

图 2-18　曲线数值读法图解

3）已知线路始端短路容量和线路长度，从表 2-16 中可查得线路末端短路容量。

10kV 架空线路末端短路容量 **表 2-16**

线路长度(km)	线路始端短路容量(MVA)											
	10	20	30	40	50	60	70	80	90	100	150	200
	线路末端短路容量(MVA)											
1	9.65	18.7	27.1	34.9	42.3	49.3	55.6	62.0	67.8	73.3	97.0	116
2	9.33	17.5	24.6	31.0	36.7	41.7	46.4	52.0	54.5	58.0	71.8	81.6
3	9.03	16.4	22.8	27.9	32.4	36.2	39.7	42.8	45.5	48.0	57.0	62.9
4	8.74	15.5	20.9	25.3	29.0	32.1	34.8	37.1	39.1	40.8	47.3	51.3
5	8.47	14.7	19.4	23.2	26.2	28.7	30.8	32.6	34.2	35.5	40.2	43.2
6	8.22	13.9	18.2	21.8	23.9	26.0	27.7	29.1	30.4	31.5	35.2	37.4
7	7.98	13.3	17.0	19.9	22.0	23.8	25.2	26.4	27.4	28.2	31.2	32.9
8	7.75	12.7	16.0	18.5	20.4	21.9	23.1	24.1	24.9	25.6	28.0	29.3
9	7.55	12.1	15.2	17.4	19.0	20.3	21.3	22.2	22.8	23.5	25.4	26.6
10	7.34	11.6	14.3	16.3	17.7	18.8	19.8	20.5	21.1	21.6	23.2	24.2
12	6.97	10.7	13.0	14.6	15.7	16.6	17.2	17.8	18.3	18.7	19.9	20.6
14	6.63	9.92	11.9	13.2	14.1	14.8	15.3	15.8	16.1	16.4	17.4	17.9
16	6.32	9.25	10.9	12.0	12.8	13.4	13.8	14.2	14.4	14.7	15.4	15.8
18	6.05	8.66	10.1	11.1	11.7	12.2	12.5	12.8	13.0	13.3	13.9	14.2
20	5.80	8.18	9.44	10.2	10.8	11.2	11.5	11.7	11.9	12.1	12.6	12.9

(3)两相短路电流的计算

冷库两相短路电流的计算，按远离发电机考虑，两相短路电流与3相短路电流的关系按下式确定：

$$\left.\begin{aligned} & I''^{(2)}=0.866I''^{(3)} \\ & i_{ch}^{(2)}=0.866i_{ch}^{(3)} \\ & I_{ch}^{(2)}=0.866I_{ch}^{(3)} \\ & \text{因 } I_k=I'' \\ & \text{故：}I_k^{(2)}=0.866I_k^{(3)} \end{aligned}\right\} \tag{2-9}$$

(4)单相接地电容电流的计算

电网中的单相接地电容电流由电力线路和电力设备(同步发电机、大容量同步电动机、变压器等)两部分组成，而电力设备的电容电流比线路的电容电流小得多，可以忽略不计，故只计算电缆线路和架空线路的单相接地电容电流。

1)电缆线路的单相接地电容电流可按下式估算：

$$I_c=0.1U_rl(\mathrm{A}) \tag{2-10}$$

2)架空线路的单相接地电容电流可按下式估算：

无架空地线的单回路：　$I_c = 2.7U_r l \times 10^{-3}$(A)　(2-11)

有架空地线的单回路：　$I_c = 3.3U_r l \times 10^{-3}$(A)　(2-12)

式中　U_r——线路额定线电压，(kV)；

l——线路长度，(km)。

电缆线路和架空线路的单相接地电容电流的平均值见表 2-17。

电缆线路和架空线路的单相接地电容电流的平均值(A/km)　**表 2-17**

电压(kV)	电缆线路，当芯线截面为下列数值时(mm^2)											架空线路	
	10	16	25	35	50	70	95	120	150	185	240	单回路	双回路
6	0.33	0.37	0.46	0.52	0.59	0.71	0.82	0.89	1.10	1.20	1.30	0.013	0.017
10	0.46	0.52	0.62	0.69	0.77	0.90	1.00	1.10	1.30	1.40	1.60	0.0256	0.035
35	—	—	—	—	—	3.70	4.10	4.40	4.80	5.20	—	0.078	0.102
												(0.091)	(0.110)

注：括号内的数字用于有架空地线的架空线路。

2.3.5　低压系统(380/220V)短路电流的计算

(1)三相短路电流周期分量的计算

1)单台变压器供电的低压系统三相短路电流周期分量计算：

电路图如图 2-19 所示，

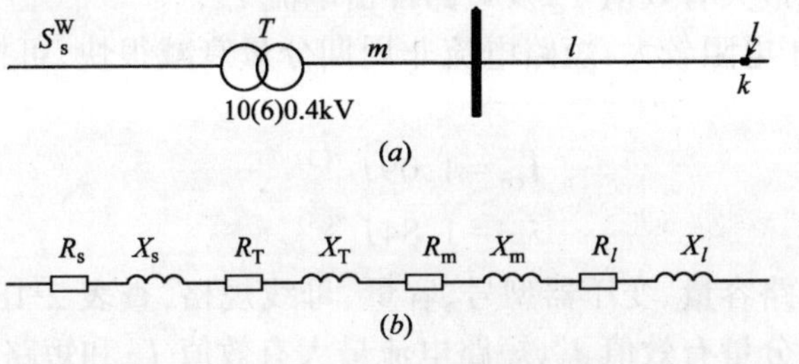

(a)

(b)

图 2-19　低压网络三相短路电流计算电路

(a)计算电路图　(b)等效电路图

低压网络三相起始短路电流周期分量按下式计算：

$$I^{(3)''} = \frac{cU_n/\sqrt{3}}{Z_k} = \frac{1.05U_n/\sqrt{3}}{\sqrt{R_k^2 + X_k^2}}(\text{kA}) \quad (2\text{-}13)$$

其中

$$R_k = R_s + R_T + R_m + R_l$$

$$X_k = X_s + X_T + X_m + X_l$$

式中　$I^{(3)''}$、$I_k^{(3)}$——三相短路电流的初始值、稳态值。

(当 $\sqrt{R_T^2 + X_T^2}/\sqrt{R_s^2 + X_s^2} \geqslant 2$，变压器低压侧短路时的短路电流周期分量不衰减，即：$I^{(3)''} = I_k^{(3)}$)。

U_n——线电压(V)；

c——电压系数，计算3相短路电流时取1.05，计算单相接地故障电流时取1.0；

Z_k、R_k、X_k——短路电路总阻抗、总电阻、总电抗，(mΩ)；

R_s、X_s——变压器高压侧系统的电阻、电抗(归算到400V侧)，(mΩ)；

R_T、X_T——变压器的电阻、电抗，(mΩ)；

R_m、X_m——变压器低压侧母线段的电阻、电抗，(mΩ)；

R_l、X_l——配电线路的电阻、电抗，(mΩ)。

2)当两台变压器并联运行时，低压系统三相短路电流周期分量计算，仍按公式(2-13)计算，只是变压器的电阻、电抗应按其等效阻抗计算后。将其值代入(2-13)公式中计算。并联支路阻抗变换如图2-20所示。

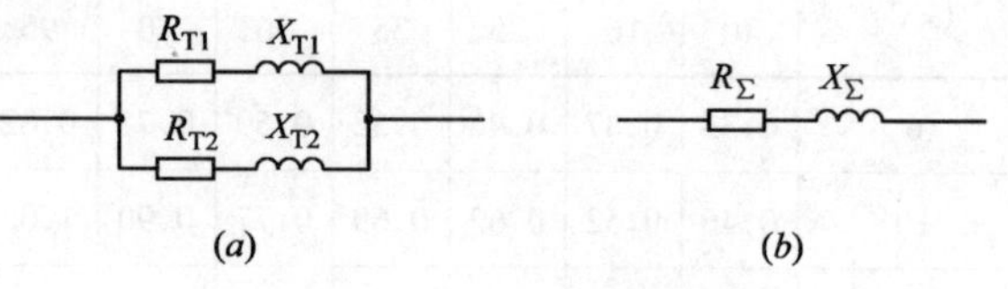

图2-20　并联阻抗的变换

(a)并联阻抗电路图　(b)等效阻抗电路图

冷库一般选用两台型号相同。容量相等的变压器并联运行，等效阻抗可按下式计算：

$$\left.\begin{aligned} R_{\Sigma} &= \frac{R_{T1}\cdot R_{T2}}{R_{T1}+R_{T2}} \\ X_{\Sigma} &= \frac{X_{T1}\cdot X_{T2}}{X_{T1}+X_{T2}} \end{aligned}\right\} \tag{2-14}$$

3)三相短路全电流最大有效值 I_{ch} 及短路冲击电流 i_{ch}。

在低压网络中，由于电阻较大，短路电流非周期分量衰减很快，可按高压系统计算公式进行计算，即：

$$I_{ch} = 1.09 I''^{(3)} \tag{2-15}$$

$$i_{ch} = 1.84 I''^{(3)} \tag{2-16}$$

4)根据电力系统短路容量、变压器型号、容量、母线规格，查表2-18～表2-20得出变压器低压侧短路电流周期分量有效值 I''、短路电流最大有效值 I_{ch} 和短路冲击电流 i_{ch}。

5)已知变压器容量及其高压侧短路容量，从表2-21中可以查得低压侧短路容量。本表中低压侧短路容量数值按下式计算得出。

$$S_k = \frac{100}{\dfrac{100}{S_{k\cdot T}} + X_{*T}} \tag{2-17}$$

式中　$S_{k\cdot T}$——变压器高压侧短路容量(MVA)；

X_{*T}——变压器电抗标幺值，从表2-8可查得。

(2)低压异步电动机对短路电流的影响

异步电动机的次瞬间电势 E'' 是比较小，当电动机端头发生三相短路时，在单位容量20kW以上的异步电动机，才考虑它对三相短路电流的影响。

当 $\sum I_{rM} \leqslant 0.01 I_k''^{(3)}$ 不计及它的影响。由于电动机增加的短路电流衰减很快，因此仅在冲击电流值中加以计算，而对其他电流值均可不予考虑。

S7、SL7 系列 10(6)/0.4kV 变压器低压侧短路电流值(D,yn11 连接) **表 2-18**

高压侧系统短路容量(MVA)	变压器容量(kVA)	200			250			315			400			500		
	变压器阻抗电压(%)	4														
	低压母线段规格(LMY)	4(40×4)						4(50×5)			4(63×6.3)			3(80×6.3)+63×6.3		
	短路电流种类	I''	i_{ch}	I_{ch}	I''	i_{ch}	I_{ch}	I''	i_{ch}	I_{ch}	I''	i_{ch}	I_{ch}	I''	i_{ch}	I_{ch}
20	3 相短路电流	5.61	10.32	6.12	6.64	11.85	7.24	7.87	14.48	8.58	9.27	17.06	10.10	10.68	19.85	11.01
	2 相短路电流	4.86	8.94	5.30	5.75	10.26	6.27	6.82	12.54	7.43	8.03	14.79	8.75	9.41	17.19	9.54
	单相接地相保	5.51	—	—	6.56	—	—	7.89	—	—	9.44	—	—	10.98	—	—
30	3 相短路电流	5.98	11.00	6.42	7.17	13.19	7.82	8.64	15.90	9.42	10.37	19.08	11.30	12.17	22.39	13.27
	2 相短路电流	5.18	9.53	5.60	6.21	11.42	6.77	7.48	13.77	8.16	8.98	16.52	9.79	10.54	19.39	11.49
	单相接地相保	5.76	—	—	6.92	—	—	8.40	—	—	10.20	—	—	12.04	—	—
50	3 相短路电流	6.32	11.63	6.89	7.66	14.09	8.35	9.36	17.22	10.20	11.44	21.05	12.47	13.68	25.17	14.91
	2 相短路电流	5.47	10.07	5.97	6.63	12.20	7.23	8.11	14.91	8.83	9.91	18.23	10.80	11.85	21.80	12.91
	单相接地相保	5.97	—	—	7.22	—	—	8.87	—	—	10.90	—	—	13.03	—	—
75	3 相短路电流	6.50	11.96	7.09	7.93	14.59	8.63	9.77	17.98	10.65	12.07	22.21	13.16	14.59	26.85	15.90
	2 相短路电流	5.63	10.36	6.14	6.87	12.63	7.47	8.46	15.57	9.22	10.45	19.23	11.40	12.63	23.26	13.77
	单相接地相保	6.08	—	—	7.39	—	—	9.12	—	—	11.28	—	—	13.58	—	—
100	3 相短路电流	6.59	12.13	7.18	8.07	14.85	8.80	9.99	18.38	10.89	12.40	22.82	13.52	15.09	27.77	16.45
	2 相短路电流	5.71	10.50	6.22	6.99	12.86	7.62	8.65	15.92	9.43	10.74	19.76	11.71	13.07	24.05	14.25
	单相接地相保	6.13	—	—	7.47	—	—	9.25	—	—	11.48	—	—	13.88	—	—
200	3 相短路电流	6.74	12.40	7.35	8.30	15.27	9.05	10.33	19.01	11.26	12.94	23.81	14.10	15.89	29.24	17.32
	2 相短路电流	5.84	10.74	6.37	7.19	13.22	7.84	8.95	16.46	9.75	11.21	3.30	12.13	13.76	25.32	15.00
	单相接地相保	6.22	—	—	7.60	—	—	9.45	—	—	11.80	—	—	14.35	—	—
∞	3 相短路电流	6.89	12.68	7.51	8.53	15.70	9.30	10.70	19.69	11.63	13.53	24.90	14.75	16.80	30.91	18.31
	2 相短路电流	5.97	10.98	6.50	7.39	13.59	8.05	9.27	17.05	10.07	11.72	21.56	12.77	14.55	26.76	15.86
	单相接地相保	6.31	—	—	7.74	—	—	9.66	—	—	12.14	—	—	14.85	—	—

续表

高压侧系统短路容量(MVA)	变压器容量(kVA)	630			800			1000			1250			1600		
	变压器阻抗电压(%)	4.5														
	低压母线段规格(LMY)	3(80×8)+63×6.3			(100×8)+80×8			(125×10)+80×8			3[2(100×8)]+100×10			3[2(125×10)]+125×10		
	短路电流种类	I''	i_{ch}	I_{ch}	I''	i_{ch}	I_{ch}	I''	i_{ch}	I_{ch}	I''	i_{ch}	I_{ch}	I''	i_{ch}	I_{ch}
20	3相短路电流	11.34	20.87	12.36	12.84	23.63	14.00	14.32	26.35	15.61	—	—	—	—	—	—
	2相短路电流	9.82	18.03	10.70	11.12	20.46	12.12	12.40	22.82	13.52	—	—	—	—	—	—
	单相接地相保	11.73	—	—	13.50	—	—	15.24	—	—	—	—	—	—	—	—
30	3相短路电流	13.05	24.01	14.23	15.08	27.75	16.44	17.17	31.59	18.72	19.21	35.35	20.94	21.55	39.65	23.49
	2相短路电流	11.30	20.79	12.32	13.06	24.03	14.24	14.87	27.36	15.35	16.64	30.61	18.13	18.66	34.34	20.34
	单相接地相保	12.95	—	—	15.16	—	—	17.39	—	—	19.75	—	—	22.51	—	—
50	3相短路电流	14.82	27.27	16.15	17.50	32.20	19.08	20.39	37.52	22.23	23.35	42.96	25.45	26.92	49.53	29.34
	2相短路电流	12.83	23.62	13.99	15.16	27.89	16.52	17.66	32.49	19.25	20.22	37.20	22.04	23.31	42.89	25.41
	单相接地相保	14.11	—	—	16.78	—	—	19.56	—	—	22.62	—	—	26.31	—	—
75	3相短路电流	15.90	29.26	17.33	19.03	35.02	20.74	22.50	41.40	24.53	26.17	48.15	28.52	30.75	56.58	33.52
	2相短路电流	13.77	25.34	15.01	16.48	30.32	17.96	19.49	35.85	21.24	22.66	41.70	24.70	26.63	49.00	29.03
	单相接地相保	14.78	—	—	17.73	—	—	20.87	—	—	34.40	—	—	28.76	—	—
100	3相短路电流	16.50	30.36	17.99	19.90	36.62	21.69	23.73	43.66	25.87	27.85	51.24	30.36	33.10	60.90	36.08
	2相短路电流	14.29	26.29	15.58	17.23	31.71	18.78	20.55	37.81	22.40	24.15	44.37	26.69	28.66	52.74	31.25
	单相接地相保	15.13	—	—	18.24	—	—	21.58	—	—	25.38	—	—	30.14	—	—
200	3相短路电流	17.48	32.16	19.05	21.35	39.28	23.27	25.83	47.53	28.15	30.79	56.65	33.56	37.35	69.06	40.71
	2相短路电流	15.14	27.85	16.50	18.49	34.02	20.15	22.37	41.16	24.38	26.66	49.06	29.06	32.35	59.81	35.25
	单相接地相保	15.70	—	—	19.06	—	—	22.75	—	—	24.04	—	—	32.50	—	—
∞	3相短路电流	18.59	34.21	20.26	23.04	42.39	25.11	28.36	52.18	30.91	34.48	63.44	37.58	42.92	78.97	46.78
	2相短路电流	16.10	29.63	17.55	19.95	36.71	21.75	24.56	45.19	26.77	29.86	54.94	32.55	37.17	68.39	40.51
	单相接地相保	16.30	—	—	19.99	—	—	24.08	—	—	28.91	—	—	35.27	—	—

注:1. 表中 $I''=I_Z$,计算阻抗包括高压系统阻抗、变压器阻抗和长5m的低压母线阻抗。

2. $i_{ch}=1.84I''$;$I_{ch}=1.09I''$。

3. 两相电流计算:$I''^{(2)}=0.866''^{(3)}$;$I_{ch}^{(2)}=0.866I_{ch}^{(3)}$;$i_{ch}^{(2)}=0.866i_{ch}^{(3)}$。

S7 系列 10(6)kV 变压器低压侧短路电流值(Y, yn0 连接) **表 2-19**

高压侧系统短路容量(MVA)	变压器容量(kVA)	200			250			315			400			500		
	变压器阻抗电压(%)	4														
	低压母线段规格(LMY)	LMY－4(40×4)						LMY－4(50×5)			LMY－4(63×6.3)			LMY－3(80×6.3)+63×6.3		
	短路电流种类	I''	i_{ch}	I_{ch}	I''	i_{ch}	I_{ch}	I''	i_{ch}	I_{ch}	I''	i_{ch}	I_{ch}	I''	i_{ch}	I_{ch}
20	3 相短路电流	5.61	10.43	6.12	6.64	12.22	7.24	7.87	14.48	8.58	9.27	17.60	10.10	10.68	19.65	11.64
	2 相短路电流	4.86	9.03	5.23	5.75	10.58	6.27	6.82	12.54	7.43	8.03	15.24	8.75	9.25	17.02	10.08
	单相接地相保	1.70	—	—	1.97	—	—	2.44	—	—	3.04	—	—	3.72	—	—
30	3 相短路电流	5.98	11.00	6.52	7.18	13.21	7.83	8.63	12.57	7.23	10.37	19.08	11.30	12.17	22.39	13.27
	2 相短路电流	5.18	9.53	5.65	7.08	11.44	6.78	7.43	10.88	6.26	8.98	16.52	9.79	10.54	19.39	11.49
	单相接地相保	1.72	—	—	2.00	—	—	2.49	—	—	3.11	—	—	3.83	—	—
50	3 相短路电流	6.32	11.44	6.89	7.66	14.09	8.35	9.36	17.22	10.20	11.44	21.05	12.47	13.69	25.19	14.92
	2 相短路电流	5.47	9.91	5.94	6.63	12.29	7.23	8.11	14.91	8.83	9.91	18.23	10.80	11.86	21.81	12.92
	单相接地相保	1.74	—	—	2.03	—	—	2.53	—	—	3.18	—	—	3.92	—	—
75	3 相短路电流	6.50	11.96	7.08	7.93	14.59	8.64	9.77	17.98	10.05	12.07	22.21	13.16	14.59	26.85	15.90
	2 相短路电流	5.63	10.36	6.13	6.87	12.63	7.48	8.46	15.57	8.70	10.45	19.23	11.40	12.63	23.26	13.77
	单相接地相保	1.75	—	—	2.04	—	—	2.55	—	—	3.21	—	—	3.98	—	—
100	3 相短路电流	6.59	12.13	7.18	8.08	14.87	8.81	9.98	18.36	10.88	12.40	22.82	13.52	15.08	27.75	16.44
	2 相短路电流	5.71	10.50	6.22	7.00	12.88	7.63	8.64	15.90	9.42	10.34	19.76	11.71	13.06	24.03	14.24
	单相接地相保	1.76	—	—	2.05	—	—	2.56	—	—	3.23	—	—	4.00	—	—
200	3 相短路电流	6.74	12.40	7.35	8.30	15.27	9.05	10.33	19.01	11.26	12.94	23.81	14.11	15.89	29.34	17.32
	2 相短路电流	5.84	10.74	6.37	7.19	13.22	7.84	8.95	16.46	9.75	11.21	20.48	12.22	13.76	25.41	15.00
	单相接地相保	1.76	—	—	2.06	—	—	2.58	—	—	3.25	—	—	4.04	—	—
∞	3 相短路电流	6.89	12.68	7.51	8.53	15.70	9.30	10.69	19.67	11.65	13.53	24.90	14.75	16.80	30.91	18.31
	2 相短路电流	5.97	10.98	6.50	7.39	13.60	8.05	9.26	17.03	10.09	11.72	21.56	12.77	14.55	26.77	15.86
	单相接地相保	1.77	—	—	2.07	—	—	2.60	—	—	3.28	—	—	4.08	—	—

续表

高压侧系统短路容量(MVA)	变压器容量(kVA)	630			800			1000			1250			1600		
	变压器阻抗电压(%)	4.5														
	低压母线段规格(LMY)	LMY－3(80×8)＋50×5			LMY－(100×8)＋63×6.3			LMY－(125×10)＋80×6.3			LMY－3[2(100×8)]＋80×8			LMY－3[2(125×10)]＋80×10		
	短路电流种类	I''	i_{ch}	I_{ch}	I''	i_{ch}	I_{ch}	I''	i_{ch}	I_{ch}	I''	i_{ch}	I_{ch}	I''	i_{ch}	I_{ch}
20	3相短路电流	11.34	20.87	12.36	12.84	23.63	14.00	14.32	26.35	15.61	—	—	—	—	—	—
	2相短路电流	9.82	18.03	10.70	11.12	20.46	12.12	12.40	22.82	13.52	—	—	—	—	—	—
	单相接地相保	4.56	—	—	5.52	—	—	6.11	—	—	—	—	—	—	—	—
30	3相短路电流	13.05	24.01	14.23	15.08	27.75	16.44	17.74	32.64	19.34	19.20	35.33	20.93	21.55	39.65	23.49
	2相短路电流	11.30	20.79	12.32	13.06	24.03	14.24	15.36	28.27	16.75	16.63	30.60	18.13	18.66	34.34	20.34
	单相接地相保	4.71	—	—	5.78	—	—	6.43	—	—	7.72	—	—	9.41	—	—
50	3相短路电流	14.82	27.27	16.15	17.50	32.20	19.08	20.39	37.52	22.23	23.34	42.95	25.44	26.92	49.53	29.34
	2相短路电流	12.83	23.62	13.99	15.16	27.89	16.52	17.66	32.49	19.25	20.21	37.19	22.03	23.31	42.89	25.41
	单相接地相保	4.85	—	—	6.00	—	—	6.71	—	—	8.13	—	—	10.01	—	—
75	3相短路电流	15.90	29.26	17.33	19.03	35.02	20.74	22.50	41.40	24.53	26.15	48.12	28.50	30.75	56.58	33.52
	2相短路电流	13.77	25.34	15.01	16.48	30.32	17.96	19.49	35.85	21.24	22.65	41.67	24.68	26.63	49.00	29.03
	单相接地相保	4.93	—	—	6.12	—	—	6.85	—	—	8.35	—	—	10.35	—	—
100	3相短路电流	16.50	30.36	17.99	19.90	36.62	21.69	23.74	43.18	25.88	27.83	51.21	30.33	33.10	60.90	36.08
	2相短路电流	14.29	26.29	15.58	17.23	31.71	18.78	20.56	37.39	22.41	24.10	44.35	26.26	28.66	52.74	31.25
	单相接地相保	4.97	—	—	6.18	—	—	6.93	—	—	8.46	—	—	10.52	—	—
200	3相短路电流	17.48	32.16	19.05	21.35	39.28	23.27	25.83	47.53	28.15	30.77	56.62	33.54	37.35	69.06	40.71
	2相短路电流	15.14	27.85	16.50	18.49	34.02	20.15	22.37	41.16	24.38	26.65	49.03	29.05	32.35	59.81	35.25
	单相接地相保	5.03	—	—	6.27	—	—	7.05	—	—	8.63	—	—	10.80	—	—
∞	3相短路电流	18.59	34.21	20.26	23.04	42.39	25.11	28.36	52.18	30.91	34.45	63.39	37.55	42.92	78.97	46.78
	2相短路电流	16.10	29.63	17.55	19.95	36.71	21.75	24.56	45.19	26.77	29.83	54.90	32.52	37.17	68.39	40.51
	单相接地相保	5.09	—	—	6.37	—	—	7.71	—	—	8.82	—	—	11.09	—	—

注:同表2-18。

SL7 系列 10(6)kV 变压器低压侧短路电流值(Y,yn0 连接) **表 2-20**

高压侧系统短路容量(MVA)	变压器容量(kVA)	200			250			315			400			500		
	变压器阻抗电压(%)	4														
	低压母线段规格(LMY)	4(40×4)						3(50×5)+40×4			3(63×6.3)+40×4			3(80×6.3)+50×5		
	短路电流种类	I''	i_{ch}	I_{ch}	I''	i_{ch}	I_{ch}	I''	i_{ch}	I_{ch}	I''	i_{ch}	I_{ch}	I''	i_{ch}	I_{ch}
20	3 相短路电流	5.61	10.32	6.12	6.66	12.54	7.26	7.87	14.48	8.58	9.27	17.06	10.10	10.68	19.65	11.64
	2 相短路电流	4.86	8.94	5.30	5.77	10.86	6.43	6.82	12.54	7.43	8.03	14.77	8.75	9.25	17.02	10.08
	单相接地相保	1.79	—	—	2.20	—	—	2.72	—	—	3.38	—	—	4.12	—	—
30	3 相短路电流	5.98	11.00	6.52	7.17	13.19	7.82	8.63	15.88	9.41	10.37	19.08	11.30	12.17	22.39	13.27
	2 相短路电流	5.18	9.53	5.65	6.21	11.42	6.77	7.47	13.75	8.15	8.98	16.52	9.79	10.54	19.38	11.49
	单相接地相保	1.81	—	—	2.23	—	—	2.78	—	—	3.47	—	—	4.26	—	—
50	3 相短路电流	6.32	11.63	6.89	7.67	14.11	8.36	9.36	17.22	10.20	11.44	21.05	12.47	13.69	25.19	14.92
	2 相短路电流	5.47	10.07	5.97	6.64	25.96	7.24	8.16	14.91	8.83	9.91	18.23	10.80	11.86	21.81	12.92
	单相接地相保	2.00	—	—	2.37	—	—	2.83	—	—	3.55	—	—	4.38	—	—
75	3 相短路电流	6.48	11.92	7.06	7.93	14.59	8.64	9.77	17.98	10.65	12.07	22.21	13.16	14.59	26.85	15.90
	2 相短路电流	5.61	10.32	6.11	6.87	12.63	7.48	8.46	15.57	9.22	10.45	19.23	11.40	12.64	23.25	13.77
	单相接地相保	1.84	—	—	2.28	—	—	2.85	—	—	3.59	—	—	4.44	—	—
100	3 相短路电流	6.59	12.13	7.18	8.08	14.67	8.81	9.98	18.36	10.88	12.41	22.83	13.53	15.09	27.77	16.45
	2 相短路电流	5.71	10.51	6.22	7.00	12.70	7.63	8.64	15.90	9.42	10.75	19.77	11.72	13.07	24.05	14.25
	单相接地相保	1.85	—	—	2.29	—	—	2.86	—	—	3.61	—	—	4.47	—	—
200	3 相短路电流	6.74	12.40	7.35	8.29	15.25	9.04	10.32	18.99	11.25	12.94	35.40	14.11	16.08	29.59	17.53
	2 相短路电流	5.84	10.74	6.37	7.18	13.21	7.83	8.94	16.45	9.74	11.21	30.66	12.22	13.93	25.62	15.18
	单相接地相保	1.85	—	—	2.30	—	—	2.88	—	—	3.64	—	—	4.52	—	—
∞	3 相短路电流	6.89	12.68	7.51	8.53	15.70	9.30	10.69	19.67	11.65	13.53	24.90	14.75	16.80	30.91	18.31
	2 相短路电流	5.97	10.98	6.50	7.39	13.60	8.05	9.26	17.03	10.09	11.72	21.56	12.77	14.55	26.77	15.86
	单相接地相保	1.86	—	—	2.31	—	—	2.90	—	—	3.67	—	—	4.56	—	—

续表

高压侧系统短路容量(MVA)	变压器容量(kVA)	630			800			1000			1250			1600		
	变压器阻抗电压(%)	4.5														
	低压母线段规格(LMY)	3(80×8)+50×5			3(100×8)+63×6.3			3(125×10)+80×6.3			3[2(100×10)]+80×8			3[2(125×10)]+80×10		
	短路电流种类	I''	i_{ch}	I_{ch}	I''	i_{ch}	I_{ch}	I''	i_{ch}	I_{ch}	I''	i_{ch}	I_{ch}	I''	i_{ch}	I_{ch}
20	3相短路电流	11.34	20.87	12.36	12.83	23.61	13.98	14.32	26.35	15.61	—	—	—	—	—	—
	2相短路电流	9.82	18.03	10.70	11.11	20.45	12.11	12.40	22.82	13.52	—	—	—	—	—	—
	单相接地相保	4.66	—	—	5.53	—	—	6.63	—	—	—	—	—	—	—	—
30	3相短路电流	13.05	24.01	14.23	15.07	27.73	16.43	17.16	31.57	18.70	19.20	35.33	20.93	21.56	39.65	23.49
	2相短路电流	11.30	20.79	12.32	13.05	24.01	14.23	14.86	27.34	16.19	16.63	30.60	18.13	18.66	34.34	20.34
	单相接地相保	4.85	—	—	5.79	—	—	7.01	—	—	8.40	—	—	10.18	—	—
50	3相短路电流	14.82	27.27	16.15	17.50	32.20	19.08	20.39	37.52	22.23	23.33			26.93		
	2相短路电流	12.83	23.62	13.99	15.16	27.89	16.52	17.66	32.49	19.25						
	单相接地相保	5.00	—	—	6.01	—	—	7.34	—	—	8.88	—	—	10.89	—	—
75	3相短路电流	15.89	29.24	17.32	19.02	35.00	20.73	22.50	41.40	24.53	26.17	48.15	28.53	30.75	56.58	33.52
	2相短路电流	13.76	25.32	15.00	16.47	30.31	17.95	19.49	35.85	21.24	22.66	41.70	24.70	26.63	49.00	29.03
	单相接地相保	5.08	—	—	6.12	—	—	7.51	—	—	9.14	—	—	11.29	—	—
100	3相短路电流	16.50	30.36	17.99	19.90	36.62	21.69	23.74	43.18	25.88	27.85	51.24	30.36	33.09	60.89	36.07
	2相短路电流	14.29	26.29	15.58	17.23	31.71	18.78	20.56	37.39	22.41	24.12	44.37	26.29	28.66	52.73	31.23
	单相接地相保	5.12	—	—	6.18	—	—	7.60	—	—	9.27	—	—	11.49	—	—
200	3相短路电流	17.48	32.16	19.05	21.36	39.30	23.28	25.81	47.49	28.13	30.79	56.62	33.54	37.34	68.63	40.70
	2相短路电流	15.14	27.85	16.50	18.50	34.03	20.16	22.35	41.13	24.36	26.65	49.03	29.05	32.34	59.43	35.25
	单相接地相保	5.18	—	—	6.28	—	—	7.74	—	—	9.49	—	—	11.82	—	—
∞	3相短路电流	18.59	34.21	20.26	23.05	42.41	25.13	28.36	52.18	30.91	34.43	63.35	26.63	42.91	78.95	46.77
	2相短路电流	16.10	29.63	17.55	19.96	36.73	21.76	24.56	45.19	26.77	29.82	54.86	23.06	37.16	68.37	40.50
	单相接地相保	5.25	—	—	6.37	—	—	7.89	—	—	9.71	—	—	12.17	—	—

注:同表2-18。

10(6)/0.4kV三相双绕组电力变压器低压侧短路容量 **表2-21**

变压器容量(kVA)	阻抗电压(%)	变压器高压侧短路容量(MVA)							
		10	20	30	40	50	75	100	200
		变压器低压侧短路容量(MVA)							
100	4	2.00	2.22	2.31	2.36	2.38	2.41	2.42	2.47
125		2.38	2.70	2.84	2.90	2.94	2.99	3.30	3.08
160		2.86	3.33	3.53	3.64	3.70	3.77	3.85	3.92
200		3.33	4.00	4.29	4.45	4.55	4.65	4.76	4.88
250		3.85	4.77	5.18	5.40	5.55	5.70	5.88	6.05
315		4.40	5.65	6.25	6.58	6.80	7.02	7.30	7.58
400		5.00	6.67	7.50	8.00	8.33	8.67	9.10	9.53
500		5.55	7.70	8.83	9.53	10.0	10.50	11.10	11.80
630	4.5	6.12	8.81	10.30	11.30	12.0	12.70	13.60	14.60
800		6.40	9.40	11.20	12.30	13.1	14.00	15.10	16.30
1000		6.90	10.50	12.80	14.30	15.4	16.60	18.20	20.00

电动机的反馈冲击电流计算公式如下：

$$i_{\mathrm{ch}\cdot\mathrm{M}}=\sqrt{2}\cdot\frac{E''_{*}}{X''_{*\mathrm{M}}}\cdot K_{\mathrm{ch}}\cdot I_{\mathrm{rM}}(\mathrm{A}) \tag{2-18}$$

式中 E''_{*}——电动机的次瞬间电势标幺值，一般约为0.9；

$X''_{*\mathrm{M}}$——电动机的次瞬间电抗值，取平均值0.2；

K_{ch}——短路电流冲击系数，取1；

I_{rM}——电动机额定电流(A)。

将 $E''_{*}=0.9$、$X''_{*\mathrm{M}}=0.2$、$K_{\mathrm{ch}}=0.1$ 值代入(2-18)公式，则可得如下简化公式：

$$i_{\mathrm{ch}}=6.5I_{\mathrm{rM}} \tag{2-19}$$

(3)两相短路电流计算

低压网络两相短路电流与三相短路电流的关系和高压系统一样，即：

$$\left.\begin{aligned}I''^{(2)}&=I''^{(3)}\\ i_{\mathrm{ch}}^{(2)}&=0.866i_{\mathrm{ch}}^{(3)}\\ I_{\mathrm{ch}}^{(2)}&=0.866I_{\mathrm{ch}}^{(3)}\end{aligned}\right\} \tag{2-20}$$

(4)单相短路电流 $I''^{(1)}$ 电流计算

1)单相接地故障电流的计算

TN接地系统的低压网络单相接地故障电流 $I''^{(1)}$，可用如下公式计算：

$$I''^{(1)}=\frac{1.0\times U_{\mathrm{n}}/\sqrt{3}}{\sqrt{\left(\frac{R_1+R_2+R_0}{3}\right)^2+\left(\frac{X_{(1)}+X_{(2)}+X_{(0)}}{3}\right)^2}}$$

$$=\frac{U_{\mathrm{n}}/\sqrt{3}}{\sqrt{R_{\varphi\mathrm{p}}^2+X_{\varphi\mathrm{p}}^2}}=\frac{220}{\sqrt{R_{\varphi\mathrm{p}}^2+X_{\varphi\mathrm{p}}^2}}=\frac{220}{Z_{\varphi\mathrm{p}}}(\mathrm{kA}) \tag{2-21}$$

$$\left.\begin{aligned}R_{\varphi p}&=\frac{R_{(1)}+R_{(2)}+R_{(0)}}{3}=R_{\varphi p\cdot s}+R_{\varphi p\cdot T}+R_{\varphi p\cdot m}+R_{\varphi p\cdot L}\\X_{\varphi p}&=\frac{X_{(1)}+X_{(2)}+X_{(0)}}{3}=X_{\varphi p\cdot s}+X_{\varphi p\cdot T}+X_{\varphi p\cdot m}+X_{\varphi p\cdot L}\\Z_{\varphi p}&=\sqrt{R_{\varphi p}^2+X_{\varphi p}^2}\end{aligned}\right\}\quad(2\text{-}22)$$

其中：

$$\begin{aligned}R_{(1)}&=R_{(1)\cdot s}+R_{(1)\cdot T}+R_{(1).m}+R_{(1)\cdot L}\\R_{(2)}&=R_{(2)\cdot s}+R_{(2)\cdot T}+R_{(2).m}+R_{(2)\cdot L}\\R_{(0)}&=R_{(0)\cdot s}+R_{(0)\cdot T}+R_{(0).m}+R_{(0)\cdot L}\\X_{(1)}&=X_{(1)\cdot s}+X_{(1)\cdot T}+X_{(1).m}+X_{(1)\cdot L}\\X_{(2)}&=X_{(2)\cdot s}+X_{(2)\cdot T}+X_{(2).m}+X_{(2)\cdot L}\\X_{(0)}&=X_{(0)\cdot s}+X_{(0)\cdot T}+X_{(0).m}+X_{(0)\cdot L}\end{aligned}$$

式中 U_n——380/220V 网络标称线电压，即：380V，$U_n/\sqrt{3}=380/\sqrt{3}\cong220$V；

$R_{(1)}$、$R_{(2)}$、$R_{(0)}$——短路电路正序、负序、零序电阻，(mΩ)；

$X_{(1)}$、$X_{(2)}$、$X_{(0)}$——短路电路正序、负序、零序电抗，(mΩ)；

$Z_{(1)}$、$Z_{(2)}$、$Z_{(0)}$——短路电路正序、负序、零序阻抗，(mΩ)；

$R_{\varphi p}$、$X_{\varphi p}$、$Z_{\varphi p}$——短路电路的相线—保护线回路(保护线包括 PE 线和 PEN 线)，简称相保电阻、相保电抗、相保阻抗，(mΩ)。

2)相线与中性线之间的单相短路电流 $I''^{(1)}$ 的计算

在 TN 和 TT 接地系统的低压网络中，相线与中性线之间的单相短路电流 $I''^{(1)}$ 的计算，与单相接地故障电流 $I''^{(1)}$ 计算相同，仅将配电线路的相保电阻 $R_{\varphi p}$ 和相保电抗 $X_{\varphi p}$ 改用相线、中性线回路的电阻与电抗。

(5)低压网络电路中各主要元件阻抗的计算

1)高压侧系统阻抗

在计算 380/220V 网络电流时，变压器高压侧系统阻抗需要计入，若已知高压侧系统短路容量，则从表 2-22 中可以查出归至变压器低压侧的高压系统的电阻、电抗、阻抗和相保阻抗的数值。

归算至变压器低压侧的高压系统的电阻、电抗、阻抗和相保阻抗的数值　　表 2-22

高压侧短路容量 S_s''(MVA)	10	20	30	50	75	100	200	300	∞
Z_s(*1)	16.00	8.00	5.33	3.20	2.13	1.60	0.80	0.53	0
X_s(*2)	15.92	7.96	5.30	3.18	2.12	1.59	0.80	0.53	0
R_s(*2)	1.59	0.80	0.53	0.32	0.12	0.16	0.08	0.05	0
$R_{\varphi p\cdot s}$(*3)	1.06	0.53	0.35	0.21	0.14	0.11	0.05	0.03	0
$X_{\varphi p\cdot s}$(*3)	10.61	5.31	3.53	2.12	1.41	1.06	0.53	0.35	0

注：(*1) $Z_s=\frac{U_p^2}{S_s''}\times10^3=\frac{160}{S_s''}$(mΩ)；

(*2) $X_s=0.995Z_s$　　$R_s=0.1X_s$；

(*3)对于 D，yn11、Y，yn0 连接的变压器，当低压侧发生单相接地短路时，由于零序电流不能在高压侧流通，故不计入高压侧的零序阻抗 $R_{(0)\cdot s}$，$X_{(0)\cdot s}$。

S7、SL7 系列 10(6)0.4kV 变压器的阻抗平均值(归算到 400V 侧) **表 2-23**

容量 (kVA)	阻抗电压 (%)	负载损耗 (kW)	电阻 正、负序 $R_{(1)}$、$R_{(2)}$ R	电阻 零序 D,yn11 S7	电阻 零序 D,yn11 SL7	电阻 零序 Y,yn0 S7	电阻 零序 Y,yn0 SL7	电阻 相保 D,yn11 S7	电阻 相保 D,yn11 S7	电阻 相保 Y,yn0 SL7	电阻 相保 Y,yn0 S7	电抗 正、负序 $X_{(1)}$、$X_{(2)}$ X	电抗 零序 D,yn11 S7	电抗 零序 D,yn11 SL7	电抗 零序 Y,yn0 S7	电抗 零序 Y,yn0 SL7	电抗 相保 D,yn11 S7	电抗 相保 D,yn11 SL7	电抗 相保 Y,yn0 S7	电抗 相保 Y,yn0 SL7
200		3.40	13.60	13.600	13.60	80.80	119.80	13.60	13.60	36.00	49.00	29.00	29.00	29.00	290.00	255.30	29.00	29.00	116.00	104.40
250		4.00	10.20	10.20	10.20	61.10	90.20	10.20	10.20	27.20	36.90	23.50	23.50	23.50	253.10	206.90	23.50	23.50	100.00	84.60
315	4	4.80	7.80	7.80	7.80	45.40	68.20	7.80	7.80	20.30	27.90	18.80	18.80	18.80	201.50	165.50	18.80	18.80	79.70	67.70
400		5.80	5.80	5.80	5.80	33.70	51.10	5.80	5.80	15.10	20.90	14.90	14.90	14.90	159.20	131.00	14.90	14.90	6300	53.60
500		6.90	4.40	4.40	4.40	25.70	38.90	4.40	4.40	11.50	15.90	12.00	12.00	12.00	127.50	105.60	12.00	12.00	50.50	43.20
630		8.10	3.30	3.30	3.30	19.60	28.90	3.30	3.30	8.70	11.80	11.00	11.00	11.00	98.70	92.10	11.00	11.00	40.20	38.00
800		9.90	2.50	2.50	2.50	14.50	21.70	2.50	2.50	6.50	8.90	8.70	8.70	8.70	78.10	76.30	8.70	8.70	31.80	31.20
1000	4.5	11.60	1.90	1.90	1.90	13.70	16.30	1.90	1.90	5.80	6.70	7.00	7.00	7.00	70.70	61.40	7.00	7.00	28.20	25.10
1250		13.80	1.40	1.40	1.40	10.40	12.50	1.40	1.40	4.40	5.10	5.60	5.60	5.60	56.60	49.10	5.60	5.60	22.60	20.10
1600		16.50	1.00	1.00	1.00	7.50	9.00	1.00	1.00	3.20	3.70	4.40	4.40	4.40	44.30	38.60	4.40	4.40	17.70	15.80

注:1. S7、SL7 系列变压器负载损耗相等。

2. $R_{\varphi p}=\frac{1}{3}[R_{(1)}+R_{(2)}+R_{(0)}]$ $X_{\varphi p}=\frac{1}{3}[X_{(1)}+X_{(2)}+X_{(0)}]$。

3. $R_{(1)}$、$X_{(1)}$的计算公式见表 2-6($R_{(1)}$、$X_{(1)}$与 R_T、X_T 相对应)。

4. $R_{(1)}$、$R_{(2)}$正序、负序电阻与相电阻 R 值相同,$X_{(1)}$、$X_{(2)}$正序、负序电抗与相电抗 X 值相同。

2)10(6)/0.4kV 三相双绕组变压器的阻抗

表2-23列出了S7、SL7系列油浸自冷式变压器的阻抗平均值。表2-24列出了SCL_2系列环氧树脂浇注干式变压器的阻抗平均值。表2-25列出了SGZ系列有载调压干式变压器的阻抗平均值。表2-26列出了SG系列干式变压器的阻抗平均值。

SCL_2系列环氧树脂浇注干式变压器的阻抗平均值(归算到400V) **表2-24**

电压 (kV)	容量 (kVA)	阻抗电压 (%)	负载损耗 (kW)	电阻			电抗		
				正、负序 R、$R_{(1)}$、$R_{(2)}$	零序 $R_{(0)}$	相保 $R_{\varphi p}$	正、负序 X、$X_{(1)}$、$X_{(2)}$	零序 $X_{(0)}$	相保 $X_{\varphi p}$
10(6)/0.4	100	4	1.60	25.60	95.80	49.00	58.70	260.70	126.00
	160		2.15	13.40	50.20	25.70	37.70	165.90	80.40
	200		2.59	10.40	38.70	19.80	30.30	133.20	46.60
	250		3.03	7.80	29.20	14.90	24.40	106.90	51.90
	315		3.58	5.80	21.70	11.10	19.50	85.20	41.40
	400		4.30	4.30	16.00	8.20	15.40	67.60	32.80
	500		5.34	3.40	12.70	6.50	12.30	53.90	26.20
	630		6.22	2.50	9.40	4.80	9.90	43.00	20.90
10(6)/0.4	800	6	6.83	1.70	4.41	3.27	11.90	26.00	16.60
	1000		8.04	1.30	4.80	2.50	9.50	20.90	13.30
	1250		9.59	1.00	3.70	1.90	7.60	15.60	10.60
	1600		11.57	0.70	2.70	1.40	6.00	13.10	8.30

注:1.本表中所列零序阻抗$R_{(0)}$、$X_{(0)}$和相保阻抗$R_{\varphi p}$、$X_{\varphi p}$的数据为Y,yn0连接的变压器,而D,yn11连接变压器的零序阻抗$R_{(0)}$、$X_{(0)}$和相保阻抗$R_{\varphi p}$、$X_{\varphi p}$的数值与本表中的$R_{(1)}$、$X_{(1)}$相等。
2.同表2-23注中的2、3、4条。

SGZ系列有载调压干式变压器的阻抗平均值(归算到400V) **表2-25**

电压 (kV)	容量 (kVA)	阻抗电压 (%)	负载损耗 (kW)	电阻			电抗		
				正、负序 R、$R_{(1)}$、$R_{(2)}$	零序 $R_{(0)}$	相保 $R_{\varphi p}$	正、负序 X、$X_{(1)}$、$X_{(2)}$	零序 $X_{(0)}$	相保 $X_{\varphi p}$
10(6)/0.4	630	6	8.10	3.27	44.16	16.90	14.89	163.12	64.3
	800		9.70	2.43	26.94	10.60	11.75	134.30	52.60
	1000		11.30	1.81	19.87	7.83	9.43	106.84	41.90
	1250		13.30	1.36	15.76	6.16	7.56	89.58	34.90
	1600		15.80	0.99	12.69	4.89	5.92	74.86	28.90
	2000		18.60	0.74	10.31	3.93	4.74	67.32	25.60

注:1.本表中所列零序阻抗$R_{(0)}$、$X_{(0)}$和相保阻抗$R_{\varphi p}$、$X_{\varphi p}$的数据为Y,yn0连接变压器的。
2.同表2-23注中的2、3、4条。

SG 系列干式变压器的阻抗平均值(归算到 400V)　　**表 2-26**

电压 (kV)	容量 (kVA)	阻抗电压 (%)	负载损耗 (kW)	电阻 正、负序 R、$R_{(1)}$、$R_{(2)}$	电阻 零序 $R_{(0)}$	电阻 相保 $R_{\varphi p}$	电抗 正、负序 X、$X_{(1)}$、$X_{(2)}$	电抗 零序 $X_{(0)}$	电抗 相保 $X_{\varphi p}$
				$\frac{B级绝缘}{H级绝缘}$					
10(6)/0.4	100	5.5/4.5	1.95/2.105	31.20/33.68	100.80/132.74	54.40/66.70	82.28/63.64	282.44/250.72	149.00/126.00
	200	5.5/4.5	—/3.07	—/12.28	—/89.14	50.70/37.90	—/33.84	—/244.32	112.00/104.00
	250	5.5/4.5	3.66/3.20	9.37/8.19	66.16/77.52	28.30/31.30	33.93/27.61	241.14/236.68	103.00/97.30
	315	5.5/5.5	4.40/5.15	7.04/8.32	52.38/69.76	24.50/28.80	27.00/26.67	226.50/223.26	93.50/92.20
	500	7/5.5	6.20/6.74	3.97/4.31	34.66/39.76	14.20/18.80	22.05/17.06	192.00/189.10	78.70/74.40
10(6)/0.4	630	5.5/7	6.55/9.61	2.62/3.87	31.96/34.56	12.40/14.10	13.72/17.35	166.06/165.40	64.50/66.70
	800	5.5/8	7.45/9.47	1.86/2.37	23.22/20.28	8.98/8.34	10.84/15.82	134.92/135.46	52.20/55.70
	1000	10/10	9.94/11.32	1.59/1.81	10.83/12.34	4.67/5.32	15.92/15.90	108.56/108.30	46.80/46.70
	1250	10/—	12.96/—	1.33/—	9.43/—	4.03/—	12.73/—	90.34/—	38.6/—
	1600	10/—	15.20/—	0.95/—	7.19/—	3.03/—	9.95/—	75.8/—	31.90/—

注:1. 本表中所列零序阻抗 $R_{(0)}$、$X_{(0)}$和相保阻抗 $R_{\varphi p}$、$X_{\varphi p}$的数据为 Y,yn0 连接变压器的。
2. 同表 2-22 注中的 2、3、4 条。

3)低压配电线路阻抗值

表 2-27～表 2-28 列出了各种形式配电线路的相线(正、负序)电阻和相线(正、负序)电抗及相保电阻、相保电抗;表 2-29 列出了扁钢作为保护线时的零序外感抗;表 2-30 列出了角钢、方钢、钢轨作为保护线时的零序阻抗。

低压母线单位长度阻抗值(mΩ/m)　　**表 2-27**

母线规格[*1] (mm)		R'[*3]	$R'_{\varphi p}=R'+R'_{\varphi p}$	X'[*2] D(mm)		$X'_{\varphi p}$[*3] $D_n=200$mm, D(mm)	
				250	350	250	350
铝	4(40×4)	0.186	0.372	0.212	—	0.451	—
	3(50×5)+40×4	0.119	0.305	0.199	—	0.437	—
	4(50×5)	0.119	0.238	0.119	—	0.423	—
	3(63×6.3)+40×4	0.076	0.262	0.188	—	0.426	—
	4(63×6.3)	0.076	0.152	0.188	—	0.400	—
	3(80×6.3)+50×5	0.060	0.179	0.172	—	0.396	—
	3(80×6.3)+63×6.3	0.060	0.136	0.172	—	0.384	—
	4(80×6.3)	0.060	0.120	0.172	—	0.368	—
	3(80×8)+50×5	0.050	0.169	0.170	—	0.394	—
	3(80×8)+63×6.3	0.050	0.126	0.170	—	0.382	—
	4(80×8)	0.050	0.100	0.170	—	0.360	—
	3(100×8)+63×6.3	0.040	0.116	0.158	0.182	0.370	0.399
	3(100×8)+80×8	0.040	0.090	0.158	0.182	0.352	0.381
	4(100×8)	0.040	0.080	0.158	0.182	0.340	0.368
铜	3(80×8)+50×5	0.031	0.104	0.170	0.195	0.394	0.423
	3(80×8)+63×6.3	0.031	0.078	0.170	0.195	0.382	0.412
	4(80×8)	0.031	0.062	0.170	0.195	0.364	0.394
	3(100×10)+80×8	0.025	0.056	0.156	0.181	0.350	0.380
	4(100×10)	0.025	0.050	0.156	0.181	0.336	0.366
铝	3(80×10)+63×6.3	0.040	0.116	0.168	0.193	0.380	0.410
	4(80×10)	0.040	0.080	0.168	0.193	0.381	0.390
	3(80×10)+80×10	0.033	0.073	0.156	0.181	0.349	0.378
	4(100×10)	0.033	0.066	0.156	0.181	0.336	0.336
	3[2(100×10)]+80×8	0.016	0.066	0.156	0.181	0.350	0.380
	3[2(100×10)]+100×10	0.016	0.048	0.156	0.181	0.336	0.366
	4[2(100×10)]	0.016	0.032	0.156	0.181	0.336	0.366
	3(125×10)+80×6.3	0.028	0.088	0.147	0.170	0.343	0.370
	3(125×10)+80×8	0.028	0.078	0.147	0.170	0.341	0.369
	4(125×10)	0.028	0.056	0.147	0.170	0.317	0.344
	3(125×10)+80×10	0.014	0.054	0.147	0.170	0.340	0.367
	3(125×10)+125×10	0.014	0.042	0.147	0.170	0.317	0.344

注：*1. 建议优先采用 100×10、80×8、63×6.3、50×5、及 40×4 等母线规格。

*2. 本表所列数据对于母线平放或竖放均适用，PEN 线在边位，D 为相线间距，D_n 为 PEN 线与邻近相线中心间距。当变压器容量≤630kVA，D 为 250mm 当变压器容量≥630kVA，D 为 350mm。

*3. R'、$R'_{\varphi p}$ 为 20℃ 导线单位长度电阻值。

线路单位长度阻抗值(mΩ/m) 表 2-28

		R'(*1)													
$S(mm^2)$(*2)		185	150	120	95	70	50	35	25	16	10	6	4	2.5	1.5
铝		0.156	0.192	0.240	0.303	0.411	0.575	0.822	1.151	1.798	2.876	4.700	7.050	11.280	—
铜		0.095	0.117	0.146	0.185	0.251	0.351	0.501	0.702	1.097	1.754	2.867	4.300	6.880	11.467
		$R'_{\varphi p}=1.5(R'_{\varphi}+R'_{p})$(*3)													
$S_p=S(mm^2)$(*2)4×		185	150	120	95	70	50	35	25	16	10	6	4	2.5	1.5
铝		0.468	0.576	0.720	0.909	1.233	1.725	2.466	3.453	5.394	8.628	14.100	21.150	33.840	—
铜		0.285	0.351	0.438	0.555	0.753	1.053	1.503	2.106	3.291	5.262	8.601	12.900	20.640	34.401
$S_p \approx S/2(mm^2)$	3×	185	150	120	95	70	50	35	25	16	10	6	4	—	—
	+1×	95	70	70	50	35	25	16	16	10	6	4	2.5	—	—
铝		0.689	0.905	0.977	1.317	1.850	2.589	3.930	4.424	7.011	11.364	17.625	27.495	—	—
铜		0.420	0.552	0.596	0.804	1.128	1.580	2.397	2.699	4.277	6.932	10.751	16.770	—	—
电缆铅包电阻 $R'_{(0)p}$		1.1	1.3	1.5	1.7	2.0	2.4	2.9	3.1	4.0	5.0	5.5	6.4	—	—
布线钢管电阻 $R'_{(0)p}$ / 管径(mm)		0.7 / SC80		0.7 / SC70			0.8 / SC50		0.9 / SC40	1.3 / SC32	1.5 / SC25			2.5 / SC20	
		X'													
S(mm²)		185	150	120	95	70	50	35	25	16	10	6	4	2.5	1.5
架空线(*4)		0.30	0.31	0.32	0.33	0.34	0.35	0.36	0.37	0.38	0.40				
绝缘子布线(*5)	$D=150mm$	0.208	0.216	0.223	0.231	0.242	0.251	0.266	0.277	0.290	0.306	0.325	0.338	0.353	0.368
	$D=100mm$	0.184	—	—	—	—	—	0.241	0.251	0.265	0.280	0.300	0.312	0.327	0.342
	$D=70mm$	0.162	—	—	—	—	—	—	—	—	—	0.277	0.290	0.305	0.321
全塑电缆	四芯	0.076		0.079		0.078	0.079	0.080	0.082	0.087	0.094	0.100		—	—
纸绝缘电缆	四芯	0.068		0.070	0.069		0.070	0.073		0.082	0.088	0.093	0.098	—	—
交联电缆(四等芯)		—	0.077	0.076	0.077	0.078	0.079	0.080		0.082	0.085	0.092	0.097	—	—

续表

X'																
管子布线			—	0.08		0.09			0.10			0.11		0.12	0.13	0.14
布线钢管电阻 $R'_{(0)p}$ / 管径(mm)			$\frac{0.6}{SC80}$		$\frac{0.6}{SC70}$			$\frac{0.8}{SC50}$	$\frac{0.9}{SC40}$		$\frac{1.0}{SC32}$	$\frac{1.1}{SC25}$	$\frac{1.3}{SC20}$			
$X'_{\varphi p}$																
$S(mm^2)$			185	150	120	95	70	50	35	25	16	10	6	4	2.5	1.5
架空线		$S_p=S$	0.57	0.59	0.61	0.63	0.65	0.67	0.68	0.71	0.75	0.77	—	—	—	—
		$S_p \approx S/2$	0.60	0.62	0.63	0.65	0.67	0.69	0.72	0.73	0.767	—	—	—	—	—
绝缘子布线	$D=150mm$	$S_p=S$	0.448	0.464	0.478	0.493	0.517	0.537	0.563	0.583	0.611	0.643	0.681	0.707	0.737	0.767
		$S_p \approx S/2$	0.470	0.491	0.498	0.516	0.539	0.559	0.587	0.597	0.627	—	—	—	—	—
	$D=100mm$	$S_p=S$	—	—	—	—	—	—	0.513	0.533	0.561	0.591	0.631	0.655	0.685	0.716
		$S_p \approx S/2$	—	—	—	—	—	—	0.537	0.547	0.576	—	—	—	—	—
	$D=70mm$	$S_p=S$	—	—	—	—	—	—	—	—	—	—	0.585	0.611	0.645	0.673
全塑电缆		$S_p=S$	0.152	0.152	0.152	0.158	0.156	0.158	0.160	0.164	0.174	0.188	0.200	0.200	—	—
		$S_p \approx S/2$	0.179	0.161	0.161	0.186	0.178	0.187	0.191	0.192	0.201	0.224	0.211	0.234	—	—
纸绝缘电缆		$S_p=S$	0.136	0.136	0.140	0.138	0.138	0.140	0.146	0.146	0.146	0.176	0.186	0.196	—	—
		$S_p \approx S/2$	0.155	0.155	0.153	0.163	0.163	0.177	0.179	0.182	0.198	0.219	0.219	—	—	—
钢管布线		$S_p=S$	—	0.20	0.21	0.23	0.22	0.21	0.24	0.23	0.25	0.26	0.26	0.28	0.29	0.32
		$S_p \approx S/2$	—	0.21	0.21	0.21	0.23	0.22	0.25	0.25	0.25	—	—	—	—	—
		钢管作保线	—	0.69	0.69	0.70	0.70	0.90	1.01	1.00	1.11	1.22	1.42	1.43	1.44	1.45

注:(*1)R'为导线20℃时单位长度电阻值,$R'=C_j\frac{\rho_{20}}{S}\times10^3(m\Omega)$,铝$\rho_{20}=0.0282\Omega\cdot mm^2/m(2.82\times10^{-6}\Omega\cdot cm)$,铜$\rho_{20}=0.0172\Omega\cdot mm^2/m(1.72\times10^{-6}\Omega\cdot cm)$。$C_j$为绞入系数,导线截面≤$6mm^2$时,$C_j$取1.0;导线截面>$6mm^2$时,$C_j$取1.02。

(*2)S为相线线芯截面,S_p为PEN线线芯截面。

(*3)$R'_{\varphi p}$为计算单相对地短路电流用,其值取导线20℃时电阻的1.5倍。

(*4)架空水平排列,PEN线在中间,线间距离依次为400、600、400mm。

(*5)绝缘子布线水平排列,PEN线在边位,D(mm)为线间距。

扁钢作为保护线时的零序外感抗 $X_{(0)p\cdot w}$(mΩ/m)　　表 2-29

扁钢规格 $a\times b$(mm)	扁钢至相线的几何间距 D_0(mm)						
	300	600	1500	2500	3500	4500	6000
25×4	0.240	0.284	0.342	0.374	0.395	0.411	0.429
40×4	0.214	0.258	0.315	0.348	0.369	0.384	0.402

角钢、方钢、钢轨作为保护线时的零序外感抗 $X_{(0)p\cdot w}$(mΩ/m)　　表 2-30

钢材规格(mm)		计算时采用的电流值(A)	零序电阻 $R_{(0)p}$(mΩ/m)	零序内感抗 $X_{(0)p\cdot n}$(mΩ/m)	钢导体至相线的几何均距 D_0(mm)为下值时的零序外感抗 $X_{(0)p\cdot w}$(mΩ/m)				
					300	600	1500	2700	4500
角钢	40×40×5	600	0.58	0.41	0.175	0.218	0.278	0.314	0.346
方钢	60×60×5	800	0.41	0.25	0.151	0.195	0.252	0.290	0.319
	70×70×5	960	0.36	0.21	0.144	0.186	0.244	0.280	0.312
	80×80×5	1200	0.29	0.17	0.133	0.177	0.235	0.273	0.304
钢轨	38	800	0.39	0.24	0.136	0.179	0.237	0.274	0.306
	43	960	0.34	0.20	0.124	0.167	0.225	0.262	0.294
	50	1200	0.28	0.15	0.106	0.149	0.208	0.244	0.276

2.4 继 电 保 护

2.4.1 继电保护作用和基本要求

(1)继电保护的作用

1)当电力系统发生故障时,通常会引起电流的增大,电压的降低,从而有破坏电力系统正常运行的危险,应用继电保护和自动装置,能尽快地切除故障和恢复正常运行,限制故障范围及避免设备和线路的损坏,以及减少停电给生产带来的损失。

2)当电力设备发生不正常的运行方式时(例如小接地电流的电力网发生单相接地),应用继电保护发出报警信号。

(2)对继电保护的基本要求

1)继电保护装置的设计应以合理运行方式的故障类型作为依据,并应满足选择性,快速性、灵敏性、可靠性等四个基本要求。

A. 选择性

当电力系统发生故障时,继电保护装置只将故障设备或线路本身的保护切除,使停电范围尽量缩小,保证无故障部分继续运行。保护装置这样动作就叫选择性。

根据电力系统运行要求,在必须缩短切除故障时限时,继电保护装置可以无选择地动作,但是应尽量采用重合闸,或备用电源自动投入装置来补救。

B. 快速性

作用于断路器跳闸的继电保护装置,要求尽可能快的切除故障,其目的是为了提高系统的稳定性,减轻故障设备和线路的损坏程度,缩小故障波及范围,提高自动重合闸动作的成功率,冷库变电所要求切除故障的最小时间一般 0.5~1.0s。

C. 灵敏性

为使保护装置在被保护范围内,发生属于短路故障和不正常工作情况时能起到保护作用,要求保护装置应当具有较高的灵敏性(也叫灵敏度),保护装置的灵敏度,通常是用灵敏系数来衡量,保护装置的最小灵敏系数见表2-31。

短路保护最小灵敏系数 **表2-31**

保护分类	保护类型	组成元件	最小灵敏系数	备注
主保护	带方向和不带方向的电流保护或电压保护	电流元件或电压元件	1.5	—
		零序或负序方向元件	2.0	
	变压器、线路和电动机的纵联差动保护	电流元件	2.0	—
	变压器、线路和电动机的速断保护	电流元件	2.0	按保护安装处短路计算
后备保护	远后备保护	电流、电压元件	1.2	按相邻电力设备和线路末端短路计算
		零序或负序方向元件	1.5	
后备保护	近后备保护	电流、电压元件	1.25	按线路末端短路计算
		零序或负序方向元件	2.0	
辅助保护	电流速断保护	—	1.2	按正常运行方式下保护安装处短路计算

D. 可靠性

要求保护装置在该动作的时候动作,不该动作的时候不动作,如果保护装置误动作或拒绝动作,将使系统事故扩大,给用户带来损失,为保证可靠性,宜选用可能的最简单的保护方式。

2)保护装置应力求简单可靠,使用的元件和触点尽量少,接线简单,整定、调试和维护方便。

3)电力设备和线路应装设短路故障保护,短路故障保护应有主保护和后备保护,必要时还宜增设辅助保护。

4)保护装置用电流互感器的比误差(比差)不应大于10%,当技术上难以满足要求,且不致保护装置不正确动作时,才允许较大的比差。

5)在配电系统正常运行情况下,当电流互感器二次回路断线或发生故障时,应装设自动闭锁装置,将保护解除动作并发出信号,当保护装置不致误动作时,一般只装设电压回路断线信号装置。

2.4.2 10(6)/0.4kV电力变压器的保护

现代生产的变压器,质量上是比较好的,构造上是可靠的,故障机会较少,但在冷库生产运行中,还要考虑有发生各种故障和不正常工作情况的可能。

变压器的故障,有内部故障和外部故障两种,内部故障主要是:相间短路、绕组的匝间短路和单相接地短路。短路电流产生的电弧不仅会破坏绕组的绝缘,烧毁铁芯,而且由于绝缘材料和变压器油受热分解产生大量气体,可能引起变压器油箱的爆炸(油浸型)。

变压器常见的外部故障是:引、出线上绝缘套管的故障,可能导致引、出线相间短路和接地短路(对变压器外壳)。

变压器不正常工作情况主要是:由于外部短路和过负荷引起的过电流、油箱油面的极度降低和电压升高等。

根据上述故障情况和变压器型号、容量按表2-32装设专用的继电保护装置。各种继电保护装置的作用如下：

(1)带时限的过电流保护

带时限的过电流保护用于变压器外部相间短路保护，高压侧采用断路器时装设，当带时限的过电流保护不能满足灵敏性要求时，应采用低电压闭锁的带时限过电流保护，动作于跳闸方案。

(2)电流速断保护

电流速断保护用于变压器外部相间短路保护，当高压侧采用断路器，且过电流时限＞0.5s时装。

(3)低压侧单相接地短路保护

变压器绕组为 Y/Y_0 连接，对低压侧单相接地短路保护可采用高压侧过电流保护兼做低压侧单相接地短路保护，当不能满足灵敏性要求时，应采用在变压器中性线上装设零序过电流保护方案。此时应延时断开高、低压断路器。

(4)过负荷保护：

400kVA及以上的变压器，当两台以上并列运行，或单独运行作为其他负荷的备用电源时，应根据可能过负荷的情况装设过负荷保护。变压器过负荷电流一般都是三相对称的。因此，过负荷保护只要接入1相电流，用一个电流继电器来实现。带时限作用于信号。若低压电压为230/400V的变压器，当低压侧出线断路器带有过负荷保护时，可不装设专用的过负荷保护。

(5)瓦斯保护

315kVA及以上的油浸式变压器安装于车间内，以及400kVA及以上的油浸式变压器应装设瓦斯保护。轻瓦斯保护，应瞬时作用于信号；重瓦斯保护，宜瞬时作用于跳闸和信号。

(6)温度保护

1000kVA及以上的变压器上安装有温度传感器，当变压器温度到达设定值，则发出超温信号报警。手动或自动启动风扇降温。

电力变压器的继电保护配置 **表2-32**

变压器容量(kVA)	保护装置名称						备注
	定时限的过电流保护	电流速断保护	单相低压侧接地保护	过负荷保护	瓦斯保护	温度保护	
＜400	—	—	—	—	≥315kVA的车间内油浸变压器装设	—	一般用高压容断器保护
400～630	高压侧采用断路器时装设	高压侧采用断路器时过电流保护时限＞0.5s时装设	装设	并联运行变压器装设，作为其他备用电源的变压器根据过负荷的可能性装设	车间内变压器装设	—	一般采用GL型继电器兼作过电流及电流速断保护
800					装设	—	
1000～1600	装设	过电流保护时限＞0.5s时装设	装设		装设	装设	

2.4.3 10(6)kV 线路的保护

(1)10(6)kV 电源进线保护

冷库变电所如由专用10(6)kV 线路供电,则电源进线断路器上一般不考虑装设继电保护装置,只考虑供电侧(上级)断路器的保护装置是否能够满足要求。但是双电源供电和在电网干线上"T"接时,需要装设相间短路保护装置。可在电源进线断路器上装设带时限电流速断或过电流保护。

当有两路电源进线且互为备用时,宜安装 BZT 备用电源自投启动装置。可与 10(6)kV 母线分断断路器及备用电源自投 BZT 装置配合使用。

(2)10(6)kV 引出线的保护

冷库 10(6)kV 高压配电室引出线一般只接本单位变压器,按变压器设置保护装置。当冷库高压配电室引出线给外单位供给 10(6)kV 电源时,则需设置以下保护装置。

1)相间短路保护:一般采用带速断或不带速断的过电流保护,当过电流保护动作时限不大于 0.5~0.7s 时,且没有保护配合上的要求时,可不装设电流速断保护。但线路短路使母线上电压低于 50%~60%额定电压时,可装设瞬时电流速断装置,应快速切除短路,此时保护装置可以无选择地动作,并以自动装置来补救。

2)混凝土电杆、铁横担的架空线路,为了防止雷击事故的扩大,应采用带速断的过电流保护。

3)单相接地保护:中性点不直接接地的电力网中的单相接地故障,一般在变电所母线上装设接地监视信号。当线路较多时,在每一线路上装设有选择性的单相接地保护。常用的单相接地保护的方式有零序电流保护和零序功率方向保护两种形式。

(3)过负荷保护:按运行方式可能经常出现过负荷的电缆线路,宜装设过负荷保护。

2.4.4 6~10kV 母线分段断路器的保护

6~10kV 母线分段断路器继电保护装置的配置见表 2-33。

(1)采用过电流保护,当继电器构成反时限特性的过电流保护时,需要将过电流继电器的瞬动部分解除,以保证引出线故障时保护动作的选择性;

(2)设置瞬时电流速断保护,当分段断路器合闸时保护投入,合闸后自动退出;

(3)给出备用电源自投 BZT 装置的接线图,与工作电源进线,备用电源自投配合使用。

6~10kV 母线分断断路器的继电保护装置 **表 2-33**

被保护设备	保护装置名称		备注
	电流速断保护	过电流保护	
不并列运行的分断母线	仅在分段断路器合闸瞬时投入,合闸后自动解除	装设	(1)采用反时限过电流保护时,继电器瞬动部分应解除 (2)对出线不多的冷库变电所母线断路器,可不设保护装置

2.4.5 6~10kV 电力电容器的保护

(1)电力电容器组应装设相间短路(过电流)保护,无时限或带短时限的电流速断方案,动作于跳闸。保护装置动作时间,应躲开投入电容器时的冲击电流。

(2)并联运行的电容器组应采取保护内部故障的措施。如用熔断器保护时,应在每台或每组电容器上装设熔断器。单台装设熔断器时,其熔体可按单台电容器额定电流 1.5~2.0

倍选择。每组装设熔断器时，其熔体可按电容器组额定电流 1.3～1.8 倍选择。

(3)按三角形连接的电容器组，可在每相的并联支路上装设横联差动保护，或在每相臂上装设零序过电流保护。

(4)按星形连接的电容器组，可在两个中性点的联线上装设零序过电流保护。

(5)当电容器组安装处的电压超过 110％额定值时，宜装设过电压保护，保护装置可作用于信号或带 3～5min 时限动作于跳闸。

(6)为了防止空载变压器与电容器同时合闸时的工频过电压和振荡过电压对电容器的危害，宜装设低电压保护。

(7)当单相接地电流大于 20A 时，应装设动作于跳闸的单相接地保护装置，但电容器与支架绝缘时可不装设。

2.4.6 电气测量与电能计量

(1)对电气测量仪表的一般要求

1)能正确反映电力设备的运行参数；

2)能随时监测电力装置回路的绝缘状况；

3)在发生事故时使运行人员能迅速判断情况；

4)仪表精确度等级的选择：

A. 交流回路仪表精确度等级不应低于 2.5 级。1.5 级和 2.5 级的常用测量仪表，应配用不低于 1.0 级的互感器。

B. 直流回路仪表的精确度等级不应低于 1.5 级。配用外附分流器的精确度等级不应低于 0.5 级。

C. 电量变送器输出侧仪表的精确度等级不应低于 1.0 级，电量变送器配用不低于 0.5 级的电流互感器。

D. 计算机监控系统需选择带脉冲输出的电气测量和电能计量仪表，该系列仪表具有与传统仪表同样的精确度。

5)电流表测量范围和电流互感器变比的选择。

电流表的测量范围要考虑设备过负荷的因素，一般的测量范围是设备额定电流 1.5 倍左右。电流互感器的变比应与电流表标度尺是一致的，例如一台 55kW 氨压缩机，额定电流是 105A，电流表的标度尺应该是：$105 \times 1.5 = 157.5$A，取其与电流互感器规格相吻合的数值，则电流表的标度尺是 0～150A，电流互感器的变比是 150/5。

(2)电能计量仪表的一般要求

1)10(6)kV 电源进线处的电能计量装置，宜采用全国统一标准的电能计量柜。专用电能计量仪表装置，应按当地供用电管理部门对电力用户不同计费方式的规定确定。

2)有功电度表精确等级的选择。

月平均用电量小于 1×10^6kWh 及以上的电力用户电能计量点，应采用 0.5 级的有功电度表。

月平均用电量小于 1×10^6kWh，在 315kVA 及以上的变压器高压侧计费的电力用户电能计量点，应采用 1.0 级有功电度表。

作为冷库企业内部考核用的电度表可采用 2.0 级的有功电度表。

3)无功电度表的精确等级的选择

在315kVA及以上的变压器高压侧计费的电力用户电能计量点，应采用2.0级的无功电度表。

在315kVA及以下的变压器低压侧计费的电力用户电能计量点，仅作为企业考核用的无功电度表，可采用3.0级无功电度表。

(3)测量与计量用电流互感器的选择

1)应满足一次回路额定电压、最大负荷电流及短路时的动、热稳定要求外，还应满足二次回路测量仪表，自动装置的精确度等级的要求。

2)当一个电流互感器的回路内，有几个不同精确度等级的测量仪表时，电流互感器的精确度等级应按对精确度等级要求高的仪表选择。

(4)电压互感器的选择

1)按照型式和接线选择

A. 采用一个单相电压互感器的接线，仪表和继电器接于同一个线电压上，作为备用电源进线的电压监视。原理接线如图2-21所示。

B. 采用二个单相电压互感器接成V形的接线，仪表和继电器接 $L_1 \sim L_2$；$L_2 \sim L_3$ 两个线电压，用于主接线较简单的变配电所。原理接线如图2-22所示。

C. 采用一个三相五铁芯三绕组的电压互感器，或三个单相三绕组的电压互感器接成Y/Y—△的接线，仪表和继电器接于三个线电压上，辅助二次绕组接成开口三角形，构成零序电压过滤器，用于需要绝缘监视的变配电所。原理接线如图2-23所示。

2)按照容量和准确度选择

冷库变配电所中供测量、计量和保护用的电压互感器，其二次负荷较小，一般能满足仪表对电压互感器准确度的要求，只有在利用电压互感器作为控制电源(如交流操作)，或当电压互感器二次侧接有经常通电的事故照明灯时，才需要校验电压互感器的准确度。

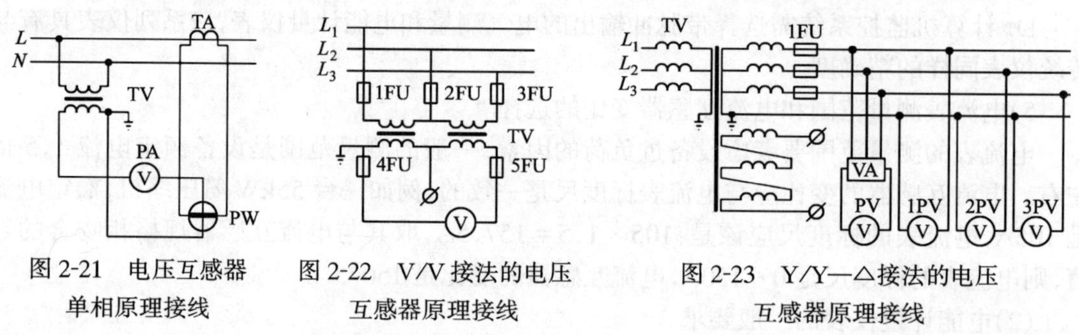

图2-21 电压互感器单相原理接线

图2-22 V/V接法的电压互感器原理接线

图2-23 Y/Y—△接法的电压互感器原理接线

2.5 冷库变配电所(室)

2.5.1 变配电所(室)位置的选择

(1)变配电所(室)的位置应接近负荷中心

冷库大的电力负荷主要集中在制冷压缩机房，故变配电所(室)位置应与制冷压缩机房毗连或邻近，当与机房毗连时，其连接处建筑处理应符合现行国家标准《建筑设计防火规范》GBJ16中火灾危险性乙类建筑的有关规定。

(2)变配电所(室)的位置靠近10kV电源侧，以节约投资。

(3)变配电所(室)的位置要考虑进出线方便和运输方便。

(4)变配电所(室)的位置不应设在有剧烈振动的场所。

(5)变配电所(室)的位置不应设在厕所、浴室或经常积水的下方。

(6)变配电所(室)的位置不应设在多尘和有腐蚀气体的场所。

2.5.2 变配电所(室)的型式

冷库变电所(室)的型式有室内变电所、露天变电所和厢式变电所等三种,常采用的是室内变配电所(室)。

(1)室内变配电所

冷库室内变配电所,一般分成高压配电室、低压配电室和变压器室三部分,这三部分作用不同,所以一般用隔墙隔开。中、小型冷库变电所一般不设单独的控制室或值班室。对变电所的监视设备安装在机房控制室,大型冷库变电所,还有电容器室。有人值班变电所,还应有单独的控制室或值班室。

(2)露天变电所

露天变电所分落地式和杆架式两种,变压器露天安装,节省了变压器建筑,当变压器容量较小的小型冷库,并征得供电部门同意后,采用可靠的屋外高压配电装置,也可省去高压配电室。

1)在下列情况下不宜采用露天变电所

A. 重雾区不宜采用露天变电所。

B. 日照强烈,最高温度高而且昼夜温差大,不宜采用露天变电所。

C. 降雨量多,或多特大暴雨,不宜采用露天变电所。

D. 炉烟污秽场所,不宜采用露天变电所。

E. 具有导电、可燃粉尘或纤维的场所,不宜采用露天变电所。

2)安装要求

A. 容量不超过 30kVA 的变压器,采用单杆式变压器台,容量在 40~400kVA 变压器采用双杆或三杆式变压器台。容量超过 400kVA 时可将变压器落地安装。

B. 杆上变压器台应尽可能避开车辆和行人较多的场所,在布线复杂、转角、分支、交叉路口等的电杆不宜采用杆架变压器台。

C. 户外落地安装的变压器,应装设固定围栏,围栏高度不低于 1.7m,变压器的外廓距离建筑物外墙和围栏的净距不小于 0.8m,与相邻的变压器外廓之间的净距不应小于 1.5m,变压器底部距地高度不应低于 0.3m。

D. 附设在机房外的普通变压器不宜设在屋面倾斜的低侧,以防屋面冰块和屋檐水落到变压器上,当外物有可能落到变压器或母线上时,不宜采用露天变电所。

(3)箱式变电所

箱式变电所,布局紧凑,节约用地,用地紧张的冷库可采用箱式变电所。

箱式变电所(站),由高压配电装置、电力变压器、低压配电装置等三部分紧凑组合在一个或几个箱体内,这样的变电所(站),称为箱式变电所(站)。

1)对箱体的要求

A. 工作人员在箱内操作应选用带操作走廊的箱体,工作人员在箱外操作可选用不带操作走廊的箱体。

B. 箱体应有足够的机械强度，在运输安装中不应发生变形，应力求外形美观，色彩与周围环境协调。

C. 箱体内高、低压配电室应安装照明灯，应有防尘防凝露措施，室内湿度不应超过90%(25℃时)。

D. 箱体内变压器室应通风良好。以自然通风为主。一般在变压器室下部钢筋混凝土基础外设有进风口，在上部设有出风口，室内侧设置百叶窗，以利通风散热。根据需要可以加装室温监视装置和自启动的通风冷却装置，以保证变压器在规定环境下满负荷运行。噪声水平不应大于规定的变压器噪声水平。

E. 箱壳不论采用金属的或非金属的材料，金属框架均应有良好的接地。

F. 变压器室、高低压配电室三个组成部分前后两面开门，便于维护、检修。门应向外开，门上应有把手、暗闩和锁，并需要防锈。

箱壳应有防晒、防雨、防锈、防小动物进入的措施。

2)对变压器的要求

A. 变压器应采用损耗低、体积小、适合箱体内安装的结构，根据投资和使用要求的不同，可以选用油浸式，干式或气体绝缘式，无载调压或有载调压式。

B. 变压器如有油枕，其油枕应面向箱门一侧，以便监视油标。

C. 容量在315kVA及以上的变压器，宜装设电接点温度计或温度传感器，以监视变压器上层油温(或气体温度)和启动通风冷却装置。

3)对高压配电装置的要求

A. 接线应当尽量简单，800kVA以下的电力变压器宜采用带熔断器保护的负荷开关。800kVA及以上的油浸式电力变压器，宜采用高压断路器，并应采用能切断电源的装置与变压器瓦斯保护相配合的继电保护。

B. 高压配电装置应具有五防措施，即：防止误合、误分开关设备；防止带负荷分、合隔离开关；防止带电挂地线；防止带地线合闸；防止工作人员误入带电间隔。

C. 高压配电室门内侧应附有主回路线路图、控制线路图、操作程序及注意事项。

D. 母线宜采用绝缘导线(或绝缘母线)。

E. 高压进出线应考虑电缆的安装位置和便于进行试验。

4)对低压配电装置的要求

A. 接线应当尽量简单，断路器前一般不装设隔离开关，低压出线回路数不宜超过8个回路。

B. 零母线(中性线)截面不应小于主母线(相线)截面的1/2；相线截面在$50mm^2$以下时，中性线取与相线相同截面。

C. 低压配电室门内侧应附有主回路线路图、控制线路图、操作程序及注意事项，根据无功补偿的需要，可以配置电力电容器，其容量一般为变压器容量的15%～20%。

2.5.3　室内变电所的布置

(1)一般要求

1)变压器室和电容器室尽量避免西晒，如果不可避免，就要采取遮阳措施，控制室尽量朝南。

2)布局紧凑合理，便于操作，巡视，搬运，检修和调试。适当安排各房间的相对位置，使高压配电室的位置便于进、出线,低压配电室应靠近变压器室和负荷中心,控制室和辅助间的位置便于运行人员工作和管理。

3)尽量采用自然采光和自然通风。

4)变电所对建筑方面的要求,必须达到防火,防汛,防雨雪和防小动物进入,有良好通风等要求。

(2)当变配电所(室)与制冷氨压缩机房毗连时,对建筑设计有如下要求

1)变配电所(室)位置与制冷氨压缩机房共用隔墙时,必须采用防火墙,该墙上只允许穿过与配电室有关的管道、沟道,其孔洞周围应采用非燃烧材料严密堵塞(见《冷库设计规范》GB50072—2001 第 4.7.6 条)。

2)配电室如通过走廊或套间(包括控制室)与制冷压缩机房相通,走廊或套间门的材料应为难燃烧体,并应有自动关闭装置;配电室与制冷压缩机房共用的隔墙上不宜开窗,如必须开窗时,应用难燃烧的密封固定窗(见《冷库设计规范》GB50072—2001 第 4.7.8 条)。

3)变配电室应有单独向外开的大门,并采用手开门(见《冷库设计规 GB50072—2001 第 4.7.7 条)。

(3)室内变电所布置图示例

1)单台变压器,无高压配电室的室内变电所布置如图 2-24 所示。适用于采用低压计量的小型冷库。

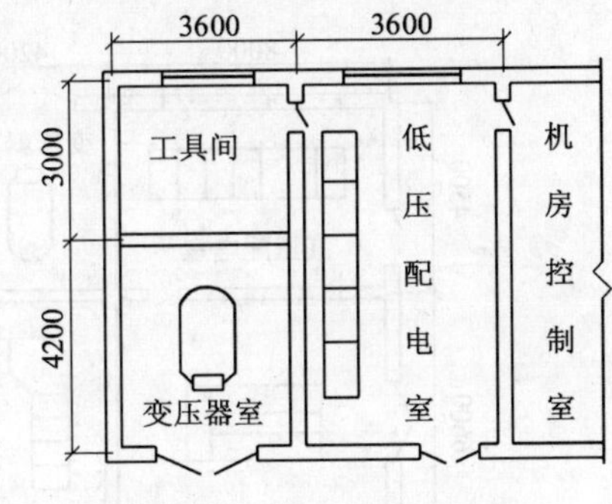

图 2-24 室内变电所型式 1

2)双台变压器的室内变电所布置图如图 2-25 所示。

3)双台变压器,有高压电容器室的室内变电所布置如图 2-26 所示。

4)有柴油机备用电源的室内变电所布置如图 2-27 所示。

5)独立变电所布置如图 2-28 所示。

(4)变压器室布置要求

1)设计要求

A. 确定变压器室大小时,应考虑有发展的可能,一般按大一级容量变压器考虑,油浸变压器外壳与墙壁和门的净距不应小于表 2-34 所列出的数值,并应满足巡视和维修的要求。常用变压器外形尺寸见表 2-35~表 2-39。

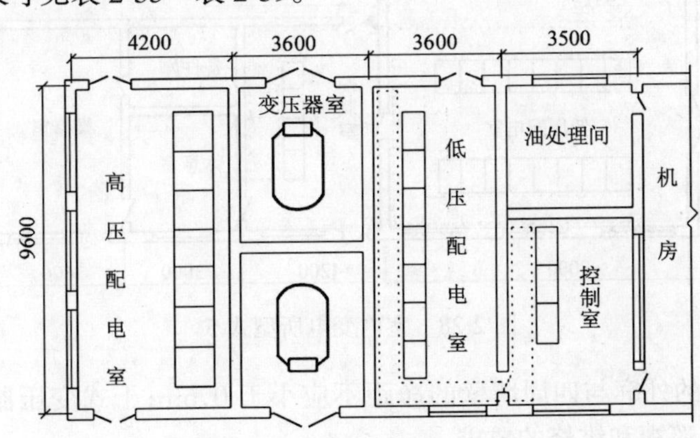

图 2-25 室内变电所形式 2

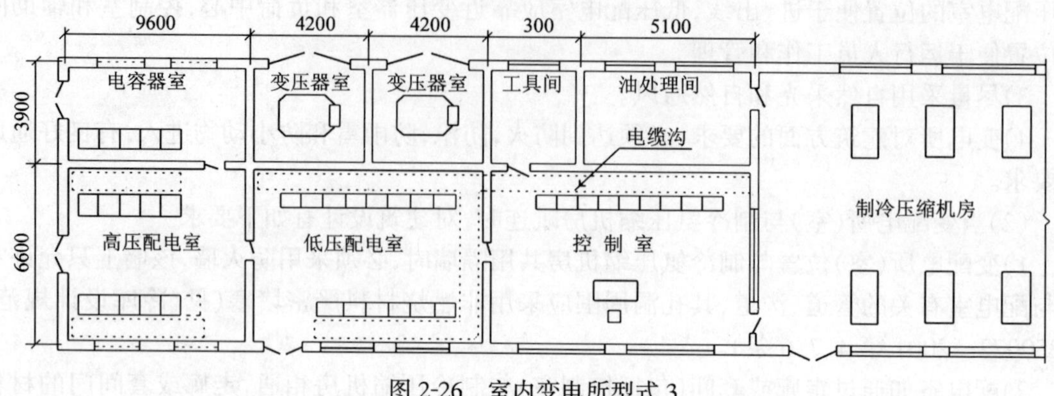

图 2-26 室内变电所型式 3

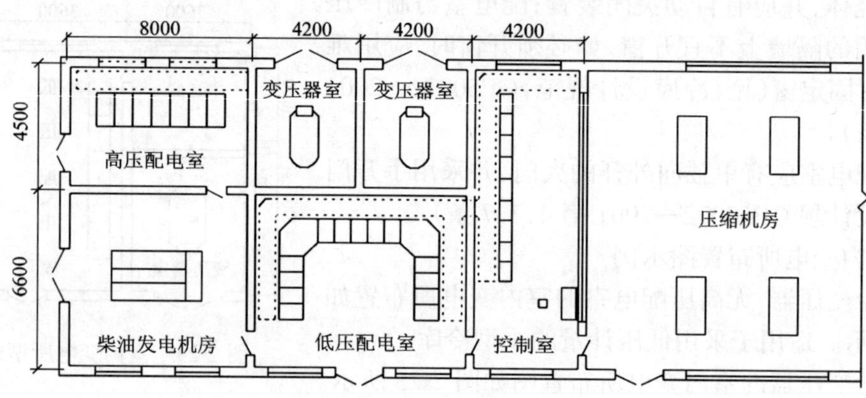

图 2-27 室内变电所型式 4

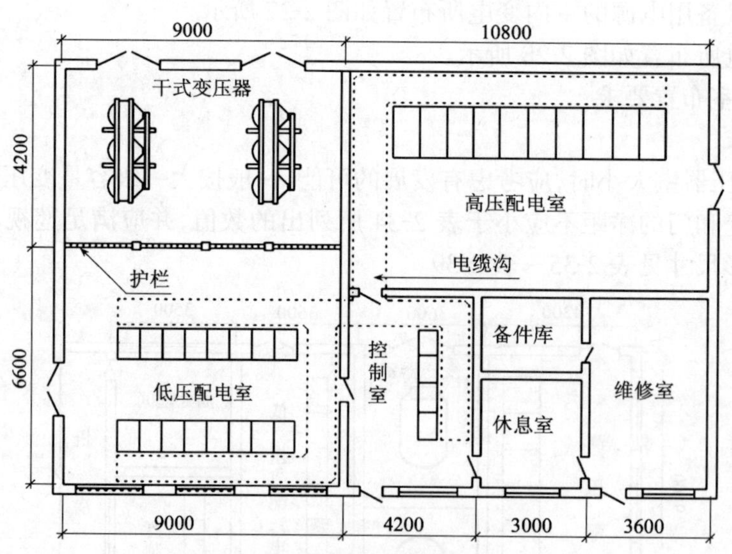

图 2-28 室内变电所型式 5

B. 干式变压器的外廓与四周墙壁的净距不应小于 0.6m；干式变压器之间的净距不应小于 1m。并应满足巡视和维修的要求。

C. 每台油量为 100kg 及以上的三相变压器，应安装在单独的变压器室内。宽面推进的变压器,低压侧宜朝外;窄面推进的变压器,油枕宜朝外。

D. 变压器室的大门宜朝外开。门的宽度一般按变压器外形尺寸加 0.5m。当一扇门的宽度≥1.5m 时,应在大门上开一个 0.8(宽)×1.5(高)m 的小门,以便巡视员工出入。

E. 冷库变配电所中每台变压器容量一般不大于 1250kVA,油量不超过 1000kg,因此不必考虑贮油池或挡油设施。

2)技术及安全要求

A. 变压器室内可安装与变压器有关的负荷开关,隔离开关和熔断器,其操作机构装在靠近门处。

B. 变压器室内,不应有非本身所用管线和明敷线路通过。

C. 变压器中性点及外壳,避雷器、开关及其操动机构的金属底座,电缆头、电缆保护钢管,及所有金属支架都必须可靠接地,保护接地可与变压器中性点和避雷器工作接地共用一组接地装置,接地电阻不大于 4Ω。

D. 变压器室内应设置临时连接接地线的接线柱。

3)变压器室的通风

A. 变压器室一般采用自然通风,夏季的排风温度不宜大于 45℃,进风和排风的温度差不宜大于 15℃,变压器室通风窗的有效面积可从表 2-41 查得。我国主要城市夏季通风计算温度见表 2-40。也可采用以下公式计算变压器室通风窗的有效面积。

$$F_j = F_c = 4.25P\sqrt{\frac{\xi}{h\Delta t^3}} \tag{2-23}$$

式中 F_j——进风口有效面积,(m^2);

F_c——出风口有效面积,(m^2);

P——变压器的全部损耗,(kW);

ξ——进风口和出风口局部阻力系数之和,一般取 5;

h——进风口和出风口中心高差,(m);

Δt——出风口与进风口空气的温差,(℃),其值不大于 15℃。

B. 变压器室的进风窗一般采用固定百叶窗加金属网的措施,以防止小动物进入,出风窗采用固定百叶窗,以防止雨、雪和小动物进入。

4)变压器室土建技术要求

变压器室土建技术要求见表 2-42。低式变压器室(变压器落地安装)推荐尺寸见图 2-29 和表 2-43。高式变压器室(变压器下设通风坑)推荐尺寸见图 2-30 和表 2-44。

变压器外廓与门和墙壁的最小净距(m) 表 2-34

项目 \ 变压器容量	油浸自冷变压器		干式变压器
	100~1000kVA	1250kVA 及以上	100~2500kVA
变压器与后壁、侧壁净距	0.6	0.8	0.6
变压器与门净距	0.8	1.0	0.6
变压器之间净距	—	—	1.0

SL_7 系列三相油浸自冷式铝线电力变压器技术数据 表 2-35

型 号	额定容量 (kVA)	额定电压(kV)		阻抗电压 (%)	连接组	损 耗 (W)		空载电流 (%)	重 量 (kg)			外形尺寸(mm) 长×宽×高	轨距 (mm)
		高 压	低 压			空 载	短 路		油重	器身重	总重		
SL_7-30/10	30	10 6.3 6	0.4	4	Y/Y_0-12	150	800	7	78	145	300	925×560×1072	400
SL_7-50/10	50					190	1150	6	118	226	460	1077×810×1277	
SL_7-63/10	63					220	1400	5	130	255	515	1083×820×1307	
SL_7-80/10	80					270	1650	4.7	135	292	570	1102×820×1347	550
SL_7-100/10	100					320	2000	4.2	170	340	675	1219×840×1486	
SL_7-125/10	125					370	2450	4	215	370	780	1360×890×1500	
SL_7-160/10	160					460	2850	3.5	250	470	945	1390×980×1610	
SL_7-200/10	200					540	3400	3.5	283	535	1070	1430×1000×1653	
SL_7-250/10	250					640	4000	3.2	326	636	1255	1460×1090×1700	
SL_7-315/10	315					760	4800	3.2	380	765	1525	1420×1190×1920	
SL_7-400/10	400					920	580	3.2	445	900	1775	1480×1380×1980	660
SL_7-500/10	500					1080	6900	3.2	514	1045	2055	1500×1400×2020	
SL_7-630/10	630			4.5		1300	8100	3.0	730	1440	2745	1640×1310×2290	
SL_7-800/10	800			5.5		1540	9900	2.5	875	1715	3305	2130×1330×2665	820
SL_7-1000/10	1000					1800	11600		1207	2108	4135	2180×1360×2816	
SL_7-1250/10	1250					2200	13800		1450	2435	5030	2240×1470×2970	
SL_7-1600/10	1600					2650	16500		1622	3040	6000	2300×1660×3150	

注:1. 本系列变压器为无载调压,铁芯采用冷轧硅钢片。
2. 本表为北京变压器厂资料。

S_7 系列三相油浸自冷式铜线电力变压器技术数据 **表 2-36**

型 号	额定容量 (kVA)	额定电压(kV)		阻抗电压 (%)	连接组	损 耗 (W)		空载电流 (%)	重 量 (kg)			外形尺寸(mm) 长×宽×高	轨距 (mm)
		高 压	低 压			空 载	短 路		油重	器身重	总重		
S_7-30/10	30	10 6.3 6	0.4	4	Y,yn0	150	800	3.5	80	135	295	945×610×980	400
S_7-50/10	50					190	1150	2.8	105	201	400	1125×725×1138	
S_7-63/10	63					220	1400		125	240	480	1060×770×1150	
S_7-80/10	80					270	1650	2.7	135	294	560	1245×795×1187	
S_7-100/10	100					320	2000	2.6	165	330	645	1120×760×1227	550
S_7-125/10	125					370	2450	2.5	170	360	695	1350×820×1360	
S_7-160/10	160					460	2850	2.4	185	440	820	1280×785×1350	
S_7-200/10	200					540	3400	2.4	235	548	1010	1390×803×1410	
S_7-250/10	250					640	4000	2.3	265	590	1110	1410×974×1480	
S_7-315/10	315					760	4800		295	705	1310	1630×990×1570	
S_7-400/10	400					920	580	2.1	365	852	1585	1530×995×1595	
S_7-500/10	500					1080	6900		395	1000	1820	1708×1038×1676	660
S_7-630/10	630			4.5		1300	8100	2.0	545	1280	2385	1700×1015×1735	
S_7-800/10	800					1540	9900	1.7	655	1635	2950	2170×1130×2200	820
S_7-1000/10	1000					1800	11600	1.4	850	1960	3685	2190×1250×2325	
S_7-1250/10	1250					2200	13800		1000	2348	4340	2360×1445×2430	
S_7-1600/10	1600					2650	16500	1.3	1100	2780	5070	2410×1490×2698	

注:1. 本系列变压器为无载调压,调压范围为±5%。

2. 技术数据为天津变压器厂资料。外形尺寸为常州变压器厂资料。

表 2-37

S_9系列三相油浸自冷式铜线电力变压器技术数据

型号	额定容量(kVA)	额定电压(kV)		阻抗电压(%)	连接组	损耗(W)		空载电流(%)	重量(kg)			外形尺寸(mm)	轨距(mm)
		高压	低压			空载	短路		油重	器身重	总重	长×宽×高	
S_9-30/10	30	10 6.3 6	0.4	4	Y,yn0	130	600	2.4	105	165	355	990×650×1055*	400
S_9-50/10	50					170	870	2.2	115	260	470	1070×690×1100*	
S_9-63/10	63					200	1040	2.2	130	280	515	1090×710×1155*	550
S_9-80/10	80					250	1250	2.0	145	340	605	1120×770×1225*	
S_9-100/10	100					290	1500	2.0	160	380	670	1220×808×1335*	
S_9-125/10	125					350	1750	1.8	175	440	760	1385×850×1328	
S_9-160/10	160					420	2100	1.7	195	530	895	1415×870×1360	
S_9-200/10	200					500	2500	1.7	215	605	1010	1390×980×1420	
S_9-250/10	250					590	2950	1.5	250	730	1200	1410×860×1400*	660
S_9-315/10	315					700	3500		275	855	1385	1540×1010×1510	
S_9-400/10	400					840	4200	1.4	320	1010	1640	1440×1230×1580	
S_9-500/10	500					1000	5000		360	1155	1880	1570×1250×1610	
S_9-630/10	630			4.5		1230	6000	1.2	610	1720	2830	1870×1526×1920	820
S_9-800/10	800					1450	7200		690	1965	3260	2225×1550×2320	
S_9-1000/10	1000					1720	10000	1.1	865	2180	3820	2300×1560×2480	
S_9-1250/10	1250					2000	11800		985	2615	4525	2310×1215×2662*	1070
S_9-1600/10	1600					2450	14000	1.0	1145	2960	5185	2370×1892×2719	

注:1. 本系列变压器为无载调压,调压范围为±5%。
2. 有"*"者为天津变压器厂资料。其余为常州变压器厂资料。

SCL_1 型环氧树脂浇注干式电力变压器技术数据 表 2-38

额定容量(kVA)	额定电压(kV)		连接组	损耗 (kW)			阻抗电压(%)	噪声水平(dB)	总重(kg)	外形尺寸(mm) 长×宽×高	轨距(mm)
	高压	低压		空载(mm)	负载	总损耗					
100	10	0.4	Y,yn0	0.53	1.60	2.13	4	55	710	1030×535×930	—
160				0.74	2.15	2.89			910	1100×545×1040	—
200				0.83	2.59	3.42		58	920	1120×533×1150	
250				0.98	3.03	4.01			1160	1245×590×1200	530
315				1.15	3.58	4.73			1360	1295×615×1235	
400				1.40	4.30	5.70		60	1550	1330×640×1290	580
500				1.60	5.34	6.94			1900	1445×665×1360	
630				1.80	6.22	8.02		62	2080	1495×690×1485	600
800				2.10	6.83	8.93	6	64	2300	1550×690×1540	
1000				2.40	8.04	10.44			2730	1610×750×1665	
1250				2.90	9.59	12.85		65	3390	1760×810×1800	750
1600				3.40	11.57	14.97		66	4220	1850×850×1900	

注:1. 本表为北京变压器资料。
2. 负载损耗、总损耗及阻抗电压为参考温度100℃时的值。
3. 噪声水平:测量距离为距变压器0.3m、1m处。
4. 500kVA及以下变压器底座装置的轮方向可变换;630kVA及以上变压器底座装置的轮方向固定,具体方向须在订货时提出。

SG_3干式电力变压器技术数据 表 2-39

额定容量(kVA)	额定电压(kV) 高压	额定电压(kV) 低压	连接组	损耗(W) 空载	损耗(W) 短路	阻抗电压(%)	噪声水平(dB)	总重(kg)	外形尺寸(长×宽×高)(mm) 封闭式(有箱)	外形尺寸(长×宽×高)(mm) 非封闭式(无箱)	轨距(mm)	轮距(mm)
						B 级 绝 缘						
30	6、10	0.4	Y,yn0	257	648	4	49	307	1230×920×1200	940×560×900	—	200
40				320	913			400	1280×960×1250	1000×600×930	—	
50				383	1177		50	490	1380×1000×1230	1020×600×950	—	600
63				429	1136			523	1380×1000×1230	1040×600×1000	—	
80				499	1570		51	580	1430×1020×1360	1070×620×1040	—	
100				563	1944			690	1430×1020×1360	1070×620×1110	—	800
125				663	2354		53	730	1550×1040×1450	1140×640×1150	—	
160				759	2677			980	1550×1040×1450	1240×640×1190	—	
200				940	3002		54	1240	1680×1090×1570	1290×690×1280	820	550
250				1063	3526		55	1400	1680×1090×1570	1300×690×1310		
315				1286	4223		57	1530	1730×1110×1640	1360×710×1380		
400				1440	4536			1950	1790×1130×1760	1410×730×1480		
500				1688	5098		58	2200	1820×1140×1850	1440×740×1550		
630				1846	6990	6		3400	200×1240×1950	1620×800×1650	1070	660
800				2296(2243)	8926(8874)	6 (8)	59	3710	2180×1300×2100	1780×860×1820		
1000				2750(2730)	9778(9763)			4000	2230×1330×2100	1900×890×1950		
1250				2850(3150)	12096(11891)		61	4742	2350×1350×2280	1950×910×2130		
1600				4249(4190)	11843(12496)		64	5950	2550×1420×2310	2150×980×2160	1475	820

续表

额定容量 (kVA)	额定电压(kV)		连接组	损耗 (W)		阻抗电压 (%)	噪声水平 (dB)	总重 (kg)	外形尺寸(长×宽×高)(mm)		轨距 (mm)	轮距 (mm)
	高压	低压		空载	短路				封闭式(有箱)	非封闭式(无箱)		
H 级绝缘												
250	6、10	0.4	Y,yn0	1297	3200	4	55	1275	1420×780×1660	1220×600×1560	820	550
315				1562	5130		57	1433	1540×810×1750	1340×630×1650		
400				1741	5966			1733	1662×840×1840	1540×660×1720		
500				1873	6740		58	2058	1690×860×1950	1490×680×1850		
630				2081	9612	6		2568	1910×960×2100	1710×780×2000		
800				2395	9470	6	59	3026	1980×980×2160	1780×800×2060	1070	660
1000				2900	11323			3405	2110×1140×2260	1910×960×2160		
1250				3007	12426		61	4062	2205×1220×2540	2005×1040×2420		
1600				4461	13151		64	4880	2380×1420×2580	2175×1240×2450	1475	820

注:1. 本系列变压器适用于对防火安全较高的场所,使用条件除与一般变压器的要求相同外,还必须安装在通风良好的场所。

2. 本系列变压器为无载调压,调压范围为±5%或±2×2.5%。

我国主要城市夏季通风计算温度 表 2-40

序号	城市名称	计算温度(℃)	序号	城市名称	计算温度(℃)	序号	城市名称	计算温度(℃)	序号	城市名称	计算温度(℃)
1	北京市		5.7	张家口	29.1	7.8	乌兰浩特	27.5	9	吉林省	
1.1	北京	31.1				7.9	通辽	29.3	9.1	长春	27.9
1.2	密云	30.5	6	山西省		7.10	开鲁	29.3	9.2	四平	28.4
			6.1	太原	29.9	7.11	赤峰	29.3	9.3	延吉	27
2	天津市		6.2	运城	32.8	7.12	满洲里	25.4	9.4	白城	28.7
2.1	天津	30.6	6.3	大同	28.2	7.13	二连浩特	29.7	9.5	长岭	28.2
2.2	塘沽	29.2	6.4	五台山	12.9	7.14	锡林浩特	27.2	9.6	双辽	28.9
			6.5	临汾	32.4	7.15	正兰旗	25.0	9.7	通化	27.0
3	上海市		6.6	阳泉	29.9*	7.16	白云鄂博	25.6			
3.1	上海	31.9	6.7	侯马	32.3	7.17	五原	29.2	10	黑龙江省	
			6.8	长治	28.7	7.18	乌达	31.3	10.1	哈尔滨	27.7
4	重庆市		6.9	山阴	28.6	7.19	商都	25.5	10.2	安达	27.9
4.1	重庆	32.7	6.10	离石	29.7	7.20	额济纳旗		10.3	齐齐哈尔	27.8
4.2	沙平坝	33.9	6.11	和顺	26.3				10.4	牡丹江	26.0
4.3	彭水	33.8	6.12	沁县	28.8	8	辽宁省		10.5	佳木斯	27.0
4.4	涪陵	34.2	6.13	河津	32.4	8.1	沈阳	29.3	10.6	鸡西	26.0
4.5	万县	34.1	6.14	晋城	29.4*	8.2	抚顺	29.2	10.7	鹤岗	24.0
4.6	奉节	32.1				8.3	阜新	29.6			
			7	内蒙古自治区	28.0	8.4	朝阳	30.3	11	江苏省	
5	河北省		7.1	呼和浩特	29.6	8.5	本溪	28.8	11.1	南京	32.5
5.1	石家庄	32.2*	7.2	锡林浩特		8.6	锦州	28.9	11.2	徐州	31.8
5.2	承德	29.8	7.3	磴口	28.0	8.7	鞍山	29.6	11.3	沭阳	31.8
5.3	唐山	30.1	7.4	包头	29.6	8.8	营口	28.6	11.4	睢宁	31.7
5.4	秦皇岛	28.5	7.5	化德	24.6	8.9	丹东	27.6	11.5	盐城	29.0
5.5	保定	32	7.6	集宁	25.4	8.10	大连	27.2	11.6	泰州	31.6
5.6	邯郸	32.6	7.7	海拉尔	25.4				11.7	扬州	32.0

续表

序号	城市名称	计算温度(℃)	序号	城市名称	计算温度(℃)	序号	城市名称	计算温度(℃)	序号	城市名称	计算温度(℃)
11.8	镇江	32.4	13.8	六安	33.3	15.7	庐山	25.9	16.13	兖州	32.0
11.9	南通	31.2	13.9	霍山	33.5	15.8	修水	34.9	16.14	菏泽	32.2
11.10	常州	32.2	13.10	铜陵	33.4	15.9	玉山	34.3	16.15	莒县	30.3
11.11	溧阳	32.4	13.11	安庆	33.0	15.10	贵溪	34.8	16.16	临朐	30.9
11.12	无锡	31.8	13.12	屯溪	34.1	15.11	宜春	34.0			
11.13	苏州	31.8				15.12	萍乡	34.3	17	河南省	
11.14	连云港	31.5*	14	福建省		15.13	南城	33.9	17.1	郑州	33.2
			14.1	福州	34.0	15.14	乐安	33.8	17.2	开封	33.0
12	浙江省		14.2	浦城	33.8	15.15	广昌	34.3	17.3	安阳	32.7
12.1	杭州	33.9	14.3	崇武	30.4	15.16	遂川	34.6	17.4	濮阳	32.7
12.2	宁波	32.4	14.4	建阳	34.7	15.17	大余	33.6	17.5	新乡	32.7
12.3	金华	34.0	14.5	泰宁	33.6	15.18	寻乌	32.9	17.6	三门峡	32.5
12.4	嘉兴	32.1	14.6	南平	34.9				17.7	焦作	33.4
12.5	遂昌	34.0	14.7	永安	34.9	16	山东省		17.8	洛阳	33.1
12.6	龙泉	40.7	14.8	长汀	33.2	16.1	济南	32.3	17.9	商丘	32.7
12.7	温州	31.6	14.9	龙岩	33.0	16.2	潍坊	31.7	17.10	许昌	33.3
12.8	衢县	33.5	14.10	上杭	33.6	16.3	龙口	29.7	17.11	卢氏	31.8
			14.11	厦门	32.1	16.4	烟台	28.1	17.12	栾川	30.3
13	安徽省					16.5	惠民	31.7	17.13	鲁山	33.4
13.1	合肥	32.6*	15	江西省		16.6	德州	32.7	17.14	平顶山	33.4
13.2	亳县	32.8	15.1	南昌	34.0	16.7	禹城	31.9	17.15	淮阳	32.8
13.3	蚌埠	32.8	15.2	景德镇	34.0	16.8	益都	31.3	17.16	西峡	32.9
13.4	安庆	33.0	15.3	吉安	34.6	16.9	冠县	31.9	17.17	汝南	33.1
13.5	芜湖	32.9	15.4	赣州	34.4	16.10	泰安	31.5	17.18	南阳	32.8
13.6	宿县	32.5	15.5	九江	33.7	16.11	莱阳	29.9	17.19	驻马店	32.9
13.7	蒙城	32.8	15.6	彭泽	33.2	16.12	青岛	29.3	17.20	沁阳	33.7

续表

序号	城市名称	计算温度(℃)	序号	城市名称	计算温度(℃)	序号	城市名称	计算温度(℃)	序号	城市名称	计算温度(℃)
17.21	固始	32.6	19	湖南省		20.3	韶关	34.2	22	广西壮族自治区	
17.22	信阳	32.8	19.1	长沙	34.1	20.4	连县	34.0	22.1	南宁	33.5
			19.2	岳阳	32.8	20.5	阳江	31.5	22.2	桂林	33.5
18	湖北省		19.3	常德	33.9	20.6	德庆	33.5	22.3	百色	34.2
18.1	武汉	33.8	19.4	沅江	33.2	20.7	梅县	34.1	22.4	梧州	34.4
18.2	郧西	33.1	19.5	安化	34.7	20.8	惠阳	32.8	22.5	全州	33.6
18.3	郧阳	34.4	19.6	沅陵	33.5	20.9	揭阳	32.5	22.6	融安	33.3
18.4	光化	33.2	19.7	花垣	32.2	20.10	汕头	31.5	22.7	金城江	33.2
18.5	竹溪	32.0	19.8	溆浦	33.6	20.11	高要	32.8	22.8	贺县	34.1
18.6	宜城	32.8	19.9	株洲	34.8	20.12	汕尾	30.9	22.9	蒙山	32.9
18.7	随县	33.0	19.10	新化	33.4	20.13	宝安	31.5	22.10	田东	33.3
18.8	钟祥	32.3	19.11	芷江	32.6	20.14	信宜	31.1	22.11	桂平	32.9
18.9	巴东	34.4	19.12	邵阳	33.5	20.15	台山	32.2	22.12	靖西	29.1
18.10	襄阳	32.9	19.13	衡阳	33.3	20.16	茂名	32.6	22.13	柳州	34.0
18.11	英山	34.3	19.14	湘潭	33.9	20.17	电白	31.5	22.14	玉林	33.0
18.12	宜昌	34.5	19.15	武岗	32.5	20.18	湛江	32.4	22.15	钦州	31.8
18.13	天门	32.8	19.16	怀化	33.0	20.19	徐闻	33.2	22.16	都安	32.3
18.14	江陵	33.0	19.17	永州	33.8						
18.15	恩施	33.1	19.18	涟源	33.7	21	海南省		23	四川省	
18.16	黄石	34.4	19.19	郴州	34.5	21.1	海口	33.0	23.1	成都	29.9
18.17	五峰	29.3				21.2	儋县	32.6	23.2	甘孜	21.1
18.18	来凤	31.7	20	广东省		21.3	琼海	33.0	23.4	宜宾	31.6
18.19	崇阳	34.1	20.1	广州	32.0	21.4	琼中	32.4	23.5	西昌	27.6
			20.2	南雄	34.1	21.5	西沙	31.0	23.6	阿坝	19.9

续表

序号	城市名称	计算温度(℃)	序号	城市名称	计算温度(℃)	序号	城市名称	计算温度(℃)	序号	城市名称	计算温度(℃)
23.7	松潘	22.2	23.31	大足	32.0	24.8	遵义	30.7	25.14	临沧	25.5
23.8	广元	31.2	23.32	峨眉山	15.5	24.9	黔西	27.9	25.15	开远	28.8
23.9	平武	29.9	23.33	乐山	30.3	24.10	镇远	32.4	25.16	元江	33.8
23.10	万源	31.0	23.34	汉源	31.9	24.11	威宁	22.4	25.17	耿马勐定	30.3
23.11	江油	30.1	23.35	自贡	31.5	24.12	锦屏	32.4	25.18	澜沧	28.6
23.12	巴中	32.4	23.36	九龙	21.4	24.13	安顺	25.9	25.19	江城	26.2
23.13	德格	22.9	23.37	泸州	32.1	24.14	榕江	32.8	25.20	思茅	26.1
23.14	茂汶	25.9	23.38	酉阳	30.4	24.15	独山	27.5	25.21	河口	32.5
23.15	马尔康	25.1	23.39	綦江	34.5	24.16	罗甸	32.7	25.22	允景洪	29.9
23.16	绵阳	30.5	23.40	马边	30.4				25.23	勐腊	29.6
23.17	炉霍	22.0	23.41	越西	27.4	25	云南省				
23.18	达县	33.1	23.42	雷波	25.9	25.1	昆明	23.9	26	西藏自治区	
23.19	德阳	30.0	23.43	盐源	23.7	25.2	中甸	19.2	26.1	拉萨	21.8
23.20	小金	27.6	23.44	会理	26.0	25.3	德钦	17.1	26.2	丁青	19.2
23.21	灌县	28.5	23.45	渡口	33.7	25.4	镇雄	25.8	26.3	昌都	24.3
23.22	梁平	32.2				25.5	昭通	25.2	26.4	申扎	15.8
23.23	乾宁	19.9	24	贵州省		25.6	华坪	30.5	26.5	当雄	17.4
23.24	遂宁	32.1	24.1	贵阳	28.5	25.7	会泽	23.8	26.6	林芝	22.1
23.25	简阳	30.8	24.2	六枝	34.1	25.8	东川汤丹	22.9	26.7	泽当	22.8
23.26	巴塘	27.4	24.3	沿河	33.7	25.9	宾川	28.9	26.8	日喀则	21.0
23.27	康定	20.5	24.4	桐梓	29.5	25.10	元谋	31.8	26.9	江孜	20.1
23.28	理塘	16.6	24.5	赤水	33.0	25.11	大理	24.5			
23.29	雅安	29.8	24.6	思南	33.2	25.12	楚雄	25.3	27	陕西省	
23.30	内江	27.1	24.7	桐仁	33.7	25.13	丘北	26.8	27.1	西安	32.5

续表

序号	城市名称	计算温度(℃)	序号	城市名称	计算温度(℃)	序号	城市名称	计算温度(℃)	序号	城市名称	计算温度(℃)
27.2	榆林	30.0	28.4	山丹	28.5	29.5	祁连托勒	31.4	31.6	库车	32.3
27.4	略阳	30.0	28.5	平凉	26.9	29.6	祁连	31.5	31.7	喀什	32.2
27.5	汉中	30.5	28.6	天水	28.6	29.7	互助却藏滩	19.2	31.8	麦盖提	33.0
27.6	宝鸡	30.9	28.7	武都	30.4	29.8	玉树	20.0	31.9	且末	32.5
27.8	绥德	30.4	28.8	张掖	29.4	29.9	同仁隆务	23.5	31.10	库尔勒	32.3
27.9	洛川	27.9	28.9	玉门	28.6				31.11	和田	32.5
27.10	铜川	29.1	28.10	安西	33.0	30	宁夏回族自治区		31.12	于田	32.8
27.11	渭南	33.2	28.11	高台	30.4	30.1	银川	29.4			
27.12	华山	20.8	28.12	祁连山	16.6	30.2	石嘴山	30.3	32	台湾省	
27.13	武功	31.6	28.13	武威	29.6	30.3	陶乐	30.2		台北	—
27.14	商县	30.7	28.14	环县	28.1	30.4	盐池	29.0			
27.15	佛坪	28.4	28.15	榆中	26.0	30.5	中宁	30.0	33	香港地区	—
27.16	凤县	29.2	28.16	临夏	25.8	30.6	同心	30.5			
27.3	延安	30.0	28.17	临洮	26.0	30.7	固原	24.9	34	澳门地区	—
27.18	镇安	29.2	28.18	武山	27.4						
27.19	宁陕	29.7				31	新疆维吾尔自治区				
			29	青海省		31.1	乌鲁木齐	32.3			
28	甘肃省		29.1	西宁	24.5	31.2	石河子	31.8			
28.1	兰州	29.0	29.2	民和	26.9*	31.3	巴里坤	24.4			
28.2	敦煌	33.2	29.3	喀尔木	31.2	31.4	吐鲁番	40.0			
28.3	酒泉	28.5	29.4	玛多	31.3	31.5	鄯善	37.0			

变压器室通风窗有效面积 表 2-41

变压器容量(kVA)	进、出风窗中心高差(m)	进、出风窗面积之比	进风温度 $t=30℃$		进风温度 $t=35℃$	
			进风窗面积	出风窗面积	进风窗面积	出风窗面积
		$F_j:F_c$	$F_j(m^2)$	$F_c(m^2)$	$F_j(m^2)$	$F_c(m^2)$
安装 SL_7、S_7 系列变压器的变压器室						
630	2.0	1:1	1.1	1.1	2.0	2.0
		1:1.5	0.9	1.35	1.6	2.4
	2.5	1:1	1.0	1.0	1.8	1.8
		1:1.5	0.8	1.2	1.44	2.16
	3.0	1:1	0.9	0.9	1.6	1.6
		1:1.5	0.72	1.08	1.28	1.92
	3.5	1:1	0.83	0.83	1.5	1.5
		1:1.5	0.66	1.0	1.2	1.8
1000	2.5	1:1	1.4	1.4	2.57	2.57
		1:1.5	1.12	1.68	2.05	3.08
	3.0	1:1	1.28	1.28	2.35	2.35
		1:1.5	1.02	1.5	1.88	2.82
	3.5	1:1	1.18	1.18	2.17	2.17
		1:1.5	0.94	1.42	1.74	2.6
	4.0	1:1	1.11	1.11	2.03	2.03
		1:1.5	0.89	1.33	1.62	2.44
1600	2.0	1:1	2.24	2.24	4.1	4.1
		1:1.5	1.79	2.69	3.28	4.92
	2.5	1:1	2.0	2.0	3.68	3.68
		1:1.5	1.6	2.4	2.94	4.4
	3.0	1:1	1.83	1.83	3.35	3.35
		1:1.5	1.46	2.2	2.68	4.0
	3.5	1:1	1.69	1.69	3.1	3.1
		1:1.5	1.69	1.69	3.1	3.1
	4.0	1:1	1.58	1.58	2.9	2.9
		1:1.5	1.26	1.9	2.32	3.48
	5.0	1:1	1.4	1.4	2.6	2.6
		1:1.5	1.12	1.68	2.08	3.12

续表

变压器容量(kVA)	进、出风窗中心高差(m)	进、出风窗面积之比	进风温度 $t=30℃$		进风温度 $t=35℃$	
			进风窗面积	出风窗面积	进风窗面积	出风窗面积
		$F_j:F_c$	$F_j(m^2)$	$F_c(m^2)$	$F_j(m^2)$	$F_c(m^2)$
安装 S_9 系列变压器的变压器室						
630	2.0	1:1	0.84	0.84	1.55	1.55
		1:1.5	0.67	1.0	1.24	1.86
	2.5	1:1	0.76	0.76	1.39	1.39
		1:1.5	0.61	0.91	1.11	1.67
	3.0	1:1	0.69	0.69	1.27	1.27
		1:1.5	0.55	0.83	1.02	1.52
	3.5	1:1	0.64	0.64	1.17	1.17
		1:1.5	0.51	0.77	0.94	1.4
1000	2.0	1:1	1.37	1.37	2.5	2.5
		1:1.5	1.1	1.64	2.0	3.0
	2.5	1:1	1.22	1.22	2.25	2.25
		1:1.5	0.98	1.46	1.8	2.7
	3.0	1:1	1.11	1.11	2.05	2.05
		1:1.5	0.89	1.33	1.64	2.46
	3.5	1:1	1.03	1.03	1.9	1.9
		1:1.5	0.82	1.24	1.52	2.28
1600	2.0	1:1	1.92	1.92	3.53	3.53
		1:1.5	1.54	2.3	2.82	4.24
	2.5	1:1	1.72	1.72	3.16	3.16
1600	2.5	1:1.5	1.38	2.06	2.53	3.79
	3.0	1:1	1.57	1.57	2.88	2.88
		1:1.5	1.26	1.88	2.3	3.46
	3.5	1:1	1.45	1.45	2.67	2.67
		1:1.5	1.16	1.74	2.14	3.2
	4.0	1:1	1.36	1.36	2.5	2.5
		1:1.5	1.09	1.63	2.0	3.0

注：本表摘自电气装置标准图集88D264《电力变压器布置》。本表按出风孔采用固定百叶窗，进风孔采用固定百叶窗加金属网进行计算。

变压器室的土建技术要求 **表 2-42**

建筑物耐火等级		油浸变压器为一级,非燃或难燃介质变压器为二级
内墙面		墙基应防止油侵蚀,墙面应勾缝并刷白
地坪	变压器落地安装	采用卵石或碎石铺设,厚度为250mm。变压器四周沿墙600mm范围内需用混凝土抹平
	变压器高式安装	采用钢筋混凝土楼板,地坪用水泥抹平,并应向中间通风及排油孔作2%的坡度 通风坑或油坑的地坪采用卵石或碎石铺设,厚度为250mm。具体做法参考《电气装置标准图集》88D264
屋面		应根据当地气象条件,设置保温、隔热层,屋面应有不小于5%的坡度,并应有可靠的防水和排水措施,且不宜设女儿墙
屋檐		屋檐须伸出外墙面,防止雨水沿墙面流下
顶棚		刷白
采光窗		不设采光窗
通风窗		通风窗应采用非燃烧材料制作,应有防止雨雪和小动物进入的措施。进、出风窗都采用百叶窗内加金属网,网孔<10×10mm。当进风有效面积不能满足要求时,可只装设网孔<10×10mm金属网
门		应为非燃烧材料的实体门,当门的宽度≥1.2m时,应在其中一扇门上开个小门,供维修人员出入。小门宽度为600~700mm,大、小门都朝外开,并能开成≥120° 当变压器室为高式时,门口应设供维供维修人员出入上下的轻型钢筋梯
其他		在需要时,设置变压器吊芯检查用的吊钩和搬运用的地锚

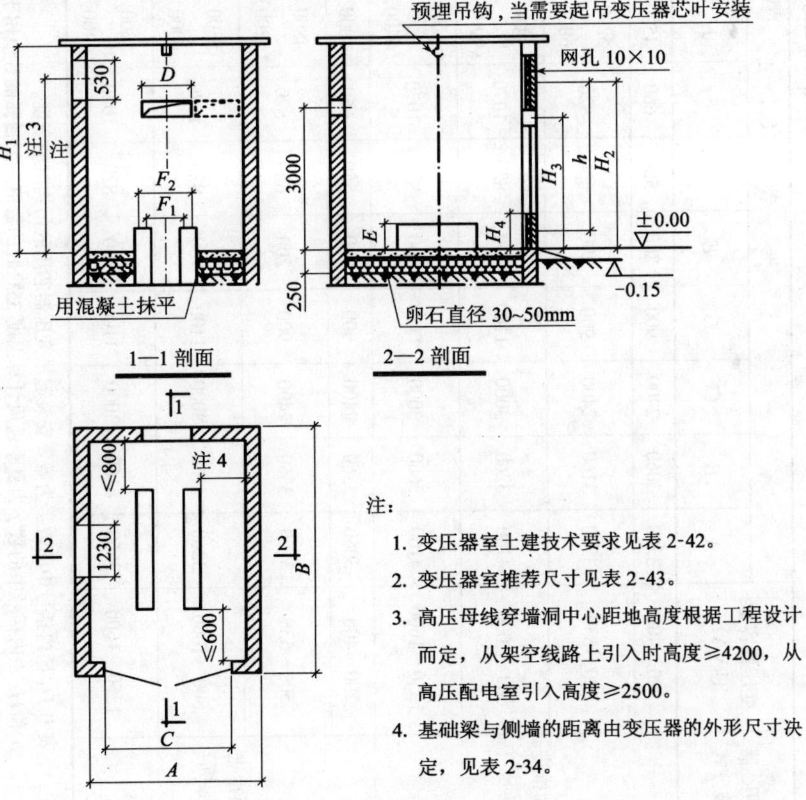

注:

1. 变压器室土建技术要求见表 2-42。
2. 变压器室推荐尺寸见表 2-43。
3. 高压母线穿墙洞中心距地高度根据工程设计而定,从架空线路上引入时高度≥4200,从高压配电室引入高度≥2500。
4. 基础梁与侧墙的距离由变压器的外形尺寸决定,见表 2-34。

图 2-29 低式变压器室土建设计方案

低式变压器室推荐尺寸 表 2-43

变压器安装方式	变压器容量(kVA)	推荐尺寸(mm)												通风窗有效面积(m^2)		
		A	B	C	D	E	F_1	F_2	H_1	H_2	H_3	H_4	h	门上进风百叶窗	门下进风百叶窗	出风百叶窗
宽面推进(无油坑)	200～400	3360	3060	2400	900	200	550	660	4500	3500	2700	≥700 ≥(1000)	2950 (3000)	0.75(1.3)	—	1.1(1.95)
	500～630	3560	3160	2400	900	200	660	820	5200 (6000)	3500	2700					
	800～1000	4160	3260	3000	1100	100	820	1070	5300 (6000)	4300	3300	≥1000	3600 (3800)	1.05(1.75)	—	1.5(2.6)
	1250～1600	4160	3660	3000	1100	100	820	1070	5300 (6400)	4400	3600	≥1000	3900	1.65	—	1.65
窄面推进(无油坑)	200～400	3060	3360	2400	900	200	550	660	4800	3500	2700	≥700 (≥1000)	2900 (3000)	0.75(1.3)	—	1.1(1.95)
	500～630	3160	3560	2400	900	200	660	820	4800 (5200)	3500	2700					
	800～1000	3260	4160	3000	1100	100	820	1070	5300 (6000)	4300	3300	≥1000	3600 (3800)	1.05(1.75)	—	1.5(2.6)
	1250～1600	3660	4160	3000	1100	100	820	1070	5300 (6400)	4400	3600	≥1000	3900	1.65	—	1.65

注：1. 表中 H_1 栏内括号中的数字为需要安装起吊变压器芯用的吊钩时的高度。

2. h 和 H_4 栏内括号中的数字为夏季通风计算温度 35℃时的数值。无括弧的数值用于 30℃时。

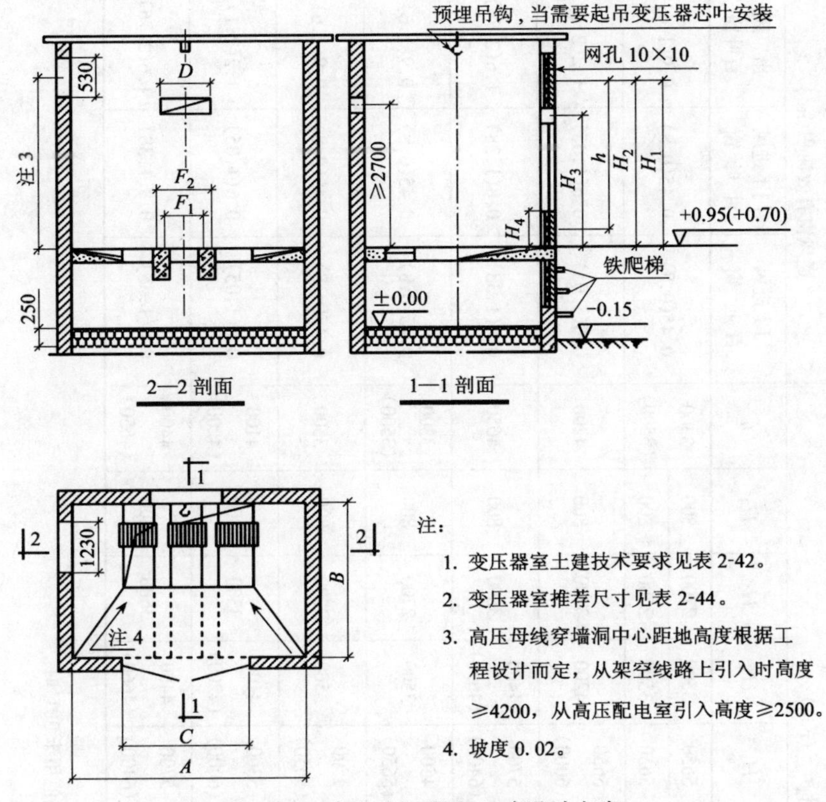

图 2-30 高式变压器室土建设计方案

(5)高压配电室布置要求

1)一般要求

A. 高压配电装置应尽量采用成套设备，五防型产品，因为五防型高压开关柜从电气和机械上采取了具体措施，保证了高压安全操作程序化，提高了可靠、安全性能。所谓“五防型”是指：

a. 防止误合、误分断路器；

b. 防止带负荷分、合隔离开关；

c. 防止带电挂地线；

d. 防止带地线合闸；

e. 防止误入带电间隔。

B. 配电设备的布置，应考虑便于设备的操作、搬运、检修和试验。

C. 高压配电室内应留有适当数量的开关柜备用位置，有条件时，宜留有扩建的位置。

D. 高压开关柜安装在单独的高压配电室内，当开关柜的台数不超过 6 台时，也可与低压配电屏安装在同一房间内，但不宜面对面的布置，单列布置时，与低压配电屏的距离(净距)不小于 2m，当高压配电柜(屏)的外壳防护等级符合 1P2X 时，二者可靠近布置。

E. 双母线布置的室内配电装置中，母线与母线隔离开关之间，宜装设耐火隔板。固定式高压开关柜的母线分段处应装设隔板。板高 0.8m(从高压开关柜顶部开始计算)。板长应与高压开关柜深度相同。

高式变压器室推荐尺寸 **表 2-44**

变压器安装方式	变压器容量(kVA)	推荐尺寸 (mm)											通风窗有效面积(m^2)		
		A	B	C	D	F_1	F_2	H_1	H_2	H_3	H_4	h	门上进风百叶窗	门下进风百叶窗	出风百叶窗
宽面推进(有通风坑)	200~400	3360	3060	2400	900	550	660	5650	3500	2700	800	3300(3500)	0.45(0.8)	0.45(0.8)	0.9(1.6)
	500~630	3560	3160	2400	900	660	820	5650	3500	2700	800				
	800~1000	4160	3260	3000	1100	820	1070	5650(6000)	4200	3300	800	4200	0.6(1.05)	0.6(1.05)	1.2(2.1)
	1250~1600	4160	3660	3000	1100	820	1070	5700(6400)	4400(4650)	3600	800	4650	0.8(1.38)	0.8(1.38)	1.6(2.76)
窄面推进(有通风坑)	200~400	3060	3360	2400	900	550	660	4500(5650)	3500	2700	800	3300(3500)	0.45(0.8)	0.45(0.8)	0.9(1.6)
	500~630	3160	3560	2400	900	660	820	4500(5650)	3500	2700	800	3500	0.45(0.8)	0.45(0.8)	0.9(1.6)
	800~1000	3260	4160	3000	1100	820	1070	5300(6000)	4100(4200)	3300	800	4100(4200)	0.6(1.05)	0.6(1.05)	1.2(2.1)
	1250~1600	3660	4160	3000	1100	820	1070	5700(6400)	4400(4660)	3600	800	4400(4650)	0.8(1.38)	0.8(1.38)	1.6(2.76)

注:1. 表中 H_1 栏内括号中的数字为需要安装起吊变压器芯用的吊钩时的高度。
2. h 和 H_4 栏内括号中的数字为夏季通风计算温度 35℃时的数值。无括弧的数值用于 30℃时。

F. 总油量为 60kg 以下的电流互感器、电压互感器和单台油断路器，一般安装在两侧有隔板的间隔内。

G. 高压配电室宜设不能开启的自然采光窗，窗外应设铁丝网，以防止雨、雪、小动物和风沙进入。

2)对安全净距、通道、围栏及出口的具体要求

A. 室内各种通道的宽度(净距)不应小于表 2-45 中的数值。

B. 室内配电装置的各种安全距离(净距)不应小于表 2-46 中的数值。

C. 室内裸导电部分的上方不应有明敷的电力线路跨越。

D. 室内裸导电部分的上方不应布置灯具，若必须设置时，灯具与裸导体的水平和垂直距离(净距)均应大于 1m，灯具不得采用吊链或软线吊装。

E. 电气设备的套管和绝缘子最低绝缘部位距地(楼)面小于 2.3m 时，应设固定围栏。围栏上部距带电部分的净距不应小于表 2-46 中的 A_1 值。

F. 无遮栏裸导体至地(楼)面的净距小于表 2-46 中的 C 值时，应用遮栏隔离，遮栏下通行部分的高度不应小于 1.9m。

G. 高压配电室应该有向外开的门，当高压配电室的长度超过 7m 时，应该有两个出口(开 2 个门)，并宜布置在高压配电室的两端，以便于事故时，工作人员的退出，当高压配电室布置在楼上时，它的第二个出口可以通向有消防梯的阳台。

高压配电装置室内各种通道的最小宽度(净距,m) **表 2-45**

通道分类 / 布置方式	维护通道	操作通道		通往防爆间隔的通道
		固定式	手车式	
一面有开关设备时	0.8	1.5	单车长+0.9	1.2
两面有开关设备时	1.0	2.0	双车长+0.6	1.2

高压配电装置室的最小安全距离(mm) **表 2-46**

项目 \ 额定电压(kV)		3	6	10	35
带电部分至接地部分	(A_1)	75	100	125	300
不同相的带电部分之间	(A_2)	5	100	125	300
带电部分至栅栏	(B_1)	825	850	875	1050
带电部分至网状遮栏	(B_2)	175	200	225	400
带电部分至板状遮栏	(B_3)	105	130	155	330
无遮栏裸导体至地(楼)面	(C)	2375	2400	2425	2600
不同时停电检修的无遮栏裸导体之间的水平净距	(D)	1875	1900	1925	2100
出线套管至屋外通道的路面	(E)	6000	4000	4000	4000

注：海拔高度超过 1000m 时，本表所列 A 值应按每升高 100m 增大 1%进行修正。B、C、D 值应分别增加 A 值的修正值。

3)高压配电室对土建的技术要求见表 2-51。

4)布置实例

A. GG-1A 高压开关柜布置方案见图：图 2-31～图 2-33。

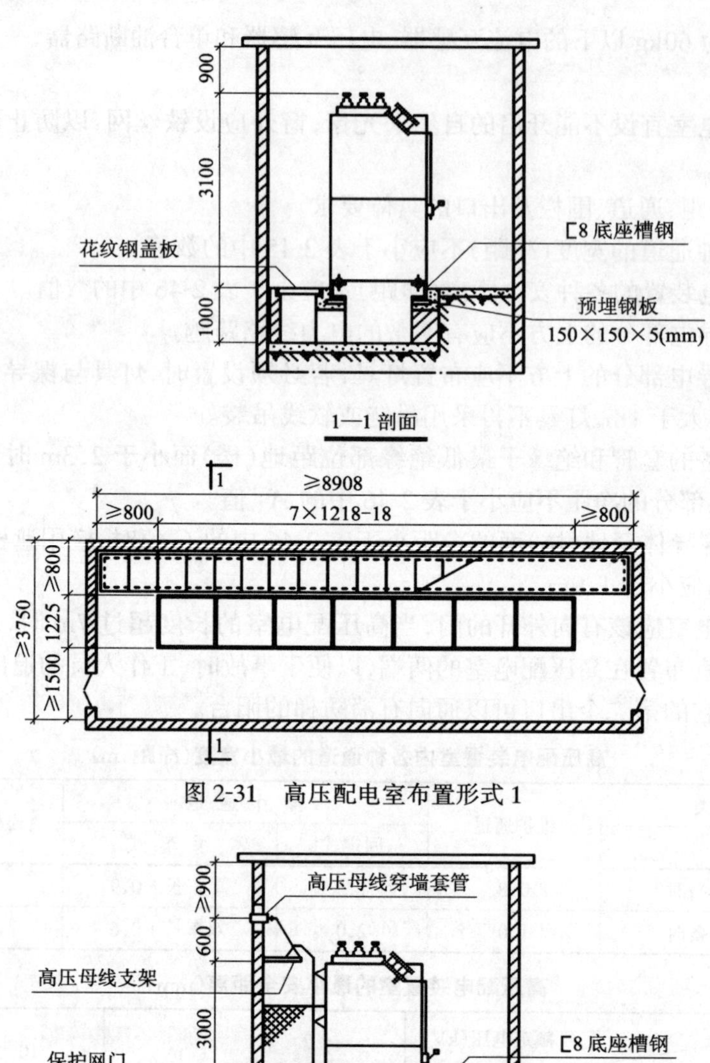

图 2-31　高压配电室布置形式 1

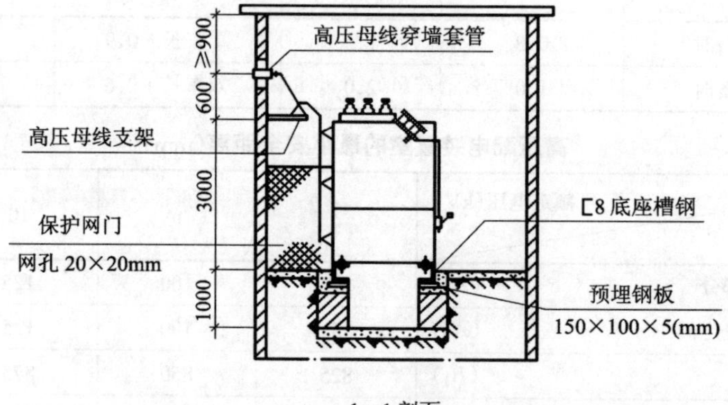

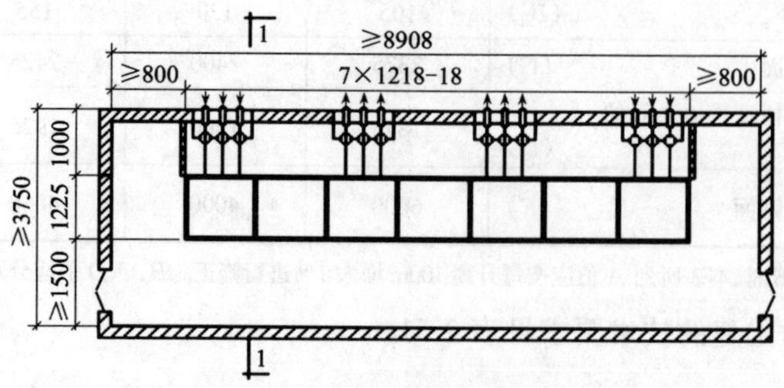

图 2-32　高压配电室布置形式 2

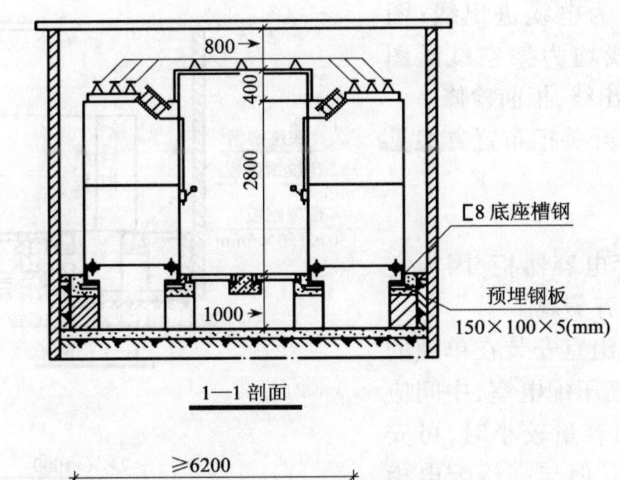

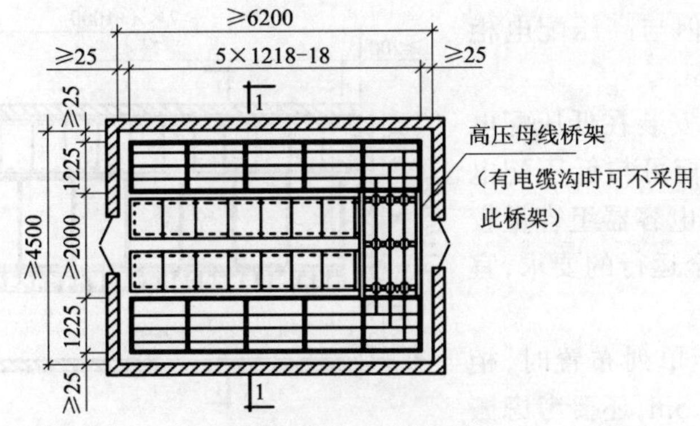

图 2-33 高压配电室布置形式 3

手车式开关柜安装尺寸(mm) 表 2-47

开关柜型号	A(宽)	B(深)	H(高)	h	L	L1	L2
GC-2	800 (1000)	1500	2200	800	900		
GFC-10A	800	1200 (1250)	2000	800	800		
GFC-15	900 (700)	1350 (1250)	2000	800	800		
GFC-15(F)	800	1500 (2100)	2200	850	850	单车长+900	双车长+600
GFC-15Z	700	1200 (1250)	2000	800	800		
GFC-3B	800	1250	2100	800	800		
JYN2-10	840 (1000)	1500	2200	800	850		
KYN-10	800	1800	2200	800	900		

注:括号内的数字适合架空进、出线。

图 2-31 所示为电缆进出线；图 2-32所示的进出线均为架空线。图 2-33所示为电缆进出线，柜前检修。

B.手车式高压开关柜布置方案见图2-34～图 2-35。

(6)电容器室

1)宜选用成套电容器柜，因为它性能好、占地少、整齐美观。

2)高压电容器组宜安装在单独的房间内，并且靠近高压配电室，中间应有防火墙隔开。当容量较小时，可安装在高压配电室内，但与高压配电柜的距离不应小于 1.5m。

低压电容器组可安装在低压配电室内，成套低压电容柜可与低压配电屏并列安装。当低压电容器组容量较大时，考虑通风和安全运行的要求，宜安装在单独的房间内。

3)成套电容器柜单列布置时，柜前操作距离不小于 1.5m，还要考虑搬运的方便，双列布置时，两柜面之间的距离不应小于 2m。

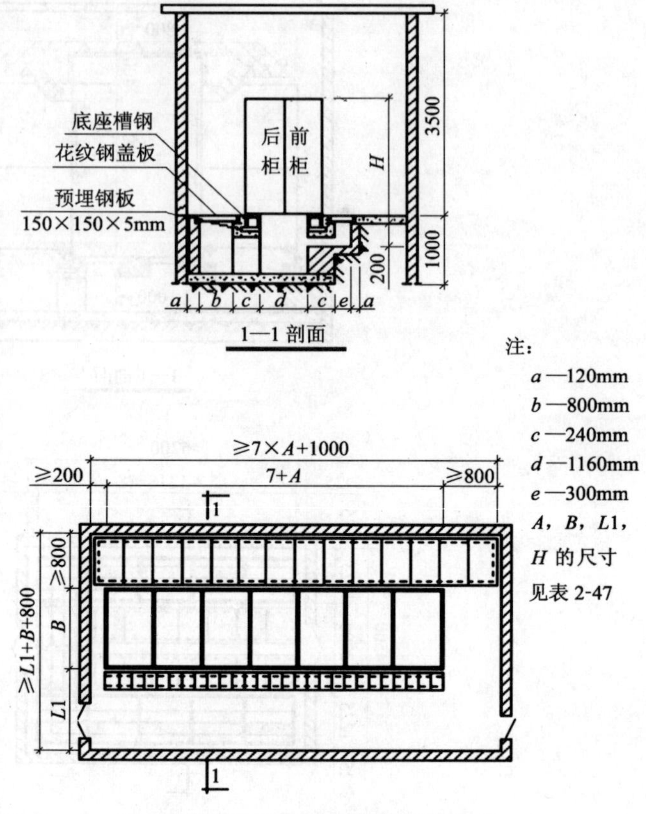

图 2-34 高压配电室布置形式 4

4)装配式电容器组在室内安装时，可分层安装，一般不超过三层，层间不应加隔板，层间距离不应小于 1m。电容器外壳之间(宽面)的净距不宜小于 0.1m。

下层电容器的底部距离地面不应小于 0.2m，上层电容器的底部距离地面不宜大于 2.5m，电容器装置的顶部到屋顶净距不应小于 1m。

地震烈度为 7 度及以上的地区，电容器在支架上应采用螺栓固定。

5)装配式电容器组单列布置时，网门与墙的距离不小于 1.3m。双列布置时，两网门之间的距离不应小于 1.5m。

6)电容器室内应有良好的自然通风，其通风窗面积可按如下方法估算：每 100kVar 需要下部进风面积为 0.1～0.3m^2 而上部出风面积为 0.2～0.4m^2。

7)电容器室应尽量避免朝西。室内长度超过 7m 时，应开两个门，并要布置在房间的两端。

8)高压电容器室对土建的技术要求见表 2-51。

(7)低压配电室

1)低压配电室应尽量靠近变压器室和用电设备负荷中心。

2)固定式低压配电屏室内通道宽度不小于下列数值：

A. 屏前操作通道单列置时一般为 1.5～1.8m，双列布置时，一般为 2.0～2.3m。

B. 屏后维护通道一般为 1.0～1.2m，有困难时可减少至 0.8m。

3)抽屉式低压配电屏室内通道宽度不小于下列数值：

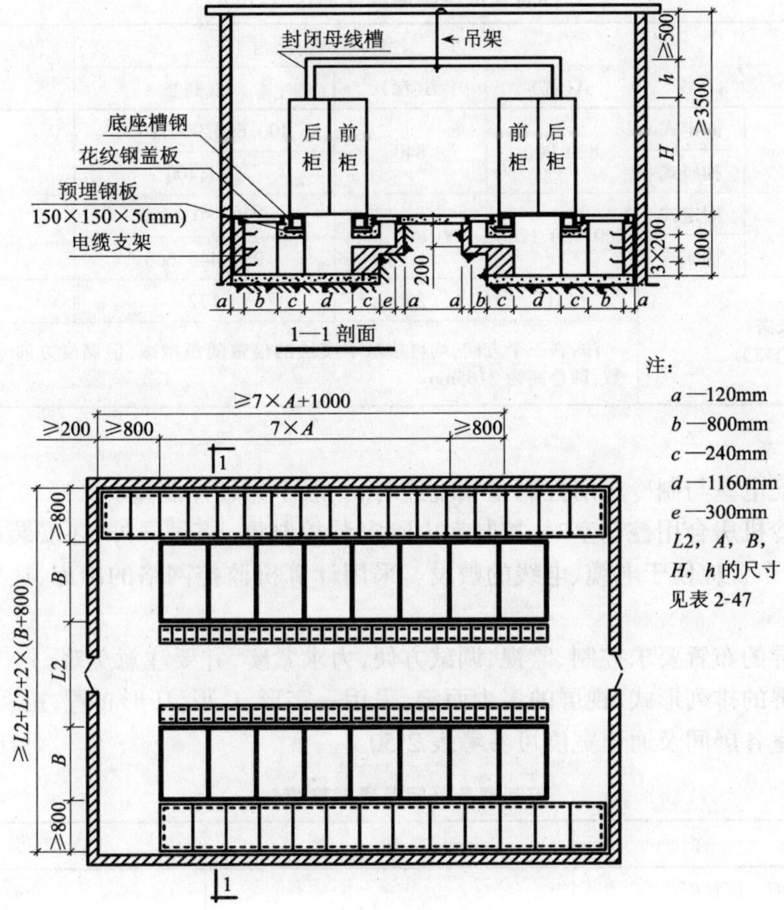

图 2-35 高压配电室布置形式 5

A. 单面抽屉式单列布置时,屏前操作通道一般为 2.0～2.3m,双列面对面布置时,两屏之间一般为 2.3～2.5m。屏后维护通道一般为 1.5m,有困难时为 1.0m。

B. 双面抽屉式单列布置时,屏前操作通道一般为 2.0～2.3m,双列布置时,两屏之间一般为 2.3～2.5m。屏后维护通道一般为 2m。

4)屏后通道上方的裸导电部分高度低于 2.3m 时,应加遮护,遮护后的通道不应低于 1.9m,越过屏前通道上的裸导电部分高度不应低于 2.5m。低压配电屏或控制屏,长度大于 6.0m 时,屏后通道应有两个出口,两个出口间距不大于 15m,若大于 15m 时,还应增加出口。

5)长度为 8m 以上的低压配电室和控制室,应开 2 个门。

6)低压配电室和控制室对土建的技术要求见表 2-51。

固定式低压配电屏外形尺寸(mm) 表 2-48

型号	A(宽)	B(深)	H(高)	安装孔距			
PGL-1(2)	400、600、800、1000	600	2200	200×540	400×540	600×540	800×540
GGL1	600、800	1000	2200	542×820		742×820	
	600、800	600		542×420		742×420	
GHL	660、800、1000	800	2270	520×660		860×660	

抽屉式低压配电屏外形尺寸(mm) **表 2-49**

<table>
<tr><th rowspan="2" colspan="2">型　　号</th><th colspan="3">小　室　尺　寸</th><th rowspan="2">叠加高度
(总高)</th></tr>
<tr><th>A(宽)</th><th>B(深)</th><th>H(高)</th></tr>
<tr><td rowspan="2">BFC-10A</td><td>固定式</td><td rowspan="2">800、900</td><td rowspan="2">840</td><td>400、600、900、1800</td><td>1800</td></tr>
<tr><td>抽屉式</td><td>200、400</td><td>(2000)</td></tr>
<tr><td rowspan="2">BFC-20</td><td>固定式</td><td rowspan="2">600、900、1200</td><td rowspan="2">600、800、900</td><td>660、880、1980</td><td>1980</td></tr>
<tr><td>抽屉式</td><td>220、440、660</td><td>(2300)</td></tr>
<tr><td colspan="2" rowspan="2">多米诺
(DOMINO)</td><td>431</td><td>250</td><td>172</td><td>2165</td></tr>
<tr><td colspan="4">注:在三个方向,均可按基本模块的倍数随意增减,但高度方向一般推荐12个模数,即总高为2165mm</td></tr>
</table>

(8)控制室

1)低压配电室与制冷机房控制室相毗连时,一般不另设控制室。

2)与制冷机房合用控制室时,控制室内除安装控制屏、信号屏外,还安装机房氨压缩机启动柜,屏的布置应便于电缆、电线的敷设。采用计算机监控网络的冷库,还安装中央操作站设备。

3)控制屏的布置要求控制、监视、调试方便,力求紧凑,并要注意美观。

4)控制屏的排列形式,视屏的多少而定,采用一字形、L形、Π形布置,按实际情况选用。

5)控制室各屏间及通道宽度可参考表2-50。

控制室各屏间及通道宽度(mm) **表 2-50**

名　　称	一　般　值	最　小　值
屏正面→屏背面	—	2000
屏背面→墙	1000～1200	800
屏　边→墙	1000～1200	800
主屏正面→墙	3000	2500(参考值)
单排布置屏正面→墙	2000	1500

6)冷库变电所设备监控和制冷设备监控通常设置在同一控制室内,而控制室又与氨压缩机房共用隔墙,所以控制室和低压配电室之间的门及控制室和机房之间的门的材料应为难燃烧体,并应有自动关闭装置。控制室与氨压缩机房共用隔墙上应设固定密封观察窗(见《冷库设计规范》GB50072—2001)。

7)控制室的其他要求同低压配电室。

配电室、电容器室的土建技术要求 **表 2-51**

<table>
<tr><th>房间名称</th><th>高压配电室</th><th>高压电容器室</th><th>低压配电室</th><th>控制室</th><th>值班室</th></tr>
<tr><td>建筑物耐火等级</td><td>二　级
(有充油设备)</td><td>二　级
(油浸式)</td><td>三　级</td><td>二　级</td><td>二　级</td></tr>
<tr><td>内墙面</td><td colspan="2">邻近带电部分的内墙面只刷白,其他部分抹灰刷白</td><td colspan="3">抹灰并刷白</td></tr>
</table>

续表

房间名称	高压配电室	高压电容器室	低压配电室	控制室	值班室
地坪	高标号水泥抹面压光	高标号水泥抹面压光 采用抬高地坪方案通风效果较好	高标号水泥抹面压光	水磨石或水泥压光	水泥压光
屋面	应根据当地气象条件，设置保温、隔热层，屋面应有不小于5%的坡度，并应有可靠的防水和排水措施，且不宜设女儿墙				
屋檐	屋檐须伸出外墙面，防止雨水沿墙面流下				
顶棚	刷白				
采光窗	宜设固定采光窗，窗外应加金属网，或采用夹丝玻璃，防止雨雪和小动物进入。其窗台距室外地坪宜≥1.8m在寒冷、污秽尘埃或风沙大的地区，宜设双层玻璃窗，临街一面不宜开窗		可设能开启的自然采光窗，并应设置纱窗。临街一面不宜开窗	设能开启的自然采光窗，并应设置纱窗。在寒冷、污秽尘埃或风沙大的地区，宜设双层玻璃窗，临街一面不宜开窗	
通风窗观察窗	如若需要，应采用百叶窗内加金属网，防止雨雪和小动物进入	应采用百叶窗内加金属网，防止雨雪和小动物进入	—	与氨压缩机房共用的隔墙上应开固定密封观察窗	
门	门应向外开，相邻配电室有门时，该门应能双向开启或向低压方向开启		门应向外开，相邻配电室有门时，该门应能双向开启或向低压方向开启 与氨压缩机房相通时，门的材料必须采用难燃烧体		
其他	—		与氨压缩机房共用的隔墙必须采用防火墙		

2.5.4 变配电所(室)设备选择

(1)变压器的选择

1)变压器容量的选择

A. 根据负荷计算进行变压器容量选择，变压器负荷率一般设计在0.8～0.9之间，(见《冷库设计规范》50072—2001)。留有一定的富裕容量。

B. 选择变压器容量时，应适当考虑备用容量和能预见的发展容量。

C. 冷库变电所单台油浸变压器容量不宜大于1250kVA。

D. 应保证大容量电机直接启动时，在变压器配电母线上的电压降不能大于10%～15%。

E. 油浸自冷变压器的安装地点的海拔高度超过1000m时，变压器应降低容量运行，每超过1000m，变压器容量降低0.4%。

2)变压器台数的选择

冷库生产淡、旺季负荷变化较大，当变压器容量超过315kVA时，宜选用两台变压器。以便于淡季时，停用一台变压器，以节约电能和运行费用。

当选用两台变压器时，要考虑在淡季生产中，当一台变压器退出运行后，另一台变压器的容量应能保证冷库的正常运行。

3)变压器并列运行的条件

两台或多台变压器并列运行时，理想运行情况是：在没有负荷的时候，由于电压相等，变压器的次级线圈回路里没有电流，在增加负荷时，各台变压器按比例增长，当一台变压器满载时，另一台变压器也恰好满载，这样的并列运行是最经济，最能充分发挥每一台变压器的作用。并列运行的变压器应满足以下条件：

A. 线圈接线组别相同，(即相序相同)；

B. 电压比相等(即原、副线圈匝数的比例必须相等)；

C. 短路电压相等；

D. 变压器容量比不能大于3:1。

(2)变压器高压侧电器的选择

1)按正常工作条件选择高压电器

变电所高、低压电器及导体的选择，一般应根据变压器的额定电压、电流、频率、开断电流进行选择。可以参考表2-53。表中电缆及母线截面仅满足了载流量和温升条件，在工程设计中还应校验短路时的热稳定。但下列情况可不进行短路电流校验：

A. 用熔断器保护的高压电器和导体，可不验算热稳定，但仍要验算其动稳定。用高压限流熔断器保护的高压电器和导体，可根据高压限流熔断器的特性来校验高压电器和导体的动稳定。

B. 用熔断器保护的电压互感器回路可不验算动、热稳定。

C. 各种电压下的架空线路可不验算动、热稳定。

2)短路电流校验的一般要求

A. 短路电流校验的项目。

为了保证高压电器的可靠运行，除按正常工作情况下的额定电压、电流、频率、开断电流进行选择外。还应按其在短路情况下所产生的动，热效应进行校验，使高压电器设备在通过最大短路电流时，不致受到严重损坏，选择高压电器时应校验的项目见表2-52。

选择高压电器时应校验的项目 表2-52

电器名称	额定电压	额定电流	额定开断电流	短路电流校验		环境条件	其他
				动稳定	热稳定		
断路器	○	○	○	○	○	○	
负荷开关	○	○	○	○	○	○	操作性能
隔离开关	○	○	—	○	○	○	
熔断器	○	○	○	○	—	○	上、下级间的配合
限流电抗器	○	○	—	○	○	○	
电流互感器	○	○	—	○	○	○	二次侧负荷、准确等级
电压互感器	○	—	—	—	—	○	
支柱绝缘子	○	—	—	○	—	○	
穿墙套管	○	○	—	○	○	○	
母线	—	○	—	○	○	○	
电缆	○	○	—	—	○	○	

注：1. 表中"○"为选择电器应校验的项目。

2. 以上电器设备按频率为50Hz时考虑。用于其他频率时对频率也要校验。

10(6)kV 变电所高压侧电器及母线选择 **表 2-53**

序号	名称	电压(kV)	变压器额定容量(kV)									
			200	250	315	400	500	630	800	1000	1250	1600
1	变压器高压侧额定电流 (A)	10	11.6	14.4	18.2	23	29	36.6	46.2	57.7	72.2	92.4
		6	19	24.1	30.3	38.5	48.1	60.6	77	96.2	120.3	154
2	架空引入线 (mm^2)	10	接户线 LJ 型铝绞线的截面≥25									
		6										
3	铝芯电缆引入线 (mm^2)	10	≥3×16								≥3×25	≥3×35
		6	≥3×10					≥3×16	≥3×25	≥3×35	≥3×50	≥3×70
4	隔离开关或负荷开关	10	户内用 GN6-10T/400,CS6-1T;户外用 GW16-10/400,CS8-1					户内用 FN3-10R/400,CS3;户外用 FW5-10/200				
		6	户内用 GN6-6T/400,CS6-1T;户外用 GW1-6/400,CS8-1					户内用 FN3-6R/400,CS3;户外用 FW5-10/200				
5	RN3 型户内高压限流熔断器 熔管电流/熔丝电流 (A)	10	20/20	50/30	50/40	50/50		100/75		100/100	150/150	
		6	75/40	75/50		75/75		100/100	200/150		200/200	
6	RW3(4)-10 型跌开式熔断器, 熔管电流/熔丝电流 (A)	10	50/20	50/30	50/40		50/50	100/75	—	—	—	—
		6	50/40	50/50		100/75		100/100	—	—	—	—
7	柱上油开关	6、10	DW5-10G,200A									
8	户内高压少油断路器 (一般安装在开关柜内)	10	SN10-10/630-16,可配用 CDI、II、III 和 CD14 直流电磁操动机构,也可配用 CT7 或 CT8 型弹簧储能操动机构									
		6										
9	真空断路器 (一般安装在开关柜内)	10	ZN3-10/600-150,配用直流电磁操动机构									
		6	ZN-6/600-5,配用直流电磁操动机构									
10	高压铝母线 (mm)	6、10	LMY-4×40									
11	电流互感器 LDJ-10 或 LFSQ-10 型	10	15/5	20/5	30/5		40/5	50/5	75/5	100/5		150/5
		6	30/5	40/5	50/5	75/5		100/5		150/5	200/5	

B. 高压电器和导体的动、热稳定以及高压电器的短路开断电流，一般按三相短路电流验算。当单相、两相短路比三相短路严重时，则应按严重情况验算。

C. 当按短路开断电流选择高压断路器时，一般采用短路电流的超瞬变电流周期分量有效值。

当断路器的分闸时间大于0.1s，也可采用0.1s的短路电流有效值。

装有自动重合闸装置的高压断路器，应考虑重重合闸时对短路开断电流的影响。

D. 确定短路电流时，所采用的接线方式，应按可能发生最大短路电流的正常接线方式计算。

E. 计算短路地点，应选择在正常接线方式时最大短路电流的地点。

带电抗器的10(6)kV的出线，隔板(母线与母线隔离开关之间)前的引线和套管，应按短路点在电抗器前计算，隔板后的引线和电器，一般按短路点在电抗器后计算。

F. 验算电缆的热稳定时，短路点应按下述情况确定：

a. 不超过制造长度的单根电缆回路，原则上应考虑短路发生在电缆的末端。但对于长度为200m以下的高压电力电缆，因其阻抗对热稳定计算截面影响较小，可按在电缆的首端短路计算。

b. 有中间接头的电缆，短路发生在每一缩减电缆截面线段的首端，若两段电缆为等截面时，则短路发生在第2段电缆的首端，即第1个中间接头处。

c. 无中间接头的并列连接的电缆，短路发生在并列点后。

为便于应用，已将冷库常用10kV及以下电器设备和母线、电缆及电流互感器校验计算结果，分别列入表2-54～表2-62中。

3)按环境条件选择高压电器和导体

冷库变电所位置环境一般无尘、无腐蚀，只考虑所在地区的气候条件。

A. 室内安装的高压电器，如断路器、隔离开关、负荷开关、熔断器、电流互感器、电压互感器、绝缘子、套管等要校验温度、湿度、海拔高度、地震烈度等。

选择高压电器和导体的环境温度见表2-63。

选择高压电器和导体的相对湿度，一般采用当地湿度最高月份的平均相对湿度。对湿度较高的场所，应采用该处实际相对湿度，当无资料时，相对湿度可比当地湿度最高月份的平均相对湿度高5%。

海拔高度超过1000m的地区，一般选择高原型产品或选择外绝缘提高一级的产品。

地震基本烈度超过7度地区，应根据当地的地震烈度选择能满足地震要求的产品。安装上采取抗震措施。

B. 室外安装的高压电器和导体，如断路器、隔离开关、负荷开关、熔断器、电流互感器、电压互感器、电杆、绝缘子、架空线路等要校验温度、海拔高度、地震烈度等。架空线路还要考虑风速和覆冰厚度。

裸导体载流量在不同海拔及环境温度下的综合修正系数见表2-64。

选择高压电器和导体的最大风速，一般采用离地面10m高，30年一遇10min平均最大风速。在台风经常侵袭或最大设计风速超过35m/s的地区，应尽量降低电气设备的安装高度，并加强与其基础的固定。

高压断路器、负荷开关、隔离开关的动、热稳定校验数据

表 2-54

名称	型号	技术数据													动稳定电流(kA)		热稳定允许通过的稳态短路电流*(kA)						
		额定电压(V)	额定电流(A)	额定断流容量(MVA)		额定开断电流(kA)		固有分闸时间(s)	热稳定电流(kA)								假想时间(s)						
				6kV	10kV	6kV	10kV		1s	2s	4s	5s	10s	峰值	有效值		0~0.6	0.8	1.0	1.2	1.6	2.0	3.0
户内少油断路器	SN10-10Ⅰ	10	630 1000	—	300	—	16		—	—	16.0	—	—	40	—		—	23.1	22.6	20.7	17.9	16	13.1
	SN10-10Ⅱ	10	1000	—	500	—	31.5		—	31.5	—	—	—	79	—		—	45.6	44.6	40.7	35.2	31.5	25.7
	SN10-10Ⅲ	10	1250 2000 3000	—	750	—	43.3	≯0.06	—	43.3	—	—	—	130	—		75.1	68.5	61.4	55.9	48.4	43.3	35.4
									—	—	43.3	—	—		—		—	—	—	79.1	68.5	61.2	50
户外多油断路器	DW5-10	10	50 100	—	30	—	1.8		4.2	—	—	2.9	—	7.4	4.2		—	—	—	—	—	4.2	3.7
	DW5-10G		200	—	50	—	2.9																
户内六氟化硫断路器	LN2-10	10	1250	—	—	—	25		—	—	25	—	—	63	—		—	—	—	—	36	35.4	28.9
户内真空断路器	ZN-10	10	600	—	150	—	8.7		—	—	8.7	—	—	22	—		—	—	—	—	12.7	12.3	10.1
	ZN-3-10							≤0.05															
	ZN-10 ZN4-10	10	1000	—	300	—	17.3		—	—	17.3	—	—	44	—		—	—	—	—	25.4	24.5	20
	ZN-10	10	1250	—	—	—	31.5	0.06	—	31.5	—	—	—	80	—		57.5	49.9	44.6	40.7	35.2	31.5	25.7
	ZN-4-10	10	1250	—	—	—	20		—	—	20	—	—	50	—		—	—	—	—	28.8	28.3	23.1
	ZN5-10	10	1250	—	—	—	25	≯0.05	—	25	—	—	—	63	—		—	36	35.4	32.3	28	25	20.4
	ZN6-10	10	630 1000	—	—	—	20		—	20	—	—	—	50	—		—	—	28.28	25.8	22.4	20	16.3
户内压气式负荷开关	FN3-10	6	400	—	20	19.15	—	—	—	—	—	8.5	—	25	14.5		—	—	—	—	14.5	13.4	11
		10	400	—	25	—	14.5																

续表

名称	型号	技术数据															热稳定允许通过的稳态短路电流*(kA)						
		额定电压(V)	额定电流(A)	额定断流容量(MVA)		额定开断电流(kA)		固有分闸时间(s)	热稳定电流(kA)					动稳定电流(kA)		假想时间(s)						
				6kV	10kV	6kV	10kV		1s	2s	4s	5s	10s	峰值	有效值	0~0.6	0.8	1.0	1.2	1.6	2.0	3.0
	GN2-10	10	2000	—	—	—	—	—	—	—	—	51	—	85	50	—	—	—	—	—	—	50
			3000	—	—	—	—	—	—	—	—	70	—	100	60							60
	GN6-$^{10T}_{6T}$	6	200	—	—	—	—	—	—	—	—	10	—	25.5	14.7						14.7	12.9
	GN8-$^{10T}_{6T}$	10	400	—	—	—	—	—	—	—	—	14	—	40	30	—	—	30	28.6	24.8	22.1	18.1
			600	—	—	—	—	—	—	—	—	20	—	52	30	—	—	—	—	—	30	25.8
	GN15-10 GN16-10	10	600	—	—	—	—	—	—	—	—	20	—	52	30	—	—	—	—	—	30	25.8
户内隔离开关	GN6-10T GN8-10T GN15-10 GN16-10	10	1000	—	—	—	—	—	—	—	—	30	—	75	43	—	—	—	—	—	43	38.7
	GN19-$^{10}_{10C}$	10	400	—	—	—	—	—	—	—	—	12.5	—	31.5	—	—	—	—	—	18	17.7	14.4
			600	—	—	—	—	—	—	—	—	20	—	50	—	—	—	—	—	28.8	28.3	23.1
			1000	—	—	—	—	—	—	—	—	31.5	—	80	—	—	—	—	—	46.2	44.6	36.4
			1250	—	—	—	—	—	—	—	—	40	—	100	—	—	—	—	—	57.8	56.6	46.2
	GW1-10 GW1-10W GW1-6	10	200	—	—	—	—	—	—	—	—	7		15	9	—	—	—	—	—	—	9
			400	—	—	—	—	—	—	—	—	14		25	15	—	—	—	—	—	—	15
户外隔离开关			600	—	—	—	—	—	—	—	—	20		35	25	—	—	—	—	—	—	25
	GW9-10 GW9-10W	10	200	—	—	—	—	—	—	—	—		5	15	9	—	—	—	—	—	—	9
			400	—	—	—	—	—	—	—	—		10	25	15	—	—	—	—	—	—	15
			600	—	—	—	—	—	—	—	—		14	35	25	—	—	—	—	—	—	25

注：* 当由无限大的电源供电时，或短路处的总电抗标幺值≥3时，三相短路周期分量假想时间等于实际短路延续时间 t，超瞬变短路电流有效值与稳态短路电流有效值之比 $\beta''=1$。因此假想时间 $t_s=t+0.05s$。

10(6)kV 电流互感器动、热稳定校验数据 表 2-55

型号	额定电流(A)	热稳定校验(稳态短路电流有效值,kA) 假想时间(s)													内部动稳定校验(短路冲击电流)(kA)
		0.1	0.15	0.2	0.3	0.4	0.6	0.8	1.0	1.2	1.6	2.0	2.5	3.00	
LZZB6-10 LFZB6-10	5	2.4	1.94	1.68	1.37	1.19	0.97	0.84	0.75	0.68	0.59	0.53	0.47	0.43	1.91
	10	4.7	3.9	3.4	2.70	2.40	1.94	1.68	1.5	1.37	1.19	1.06	0.95	0.87	3.83
	15	7.1	5.8	5.0	4.20	3.60	2.90	2.50	2.25	2.05	1.78	1.59	1.42	1.30	5.74
	20	9.5	7.8	6.7	5.50	4.70	3.90	3.40	3.00	2.70	2.40	2.12	1.90	1.73	3.00
	30	14.2	11.6	10.1	8.20	7.10	5.80	5.00	4.50	4.10	3.60	3.20	2.90	2.60	11.48
	40	19	15.5	13.4	11.00	9.50	7.80	6.70	6.00	5.50	4.70	4.20	3.80	3.50	15.3
	50	23.7	19.4	16.8	13.70	11.90	9.70	8.40	7.50	6.90	5.90	5.30	4.70	4.30	19.13
	75	35.6	29.1	25.2	20.60	17.80	14.50	12.60	11.30	10.30	8.90	7.95	7.10	6.50	28.69
LZZB6-10 LFZB6-10 LFZJB6-10 LZZJB6-10	100	47.4	38.7	33.5	27.40	23.70	19.40	16.08	15.00	13.70	11.9	10.60	9.50	8.70	38.25
	150	71.2	58.1	50.3	41.10	35.60	29.10	25.20	22.50	20.50	17.90	15.90	14.20	13.00	45.00
	200	77.5	63.3	54.8	44.70	38.70	31.60	27.40	24.50	22.40	19.40	17.30	15.50	14.20	44.00
	300														
LZZJB6-10	400	77.5	63.3	54.8	44.70	38.70	31.60	27.40	24.50	22.40	19.40	17.30	15.50	14.20	44.00
	500														
	600	104.40	85.20	73.80	60.30	52.20	42.60	36.90	33.00	30.10	26.10	23.30	20.90	19.10	59.40
	800														
	1000														
	1200	129.70	105.90	91.70	74.90	64.80	52.90	45.80	41.00	37.40	32.40	29.00	25.90	23.70	73.80
	1500														
LDZB6-10	400														
	500	99.60	81.30	70.40	57.50	49.80	40.67	35.20	31.50	28.80	24.90	22.30	19.90	18.20	80.00
	600														

续表

型号	额定电流(A)	热稳定校验(稳态短路电流有效值,kA) 假想时间(s) 0.1	0.15	0.2	0.3	0.4	0.6	0.8	1.0	1.2	1.6	2.0	2.5	3.00	内部动稳定校验(短路冲击电流)(kA)
LDZB6-10	800	99.60	81.30	70.40	57.50	49.80	40.67	35.20	31.50	28.80	24.90	22.30	19.90	18.20	80.00
	1000														
	1200	136.30	111.30	96.40	78.70	68.20	55.60	48.20	43.10	39.30	34.10	30.50	27.30	24.90	110.00
	1500														
LA-10	5	1.42	1.16	1.01	0.82	0.71	0.58	0.50	0.45	0.41	0.36	0.32	0.28	0.26	0.80
	10	2.90	2.30	2.00	1.64	1.42	1.16	1.01	0.90	0.82	0.71	0.64	0.57	0.52	1.60
	15	4.30	3.50	3.00	2.50	2.10	1.71	1.51	1.35	1.23	1.07	0.95	0.85	0.78	2.40
	20	5.70	4.70	4.00	3.30	2.90	2.30	2.00	1.80	1.64	1.42	1.27	1.14	1.04	3.20
	30	8.50	7.00	6.00	4.90	4.30	3.50	3.00	2.70	2.50	2.10	1.91	1.71	1.56	4.80
	40	11.40	9.30	8.10	6.60	5.70	4.70	4.00	3.60	3.30	2.90	2.60	2.30	2.10	6.40
	50	14.20	11.60	10.10	8.20	7.10	5.80	5.00	4.50	4.10	3.60	3.20	2.90	2.60	8.00
	75	21.40	17.40	15.10	12.30	10.70	8.70	7.60	6.80	6.20	5.30	4.80	4.30	3.90	12.00
	100	28.50	23.20	20.10	16.40	14.20	11.60	10.10	9.00	8.20	7.10	6.40	5.70	5.20	16.00
	150	42.70	34.90	30.20	24.70	21.40	17.40	15.10	13.50	12.30	10.70	9.60	8.50	7.80	24.00
	200	56.90	46.50	40.30	32.90	28.50	23.20	20.10	18.00	16.40	14.20	12.70	11.40	10.40	32.00
	300	71.20	58.10	50.30	41.10	35.60	29.10	25.20	22.50	20.50	17.80	15.90	14.20	13.00	40.50
	400														54.00
	500	94.90	77.50	67.10	54.80	47.40	38.70	33.50	30.00	27.40	23.70	21.20	19.00	17.30	
	600														55.00
	800	126.50	103.30	89.40	73.00	63.30	51.60	44.70	40.40	36.50	31.60	28.30	25.0	23.10	72.00
	1000	158.10	129.10	111.80	91.30	79.10	64.60	55.90	50.00	45.60	39.50	35.40	31.60	28.90	90.00

续表

型号	额定电流(A)	热稳定校验(稳态短路电流有效值,kA) 假想时间(s)													内部动稳定校验(短路冲击电流)(kA)
		0.1	0.15	0.2	0.3	0.4	0.6	0.8	1.0	1.2	1.6	2.0	2.5	3.00	
LAJ-10	20	7.60	6.20	5.40	4.40	3.80	3.10	2.70	2.40	2.20	1.90	1.70	1.52	1.39	4.30
	30	11.40	9.30	8.10	6.60	5.70	4.70	4.00	3.60	3.30	2.90	2.60	2.30	2.10	6.45
	40	15.20	12.40	10.70	8.80	7.60	6.20	5.40	4.80	4.40	3.80	3.40	3.00	2.80	8.60
	50	19.00	15.50	13.40	11.00	9.50	7.80	6.70	6.00	5.50	4.70	4.20	3.80	3.50	10.75
	75	28.50	23.20	20.10	16.40	14.20	11.60	10.10	9.00	8.20	7.10	6.40	5.70	5.20	
	100	38.00	31.00	26.80	21.90	19.00	15.50	13.40	12.00	11.00	9.50	8.50	7.60	6.90	21.50
	150	56.90	46.50	40.30	32.90	28.50	23.20	20.10	18.00	16.40	14.20	12.80	11.40	10.40	32.25
	200	75.90	62.00	53.70	43.80	38.00	31.00	27.00	24.00	21.90	19.00	17.00	15.20	13.90	43.00
	300														54
	400	94.90	77.50	67.10	54.80	47.40	38.70	33.50	30.00	27.40	23.70	21.20	19.00	17.30	54
	500														55
	600	94.90	77.50	67.10	54.80	47.40	38.70	33.50	30.30	27.40	23.70	21.20	19.00	17.30	54
	800	126.50	103.50	89.40	73.30	63.30	51.60	44.70	40.00	36.50	31.60	28.30	25.30	23.10	72
LZJC-10	5	1.20	0.97	0.84	0.68	0.59	0.48	0.42	0.38	0.34	0.30	0.27	0.24	0.22	0.75
	10	2.40	1.94	1.67	1.37	1.19	0.97	0.84	0.75	0.68	0.59	0.53	0.47	0.43	1.50
	15	3.60	2.90	2.50	2.10	1.78	1.45	1.26	1.13	1.03	0.89	0.80	0.71	0.65	2.25
	20	4.70	3.90	3.40	2.70	2.40	1.90	1.70	1.50	1.40	1.20	1.10	0.95	0.87	3.00
	30	7.10	5.80	5.00	4.10	3.60	2.90	2.50	2.30	2.10	1.80	1.60	1.40	1.30	4.50
	40	9.50	7.80	6.70	5.50	4.70	3.90	3.40	3.00	2.70	2.40	2.10	1.90	1.70	6.00
	50	11.90	9.70	8.40	6.90	5.90	4.80	4.20	3.80	3.40	3.00	2.70	2.40	2.20	7.50
	75	17.80	14.50	12.60	10.30	8.90	7.30	6.30	5.60	5.10	4.50	4.00	3.60	3.30	11.25
	100	23.70	19.40	16.80	13.70	11.90	9.70	8.40	7.50	6.90	5.90	5.30	4.70	4.30	15.00

续表

型号	额定电流(A)	热稳定校验(稳态短路电流有效值,kA) 假想时间(s)													内部动稳定校验(短路冲击电流)(kA)
		0.1	0.15	0.2	0.3	0.4	0.6	0.8	1.0	1.2	1.6	2.0	2.5	3.00	
LZJC-10	150	35.60	29.10	25.20	20.50	17.80	14.50	12.60	11.30	10.30	8.90	8.00	7.11	6.50	22.50
	200	47.40	38.70	33.50	27.40	23.70	19.40	16.80	15.00	13.70	11.90	10.60	9.50	8.70	30.00
	300	71.20	58.10	50.30	41.10	35.60	29.10	25.20	22.50	20.50	17.80	15.90	14.20	13.00	45.00
	400	94.9	77.5	67.10	54.80	47.40	38.70	33.50	30.00	27.40	23.70	21.20	1.90	17.30	60.00
	600	94.90	77.50	67.10	54.80	47.40	38.70	33.50	30.00	27.40	23.70	21.20	1.90	17.30	60.00
	800	126.50	103.30	89.40	73.00	63.30	51.60	44.70	40.00	36.50	31.60	28.30	25.30	23.10	80.00
	1000	158.10	129.10	111.80	91.30	79.10	64.60	55.90	50.00	45.60	39.50	35.40	31.60	28.90	90.00
	1500	142.30	116.20	100.60	82.20	71.20	58.10	50.30	45.00	41.10	35.60	31.80	28.50	26.00	90.00
LZX-10 LQX-10 LFZ1-10 LFZJ1-10	5	1.42	1.16	1.01	0.82	0.71	0.58	0.50	0.45	0.41	0.36	0.32	0.28	0.26	1.13/0.80
	10	2.90	2.30	2.00	1.64	1.42	1.16	1.01	0.90	0.82	0.71	0.64	0.57	0.52	2.25/1.60
	15	4.30	3.50	3.00	2.50	2.10	1.74	1.51	1.35	1.23	1.07	0.95	0.85	0.78	3.38/2.40
	20	5.70	4.70	4.00	3.30	2.90	2.30	2.00	1.80	1.64	1.42	1.27	1.14	1.04	4.50/3.20
	30	8.50	7.00	6.00	4.90	4.30	3.50	3.00	2.70	2.50	2.10	1.90	1.70	1.60	6.75/4.80
	40	11.40	9.30	8.10	6.60	5.70	4.70	4.00	3.60	3.30	2.90	2.55	2.28	2.10	9.00/6.40
	50	14.20	11.60	10.10	8.20	7.10	5.80	5.00	4.50	4.10	3.60	3.20	2.90	2.60	11.25/8.00
	75	21.40	17.40	15.10	12.30	10.70	8.70	7.60	6.80	6.20	5.30	4.80	4.30	3.90	16.88/12.00
	100	28.50	23.20	20.10	16.40	14.20	11.60	10.10	9.00	8.20	7.10	6.40	5.70	5.20	22.50/16.00
LQJ-10	150	35.60	29.10	25.20	20.50	17.80	14.50	12.60	11.30	10.30	8.90	8.00	7.10	6.50	24.00
	200	47.40	38.70	33.50	27.40	23.70	19.40	16.80	15.00	13.70	11.90	10.60	9.50	8.70	32.00
	300	71.20	58.10	50.30	41.10	35.60	29.10	25.20	22.50	20.50	17.80	15.90	14.20	13.00	48.00
	400	94.90	77.50	67.10	54.80	47.40	38.70	33.50	30.00	27.40	23.70	21.20	19.00	17.30	64.00

续表

型 号	额定电流(A)	热稳定校验(稳态短路电流有效值,kA) 假想时间(s)													内部动稳定校验(短路冲击电流)(kA)
		0.1	0.15	0.2	0.3	0.4	0.6	0.8	1.0	1.2	1.6	2.0	2.5	3.00	
LZX-10	150	38.00	31.00	26.90	21.90	19.00	15.50	13.40	12.00	11.00	9.50	8.50	7.60	6.90	24
	200	50.60	41.30	35.80	29.20	25.30	20.70	17.90	16.00	14.60	12.70	11.30	10.10	9.20	32.00
	300	75.90	62.00	53.70	43.80	38.00	31.00	26.80	24.00	21.90	19.00	17.00	15.20	13.90	48.00
	400	94.90	77.50	67.10	54.80	47.40	38.70	33.50	30.00	27.40	23.70	21.20	19.00	17.30	64.00
	600	94.90	77.50	67.10	54.80	47.40	38.70	33.50	30.00	27.40	23.70	21.20	19.00	17.30	54.00
	800	126.50	103.30	89.40	73.00	63.30	51.60	44.70	40.00	36.50	31.60	28.30	25.30	23.10	72.00
	1000	158.10	129.10	111.80	91.30	79.10	64.60	55.90	50.00	45.60	39.50	35.40	31.60	28.90	90.00
LFZ1-10 LFZJ1-10	150	42.70	34.90	30.20	23.70	21.40	17.40	15.10	13.50	12.30	10.70	9.60	8.50	7.80	24.00
	200	56.90	46.50	40.30	32.90	28.50	23.20	20.10	18.00	16.40	14.20	12.70	11.40	10.40	32.00
	300	75.90	62.00	53.70	43.80	38.00	31.00	26.90	24.00	21.90	19.00	17.00	15.20	13.90	42.00
LDZ1-10	400 600	94.90	77.50	67.10	54.80	47.40	38.70	33.50	30.00	27.40	23.70	21.20	19.00	17.30	75.00
	800	126.50	103.30	89.40	73.00	63.30	51.60	44.70	40.00	36.50	31.60	28.30	25.30	23.10	100.00
	1000	158.10	129.10	111.80	91.30	79.00	64.60	55.90	50.00	45.60	39.50	35.40	31.60	28.90	125.00
LDZJ1-10	600	94.90	77.50	67.10	54.80	47.40	38.70	33.50	30.00	27.40	23.70	21.20	19.00	17.30	75.00
	800	142.30	116.20	100.60	82.20	71.20	58.10	50.30	45.00	41.10	35.60	31.80	28.50	26.00	112.50
	1000	158.10	129.10	111.80	91.30	79.00	64.60	55.90	50.00	45.60	39.50	35.40	31.60	28.90	125.00
	1200	189.70	154.90	134.20	109.50	94.90	77.50	67.10	60.00	54.80	47.40	42.40	38.00	34.60	150.00
	1500	231.20	193.70	167.70	136.90	118.60	96.80	83.90	75.00	68.50	59.30	53.00	47.40	43.30	187.50

注:表中分母和分子的数值为:LQJ-10/LFZ1-10 和 LZX-10/LFZJ1-10。

10(6)kV支持绝缘子允许的短路冲击电流 表2-56

绝缘子间距（m）			1				1.2				1.4				1.6			
相间距离（m）			0.2	0.25	0.3	0.35	0.2	0.25	0.3	0.35	0.2	0.25	0.3	0.35	0.2	0.25	0.3	0.35
型号	抗弯破坏负荷 kg	抗弯破坏负荷 N	短路冲击电流（kA）															
ZA-10(6)Y、T ZNA-10(6)MM ZPA-6	375	3675	51.00	57.00	62.00	67.00	46.00	52.00	57.00	61.00	43.00	48.00	52.00	57	40	45	49	53
ZN-10(6)/400 ZL-10/400 ZS-10/400	400	3920	52.00	58.00	64.00	69.00	48.00	53.00	58.00	63.00	44.00	49.00	54.00	58.00	41.00	46.00	51.00	55.00
ZPB-10 ZS-10/500 ZS2-10/500	500	4900	58.00	65.00	72.00	77.00	53.00	60.00	65.00	71.00	49.00	55.00	60.00	65.00	46.00	52.00	57.00	61.00
ZN-10/800 ZL-10/800	800	7840	74.00	83.00	91.00	98.00	67.00	75.00	83.00	89.00	62.00	70.00	76.00	83.00	58.00	65.00	72.00	77.00
ZC-10F	1250	12250	92.00	103.00	111.00	122.00	84.00	94.00	103.00	111.00	78.00	87.00	96.00	103.00	73.00	82.00	89.00	97.00
ZN-10/1600 ZL-10/1600	1600	15680	104.00	117.00	128.00	138.00	95.00	107.00	117.00	126.00	88.00	99.00	108.00	117.00	83.00	92.00	101.00	109.00
ZD-10F ZND1-10MM ZPD-10	2000	19600	117.00	131.00	143.00	155.00	107.00	119.00	131.00	140.00	99.00	110.00	121.00	131.00	92.00	103.00	113.00	122.00
ZB-10(6)Y、T ZMB-10MM	750	7350	72.00	80.00	88.00	95.00	65.00	73.00	80.00	86.00	60.00	68.00	74.00	80.00	57.00	63.00	69.00	75.00

注：本表为母线平放在绝缘子上的计算值，当母线立放在绝缘子上时，则表中数值应乘以0.845。

穿墙套管允许的稳态短路电流有效值(kA) **表 2-57**

套管类别	额定电流 (A)	允许热稳定电流 持续时间		假想时间 (s)												
		5s	10s	0.1	0.15	0.2	0.3	0.4	0.6	0.8	1.0	1.2	1.6	2.0	2.5	3.0
铝导体穿墙套管	200	3.8		27	22	19	16	13	11	10	8	8	7	6	5	6
	400	7.2		51	42	36	29	25	21	18	16	15	13	11	10	19
	600	12		85	69	60	49	42	35	30	27	24	21	19	17	15
	1000	20		141	115	100	82	71	58	50	45	41	35	32	28	26
	1500	30		212	173	150	122	106	87	75	67	61	53	47	42	39
	2000	40		283	231	200	163	141	115	100	89	82	71	63	57	52
铜导体穿墙套管	200		3.8	28	31	27	22	19	16	13	12	11	10	8	8	7
	400		7.6	76	62	54	44	38	31	27	24	22	19	17	15	14
	600		12	120	98	85	69	60	49	42	38	35	30	27	24	22
	1000		18	180	147	127	104	90	73	64	57	52	45	40	36	33
	1500		23	230	188	163	133	115	94	81	73	66	58	51	46	42
	2000		27	270	220	191	156	135	110	95	85	78	68	60	54	49

10(6)kV 穿墙套管允许的短路冲击电流

表 2-58

套管端距绝缘子距离(m)			0.6				0.8				1				1.2				1.4			
相间距离(m)			0.20	0.25	0.30	0.35	0.20	0.25	0.30	0.35	0.20	0.25	0.30	0.35	0.20	0.25	0.30	0.35	0.20	0.25	0.30	0.35
型号	抗弯破坏负荷		短路冲击电流(kA)																			
	kg	N																				
CA-6/200、400	375	2675	75	84	92	99	68	76	83	90	63	70	77	83	58	65	71	77	55	61	67	72
CL-6/200、400、600	400	3920	79	88	96	104	71	79	87	94	65	73	80	86	61	68	74	80	57	64	70	75
CL-10/200、400、600			77	86	94	101	69	78	85	92	64	72	78	85	60	67	73	79	56	63	69	74
CWL-10/200、400、600、1000			75	84	92	99	69	77	84	91	63	71	78	84	59	66	72	78	56	62	68	74
CB-6/400、600	750	7350	106	119	130	140	96	107	118	127	88	99	108	117	82	92	101	109	77	86	95	102
CB-10/200、400、600			104	116	127	137	94	105	116	125	87	97	107	115	81	91	99	107	76	85	94	101
CWB-6/400、600			102	114	125	135	93	104	114	123	86	96	106	114	81	90	99	107	76	85	93	100
CWB-10/400、600			99	110	121	131	91	101	111	120	84	94	103	111	79	88	96	104	74	83	91	98
CLB-6/250、400、600			109	121	133	144	98	109	120	130	90	100	110	119	84	93	102	110	78	88	96	104
CLB-10/250、400、600、1000			104	117	128	138	95	106	116	125	87	98	107	115	81	91	100	108	77	86	94	101
CWLB-10/250、400、600、1000			103	115	126	136	94	105	115	124	87	97	106	115	81	90	99	107	76	85	93	101
$CWLB_2$-10/250、400、600、1000			102	114	124	134	93	104	114	123	86	95	105	113	80	90	98	106	76	85	93	100
CC-6/1000、1500、2000	1250	12250	133	149	163	176	120	135	148	160	112	125	137	148	104	117	128	138	98	110	120	130
CC-10/1000、1500、2000			127	143	156	169	117	131	143	155	108	121	133	143	102	114	125	135	96	107	118	127
CWC-10/1000、1500、2000			123	137	150	162	113	127	139	150	106	118	129	140	99	111	122	131	94	105	115	124

铝母线允许的稳态短路电流有效值

表 2-59

母线规格（宽×厚,mm）	假想时间（s）											
	0.1	0.15	0.2	0.3	0.4	0.6	0.8	1.0	1.2	1.6	2.0	2.5	3.0
40×4	44	36	31	25	22	18	16	14	13	11	10	9	8
50×5	69	56	49	40	34	28	24	22	20	17	15	14	13
63×6.3	109	89	77	63	55	45	39	35	32	27	24	22	20
63×8	139	113	98	80	69	57	49	44	40	35	31	28	25
63×10	173	142	123	100	87	71	61	55	50	43	39	35	32
80×6.3	139	113	98	80	69	57	49	44	40	35	31	28	25
80×8	176	144	125	102	88	72	62	56	51	44	39	35	32
80×10	220	180	156	127	110	90	78	70	64	55	49	44	40
100×6.3	173	142	123	100	87	71	61	55	50	43	39	35	32
100×8	220	180	156	127	110	90	78	70	64	55	49	44	40
100×10	275	225	195	159	138	112	92	87	79	69	62	55	50
125×6.3	217	177	153	125	108	88	77	69	63	54	48	43	40
125×8	275	225	195	159	138	112	97	87	79	69	62	55	50
125×10	344	281	243	199	172	140	122	109	99	86	77	69	63

铝母线允许的短路冲击电流(母线竖放) **表 2-60**

支持间距离 (m)	1				1.2				1.4				1.6			
相间距离 (m)	0.2	0.25	0.3	0.35	0.2	0.25	0.3	0.35	0.2	0.25	0.3	0.35	0.2	0.25	0.3	0.35
母线规格(宽×厚,mm)	允许通过的短路冲击电流 (kA)															
40×4	9	10	11	12	8	9	9	10	7	7	8	9	6	6	7	8
50×5	13	15	16	17	11	12	13	14	9	10	11	12	8	9	10	11
63×6.3	18	21	23	24	15	17	19	20	13	15	16	17	11	13	14	15
63×8	23	26	29	31	19	22	24	26	17	19	20	22	15	16	18	19
63×10	29	33	36	39	24	27	30	32	21	23	26	28	18	20	22	24
80×6.3	21	23	25	27	17	19	21	23	15	17	18	20	13	14	16	17
80×8	26	29	32	35	22	25	27	29	19	21	23	25	16	18	20	22
80×10	33	37	40	44	27	31	34	36	23	26	29	31	21	23	25	27
100×6.3	23	26	28	31	19	22	24	26	17	19	20	22	14	16	18	19
100×8	29	33	36	39	25	27	30	32	21	23	26	28	18	21	23	24
100×10	37	41	45	49	31	34	38	41	26	29	32	35	23	26	28	30
125×6.3	26	29	32	34	22	24	26	29	19	21	23	24	16	18	20	21
125×8	33	37	40	44	27	31	34	36	23	26	29	31	21	23	25	27
125×10	41	46	50	54	34	38	42	45	29	33	36	39	26	29	31	34

续表

支持间距离 (m)	2			2.5			3			3.5		
相间距离 (m)	0.45	0.5	0.6	0.45	0.5	0.6	0.45	0.5	0.6	0.45	0.5	0.6
母线规格(宽×厚,mm)	允许通过的短路冲击电流 (kA)											
40×4	7	7	8	6	6	6	5	5	5	4	4	5
50×5	10	10	11	8	8	9	7	7	8	6	6	6
63×6.3	14	15	16	11	12	13	9	10	11	8	8	9
63×8	18	18	20	14	15	16	12	12	13	10	11	12
63×10	22	23	25	18	18	20	15	15	17	13	13	14
80×6.3	16	16	18	12	13	14	10	11	12	9	9	10
80×8	20	21	23	16	17	18	13	14	15	11	12	13
80×10	25	26	28	20	21	23	16	17	19	14	15	16
100×6.3	17	18	20	14	15	16	12	12	13	10	10	11
100×8	22	23	25	18	19	20	15	16	17	13	13	15
100×10	28	29	32	22	23	25	18	19	21	16	17	18
125×6.3	19	20	22	16	16	18	13	14	15	11	12	13
125×8	25	26	28	20	21	23	16	17	19	14	15	16
125×10	31	32	36	25	26	28	21	22	24	18	19	20

铝母线允许的短路冲击电流(母线平放) 表 2-61

支持间距离(m)	1				1.2				1.4				1.6			
相间距离(m)	0.2	0.25	0.3	0.35	0.2	0.25	0.3	0.35	0.2	0.25	0.3	0.35	0.2	0.25	0.3	0.35
母线规格(宽×厚,mm)	允许通过的短路冲击电流 (kA)															
40×4	9	10	11	12	8	9	9	10	7	7	8	9	6	6	7	8
50×5	13	15	16	17	11	12	13	14	9	10	11	12	8	9	10	11
63×6.3	18	21	23	24	15	17	19	20	13	15	16	17	11	13	14	15
63×8	23	26	29	31	19	22	24	26	17	19	20	22	15	16	18	19
63×10	29	33	36	39	24	27	30	32	21	23	26	28	18	20	22	24
80×6.3	21	23	25	27	17	19	21	23	15	17	18	20	13	14	16	17
80×8	26	29	32	35	22	25	27	29	19	21	23	25	16	18	20	22
80×10	33	37	40	44	27	31	34	36	23	26	29	31	21	23	25	27
100×6.3	23	26	28	31	19	22	24	26	17	19	20	22	14	16	18	19
100×8	29	33	36	39	25	27	30	32	21	23	26	28	18	21	23	24
100×10	37	41	45	49	31	34	38	41	26	29	32	35	23	26	28	30
125×6.3	26	29	32	34	22	24	26	29	19	21	23	24	16	18	20	21
125×8	33	37	40	44	27	31	34	36	23	26	29	31	21	23	25	27
125×10	41	46	50	54	34	38	42	45	29	33	36	39	26	29	31	34

续表

支持间距离 (m)	2			2.5			3			3.5		
相间距离 (m)	0.45	0.5	0.6	0.45	0.5	0.6	0.45	0.5	0.6	0.45	0.5	0.6
母线规格(宽×厚,mm)	允许通过的短路冲击电流 (kA)											
40×4	22	23	25	18	19	20	15	16	17	13	13	15
50×5	31	32	36	25	26	28	21	22	24	18	19	20
63×6.3	44	46	50	35	37	40	29	31	34	25	26	29
63×8	49	52	57	39	41	45	33	35	38	28	30	32
63×10	55	58	63	44	46	51	37	39	42	31	33	36
80×6.3	55	58	64	44	47	51	37	39	43	32	33	37
80×8	62	66	72	50	53	58	42	44	48	36	38	41
80×10	70	74	81	56	59	64	47	49	54	40	42	46
100×6.3	69	72	80	55	58	64	46	49	53	40	42	46
100×8	78	82	90	62	66	72	52	55	60	45	47	51
100×10	87	92	101	70	74	81	58	61	67	50	53	58
125×6.3	87	91	100	69	72	80	58	61	67	49	52	57
125×8	97	103	113	78	82	90	65	89	75	56	59	64
125×10	109	115	126	87	92	101	73	77	84	62	66	72

电力电缆允许的短路电流周期分量有效值 表 2-62

名称	线芯截面 (mm²)	持续时间 (s)												
		0.1	0.15	0.2	0.3	0.4	0.6	0.8	1.0	1.2	1.6	2.0	2.5	3
6kV 铜芯纸绝缘电缆	10	4.7	3.9	3.4	2.7	2.4	1.9	1.7	1.5	1.4	1.2	1.1	0.95	0.87
	16	7.6	6.2	5.4	4.4	3.8	3.1	2.7	2.4	2.2	1.9	1.7	1.5	1.4
	25	11.9	9.7	8.4	6.8	5.9	4.8	4.2	3.8	3.4	3.0	2.7	2.4	2.2
	35	16.6	13.6	11.7	9.6	8.3	6.8	5.9	5.3	4.8	4.2	3.7	3.3	3.0
	50	23.7	19.4	16.8	13.7	11.9	9.7	8.4	7.5	6.8	5.9	5.3	4.7	4.3
	70	33.2	27.1	23.5	19.2	16.6	13.6	11.7	10.5	9.6	8.3	7.4	6.6	6.1
	95	45.1	36.8	31.9	26	22.5	18.4	15.9	14.3	13.0	11.3	10.1	9.0	8.2
	120	56.9	46.5	40.2	32.9	28.5	23.2	20.1	18.0	16.4	14.2	12.7	11.4	10.4
	150	71.2	58.1	50.3	41.1	35.6	29.0	25.2	22.5	20.5	17.8	15.9	14.2	13.0
	185	87.8	71.7	62.1	50.7	43.9	35.8	31.0	27.8	25.3	21.9	19.6	17.6	16.0
	240	113.8	93	80.5	65.7	56.9	46.5	40.2	36.0	32.9	28.5	25.5	22.8	20.8
10kV 铜芯纸绝缘电缆	16	7.7	6.3	5.5	4.5	3.9	3.2	2.7	2.4	2.2	1.9	1.7	1.5	1.4
	25	12.1	9.9	8.6	7.0	6.0	4.9	4.3	3.8	3.5	3.0	2.7	2.4	2.2
	35	16.9	13.8	12.0	9.8	8.5	6.9	6.0	5.4	4.9	4.2	3.8	3.4	3.1
	50	24.2	19.8	17.1	14.0	12.0	9.9	8.6	7.7	7.0	6.0	5.4	4.8	4.4
	70	33.9	27.7	24.0	19.6	16.9	13.8	12.0	10.7	9.8	8.5	7.6	6.8	6.2
	95	46	37.5	32.5	26.5	23.0	18.8	16.3	14.5	13.3	11.5	10.3	9.2	8.4
	120	58.1	47.4	41.1	33.5	29.0	23.7	20.5	18.4	16.8	14.5	13.0	11.6	10.6
	150	72.6	59.3	51.3	41.9	36.3	29.6	25.7	23.0	21.0	18.1	16.2	14.5	13.3
	185	89.5	73.1	63.3	51.7	44.8	36.5	31.6	28.3	25.8	22.4	20.0	17.9	16.3
	240	116	94.8	82.1	67.0	58.1	47.4	41.1	36.7	33.5	29.0	26.0	23.2	21.2

续表

名称	线芯截面 (mm^2)	持续时间 (s)												
		0.1	0.15	0.2	0.3	0.4	0.6	0.8	1.0	1.2	1.6	2.0	2.5	3
10(6)kV 铜芯交联聚乙烯电缆	16	6.9	5.7	4.9	4.0	3.5	2.8	2.5	2.2	2.0	1.7	1.5	1.4	1.3
	25	10.8	8.8	7.7	6.3	5.4	4.4	3.8	3.4	3.1	2.7	2.4	2.2	2.0
	35	15.2	12.4	10.7	8.8	7.6	6.2	5.4	4.8	4.4	3.8	3.4	3.0	2.8
	50	21.7	17.7	15.3	12.5	10.3	8.8	7.7	6.9	6.3	5.4	4.8	4.3	4.0
	70	30.3	24.8	21.4	17.8	15.2	12.4	10.7	9.6	8.8	7.6	6.8	6.1	5.5
	95	41.2	33.6	29.1	23.8	20.6	16.8	14.6	13.0	11.9	10.3	9.2	8.2	7.5
	120	52.0	42.2	36.8	30.0	26.0	21.2	18.4	16.4	15.0	13.0	11.6	10.4	9.5
	150	65	53.1	46	37.5	32.5	26.5	23.0	20.6	18.8	16.2	14.5	13.0	11.9
	185	80.1	65.4	56.7	46.3	40.1	32.7	28.3	25.3	23.1	20.0	17.9	16.0	14.6
	240	104	84.9	73.5	60.0	52.0	42.4	36.8	32.9	30.0	26.0	23.2	20.8	19.0
	300	130	106.1	91.9	75.0	65.0	53.1	46.0	41.1	37.5	32.5	29.1	26.0	23.7
	400	173.3	141.5	122.5	100	86.6	70.7	61.3	54.8	50.0	43.3	38.7	34.7	31.6
铜芯 PVC 电缆	10	3.6	2.9	2.5	2.1	1.8	1.5	1.3	1.1	1.0	0.9	0.8	0.7	0.7
	16	5.8	4.7	4.1	3.3	2.9	2.4	2.0	1.8	1.7	1.4	1.3	1.2	1.1
	25	9.0	7.4	6.4	5.2	4.5	3.7	3.2	2.9	2.6	2.3	2.0	1.8	1.6
	35	12.6	10.3	8.9	7.3	6.3	5.2	4.5	4.0	3.6	3.2	2.8	2.5	2.3
	50	18.0	14.7	12.7	10.4	9.0	7.4	6.4	5.7	5.2	4.5	4.0	3.6	3.3
	70	25.2	20.6	17.8	14.6	12.6	10.3	8.9	8.0	7.3	6.3	5.6	5.0	4.6
	95	34.2	28.0	24.2	19.8	17.1	14.0	12.1	10.8	9.9	8.6	7.7	6.8	6.3
	120	43.3	35.3	30.6	25.0	21.6	17.7	15.3	13.7	12.5	10.8	9.7	8.7	7.9
	150	54.1	44.2	38.2	31.2	27.0	22.1	19.1	17.1	15.6	13.5	12.1	10.8	9.9
	185	66.7	54.5	47.2	38.5	33.3	27.2	23.6	21.1	19.3	16.7	14.9	13.3	12.2
	240	66.5	70.6	61.2	50.0	43.3	35.3	30.1	27.4	25	21.6	19.3	17.3	15.8

续表

名称	线芯截面 (mm^2)	持续时间 (s)												
		0.1	0.15	0.2	0.3	0.4	0.6	0.8	1.0	1.2	1.6	2.0	2.5	3
6kV 铝芯油浸纸绝缘电缆	10	2.8	2.2	1.9	1.6	1.4	1.1	1.0	0.9	0.8	0.7	0.6	0.6	0.5
	16	4.4	3.6	3.1	2.5	2.2	1.8	1.6	1.4	1.3	1.1	1.0	0.9	0.8
	25	6.9	5.6	4.9	4.0	3.4	2.8	2.4	2.2	2.0	1.7	1.5	1.4	1.3
	35	9.6	7.9	6.8	5.6	4.8	3.9	3.4	3.0	2.8	2.4	2.2	1.9	1.8
	50	13.8	11.2	9.7	7.9	6.9	5.6	4.9	4.4	4.0	3.4	3.1	2.8	2.5
	70	19.3	15.7	13.6	11.1	9.6	7.9	6.8	6.1	5.6	4.8	4.3	3.9	3.5
	95	26.1	21.3	18.5	15.1	13.1	10.7	9.2	8.3	7.5	6.5	5.8	5.2	4.8
	120	33.0	27.0	23.3	19.1	16.5	13.5	11.7	10.4	9.5	8.3	7.4	6.6	6.0
	150	41.3	33.7	29.2	23.8	20.6	16.8	14.6	13.1	11.9	10.3	9.2	8.3	7.5
	185	50.9	41.6	36.0	29.4	25.4	20.8	18.0	16.1	14.7	12.7	11.4	10.2	9.3
	240	66	53.9	46.7	38.1	33.0	27.0	23.3	20.9	19.1	16.5	14.8	13.2	12.1
10kV 铝芯油浸纸绝缘电缆	16	4.5	3.6	3.1	2.6	2.2	1.8	1.6	1.4	1.3	1.1	1.0	0.9	0.8
	25	7.0	5.7	4.9	4.0	3.5	2.8	2.5	2.2	2.0	1.7	1.6	1.4	1.3
	35	9.7	8.0	6.9	5.6	4.9	4.0	3.4	3.1	2.8	2.4	2.2	1.9	1.8
	50	13.9	11.4	9.8	8.0	7.0	5.7	4.9	4.4	4.0	3.5	3.1	2.8	2.5
	70	19.5	15.9	13.8	11.2	9.7	8.0	6.9	6.2	5.6	4.9	4.4	3.9	3.6
	95	26.4	21.9	18.7	15.3	13.2	10.8	9.3	8.4	7.6	6.6	5.9	5.3	4.8
	120	33.4	27.3	23.6	19.3	16.7	13.6	11.8	10.6	9.6	8.3	7.5	6.7	6.1
	150	41.7	34.0	29.5	24.1	20.9	17.0	14.8	13.2	12.0	10.4	9.3	8.3	7.6
	185	51.5	42.0	36.4	29.7	25.7	21.0	18.2	16.3	14.9	12.9	11.5	10.3	9.4
	240	66.8	54.5	47.2	38.6	33.4	27.3	23.6	21.1	19.3	16.7	14.9	13.4	12.2

续表

名称	线芯截面(mm²)	持续时间(s)												
		0.1	0.15	0.2	0.3	0.4	0.6	0.8	1.0	1.2	1.6	2.0	2.5	3
10(6)kV 铝芯交联聚乙烯电缆	16	3.9	3.2	2.8	2.2	1.9	1.6	1.4	1.2	1.1	1.0	0.9	0.8	0.7
	25	6.1	5.0	4.3	3.5	3.0	2.5	2.2	1.9	1.8	1.5	1.4	1.2	1.1
	35	8.5	7.0	6.0	4.9	4.3	3.5	3.0	2.7	2.5	2.1	1.9	1.7	1.6
	50	12.1	9.9	8.6	7.0	6.1	5.0	4.3	3.9	3.5	3.0	2.7	2.4	2.2
	70	17.0	13.9	12.1	9.8	8.5	7.0	6.0	5.4	4.9	4.3	3.8	3.4	3.1
	95	23.1	18.9	16.4	13.4	11.6	9.4	8.2	7.5	6.7	5.8	5.2	4.6	4.2
	120	29.2	23.9	20.7	16.9	14.6	11.9	10.3	9.2	8.4	7.3	6.5	5.8	5.3
	150	36.5	29.8	35.8	21.1	18.3	14.9	12.9	11.6	10.5	9.2	8.2	7.3	6.7
	185	45.0	36.8	31.9	26.0	22.5	18.4	15.9	14.2	13.0	11.3	10.1	9.0	8.2
	240	58.4	47.7	41.3	33.7	29.2	23.9	20.7	18.5	16.7	14.6	13.1	11.7	10.7
	300	73.0	59.6	51.7	42.2	36.5	29.8	25.8	23.1	21.1	18.3	16.3	14.6	13.3
	400	97.4	79.5	68.9	56.2	48.7	39.8	34.4	30.8	28.1	24.3	21.8	19.5	17.8
铝芯 PVC 电缆	10	2.3	1.9	1.7	1.4	1.2	1.0	0.8	0.7	0.7	0.6	0.5	0.5	0.4
	16	3.7	3.1	2.6	2.2	1.9	1.5	1.3	1.2	1.1	0.9	0.84	0.7	0.7
	25	5.9	4.8	4.1	3.4	2.9	2.4	2.1	1.9	1.7	1.5	1.3	1.2	1.1
	35	8.2	6.7	5.8	4.7	4.1	3.3	2.9	2.6	2.4	2.0	1.8	1.6	1.5
	50	11.7	9.6	8.3	6.8	5.9	4.8	4.1	3.7	3.4	2.9	2.6	2.3	2.1
	70	16.4	13.4	11.6	9.5	8.2	6.7	5.8	5.2	4.7	4.1	3.7	3.3	3.0
	95	22.2	18.2	15.7	12.8	11.1	9.1	7.9	7.0	6.4	5.6	5.0	4.4	4.1
	120	28.1	22.9	19.9	16.2	14.0	11.5	9.9	8.9	8.1	7.0	6.3	5.6	5.1
	150	35.1	28.7	24.8	20.3	17.6	14.3	12.4	11.1	10.1	8.8	7.8	7.0	6.4
	185	43.3	35.3	30.6	25.0	21.6	17.7	15.3	13.7	12.5	10.8	9.7	8.7	7.9
	240	56.2	45.9	39.7	32.4	28.0	22.9	19.9	17.8	16.2	14.0	12.6	11.2	10.3

选择高压电器和导体的环境温度 **表2-63**

类别	安装场所	环境温度	
		最高	最低
裸导体	室外	最热月平均最高温度	
	室内	该处通风设计温度,当无资料时,可取最热月平均最高温度加5℃	
电缆	室外电缆沟	最热月平均最高温度	年最低温度
	室内电缆沟	室内通风设计温度,当无资料时,可取最热月平均最高温度加5℃	
	电缆隧道	该处通风设计温度,当无资料时,可取最热月平均最高温度	
	土中直埋	最热月平均最高温度	年最低温度
电器	室外	年最高温度	
	室内电抗器	该处通风设计最高排风温度	
	室内其他处	该处通风设计温度,当无资料时,可取最热月平均最高温度加5℃	

注:1. 年最高温度(或年最低温度)为多年测得的最高温度(或最低温度)平均值。
2. 最热月平均最高温度为最热月每日最高温度的月平均值。取多年平均值。

裸导体载流量在不同海拔及环境温度下的综合修正系数 **表2-64**

导体最高允许温度(℃)	适用范围	海拔(m)	实际环境温度(℃)						
			+20	+25	+30	+35	+40	+45	+50
+70	室内矩形导体和不计日照的室外软导线	—	1.05	1.00	0.94	0.88	0.81	0.74	0.67
+80	计日照的室外软导线	≤1000	1.05	1.00	0.95	0.89	0.83	0.76	0.69
		2000	1.01	0.96	0.91	0.85	0.79	—	—
		3000	0.97	0.92	0.87	0.81	0.75	—	—
		4000	0.93	0.89	0.84	0.77	0.71	—	—

(3)变压器低压侧电器选择

1)按正常工作条件选择

A. 变压器低压侧电器选择可参考表2-65。

B. 选用的低压电器应符合工作电压、电流、频率、准确等级和使用环境的要求。

C. 低压电器的额定电流不应小于所在回路的负荷计算电流,切断负荷电流的电器(如刀开关)应校验其断开电流,接通和断开启动尖峰电流的电器(如接触器)应校验其接通开断能力和操作频率。

2)按短路工作条件选择

1)在本章2.3节短路电流计算中,已确定了冷库专用变电所容量远比供电电源小得多,在短路时允许认为配电变压器的高压侧电压不变及低压侧短路电流不衰减。根据不同变压器容量和高压侧短路容量计算出低压母线短路电流后,即可校验变电所内的主要低压电器,低压屏内各出线允许采用的低压电器最小规格见表2-66～表2-67,表中的数据计算条件是高压侧短路容量为300/200/100MVA. 考虑了电动机的反馈影响。

10(6)kV 变电所低压侧电器的选择

表 2-65

序号	名称		电压(kV)	变压器额定容量 (kV)									
				200	250	315	400	500	630	800	1000	1250	1600
1	低压侧额定电流 (A)		0.4	289	361	455	577	722	909	1155	1443	1840	2309
2	HD13 型或 HS13 型刀开关			400A/31	600A/31		1000A/31		1500A/31			—	—
3	HR3 型熔断器式刀开关			400A/31	600A/31		—		—	—	—	—	—
4	QSA 型熔断器式刀开关			400A/31	630A/31		—		—	—	—	—	—
5	DW15 系列断路器型号			DW15-400		DW15-600		DW15-1000		DW15-1500		DW15-2500	
	整定电流： 长延时/短延时/瞬时 (A)			320/1200/3200	400/1200/4000	480/1800/4800	600/1800/6000	800/3000/8000	1000/3000/10000	1500/4500/15000		2000/6000/20000	2500/7500/25000
6	ME 系列断路器型号			—	—	ME-630		ME-1000		ME-1600		ME-2000	ME-2500
	整定电流： 长延时/短延时/瞬时 (A)			—	—	630/3000/8000		800/3000/8000	1250/4000/8000	1600/5000/8000		2000/6000/20000	2500/7500/12000
7	电流互感器 LMZ1-0.5 或 LMZJ1-0、LM-0.5			400/5	500/5	600/5	800/5	1000/5	1500/5		2000/5	3000/5	
8	低压母线 LMY(mm)	变压器接线 D,yn11		4(40×4)		4(50×5)	4(63×6.3)	3(80×6.3)+1(63×6.3)	3(80×8)+1(63×6.3)	3(100×8)+1(80×6.3)	3(125×10)+1(80×8)	3×2(100×10)+1(100×8)	3×2(125×10)+1(100×10)
		变压器接线 Y,yn0		4(40×4)		3(50×5)+1(40×4)	3(63×6.3)+1(40×4)	3(80×6.3)+1(50×5)	3(80×8)+1(50×5)	3(100×8)+1(63×6.3)	3(125×10)+1(80×6.3)	3×2(100×10)+1(80×8)	3×2(125×10)+1(80×10)

变电所低压侧总开关允许采用的最小规格(额定电流,A)　表 2-66

<table>
<tr><th colspan="3">SL7 型变压器</th><th colspan="2">HD13 型刀开关</th><th colspan="6">低压断路器</th></tr>
<tr><th>容量(kVA)</th><th>阻抗电压(%)</th><th>额定电流(A)</th><th>杠杆式</th><th>手柄式</th><th>DW10</th><th>DW15</th><th>ME</th><th>AH</th><th>H</th><th>DZ20</th></tr>
<tr><td>250</td><td rowspan="4">4</td><td>361</td><td>400</td><td>400</td><td rowspan="3">600</td><td rowspan="3">630</td><td>—</td><td>—</td><td rowspan="3">600</td><td rowspan="3">630</td></tr>
<tr><td>315</td><td>455</td><td rowspan="2">600</td><td rowspan="2">600</td><td>—</td><td>—</td></tr>
<tr><td>400</td><td>577</td><td>630</td><td>630</td></tr>
<tr><td>500</td><td>722</td><td rowspan="2">1000</td><td rowspan="2">1000</td><td rowspan="2">1000</td><td rowspan="2">1000</td><td>800</td><td>800</td><td rowspan="2">1200</td><td rowspan="2">1250</td></tr>
<tr><td>630</td><td rowspan="5">4.5</td><td>909</td><td>1000</td><td>1000</td></tr>
<tr><td>800</td><td>1155</td><td>1500</td><td>—</td><td rowspan="2">1500</td><td rowspan="2">1500</td><td rowspan="2">1600</td><td rowspan="2">1600</td><td>—</td><td>—</td></tr>
<tr><td>1000</td><td>1443</td><td>1500</td><td>—</td><td>—</td><td>—</td></tr>
<tr><td>1250</td><td>1840</td><td>—</td><td>—</td><td rowspan="2">2500</td><td>—</td><td>2000</td><td>2000</td><td>—</td><td>—</td></tr>
<tr><td>1600</td><td>2309</td><td>—</td><td>—</td><td>—</td><td>2500</td><td>3200</td><td>—</td><td>~</td></tr>
</table>

变电所低压屏内各出线上允许采用的低压电器最小规格(额定电流,A)　表 2-67

<table>
<tr><th colspan="2">SL7 型变压器</th><th colspan="2">HD13 型刀开关</th><th colspan="2">熔断器式刀开关</th><th colspan="3">熔断器</th><th colspan="9">低压断路器</th></tr>
<tr><th>容量(kVA)</th><th>阻抗电压(%)</th><th>杠杆式</th><th>手柄式</th><th>HR3</th><th>QSA</th><th>NT</th><th>RT0</th><th>RT14</th><th>DW15</th><th>DWX15</th><th>DZ20</th><th>H</th><th>TG</th><th>TO</th><th>NC</th><th>ME</th><th>AH</th></tr>
<tr><td>250</td><td rowspan="4">4</td><td rowspan="3">200</td><td rowspan="2">200</td><td rowspan="3">100</td><td rowspan="2">53</td><td rowspan="8">160</td><td rowspan="8">200</td><td rowspan="4">63</td><td>—</td><td rowspan="5">100</td><td rowspan="4">Y-100</td><td rowspan="6">150</td><td rowspan="6">100B</td><td rowspan="6">100BA</td><td rowspan="2">100</td><td>—</td><td>—</td></tr>
<tr><td>315</td><td>—</td><td>—</td><td>—</td></tr>
<tr><td>400</td><td>400</td><td>125</td><td rowspan="3">200</td><td>—</td><td>—</td><td>—</td></tr>
<tr><td>500</td><td rowspan="2">400</td><td rowspan="2">600</td><td rowspan="3">200</td><td rowspan="2">160</td><td>—</td><td>—</td><td>—</td></tr>
<tr><td>630</td><td rowspan="4">4.5</td><td>—</td><td rowspan="4">Y-200
J-100</td><td>—</td><td>—</td><td>—</td></tr>
<tr><td>800</td><td rowspan="2">600</td><td>—</td><td rowspan="2">250</td><td>—</td><td rowspan="2">400/200/200</td><td rowspan="2">200</td><td>—</td><td rowspan="3">630</td><td rowspan="2">600</td></tr>
<tr><td>1000</td><td>—</td><td rowspan="2">400</td><td>—</td><td rowspan="2">225</td><td rowspan="2">225</td><td rowspan="2">225</td><td>—</td></tr>
<tr><td>1250</td><td>1000</td><td>—</td><td>400</td><td>—</td><td>1000/600/400</td><td>400</td><td>—</td><td>1000</td></tr>
<tr><td>1600</td><td></td><td>—</td><td>—</td><td>600</td><td></td><td></td><td></td><td>—</td><td>—</td><td></td><td>G-100
J-200</td><td></td><td></td><td></td><td>—</td><td></td><td></td></tr>
</table>

2.6 柴油发电机

2.6.1 柴油发电机的优缺点

当冷库不能取得一路可靠的市电电源，又无条件取得第二电源时，可选用柴油发电机作为备用电源，之所以选用柴油发电机作为备用电源，是因为国产生产的柴油发电机组有比较完善的系列，容量从 2kW～1250kW，规格较为齐全。同时它具有以下优点：

(1)效率高，燃油消耗率低，柴油发电机的热效率可达 30%～46%，比其他类型的发电机都高。

(2)启动快、便于自动启动控制，当市电网停电时，大约在 10s 内自动启动并向重要负荷恢复供电。

(3)设备紧凑，体积小，重量轻，运输方便以及操作、维护简便。

(4)发电机燃料采用柴油，贮存运输方便。

当然，柴油发电机组也有其缺点，例如运行振动和噪声较大，过载能力较差，对启动冲击容量的能力偏小等。但是由于具备以上的优点，采用它作为冷库备用电源是合适的。

2.6.2 柴油发电机组型式的选择

1)机型的选择

柴油发电机的机型有固定式、拖车式和移动式(或称滑行式)。冷库用柴油发电机一般与低压配电室相连或邻近，选用具有公共底盘固定式柴油发电机型较好，因为这种机型设备紧凑，外形尺寸小，占地少。

2)冷却方式的选择

柴油发电机的冷却方式有风冷式和水冷式两种。冷库选用水冷效果较好，因有制冷系统循环冷却水可利用。

3)励磁方式的选择

柴油发电机的励磁方式有以下四种：

A. 自带同轴式直流励磁的同步发电机，其调压方式有手动和自动两种。缺点是故障率高。

B. 三次谐波励磁同步发电机，采用新型的谐波励磁装置，谐波绕组的极数为主绕组的三倍，其输出经桥式整流后变成直流供给励磁，负载增加，励磁电流亦随之增加，从而使固有静态电调整小，具有一定的恒压能力，能够承受容量较大的电机的直接启动。缺点是并车性能差。其接线原理图如图 2-36 所示。

C. 相复励励磁同步发电机，发电机顶部带有本身使用的自励恒压装置，外附电压整定用的瓷盘式变阻器，是不可控相复励励磁方式，其接线原理图如图 2-37 所示。如果附加励磁调节器后，即成为可控相复励励磁方式。其接线原理图如图 2-38 所示。相复励同步发电机的特点是：静态电压调整率在 ±3%～±5% 以内为不可控型，静态电压调整率在 ±1% 以内为可控型，该型发电机能够承受较大容量电动机的直接启动，参考容量见表 2-68。

这类型发电机可单机使用，也可多台同类机组并联运行。当并联运行时，可控相复励发电机是利用“A.V.R”励磁自动调节器，而不可控相复励发电机则需加设均压联线。缺点是体积大。

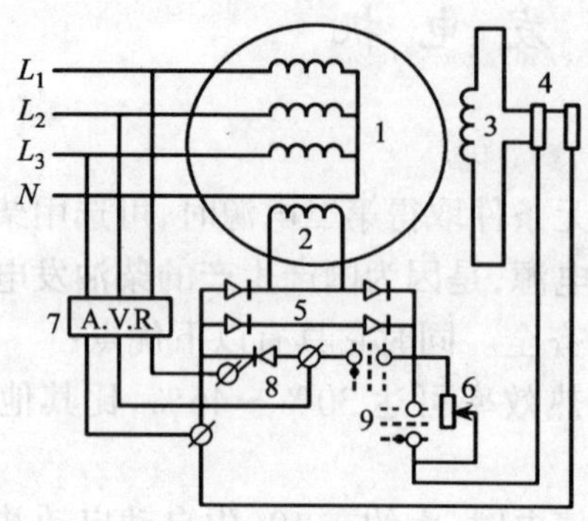

编号	名　　称
1	主绕组
2	谐波绕组
3	励磁绕组
4	电　刷
5	硅整流器
6	手动调压器
7	自动电压调节器
8	可控硅
9	手动/自动转换开关

图 2-36　三次谐波励磁同步发电机接线原理图

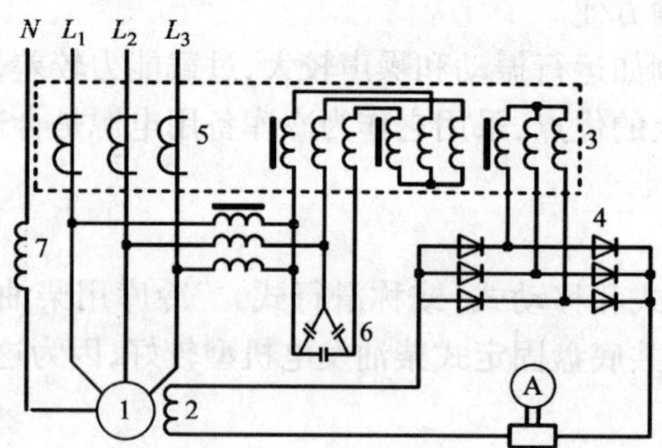

编号	名　　称
1	同步发电机
2	励磁绕组
3	线性电抗器
4	桥式整流器
5	电流互感器
6	阻容保护
7	电抗器

图 2-37　不可控相复励励磁同步发电机接线原理图

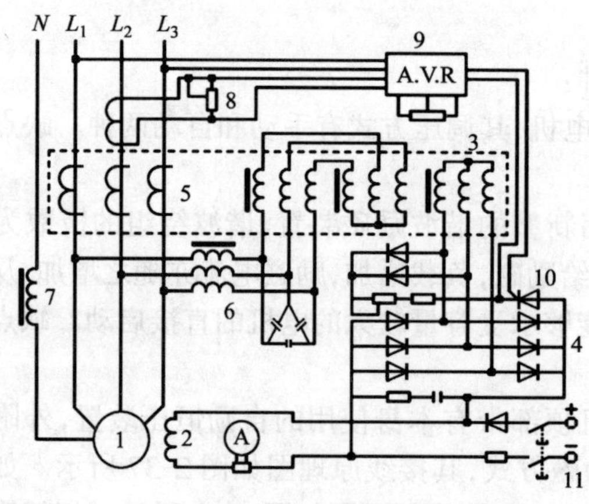

编号	名　　称
1	同步发电机
2	励磁绕组
3	线性电抗器
4	桥式整流器
5	电流互感器
6	阻容保护
7	电抗器
8	调差电阻
9	自动电压调节器
10	可控硅整流器
11	手动启动按钮

图 2-38　可控相复励励磁同步发电机接线原理图

相复励励磁同步发电机直接启动电动机的容量　　**表 2-68**

发电机容量(kW)	12	20	24	30	40	50～75	90～120	150～200	250～320
电动机容量(kW)	8.4	14	16.8	21	28	30	55	75	100

D. 无刷励磁同步发电机，由励磁机发出的交流电，经同轴旋转的整流器整流后供主发电机励磁，故称为无刷励磁方式。

无刷励磁同步发电机的特点是：当与自动电压调整装置配套时，其静态电压调整率可保证在±2.5%以内，如特别需要时，可达到1%，该类机组能适应各种运行方式，易于实现机组自动化。其接线原理图如图2-39和图2-40所示。

缺点是投资大，整流元件要求高。

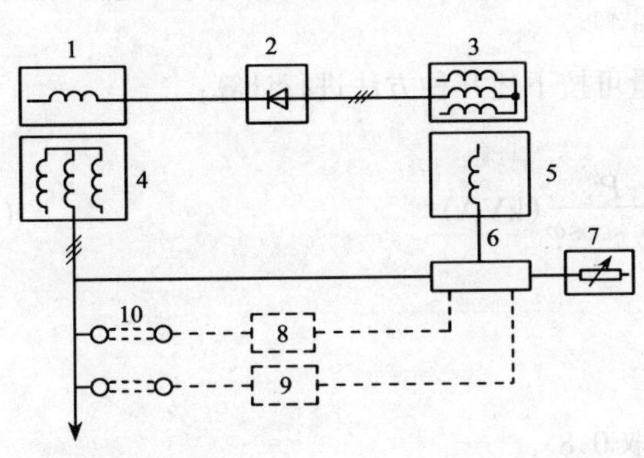

编号	名　称
1	主发电机转子(磁场)
2	旋转整流器
3	励磁机转子(电枢)
4	主发电机定子(电枢)
5	励磁机定子
6	自动电压调节器
7	电压整定变阻器
8	并联运行附加装置 } (特殊订货提供)
9	短路电流维持装置 } (特殊订货提供)
10	连 接 片

图2-39　无刷励磁交流同步发电机接线原理图

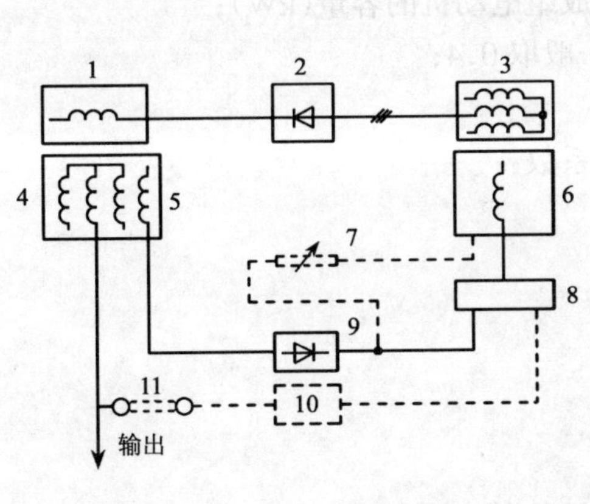

编号	名　称
1	主发电机转子(磁极)
2	旋转整流器
3	励磁机转子(电枢)
4	主发电机定子(电枢)
5	谐波绕组
6	励磁机定子(磁极)
7	手动调压变阻器
8	自动电压调节器
9	整流器组
10	并联运行附加装置(特殊订货时提供)
11	连接片

图2-40　无刷励磁三相同步发电机接线原理图

冷库可根据投资能力确定励磁方式。一般可采用可控型相复励励磁。如若有投资能力则采用无刷励磁较好，因为它无滑动接触部分，不产生火花，运行可靠，维护简单。

4)柴油发电机的控制方式选择

应急备用柴油发电机，最好选择有自启动和集中控制功能，尽量缩短备用电源投入时间、并改善工作条件。

5)对机组的噪声、振动等技术指标提出要求，一般要求噪声在85dB以下，在机组底座采取减振措施后，最大振幅能控制在0.8mm以下。

2.6.3 柴油发电机机组的容量和台数的确定

冷库备用电容量应能满足维持冷库保温运行所需要的氨压缩机和附属设备的容量，高层冷库还要考虑消防设施的用电。

柴油发电机机组的容量和台数的选择，应根据用电负荷大小、性质及其发展等因素综合考虑确定。当负荷较大，并有较大容量电动机启动时，可考虑采用容量较大的单台机组方案，当用电设备台数较多而单台容量小，实际供电负荷变化较大时，可考虑采用二台柴油发电机组方案。高层冷库采用二台为宜，当发生火灾时，两台柴油发电机同时运行，如果一台出了故障，另一台还可保证消防设备的用电。

依据上述原则，单台柴油发电机的容量可按下述几种方法进行计算：

(1)按稳定负荷计算发电机容量

$$S=\beta\frac{P_{\Sigma}}{\eta_{\Sigma}\cos\varphi}(\mathrm{kVA}) \tag{2-24}$$

式中 P_{Σ}——总负荷(kW)；

η_{Σ}——总负荷的计算效率；

β——负荷率；

$\cos\varphi$——发电机的额定功率因素，可取0.8。

(2)按最大的单台电动机或成组电动机启动的要求，计算发电机容量

$$S=\left(\frac{P_{\Sigma}-P_{\mathrm{m}}}{\eta_{\Sigma}}+P_{\mathrm{m}}KC\cos\varphi_{\mathrm{m}}\right)\frac{1}{\cos\varphi}(\mathrm{kVA}) \tag{2-25}$$

式中 P_{m}——启动容量最大的电动机或成组电动机的容量(kW)；

$\cos\varphi_{\mathrm{m}}$——电动机的启动功率因数，一般取0.4；

K——电动机的启动电流倍数；

C——按电动机启动方式确定的系数：

Y-△启动时：$C=0.67$

全压启动时：$C=1.0$

自耦变压器启动时：

50%抽头：$C=0.25$

65%抽头：$C=0.42$

80%抽头：$C=0.64$

(3)按电动机启动时母线允许电压降计算发电机的

$$S=P_{\mathrm{n}}KCX_{\mathrm{d}}\left(\frac{1}{\Delta u\,\%}-1\right)(\mathrm{kVA}) \tag{2-26}$$

式中 P_{n}——电动机总容量(kW)；

X_{d}——发电机的暂态电抗，一般取0.25(能取得实际值更好)；

$\Delta u\,\%$——应急负荷中心母线允许的瞬时压降，

有电梯时 Δu 取0.2

无电梯时 Δu 取0.25～0.3

K、C 同公式(2-25)。

本计算方法适用于柴油发电机与应急负荷中心距离很近的情况。

在确定发电机额定总容量时，不考虑机组长时间过载。

(4)按柴油发电机实际输出的功率选择

国家标准规定柴油发电机标定功率是指环境温度为20℃，外界大气压力为0.1MPa，相对湿度为50%和额定转速下。在24h内允许连续运行12h的最大功率(其中包括在110%超负荷下连续运行1h的超额功率)。如果连续运行超过12h，则应按照90%的额定功率来使用。当柴油发电机运行时的外界气压、温度、湿度与上述标准状况不符时，其功率应按表2-69～表2-71修正系数C进行修正。即：

$$P(\text{实际功率}) = P_N(\text{额定功率}) \times C\% \tag{2-27}$$

如相对湿度为其他值时，可用插入法从表中求得相应的C值。

相对湿度50%时功率修正系数C **表2-69**

海拔高度(m)	大气压力(MPa)	大气温度(℃)									
		0	5	10	15	20	25	30	35	40	45
0	0.101	—	—	—	—	1.00	0.98	0.96	0.94	0.92	0.89
200	0.099	—	—	—	0.99	0.97	0.95	0.93	0.92	0.89	0.86
400	0.097	—	1.00	0.98	0.96	0.94	0.92	0.90	0.89	0.87	0.84
600	0.094	1.00	0.97	0.95	0.94	0.92	0.90	0.88	0.86	0.84	0.82
800	0.092	0.97	0.94	0.93	0.91	0.89	0.87	0.85	0.84	0.82	0.79
1000	0.09	0.94	0.92	0.90	0.89	0.87	0.85	0.83	0.81	0.79	0.77
1500	0.085	0.87	0.85	0.83	0.82	0.80	0.79	0.77	0.75	0.73	0.71
2000	0.079	0.81	0.79	0.77	0.76	0.74	0.73	0.71	0.70	0.68	0.65
2500	0.075	0.75	0.74	0.72	0.71	0.69	0.67	0.65	0.64	0.62	0.60
3000	0.070	0.69	0.68	0.66	0.65	0.63	0.62	0.61	0.59	0.57	0.55
3500	0.066	0.64	0.63	0.61	0.60	0.58	0.57	0.55	0.54	0.52	0.50
4000	0.062	0.59	0.58	0.56	0.55	0.53	0.52	0.50	0.49	0.47	0.46

相对湿度100%时功率修正系数C **表2-70**

海拔高度(m)	大气压力(MPa)	大气温度(℃)									
		0	5	10	15	20	25	30	35	40	45
0	0.101	—	—	—	—	0.99	0.96	0.94	0.91	0.88	0.84
200	0.099	—	—	1.00	0.98	0.96	0.93	0.91	0.88	0.85	0.82
400	0.097	—	0.99	0.97	0.95	0.93	0.90	0.88	0.85	0.82	0.79
600	0.094	0.99	0.97	0.95	0.93	0.91	0.88	0.86	0.83	0.80	0.77
800	0.092	0.96	0.94	0.92	0.90	0.88	0.85	0.83	0.80	0.77	0.74
1000	0.09	0.93	0.91	0.89	0.87	0.85	0.83	0.81	0.78	0.75	0.72
1500	0.085	0.87	0.85	0.83	0.81	0.79	0.77	0.75	0.72	0.69	0.66
2000	0.079	0.80	0.79	0.77	0.75	0.73	0.71	0.69	0.66	0.63	0.60
2500	0.075	0.74	0.73	0.71	0.70	0.68	0.55	0.63	0.61	0.58	0.55
3000	0.070	0.69	0.67	0.65	0.64	0.62	0.60	0.58	0.56	0.53	0.50
3500	0.066	0.63	0.62	0.61	0.59	0.57	0.55	0.53	0.51	0.48	0.45
4000	0.062	58	0.57	0.56	0.54	0.52	0.50	0.48	0.46	0.44	0.41

功率修正系数 C 表 2-71

海拔高度 (m)	大气压力 (MPa)	大气温度(℃)										
		0	5	10	15	20	25	30	35	40	45	50
0	0.101	—	—	—	—	100	96	93	89	86	83	80
100	0.100	—	—	—	—	99	95	92	89	85	82	80
200	0.099	—	—	—	—	98	95	91	88	85	82	79
300	0.098	—	—	—	—	97	94	90	87	84	81	78
400	0.097	—	—	—	100	90	93	89	86	83	80	77
500	0.095	—	—	—	99	95	92	88	85	82	79	77
600	0.094	—	—	—	99	95	91	88	85	81	79	76
700	0.093	—	—	—	98	94	90	87	84	81	78	75
800	0.092	—	—	—	97	93	89	86	83	80	77	74
1000	0.090	—	—	100	95	91	88	84	81	78	76	73
1500	0.085	—	98	94	90	87	83	80	77	74	72	69
2000	0.079	97	93	89	86	82	79	76	74	71	68	66
2500	0.075	92	89	85	82	78	76	73	70	67	65	63
3000	0.070	88	84	84	79	75	72	69	66	64	62	59
3500	0.066	84	80	77	74	71	68	65	63	60	58	56
4000	0.062	79	76	73	70	67	64	62	60	57	55	53

2.6.4 柴油发电机组的辅助系统设计

一个完整的柴油发电机机房，需要有燃油、润滑、冷却、通风、排烟和运行参数监测等辅助系统。机组型号和工作方式不同，辅助系统也不同，要根据具体情况进行设计。

(1)燃油系统

柴油发电机组的燃油选择，要按照转速、季节、和使用地区不同，而选择不同的牌号，一般采用“0#”或“-10#”轻柴油，用户亦可按所在地区和季节选择合适牌号的轻柴油，例如广东、海南岛等亚热带地区可用“10#”轻柴油，而在东北地区则选用“-35#”轻柴油。

燃油系统的设计一般包括供油、贮油和卸油系统的设计。

1)柴油机耗油量的计算

$$q_y = \frac{g_e N_e}{\gamma_y \times 1000} (\text{l/h}) \tag{2-28}$$

式中 q_y——柴油机耗油量(l/h)；

g_e——柴油机燃油耗油率(g/Hp·h)；

N_e——柴油机标定功率(Hp)；

γ_y——燃油比重，一般取 $\gamma_y = 0.85$kg/l。

2)柴油机贮油量计算

柴油机贮油量一般按运转 7~15d 所需的油量考虑，贮油设备的有效容积按下式计算：

$$V_y = \frac{q_y \cdot m \cdot t \cdot T \cdot k \cdot 0.9}{1000} (\text{m}^3) \tag{2-29}$$

式中 V_y——贮油设备总有效容积(m^3);

q_y——柴油机耗油量(l/h·台);

m——柴油机运行台数(台);

t——柴油机每天运行时间(h);

T——燃油贮存天数(d);

k——安全系数,一般取 $k=1.1\sim1.2$。

中小容量柴油机组出厂时,配有日用燃油箱,可供 4～12h 运转用量。如若柴油机组不带柴油过滤器,设计时则宜考虑设置 1 个有一定贮量的油罐,使柴油内的杂质在罐内沉淀(约 168h)后,再供柴油机使用。当油量超过 500l 时,贮油箱应放置在有防火措施的贮油间内。

日用燃油箱的安装高度,以油箱内低油位高出柴油机房地面 1m 设计。以便燃油能自流入柴油机的输油泵内。供油设备和管路设计可由给排水专业按有关规定设计。电气专业要作防爆防静电处理。其供油系统示意如图 2-41 所示。

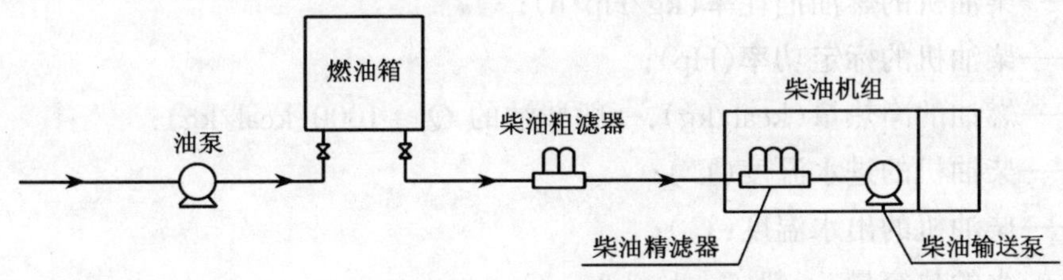

图 2-41 供油系统示意图

(2)润滑油系统

柴油机的润滑系统与柴油机成套供应,不用做专门设计。当采用水冷机油散热器时,冷却水系统要考虑机油的散热量,如采用风冷机油散热器时,则这一部分散热量可考虑由通风系统排出,润滑系统机油消耗量少,一般用制式油桶贮存在机房的安全部位。其润滑油系统如图 2-42 所示。

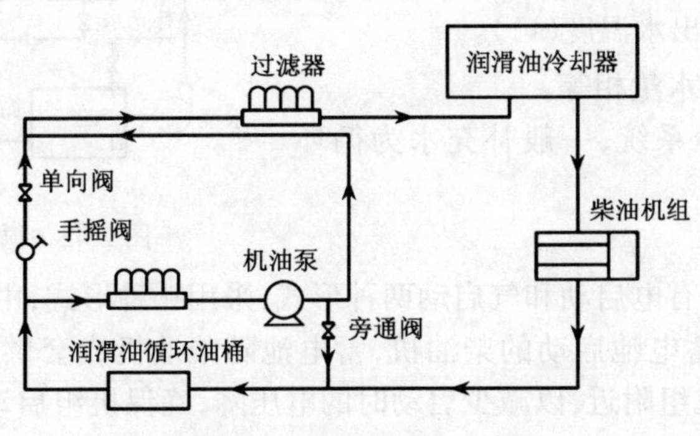

图 2-42 润滑油系统示意图

(3)冷却系统

柴油机的冷却系统的作用是带走柴油机受热零件和润滑油的热量,降低机房温度,保证柴油机的正常运行。

小容量柴油机组多数采用封闭式自循环水冷系统。是由散热水箱→水泵→柴油机机体的水冷腔→散热水箱组成。而散热水箱是利用机组上的风扇进行冷却的，为了调节冷却水的温度，在管路上配有节温器。

大中容量的柴油机组和未附散热水箱的小容量机组，则采用开式循环冷却系统，一般采用循环水池和冷却塔，图2-43是开式循环水冷却示意图。冷库的制冷系统有循环水池和冷却塔，可利用这一冷却系统。

柴油机冷却水出口水温不宜超过70℃，并应保持最佳水温在50～60℃之间。

进出口水温差应保持在5～20℃之间，进口水压不宜大于2kg/mm² 水质应符合柴油机说明书的要求，否则应进行水质处理。

冷却水量的计算：

$$q_1 = \varepsilon s \frac{N_e \cdot g_e \cdot Q_j}{1000 \cdot C(t_1 - t_2)} (m^3/h) \tag{2-30}$$

式中 q_1——一台柴油机的冷却水量(m^3/h)；

εs——冷却水带走的热量占燃料燃烧的热量的比例，一般 $\varepsilon s = 30\% \sim 50\%$；

g_e——柴油机的燃油消耗率(kg/Hp·h)；

N_e——柴油机的标定功率(Hp)；

Q_j——燃油的净热量(kcal/kg)，一般柴油的 $Q_j = 1000$(kcal/kg)；

t_1——柴油机的进水温度(℃)；

t_2——柴油机的出水温度(℃)；

C——水的热容量，一般 C = kcal/kg·℃。

对于开式水冷系统低温水补充水量按下式计算：

$$q_t = q_1 \frac{t_2 - t_1}{t_2 - t} (m^3/h) \tag{2-31}$$

式中 q_t——低温水补充水量(m^3/h)；

t——补充水温(℃)；

t_1——柴油机的进水温度(℃)；

t_2——柴油机的出水温度(℃)。

热水排放量和补充水量相等。

对于闭式循环风冷系统，一般补充水为循环水量的4%～5%。

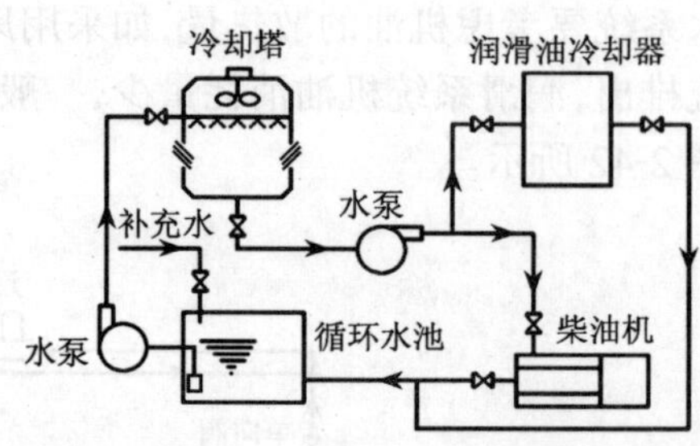

图2-43 循环水冷却系统

(4)启动系统

柴油机的启动系统有电启动和气启动两种形式，采用哪种形式，由机组型号决定。

1)电启动系统，由蓄电池启动的柴油机，蓄电池随柴油机成套供应。工作电压一般为24V，蓄电池应安装在机组附近，以减少启动时的电压降，确保机组启动成功，机组带有自充电系统，运行时可自动向蓄电池充电。冷库柴油机不经常工作时，为了补充蓄电池的自放电，则要设置专用充电装置，用市电轮流向各蓄电池组维护充电，亦可与主库搬运叉车共用充电装置。

2)气启动系统，由贮气瓶贮存的压缩空气启动柴油机，空气压力大约为15kg/mm²～25kg/mm²。用手动或电动空压机给贮气瓶充气。每台柴油机有一个贮气瓶。

(5)排气系统

柴油机气缸内的废气通过排气管道排放室外,排气管的敷设应力求减少弯头,并尽量使弯头平缓,以减少排气管道阻力,避免排气管道因背压过大,而使机组出力降低。多台柴油机机房,各机组的排气管可单独引出室外,也可在室内汇流到总管,然后引至室外。当集中在总管排气时,每台柴油机的排气管上应安装隔板或止回阀,以防烟气倒灌至停机的柴油机中去。柴油机排烟口处烟气温度高达400℃~500℃,气流声音很大,因此在设计中要考虑消音、热膨胀、保温等问题。

1)排气量的计算

$$G = N_e \cdot g_e + \gamma \cdot 30 \cdot n \cdot V_n \cdot i \cdot \eta_i \quad (2\text{-}32)$$

式中 G——柴油机排气量(kg/h);

N_e——柴油机标定功率(hp);

g_e——柴油机耗油量(kg·hp/h);

γ——空气比重(kg/m³),一般按20℃时 $\gamma = 1.2\text{kg/m}^3$;

n——柴油机额定转速(rev/min);

V_n——柴油机气缸排气量(m³/个);

i——柴油机气缸数量(个);

η_i——柴油机吸气效率0.62~0.9。

以体积计算的排烟量:

$$Q = G/\gamma_t (\text{m}^3/\text{h}) \quad (2\text{-}33)$$

式中 γ_t——烟气比重(kg/m³),

其数值为:100℃时:$\gamma_t = 0.965$;200℃时:$\gamma_t = 0.761$;300℃时:$\gamma_t = 0.628$;400℃时:$\gamma_t = 0.535$;500℃时:$\gamma_t = 0.466$。

2)排烟管径的计算

$$D = \sqrt{\frac{4G}{3600 \cdot \pi \cdot w \cdot \gamma_t}} (\text{m}) \quad (2\text{-}34)$$

式中 D——排气管内径(m);

W——烟气流速(m/s)。

一般支管温度取400℃,$\gamma_t = 0.535\text{kg/m}^2$,$W = 20 \sim 25\text{m/s}$。

汇流母管取平均温度为300℃,$\gamma_t = 0.628535\text{kg/m}^2$,$W = 8 \sim 15\text{m/s}$。

排气管一般选用标准的焊接钢管,要求壁厚3mm左右。内径不小于75~90mm。排气系统采用扩散消音方法,各机组的排烟管汇接至消音器上再由消音器引至母管,消音器是一段比母管管径大1~2级的焊接钢管。

3)排烟管的膨胀计算

$$\Delta L = \alpha \cdot L (t_2 - t_1) \times 1000 (\text{mm}) \quad (2\text{-}35)$$

式中 ΔL——烟管总伸长量(mm);

α——线膨胀系数,钢的 $\alpha = 12 \times 10^{-6}$;

L——管长(m);

t_1——排气管施工时的环境温度,(℃);

t_2——排气管的工作温度，支管温度400℃，母管平均温度300℃，母管长度大于30m按350℃计算。

当排气管较长时，应有补偿段，以消除热胀冷缩带来不利影响。管道的热膨胀补偿方法可采用弯头、三波补偿器、波纹管、套筒伸缩节补偿。排气管的支吊架应能保证管道自由膨胀。

4)排气管的保温

为了减少排气管的余热散发到机房内，降低室内温度，排气管必须有保温措施。而排气管道末端温度又要保证高于100～120℃，防止结露腐蚀排气管，一般控制末端温度在150℃。保温设计按一般热力管道进行。

5)排气系统的适当位置要设置检查孔，以便定期清除管内积灰和油污。

6)排气管穿过墙壁时，应加保护外套。伸出室外的管道末端，应切30°～45°的斜角，以便减少烟气流和噪音。伸出室外直立的排气管，出口处应加防雨帽，以防雨顺着排气管流入柴油机内。

(6)柴油机房的通风换气设计

柴油机房的通风换气目的，是为了供给机组燃烧空气和保持机房室温的需的新风量。机房所需的新风量是机组燃烧所需的新风量和保持机房室温所需的新风量之和。机组燃烧所需的新风量可向柴油机厂家索取。保持机房室温所需的新风量可按下式计算：

$$G=\frac{0.078P}{t}(\mathrm{m^3/s}) \tag{2-36}$$

式中 P——柴油机额定功率(kW)；

t——柴油机房温升(℃)；

柴油机房设在地面上，一般采用自然通风，或轴流风机机械通风。

柴油机房设在地面下时，可采用分体式散热机组，将散热器安装在地面上。采用整体式机组时进、出风口均要装设足够的机械通风设备。

2.6.5 柴油发电机房的电气设计

(1)主接线

冷库常用柴油发电机的单机容量在500kW以下，发电机的电压多为400V，机房可以独立工作，多台机组可以单母线运行，也可以母线分段运行，主要是以满足用电负荷为标准。主接线应满足以下要求：

1)电业部门不允许与市网并网运行，因此柴油发电机供电主开关与市电主开关之间，要可靠连锁，当设置内外电源自动切换时，应防止内外电源瞬时误并列。

2)并列运行的柴油发电机组要设置母联开关，以增加灵活性。

3)备用机组要充分考虑其运行的灵活性。

4)柴油发电机组供电时，市电电源计费电度表不应工作。

5)对不需要柴油发电机组供电的低压配电回路，在市电停电后，应自动或手动切除。

一台柴油发电机作为备用电源的主接线，当市电停电后，手动切换，接通柴油发电机，当市电停电恢复供电后，手动切除柴油发电机组，详见本章2-2节中图2-14。

两台柴油发电机组，分别接在两段低压母线上，两台机组既可分段运行，又可并列运行，比较灵活，但是要注意柴油发电机供电主开关与市电主开关之间，要可靠连锁，当设置内外电源自动切换时,应防止内外电源瞬时误并列。详见本章2-2节中图2-15。

(2)机组的继电保护

1)柴油发电机组的继电保护,一般应设置短路保护、过负荷保护、单相接地、欠电压、过电压保护。

2)当多台机组并列运行时,且又无人值班,应设置逆功率保护、同步检查装置。

3)当供电系统有架空线路时,要设置防雷保护。

4)机房要做好工作接地和保护接地。

(3)柴油发电机组的中性点工作制

只有一台机组时,一般采用三相四线中性点直接接地工作制。在三相四线制中,当两台或多台并联运行时,中性线就会产生三次谐波环流,这一电流使发电机发热,降低其出力,因此,常采用中性线上装设电抗器的方法加以限制。中性线上装设电抗器,能有效地限制了三次谐波环流,但应考虑保证中性点电压漂移不太大。电抗器的额定电流可按发电机额定电流的25%选择,其阻抗值可按当通过额定电流时,端电压小于10V选择。

(4)机组的并联运行

1)两台或多台机组并联运行条件如下:

A.型号相同;

B.容量相等;

C.调压方式相同;

D.机组带中性电抗器,用以扼制三次谐波形成的环流;

E.不要选用三次谐波励磁方式,因其并联运行特性差。

2)并联运行的方法有如下三种:

A.准同步法:并联运行时冲击电流小,但并车操作要求高,必须等待系统与被并车的发电机的电压有效值相等,频率相等、相序一致时的一刹那进行合闸,如若手动操作,则是一个紧张的操作过程,必须由有经验的技工来承担,不得误操作。如若选择自动型机组就简单而又准确得多。

B.粗同步法:是待并联机组经过并联电抗器在相位大致相同时接入母线,拖至同步后再切除电抗器,并车操作简单,但并车时产生一定的冲击电流。

C.自同步法:是待并联机组先不加励磁接入母线,然后加励磁拖入同步,同时可以投入自动电压调整器。当进入同步后,即可带上负荷。并车时产生较大的冲击电流。可达额定电流的3.5~5倍。

目前一般采用准同步并车方式较多,选用全自动,半自动或手动操作方式。在订货时向厂家提出要求,厂家可以提供自动并车装置。

(5)机房自动化

随着计算机技术的发展,柴油机的控制系统从继电器控制系统发展至微机控制系统,大大提高了供电的可靠性和节省了维护管理人员。

1)单机自动化

自动化机组一般具备自动控制、集中控制、机旁就地控制三种方式。主要功能有自启动、自动停机、自动并车、自动调频调载、定期预热、预润滑,启动系统自动充气或充电,故障报警等功能。

2)多机自动化

主要功能有机组顺序启停、根据负荷大小自动增减机组台数,运行机组故障时,备用机组自动投入运行,母线出现超载时,自动切除部分负荷。

3)运行参数的检测、显示、打印、制表系统

检测方式采用集中检测或巡回检测,检测内容有主机组、辅机的工作状态,主要运行参数,如柴油机的水温、机油温度、机油压力、转速等。发电机的电流、电压、功率等。机房温湿度、油箱油位等,测得的数据在控制室内集中显示,并定时或需要时打印制表。

4)故障处理系统

A. 轻故障处理有:冷却水温高于给定值,机油温度高于给定值,机油压力低于给定值,过负荷,启动失败,并车失败,辅机系统故障等,轻故障是不会马上损坏设备的,只须发出声光报警,召唤值班人员立即排除故障。

B. 重故障处理有:冷却水温高于给定值,机油温度高于给定值,机油压力低于给定值,供电母线短路,逆功率,机组超速等,重故障会危及设备和人员安全,除发出声光报警外,还应立即停机。机组发生事故,显示打印系统应立即打印制表,记录发生故障时运行参数情况。

5)辅机自动控制

辅机自动控制包括:调温水箱水温自动调节,日用油箱自动补油,启动系统自动充电充气,机房室温自动调节,备用水泵等辅机自动投入等。

2.6.6 柴油发电机房的布置

柴油发电机房按照容量大小和台数多少有不同的布置,小容量柴油发电机组多为机电一体化,控制箱就安装在机组上,可不另设控制室。比较大容量柴油发电机,其机房与变配室毗连时,其控制室与配电室合在一起布置。当柴油发电机房是独立的房间,为改善工作条件可以单设控制室。

(1)机房设备布置要满足下列主要要求

1)机房设备布置应尽量减少管线交叉和弯曲,力求紧凑,紧齐美观。

2)应考虑安装、操作、维护方便,留有足够的搬运通道,设置一定的检修场地,机组中心线上方不应安装管道,机组维护通道的上方2.2m之内的空间,不应安装管道和其他设备。

3)柴油发电机组的基础应考虑支撑机组及底座的全部重量,基础应有防油浸和隔振措施,基础上要预埋螺栓,或预留地脚螺栓的孔洞(其坐标由厂家产品说明书提供),以便固定机组底座,通过基础与底座固定,保持机组各部分的稳定。也能使机组的振动与周围结构隔离。

4)燃油的存放要符合防火规范的要求。机房内要配备供连续运行4~8h的日用油箱,但油量超过100L时宜放置在与机房有防火隔墙的专用贮油间内,油量超过500L时不宜放在主体建筑内,若有困难时,征得消防部门同意,按防火规范妥善处理。

5)电缆沟及电线管与水、油管沟应分开设置,并避免交叉。电缆沟底应有排油、排水措施。电缆应敷设在沟电缆支架上。沟宽一般宽500mm,深600mm。

6)发电机在室内的安装,其外廓与墙壁的距离应满足表2-72的要求。

7)机房应有良好的自然通风和采光条件。若机房设置在地下时,至少要有一侧靠外墙,以便于废气排放和新风管道的安装。

机组布置推荐尺寸(m) 表 2-72

项目 \ 容量(kW)		40~75	100~160	200~400	500~800
机组操作面与墙的距离	(A)	1.3~1.6	1.6~1.8	1.8~2.0	2.2~2.4
机组背面与墙的距离	(B)	1.2~1.5	1.5~1.8	1.5~1.8	1.8~2.0
柴油机端部与墙的距离*	(C)	1.5~1.8	1.5~1.8	1.5~1.8	1.5~1.8
发电机端部与墙的距离	(D)	1.5~1.8	1.8~2.0	2.0~2.2	2.4~2.8
机组之间的距离(首尾相对)	(E)	1.5~1.8	1.8~2.0	1.8~2.0	2.2~2.4
机组之间的距离(平行布置)	(F)	A+0.2	A+0.2	A+0.2	A+0.2
机房净高	(G)	3.2~3.5	3.2~3.5	3.6~4.2	4.2~5.2
地沟深度	(H)	0.6~0.8			

注:*当机组选用封闭式自循环水冷却方式,而机房设在地面上时,柴油机端部散热器应对着排风口百叶窗,其散热器与百叶窗的距离可为0.8~1.0m。

柴油发电机组主要技术参数参考表2-73~表2-75。在进行选用前应向厂家索取资料,因柴油发电机技术还在不断的更新。

2.6.7 机房对有关专业设计的要求

(1)对土建专业设计的要求

1)机房内应有良好的采光,并尽量使机房有穿堂风,在炎热地带,当机组超过两台(单台容量在200kW以上)时,机房应设置天窗,以改善通风效果,降低机房温度,但在有台风的地方,要防止从天窗飘雨,应有挡风措施,加挡风防雨板,或设置专用双层百叶窗,北方设置百叶窗,要有防尘防砂措施。

2)控制室地面要用高标号水泥压光,或采用水磨石地面。机房一般采用水泥压光地面,为了防止油渗到混凝土中,在地面浇灌时加一些水玻璃,以保护地面。

3)为了减少机组运行的噪音,机房应适当作吸音和隔振处理。

4)机房和控制室的门应用防火门,并朝外开,机房和控制室之间的门采用隔音门。

5)机房的出入门洞应满足机组运输的要求。有困难时,应在墙上留安装洞,装有起重设备的机房大门,以汽车能进出为宜。

6)机房内管沟应有0.3%的坡度和排水措施,以利于排除沟内的积水和油污,电缆沟和管沟盖板,应尽量采用钢盖板或经防火处理的木盖板。

7)机房的最低高度应能满足起吊设备时最低起吊高度的要求。

8)机座基础的要求

A. 机座基础应避免与房屋建筑基础连在一起。基础尺寸按土壤耐力计算。在基础的四周加设20~40mm的避震层。

B. 基础应有防油侵蚀的措施,在油水集积较多的地方,设置集油槽。

(2)对采暖通风专业的要求

1)应尽量采用自然通风,排除机房内的余热。当不能满足工作地点的温度要求时,应设置机械通风装置。

2)为了防止事故,应排除油库(箱)蓄电池间挥发的有害气体。

表 2-73

84～160kW 柴油发电机主要技术参数表

机组						柴油机				发电机*2			控制屏	
型号	额定功率(kW)	额定电压(V)	额定电流(A)	外形尺寸 长×宽×高(mm)	净重*1(kg)	型号	额定功率(kW/12h)	转速 rev/min	启动方式	冷却方式	型号	励磁方式	调压方式	型号	外型尺寸 长×宽×高(mm)
$84GF_2$	84	400	152	3820×1000×1530	4150	6160A	100	750	压缩空气	开式水冷	TCZ116-8	直流励磁机	自动、手动	BGF11-84LK	800×500×1650
$84GF_{2-1}$				4320×1100×1612	4750	6160A-24									
$120GF_1$	120		217	3655×1000×1615	4100	6160A-9	140				TCZ120-8	相复励	不可控	PFX-120	820×740×160
$120GF_{1-1}$				4325×1041×1615	4800	6160A-25				闭式水冷					
$120GF_{1-3}$				3870×1100×1720	—	6160A-46			电启动						
$120GF_4$				4325×1100×1687	4800	6160A-25			压缩空气		TFW-120-8	无刷	自动、手动	XGF-2A-120	800×730×1760
$120GF_6$				3790×1000×1615	—	6160A-9				开式水冷				PFW-120	820×740×1600
$120GF_2$				3820×1000×1615	4300						D_2-TH	直流励磁机		BF1-223LT	800×500×1650
$160GF_1$	160		288	3325×1000×1615		6160A-6	180	1000			TZH-160-6	相复励	不可控	BF1-323ZX-A*	
$160GF_{1-1}$				4325×1041×1687	4800	6160A-26				闭式水冷					
$160GF_2$				3820×1000×1615	4300	6160A-6				开式水冷	TCZ-118-6	直流励磁机	自动、手动	BGF11-160-LK	
$160GF_3$				3325×1000×1615							TZH-160-6	相复励	可控	PFKZ-2-160	800×540×1650
$160GF_6$				3460×1000×1615	—						TFW-160-6	无刷	自动、手动	PFW-160	820×740×1800
$120GF_{4Z}$	120		217	4145×1041×1710	4800	6160A-45	140	750	电启动	闭式水冷	TFW-120-8		自动*3	—	—

注：*1. 机组净重未计入控制屏的重量。

*2. 频率均为 50Hz，3 相 4 线，$\cos\varphi=0.8$(滞后)。

*3. 外电停电后 10～15s 内供电。

4. 本表是潍坊柴油机厂资料仅供参考，选用时应向厂家索取资料，因产品是在不断改进。

200～800kW 柴油发电机主要技术参数表 表 2-74

机组					柴油机							增压器			
型号	额定功率(kW)	自起动时间(s)	外形尺寸 长×宽×高(mm)	净重(kg)	型号	额定功率(kW/12h)	转速 rev/min	启动方式	冷却方式	启动气压(MPa)	燃料消耗率(g/kW·h)	型号	转速(rev/min)	空气流量(km^3/h)	压比
200GF			5171×1160×1948									—	—	—	—
$200GF_1$	200		5366×1160×1948	10100	6250	220					184	—	—	—	—
$200GF_2$			5496×1160×1948				600					—	—	—	—
300GF			5450×1173×2077						开式水冷						
300GF	300		5165×1173×2077	11900	6250Z	330					178	TZ25×A	16500	0.777	1.37
$300GF_2$			5770×1173×2077												
400GF		—	5821×1350×2420	—											
$400GF_2$	400		—	—	B6250Z	440	750				175	TZ25K	18000	0.98	1.55
$500GF_2$	500			1500		550					169				
630GF	630		5400×1950×2650			700		压缩空气	双循水冷	2.3～1.8	168				
$800GF_2$				1600	$X6250Z_1$		1000					261P-8	29000	2.31	2.73
$800GF_5$	800		5700×1950×2650			880					167				
200GF-1			5171×1160×1948	10100											
$200GF_2$-1	200		5491×1160×2272	10700	6250	220					228	—	—	—	—
300GF-1		10	5450×1170×2077	11900			600		开式水冷						
$300GF_2$-1	300		5770×1170×2420	12500	6250Z	330					222	TZ25×A	1650	0.777	1.37
$400GF_2$-1	400		—	—	B6250Z	440	750				175	TZ25K	1800	0.98	1.55
$500GF_2$-1	500		5400×1950×2650	1500	$X6250Z_1$-1	550					230				
$600GF_2$-1	630	45	—	—	$X6250Z_2$-1	700	1000		双循水冷		228	261P-8	2900	2.31	2.73
$800GF_2$-1	800		5400×1950×2650	1600	X6250Z-1	880					227				

续表

机组型号	同步发电机										控制屏		
	型号	生产厂	额定功率(kW)	额定电压(V)	额定电流(A)	功率因数(cosφ)	相数及接线	励磁方式	励磁电压	励磁电流	型号	生产厂	外型尺寸 长×宽×高(mm)
200GF	TB13-10	重庆电机厂	200	400	361	—	3相4线	相复励	34	128	BKF-12-200	长征控制设备厂	900×600×2140
$200GF_1$	T-74-10					—		励磁机	34		HF5T-222	上海华通开关厂	
$200GF_2$	TFW-13-10					—		无刷励磁	—	—	BKF-WC-200/400	自贡电器厂	
300GF	TB14-10	上海电机厂	300		542	—		相复励	43	115	BKF-12-300	长征控制设备厂	
300GF	T320-10					—			44	110	HF5F222-2A	上海华通开关厂	
$300GF_2$	TFW-14-10					—		无刷励磁	—	2.35/2.65	BKF-WC-300/400	自贡电器厂	
400GF	TF-X14-8		400		722	—		相复励	42	155	XFKZ-4-400	长征控制设备厂	910×740×2140
$400GF_2$	TFW-14-8					—		无刷励磁	—	—	—	—	—
$500GF_2$	TFW-15-6		500		902	—			—	1.7/2.2	BKF-WC-500/400	自贡电器厂	900×700×2140
630GF			630		1137	—			—	—	—	—	—
$800GF_2$			800		1444	—			—	1.7/2.2	BKF-WC-800/400	自贡电器厂	1200×700×2140
$800GF_5$	TXK-15-6	重庆电机厂				—		谐波	42	185	BKF-SK-800/400		1900×600×2140
200GF-1	TF-X13-10		200		361	0.8		相复励	34	128	XFKZ-2A-200	长征控制设备厂	1760×740×2000
$200GF_2$-1	TFW-13-10					—		无刷励磁	—	—	BKF-WC-400-200	自贡电器厂	900×600×2140
300GF-1	TF-X14-10		300		542	0.8		相复励	45	115	XFKZ-2A-300	长征控制设备厂	1760×740×2000
$300GF_2$-1	TFW-14-10					—			—	2.35/2.65	BKF-WC-300/400	自贡电器厂	900×600×2140
$400GF_2$-1	TFW-14-8		400		722	—		无刷励磁	—	—	—	—	—
$500GF_2$-1	TFW-54-6		500		902	0.8			34	1.7/2.2	BKF-WC-500/400	自贡电器厂	900×700×2140
$630GF_2$-1			630		1137				—	—	—	—	—
$800GF_2$-1			800		1444				34	1.7/2.2	BKF-WC-800/400	自贡电器厂	1200×700×2140

注:本表是红岩机器厂柴油机组资料仅供参考,选用时应向厂家索取资料,因产品是在不断改进。

200～1000kW 柴油发电机主要技术参数表 **表 2-75**

机组型号	柴油机型号	额定功率(kW)	额定电压(V)	额定电流(A)	发电机效率(%)	机组油耗率(g/kW·h)	稳态电压调整率(%)	电压稳定时间(s)	启动方式	自启动时间(s)	冷却方式	机组净重(kg)	发电机生产厂家	外型尺寸长×宽×高(mm)
200GF20	NT-855-G3	200	400/230	361	92.3	235	±3	≤1.5	24V电启动	—	水箱冷却	3500	兰州电机厂	3150×970×1650
200GF37					90.2	239	±1.8			—		3000	无锡电机厂	3500×970×1650
200GF38					92	236	±2.5			—		3600	郑州电机厂	3220×970×1650
200GF39					92.3	235	±1.5			—		3550	重庆电机厂	3300×970×1650
200GFZ-1					90.2	239	±1			8～10		3000	无锡电机厂	3500×970×1650
200GF-5	NT-855-G_3(M)				92.3	235				—	热交换器*	3380	兰州电机厂	2900×970×1650
250GF-1	NTA-855-G_2	250		451	92.5	220	±2.5			—	水箱冷却	3780		3300×970×1650
250GF-2	NTA-855-G_2(M)				92.5	220				—		3650		3150×970×1650
300GF-1	KTA19-G_2	300		541	92	225	±1.8			—		4100	无锡电机厂	4040×1250×2030
300GF-2					93	223	±2.5			—		4600	兰州电机厂	3800×1250×2100
300GFZ-1					92	225	±1			8～10		4100	无锡电机厂	4040×1250×2030
500GF-1	KT38-G	500		902	93.4	241	±1.8			—		8800		4670×1894×2570
500GF-2					94	240	±2.5			—		9500	兰州电机厂	4600×1894×2570
500GFZ-1					93.4	241	±1			8～10		8800	无锡电机厂	4670×1894×2570
600GF	KTA38-G_2	600		1083	93.6	235	±1.8			—		9100		
800GF	KTA50-G_1	800		1443	93.5	232				—		10500		5460×1894×2630
1000GF	KTTA50-G	1000		1805	93.9	223				—		11300		

注:1. * 该机型为船用辅机。
2. 该系列机组的额定频率为 50Hz。3 相 4 线,$\cos\varphi = 0.8$(滞后)。额定转速均为 1500rev/min。
3. 本表是重庆市汽车发动机厂重庆。康明斯柴油机组资料仅供参考,选用时应向厂家索取资料,因产品是在不断改进。

3)在采暖地区,机房在冬季工作时间的室内温度不宜低于0℃,非工作时间值班采暖温度应不低于5℃。

(3)对给排水专业设计要求

1)柴油发电机冷却水的水质应满足使用维护说明书的要求。

2)柴油发电机冷却水的进出口水温和润滑油的温度应满足制造厂的要求。

3)机房内应设洗手池及洗拖布的水池,在地面和管沟内应有排除积水的油污的地漏。

2.6.8　柴油发电机房的布置实例

(1)图2-44是1台200kW(或320kW)柴油发电机房布置示意。该机房与变配电室毗连,柴油发电机控制柜安装在低压配电室。图中的贮水桶供调节水温用。当冷却水系统与制冷系统合用时则取消贮水桶。

(2)图2-45是二台320kW柴油发电机房的布置示意。该机房是独立建筑,设有贮油间和控制室。

(3)图2-46是柴油发电机房设置在地下室的布置示意。选用整体式机组,只是排气管引出室外,用开式循环冷却水。

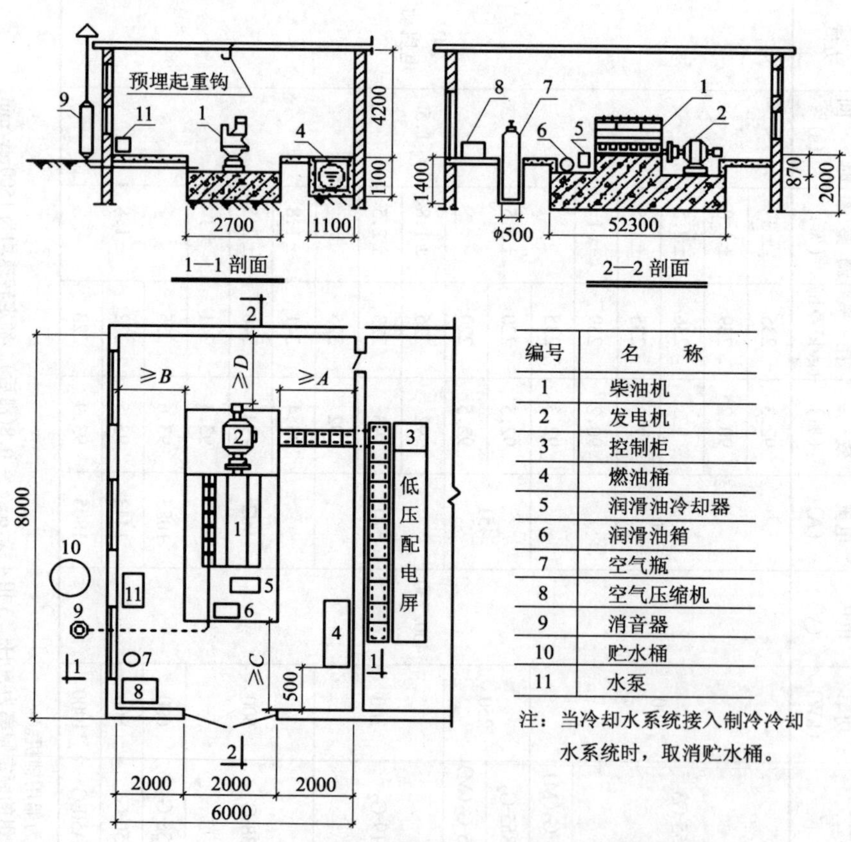

编号	名　称
1	柴油机
2	发电机
3	控制柜
4	燃油桶
5	润滑油冷却器
6	润滑油箱
7	空气瓶
8	空气压缩机
9	消音器
10	贮水桶
11	水泵

注:当冷却水系统接入制冷冷却水系统时,取消贮水桶。

图2-44　1台200kW(或320kW)柴油机房布置示意图

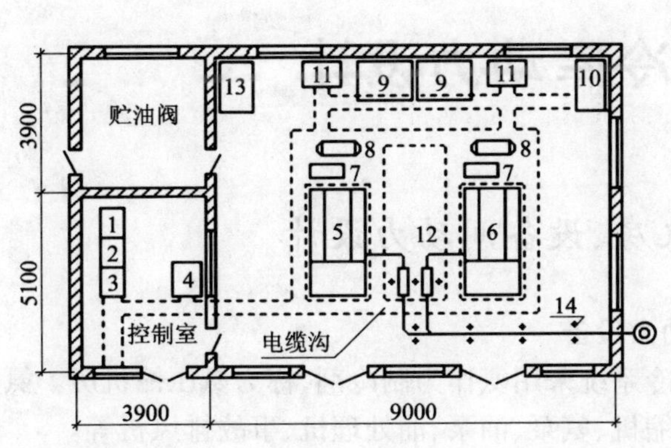

编号	名　　　称
1	1♯机级控制柜
2	2♯机级控制柜
3	并车控制柜
4	操作台
5	1♯柴油发电机组
6	2♯柴油发电机组
7	润滑油冷却器
8	润滑油箱
9	燃油桶(距地 1.5m 墙上支架安装)
10	充电器
11	蓄电池
12	消声器
13	水泵
14	排气管吊架

图 2-45　2 台柴油发电机房布置示意图

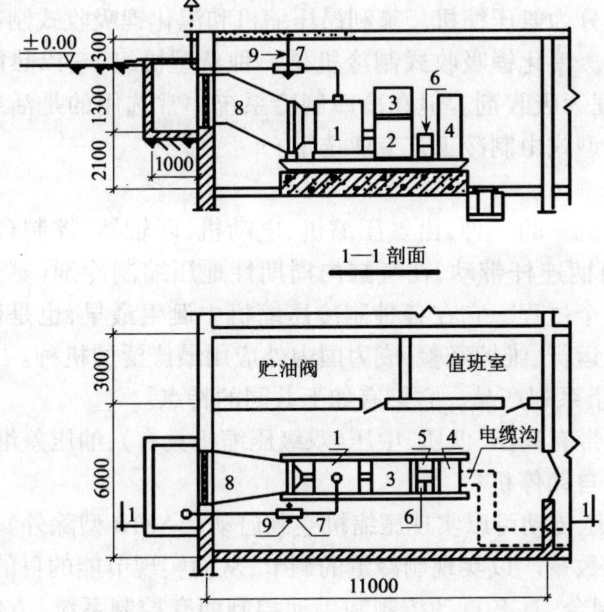

编号	名　　称
1	柴油机
2	发电机
3	燃油桶
4	控制柜
5	充电机
6	蓄电池
7	消声器
8	风道
9	排气管吊架

图 2-46　整体式柴油机在地面下布置示意图

第3章　冷库动力设计

3.1　氨压缩机房、设备间动力设计

3.1.1　氨压缩机房、设备间的主要动力设备

制冷机房是冷库的主要动力车间，制冷系统采用氨作为制冷剂，称为氨压缩机房。氨压缩机房和设备间的主要动力设备有：氨压缩机、氨泵、油泵、油处理机、事故排风机等。

(1)制冷压缩机

制冷压缩机是制冷系统中，必不可少的关键设备，制冷过程都是借助压缩机的工作而完成的，如若压缩机在运转过程中出了故障，那么整个制冷工作都会因此而中断，所以正确选用压缩机的启动方式、控制、保护设备是至关重要的。

制冷压缩机的类型，按其结构形式分类有三种：活塞式压缩机、螺杆式压缩机、离心式压缩机；按其使用的制冷剂分类，又可分为氨压缩机。氟利昂压缩机和溴化锂吸收式制冷机。

离心式压缩机多用于空调系统。溴化锂吸收式制冷机是一种新型机组，它以热能为动力，以水(0℃以下)为制冷剂，溴化锂为吸收剂。但在冷库制冷系统中常选用的是活塞式氨压缩机和螺杆式氨压缩机。压缩机型式由制冷工艺专业选定。

1)活塞式氨压缩机

活塞式氨压缩机是容积型压缩机中的一种，由氨压缩机、电动机、联轴器、控制台组成，安装在同一底座上。它的活塞由曲柄连杆带动，在气缸内周期性地压缩制冷剂(氨)气体。每一周期可分为吸气、压缩、排气3个过程。它在各种制冷压缩机中诞生最早，也是使用历史最长的压缩机，已有成熟的制造、运行、维护经验，成为国内外应用最广泛的机种。目前国产有100、100C、125、170、250等5个系列产品。它们有如下共同的特点。

A. 设有完善的安全保护系统，带有高压、低压、中压(双级压缩机具有)、油压差继电器。一旦发生故障可以实现自动报警及自动停机；

B. 设有能量调节装置，通过油压传动可以实现压缩机空载启动(2AZ10型除外)。通过能量调节装置可调节投入气缸运转数量。以实现制冷量的调节，从而实现节能的目的；

C. 配有启动控制柜和机上控制台，具有自动控制和手动控制两套控制系统，方便用户选用。也简化了冷库电气设计程序；

D. 机器体积小，重量轻，占地面积小，不需要大的基础；

E. 同一系列机器的零部件通用性、互换性程度高，维修方便；

F. 只需更换少数零件，即可实现三工质($R717$、$R22$、$R12$)通用；

G. 机器安装了加油、放油用的三通阀，可以在运行中加入润滑油；

H. 振动小，运行平稳。

2)螺杆式压缩机

螺杆式压缩机也属于容积型压缩机。由压缩机、电动机、联轴器、油分离器、油冷却器、油泵、油过滤器、吸气过滤器、控制台组成，安装在同一底座上。它兼有活塞式氨压缩机和离心式氨压缩机的特点，80年代新型机种的噪声级别和耗油量已逐渐接近于活塞式压缩机，因为它的优点比较突出，因此近年来在国内外得到很大的发展。

A. 由于螺杆式压缩机是采用一对互相啮合的转子(螺杆)在气缸内转动，使封闭容积缩小，以达到压缩制冷剂气体的目的。它能连续地周而复始地进行吸气、压缩、排气3个过程。通过滑阀能量调节机构，制冷量可在10%～100%范围内实现无级调速，有利于节能和无负荷启动，为自动化提供了有利条件。

B. 设有完善的安全保护系统，具有排气温度和油温超高、吸气压力过低、排气压力过高、精滤器压差超高、油压差过低等保护。一旦发生故障可以实现自动报警及自动停机；

C. 具有自动控制和手动控制两套控制系统，自动控制采用可编程控制器或微电脑控制，能保证设备安全、自动运行，也简化了冷库电气设计程序。

D. 体积小、重量轻，转速高，效率高；

E. 排气温度较低，使润滑油易于分离出来；

F. 对湿行程不敏感，少量回液对设备无影响，仍可安全运行；

G. 设有完善的油路系统，油分离器分离效率高；

H. 振动小，运行平稳；

I. 易损部件较少，维护管理方便，无故障运行时间长(可达2～5万小时)。

(2)氨泵

氨泵在制冷系统中的作用是将低压低温的氨液输送到各冷间的排管或空气冷却器的盘管中去，常用的氨泵型式有三种：齿轮式、叶轮式、屏蔽式。氨泵的功率不大，一般都不超过3kW。氨泵型式由制冷工艺专业选定。

1)齿轮泵：齿轮泵是一种容积转子泵，泵与电机用弹性联轴器直连接。工作时靠一对啮合转动的螺旋斜齿轮不断地吸液和排液，以一定的压力将氨液排出。

2)叶轮泵：叶轮泵也称为离心泵，是一种速度型泵，它依靠叶轮旋转时产生的离心力，将氨液以一定的速度从排液口排出，从而产生一定的出口压力。

3)屏蔽泵：屏蔽泵也是叶轮式离心泵，屏蔽泵有立式和卧式两种类型，它的特点是将泵的叶轮和电动机的转子安装在同一根轴上，因为泵和电动机共用一个外壳，所以，既不需要密封器，也不需要联轴器，使泵的结构紧凑，外形尺寸小，维护方便。但是泵本身没有安全保护装置，因此须设置压差控制器，控制氨液进出口压差。

(3)油泵和油处理机

油泵和油处理机安装在油处理间。油泵的作用是为氨压缩机提供润滑油。油处理机的作用是除去润滑油中的杂质。其型号及规格由制冷工艺专业选定。

(4)自动放空气器

自动放空气器安装在设备间，其作用是将制冷系统中不凝性气体(空气)及时放走，保证制冷系统正常工作。自动放空气器有定型产品ZKF型，只提供220V电源就可以了。

3.1.2 动力设计要求

因制冷系统采用氨作制冷剂，而氨是有毒性的、能燃烧并有爆炸危险的，当氨气在空气中的含量达到0.5%～0.6%时，人在其中停留30min即可中毒；氨气在空气中的含量达到

11%～14%时可以点燃；氨气的含量达到16%～25%时会引起爆炸。根据现行国家标准《爆炸和火灾危险环境电力装置设计规范》(GB50058—92)第2.2.1条和第2.2.3条规定，氨制冷剂属于第2级释放源，氨压缩机房属于2区爆炸危险区域。

由于氨制冷剂在制冷设备中是密闭循环运行，在正常运行时不可能出现爆炸气体混合物。而氨比空气轻，有强烈的刺激气味，远未达到爆炸下限值(15.5%)就已被发现，机房通风良好，又根据商业冷库多年运行经验，尚未发现氨压缩机房因漏氨而起爆炸的例子。所以原冷库设计规范没有要求氨压缩机房按爆炸和火灾危险环境进行电气设计。根据现行国家标准《冷库设计规范》GB50072—2001的规定，对氨压缩机房电气设计提出了如下要求：

(1)氨压缩机房宜安装氨气浓度自动测量装置，当氨气浓度接近爆炸下限的10%时，应能发出报警信号。

(2)氨压缩机房建筑设计应符合现行国家标准《建筑设计防火规范》GBJ16中火灾危险性乙类建筑的有关规定。

控制室位于机房一侧，控制室和机房之间要设置固定密封观察窗，其隔墙和门窗均需防火、隔声。

(3)在正常运行中会产生火花的氨压缩机、氨泵的启动控制设备不应布置在氨压缩机房和设备间中。一般安装在控制室内。

(4)氨压缩机房的动力设备由低压配电室按放射式配电。

(5)每台压缩机和氨泵的电机均应安装电流表。以监视工作机运行的情况。

(6)氨压缩机房的事故排风机选用防爆电机，事故排风机的电源由低压配电室独立回路配电，保证当制冷装置发生泄氨事故而切断制冷设备电源时，仍能保证事故排风机可靠供电。事故排风机控制按钮箱安装在机房门外侧便于操作的地方，以利于在撤出值班人员后，仍能控制事故排风机。

事故排风机的过载保护宜作用于报警系统，而不直接停排风机。

(7)电气线路型号规格的选择及安装要求

电气线路型号规格的选择及安装要求应符合根据现行国家标准《爆炸和火灾危险环境电力装置设计规范》GB50058—92中2区的规定。

1)所选用的绝缘导线和电缆的额定电压，必须不低于工作电压，且不低于500V，工作中性线的绝缘的额定电压应与相线相等，并应在同一护套或管内敷设。

2)电气设备的金属外壳应采用专门的接地线可靠接地，该接地线与相线敷设在同一根保护管内时，应具有与相线相等的绝缘。金属保护管线和电缆金属包皮等，只能作为辅助保护接地线。

3)绝缘导线和电缆截面的选择应符合下列要求：

A. 导体允许载流量，不应小于熔断器熔体额定电流的1.25倍；

B. 导体允许载流量，不应小于低压断路器长延时过电流脱扣器整定电流的1.25倍；

C. 引向电压为1kV以下压缩机、氨泵、油泵电动机的电力线路允许载流量，不应小于电动机额定电流的1.25倍；

D. 绝缘导线和电缆最小截面的选择：

电力线路：铜芯不得小于1.5mm^2；铝芯不得小于4mm^2。

控制线路：铜芯不得小于1.5mm^2；铝芯不得小于2.5mm^2。

4)安装要求

A. 动力配线宜采用铜芯绝缘电线穿钢管埋地敷设,或采用无铠装电缆在电缆沟内敷设。电缆沟或钢管所穿过的不同区域之间墙或楼板处的孔洞,应采用非燃性(防火)材料严密堵塞。当采用铝芯绝缘导线或电缆时,与电气设备的连接应有可靠的铜-铝过渡接头等措施。以免连接处发热而引起开关跳闸。

B. 电线、电缆的保护管须采用焊接钢管,钢管采用套管连接,钢管直径在25mm及以下连接时,螺纹旋合不小于5扣。钢管直径在32mm及以上连接时,螺纹旋合不小于6扣。

C. 钢管配线的电气线路必须做好隔离密封和防腐处理,且符合下列要求:

a. 直径为50mm及以上的钢管距引入的接线箱(盒)450mm以内处,须做好隔离密封;

b. 为了防腐,钢管连接的螺纹部分应涂以铅油或磷化膏。在设备间可能有凝结冷凝水的地方(如氨泵、低压循环贮液桶),管线连接应采用密封接头。

3.1.3 氨压缩机所配电动机的启动方式选择

氨压缩机所配电动机型号多为鼠笼型三相异步电动机,其启动、控制、保护设备,除考虑电流、电压的因素外,还要考虑压缩机的安全保护。氨压缩机的启动控制柜和控制台一般由厂家成套供应。

因考虑到氨压缩机启动时对电网冲击的影响,一般均采用降压启动,75kW及以下的氨压缩机采用Y/△降压启动或延边三角形降压启动、90kW及以上的氨压缩机采用自耦减压器降压启动。

(1)采用Y/△降压启动

图3-1是烟台冰轮集团有限公司的HSA-11~75(kW)型启动控制柜电气原理图,采用Y(星形)-△(三角形)换接降压启动。它是由3个交流接触器(1~3KM),一个三相热继电器(KH)和一个时间继电器(KT)组成。合上电源开关QL,按下启动按钮(SF),交流接触器、3KM、时间继电器1KT线圈得电,常开触点$3KM_1$吸合,1KM线圈得电,使电动机定子绕组接成星形(Y)降压启动。如图3-2(*a*)所示,此时每相绕组的电压降为额定电压的$\frac{1}{\sqrt{3}}$倍,即由380V降为220V。当1KT时间继电器延时时间(0.4~60s可调)结束后,其1KT常闭延时触头断开,3KM线圈失电。1KT常开延时触头闭合,2KM线圈得电。将绕组改接成正常运行的三角形(△),如图5-2(*b*)所示,电动机在额定电压(380V)下运行。

采用Y-△降压启动时,将绕组接成了"Y"形,每相绕组电压降至额定电压的$\frac{1}{\sqrt{3}}$倍,流入绕组的电流和绕组上受到的电压成正比,故有:

$$I_e\varphi Y=\frac{1}{\sqrt{3}}I_e\varphi\triangle \tag{3-1}$$

式中 $I_e\varphi Y$——定子绕组接成了"Y"形时,流入每相的电流。

$I_e\varphi\triangle$——定子绕组接成了"△"形时,流入每相的电流。

当定子绕组接成了"Y"形时,电网供给的电流($I_e\omega Y$)和流入绕组的电流($I_e\varphi Y$)相等,即:

$$I_e\omega Y=I_e\varphi Y \tag{3-2}$$

当采用"△"连接时,由电网供给的电流将为流入绕组的电流$\sqrt{3}$倍,即:

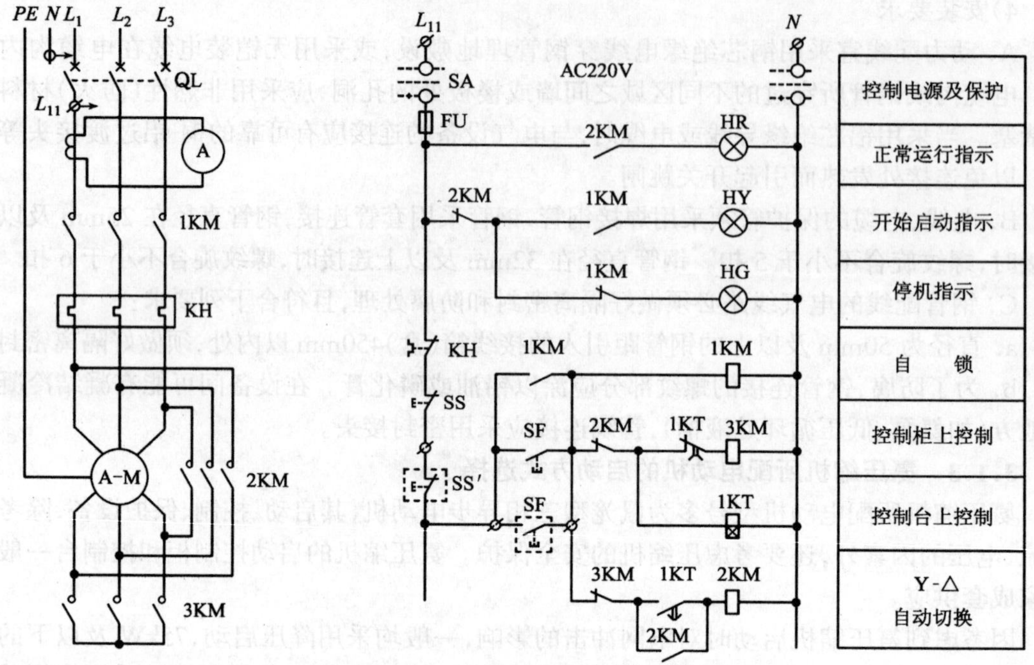

图 3-1 氨压缩机 Y-△降压启动控制原理图

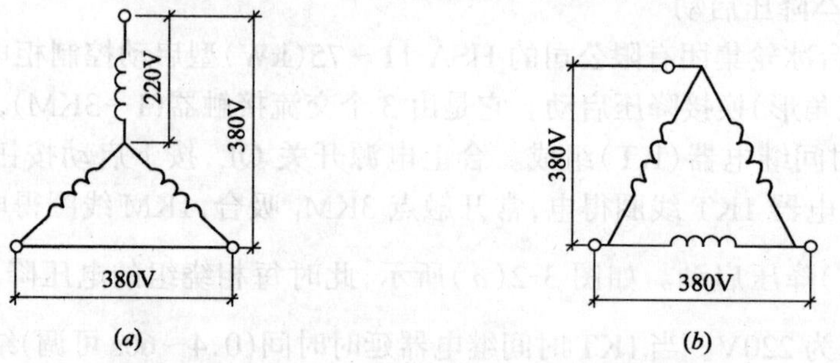

图 3-2 Y-△降压启动电动机定子绕组接线图

$$I_e\omega\triangle=\sqrt{3}I_e\varphi\triangle \tag{3-3}$$

将式(3-2)、(3-3)、(4-4)合并,便得:

$$I_e\omega Y=\frac{1}{3}I_e\varphi\triangle \tag{3-4}$$

由此可见,采用 Y-△(降压启动,由电网供给的启动电流可以减少至 1/3。这样在电动机启动过程中有效的降低了启动电流,减少了启动电流对电网的冲击。

目前国内生产的 4~100kW 的异步电动机定子绕组都已设计成 380V 三角形连接,因此 Y-△降压启动,得到广泛的应用。但由于电动机的转距和电压成正比,采用 Y-△降压启动时,启动转距也减少到直接启动时的 1/3,所以这种启动方式只适用于空载或轻载启动。

(2)采用延边三角形降压启动

图 3-3 是上海第一冷冻机厂生产的 55kW、75kW 的活塞式压缩机的配套电机采用延边

三角形降压启动的电气控制原理图。延边三角形降压启动方式和 Y-△降压启动方式的原理基本相同,它也是由 3 个交流接触器(1～3KM),1 个热继电器(KH)、1 个时间继电器(KT)和 2 个中间继电器(1～2KA)组成。不同之处是定子绕组接线不一样,电动机有 9 个接线端子。可以从图 5-4(*b*)绕组连接图看出:启动时将定子绕组的一部分接成"△",另一部分接成"Y",从图形符号看,就像是将一个三角形的三条边延长,因此称为延边三角形。用符号"∡"表示。

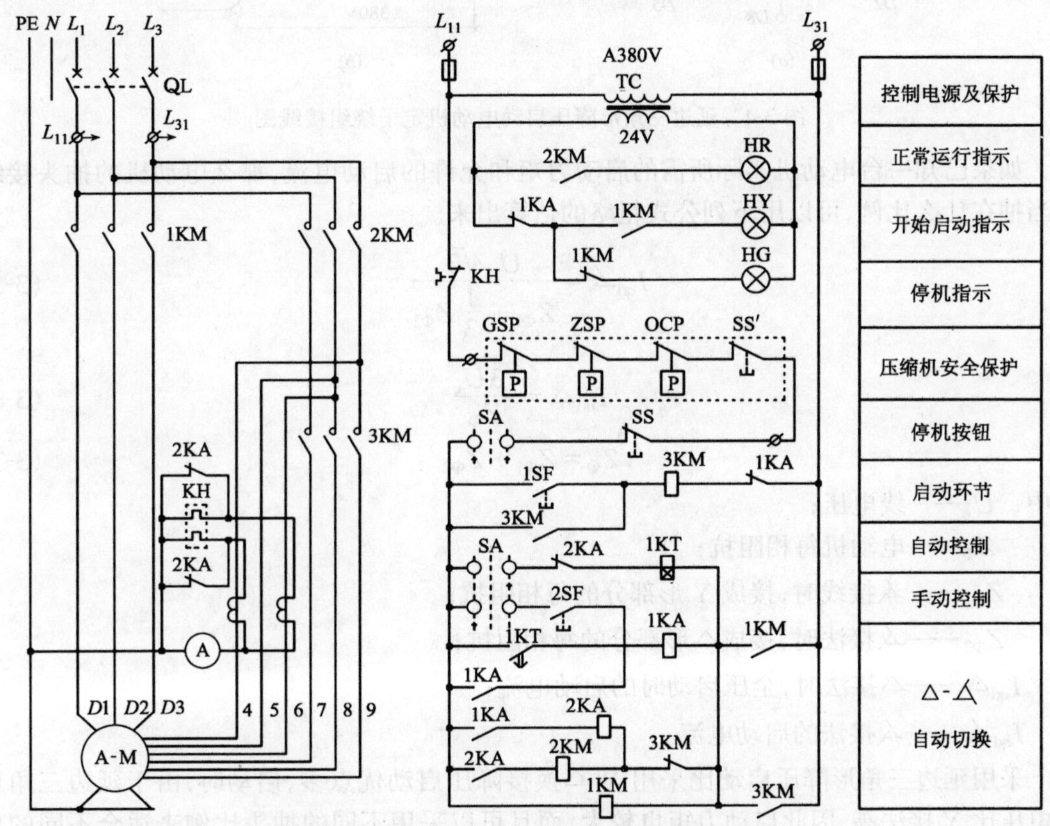

图 3-3 压缩机延边三角形降压启动控制原理图

合上电源开关 QL,将选择开关 SA 置于自动位置,按下 SF 启动按钮时,3KM 线圈先后得电后,1KT、1KM 线圈相继得电,将电动机的三相绕组接成延边三角形降压启动,当 1KT 时间继电器延时时间(0.4～60s 可调)结束后,常开延时触头 1KT 吸合,中间继电器 1KA 线圈得电,使 3KM 线圈断电,同时常开中间继电器 2KA 线圈得电,接通 2KM,将绕组改接成为三角形(△)正常运行。

如图 3-4(*b*)所示,采用延边三角形接法时,每相绕组所承受的电压要比电网的线电压有所降低,启动电流也随之减少,绕组上相电压的大小取决于定子绕组抽头的比例,接成"Y"形部分的线圈数目越多,电动机的相电压就越低,当抽头比例为 1∶1 时电动机的相电压为 264V 左右,当抽头比例为 1∶2 时,相电压为 290V。采用不同的抽头比例能适用不同的要求。可以使各相绕组在 220V～380V 之间变动,一般可取 250V～300V 之间。采用延边三角形接法比 Y-△接法时电压较高,转距也较大。

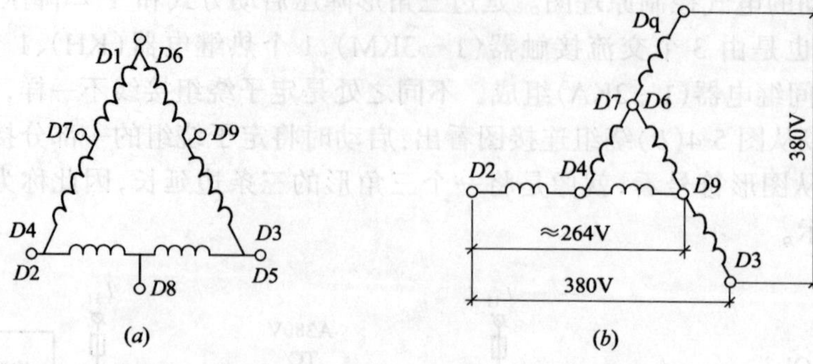

图 3-4 延边三角形降压启动电动机定子绕组接线图

如果已知一台电动机实际所需的启动力矩和允许的启动电流，那么电动机的抽头接线应当抽在什么比例，可以用下列公式粗略的估算出来。

$$I_{qd}\measuredangle = \frac{U_e/\sqrt{3}}{Z_{\Phi1}+\frac{1}{3}Z_{\Phi2}} \tag{3-5}$$

$$I_{qd}\triangle = \frac{\sqrt{3}U_e}{Z_{\Phi}} \tag{3-6}$$

$$Z_{\Phi} = Z_{\Phi1} + Z_{\Phi2} \tag{3-7}$$

式中 U_e——线电压；

Z_{Φ}——电动机每相阻抗；

$Z_{\Phi1}$——∡接线时，接成Y形部分的每相阻抗；

$Z_{\Phi2}$——∡接法时，接成△形部分的每相阻抗；

$I_{qd}\triangle$——△接法时，全压启动时的启动电流；

$I_{qd}\measuredangle$——∡接法的启动电流。

采用延边三角形降压启动比采用Y-△换接降压启动优点多，启动时，由于延边三角形相电压比Y接法高，因此启动力矩也较大，而且可以采用不同的抽头比例来适合不同的使用要求。

电机定子绕组各种抽头比例的启动特性见表3-1。

异步电动机绕组各种抽头比例时的启动特性 表3-1

抽头比例	启动电流比值	力矩比值
∡ 1:1	$I_{qd}\measuredangle \approx 50\% I_{qd}\triangle$	$M_{qd}\measuredangle \approx 47\% M_{qd}\triangle$
∡ 1:2	$I_{qd}\measuredangle \approx 60\% I_{qd}\triangle$	$M_{qd}\measuredangle \approx 53\% M_{qd}\triangle$
∡ 1:3	$I_{qd}\measuredangle \approx 66.6\% I_{qd}\triangle$	$M_{qd}\measuredangle \approx 65\% M_{qd}\triangle$
∡ 2:1	$I_{qd}\measuredangle \approx 43\% I_{qd}\triangle$	$M_{qd}\measuredangle \approx 39\% M_{qd}\triangle$
∡ 3:1	$I_{qd}\measuredangle \approx 40\% I_{qd}\triangle$	$M_{qd}\measuredangle \approx 35\% M_{qd}\triangle$
∡ 3:5	$I_{qd}\measuredangle \approx 57\% I_{qd}\triangle$	$M_{qd}\measuredangle \approx 48\% M_{qd}\triangle$

采用延边三角形启动比采用自耦减压器降压启动结构简单，维修方便。克服了自耦减压器不允许频繁启动的缺点。但是电动机的内部接线上，比一般电动机要多抽出三根引出线，电动机上有九个出线端子。

(3)采用自耦变压器降压启动。

图 3-5 是大连冰山集团有限公司生产的 XQ01-100～225 型降压启动控制柜电气原理图，采用自耦变压器降压启动，启动时合上电源开关 QL，将 SA 选择开关置于自动位置，按下 1SF 启动按钮，2KM 交流接触器线圈得电后，1KA 中间继电器和 1KT 时间继电器线圈相继得电，使电动机的定子绕组与自耦变压器的副边相接，此时电动机在低于电网电压下启动，待电动机的转速升高后，时间继电器 1KT 经延时结束后，常开延时触点吸合，2KA 中间继电器线圈得电，断开 2KM 接触器，撤除自耦变压器，同时接通 1KM 接触器，使电动机在额定电压下正常运行。

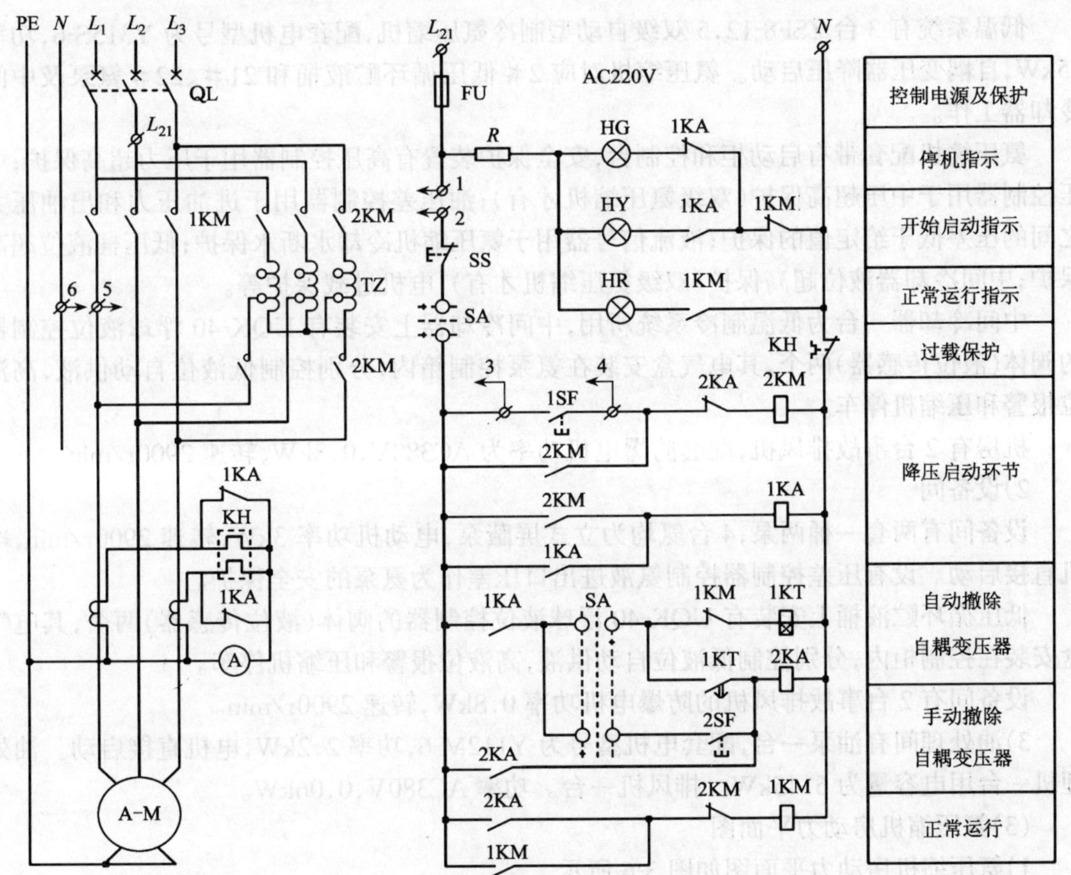

图 3-5　压缩机自耦变压器降压启动控制柜电气原理图

自耦变压器付边一般有两组抽头，变压比有 65%（有的厂家为 60%）和 80% 两组抽头，出厂时接在 65%（60%）的抽头上，如果需要较大的启动转距可接到 80% 抽头上。

采用自耦变压器降压启动方式，启动电流小，启动转矩大，但不能频繁启动。然而氨压缩机的开机条件不只是降压启动一种，还必须具备高压、中压(或低压)不超高；油压差控制器和过电流继电器正常；低压循环贮液桶和中间冷却器液位不超高；水套有水；冷凝器有水等安全保护才能开始降压启动。

3.1.4 氨压缩机房动力平面设计实例

(1)建筑结构概况

机房、设备间为砖混结构，室高为6m。控制室和油处理间室高为4m。控制室与机房共用隔墙为防火墙，墙上设有固定式密封观察窗。

(2)制冷设备概况

1)机房

制冷系统有高温和低温两个系统，高温系统有4台Z6AW-12.5单级自动型制冷氨压缩机，配套电机型号为Y315S-6，功率75kW，自耦变压器降压启动。氨压缩机对应1＃低压循环贮液桶和11＃、12＃氨泵工作。

低温系统有3台ZSF8-12.5双级自动型制冷氨压缩机，配套电机型号为Y315S-6，功率75kW，自耦变压器降压启动。氨压缩机对应2＃低压循环贮液桶和21＃、22＃氨泵及中间冷却器工作。

氨压缩机配套带有启动柜和控制台，安全保护装置有高压控制器用于压力超高保护；中压控制器用于中压超高保护(双级氨压缩机才有)；油压差控制器用于进油压力和出油压力之间的压差低于给定值的保护；液流信号器用于氨压缩机冷却水断水保护；低压桶液位超高保护；中间冷却器液位超高保护(双级氨压缩机才有)；电机过载保护等。

中间冷却器一台为低温制冷系统所用，中间冷却器上安装有UQK-40浮球液位控制器的阀体(液位传感器)两个，其电气盒安装在氨泵控制箱内，分别控制低液位自动供液，高液位报警和压缩机停车。

机房有2台事故排风机，配套防爆电机功率为AC380V，0.8kW，转速2900r/min。

2)设备间

设备间有两套一桶两泵，4台氨均为立式屏蔽泵，电动机功率3kW，转速2900r/min，电机直接启动。设有压差控制器控制氨液进出口压差作为氨泵的安全保护。

低压循环贮液桶上安装有UQK-40浮球液位控制器的阀体(液位传感器)两个，其电气盒安装在控制柜内，分别控制低液位自动供液，高液位报警和压缩机停车。

设备间有2台事故排风机的防爆电机功率0.8kW，转速2900r/min。

3)油处理间有油泵一台，配套电机型号为Y112M-6，功率2.2kW，电机直接启动。油处理机一台用电容量为6.45kW。排风机一台。功率AC380V，0.06kW。

(3)氨压缩机房动力平面图

1)氨压缩机房动力平面图如图3-6所示。

2)机房主要设备表如表3-2所示。

3)机房布线一览表3-3所示。

4)电气施工说明

A. 机房各启动控制柜(箱)电源直接从低压配电室沿电缆沟引来。

B. 氨压缩机启动控制柜、氨泵控制箱、液位控制箱、事故排风机控制箱集中安装在控制室。冷库监控系统计算机网络中央操作站也安装在控制室。

机 房 设 备 表 **表 3-2**

序号	图例、符号	名 称	型号及规格	单位	数量	备 注
1	C.P.U	监控系统计算机网络中央操作站	由工程设计定	套	1	
2	1#～7# (1A-AC～7A-AC)	压缩机启动控制柜	HX_3A， 600(W)×2000(H)×600(D)	台	7	烟台冷冻机总厂产品，压缩机配套设备
3	1AT～4AT	压缩机控制台	$ZK\text{-}H_6Z_3A$	台	4	同 上
4	5AT～7AT	压缩机控制台	$ZK\text{-}HY_3A$	台	3	同 上
5	1B-AC～2B-AC	氨泵控制箱	BKX-12Z 520(W)×660(H)×190(D)mm	台	2	宁波制冷自控元件厂产品
6	Y-AC	液位控制箱	YKX-1 280(W)×400(H)×150(D)mm	台	1	同 上
7	P-AC	事故排风机控制箱	JX3007 600(W)×800(H)×200(D)mm	台	1	非标准设备
8	O-AC	油处理控制箱	JX4002 400(W)×500(H)×200(D)mm	台	1	非标准设备
9	SB	按钮箱(嵌入式)	JX4001(改)， 300(W)×200(H)×90(D)mm	个	1	内装 LA10-2S 防水按钮 4 个
10	1SYV-7SYV	冷却水电磁阀	AC220V	个	7	给排水专业选型
11	1LS-7LS	视流信号器	SLX 型， AC220V,2A	个	7	北京京通自动化仪表厂
12	11CP， 12CP， 21CP， 22CP	差压控制器	CWK-11， AC220V	个	4	制冷工艺选型
13	1GYV～3GYV	供液电磁阀	AC220V	个	3	同 上
14	1BL～3BL	液位控制器的传感元件	UQK-40,AC220V	个	6	宁波制冷自控元件厂产品 (或辽宁岫岩制冷自控元件厂产品)
15	ZF	自动型空气分离器	ZKF-2 型	个	1	

机房布线一览表

表 3-3

线号	导线型号规格及敷设方式	起 点	终 点
起动柜、控制箱电源线	WP1-1－(VV-3×95＋1×35)GG	低压配电室1＃柜→电缆沟	1A-AC
	WP2-1－(VV-3×95＋1×35)CG	低压配电室2＃柜→电缆沟	2A-AC
	WP3-1－(VV-3×95＋1×35)CG	低压配电室3＃柜→电缆沟	3A-AC
	WP3-2－(VV-3×95＋1×35)CG	低压配电室3＃柜→电缆沟	4A-AC
	WP6-1－(VV-3×95＋1×35)CG	低压配电室4＃柜→电缆沟	5A-AC
	WP6-2－(VV-3×95＋1×35)CG	低压配电室6＃柜→电缆沟	6A-AC
	WP7-1－(VV-3×95＋1×35)CG	低压配电室7＃柜→电缆沟	7A-AC
	WP1-2－(VV-3×6＋2×2.5)CG	低压配电室1＃柜→电缆沟	1B-AC
	WP7-2－(VV-3×6＋2×2.5)CG	低压配电室7＃柜→电缆沟	2B-AC
	WP2-2－(VV-3×2.5＋2×1.5)CG	低压配电室2＃柜→电缆沟	P-AC
	WP3-3－(VV-3×6＋2×2.5)CG	低压配电室3＃柜→电缆沟	O-AC
1	BX－(3×1.5＋1×1.5)SC20-FC	O-AC	O-M(油泵)
	BX－(3×1.5＋1×1.5)SC20-FC	O-AC	5PM
	BX－(3×4＋1×1.5)SC20-FC	O-AC	油处理机
2	(KVV-10×1.5)CG	P-AC→电缆沟	SB
	[KVV-19(1)×1.5]SC40-FC	7A-AC→电缆沟	7AT
	(VV-3×95＋VV-1×50)SC80-FC	7A-AC→电缆沟	7A-M
	[KVV-19(1)×1.5]SC40-FC	6＃启动柜→电缆沟	6AT
	[KVV-19(1)×1.5]SC40-FC	5A-AC→电缆沟	5AT
	(VV-3×95＋VV-1×50)SC80-FC	5A-AC→	5A-M
	(VV-3×1.5＋VV-1×1.5)SC20-FC	P-AC→电缆沟	4P-M
	[KVV-7(1)×1.5]SC25-FC	Y-AC→电缆沟	3BL、3GYV
3	(VV-3×95＋VV-1×50)SC80-FC	4A-AC→电缆沟	4A-M
	[KVV-19(1)×1.5]SC40-FC	4A-AC→电缆沟	4AT
	(VV-3×95＋VV-1×50)SC80-FC	3A-AC→电缆沟	3A-M
	[KVV-19(1)×1.5]SC40-FC	3A-AC→电缆沟	3AT

线号	导线型号规格及敷设方式	起 点	终点
3	(VV-3×1.5＋VV-1×1.5)SC20-FC	P-AC→电缆沟	2P-M
	(VV-3×95＋VV-1×50)SC80-FC	2A-AC→电缆沟	2A-M
	[KVV-19(1)×1.5]SC40-FC	2A-AC→电缆沟	2AT
	(VV-3×95＋VV-1×50)SC80-FC	1A-AC→电缆沟	1A-M
	[KVV-19(1)×1.5]SC40-FC	1A-AC→电缆沟	1AT
4	BV-(2×1.5) BV-(3×1.5) } SC20-FC	1AT	1SYV 1LS
	(VV-3×1.5＋1×1.5)SC20-FC	P-AC→电缆沟	1P-M
	(VV-3×1.5＋1×1.5) KVV-3×1.5 } SC25-FC	1B-AC→电缆沟	11-BM 11CP
	同 上	1B-AC→电缆沟	12-BM 12CP
5	(VV-3×1.5＋1×1.5) KVV-3×1.5 } SC25-FC	2B-AC→电缆沟	21-BM 21CP
	同 上	2B-AC→电缆沟	22-BM 22CP
	(VV-3×1.5＋1×1.5)SC20-FC	P-AC→电缆沟	3P-M
	[KVV-3×1.5]SC20-FC	2B-AC→电缆沟	ZF
	[KVV-7(1)×1.5]SC25-FC	2B-AC→电缆沟	2BL、2GYV
	[KVV-7(1)×1.5]SC25-FC	1B-AC→电缆沟	1BL、1GYV
6	(VV-3×1.5＋1×1.5)SC20-FC	P-AC→电缆沟	3P-M
	[KVV-3×1.5]SC20-FC	2B-AC→电缆沟	ZF
	[KVV-7(1)×1.5]SC25-FC	2B-AC→电缆沟	2BL、2GYV
	[KVV-7(1)×1.5]SC25-FC	1B-AC→电缆沟	1BL、1GYV
7	KVV-(2×1.5)FMC15-明设	在1BL接线口分接	1GYV

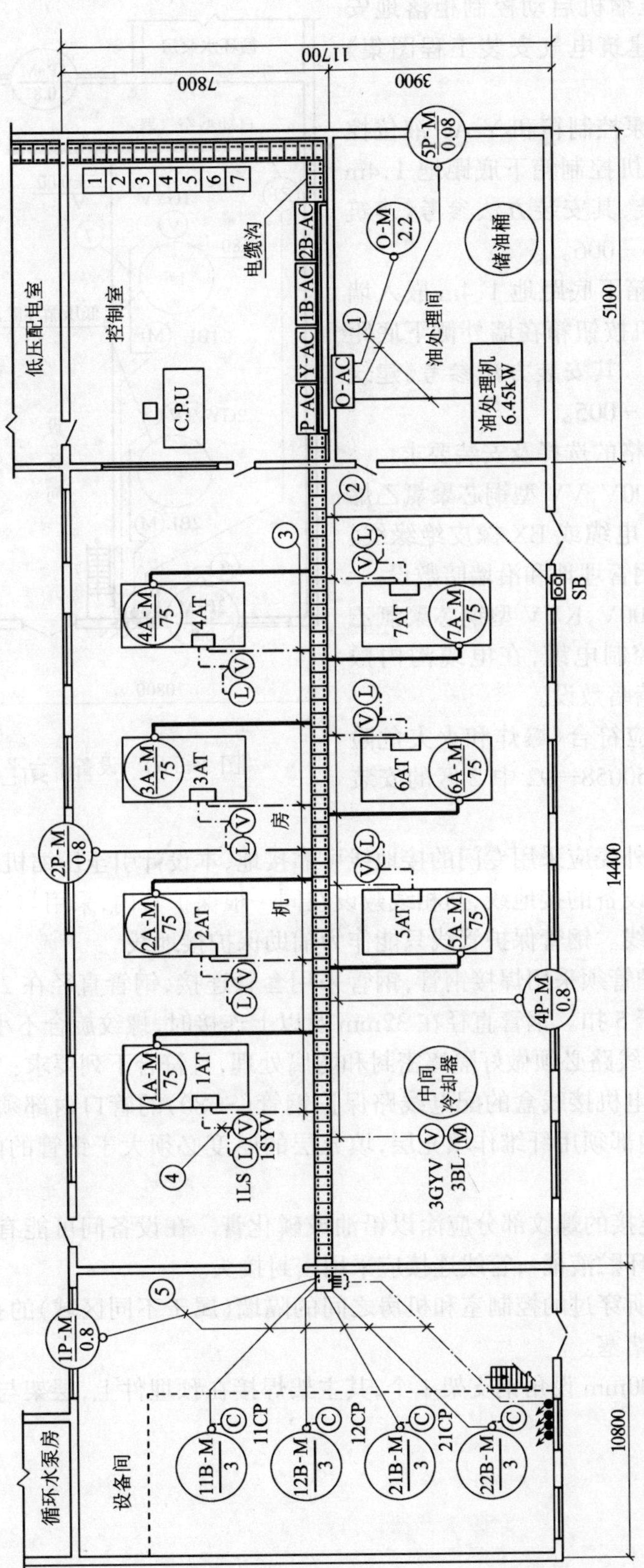

图 3-6(a) 氨压缩机房动力平面图

C. 1＃～7＃氨压缩机启动控制柜落地安装，其安装方法参考《建筑电气安装工程图集》JD3－007。

1B-AC～2B-AC氨泵控制箱和Y-AC液位控制箱及P-AC事故排风机控制箱下底距地1.4m在墙上角钢支架明安装，其安装方法参考《建筑电气安装工程图集》JD3－006。

O-AC油处理控制箱下底距地1.4m嵌入墙内安装。SB事故排风机按钮箱在墙外侧下底距地1.4m嵌入墙内安装。其安装方法参考《建筑电气安装工程图集》JD3－005。

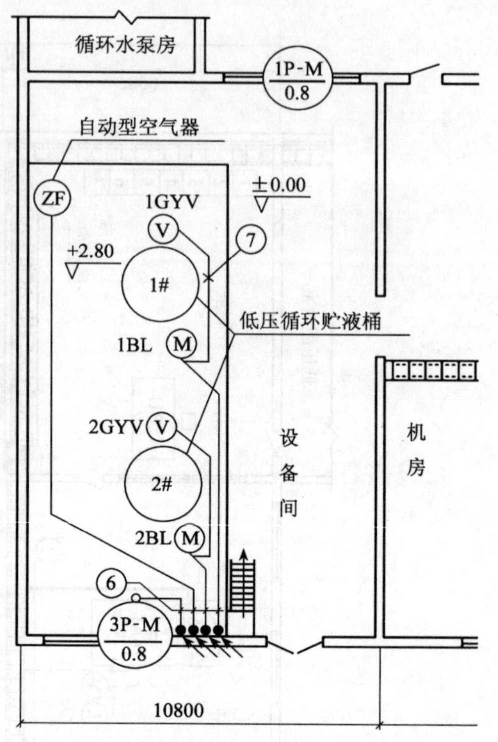

图3-6(b) 设备平台平面图

5)电气线路型号规格的选择及安装要求

a. 动力配线选用500V，VV型铜芯聚氯乙烯绝缘聚氯乙烯护套电力电缆或BX橡皮绝缘线，在电缆沟内敷设，或穿钢管埋地和沿墙暗敷设。

b. 控制线路选用500V，KVV型铜芯聚氯乙烯绝缘聚氯乙烯护套控制电缆，在电缆沟内敷设，或穿钢管埋地和沿墙暗敷设。

c. 电线、电缆敷设应符合《爆炸和火灾危险环境电力装置规范》GB50058—92中2区的安装要求。

• 电气设备的金属外壳应采用专门的接地线可靠接地，本设计引至压缩机组、氨泵和事故排风机及油处理间的设备的接地线，与相线敷设在同一根保护管内，采用与相线相同型号且具有相等的绝缘的电线。钢管保护管线只能作为辅助保护接地线。

• 电线、电缆的保护管须采用焊接钢管，钢管采用套管连接，钢管直径在25mm及以下连接时，螺纹旋合不小于5扣。钢管直径在32mm及以上连接时，螺纹旋合不小于6扣。

d. 钢管配线的电气线路必须做好隔离密封和防腐处理，且符合下列要求：

• 引至压缩机配套电机接线盒的配电线路保护钢管(SC80)的管口内部须做好隔离密封。进行密封时，管口内部须用纤维作填充层，填充层的厚度必须大于钢管的内径，以防止密封混合物流出。

• 为了防腐，钢管连接的螺纹部分应涂以铅油或磷化膏。在设备间可能有凝结冷凝水的地方(如氨泵、低压循环贮液桶)，管线连接应采用密封接头。

• 当电缆沟或钢管所穿过的控制室和机房之间的隔墙(属于不同区域)的孔洞，应采用非燃性(防火)材料严密堵塞。

e. 电缆沟内每隔800mm设角钢支架1个，其主架焊接在预埋件上，层架与主架的连接采用焊接。

3.2 循环水泵房动力设计

3.2.1 循环水泵房中的主要用电设备

循环水泵房中的主要用电设备有:为氨压缩机和冷凝器提供冷却水的循环水泵和冷却塔,为空气冷却器提供冲霜水的冲霜泵。有的冷库消防水压不能满足要求时,需设置消防泵,消防泵也安装在循环水泵房内。不管是哪一种泵或风机,配用的都是鼠笼型异步电动机。

3.2.2 配电设计

循环水泵房电源由低压配电室以专用回路配电。当水泵房内设置有消防水泵时,消防水泵电源分别由变压器低压侧两段母线引专用回路配电。两电源互为备用,末端自投。

3.2.3 水泵启动方式的选择

(1)水泵全电压直接启动

水泵配用鼠笼型异步电动机,速率不需要调节,采用全压启动是最简单、最经济、最可靠的启动方式。冷库有专用变压器,容量大的压缩机电机均采用降压启动。因此水泵电动机有条件采用全压启动方式。但是在额定电压下直接启动时,启动电流是额定电流的 6~7 倍。启动电流将在变压器低压侧母线上引起很大的电压降,对电网电压产生干扰作用,因此,应满足下列条件,方可直接启动。

1)全压启动时,配电母线上的电压水平,应保证其他受电设备的正常运行。一般允许电压损失值为:经常启动时,$\Delta u\% \leqslant 10\%$;不频繁启动时,$\Delta u\% \geqslant 15\%$;如果不破坏由同一线路供电的其他用电设备工作条件时,$\Delta u\% \leqslant 20\%$。

2)全压启动时,水泵电动机端子上的电压,应保证有足够的启动转矩。能承受冲击力矩。

3)全压启动时,电压的降低,应保证启动设备的吸引线圈正常工作。

4)一般情况下,根据供电电源的种类和参数,鼠笼型电动机直接启动的极限容量,可参考表 3-4。

鼠笼型电动机直接启动的极限容量 **表 3-4**

电源名称	鼠笼型电动机直接启动的极限容量
柴油发电机	每 1kVA 发电机容量能直接启动电动机的容量为 0.1~0.2kW
变压器	电动机每昼夜启动次数在 6 次以下时,启动时间不超过 15s,变压器的负荷率 $\beta \leqslant 0.9$ 时,则启动时的最大电流允许为变压器额定电流的 4 倍,若每昼夜启动次数在 10~20 次,则允许最大启动电流相应地减为 3~2 倍
变压器-电动机组	变压器容量应大于电动机容量,经常启动或重载启动时,变压器容量应比电动机容量大 15%~30%
高压线路	不超过线路三相短路容量的 3%

当不能满足上述要求时,则应选择降压启动。

(2)降压启动方法

1)采用 Y-△换接降压启动,从前节中可得知这种启动方式,启动电流小,同时启动转矩也小,可以频繁启动,设备价格较低,适用于电压 380V,定子绕组为 Y/△接线的电动机(如 Y 系列电动机)。

2)采用延边三角形降压启动,从前节中可得知这种启动方式,启动电流小,同时启动转矩较“Y-△”启动要大,可以频繁启动,设备价格较低,适用于电压380V,定子绕组有9个抽头的电动机。

3)采用自耦变压器降压启动。从前节中可得知这种启动方式,启动电流小,启动转矩与启动时间特性优越,启动平稳。

3.2.4 电动机启动时母线电压和电动机端子电压相对值计算公式

冷库电源一般来自大中型电力系统,冷库内专用变电所的容量远比供电系统小得多,因此按无限大容量供电系统的电动机启动时电压下降计算。

(1)全压启动时,启动回路的额定输入容量计算公式:

$$S_q=\frac{1}{\frac{1}{S_{qM}}+\frac{X_l}{U_m^2}}(\text{MVA}) \tag{3-8}$$

$$S_{qM}=k_q\times S_{rM}(\text{MVA}) \tag{3-9}$$

$$S_{rM}=\sqrt{3}\times U_{rM}\times I_{rM}(\text{MVA}) \tag{3-10}$$

式中 S_q——电动机启动时,启动回路的额定输入容量,(MVA);

X_l——电缆或导线穿管的线路电抗(Ω),计入电阻后,铝线取$(0.07+10/S)l$,铜线取$(0.07+6.3/S)l$,l为线路长度(km);

S_{qM}——电动机额定启动容量,(MVA);

U_m——母线标称电压,(kV);

S_{rM}——电动机额定容量,(MVA);

U_{rM}——电动机额定电压,(kV);

I_{rM}——电动机额定电流,kA;

k_q——电动机启动电流倍数。

(2)全压启动时,母线相对电压计算公式:

$$u_{qm}=\frac{S_{km}+Q_{\int h}}{S_{km}+Q_{\int h}+S_q}(\text{kV}) \tag{3-11}$$

$$S_{km}=\frac{S_{rT}}{X_T+\frac{S_{rT}}{S''}}(\text{kV}) \tag{3-12}$$

$$Q_{\int h}=S_{\int h}\sqrt{1-\cos^2\varphi_{\int h}}(\text{MVar}) \tag{3-13}$$

式中 u_{qm}——电动机启动时的母线端子电压相对值,(kV);

S_{km}——母线短路容量,(MVA);

$Q_{\int h}$——预接负荷的无功功率,(MVar),对于供电变压器二次侧母线,可取$0.6(S_T-0.75S_{rM})$;

S_{rT}——供电变压器的额定容量,(MVA);

X_T——供电变压器的电抗相对值,取为阻抗电压相对值u_T;

S''——供电变压器一次侧短路容量,(MVA)。

(3)全压启动时,电动机端子相对电压计算公式:

$$u_{qM}=u_{qm}\frac{S_q}{S_{qM}} \tag{3-14}$$

式中 u_{qM}——电动机启动时的端子电压,(kV);

u_{qm}——电动机启动时的母线端子电压相对值,(kV);

S_q——电动机启动时,启动回路的额定输入容量,(MVA)。

3.2.5 循环水泵房设计实例

(1)概况

1)建筑结构概况

循环水泵房为砖混结构,室高为 4m。

2)泵房设备概况

有循环水泵 3 台,配套电机型号为 Y225M-2;功率 45kW,其中 2 台工作,1 台备用,3 台水泵互为备用。

冲霜水泵 2 台,冲霜水泵兼作消防泵,配套电机型号为 Y160M2-2,功率 15kW,其中 1 台工作,1 台备用,2 台水泵互为备用。作消防泵使用时不能冲霜,应设连锁装置。

冷却塔风机 2 台,配套电机型号为 Y132S2-2,功率 7.5kW,冷却塔安装在氨压缩机房屋顶上。

(2)校验循环水泵电动机全压启动时低压母线和电动机端子电压,确定循环水泵能否全压启动。计算电路如图 3-7 所示。

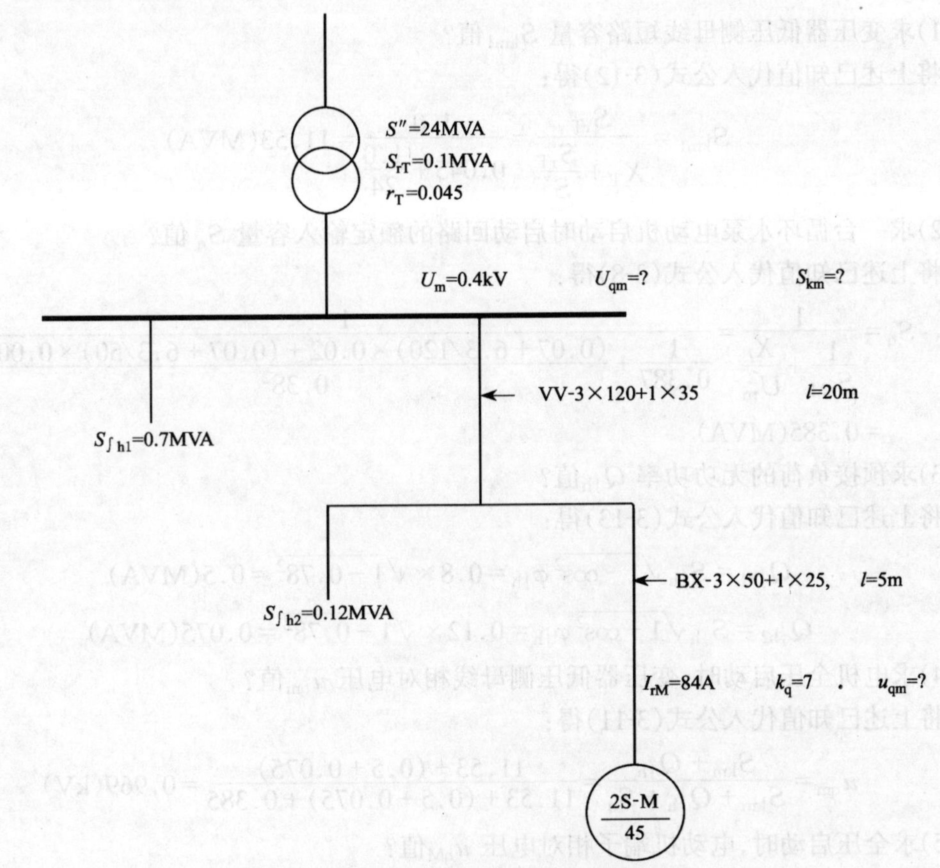

图 3-7 一台循环水泵全压启动计算电路

已知：循环水泵配套电机型号为Y225M-2，

电机功率： $P_{rM}=45kW$

电机额定电压： $U_{rM}=0.38kV$

电机额定电流： $I_{rM}=84A$

电机额定启动电流倍数： $k_q=7$

电机额定容量：

$$S_{rM}=\sqrt{3}\cdot U_{rM}\cdot I_{rM}=\sqrt{3}\times 0.38\times 0.084=0.055(MVA)$$

电机额定启动容量： $S_{qM}=k_q\times S_{rM}=7\times 0.055=0.387(MVA)$

配电变压器型号： $SL_7-1000/10/0.4$，

配电变压器电抗相对值： $x_T=u_T=4.5\%=0.045$

配电变压器一次侧短路容量： $S''=24(MVA)$

预接负荷： $S_{\int h1}=0.8(MVA)$ $S_{\int h2}=0.12(MVA)$

平均功率因数： $\cos\varphi=0.78$

从低压配电室引至泵房启动控制柜的配电线路采用VV-3×120+2×35mm²，长 $l=20m$，从启动控制柜至循环水泵电动机的配电线路采用BX-3×50+1×25(PE线)长 $l=5m$。

较大容量的氨的压缩机都采用降压启动。

解：

1)求变压器低压侧母线短路容量 S_{km1} 值？

将上述已知值代入公式(3-12)得：

$$S_{km1}=\frac{S_{rT}}{X_T+\frac{S_{rT}}{S''}}=\frac{1.0}{0.045+\frac{1.0}{24}}=11.53(MVA)$$

2)求一台循环水泵电动机启动时启动回路的额定输入容量 S_q 值？

将上述已知值代入公式(3-8)得：

$$S_q=\frac{1}{\frac{1}{S_{qM}}+\frac{X_l}{U_m^2}}=\frac{1}{\frac{1}{0.387}+\frac{(0.07+6.3/120)\times 0.02+(0.07+6.3/50)\times 0.005}{0.38^2}}$$

$$=0.385(MVA)$$

3)求预接负荷的无功功率 $Q_{\int h}$ 值？

将上述已知值代入公式(3-13)得：

$$Q_{\int h1}=S_{\int h}\sqrt{1-\cos^2\varphi_{\int h}}=0.8\times\sqrt{1-0.78^2}=0.5(MVA)$$

$$Q_{\int h2}=S_{\int h}\sqrt{1-\cos^2\varphi_{\int h}}=0.12\times\sqrt{1-0.78^2}=0.075(MVA)$$

4)求电机全压启动时，变压器低压侧母线相对电压 u_{qm} 值？

将上述已知值代入公式(3-11)得：

$$u_{qm}=\frac{S_{km}+Q_{\int h}}{S_{km}+Q_{\int h}+S_q}=\frac{11.53+(0.5+0.075)}{11.53+(0.5+0.075)+0.385}=0.969(kV)$$

5)求全压启动时，电动机端子相对电压 u_{qM} 值？

将上述已知值代入公式(3-14)得：

$$u_{qM}=u_{qm}\frac{S_q}{S_{qM}}=0.969\times\frac{0.385}{0.388}=0.96(\text{kV})$$

校验结果母线相对电压 u_{qm} 值达到系统标称电压的 96.9%（即：电压损失 $\Delta u\%=3.1\%$）。电动机端子电压电动机端子相对电压 u_{qM} 值达到系统标称电压的 96%（即：电压损失 $\Delta u\%=4\%$）。能满足循环水泵全压直接启动要求。那么功率比循环水泵小的冲霜泵和冷却塔风机亦能全压启动。

(3)电气施工说明

1)电源从低压配电室引来。兼作消防泵的冲霜泵分别从变压器低压侧两段母线引来两路电源，一路工作，另一路作为备用，末端自投。

2)1S-AC～2S-AC 启动控制柜落地安装，其安装方法参考《建筑电气安装工程图集》JD3－007。

3)电气线路型号规格的选择及敷设要求

A. 动力配线选用 500V，BX 型铜芯橡皮绝缘线，穿钢管埋地或沿墙暗敷设。

B. 安装要求

a. 电气设备的金属外壳应采用专门的接地线可靠接地，本设计引至水泵泵和冷却风机设备的接地线，与相线敷设在同一根保护管内，采用与相线相同型号且具有相等的绝缘的电线。钢管保护管线只能作为辅助保护接地线。

b. 由于泵房地面潮湿，电线、电缆的保护管须采用焊接钢管，管线连接应采用密封接头。并要作防腐处理。

(4)循环水泵房动力平面图

循环水泵房动力平面图如图 3-8 所示。屋顶冷却塔动力平面图如图 3-9 所示。

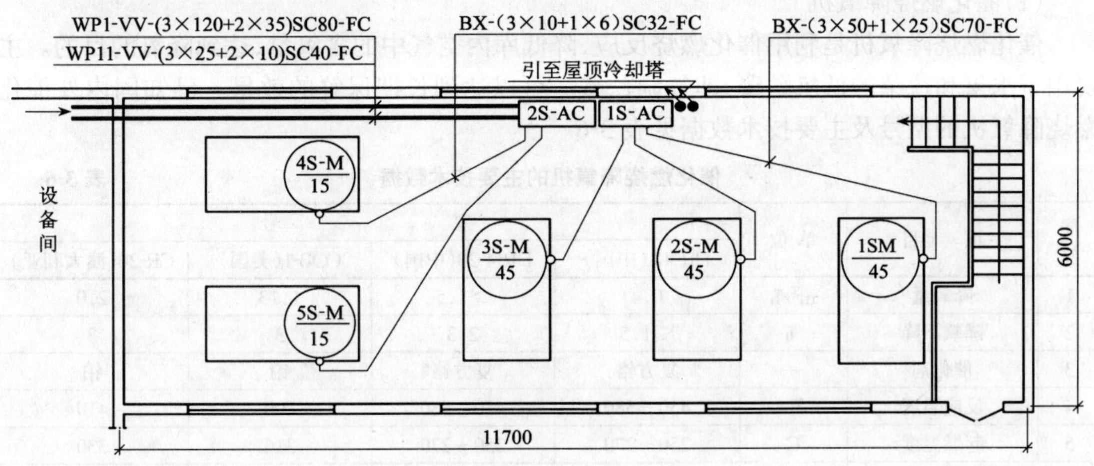

图 3-8 循环水泵房动力平面图

(5)泵房主要设备表如表 3-5。

水泵房设备表 **表 3-5**

序号	符号	名称	型号及规格	单位	数量	备注
1	1S-AC	循环水启动控制柜	JX2207G1 700(W)×1600(H)×400(D)mm	台	1	柜内元件由工程设计选择
2	2S-AC	冲霜兼消防泵启动控制柜	同 上	台	1	

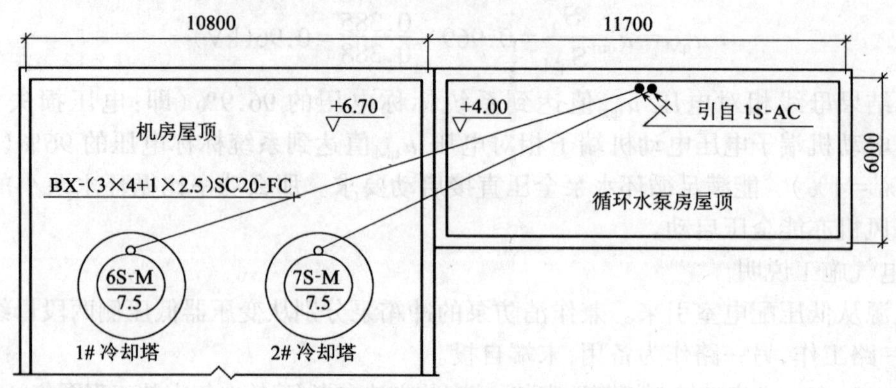

图 3-9 屋顶冷却塔动力平面图

3.3 气调机房动力设计

3.3.1 气调机房的主要设备

气调机房的主要设备有:催化燃烧降氧机、二氧化碳脱除机、碳分子筛制氮机,一般机器上自带启动控制设备,只提供一路电源就可以了。机房内(也可另设测试室)还有测量、控制仪表,如CY-87A型测氧仪,CH-6二氧化碳测定仪,测量仪表电源一般均采用干电池供电。还有奥氏气体分析器,是利用化学吸收法按容积测定气体成分的容器,不用电源。动力设计没有特殊要求。

(1)催化燃烧降氧机

催化燃烧降氧机是利用催化燃烧反应,降低库内空气中的含氧量,达到降氧的目的。主要用于水果和蔬菜的低氧贮藏,即气调贮藏。可以达到长期保鲜的效果。已知国内外催化燃烧降氧机的型号及主要技术数据见表3-6。

催化燃烧降氧机的主要技术数据 表3-6

序号	项　目	单位	型号			
			DR-4A(中国)	DR-4-20(中国)	COB-1(美国)	CR-20(澳大利亚)
1	降氧量	m^3/h	0.4	>1.5	1.13	2.0
2	降氧下降	%	≤1.5	2.3	3	3
3	催化剂	—	复方铬	复方铬	铂	铂
4	反应温度	℃	450~580	450~580	700	410
5	起燃温度	℃	250~270	250~270	316	330
6	燃　料	—	石油液化器、汽油、甲醇		丙烷	丙烷、乙烯
7	冷却用水	kg/h	120	500	500	500
8	风　量	m^3/h	10	60	33	56
9	电　源		380V,50Hz	380V,50Hz	415V,50Hz	415V,50Hz
10	预热功率	kW	5.0	8.1	6	7.5
11	运行功率	kW	0.37	0.8	—	0.4
12	外形尺寸(长×宽×高)	mm	800×400×950	1220×620×1450	790×620×1630	600×400×1600
13	机　重	kg	80	370	270	—

(2)二氧化碳脱除机

二氧化碳脱除机是用来控制气调库中二氧化碳(CO_2)的浓度,主要用于水果和蔬菜的气调贮藏。可以达到长期保鲜的效果。已知国内外二氧化碳脱除机的型号及主要技术数据见表 3-7。

二氧化碳脱除机主要技术数据 表 3-7

序号	项目		单位	型号		
				TXF-100A (中国)	Charcosob-25 (美国)	AD-20 (澳大利亚)
1	CO_2 脱除能力		l/h	420	570	420
2	吸附剂	名 称	—	活性炭	活性炭	活性炭
3		装入量	kg/罐	50	—	90
4	电功率		kW	0.8	1.3	0.8
5	鼓风机	风量	m^3/h	36~72	103	70
6		风压	Pa	820	—	380
7	脱除效果		%	$CO_2<0.5$	—	—
8	外形尺寸 (长×深×高)		mm	1140×620×1350	1524×711×711	1200×600×1400
9	重 量		kg	300	230	—

(3)碳分子筛制氮机

碳分子筛制氮机用来制造氮气,送往气调库。气调库内充氮气,能实现快速降氧,也是实现水果、蔬菜保鲜的一种有效方法。碳分子筛制氮机主要技术数据见表 3-8。

碳分子筛制氮机主要技术数据 表 3-8

型 号	产气量		装机容量 (kW)	外形尺寸(mm) 长×宽×高	重 量 (kg)
	纯度(%)	规格(m^3/h)			
TD-Q4/95	$N_2>95$	4	8	1200×600×1000	400
TD-Q15/95		8、15	11.5	1400×800×1700	800
TD-Q35/95		25、35	27.5	2200×1800×2100	1200
TD-Q70/95		50、70	28	2400×1800×2700	1700
TD-G24/99	$N_2\geqslant 98.5$	12、24、36	30	2200×1800×2700	1900
TD-R10/595	$N_2=99.999$	5、10、26	33	4400×1800×2300	2200

3.3.2 气调机房设计实例

(1)概况

1)建筑结构概况

气调机房为砖混结构,室高为 4m。

2)气调机房设备概况

气调机房内有催化燃烧降氧机(1CR,2CR)2 台,电源 AC380V,7.5kW。二氧化碳脱除机(1AD,2AD)2 台,电源 AC220V,10A。

(2)电气施工说明

1)电源从低压配电室引来。

2)AP配电箱和AX插座箱下底距地1.4m嵌入墙内安装,其安装方法参考《建筑电气安装工程图集》JD3-006。

3)电气线路型号规格的选择及敷设要求。

A. 动力配线选用500V,BX型铜芯橡皮绝缘线,穿钢管埋地或沿墙暗敷设。

B. 安装要求

电气设备的金属外壳应采用专门的接地线可靠接地,本设计引至催化燃烧降氧机和二氧化碳脱除机的接地线与相线敷设在同一根保护管内,采用与相线相同型号且具有相等的绝缘的电线。钢管保护管线只能作为辅助保护接地线。

(3)气调机房动力平面图

气调机房动力平面图如图3-10。

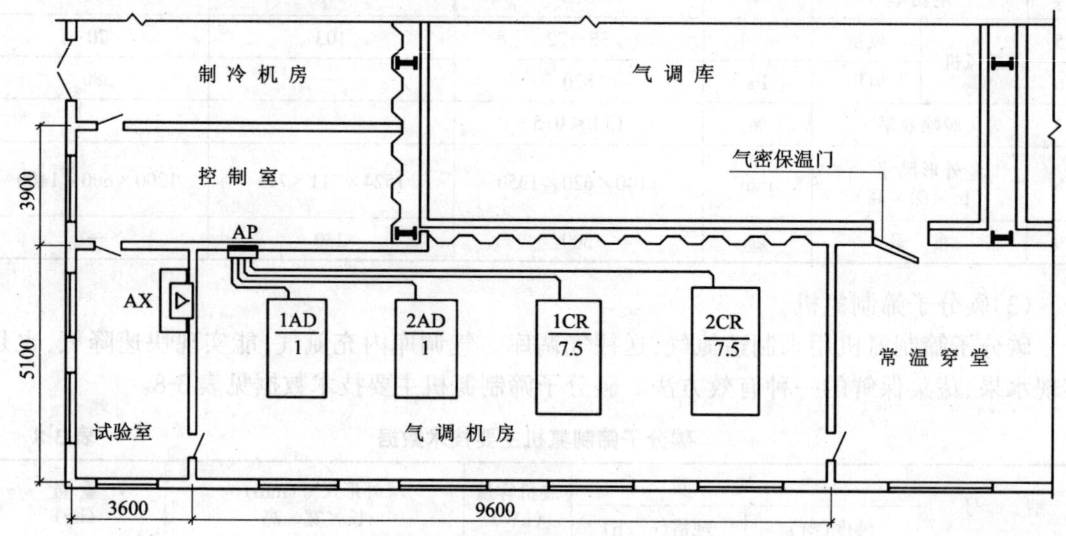

图3-10 气调机房动力平面图

3.4 制冰间动力设计

3.4.1 简述

冰在食品保鲜中用途很多,从海中或养殖场内捕捞鱼虾后运输到加工间需要冰,鲜货长途运输需要冰。所以大、中型冷库中常附设制冰间,制冰方式有盐水制冰、桶式快速制冰设备、沉箱管组式快速制冰设备和管冰机及片冰机等,不同的食品生产工艺,需要采用不同的制冰设备,各种制冰设备具有不同的特点。

3.4.2 盐水制冰间

盐水制冰是广泛采用的一种制冰方式,一般大、中型冷库附设盐水制冰间,一般采用成套盐水制冰设备,成套盐水制冰设备有日产5t、10t、15t、20t、30t、60t、180t、240t等规格。烟台和大连冷冻机股份有限公司均生产上述规格的盐水制冰设备。

(1)盐水制冰工艺过程

盐水制冰间平面如图 3-11 所示，其工艺过程是：首先将冰桶组合架上的所有冰桶内加满清水，然后用电动葫芦将一组、组冰桶吊进制冰池内，池内盐水被蒸发器冷却到 -10℃左右，低温盐水流过冰桶时，吸收冰桶中水的热量，使水的温度迅速下降，凝结成冰。池内盐水的循环依靠搅拌机来完成，流过冰桶的盐水因吸热而升温，再次流过蒸发器而冷却，如此不断循环，使冰桶中的水全部结成冰后，再用电动葫芦将一组、组冰桶从制冰池内吊出来后送进融冰池。在融冰池内浸 2～3min，冰块与冰桶接触面因融化而脱离，此时将冰桶置于倒冰架上，使其翻倒，于是冰块倒在带有斜坡的滑冰道上，滑进冰库贮存。

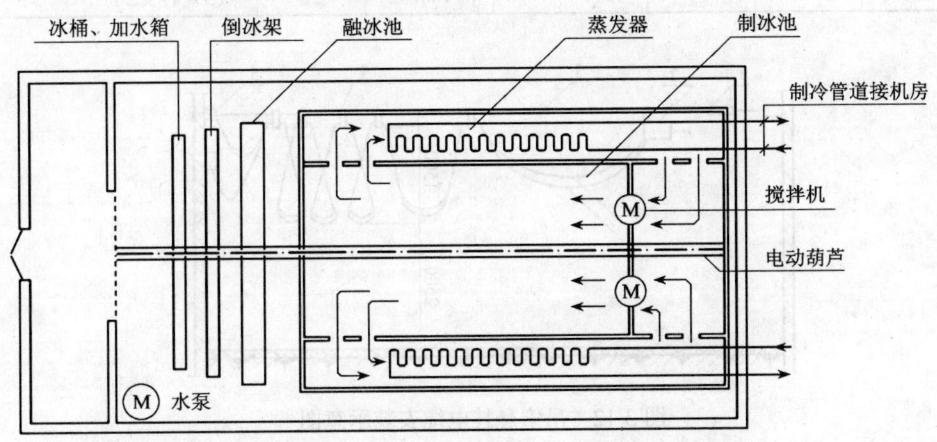

图 3-11 盐水制冰间工艺示意图

如若制造透明冰块，可采用罗茨鼓风机向制冰池冰桶内吹气。

(2)盐水制冰间的主要用电设备

蒸发器安装在制冰间，氨液分离器也有安装在制冰间的，其他制冰用的制冷设备均安装在氨压缩机房。冷库附设制冰间，一般不另设机房。

1)搅拌器：搅拌器安装在盐水制冰池的侧壁或池面上，其作用是搅拌池内盐水，加速盐水流速和循环次数(一般为 0.7m/s)，使盐水以较高的流速通过蒸发排管(蒸发器)和冰桶间隙，以提高传热效果。搅拌器分卧式和立式两种，一般都是三相鼠笼型电动机作为动力。

2)氨液分离器：氨液分离器安装在制冰间的一端，其作用是：用以分离蒸发器产生的氨气中液滴，防止氨液进入氨压缩机，以避免氨压缩机发生湿冲程。氨液分离器上有浮球液位控制器和电磁阀，有定型的 YKX-1 液位控制箱详细资料见第 6 章。

3)电动葫芦：为起吊冰桶而设置的。

(3)电动葫芦的配电方式

制冰间比较潮湿，电动葫芦宜采用 YZ 中型橡套软电缆配电。电动葫芦开关、导线型号规格选择见表 3-9。

(4)电动葫芦配电电缆安装方式

采用移动橡套软电缆供电。用吊索悬挂移动电缆，其安装示意图见图 3-12。吊索材料的选用：跨距在 60m 以内可采用圆钢；跨距在 60m 以上，100m 以下选用钢丝绳。索引绳一般选用旗绳或普通钢丝绳。圆钢吊索的弧垂及应力选择见表 3-10。钢丝绳吊索的弧垂及应力选择见表 3-11。

电动葫芦开关、导线型号规格选择 表3-9

<table>
<tr><th rowspan="3">起吊
重量
(t)</th><th rowspan="3">总额定
功 率
(kW)</th><th colspan="2">电 动 机</th><th rowspan="3">计算
电流
(A)</th><th rowspan="3">尖峰
电流
(A)</th><th colspan="2">电源开关</th><th colspan="2" rowspan="2">导线截面(mm²)
及管径(mm)</th></tr>
<tr><th colspan="2">功率/电流(kW/A)</th><th>DZ20Y</th><th>C45AD</th></tr>
<tr><th>主 钩</th><th>小 车</th><th colspan="2">(A)</th><th>BX</th><th>YZ</th></tr>
<tr><td>0.5</td><td>1.1</td><td>0.8/3</td><td>0.3/0.9</td><td>3</td><td>17</td><td>—</td><td>5</td><td rowspan="4">3×2.5
SC15</td><td rowspan="4">3×2.5</td></tr>
<tr><td>1</td><td>2.8</td><td>2.2/6.4</td><td rowspan="2">0.6/1.9</td><td>6.4</td><td>27</td><td>—</td><td>10</td></tr>
<tr><td>2</td><td>4.1</td><td>3.5/9.2</td><td>9.2</td><td>36</td><td>100/16</td><td>15</td></tr>
<tr><td>3</td><td>6</td><td>5/13</td><td rowspan="2">1/2.9</td><td>13</td><td>61</td><td>100/20</td><td>20</td></tr>
<tr><td>5</td><td>8.5</td><td>7.5/19.7</td><td>19.7</td><td>90</td><td>100/32</td><td>25</td><td>(3×4)SC20</td><td>3×4</td></tr>
</table>

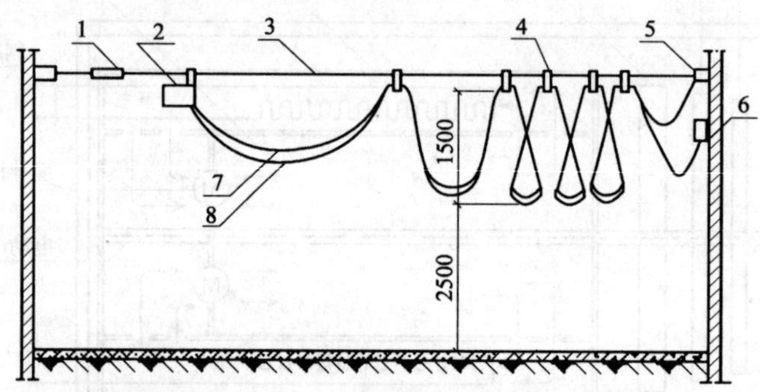

图3-12 吊索悬挂电缆安装示意图

1—吊索终端拉紧装置;2—托轮;3—吊索;4—移动电缆悬挂装置;
5—吊索终端支持物;6—电源装置;7—牵引绳;8—移动电缆

ϕ6 圆钢吊索的弧垂及应力选择表 表3-10

电缆芯线截面(mm²)	安装时环境温度(℃)	跨距(m) 30		40		50		60	
		应力和弧垂							
		σ	f	σ	f	σ	f	σ	f
2.5	0	103	0.23	120.7	0.35	132.4	0.50	139.3	0.68
	+10	95.2	0.25	120.7	0.35	119.7	0.55	126.5	0.75
	+20	79.5	0.30	105.9	0.40	109.9	0.60	118.7	0.80
	+30	67.7	0.35	84.4	0.50	101	0.65	118.7	0.80
	+40	67.7	0.35	84.4	0.50	101	0.65	111.8	0.85
4	0	107.9	0.25	119.7	0.40	136.4	0.55	144.2	0.75
	+10	107.9	0.25	119.7	0.40	124.6	0.6	135.4	0.80
	+20	89.3	0.30	106.9	0.45	114.8	0.65	126.5	0.85
	+30	67.7	0.40	87.3	0.55	106.9	0.7	119.7	0.90
	+40	67.7	0.40	87.3	0.55	100.1	0.75	115.8	0.93
6	0	116.7	0.28	135.4	0.45	139.3	0.65	145.2	0.90
	+10	108.9	0.30	129.5	0.45	129.5	0.7	138.3	0.95
	+20	93.2	0.35	116.7	0.5	129.5	0.7	131.5	1.00
	+30	81.4	0.40	97.1	0.6	113.8	0.8	124.6	1.05
	+40	81.4	0.40	89.3	0.65	106.9	0.85	118.7	1.10

钢丝绳吊索的弧垂及应力选择表 表 3-11

电缆芯线截面 (mm²)	安装时环境温度 (℃)	φ7.5 钢丝绳										φ8.5 钢丝绳	
		跨距 (m)											
		30		40		50		60		80		100	
		应力和弧垂											
		σ	f	σ	f	σ	f	σ	f	σ	f	σ	f
2.5	0	170.7	0.18	195.2	0.28	244.2	0.35	246.2	0.50	336.5	0.65	367.9	0.80
	+10	170.7	0.18	195.2	0.28	213.9	0.40	223.7	0.55	312.9	0.70	346.3	0.80
	+20	170.7	0.18	182.5	0.30	190.3	0.45	205	0.60	291.4	0.75	326.7	0.90
	+30	150.0	0.20	157.0	0.35	190.3	0.45	189.3	0.65	273.7	0.80	294.3	1.00
	+40	150.0	0.20	157.0	0.35	171.7	0.50	175.6	0.70	243.3	0.90	267.8	1.10
4	0	195.2	0.18	223.7	0.28	245.3	0.40	256.0	0.55	357.1	0.70	370.8	0.90
	+10	195.2	0.18	209.0	0.30	217.5	0.45	234.5	0.60	333.5	0.75	351.2	0.95
	+20	195.2	0.18	209.0	0.30	217.5	0.45	216.8	0.65	312.9	0.80	333.5	1.00
	+30	175.6	0.20	178.5	0.35	196.2	0.5	201.1	0.70	294.3	0.85	303.1	1.10
	+40	175.6	0.20	178.5	0.35	178.5	0.55	187.4	0.75	263.9	0.95	277.6	1.20
6	0	239.4	0.18	254.1	0.30	264.9	0.45	286.5	0.60	359.0	0.85	401.2	1.00
	+10	239.4	0.18	254.1	0.30	264.9	0.45	263.9	0.65	339.4	0.90	401.2	1.00
	+20	214.8	0.20	217.8	0.35	238.4	0.50	245.3	0.70	320.8	0.95	364.9	1.10
	+30	187.4	0.23	191.3	0.40	216.8	0.55	228.6	0.75	305.1	1.00	334.5	1.20
	+40	187.4	0.23	191.3	0.40	198.2	0.60	214.8	0.80	277.6	1.10	309.0	1.30
10	0	320.8	0.20	379.0	0.30	394.4	0.45	394.4	0.65	433.6	1.05	435.6	1.35
	+10	278.6	0.23	325.7	0.35	355.1	0.50	365.9	0.70	433.6	1.05	435.6	1.35
	+20	256.0	0.25	284.5	0.4	322.7	0.55	341.4	0.75	414.0	1.10	419.9	1.40
	+30	288.6	0.28	253.1	0.45	296.3	0.60	319.8	0.80	395.3	1.15	405.2	1.45
	+40	213.9	0.30	227.6	0.50	272.7	0.65	301.2	0.85	379.6	1.20	392.4	1.50

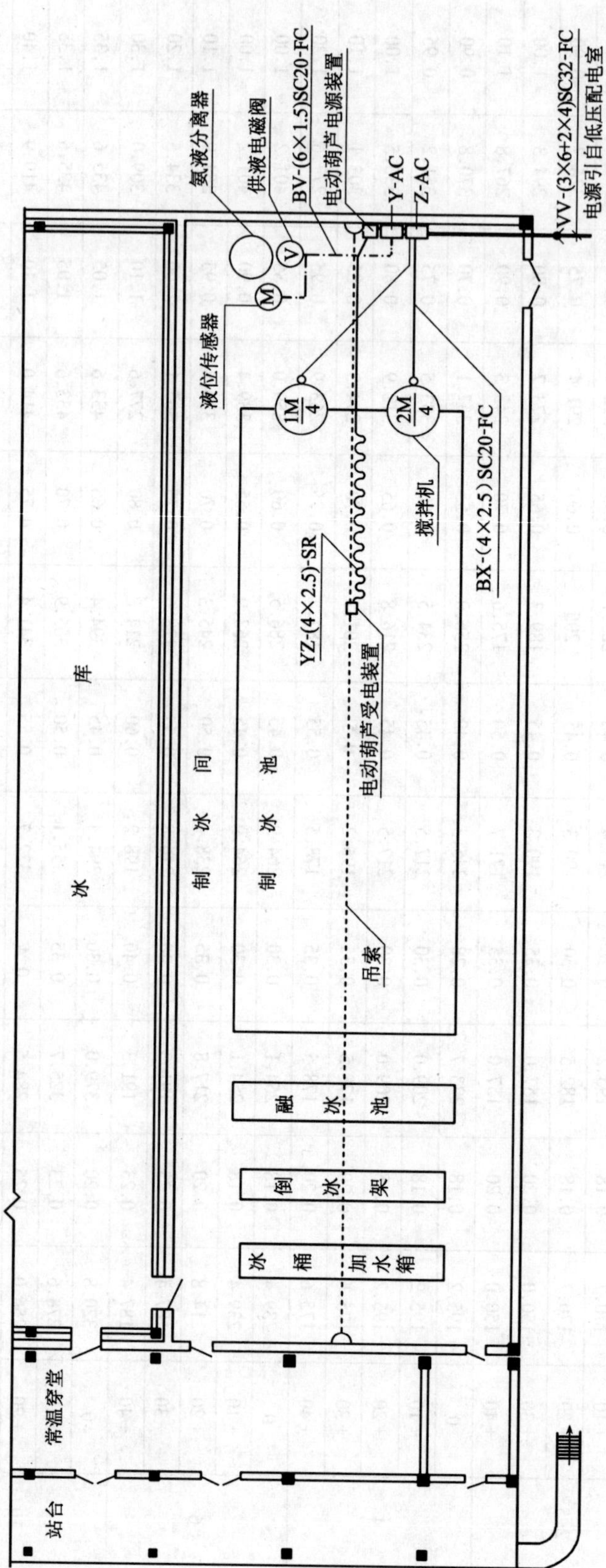

图 3-13 制冰间动力平面图

移动电缆装置一般采用滑轮悬挂在钢索上。

移动电缆芯线截面不大于 $10mm^2$,其长度应比移动距离大 20%,索引绳的长度应比移动电缆稍短。

移动电缆的电源装置应安装在吊索上没有螺丝扣的一端。

3.4.3 制冰间设计实例

(1)制冰间动力平面图

图 3-13 是一个冷库附设的盐水制冰间动力平面图,除氨液分离器安装在制冰间外,其余制冷设备均安装在冷库机房,未设专用制冷机房。

(2)施工说明

1)电源进线采用 VV-3×6+2×4 电缆穿 SC32 钢管从低压配电室引来。Y-AC 液位控制箱内的控制电源由 Z-AC 动力控制箱供给。

2)设备安装:Z-AC 动力控制箱及 Y-AC 液位控制箱中心距地 1.5m 墙上明装。其安装方法参考《建筑电气安装工程图集》JD3-007

3)线路敷设方式

电动葫芦电源采用 YZ-(4×2.5)中型橡套软电缆吊索配线,其安装方法参考图 3-12。

其余电气管线均穿钢管预埋设在现浇混凝土楼板内。引至搅拌机的管线,接线盒和管口须密封,以防盐水溅入。

3.5 主库动力设计

3.5.1 简述

主库是冷库的主体建筑,它包括冷却间,冻结间、冷却物冷藏间、冻结物冷藏间、冰库以及沟通库内外运输的穿堂、楼梯间、电梯间等。

主要用电设备有电动冷藏门、手动冷藏门上安装的冷风幕和低温冷藏门加装防冻电热丝、冷间内的冷风机、供液电磁阀,冲霜水电磁阀、测温、测湿传感器等。多层和高层主库还设置有电梯。

冻结间、冷却物冷藏间、冻结物冷藏间、冷却间,冷穿堂、冰库等冷间属于低温潮湿环境,电气设计应符合防潮的安全用电要求。

3.5.2 冷间设计要求

(1)主库配电方式

主库每一冷间用电设备容量都很小,相距又很近,且又距离低压配电室较远,故采用树干式和链式配电相结合的配电方式,如图 3-14 所示。

但是电梯采用由低压配电室直接放射式配电。

冷库宜采用 AC380V/220V TN-S 或 TN-C-S 配电系统。

(2)一台空气冷却器上的几台冷风机可共用一套启动设备,但每一台冷风机都要单独装一个热继电器作为过负荷保护。一台空气冷却器上的几台冷风机可共用一个电流表,用以监视运行情况。如图 3-15 所示。

(3)冻结间、冷藏间等冷间属于低温潮湿场所,电气设备和电气线路设计应符合下列规定:

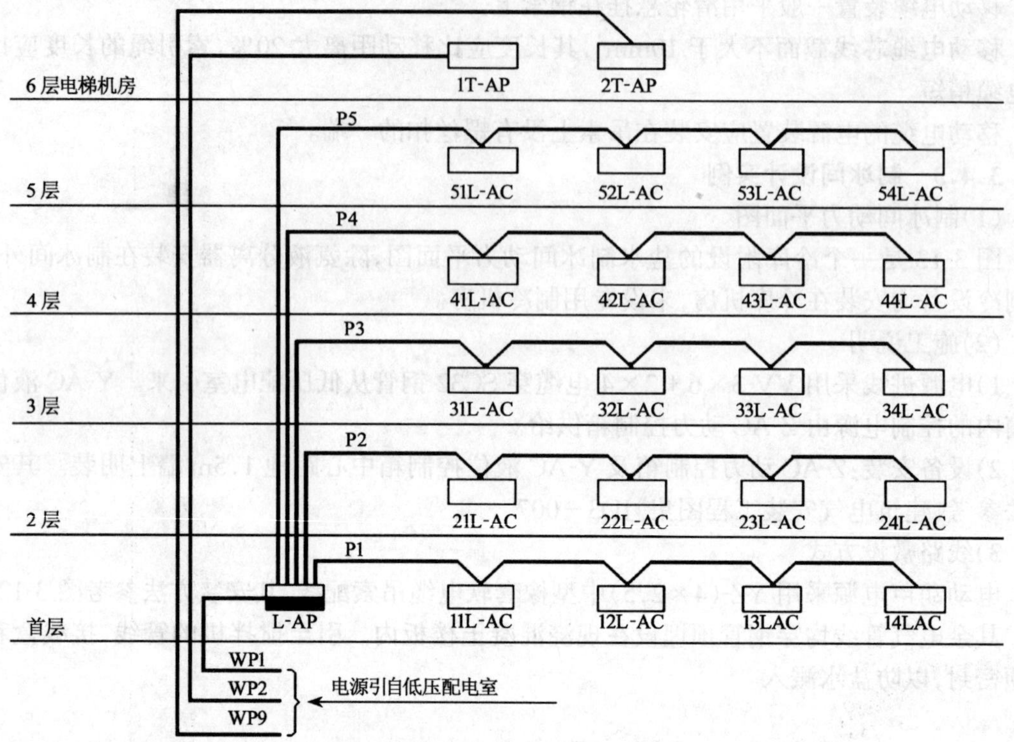

图 3-14 主库配电系统图

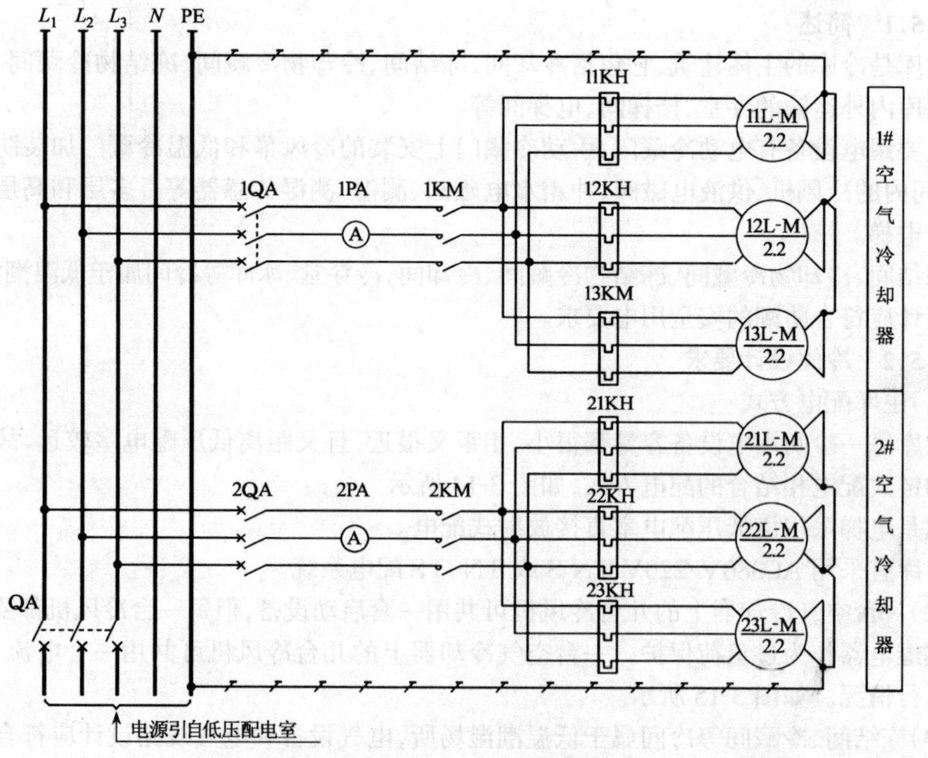

图 3-15 冷风机主回路原理图

1)电气设备

A. 电动机采用全封闭型;

B. 配电、控制设备安装在常温穿堂内,或集中放置在控制室内。配电箱、控制箱在常温穿堂内安装时,必须离冷间外墙皮≥50mm,距离冷藏门的门框≥1000mm,以免潮气进入箱内。

C. 冷间内的温度、湿度传感器要安装在远离库门口及风道送风口,距离库内地面≥1.8m、距离顶棚和墙大于0.5m的地方。

2)电气线路

A. 电线、电缆的选择:采用铜芯耐低温电缆,一般配电线路选用XV系列橡皮绝缘聚氯乙烯护套电力电缆;控制线路选用KXV系列橡皮绝缘聚氯乙烯护套控制电缆;测温测湿线路选用RVVP系列聚氯乙烯绝缘聚氯乙烯护套屏蔽电线。

B. 电气线路敷设要求:

a. 电气线路穿越隔热层时,必须采取可靠的防火和防止冷桥的措施,宜集中敷设,在冷间保温墙上应尽量少留洞,最好集中留洞,因此主库动力、照明、控制线路集中画在一张图上。电气管线穿保温墙做法如图3-16所示。设计者首先将要穿越隔热层的钢管按图中间隔尺寸排列好,确定墙洞尺寸和位置资料提交建筑专业。建筑专业根据电气专业提供的墙洞尺寸和位置,在墙洞上做过梁,洞内做一木盒,木盒外壳与保温材料接触处做三毡两油防潮层,待电气管线安装完毕后,用沥青麻丝将木盒内空隙填充嵌实,然后用热沥青封口,将木盖板封住洞口。电线、电缆保护钢管在冷间内的一端,伸出墙面50mm为宜,管口内用沥青玛𤧛脂封口,因为冷间内电线、电缆为明敷设。

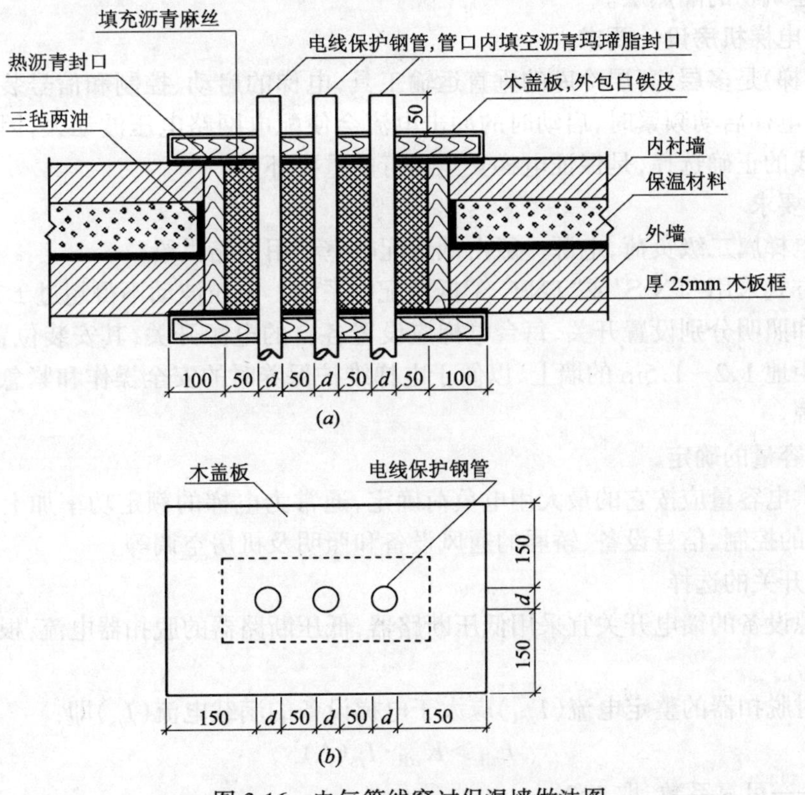

图3-16 电气管线穿过保温墙做法图

b. 当电气线路穿过气调库的墙或顶板时，除要求采取防火措施和防止产生冷桥外，还要求作气密处理。电气管线穿过气调库的墙或顶板做法如图 3-17 所示。首先预埋好塑料套管，套管外侧与墙洞的空隙处和聚氨酯发泡密封。塑料套管内径的选择，以电气管穿过塑料套管后，套管内尚有 6mm 以上的空间确定其内径。待电气管线安装完毕后，用硅树脂将套管内空隙填充嵌实，然后套管在墙外侧一端上塑料法兰。电气管在库内侧用密封胶封口。

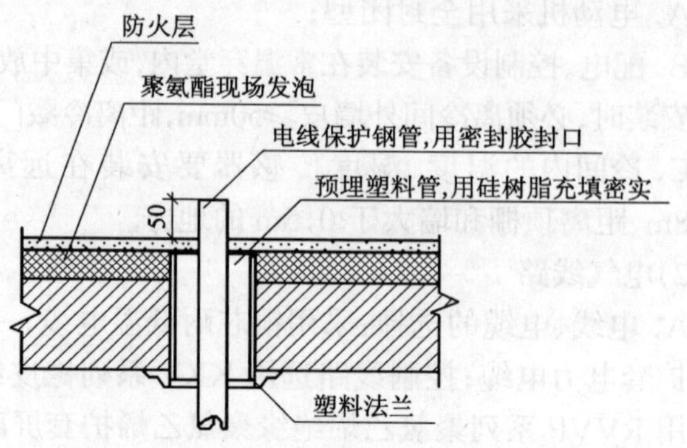

图 3-17　电气管穿过气调库墙体做法图

c. 装稻壳的阁楼中不得安装电气设备和敷设电气线路。

d. 电气线路在冷间敷设时应尽量减少接头，必要的接头，应采用密封的接线盒。

e. 冷间内电气线路宜明敷设。库温 0℃及以上的冷间允许电线电缆穿焊接钢管（SC）明敷设，但是接头处一定要密封好，以不进水汽为原则。温库 0℃以下的冷间电线电缆一律明敷布线，电线电缆明敷用电缆卡固定墙上或顶棚下，每一固定点间距不大于 30mm，或采用没盖板的线槽、木条板明敷。线槽、木条板固定点间距不大于 1.5m。

f. 冷库门和冷间内地面内的防冻电热线的电压不宜超过 36V，以保证人身安全，严禁电热线穿过建筑物的隔热层。

3.5.3　电梯机房设计要求

电梯（货梯）是多层、高层冷库的垂直运输工具，电梯的启动、控制和信号装置由厂家配套供应，但是电梯启动频繁时，启动时的冲击电流会使配电网路电压波动大，因此对供电电源开关和导线的正确选择，是保证电梯安全运行的重要环节。

(1)供电要求

1)冷库电梯属二级负荷，电源一般由低压配电室专用回路供给。

2)供电方式采用“TN-S”或“TN-C-S”低压配电系统。电压波动不得超过±7%。

3)动力和照明分别设置开关，每台电梯应设置各自的电源开关，其安装位置，宜在机房内靠近门旁距地 1.2～1.5m 的墙上，以便于电梯维护保养时的安全操作和紧急情况下及时切断电梯电源。

(2)供电容量的确定

电梯的供电容量应按它的最大用电负荷确定，通常为电梯的额定功率加上附属设备的容量，如电梯的控制、信号设备、轿厢的通风设备和照明及机房空调等。

(3)电源开关的选择

电梯电源设备的馈电开关宜采用低压断路器，低压断路器的脱扣器电流，根据下列原则确定：

1)长延时脱扣器的整定电流（I_{zd1}）应大于电梯设备的满载电流（I_{js}）即：

$$I_{zd1} > K_{zd1} \cdot I_{js}(\mathrm{A}) \tag{3-14}$$

式中　K_{zd1}——可靠系数，取 1.2。

2)瞬时脱扣器的整定电流(I_{zd3})应大于电梯牵引电动机的启动电流(I_{qM})即：

$$I_{zd3} > K_{zd3} \cdot I_{qM}(\mathrm{A}) \tag{3-15}$$

式中 K_{zd3}——考虑非周期分量影响系数，取2.5。

(4)导线截面选择

1)按载流量及温升条件选择

电源导线所处环境温度的允许载流量必须大于其电梯铭牌上标明的额定电流(I_e)的140%。

向多台电梯供电，应计入同时使用系数，见表3-12。

同时使用系数 K_P 　　　**表3-12**

电梯台数	1	2	3	4	5	6
使用程度频繁	1	0.91	0.85	0.8	0.67	0.72
使用程度一般	1	0.85	0.78	0.72	0.76	0.65

2)按允许电压损失校验

根据国标《电气装置安装工程电梯电气装置施工及验收规范》(GB50182—93)及生产厂"电梯技术条件"要求，自供电变压器的低压母线至电梯牵引机端子的允许电压损失为7%，牵引电动机启动时，其电压降不得大于10%。

国内主要电梯厂货梯技术数据见表3-13。常用单台交流电梯电源开关及导线选择见表3-14。

国内主要电梯厂货梯技术数据 　　　**表3-13**

型　号	载重量(kg)	载客人数	速度(m/s)	电动机 型号	功率(kW)	额定电流(A)	启动电流(A)
迅达电梯厂产品							
AL1000	1000	—	0.63	AM160-C4/18CR	10	27	76
			1.0	AM160-C4/18DR	12.5	33	92
AL1600	1600	—	0.63	AM160-C4/18C	10	27	76
			1.0	AM200-C4/24C	16	38	95
AL2000	2000	—	0.63	AM160-C4/18D	12.5	33	92
			1.0	AM200-C4/24D	20	47	117.5
AL2500	2500	—	0.63	AM200-C4/24C	16	38	95
			1.0	AM200-C4/24E	25	59	148
AL3200	3200	—	0.63	AM200-C4/24E	25	59	148
AL4000	4000	—	0.4	AM160-C4/24C	16	38	95
AL5000	5000	—	0.4	AM160-C4/24D	20	47	120

续表

型 号	载重量(kg)	载客人数	速度(m/s)	电动机			
				型 号	功率(kW)	额定电流(A)	启动电流(A)
沈阳电梯厂产品							
THJ10	1000	—	0.5	YTD-225S	7.5	16.9	84
THJ20	2000	—	0.5	YTD-220M	11	24.5	127
THJ30	3000	—	0.5	YTD-250S	15	32.4	172
THJ50	5000	—	0.25	YTD-250M	22	46	254
西安电梯厂产品							
THJ500/0.5	500	—	0.5	JTD-21	7.5	16.9	84
THJ1000/0.5	1000	—	0.5	JTD-22	11	24.5	127
THJ1500/0.5	1500	—	0.5	JTD-31	15	32.4	172
THJ3000/0.5	3000	—	0.25	JTD-32	22	46.3	254
迅达电梯厂产品(客货两用梯)							
AS630DS100	630	8	1.0	AM132-C4/18D	8	20.6	61.6
AS1000DS100	1000	10	1.0	AM160-C4/18C	10	27	76
AS1600DS100	1600	21	1.0	AM200-C4/24C	16	38	95

3.5.4 主库设计实例

(1)土建概况

某综合性冷库的主库共有5层，而第5层为电梯机房，库体为砖混结构，无梁楼板，保温夹墙内填充膨胀珍珠岩。冷间室高6m。

(2)工艺设计要求

主库每层有四个0℃冷却物冷藏间，每间有一台KLL-350型空气冷却器，空气冷却器上有3台冷风机。每台冷风机的电动机型号规格为：Y90L-2，2.2kW。每间安装温度传感器两个。

控制要求：库温自动调节。

(3)施工图

1)主库动力系统图

主库动力系统图如图3-18所示，冷间采用环连配电方式。由于冷风机带负荷启动，过负荷保护开关的瞬时整定电流按$12I_e$选择。

2)主库照明系统图

主库照明系统图如图3-19所示，冷间照明集中在各层照明配电箱上控制。引至冷间的照明回路要单独引一根PE保护线接灯具金属外壳。

3)首层电气平面图

二至四层除设有站台外，其余与首层平面相同。故以首层电气平面图为例，如图3-20所示。动力、照明、控制集中画在一张图上。

单台电梯的 AM、YTD 系列电动机启动、保护设备及导线选择表 表 3-14

<table>
<tr><th rowspan="2">型号</th><th rowspan="2">额定功率(kW)</th><th rowspan="2">额定电流(A)</th><th rowspan="2">启动电流(A)</th><th rowspan="2">功率因数 cosφ</th><th colspan="2">电源开关</th><th colspan="2">VV 电缆(五芯)截面(mm²)/钢管管径(mm)</th><th colspan="3">BX、BV 型导线截面(mm²)/钢管管径(mm)(穿五根线)</th></tr>
<tr><th>DZ20Y100/3300</th><th>HH4</th><th>明敷</th><th>穿管暗敷</th><th>30℃</th><th>35℃</th><th>40℃</th></tr>
<tr><td>AM132-C4/18D</td><td>8</td><td>19</td><td>47.5</td><td>0.8</td><td>25</td><td>30/30</td><td>—</td><td>—</td><td colspan="3">4/SC32</td></tr>
<tr><td>AM132-C4/18DR</td><td>8</td><td>20.6</td><td>61.6</td><td>0.8</td><td>25</td><td>30/30</td><td>—</td><td>—</td><td colspan="2">4/SC32</td><td>6/SC32</td></tr>
<tr><td>AM160-C4/18G</td><td>10</td><td>23</td><td>57.5</td><td>0.8</td><td>32</td><td>60/40</td><td>3×4+2×2.5</td><td>4/SC32</td><td>4/SC25</td><td colspan="2">6/SC25</td></tr>
<tr><td>AM160-C4/18D</td><td>12.5</td><td>29</td><td>72.5</td><td>0.8</td><td>40</td><td>60/50</td><td>3×6+2×4</td><td>6/SC32</td><td>6/SC25</td><td colspan="2">10/SC32</td></tr>
<tr><td>AM160-C4/18DR</td><td>12.5</td><td>31.8</td><td>95.2</td><td>0.8</td><td>40</td><td>60/50</td><td>3×6+2×4</td><td>6/SC32</td><td colspan="3">10/SC32</td></tr>
<tr><td>AM200-C4/24C</td><td>16</td><td>38</td><td>95</td><td>0.8</td><td>50</td><td>60/60</td><td>3×10+2×6</td><td>10/SC32</td><td colspan="2">10/SC32</td><td>16/SC40</td></tr>
<tr><td>AM200-C4/24D</td><td>20</td><td>47</td><td>118</td><td>0.8</td><td>63</td><td>100/80</td><td>3×16+2×10</td><td>16/SC50</td><td colspan="3">16/SC40</td></tr>
<tr><td>AM200-C4/24E</td><td>25</td><td>59</td><td>148</td><td>0.8</td><td>80</td><td>100/100</td><td>3×25+2×16</td><td>25/SC70</td><td colspan="3">25/SC50</td></tr>
<tr><td>YTD-225S</td><td>7.5</td><td>16.9</td><td>84</td><td>0.8</td><td>20</td><td>30/25</td><td>—</td><td>—</td><td>2.5/SC20</td><td colspan="2">4/SC25</td></tr>
<tr><td>YTD-225M</td><td>11</td><td>24.5</td><td>127</td><td>0.8</td><td>32</td><td>60/40</td><td>3×4+2×2.5</td><td>4/32</td><td colspan="3">6/SC25</td></tr>
<tr><td>YTD-250S</td><td>15</td><td>32.4</td><td>172</td><td>0.8</td><td>40</td><td>60/50</td><td>3×6+2×4</td><td>6/SC32</td><td colspan="3">10/SC32</td></tr>
<tr><td>YTD-250M</td><td>22</td><td>46.3</td><td>254</td><td>0.8</td><td>63</td><td>100/80</td><td>3×16+2×10</td><td>16/SC50</td><td colspan="3">16/SC40</td></tr>
<tr><td>YTD-225M$_2$</td><td>11</td><td>30</td><td>120</td><td>0.7</td><td>40</td><td>60/40</td><td>6</td><td>6/SC32</td><td colspan="3">10/SC32</td></tr>
<tr><td>YTD-225L</td><td>18.5</td><td>43</td><td>172</td><td>0.7</td><td>50</td><td>100/60</td><td>10</td><td>10/SC32</td><td colspan="3">16/SC40</td></tr>
<tr><td>YTD-225L$_2$</td><td>22</td><td>49</td><td>196</td><td>0.7</td><td>63</td><td>100/80</td><td>16</td><td>16SC50</td><td colspan="3">16/SC40</td></tr>
<tr><td>YTD-250L$_2$</td><td>30</td><td>69</td><td>276</td><td>0.7</td><td>80</td><td>100/100</td><td>25</td><td>25/SC70</td><td colspan="2">25/SC50</td><td>35/SC50</td></tr>
</table>

注：1. 电梯配用 AM 系列电动机技术数据为迅达北京电梯厂资料，电梯配用 YTD 系列电动机技术数据为沈阳电梯厂资料。
2. DZ20Y/3302 低压断路器的瞬时电流倍数均应选用 12 倍。表中电流值为脱扣器额定电流。
3. 中性线(N)和保护线(PE)截面的选择应比相线只低一级。

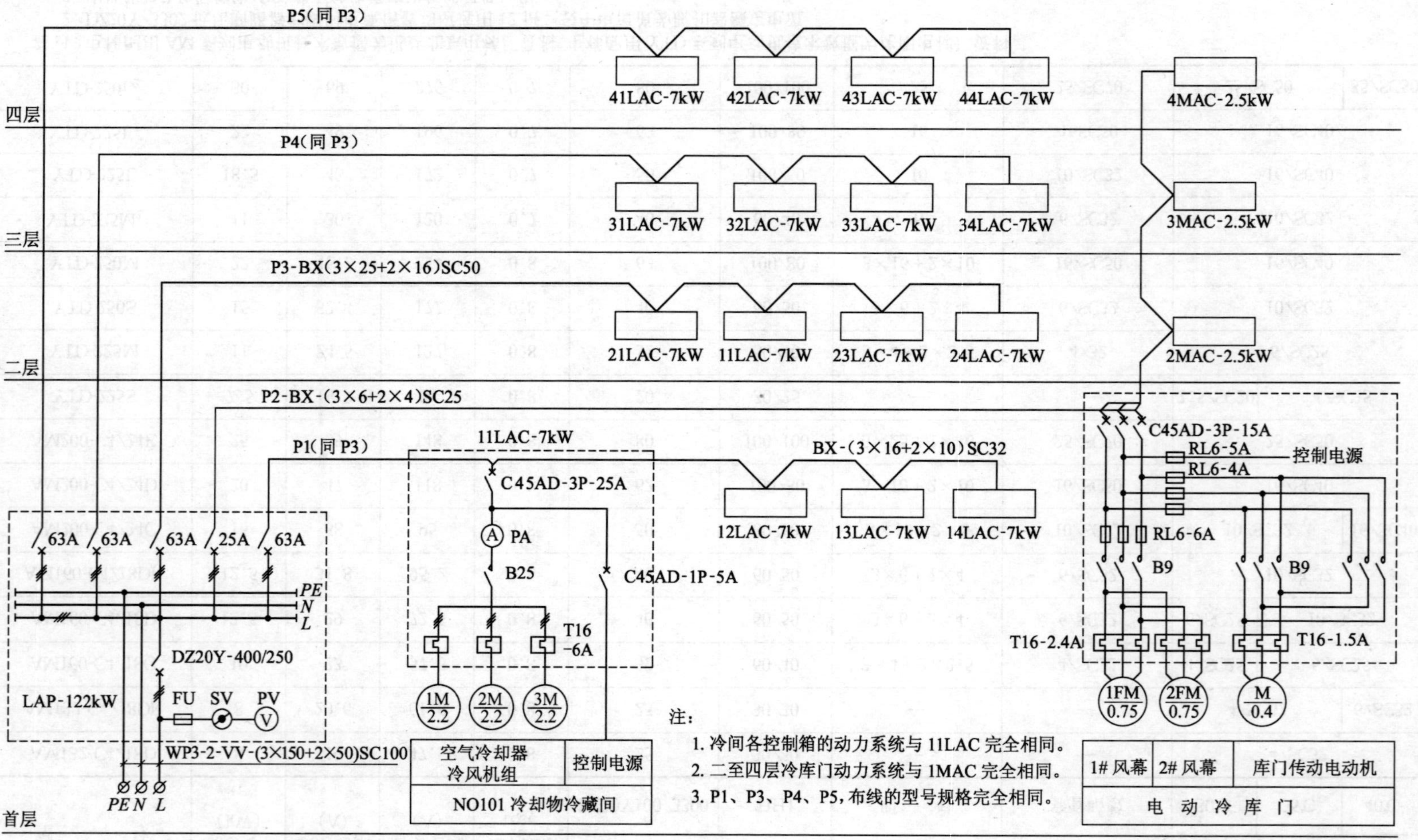

注：
1. 冷间各控制箱的动力系统与11LAC完全相同。
2. 二至四层冷库门动力系统与1MAC完全相同。
3. P1、P3、P4、P5，布线的型号规格完全相同。

图 3-18 主库动力系统图

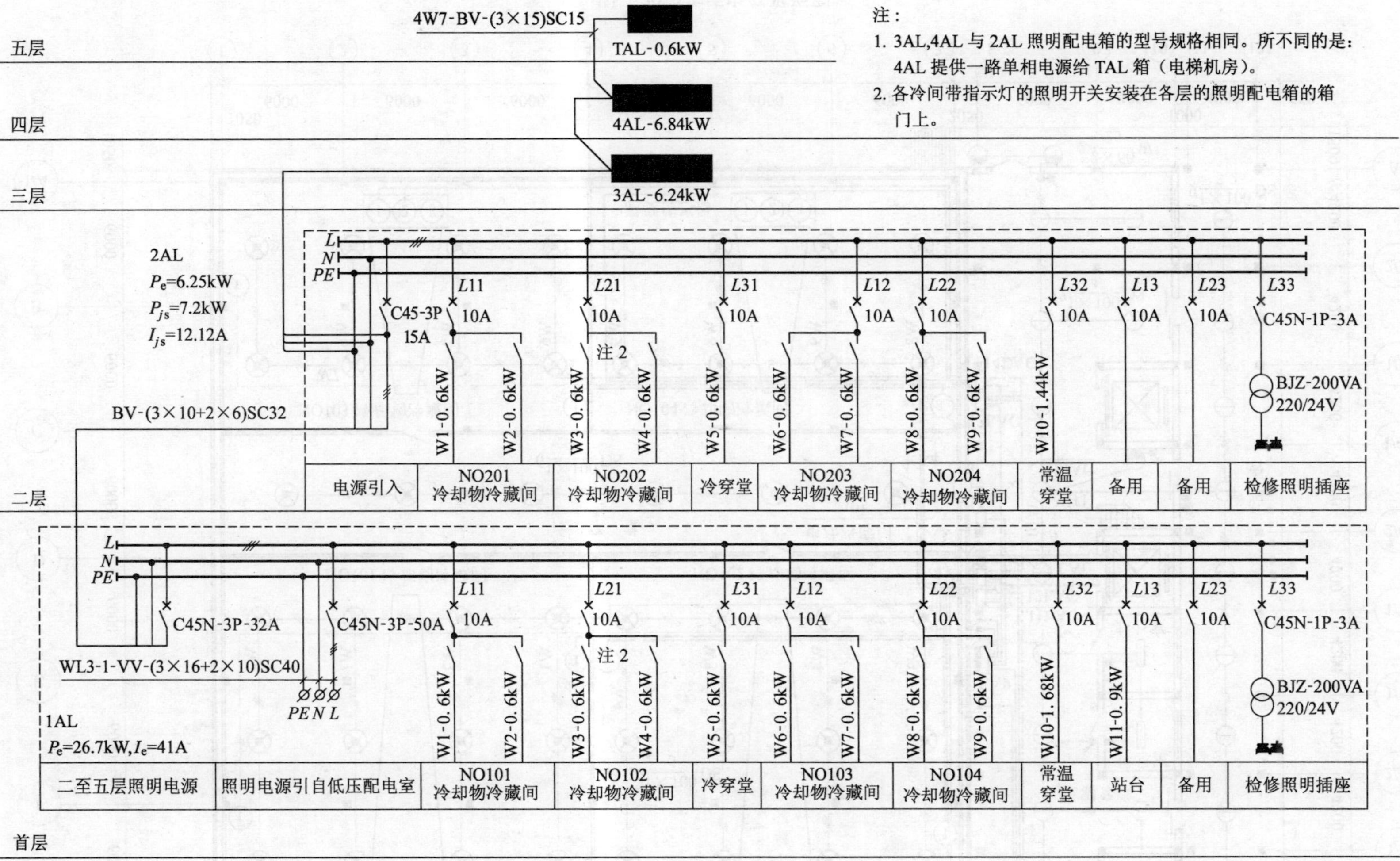

注：

1. 3AL,4AL与2AL照明配电箱的型号规格相同。所不同的是：4AL提供一路单相电源给TAL箱（电梯机房）。
2. 各冷间带指示灯的照明开关安装在各层的照明配电箱的箱门上。

图 3-19 主库照明系统图

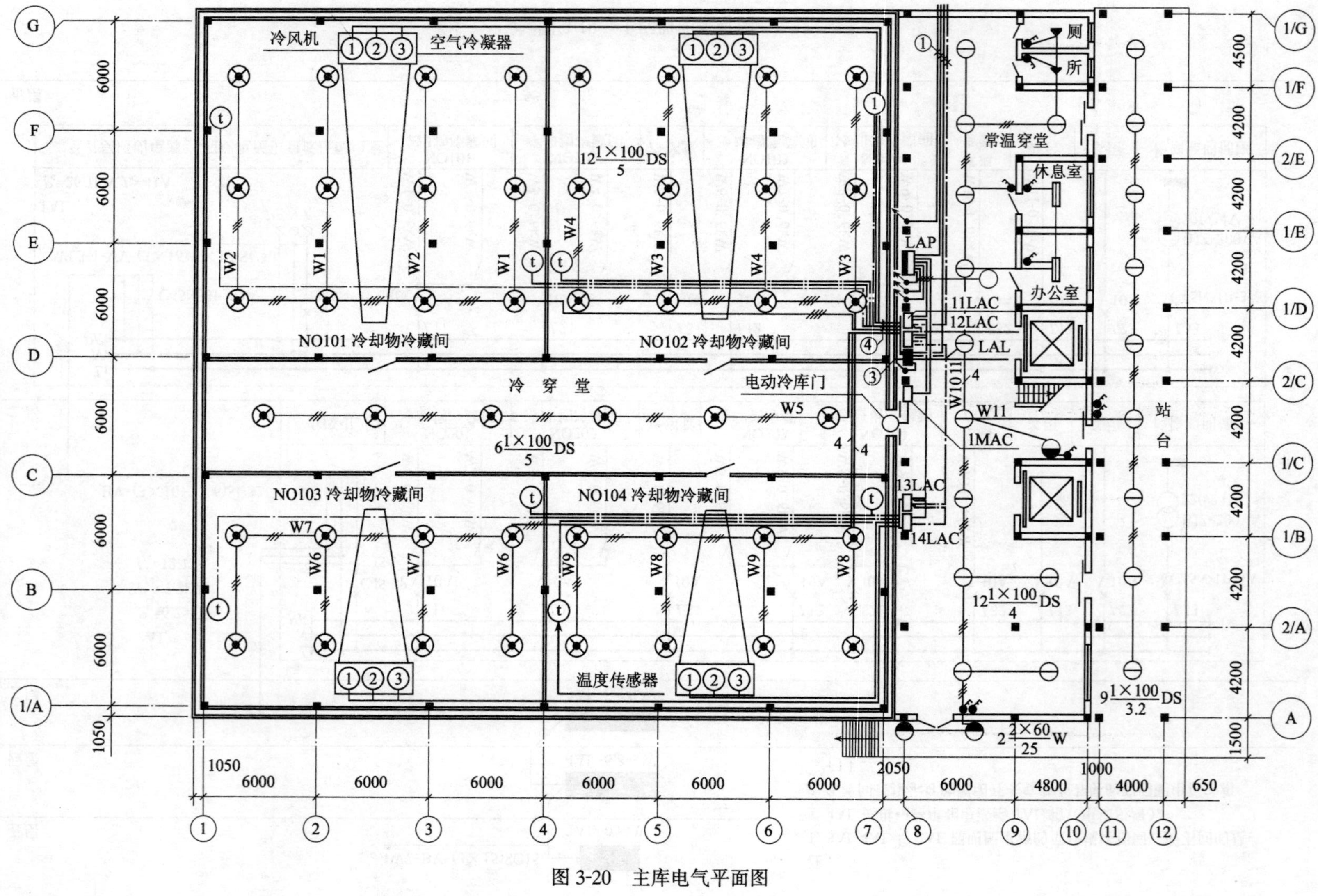

图 3-20 主库电气平面图

4)主库电线电缆一览表如表3-15所示。主库主要设备表如表3-16所示。

主库动力、照明、控制电线电缆一览表　表3-15

线号	导线型号规格及敷设方式	起点	终点
1	WP3-2-VV-(3×150+2×50)SC100-FC	低压配电室3#柜	主库LAP动力配电柜
	WL3-1-VV-(3×16+2×10)SC40-FC	低压配电室3#柜	主库1AL照明配电箱
	WP5-1VV-(3×70+2×25)SC70-FC	低压配电室5#柜	主库TAP电梯配电柜
	非屏蔽双绞线4(2×0.5)SC20	机房控制室	主库各动力控制箱中的智能控制器上
2	P1-BX-(3×25+2×16)SC50-FC	LAP	11LAC(与12LAC、13LAC、14LAC环连)
	P2-BX-(3×6+2×4)SC25-FC	LAP	1MAC(与2MC、3MAC、4MAC环连)
	P3-BX-(3×25+2×16)SC50-FC	LAP	21LA(与22LAC、23LAC、24LAC环连)
	P4-BX-(3×25+2×16)SC50-FC	LAP	31LAC(与32LAC、33LAC、34LAC环连)
	P5-BX-(3×25+2×16)SC50-FC	LAP	41LAC(与42LAC、43LAC、44LAC环连)
3	BV-(3×10+2×6)SC32-WE	1AL	2AL(与3AL、4AL环连)
4	[2(XV-3×1.5)+XV-(4×1.5)]SC40-WC	1LAC	N0101冷藏间冷风机组
	[2(XV-3×1.5)+XV-(4×1.5)]SC40-WC	2LAC	N0102冷藏间冷风机组
	[2(RVVP-3×1.0)]SC25-WC	2LAC	N0102冷藏间温度传感器
	[2(RVVP-3×1.0)]SC25-WC	1LAC	N0101冷藏间温度传感器
	[W1~W4-XV-2(4×1.5)]SC25-WC	1AL	N0101、N0102冷藏间照明灯具
	W5-XV-(3×1.5) W6~W9-2(XV-4×1.5)} SC32-WC	1AL	冷穿堂、N0101、N0102冷却物冷藏间照明灯具

5)施工说明

A.设备安装方式

a.LAP动力配电箱离冷间外墙皮50mm落地安装。其安装方法参考《建筑电气安装工程图集》JD3-007。

b.1AL~4AL照明配电箱及11LAC等冷间各控制箱离冷间保温墙外墙皮50mm,下底距地1.4m墙上角钢支架明装。

c.电梯TAL照明配电箱TAP电源配电箱下底距地1.4m墙上明装。其安装方法参考《建筑电气安装工程图集》JD3-006。

d.温度传感器离墙0.5m,离顶板0.8m悬挂。

B.灯具控制方法

a.各冷间照明灯具在各层照明配电箱上控制。

b.楼梯间照明灯具,由各自灯头内的声、光控开关自控。

C.线路敷设方式

a.常温穿堂内按正常环境设计施工。常温穿堂内动力布线见表3-14。常温穿堂和站台的照明配线采用BV-1.5型铜芯线穿PVC管暗敷设。

主库动力照明主要设备表　　**表3-16**

序号	图例符号	名　称	型号及规格	单位	数量				
					首层	二层	三层	四层	五层
1	LAP	动力配电箱	JX2106G1(箱内元件见图3-18) 600×1600×400mm	台	1	—	—	—	—
2	1AL～4AL	照明配电箱	JX3007(箱内元件见图3-19) 600×800×200mm	台	1	1	1	1	—
3	TAL	电梯机房照明配电箱	PXTR-5-1×3/1AM 220×320×96mm	台	—	—	—	—	1
4	11～14LAC	首层冷间控制箱	JX-3008,600×800×400mm(见图3-18,内装智能控制器,由自控设计选择)	台	4	—	—	—	—
5	21～24LAC	二层冷间控制箱		台	—	4	—	—	—
6	31～34LAC	三层冷间控制箱		台	—	—	4	—	—
7	31～34LAC	四层冷间控制箱		台	—	—	—	4	—
8	1MAC～4MAC	电动冷库门控制箱	DLM型配套产品	台	1	1	1	1	—
9		防水防尘型管吊灯	GC9-A,1×100W	套	46	46	46	46	—
10		搪瓷配照型工厂灯	XGGC05,1×100W	套	21	12	12	12	—
11		双圆球壁灯(楼梯间)	HD1206-2,2×60W (灯头内装声、光控开关)	套	1	2	2	2	2
12		鼓形壁灯(外墙)	2B01F　2×60W	套	2	—	—	—	—
13		尖扁圆吸顶灯	ϕ250　1×60W	套	2	2	2	2	—
14	t	温度传感器	自控设计选择型号	个	8	8	8	8	—

b. 进入冷间的动力线、照明线、测温管线集中在一处穿保温墙,并作防止冷桥处理。施工方法参考图3-16。进入冷间后沿墙或顶板用耐低温敞开塑料线槽配线。线槽每隔1m设一固定点。

c. 冷间属于低温潮湿场所,布线时尽量减少接头,如有接头必须在接线盒内进行,先焊接再作防潮处理。

d. 冷间灯具金属外壳均应接保护线(PE线)。

第4章 照明设计

4.1 冷库照明设计基础知识

4.1.1 冷库照度标准

冷库照度标准是根据视觉工作的等级来规定的必要的最低照度。

(1)冷库各生产车间工作面上的最低照度不应低于表4-1所规定的数值。

生产车间的最低照度标准 表4-1

序号	房间名称		最低照度(lx)	规定照度的平面
1	冷却间、冷藏间、冻结间、贮冰间、冷穿堂		20	地面
2	常温穿堂(安装有控制箱时)		20(50)	地面(箱、柜垂直面)
3	铁路、公路站台、楼梯间		50	地面
4	压缩机房、设备间,柴油发电机房、电梯机房		50	地面
5	循环水泵房、深井泵房、油处理间、锅炉房		30	地面
6	鱼虾加工间、		100	距地面0.8m水平面
7	挑选间、包装间		50	地面
8	变压器室、高压电容器室		20	地面
9	高、低压配电室		30	屏、柜垂直面
10	一般控制室		75	屏、柜垂直面
11	有计算机操作系统的控制室、化验室		100	控制台平面
12	机修车间、过磅间		50	距地面0.8m水平面
13	氨库		20	地面
14	汽车库	停车间	10	
		充电室	20	
		检修间	30	

(2)生产辅助房间工作面上的最低照度不应低于表4-2所规定的数值。

表4-1~表4-2适合任何一种照明光源,但当采用荧光灯等作为室内照明时,其照度不宜低于30lx。

(3)对于设有应急照明的工作房间,例如控制室、氨压缩机房,安装有消防泵的水泵房其工作面上的应急照明的照度不应低于一般照明推荐照度的10%。

4.1.2 照度计算方法

照度计算方法有七种:利用系数法、逐点计算法、单位容量法、距离平方反比法、余弦定律法、方位系数法、形状因数法等。

辅助用房的最低照度标准 **表 4-2**

序号	房间名称		最低照度(lx)	规定照度的平面
1	办公室、会议室、资料室		75	距地面 0.8m 水平面
2	传达室、活动室		30	
3	电话机房	人工交换台、转接台	50	
		机房、蓄电池室	30	
4	活动室、休息室、单身宿舍		30	
5	厨房、餐厅		30	
6	医务室		50	
7	浴室、更衣室、厕所		10	地面
8	通道、楼梯间		10	

冷库照度计算一般采用单位容量法，就是每单位被照面积上所需要的灯泡安装功率，单位容量法是从利用系数法演变简化而来的，因此适用于一般的均匀照明。只要知道房间的被照面积和照度要求及所选择的灯具型号后，即可从表 4-3～表 4-10 查得相应的数值，然后利用(4-1)公式进行计算，就能得出总的安装功率来，其计算公式为：

$$\sum P = W \times S(\mathrm{W}) \tag{4-1}$$

式中 $\sum P$——总的安装功率(W)；

W——单位容量(W/m^2)；

S——被照面积(m^2)。

例如：有一冷藏间使用面积为 150m^2，安装广照型防水防尘灯，安装高度 4m，求需要安装 100W 灯具多少套？

查表 4-1 得：冷藏间照度为 20lx

查表 4-5 得单位面积安装功率为 7.0W/m^2

总安装容量为：$\sum P = 150 \times 7.0 = 1050\mathrm{W}$

所需灯具数量为：$N = \dfrac{\sum P}{P} = \dfrac{1050}{100} = 10.5$(套)

可以取一个整数，10 套或是 11 套，视平面布置决定。

4.1.3 照明设备总容量的计算

(1)在计算照明设备容量的总和时，如遇三相线路中不平衡负荷时，则应以最大一相负荷×3 作为设备总容量。

(2)下列容量不计入设备容量的总和：

1)由干式变压器供电的照明，不计照明容量，而按干式变压器的容量计入总和。如检修照明用的行灯容量不计入总和。

2)由 220V 插座直接供电的局部照明，不计局部照明容量，而按每个插座 100W 计入总和。

4.1.4 照明线路计算

照明线路计算是为了选择导线截面，而导线截面选择，主要是根据允许的电压损失值和允许安全电流选择，此外，还要满足机械强度的要求。

配照型工厂灯单位面积安装功率(W/m²) 表 4-3

计算高度(m)	房间面积(m^2)	白炽灯照度(lx)					
		5	10	15	20	30	40
2~3	10~15	3.3	6.2	8.4	10.5	14.3	17.9
	15~25	2.7	5.0	6.8	8.6	11.4	14.3
	25~50	2.3	4.3	5.9	7.3	9.5	11.9
	50~150	2.0	3.8	5.3	6.7	8.6	10.0
	150~300	1.8	3.4	4.7	6.0	7.8	9.5
	300 以上	1.7	3.2	4.5	5.8	7.3	9.0
3~4	10~15	4.3	7.3	9.6	12.1	16.2	20.0
	15~20	3.7	6.4	8.5	10.5	13.8	17.6
	20~30	3.1	5.5	7.2	8.9	12.4	15.2
	30~50	2.5	4.5	6.0	7.3	10.0	12.4
	50~120	2.1	3.8	5.1	6.3	8.3	10.3
	120~300	1.8	3.3	4.4	5.5	7.3	9.3
	300 以上	1.7	2.9	4.0	5.0	6.8	8.6
4~6	10~17	5.2	8.6	11.4	14.3	20.0	25.6
	17~25	4.1	6.8	9.0	11.4	15.7	20.7
	25~35	3.4	5.8	7.7	9.5	13.3	17.4
	35~50	3.0	5.0	6.8	8.3	11.4	14.7
	50~80	2.4	4.1	5.8	6.8	9.5	11.9
	80~150	2.0	3.3	4.6	5.8	8.3	10.0
	150~400	1.7	2.8	3.9	5.0	6.8	8.6
	400 以上	1.5	2.5	3.5	4.5	6.3	8.0
6~8	25~35	4.2	6.9	9.1	11.7	16.6	21.7
	35~50	3.4	5.7	7.9	10.0	14.7	18.4
	50~65	2.9	4.9	6.8	8.7	12.4	15.7
	65~90	2.5	4.3	6.2	7.8	10.9	13.8
	90~135	2.2	3.7	5.1	6.5	8.6	11.2
	135~250	1.8	3.0	4.2	5.4	7.3	9.3
	250~500	1.5	2.6	3.6	4.6	6.5	8.3
	500 以上	1.4	2.4	3.2	4.0	5.5	7.3

(1)照明灯具末端允许电压偏移规定:

1)对视觉要求较高的室内照明为 2.5%。例如有微型计算机的控制室。

2)一般工作场所的室内照明、露天工作场所的照明为 5%。

3)对于远离变电所的小面积工作场所照明难以满足 5%要求时,允许降低到 10%。例如深井泵房、氨库等。

深照型工厂灯单位面积安装功率(W/m^2) 表 4-4

计算高度(m)	房间面积(m^2)	白炽灯照度(lx)					
		5	10	15	20	30	40
6~8	20~35	4.2	7.2	10.0	12.8	18.0	23.0
	35~50	3.5	6.0	8.4	10.0	15.0	19.0
	50~65	3.0	5.0	7.0	9.1	13.0	16.7
	65~90	2.6	4.4	6.2	8.0	11.5	14.7
	90~135	2.2	3.8	5.3	6.8	10.0	12.5
	135~250	1.9	2.3	4.6	5.8	8.2	10.3
	250~500	1.7	2.8	3.9	5.1	7.2	9.1
	500以上	1.4	2.5	3.4	4.4	6.2	7.8
8~12	50~70	3.7	6.3	8.9	11.5	17.0	22.1
	70~100	3.0	5.3	7.5	9.7	15.0	19.0
	100~130	2.5	4.4	6.2	8.0	12.0	15.5
	130~200	2.1	3.8	5.3	6.9	10.0	13.0
	200~300	1.8	3.2	4.5	5.8	8.2	10.6
	300~600	1.6	2.8	3.9	5.0	7.0	9.0
	600~1500	2.4	2.4	3.3	4.3	6.0	7.7
	1500以上	1.2	2.2	3.0	3.8	5.2	6.8

广照型防水防尘灯单位面积安装功率(W/m^2) 表 4-5

计算高度(m)	房间面积(m^2)	白炽灯照度(lx)				
		5	10	15	20	30
2~3	10~15	4.8	8.0	11.0	13.7	19.5
	15~25	3.9	6.7	9.1	11.6	16.2
	25~50	3.2	5.9	7.8	10.3	12.6
	50~150	2.8	4.9	6.6	8.6	10.8
	150~300	2.3	4.0	5.6	7.0	9.0
	300以上	2.2	3.6	5.0	6.0	8.0
3~4	10~15	6.5	11.5	11.3	20.0	27.0
	15~20	5.0	9.3	12.4	16.0	20.5
	20~30	4.0	7.8	10.1	12.6	16.5
	30~50	3.2	6.2	8.1	10.4	14.1
	50~120	2.8	5.1	6.8	8.5	12.1
	120~300	2.4	4.2	5.4	7.0	11.2
	300以上	2.0	3.6	4.3	6.0	8.5

圆球型灯具单位面积安装功率(W/m^2) 表 4-6

计算高度(m)	房间面积(m^2)	白炽灯照度(lx)					
		5	10	15	20	30	40
2～3	10～15	4.9	8.8	11.6	15.2	20.9	27.6
	15～25	4.1	7.5	10.1	12.9	17.7	23.1
	25～50	3.6	6.4	8.8	10.7	14.8	19.3
	50～150	2.9	5.1	7.0	8.8	11.8	15.7
	150～300	2.4	4.3	5.7	6.9	9.9	12.9
	300以上	2.2	3.9	5.2	6.2	8.9	11.5
3～4	10～15	6.2	10.4	13.8	17.1	24.7	30.9
	15～20	5.1	8.7	11.2	14.3	21.4	26.9
	20～30	4.3	7.3	9.9	12.5	18.4	23.5
	30～50	3.7	6.2	8.8	10.7	15.2	19.5
	50～120	3.0	5.3	7.2	9.0	12.4	16.2
	120～300	2.3	4.1	5.7	7.3	9.7	12.6
	300以上	2.0	3.5	4.7	5.9	8.5	10.8
4～6	10～17	7.8	12.4	17.1	21.9	30.4	40.0
	17～25	6.0	9.7	13.3	17.1	24.7	31.8
	25～35	4.9	8.3	11.0	14.5	20.4	26.4
	35～50	4.0	7.0	9.4	12.3	16.9	22.2
	50～80	3.3	5.8	8.2	10.6	14.0	18.4
	80～150	2.9	4.9	7.0	8.8	11.9	15.9
	150～400	2.3	4.0	5.7	7.1	9.9	12.9

伞型灯和荧光灯在一般房间的单位面积安装功率(W/m^2) 表 4-7

计算高度(m)	房间面积(m^2)	白炽灯照度(lx)					荧光灯照度(lx)	
		5	10	15	20	25	50	100
2.5	4	15	15	25	25	40	—	—
	6	15	25	40	40	40	20	40
	8	25	40	40	60	60	40	2×40
	3×4	25	60	60	75	100	40	2×40
	3×6	40	60	2×40	2×60	2×60	2×40	2(2×40)
	4×6	40	2×40	2×60	2×75	2×75	2×40	2(2×40)
	6×6	60	2×60	2×60	2×75	2×75	2×40	4(2×40)
	8×6	2×40	2×60	4×60	4×60	4×75	4×40	4(2×40)
	9×6	2×40	2×60	4×60	4×60	4×75	4×40	4(2×40)
	12×6	2×60	3×60	4×60	6×60	6×75	6×40	4(2×40)

伞型灯单位面积安装功率(W/m²) 表 4-8

计算高度(m)	房间面积(m²)	白炽灯照度(lx)				
		5	10	15	20	40
2~3	10~15	2.6	4.6	6.4	7.7	13.5
	15~25	2.2	3.8	5.5	6.7	11.2
	25~50	1.8	3.2	4.6	5.8	9.5
	50~150	1.5	2.7	4.0	4.8	8.2
	150~300	1.4	2.4	3.4	4.2	7.0
	300 以上	1.3	2.2	3.2	4.0	6.5
3~4	10~15	2.8	5.1	6.9	8.6	15.0
	15~20	2.5	4.5	6.1	7.7	13.1
	20~30	2.2	3.8	5.3	6.7	11.2
	30~50	1.8	3.4	4.6	5.7	9.4
	50~120	1.5	2.8	3.9	4.8	7.8
	120~300	1.3	2.0	3.3	4.1	6.5
	300 以上	1.2	2.1	2.9	3.6	5.8
4~6	10~17	3.4	5.9	7.9	9.5	19.3
	17~25	2.7	4.8	6.5	7.8	15.4
	25~35	2.3	4.1	5.6	7.0	13.0
	35~50	2.1	3.6	4.9	6.2	10.8
	50~80	1.8	3.1	4.3	5.4	9.1
	80~150	1.5	2.6	3.6	4.3	7.4
	150~400	1.3	2.2	3.0	3.6	6.2

不带反射罩荧光灯单位面积安装功率(W/m²) 表 4-9

计算高度(m)	房间面积(m²)	白炽灯照度(lx)					
		30	50	70	100	150	200
2~3	10~15	3.9	6.5	9.8	13.0	19.5	26.0
	15~25	3.4	5.6	8.4	11.1	16.7	22.2
	25~50	3.0	4.9	7.3	9.7	14.6	19.4
	50~150	2.6	4.2	6.3	8.4	12.6	16.8
	150~300	2.3	3.7	5.6	7.4	11.1	14.8
	300 以上	2.0	3.4	5.1	6.7	10.1	13.4
3~4	10~15	5.9	9.8	14.7	19.6	29.4	39.2
	15~20	4.7	7.8	11.7	15.6	23.4	31.2
	20~30	4.0	6.7	10.0	13.3	20.0	26.6
	30~50	3.4	5.7	8.5	11.3	17.0	22.6
	150~120	3.0	4.9	7.3	9.7	14.6	19.4
	120~300	2.6	4.2	6.3	8.4	12.6	16.8
	300 以上	2.3	3.8	5.7	7.5	11.2	14.9

带反射罩荧光灯单位面积安装功率(W/m^2) **表 4-10**

计算高度 (m)	房间面积 (m^2)	白炽灯照度 (lx)					
		30	50	75	100	150	200
2~3	10~15	3.2	5.2	7.8	10.4	15.6	21.0
	15~25	2.7	4.5	6.7	8.9	13.4	18.0
	25~50	2.4	3.9	5.8	7.7	11.6	15.4
	50~150	2.1	3.4	5.1	6.8	10.2	13.6
	150~300	1.9	3.2	4.7	6.3	9.4	12.5
	300 以上	1.8	3.0	4.5	5.9	8.9	11.0
3~4	10~15	4.5	7.5	11.3	15.0	23.0	30.0
	15~20	3.8	6.2	9.3	12.4	19.0	25.0
	20~30	3.2	5.3	8.0	10.6	15.9	21.2
	30~50	2.7	4.5	6.8	9.0	13.6	18.1
	150~120	2.4	3.9	5.8	7.7	11.6	15.4
	120~300	2.1	3.4	5.1	6.8	10.2	13.5
	300 以上	1.9	3.2	4.8	6.3	9.5	12.6

(2)荧光灯等气体放电灯的三相四线的照明线路,其中性线(零线)载流量的计算不应小于最大一相的计算电流。其单相照明线路相线与零线截面相等。

(3)线路电压损失计算公式如下:

$$\Delta U\% = \frac{\sum M}{C \times S} \tag{4-2}$$

式中 $\Delta U\%$——电压损失占线路额定电压百分比;

$\sum M$——负荷力矩(kW·m)之和;

C——系数,根据电压和导线材料而定(见表 4-11);

S——导线截面积(mm^2)。

为简化计算,只要求得负荷力矩$\sum M$值,查负荷力矩表 4-12~表 4-15,即得对应的$\Delta U\%$值。

线路电压损失的计算系数 C 值 **表 4-11**

线路额定电压 (V)	线路系统及电流种类	系数 C 值	
		铜导线	铝导线
380/220	三相四线(具有中性线)	77.000	46.000
380/220	两相三线(具有中性线)	34.000	20.000
220	交流单相或直流	12.800	7.700
110		3.200	1.900
36		0.340	0.210
24		0.153	0.092
12		0.038	0.023

220V室内线路负荷力矩表 表4-12

电压损失 (ΔU%)	铝导线截面 (mm^2)					
	2.5	4	6	10	16	25
	负荷力矩 (kW·m), $\cos\varphi=1$					
0.2	4	7	10	17	26	41
0.4	8	13	20	33	53	83
0.6	12	19	30	50	79	124
0.8	16	26	40	66	106	166
1.0	20	33	50	83	133	207
1.2	25	39	60	100	160	248
1.4	29	46	70	116	185	290
1.6	33	53	80	133	212	331
1.8	37	59	90	150	238	373
2.0	41	66	100	166	266	415
2.2	45	73	110	183	292	456
2.4	49	79	120	200	320	498
2.6	53	86	130	217	346	539
2.8	58	93	140	234	372	581
3.0	62	100	150	250	398	622
3.2	66	106	160	267	424	664
3.4	70	113	170	284	450	705
3.6	74	120	180	300	477	747
3.8	78	125	190	316	503	788
4.0	83	133	200	333	530	830
4.2	87	140	210	350	556	871
4.4	91	146	220	366	582	913
4.6	95	153	230	382	610	954
4.8	99	160	240	399	636	996
5.0	103	166	250	416	662	1037

220V室内线路负荷力矩表 表4-13

电压损失 (ΔU%)	铜导线截面 (mm^2)						
	1	1.5	2.5	4	6	10	16
	负荷力矩 (kW·m), $\cos\varphi=1$						
0.2	3	4	7	11	17	28	45
0.4	6	8	14	22	34	56	90
0.6	8	13	21	34	51	84	134
0.8	11	17	28	45	67	112	178

续表

电压损失 (ΔU%)	铜导线截面 (mm²)						
	1	1.5	2.5	4	6	10	16
	负荷力矩 (kW·m), cosφ=1						
1.0	14	21	35	56	84	140	224
1.2	17	25	42	67	101	118	269
1.4	20	29	49	78	118	196	314
1.6	22	34	56	90	134	224	358
1.8	25	38	63	101	157	252	403
2.0	28	42	70	112	168	280	448
2.2	31	46	77	123	185	308	493
2.4	33	50	84	134	202	336	538
2.6	36	55	91	146	218	364	582
2.8	39	59	98	157	235	392	627
3.0	42	63	105	168	252	420	672
3.2	45	67	112	179	269	448	717
3.4	48	71	119	190	286	476	762
3.6	50	76	126	202	302	504	806
3.8	53	80	133	213	319	532	852
4.0	56	84	140	224	336	560	896
4.2	59	88	147	235	352	588	941
4.4	62	92	154	246	370	616	986
4.6	64	97	161	258	386	644	1030
4.8	67	101	168	269	403	672	1080
5.0	70	105	175	280	420	700	1120

380/220V 室内线路负荷力矩表 **表 4-14**

电压损失 (ΔU%)	铝导线截面 (mm²)								
	2.5	4	6	10	16	25	35	50	70	95
	负荷力矩 (kW·m), cosφ=1									
0.2	25	40	60	100	160	250	350	500	700	950
0.4	50	80	120	200	320	500	700	1000	1400	1900
0.6	75	120	180	300	480	750	1050	1500	2100	2850
0.8	100	160	240	400	640	1000	1400	2000	2800	3800
1.0	125	200	300	500	800	1250	1750	2500	3500	4750
1.2	150	240	360	600	960	1500	2100	3000	4200	5700
1.4	175	280	420	700	110	1750	2450	3500	4900	6650
1.6	200	320	480	800	1280	2000	2800	4000	5600	7600

续表

电压损失 (ΔU%)	铝导线截面 (mm^2)									
	2.5	4	6	10	16	25	35	50	70	95
	负荷力矩 (kW·m), $\cos\varphi=1$									
1.8	225	360	540	900	1440	2250	3150	4500	6300	8550
2.0	250	400	600	1000	1600	2500	3500	5000	7000	9500
2.2	275	440	660	1100	1760	2750	3850	5500	7700	10450
2.4	300	480	720	1200	1920	3000	4200	6000	8400	11400
2.6	325	520	780	1300	2080	3250	4550	6500	9100	12350
2.8	350	560	840	1400	2240	3500	4900	7000	9800	13300
3.0	375	600	900	1500	2400	3750	5250	7500	10500	14250
3.2	400	640	960	1600	2560	4000	5600	8000	11200	15200
3.4	425	680	1020	1700	2720	4250	5950	8500	11900	16150
3.6	450	720	1080	1800	2880	4500	6300	9000	12600	17100
3.8	475	760	1140	1900	3040	4750	6650	9500	13300	18050
4.0	500	800	1200	2000	3200	5000	7000	10000	14000	19000
4.2	525	840	1260	2100	3360	5250	7350	10500	14700	19950
4.4	550	880	1320	2200	3520	5500	7700	11000	15400	20900
4.6	575	920	1380	2300	3680	5750	8050	11500	16100	21850
4.8	600	960	1440	2400	3840	6000	8400	12000	16800	22800
5.0	625	1000	1500	2500	4000	6250	8750	12500	17500	23750

380/220V室内线路负荷力矩表 **表4-15**

电压损失 (ΔU%)	铜导线截面 (mm^2)											
	1.5	2.5	4	6	10	16	25	35	50	70	95	120
	负荷力矩 (kW·m), $\cos\varphi=1$											
0.2	25	42	66	100	166	266	415	581	830	1160	1580	1990
0.4	50	83	133	199	332	531	830	1160	1660	2300	3150	3980
0.6	75	125	199	299	498	797	1250	1740	2500	3490	4780	5980
0.8	100	166	266	398	664	1060	1670	2320	3320	4650	6300	7970
1.0	125	208	332	498	830	1330	2080	2950	4150	5860	7890	9960
1.2	150	249	398	598	996	1590	2490	3490	4980	6970	9460	11950
1.4	175	291	465	697	1160	1860	2900	4070	5810	8130	11000	13900
1.6	200	332	531	797	1330	2120	3320	4650	6640	9300	12600	15900
1.8	225	374	598	898	1490	2260	3750	5230	7470	10500	14200	17900
2.0	250	415	664	996	1660	2390	4150	5810	8300	11600	15800	19900
2.2	274	457	730	1100	1830	2920	4570	6390	9130	12800	17300	21900
2.4	299	498	797	1200	1990	3190	4980	6970	9960	13900	18900	23900

续表

电压损失 (ΔU%)	铜导线截面 (mm²)											
	1.5	2.5	4	6	10	16	25	35	50	70	95	120
	负荷力矩 (kW·m), cosφ=1											
2.6	324	540	863	1290	2160	3450	5400	7550	10800	15100	20500	25900
2.8	349	581	930	1390	2320	3720	5820	8130	11600	16300	22100	27900
3.0	374	623	996	1490	2490	3980	6230	8720	12500	17400	23700	29900
3.2	398	664	1060	1590	2660	4250	6640	9300	13300	18600	25200	31900
3.4	423	706	1130	1690	2820	4520	7060	9880	14100	19800	26800	33900
3.6	448	747	1200	1790	2990	4780	7470	10500	14900	20900	28400	35900
3.8	473	789	1260	1890	3150	5050	7900	11000	15800	22100	30000	37800
4.0	498	830	1330	1990	3320	5310	8300	11600	16600	23200	31500	39800
4.2	523	872	1390	2090	3490	5580	8720	12200	17400	24400	33100	41800
4.4	549	913	1460	2190	3650	5840	9130	12800	18300	25600	34700	43800
4.6	578	955	1530	2290	3820	6110	9550	13400	19000	26700	36300	45800
4.8	598	996	1590	2390	3980	6370	9970	13900	19900	27900	37800	47800
5.0	623	1038	1660	2490	4150	6640	10400	14500	20800	29000	39400	49800

例 1: 如图 4-1 所示,在 220V 照明线路上第一负荷 $P_1=1$kW,距离电源配电箱 10m,第二负荷 $P_2=8$kW,距第一负荷 5m,第三负荷 $P_3=0.8$kW,距第二负荷 8m,求最后负荷 P_3 的电压损失,选用 1.5mm² 铜芯导线电压损失是多少?选用 2.5mm² 铝芯导线电压损失是多少?

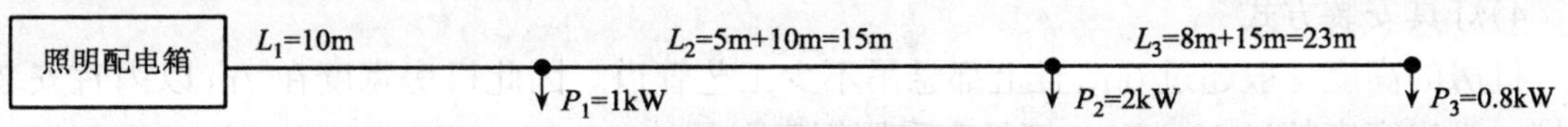

图 4-1 220V 照明线路分布图

解: 首先计算负荷力矩

$$\sum M = P_1 \times L_1 + P_2 \times L_2 + P_3 \times L_3$$

$$= 1 \times 10 + 2 \times 15 + 0.8 \times 23 = 58.4 \text{kW·m}$$

根据负荷力矩查表 6-12 得:2.5mm² 铝芯导线电压损失 $\Delta U\% \approx 2.8\%$。

根据负荷力矩查表 6-13 得:1.5mm² 铜芯导线电压损失 $\Delta U\% \approx 2.8\%$。

例 2: 如图 4-2 所示,380/220V 照明干线上有四个 15kW 负荷,四个配电箱环连,第一配电箱距离电源低压配电屏为 20m,其余依次相距 10m,求选用多大的导线截面,才能满足电压降不大于 5% 的要求?

解: 各负荷容量相等,依次距离相等,则负荷中心在各负荷的中点处。则:

$$\sum M = \sum P \cdot L = \sum P\left(L_1 + \frac{L_2 + L_3 + L_4}{2}\right) = 60\left(20 + \frac{30}{2}\right) = 2100 \text{kW·m}$$

查表 4-12 得:选择 10mm² 铝芯导线电压损失 $\Delta U\% = 4.2\%$。

查表 4-13 得:选择 6mm² 铜芯导线电压损失 $\Delta U\% = 4.3\%$。

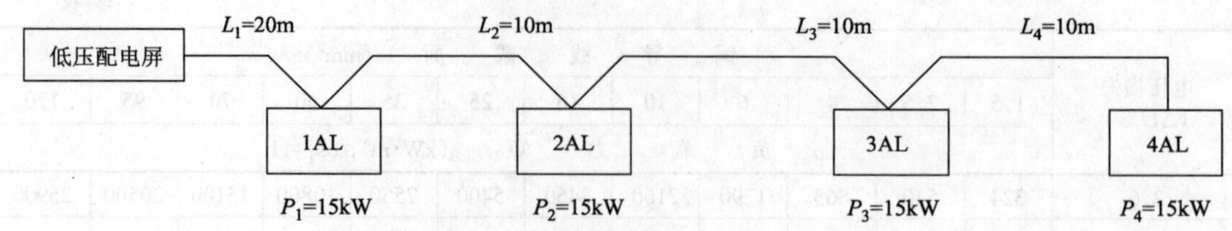

图 4-2 380/220V 照明线路负荷分布图

4.2 冷库照明设计特点

4.2.1 氨压缩机房、设备间照明设计特点

在第3章3.1节中已经阐述过,因制冷系统采用氨作制冷剂,而氨是有毒和有爆炸危险的,根据《爆炸和火灾危险环境电力装置设计规范》(GB50058—92)规定,氨压缩机房、设备间属于2区爆炸危险区域。氨气比空气轻,一旦发生漏氨事故时,氨气会聚集在氨压缩机房的上部空间,因此照明灯具选择和布线要求更应符合2区爆炸危险区域有关规定要求进行设计。

(1)正常工作照明设计

1)照度设计宜为50~75lx。

2)灯具的选型

氨压缩机房、设备间照明灯具应选用防爆型。

3)照明控制开关宜选择隔爆型,或集中安装在控制室内。

4)灯具安装方式

机房的高度一般超过6m,且上部悬吊不少工艺管道。因此机房宽度在7m以内宜安装壁灯。机房宽度超过10m时。灯具宜采用钢索上悬挂。

5)照明线路宜采用截面不小于1.5mm² 的铜芯绝缘线穿钢管明敷设。安装要求与动力布线要求相同。照明灯具的接地允许采用金属保护管线作为保护接地线。

(2)应急照明设计

当氨压缩机房、设备间正常工作照明电源发生故障而熄灭时,为了值班人员能对制冷设备和有关阀门进行必要的操作处置,以保障安全生产继续运行,需要设置应急照明,其设计要求如下:

1)应急照明电源选择

应急照明电源和正常工作照明电源应接自不同的低压配电回路。当条件不允许时,应急照明电源从工作照明电源总开关前接线。但不能共用一个总开关。

当正常电源故障,转换到应急电源供电的转换时间不应大于15s。

当采用自带蓄电池的防爆类型的应急照明灯具时,其连续供电时间不应小于30min。

2)灯具的选择

当应急照明灯具作为正常工作照明的一部分而经常点燃时,一般选用防爆型白炽灯或荧光灯等能瞬时点燃的照明光源。应急照明不允许使用高强度气体放电灯,如高压汞灯、金属卤化物灯等。

3)应急照明灯具安装位置

应急照明灯具宜安装在需要进行视看和操作的地方,如靠近压缩机控制台和操作阀门处。安全疏散指示标志灯安装在出口门的顶部。

4)应急照明线路与正常照明线路应分别单独敷设,不应穿在同一根保护管内。应急照明与正常照明不应共用中性线(N线)。但配电系统有单独的保护线(PE线)时,可合用PE线。

4.2.2 主库照明设计特点

(1)主库照度设计要求

冷却间、冻结间、冷藏间、冰库和穿堂等处照度不宜低于20lx。

(2)冷间配电设计要求

冷间照明支路宜采用AC220V单相供电,当灯具安装高度≤2.2m时,应采用AC24V安全电压供电。灯具金属外壳均应接保护线(PE线)。

(3)灯具选型

冷间属于低温潮湿场所,宜选外壳防护等级为IP54级并带有防护罩的密闭型防潮灯具。

(4)冷间灯具安装要求

冷间灯具的布置应避开吊顶式空气冷却器、风道及顶排管。在库内走道处应重点布灯。在货位内可均匀布置。

(5)冷间照明配电箱和灯具开关安装要求

冷间照明配电箱和灯具开关应安装在各冷间的门外(常温穿堂内)。为了防潮,照明配明配电箱和灯具开关安装水平方向距门边框≥1m,离墙50mm,下底距地1.4~1.5m的地方。灯具开关也可安装在照明配电箱内。为了提高库内照明的可靠性,每间的照明灯具分成几组控制,分组控制时应尽量考虑三相负荷的平衡。

(6)冷间检修照明电压采用AC24V,照明变压器可安装在照明配电箱内。也可与冷库门电热丝共用变压器,也可采用行灯变压器,行灯变压器的电源插座也可安装在照明配电箱内或冷间启动箱内,因为冷库供电一般都是高压用户,不存在计费的差别,而每个冷间都设置有启动控制箱,所以电源插座安装在冷间启动箱内是适宜的。

(7)低于0℃的冷间,电线电缆的选择及敷设方式与第3章主库动力设计中的要求相同。

(8)常温穿堂、楼梯间等照明按正常环境进行设计。

(9)主库照明设计与动力合画一张图,因为要求电气管线集中穿保温墙。

4.2.3 循环水泵房照明设计特点

(1)正常工作照明设计

1)照度设计宜为30~50lx。

2)灯具的选型

循环水泵房净高一般和机房等高,因此选工厂罩壁灯为宜。

3)检修插座安装要求

循环水泵房地面潮湿,管道密封不好时,有漏水的可能性,因此,检修插座安装高度一般为1.8m,或选用防潮防溅式插座距地0.5m暗装。

4)照明线路的设计与安装与循环泵房动力线路要求相同。照明灯具的接地允许采用金属保护管线作为保护接地线。

(2)应急照明的设置

当循环水泵房安装有消防泵时,应设置保持继续工作的应急照明。其设计要求如下:

1)应急照明电源

应急照明电源和正常工作照明电源应接自不同的低压配电回路。备用电源可与消防泵使用同一备用电源。

当正常电源故障,转换到应急电源供电的转换时间不应大于15s。

当采用自带蓄电池的应急照明灯具时,其连续供电时间不应小于60min。

2)应急照明的照度

应急照明的照度不要求整个水泵房达到规定的照度均匀度,只须保证必要的操作和工作部位所需要的照度。

3)灯具的选择

当应急照明灯具作为正常工作照明的一部分而经常点燃时,一般选用白炽灯或荧光灯等能瞬时点燃的照明光源。当正常电源故障时,不需要转换电源而保持点亮,且电压稳定时,可选用高强度气体放电灯。

4)应急照明灯具安装位置

应急照明灯具宜安装在需要进行视看和操作的地方,如阀门和启动控制柜操作的地方。安全疏散指示标志灯安装在出口门的顶部。

5)应急照明线路与正常照明线路应分别单独敷设,不应穿在同一根保护管内。应急照明与正常照明不应共用中性线(N线)。但配电系统有单独的保护线(PE线)时,可合用PE线。

4.2.4 变配电室、控制室及柴油机房照明设计特点

(1)正常工作照明灯具选择

1)变压器室一般选择裸灯泡墙灯座。

2)高、低压配电室、控制室宜选择荧光灯。

3)柴油机房宜选择防水防尘灯。

(2)应急照明的设置

变配电室、控制室及柴油机房宜设置保持继续工作的应急照明。当变配电室内设有镉镍电池直流屏时,可用作应急照明电源,但电池组容量应满足使用要求。

4.2.5 制冰间照明设计特点

制冰间中间有可移动的电动葫芦,因此安装工厂罩壁灯为宜。室内地面比较潮湿,检修插座安装高度距地1.8m为宜。或选用防潮防溅式插座距地0.5m安装。

4.2.6 加工间、挑选间、整理间照明设计特点

(1)鱼虾加工间

鱼虾加工间照度不小于100lx,一般在工作台上方吊挂荧光带,距地2m安装。室内地面比较潮湿,插座距地安装高度距地1.8m为宜。或选用防潮防溅式插座距地0.5m暗装。

(2)果蔬挑选间、整理间、食品包装间

果蔬挑选间、整理间、食品包装间照度不小于50lx、宜选择白炽灯具。

4.2.7 电梯机房照明设计

(1)机房照明

为了保障电梯正常工作和安全运行，其地面照明不小于150lx。

(2)电梯井道照明

井道内应设置电源电压为36V永久性照明，其电源由220/36V降压变压器供给。

(3)轿厢照明

轿厢照明灯具由厂家配套供应，其电源可由电梯控制屏主开关上桩头进线侧获得。

4.2.8 厂区道路照明

厂区道路照明主要用作夜间通行和警卫照明之用。照明电杆或立柱之间档距以20～30m为宜，灯具选用马路弯灯，或搪瓷配照卤钨灯和高杆球型立灯。

第5章 冷库自动控制基本内容

5.1 冷库自动化基本概念

5.1.1 冷库自动化的意义

冷库在生产运行中,库内热负荷受室外空气温度变化,食品进库以及冷加工中食品热焓变化的影响而不断波动,要克服热负荷的波动,满足食品冷藏过程中的工艺要求,就要使制冷装置的制冷量和库内的耗冷量不断趋于或达到平衡,要达到这一要求,就必须进行及时的、准确的调节,而制冷系统是一个严密的封闭系统,制冷系统的运行情况是通过温度、湿度、压力、压差、液位等参数来反映的,如果靠人工直观地去检测温度计、压力表、液位计和显示仪表等,然后再进行人工调节。那么需要操作技术很熟练的工人才能进行这项工作。而且不一定能保证及时、准确地进行调节。如果采用自动调节,无论贮藏时间的长短或外界条件的变化。不用人工参与,均能自动调节制冷工况,从而简化了管理,保证了贮藏食品的质量,也保证了制冷装置运行的可靠性、安全性和经济性,因此冷库实现自动调节和自动控制是制冷装置自动化的任务。

(1)从安全角度看冷库自动化的意义

在一些制冷设备上设置了安全保护自控元件,以确保制冷装置安全运行。例如压缩机一般均设有高、低压保护、油压差保护、冷却水断水保护、冷凝水断水保护、过流保护等。还有的压缩机设置了排气温度保护,润滑油温保护。低压循环贮液桶和中间冷却器设置了液位超高保护。其中任何一项保护出了故障都能自动切断压缩机电源,使其自动停机。这就比人工的眼观、耳听、手动操作处理来得及时和准确。

(2)从调节精度看冷库自动化的意义

《商业部冷库使用、维护管理办法》对冷间温度波动值有如下规定:

1)冻结物冷藏间库房温度波动值不得超过±1℃;

2)冷却物冷藏间库房温度波动值不得超过±0.5℃。

如果采用人工先去库房查看温度表,再确定开启供液电磁阀和开停压缩机台数,要达到上述控制精度要求是很难做到的。若是采用温度自控,温度达到上限值自动启动制冷系统制冷,温度下降到下限值就自动关闭制冷系统停止制冷,就不难达到上述控制精度要求了。

(3)从制冷设备合理使用看冷库自动化的意义

例如压缩机根据吸气压力或蒸发温度作为控制参数进行能量调节后,能使制冷量与冷间热负荷随时达到平衡,既保证了贮藏质量,又合理使用了压缩机等制冷设备和节约了电能。

又例如冷间蒸发器表面霜层增厚后,影响制冷效果和贮藏质量,压缩机能量也不能充分发挥。特别是气调库不能经常进人察看,如果采用定时程序冲霜,或根据 CPK-1 微压差控制器的信号指令自动冲霜,就能避免上述弊端。

(4) 从降低运行管理费用看冷库自动化的意义

冷库经常运行费用的支出中,电费和水费占很大的比重。实现库温自控,压缩机能量自动调节,冷凝压力自动调节,这些都是节水、节电的有效措施,都能大幅度地降低运行管理费用,减少操作人员和提高管理水平。

5.1.2 冷库自动化的分类

笔者认为冷库自动化程度一般可分为5类,供使用者和设计者参考。其中第1类机器、设备的安全保护装置是自动控制设计中必须具备的,第2至第5类的选择,则应根据生产需要、投资的可能性以及维护水平等实际情况确定。

第1类 机器、设备的安全保护装置内容

(1)氨压缩机安全保护;

(2)氨泵安全保护;

(3)中间冷却器、冷凝器、低压循环贮液桶、排液桶、贮氨器等压力容器的安全泄压保护;

(4)中间冷却器、低压循环贮液桶、氨液分离器等容器的自动供液、警戒液位自动报警装置。

第2类 局部自动控制内容

(1)机器、设备的安全保护装置。

(2)局部回路自控:

1)氨泵及液位回路自控;

2)库房温度遥测;

3)蒸发盘管自动冲霜。

第3类 半自动控制内容

(1)机器、设备的安全保护装置;

(2)局部回路自控;

(3)制冷设备在机房控制室集中控制。

第4类 全自动控制内容

(1)机器、设备的安全保护装置;

(2)局部回路自控;

(3)制冷系统程序控制;

(4)辅助工序自动控制:

1)冷凝器压力的自控;

2)放空气器的自控;

3)系统放油、油处理和压缩机自动加油控制。

第5类 最佳工况调节

随着计算机网络技术在我国的发展和应用,制冷自动控制系统也伴随着不断更新和完善,实现最佳工况调节已不是很难的了。

实现制冷装置最佳工况调节,要求测量参数准确、获得最佳控制规律以及有灵敏可靠的调节执行机构。

(1)测量参数准确:测量本身存在误差,控制也必然不可能正确。要使测量参数准确,除要求测量元件本身质量好外,还要消除外界引起误差的因素。必须对测量参数进行预处理,经过微处理机滤波后,才能得到比较准确的参数。

(2)获得最佳控制规律:获得最佳控制的关键是要选择一个能反应客观现实的数学模型,包括选择一个合适的综合指标,以及一系列计算各调节回路给定值的公式。但是这些计算公式在很多情况下是很难得到的。但是有了计算机网络后,可以通过计算机网络在线测量参数,在线探索性地进行调试,能逐步求得最佳工况。

(3)灵敏可靠的调节执行机构。近年随着电子技术的发展已开发出像电子膨胀阀和电子式蒸发压力调节阀等。为适应电子计算机监控网络的应用,制冷自控元件一定会逐步发展成以标准电信号传递的电子型控制元件,替代传统型的机械作用式的制冷自控元件。

总之采用计算机网络调节制冷生产过程的运转工况,使制冷装置保持在最经济、最合理的工况下运行,使食品在冷加工和冷藏过程中保持最好的质量,使耗电量、耗水量、耗油量降到最低限度,从而达到降低运行管理费用的目的。

5.1.3 冷库自动调节常用名词和术语

(1)自动调节:在没有人工直接参与下,而依靠仪表、自动装置来实现决定生产进程的各种参数达到给定值或按某种规律变化的操作,称为自动调节。

例如冷却物冷藏间要求室温保持在+1~-1℃之间,要保持这个温度,不仅要对室温参数不断测量,而且还需要控制。这种测量和控制不用人工去完成,而是采用仪表、自动装置来实现温度参数达到给定值,就叫自动调节。

(2)调节对象:在制冷系统中需要调节的各环节,都叫调节对象。例如,要使冷藏间温度调节在一定的范围内,那么冷藏间就是室温的调节对象。

(3)调节参数:在生产过程中需要进行调节的表征生产过程变化的参数,称为调节参数,或称被调量、输出量。例如要把库房温度保持在一定的范围内,那么库房温度就叫调节参数或称被调量。

(4)给定值:对调节参数规定的数值叫给定值,例如一间冷却物冷藏间内的温度要求保持在0℃,这个预先规定的0℃,就是库温调节系统的给定值。

(5)偏差:测定值与给定值进行比较的差值叫做偏差。例如库温的给定值是0℃,经过调节后的温度不是0℃,而是0.5℃,相差0.5℃就叫偏差。

(6)扰动:使被调量发生变化的因素叫做扰动。例如,上述偏差原因,除调节器精度外,还由于室外温度变化或库内热负荷的变化等原因造成的,这些因素对于这个温度自动系统来说叫做扰动,或称为干扰。

(7)敏感元件:是测量被调参数变化的元件,用来感受被调参数大小并输出信号的元件,称为敏感元件,又称为测量元件,或称一次仪表。例如温度传感器、湿度传感器、压力变送器等。

(8)输入量:泛指输入到自动调节系统中的信号,包括给定值和扰动。

(9)反馈:将输出量的全部或部分信号返回到输入端称为反馈。反馈的结果有利于加强输入信号则称为正反馈。相反,其作用减弱输入信号称为负反馈。

(10)调节器:对调节对象的生产过程起调节作用,使被调量不变,或使被调量作一定变化的装置叫调节器 。又称为二次仪表。

(11)调节执行机构——凡是接受调节器输出信号而动作,再控制阀门等的部件称为执行机构，如电磁阀中的电磁铁等，而电磁阀门等称为调节机构。执行机构和调节机构组装在一起就叫调节执行机构，如电磁阀等。

5.1.4 调节系统的分类

(1)按调节系统的结构分类，可分为闭环系统和开环系统

1)闭环调节系统——调节装置的输出的被调量不但受本身程序的制约，而且受现场反馈回来的检测信号(被调量参数)的控制。形成一个闭合的环路，输入、输出互相作用而又相互影响，称为闭环调节系统。闭环系统又分为正反馈闭环调节系统和负反馈闭环调节系统。

A. 正反馈闭环系统的特点：输出量越是增加，返回的输入量也越大。输入量越大，又使输出量变大。最后输出量将变到最大极限值，这种系统是不能稳定工作的。冷库不宜采用这种调节系统。

B. 负反馈闭环调节系统的特点：如图 5-1 所示，是一个冷却物冷藏间的温度负反馈闭环调节系统方框图。给定值 0℃是系统的输入量(t_2)，而偏差值就是输出量(t_1)，输出量的数值是铂热电阻所检测出的库温(被调量)与输入量相减所得的数值。温度控制器是调节器。冷风机和供液电磁阀是调节执行机构。冷间是室温的调节对象。若铂热电阻所检测出的库温(被调量)$t_1 = 1$℃反馈到输入端，其偏差值为：

$$\Delta t = t_1 - t_2 = 1℃ - 0℃ = 1℃。$$

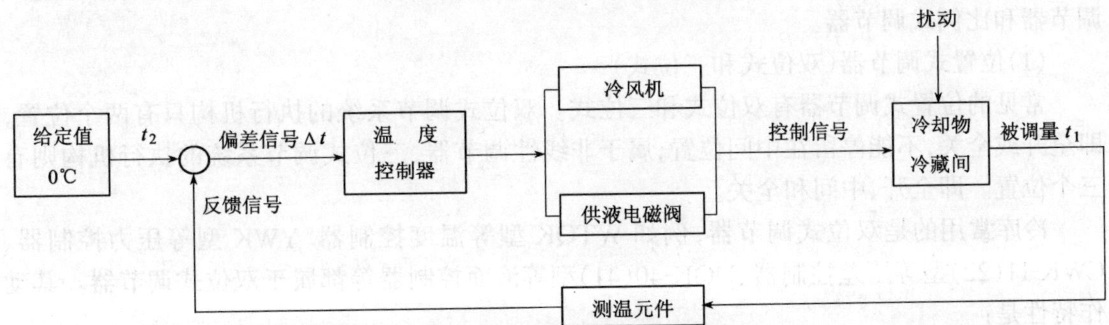

图 5-1 负反馈闭环调节系统方框图

偏差值 1℃输入温度控制器，上限动作，开启供液电磁阀和启动冷风机运行制冷，对库温进行调节。当库温下降，铂热电阻所检测出的库温 $t_1 = -1$℃反馈到输入端，其偏差值为：

$$\Delta t = t_1 - t_2 = -1℃ - 0℃ = -1℃$$

偏差值 -1℃输入温度控制器，下限动作，关闭供液电磁阀，冷风机停止运行。从上述调节过程，可以看出负反馈闭环调节系统的特性就是检测偏差，纠正偏差。使调节系统有一个稳定的输出。

2)开环调节系统——被调量不以任何形式反馈回输入端，说明进入调节装置的信号不是来自调节对象的被调参数，而是其他某一参数。而调节装置输出的控制信号却可以作用于调节对象上，并改变被调参数的数值。称为开环系统。如图 5-2 所示。手动控制系统，自动测量系统等都属于开环系统。

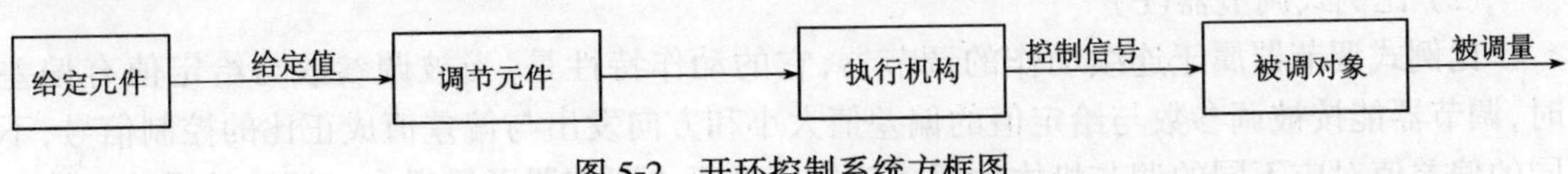

图 5-2 开环控制系统方框图

(2)按自动调节系统的特性分类,可分为定值调节系统、程序调节系统、随动调节系统三类。

1)定值调节系统:给定值是不变的数值。被调参数是保持恒定不变的。

2)程序调节系统:给定值按照预先规定的程序变化,被调参数也按这一规定的程序变化。

3)随动调节系统:给定值是随机函数,预先不知道被调量的变化规律及调节器的动作位置,只知道所要求调节的结果。

以上三种系统在冷库自动调节系统中都有应用,只不过定值调节系统和程序调节系统应用多些。

5.1.5 调节器的选择

在冷库自动调节系统设计中,选择合适的调节器是一个重要环节。调节器的选择,主要根据调节对象和测量元件时间常数和纯滞后大小、干扰幅度的大小和频繁程度,调节对象有无自平衡作用等条件,以选择合适的调节器。除考虑调节质量因素外,还应考虑节约投资和操作方便的因素。

目前国内生产的调节器,按作用特性来分,主要有位置式、比例式(P)、积分式(I)、比例、积分式(PI)和比例、积分、微分式(PID)等五种。冷库自动调节系统中,最常用的是位置式调节器和比例式调节器。

(1)位置式调节器(双位式和三位式)

常见的位置式调节器有双位式和三位式。双位式调节系统的执行机构只有两个位置,即全开或全关,不能停留在中间位置,属于非线性调节器,三位式调节系统的执行机构则有三个位置。即全开、中间和全关。

冷库常用的是双位式调节器,例如WTQK型等温度控制器、YWK型等压力控制器、CWK-11(22)型等压差控制器、UQK-40(41)型等液面控制器等都属于双位式调节器。其动作特性是:

1)双位式调节器的动作是间断的,当被调参数偏离给定值时,调节器输出信号达到最大值或最小值时,从而使电路接通或断开。

2)双位式调节器都有一定的差动范围,当被调参数不在差动范围变化,调节器不动作。

3)双位式调节器得不到稳定工况,整个调节过程是一个不衰减脉动过程。双位式调节器允许有持续小幅度脉动,只要这种脉动在允许范围内就可应用。但是这种等幅振荡使调节系统动作频繁,会使一些可动部件,如调节阀的阀芯、阀座或磁力启动器的触头磨损,容易损坏。脉动数值超过允许范围,就宜采用带中间区域的三位置式调节器,这样振荡周期就较长,使调节系统动作次数减少,减轻可动部件的磨损。

4)位置式调节器适用于单容对象,其容量系数或时间常数较大,纯滞后较小,负荷变化不大也不剧烈震荡的场所,冷库一般都是用于温度、压力和液面调节。其他参数很少使用。

5)结构简单,容易调整,价格低。

(2) 比例式调节器(P)

比例式调节器属于连续动作的调节器,它的动作特性是:当被调参数与给定值有偏差时,调节器能按被调参数与给定值的偏差值大小和方向发出与偏差值成正比的控制信号,不同的偏差值对应不同的调节机构位置。动作比位置式调节器平滑得多。调节品质一般情况都较高，在制冷系统中也得到广泛的应用，它的缺点是调节的最终结果有残余偏差，被调参数不能回到原来的给定值上。

比例式调节器可分为直接作用式和间接作用式两种。

1)直接作用式比例式调节器

直接作用式比例调节器的特点是：它将感受元件、调节器和执行机构都组成一个整体，当调节参数对给定值发生偏差时，感受元件的物理量发生变化，这种变化产生的能量直接推动调节机构动作。调节机构的位移与调节参数的变化成正比。

直接作用式比例调节器具有结构简单，价格便宜等优点，但是灵敏度和精度较差，只适用于负荷变化较小，纯滞后不太大，时间常数较大而工艺要求又不高的调节系统中。例如冷库自动控制容器液位的浮球阀，它的开启度与液位变化成正比；控制制冷剂流量的热力膨胀阀，它的开启度与蒸发器回气管中制冷剂的过热度成正比；还有吸气压力调节阀、水量调节阀……，这些都是直接作用式比例调节器。

2)间接作用式比例调节器

间接作用式比例调节器的特点是：它将感受元件、调节器和执行机构分别组成二个或三个部件。当被调参数发生变化后，感受元件只发出指挥信号给予调节器，调节器将信号放大后送至执行机构，控制调节机构动作。由于执行机构从外部输入辅助能量，它能发出较大的力量和功率，所以它比直接作用式比例调节器的灵敏度高，输出功率较大，作用距离也较远，便于集中控制。但是它结构复杂，价格较贵，又必须提供辅助能源等缺点，小型冷库中一般不采用。

间接作用私比例调节器种类，按引入辅助能量的形式可分为电动、气动和液动调节器。制冷装置中常采用的是电动、气动及电-气混合式。液压调节器仅用于要求动作迅速，且能提供很大推力的场所，例如活塞式氨压缩机气缸卸载调节，采用油压比例式调节器控制气缸卸载，属于间接式比例式调节器，它安装在氨压缩机控制台上，它由信号接收器，喷嘴球阀放大器和液动放大器三部分组成。用油管传递信号。

(3)积分式调节器(I)

积分式调节器的动作特性是：当被调参数与其给定值发生偏差时，调节机构便动作，一直到被调参数与给定值的偏差消失为止。因而被调参数能回到给定值，理论上残余偏差为零。积分式调节器只适用于下列场合：

1)被调对象具有自平衡能力，自平衡能力越大，调节过程品质越好；

2)调节系统的滞后现象要小；

3)调节速度要小；

4)扰动作用不能变化太快。

由于上述原因，冷库温度调节是不采用积分式调节的，因为温度调节滞后现象大。冷库不单独使用积分式调节器。一般选用比例积分式调节器(PI)，或比例、积分、微分式调节器(PID)

(4)比例积分式调节器(PI)

比例积分式调节器由比例调节器和积分调节器组成，它的动作特性是：当被调参数与其给定值发生偏差时，调节器的输出信号不仅仅与输入偏差保持硬性的比例关系，而且还与输入偏差对时间的积分成正比。它综合了比例、积分两种调节器的优点，它既有比例调节器反应迅速的优点，又有积分调节器消除静差的优点。它在调节过程开始时以比例调节器的特性进行调节，接着又以积分调节器的特性进行调节，所以当输入偏差存在时，调节器的输出一直在变化，直到输入偏差值等于零为止。由于比例积分式调节器具有这一特性，所以可以消除残余偏差，使被调参数最终回到给定值。凡是带弹性反馈的调节器都属于比例积分调节器，例如EPT60电子温度调节器、EQY系列自动电子平衡电桥、带比例积分气动调节器……都是比例积分调节器。

(5)比例、积分、微分式调节器(PID)

比例、积分、微分式调节器的动作特性是：比例作用的输出与偏差值成正比、积分作用的输出变化的速度(快、慢)与偏差值成正比、微分的输出与偏差变化的速度成正比。因此采用比例、积分、微分式调节器不仅加强了调节系统抗干扰的能力，而且调节系统的稳定性也得到了提高。

冷库螺杆式压缩机能量调节可采用PID调节。

5.2　氨压缩机房自动控制

氨压缩机房自动控制内容有：氨压缩机、冷凝压力、氨泵及低压循环贮液桶液位、中间冷却器、放空气器和润滑油系统等的自动控制。

5.2.1　氨压缩机的安全保护装置

氨压缩机控制台和启动柜上安装了必需的安全保护元件，以保证氨压缩机正常运行。这些安全保护元件在制冷装置发出故障前及时发出警报，使氨压缩机自动停车。并能指示故障部位和类别，以便操作人员及时检查和处理。

(1)活塞式氨压缩机安全保护

活塞式氨压缩机的安全保护装置一般有以下6项，其安装位置如图5-3所示。

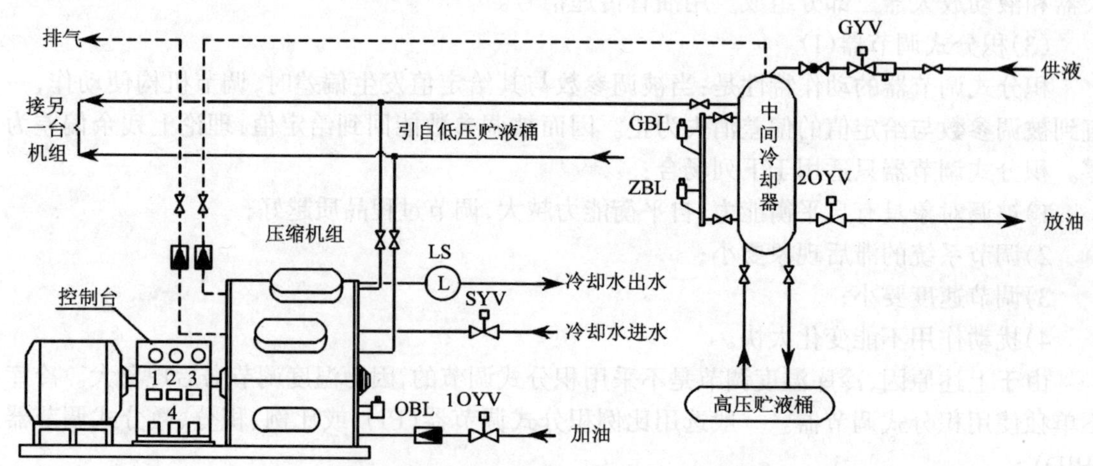

图5-3　氨压缩机安全保护装置示意图

1—高低压控制器；2—中压控制器；3—油压差控制器；4—3个卸载电磁阀；LS—水流传感器；SYV—冷却水电磁阀；1 OYV—加油电磁阀；2 OYV—放油电磁阀；GYV—供液电磁阀；GBL—超高液位传感器；ZBL—正常液位传感器；OBL—油位传感器

1)高、低压保护

氨压缩机控制台上安装了高、低压控制器(随机带来),作为高、低压安全保护装置。国内外普遍采用高、低压组合控制器,如 KD、YK-306、YWK-22 型及丹麦 DANFOSS 公司的 KP15 型。也有用分体的压力控制器分别控制高压和低压的,如 YWK-11 低压控制器,YWK-12 高压控制器。还有远传压力变送器,如 YSG 型等,能将测量到的压力变成电信号远传至仪表柜或电子计算机集中检测和控制。

高压保护是指制冷系统排气压力保护,当冷凝器断水或水量供应不足时;或因氨压缩机启动时排气管路的阀门未打开;或因制冷剂灌注过多;或因系统中不凝性气体过多等原因造成排气压力升高而产生事故,为此,当排气压力超过预定值时,高、低压控制器的高压开关立即动作,发出声光信号,同时切断电源,使氨压缩机自动停车。

低压保护是指制冷系统吸气压力保护,如若库温已经达到要求值,而氨压缩机继续运行,可能产生吸气压力过低,甚至发生抽空的现象,既是能源的浪费,也有损坏机器设备的可能。同时吸气压力过低蒸发温度也低,就会使库内贮藏的食品干耗增大,并且容易变质。因此当吸气压力低于预定值时,高、低压控制器的低压开关立即动作,发出声光信号,同时切断电源,使氨压缩机自动停车。

双级氨压缩机控制台上还安装了一个中压控制器(随机带来)作为中压保护。其保护目的和高压保护相似,当低压级排气压力(中压压力)超过预定值时,中压控制器动作,发出声光信号,同时切断电源,使氨压缩机自动停车。

2)油压差自动保护

氨压缩机控制台上安装了带延时的油压差控制器,有的厂家安装的是不带延时的油压差控制器,需要外接延时继电器。氨压缩机在运行过程中,润滑油泵出口压力与氨压缩机曲轴箱吸气压力有一定的压差的自动保护装置。

氨压缩机在运行过程中,其运行部件需要不断有一定压力的润滑油进行润滑和冷却,如果油压不足,润滑油就不能正常循环,压缩机会因润滑不良而烧毁,对于气缸卸载的压缩机,会因油压不足而无法正常工作,因此,当压缩机启动运转持续到给定的时间(一般为 60s)后,进油压力和出油压力之间的压差低于给定值(一般在 0.12~0.3MPa 之间可调)时,油压差控制器延时动作,发出声光信号,同时切断电源,使氨压缩机延时自动停车。

国内采用的带延时的油压差控制器有 JC3.5、JCS-0535、CWK-22 型。还有一种不带延时的油压差控制器,如 YCK-1 型、JC-0535 及 RT260A 型。在设计时须注意,应在外部线路中另接延时继电器,否则压缩机不能启动。因为压缩机由启动达到额定转速需要一定的时间,压缩机达到额定转速时才能建立油压。

3)冷却水断水保护

氨压缩机气缸盖设有冷却水套,在运行中如若水套断水,会使排气温度升高,严重时会使气缸变形,因此在水套出口的水管上安装液流信号器,当冷却水断流后,液流信号器将信号远传至压缩机启动柜或集中控制屏,发出声光信号,为了避免水中气泡产生误动作,采用氨压缩机延时自动停车方案。

以往常用 LX 型液流信号器,近年被北京京通自动化仪表厂生产的 SLX 型视流信号器所取代。它可以直接安装在水管上,内有不锈钢旋转磁盘,外有 AC220V、2A 特种干簧切换式接点。能就地视察水管中水流情况,又能将信号远传。

4)冷凝水断水保护

因冷凝器断水后,造成排气压力急剧上升而产生事故,所以在冷凝器出口的水管上安装液流信号器,当管内冷凝水断流后,液流信号器将信号远传至压缩机启动柜或集中控制屏,发出声光信号报警,切断电源,使氨压缩机自动停车。

5)低压循环贮液桶液位超高保护

为了防止氨液进入压缩机,在低压循环贮液桶上安装了高液位控制器,当液位超过设定值时,液位控制器动作,将信号远传至压缩机启动柜或集中控制屏,发出报警信号或自动切断电源,使氨压缩机自动停车。

6)电机过载保护

在氨压缩机控制主回路上装设了热继电器,当电机过载时,自动切断氨压缩机电源,使其停车。

双级压缩机增加中间冷却器液位超高保护。螺杆式压缩机增加油温报警。

上述所有控制器的调定值,应根据制冷装置不同的运行工况和要求来调定。

(2)螺杆式氨压缩机安全保护

螺杆式氨压缩机除具有活塞式氨压缩机的6项安全保护装置外,还设置有吸气温度、排气温度、油温、精滤器前后压差保护等。

5.2.2 压缩机的能量调节

压缩机的能量调节是指制冷压缩机的产冷量随着库房蒸发器的热负荷的变化而自动增减,通过调节压缩机运行台数或压缩机本身投入的气缸数,使压缩机的产冷量与库房蒸发器的热负荷平衡。实行氨压缩机能量调节后,可以减少蒸发压力的波动和库温的急剧波动,既可使制冷系统的运行经济合理,保证贮藏食品的质量。又可保证压缩机轻载启动,节省电力,延长压缩机的使用寿命。

(1)压缩机能量调节装置的组成

压缩机能量调节装置由测量元件、调节器和执行机构组成。

1)测量元件:压缩机的吸气压力和制冷剂的蒸发温度是能量调节的两个参数。根据吸气压力调节压缩机能量,称为压力控制法。根据蒸发温度调节压缩机能量,称为温度控制法。这两种控制方法各有优缺点。

压力控制法的测量元件是压力控制器或压力变送器,压力控制器或压力变送器的传压管直接安装在压缩机的回气管上,它能很快地传感吸气压力的变化,滞后时间短,动态偏差小。但是其静态偏差较大,特别是在蒸发温度较低的工况下,负荷(产冷量)变化所引起的相应压力变化的幅度较小,因此其控制精度相对地比较低。此外,在制冷系统的设备停止运行后,蒸发器内剩余的氨液,容易使吸气压力上升而造成假象,所以在电气控制线路上需要考虑,上载、卸载以及压缩机全部卸载后的停机,均设置延时环节。

温度控制法的测量元件是温度传感器或温度控制器,安装在蒸发盘管上和低压循环贮液桶内,测量制冷剂的温度。温度传感器也可安装在库房内测量室温。在制冷剂的蒸发温度较低的工况下,负荷变化所引起相应温度的变化幅度较大,静态偏差较小,因此其控制精度比压力控制法相对高些。例如氨的蒸发压力从0.114MPa降到0.103MPa,其压力变化幅度只有0.011MPa,而蒸发温度从-31℃降到-33℃。蒸发温度变化幅度为2℃。比压力控制法变化幅度大得多。但是温度传感器的感温元件有一层金属外壳,所以不如压力变送器反应迅速，滞后时间相对要长，动态偏差大。尤其是温度传感器安装在蒸发器上时，要控制霜层不能太厚。否则会误导压缩机的能量调节跟不上库房热负荷的变化假象。

2)能量调节器

A. 凡是具有上下限触点的压力控制器和温度控制器，压力或温度调节范围在设计允许值内，都可以作为压缩机的能量调节器。

B. TDF型分级步进调节器，是20世纪70年代专为冷库活塞式压缩机设计的定点延时分级步进调节能量的调节仪表。根据被控参数的变化，能对制冷机群进行定点延时分级调节，对压缩机能量的增减实现步进控制。做到比较经济合理地使用压缩机。

它有TDF-01型和TDF-02型两种型号。

TDF-01型输入信号为直流0~10mA，可与YSG-01型电感压力变送器配套使用，以回气的蒸发压力作控制参数，对机群进行能量调节。

TDF-02型是在TDF-01型的基础上，加接了一块将电阻转换为0~10mA直流输入信号的线路板，可直接接 BA_2 铂热电阻。以氨液的蒸发温度为控制参数，对机群进行能量调节。

TDF型调节分为八级，每一级可以是压缩机台数，也可以是有卸载装置压缩机的气缸数。

C. 进口丹麦丹佛斯(Danfoss)公司的AK30型自适应控制系统，是一种智能型能量调节器。它也是分八级进行调节。它由主板(AKC 31M)、辅板(AKC 31S)、压力变送器(AKS 31)和温度传感器(AKS 21)组成。在它的主板内安装了一个微处理器芯片，除具有数据采取和监测功能外，还可以对任何活塞式或螺杆式压缩机群进行步进能量调节。它的面板上能显示制冷系统高、低压侧的温度值、压力值和压缩机的功率，若是螺杆式压缩机还能显示能量调节阀板的位置。还具有与其他PC机的通信功能和操作程序。可以通过用户自备的PC机进行整过生产运行过程控制、监测和数据采取。

D. 国内贸易工程设计研究院欣辉公司近年开发的XH2000冷冻、冷藏系统计算机网络可实现对活塞式压缩机分级调节；对螺杆式压缩机能量进行PID无级调节。详见第8章。

3)活塞式压缩机能量调节执行机构

活塞式压缩机的能量调节执行机构是由能量调节电磁阀和卸载装置组成。

活塞式压缩机气缸卸载装置机械动作原理如图5-4所示。该机构的动作是靠压缩机的润滑油泵的油压和弹簧1进行的。在压缩机启动前，因无油压进入油缸，油缸内的油活塞在弹簧1的推动下，处在油缸的左端，套在气缸外的转动环在拉杆的带动下向左转动，使顶杆克服弹簧2的弹力而将气缸吸气阀片顶开，从而使该气缸处于卸载工况。压缩机启动后，当控制油路的电磁阀断电关闭时(二通阀为通电开启)，油泵输出的压力油进入油缸，将油活塞推向油缸的右端，套在气缸外的转动环在拉杆的带动下向右转动，使顶杆落入斜面切口中，吸气阀片落下回到阀座，从而使该气缸上载。只要对油路进行控制，压缩机就可上载或卸载。

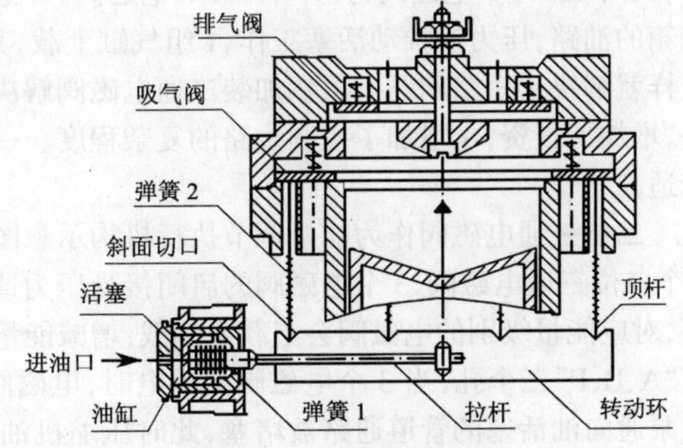

图 5-4 气缸卸载机械动作示意图

能量调节电磁阀有二通电磁阀、三

通电磁阀和四通双电磁阀，这三种能量调节执行机构的工作原理是一样的。都是根据测量元件所检测到的吸气压力或制冷剂的蒸发温度的参数，反映对压缩机的能量级别的要求，通过电磁阀的启闭控制压缩机卸载装置的油路，使通往压力油缸的油路导通或堵塞，使其所对应的压缩机气缸上载或卸载，从而达到能量调节的目的。

虽然上述三种电磁阀工作原理一样，但是具体工作情况各不相同。二通电磁阀作为能量调节执行机构示意图如图5-5所示。当二通电磁阀通电开启时，油缸无油压，压缩机油缸内的油通过开启的电磁阀流回至曲轴箱后，从而使该气缸处于卸载工况。当电磁阀断电关闭时，油泵输出的压力油进入油缸推动油活塞工作从而使该气缸上载。根据检测到的吸气压力或制冷剂的蒸发温度的参数设定值，通过控制四个二通电磁阀的先后启、闭次序。一台八缸的压缩机可按0、1/4、1/2、3/4、4/4等四级能量调节。但是二通电磁阀会造成供油系统短路的情况发生。当其中一个电磁阀断电关闭后，油泵提供的压力油仍可通过其他开启的电磁阀流回曲轴箱。特别是在低蒸发压力的运行中，更容易产生这种短路情况，造成该上载的气缸不能上载。也影响压缩机的润滑。解决短路的办法是在每根油管上再加装一个二通电磁阀。如图5-6所示。压缩机启动时，11NYV、21NYV、31NYV、41NYV电磁阀都关闭，堵塞了提供压力油的油路。12NYV、22NYV、32NYV、42NYV电磁阀全都通电打开，油缸内的油通过打开的电磁阀流回轴曲箱，压缩机处于全卸载工况轻载启动。1组气缸上载时，关闭12NYV电磁阀，打开11NYV电磁阀，导通了提供压力油的油路，堵塞了回流至轴曲箱的油路，压力油推动活塞工作，1组气缸上载，其余几组气缸按同样动作原理依次上载。这样就解决了短路问题。虽然加装二通电磁阀解决了供油系统短路的问题。但是增加了设备，增加了投资，也增加了控制线路的复杂程度。一般改用三通电磁阀或四通双电磁阀较为合适。

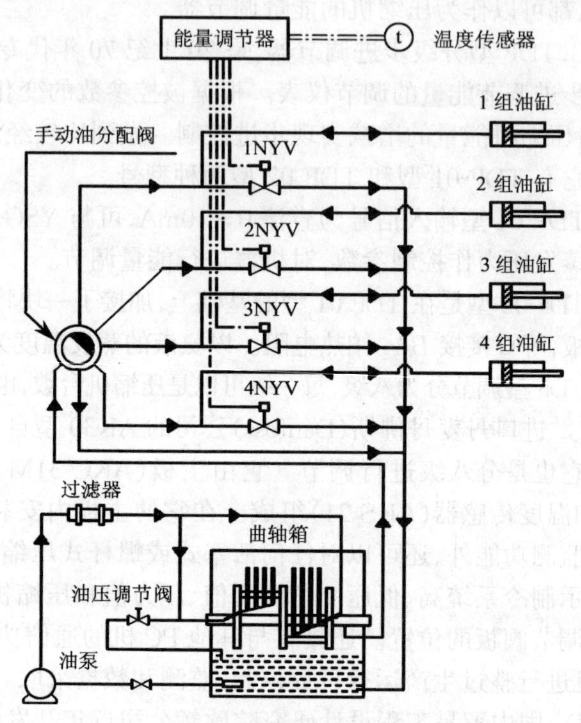

图5-5　二通阀能量调节机构示意图

二位三通电磁阀作为能量调节执行机构示意图如图5-7所示。图上1NYV～3NYV是3个二位三通电磁阀，3个电磁阀的启闭接受压力或温度信号指令，当压力或温度到达设定值，对应能量级别的电磁阀会上载或卸载，增减能量。达到能量调节的要求。每个电磁阀内有“A、B、P”三个孔，当3个电磁阀全通电时，电磁阀内“A、P”两个孔相通，而“B”孔被堵塞。油泵通向油活塞的管道通路被堵塞，此时压缩机油缸内的油通过“A、P”两个孔流至曲轴箱后，油缸无油压，气缸吸气阀片被弹簧顶杆，压缩机气缸均处于全卸载工况，压缩机轻载启动。当1SP压力控制器到达给定的上限值，指令1NYV电磁阀断电时，"B、A"两个孔相通，而"P"孔被堵住，油泵至油缸的管道被导通，油泵输出的压力油流至油缸，推动油活塞工作，建立起油压，使第1组气缸吸气阀片落下上载。压缩机在33%能量级运行。当2SP压力控制器到达给定的上限值，指令2NYV三通电磁阀断电，使第2组气缸吸气阀片落下上载。压缩机在66%能量级运行。当3SP压力控制器到达给定的上限值，指令3NYV三通电磁阀断电，使第3组气缸吸气阀片落下上载。压缩机达到100%满负荷能量级运行。

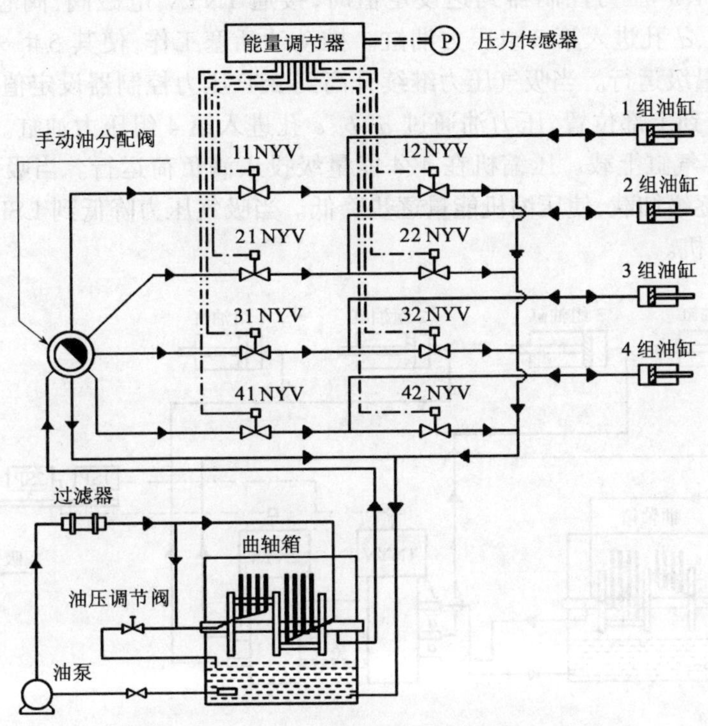

图5-6 双二通阀能量调节执行机构示意图

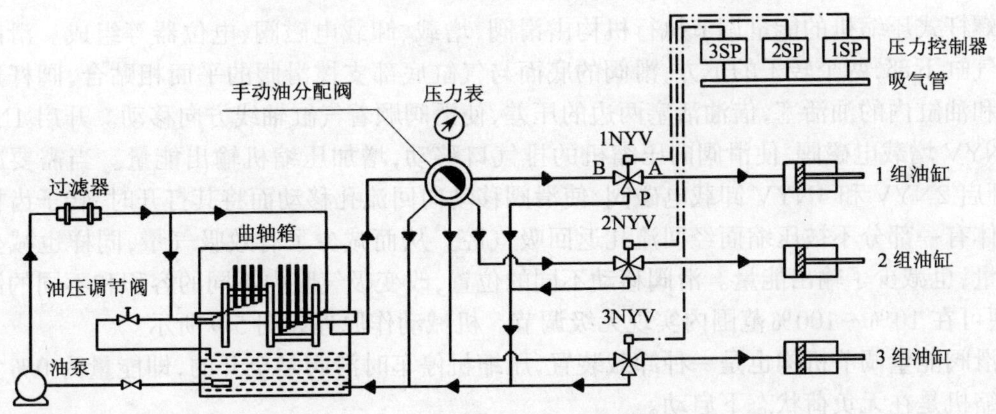

图5-7 二位三通阀能量调节执行机构示意图

相反，当1～3SP压力控制器到达给定的下限值，指令1-3NYV先后通电，逐级卸载。

二位四通双电磁阀作为能量调节执行机构示意图如图5-8所示。对四组八缸的压缩机进行能量调节,1组(1#、2#气缸)和2组(3#、4#气缸)为基本工作缸,受LSP压力控制器的控制。3组(5#、6#气缸)和4组(7#、8#气缸)为调节缸,受1~2SP压力控制器的控制。当冷间发出降温指令,启动压缩机,刚启动时,油压尚未建立,压缩机处于全卸载工况,当压缩机转入正常运行,油压一建立,压力油就通过二位四通双电磁阀的 a、b、c 孔进入1组和2组压力油缸,推动油活塞工作,使其1#~4#气缸上载。压缩机在1/2能量级运行。当吸气压力升高,1SP压力控制器到达设定值时,接通1NYV电磁阀,阀芯提升到上部位置,压力油通过 a、d 孔进入第3组压力油缸。推动油活塞工作,使其5#~6#气缸上载。压缩机在3/4能量级运行。当吸气压力继续升高到2SP压力控制器设定值时,接通2NYV电磁阀,阀芯提升到上部位置,压力油通过 a、b、e 孔进入第4组压力油缸。推动油活塞工作,使其7#~8#气缸上载。压缩机在4/4能量级投入满负荷运行。当吸气压力降低时,则以相反的方向逐级卸载,使压缩机能量逐步降低。当吸气压力降低到LSP控制器的下限值时,压缩机便停机。

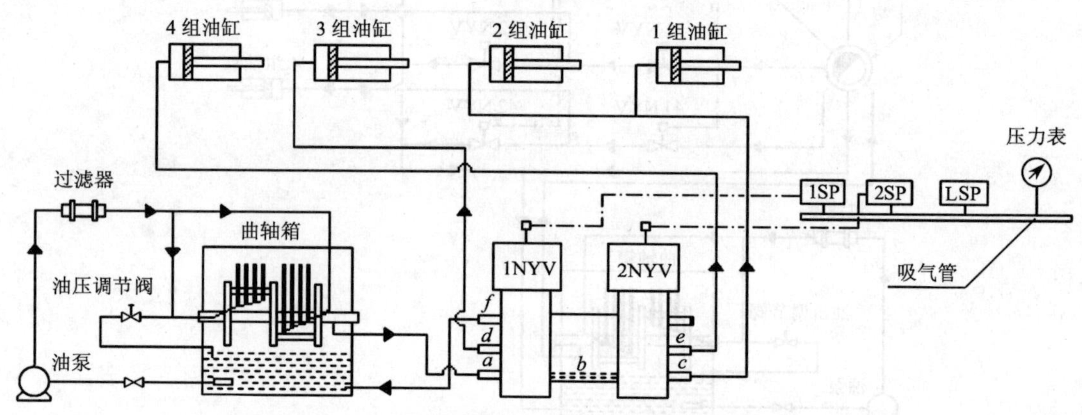

图5-8 二位四通阀能量调节执行机构示意图

4)螺杆式压缩机的能量调节执行机构

螺杆式压缩机的能量调节执行机构由滑阀,增载、卸载电磁阀、电位器等组成。滑阀设置在气缸下部,两个转子的下方,滑阀的底面与气缸底部支撑滑阀的平面相贴合,阀杆连接滑阀和油缸内的油活塞,借油活塞两边的压差,使滑阀顺着气缸轴线方向移动。开启1NYV和3NYV增载电磁阀,使滑阀向压缩机的排气口移动,增加压缩机输出能量。当需要减载时,开启2NYV和4NYV卸载电磁阀,使滑阀移动向回流孔移动而将其打开时,转子齿槽内的气体有一部分不被压缩而经回流孔返回吸气腔。从而减少了有效吸气量,同样也减少了排气量,也减少了输出能量。滑阀移动不同的位置,改变吸气腔内不同的容积和不同的制冷量,便可在10%~100%范围内实现无级调节。机械动作原理如图5-9所示。

滑阀能量调节机构也是一种卸载装置,压缩机停车时滑阀是全开的,即能量为0%。所以压缩机是在无负荷状态下启动。

螺杆式压缩机的能量调节,可以根据蒸发温度也可以根据压缩机的吸气压力调节。图5-10所示的控制方框图是根据蒸发温度调节,由比例温度调节器、凸轮调节器、自动平衡器、压缩机能量调节机构组成反馈比例控制电路,当安装在低压循环贮液桶的底部温度传感器BT检测的温度信号传递到比例温度调节器与给定值比较后发生偏差，若实测温度大于给定值，则由比例温度调节器向凸轮调节器发出增加负荷信号，使凸轮调节器开始向右旋转，旋转的幅度受比例温度调节器反馈电路的偏差值的控制，同时凸轮调节器内的反馈电位器移位变值，引起自动平衡器的电桥电路不平衡，使1NYV、3NYV上载电磁阀得电，推动滑阀向排气口移动，增加压缩机输出能量。直至压缩机输出能量与热负荷平衡为止。

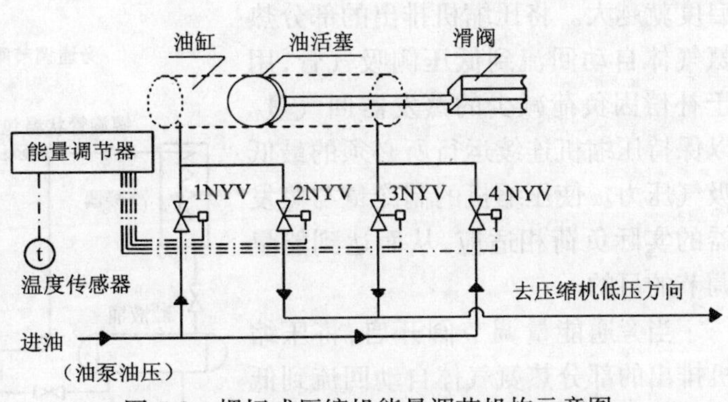

图 5-9 螺杆式压缩机能量调节机构示意图

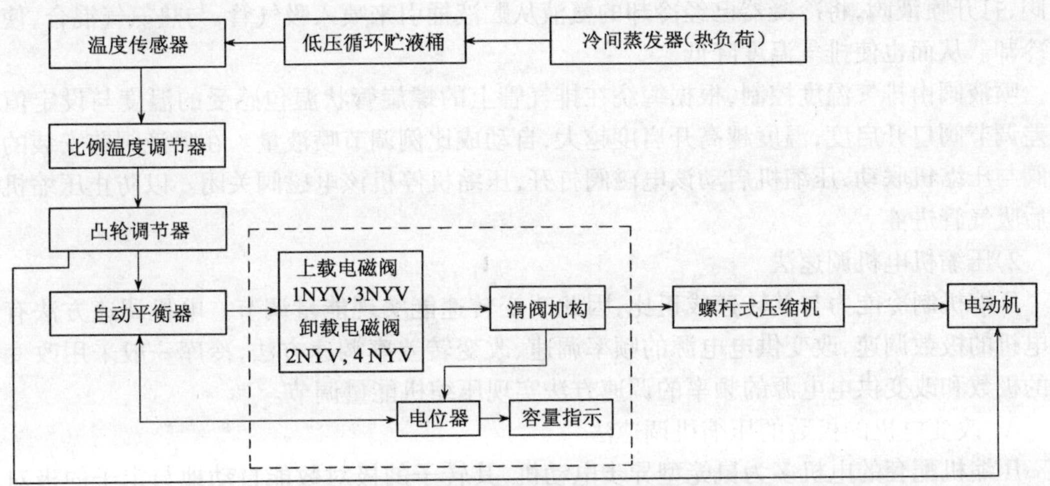

图 5-10 螺杆式压缩机能量调节控制方框图

若实测温度小于给定值，则由比例温度调节器向凸轮调节器发出减少负荷信号，使凸轮调节器开始向左旋转，凸轮调节器内的反馈电位器移位变值，引起自动平衡器的电桥电路不平衡，使2NYV、4NYV卸载电磁阀得电，推动滑阀移动将回流孔打开，使一部分气体不被压缩而直接返回吸气腔，这样就逐步减少了压缩机输出能量。直至压缩机输出能量减少到10%而停车。

(2)活塞式压缩机能量调节方法

活塞式压缩机能量调节方法有多种。其中不用一件电器元件的方法也有，例如比例式油压调节阀控制气缸卸载，它就不需要任何电器元件，它能根据吸气压力的变化，自动向卸载机构提供油压，我国生产的8FS10型压缩机已采用了这种调节方式。下面只介绍与电气有关的能量调节方法。

1)旁通能量调节

旁通能量调节适用于自身不带卸载机构的小型压缩机，采用一个旁通能量调节阀实现压缩机的能量调节，如图5-11所示。旁通能量调节阀是一种阀后恒压阀。当制冷装置热负荷减少，压缩机吸气压力下降至设定值时，于是旁通能量调节阀开启，吸气压力越低，阀的开启度就越大。将压缩机排出的部分热氨气体自动回流到低压侧吸气管,用于补偿因负荷减少的蒸发器回气量。以保持压缩机连续运行所必须的最低吸气压力。使压缩机的制冷量与蒸发器的实际负荷相适应,从而达到能量调节的目的。

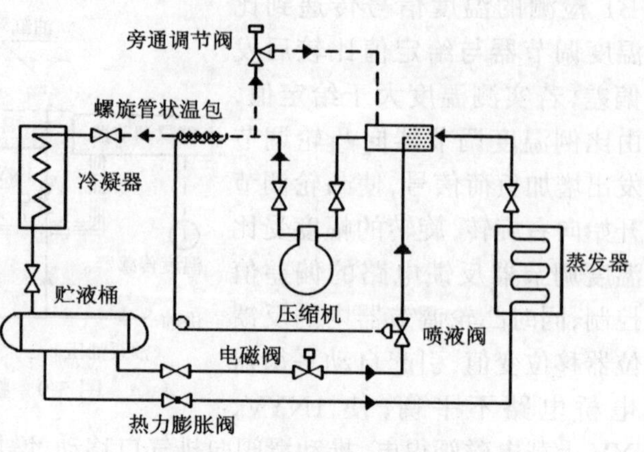

图5-11 旁通能量调节示意图

当旁通能量调节阀开启,将压缩机排出的部分热氨气体自动回流到低压侧吸气管,此时会引起压缩机吸气温度增高,导致排气温度相应增高。甚至超过允许值。因此安装了一个喷液阀,打开喷液阀,将冷凝器已经冷却的氨液从贮液桶引来喷入吸气管,与热氨气混合,使吸气冷却。从而也使排气温度降低。

喷液阀由排气温度控制,根据缠绕在排气管上的螺旋管状温包感受的温度与设定值的偏差调节阀口开启度,温度越高开启度越大,自动成比例调节喷液量。在喷液阀前安装的电磁阀与压缩机联动,压缩机启动该电磁阀打开,压缩机停机该电磁阀关闭。以防止压缩机停机后吸气管进液。

2)压缩机电机调速法

压缩机制冷能力与其转速成正比,因此改变转速能实现能量调节。电机调速方法有改变电机的极数调速、改变供电电源的频率调速、改变转差率调速方法,冷库一般采用改变电机的极数和改变供电电源的频率的调速方法实现压缩机能量调节。

A. 改变电机的极数的压缩机调速法

压缩机配套的电机多为鼠笼型异步电动机,其转子的极对数能自动地与定子的极对数相对应。改变电机定子的极对数,可使同步速度改变,从而得到速度的调节,同时也得到压缩机的能量调节。例如两极和四极电机,压缩机能量调节就有0、50%、100%三档。调速的档数越多,能量调节精度越高。用内燃机直接驱动的压缩机,采用这种方法比较好,因为内燃机已有变速机构,用变速箱可以在很宽的范围内调速。

B. 变频调速方法

异步电动机的转速和输入电流的频率成正比,因此调节频率可以改变转速。在变频调速时,为了使功率因数和磁通能够保持不变,那么当频率降低时,输入电压也应成比例地减小。因此一般采用变频器改变电机的输入电压,使转速平滑改变,实现无级调速。这是一种最方便最理想的变速能量调节方式。但初投资较高,目前限于用在小型压缩机。

3)单台压缩机开、停法

这是一种最简单的单台压缩机的能量调节方法,利用库房温度控制器或压缩机控制台上的压力控制器直接控制压缩机的启动和停车。其调节值仅为0、100%两档。所以只适用于小型压缩机或热负荷变化比较小的冷库,若负荷变化大,使压缩机开停频繁,造成压缩机短循环,吸气压力波动大,曲轴箱内油沸腾,使压缩机大量失油,电机过热和运动部件易损坏而缩短其使用寿命,因此采用此调节方法时,要考虑温度控制或压力控制器的接通和断开之间的差动值。差动值过小造成压缩机开停频繁,差动值过大则起不到调节作用。

4)开停台数调节方法

大、中型冷库选用数台容量相同或不同的氨压缩机,采用开停台数的方法进行调节。

例如有三台氨压缩机,具有同样的开停压力值,每台机组都带有卸载装置,均具有三级能量,采用压力控制器控制,当第一台氨压缩机全负荷投入运行后。吸气压力不能降低,则第二台氨压缩机逐级上载,当第二台氨压缩机全负荷投入运行后,吸气压力还不能降低,则第三台氨压缩机逐级上载。直到压力降至给定值为止。卸载程序与上载程序相同,但方向相反。本方法的上载程序、卸载程序与定值逐级卸载法相同。只不过是对一个蒸发系统的多台压缩机进行能量调节。这种方法仍受气缸数量的限制。但是对压缩机台数较多,热负荷较大的冷库较为适宜,因为压力控制上下限的幅差小,故控制较为稳定。各台压缩机运行顺序的改变及任意一台压缩机退出运行都较为简便。

5)定值逐级卸载法

单台活塞式氨压缩机的能量调节常采用根据吸气压力或蒸发温度定值逐级卸载法。这是一种比较经济的能量调节方法。国产活塞式氨压缩机上,均带有气缸卸载机构。都可采用气缸逐级卸载法进行能量调节。

定值逐级卸载法,需首先确定压缩机的能量级别和它相对应的制冷量,同时确定每个能量级别相对应的吸气压力或蒸发温度设定值。压缩机一经启动,在很短的延时时间内,各组气缸依次上载投入全负荷运行。当冷间内的热负荷逐渐减小,压缩机的制冷量有多余时,根据吸气压力或蒸发温度设定值,通过调节电磁阀控制卸载机构油缸内油活塞的油路,就卸载到相应的能量级别。相反,当冷间内的热负荷增大,根据吸气压力或蒸发温度设定值,通过调节电磁阀控制卸载机构油缸内油活塞的油路,就上载到相应的能量级别,即可实现压缩机的能量调节。

但是定值逐级卸载法受到气缸数量的限制,其能量的变化呈阶梯式。通常一台四缸单级氨压缩机只有0、1/2(50%)、1(100%)两级能量可调节;一台六缸氨压缩机只有0、1/3(33%)、2/3(66%)、1(100%)三级能量可调节;一台八缸双级氨压缩机只有0、1/4(25%)、1/2(50%)、3/4(75%)、1(100%)四级能量可调节。

定值逐级卸载法当压缩机在低负荷工况下运转是不经济的,因为卸载气缸仍在空转,仍然要消耗功率,负荷变化大的冷库,宜选用多台压缩机进行能量调节。

例如一台Z8AS-12.5自动型单级氨压缩机(冰轮集团烟台冷冻机总厂产品),它有8个气缸分成三组,1#,2#低压气缸为第1组,3#~6#低压气缸为第2组,7#、8#低压气缸为第3组,1NYV~3NYV三通能量调节电磁阀分别直接控制各组气缸卸载机构的压力油缸油活塞的油路,1NYV能量调节电磁阀控制第1组气缸上载和卸载;2NYV能量调节电磁阀控制第2组气缸上载和卸载,3NYV电磁阀控制第3组气缸上载和卸载。氨压缩机按0、25%(1/4)、75%(3/4)、100%(1)等三级进行能量调节。在吸气管上安装了1SP~3SP压力控制器,每个电磁阀均根据压力控制器调定有吸气压力参数控制。即实现定值逐级卸载能量调节。

控制流程方框图如图5-12所示。1SP压力控制器控制1NYV能量调节电磁阀,2SP压力控制器控制2NYV能量调节电磁阀,3SP压力控制器控制3NYV能量调节阀电磁阀。将1SP~3SP压力控制器的控制值设定在对应的能量级别上,假定1~3SP压力控制器分别断开和接通1～3NYV能量调节阀电磁阀电源的压力设定值如表5-1所示。当压缩机接到开机信号(自动或手动)后,确认各项安全保护装置正常,便开始降压启动,同时1NYV～3NYV三个能量调节电磁阀通电卸载。8个气缸均处于全卸载工况,压缩机轻载降压启动。经延时,1NYV～3NYV电磁阀依次断电,各组气缸逐级上载,4组(8个气缸)全部投入运行时,压缩机已达到100%满负荷运行。当库房蒸发器的热负荷减少,压缩机制冷量有多余时,吸气压力逐步降低。当吸气压力降到P_{32}＝0.39MPa设定值时,3SP压力控制器下限触头接通得电。使3YV电磁阀通电,关闭油泵通向油缸的通路,停止对第3组压力油缸供应油,第3组气缸卸载,氨压缩机降至75%能量级运行。当吸气压力继续下降,降到P_{22}＝0.36MPa设定值时,2SP压力控制器下限触头接通得电。使2NYV电磁阀通电,停止对第2组压力油缸供应油,第2组气缸卸载,氨压缩机降至25%能量级运行。当氨压缩机的产冷量与库房蒸发器的热负荷平衡时,吸气压力降到P_{12}＝0.28MPa设定值,1SP压力控制器下限触头接通得电,使1NYV电磁阀通电,停止对第1组压力油缸供应,第1组气缸卸载,氨压缩机轻载运行15s后,切断氨压缩机电源。自动(或手动)停车。

当吸气压力回升到P_{11}＝0.33MPa设定值时,1SP压力控制器上限触头接通得电,氨压缩机重新启动,1NYV断电,第1组压力油缸获得压力油,第1组气缸上载,氨压缩机在25%能量级运行。吸气压力再回升到P_{21}＝0.4MPa设定值时,2SP压力控制器上限触头接通得电,2NYV断电,第2组压力油缸获得压力油,第2组气缸上载,氨压缩机在75%能量级运行。吸气压力继续回升到P_{31}＝0.43MPa设定值时,3NYV断电,3SP压力控制器上限触头接通得电,第3组压力油缸获得压力油,第3组气缸上载,氨压缩机在100%满负荷能量级运行。

压力控制器设定值　　表5-1

压缩机能量级别		25%(1/4)		75%(3/4)		100%(4/4)	
压力控制器		1SP		2SP		3SP	
		吸气压力设定值(MPa)					
电磁阀		P_{11}(上限)	P_{12}(下限)	P_{21}(上限)	P_{22}(下限)	P_{31}(上限)	P_{32}(下限)
1NYV	通电卸载	—	0.28	—	—	—	—
	断电上载	0.33	—	—	—	—	—
2NYV	通电卸载	—	—	—	0.36	—	—
	断电上载	—	—	0.40	—	—	—
3NYV	通电卸载	—	—	—	—	—	0.39
	断电上载	—	—	—	—	0.43	—

该机组手动控制有1/2能量级,如若自控中增设1/2能量级,则需增加一个能量调节电磁阀和一个压力继电器。

6) 定点延时分级步进的程序调节方法

大型冷库中氨压缩机的能量调节,采用运行台数和气缸卸载相结合的定点延时分级步进的程序调节能量的方法。也是最常见的一种调节能量的方法。

定点延时分级步进调节方法,是一种位式调节加延时的方法,在相同开停压力控制值范围内,压缩机能量逐级延时上载或卸载。

例如某冷库共有五台ZS8-12.5自动型双级氨压缩机,每台都有3个卸载电磁阀。可控制1/4、3/4、4/4 三级能量,那么五台压缩机能量级可以组成 15 个能量级。制冷工艺要求根据吸气压力进行能量调节,压力控制限位给定值为:

过低限:0.00MPa;

低限:0.01MPa;

高限:0.035MPa;

过高限:0.05MPa。

吸气压力在 0.01MPa ~0.035MPa 低限与高限之间,压缩机组的产冷量与库房的热负荷基本平衡,能量不增不减,机群保持在现有能量级运行。当压力超过 0.035MPa 高限时,说明冷间热负荷明显大于制冷量,每延时 16min 增加一级能量。当压力达到 0.05MPa 过高限(极限)值时,说明热负荷远超过制冷量,需要加速调节。每延时 2min 增加一级能量。

相反,当压力降低在 0.00～0.01MPa(过低限和低限)之间,每延时 16min 卸载一级能量。当压力降至 0.00MPa(过低限)时,每隔 2min 卸载一级能量。最后只剩下一级能量后,延时 15s 压缩机自动停车。能量调节自控程序方框图如图 5-13 所示。

5.2.3 "Z"系列自动型氨压缩机的应用

"Z"系列自动型氨压缩机是国内贸易工程研究设计院(原商业部设计院)郭孝礼副总工程师根据多年自控设计经验,帮助烟台冷冻机总厂设计和研制成功的 20 世纪 80 年代开发成功的产品,由烟台冷冻机总厂生产,自从成为定型产品以来,深受用户的欢迎。

(1)"Z"系列自动型氨压缩机特点

1)它由压缩机、控制台、自动控制柜组成一个独立的自动型氨压缩机单元回路。集启动、上载、卸载、停机、安全保护于一体。便于纳入冷库自控系统,操作和维护都很方便。

上载部分,缸数不同卸载机构数量不同,有两个三通电磁阀和三个三通电磁阀两种基本类型。双级机对高压缸和低压缸的上载先后程序有规定,就油路而言与单级机没有什么区别。

2)"Z"系列自动型氨压缩机定型产品的出现,减少了设计工作量,制冷工艺和电气工种都不需另出控制和安全保护图纸。只需根据设计要求选择型号。

3)增加了运行计时表,便于氨压缩机调配和维修。

4)增加了电度表,便于经济核算。

5)增加了油位控制器,能显示油位,并能发出加油信号,以实现自动或半自动加油。

6)自控元件随机配套供应,用户买回机器就能使用。双级压缩机计有 12 个自控元件。单级压缩机计有 10 个自控元件,比双级压缩机少 1 个 ZZRN-65 型高压排气止回阀和 1 个中压控制器。双级压缩机有下列自控元件:

A. 安装在控制台上有 ZCYS 型三通电磁阀 3 个;高压压力控制器 1 个;中压压力控制器 1 个;油压差控制器 1 个共 6 件。

B. 压缩机曲轴箱内带 UQK-42 型油位控制器 1 个。

C. 另有 5 件装箱随机发运:ZZRN-65 型高压排气止回阀 1 个;ZZRN-100 型低压排气止回阀 1 个;ZCLN-15 型加油止回电磁阀 1 个;ZCS-20 型水电磁阀 1 个。

(2)自启动、上载控制程序

以 ZS8-12.5 双级压缩机为例,自启动、上载控制程序方框图如图 5-14 所示。控制原理如图 5-16、图 5-17 所示,控制台原理接线图如图 5-18 所示。端子接线图如图 5-19 所示。

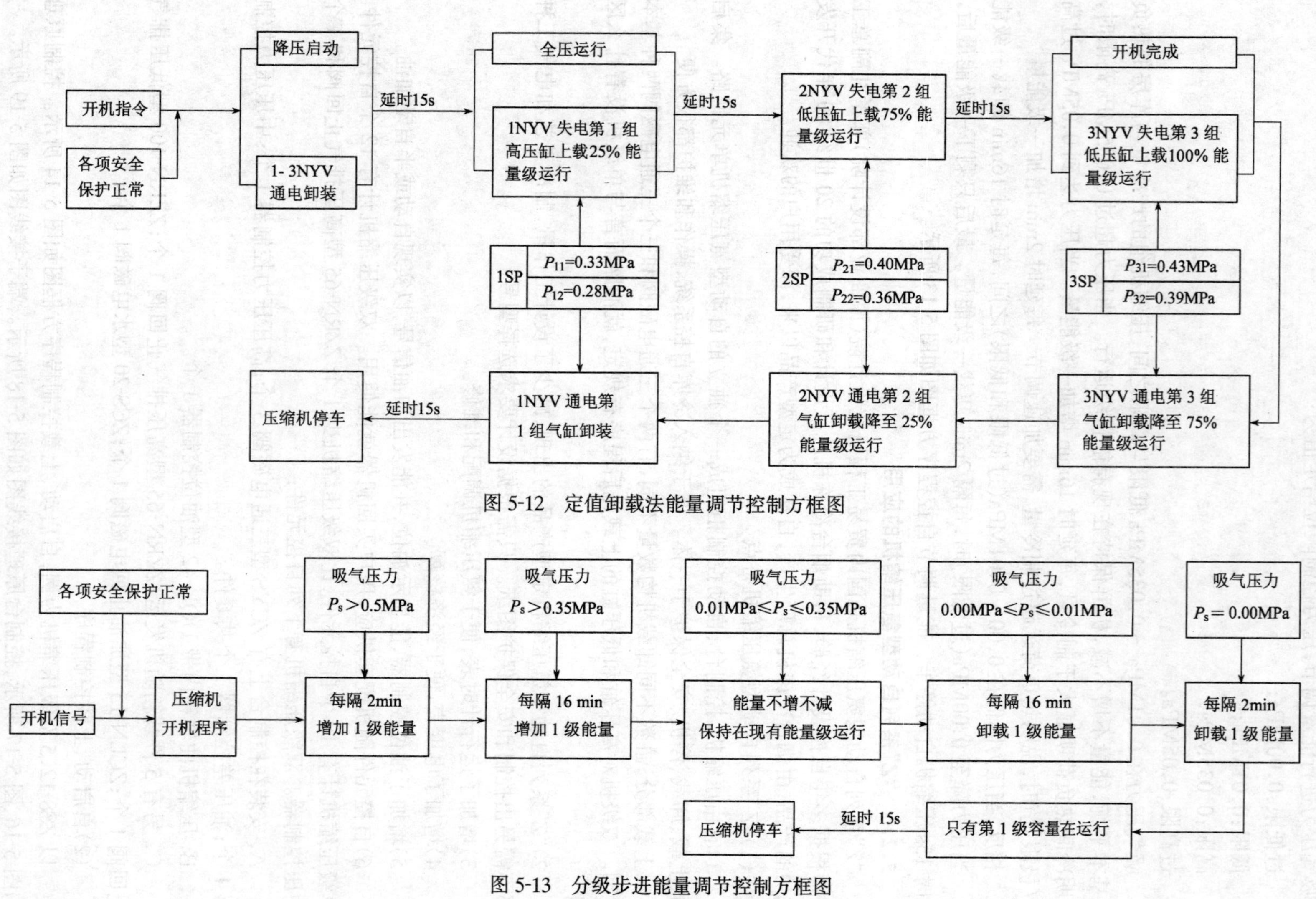

图 5-12 定值卸载法能量调节控制方框图

图 5-13 分级步进能量调节控制方框图

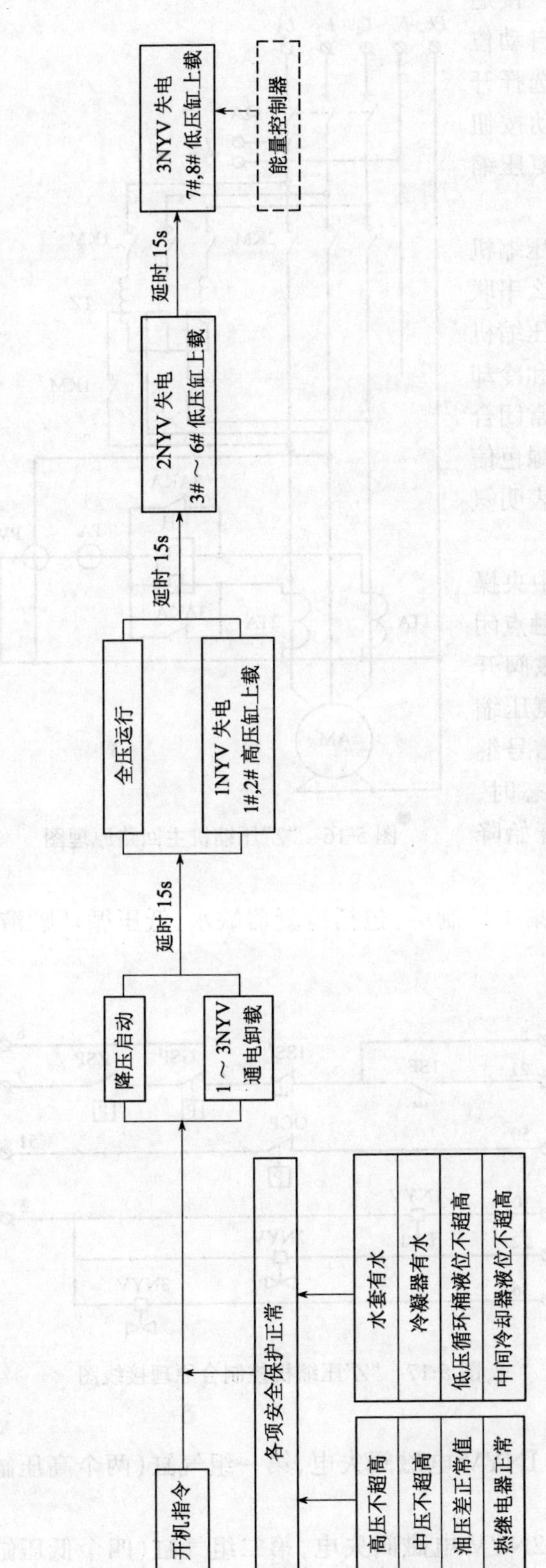

图 5-14 "Z"压缩机起动和上载程序方框图

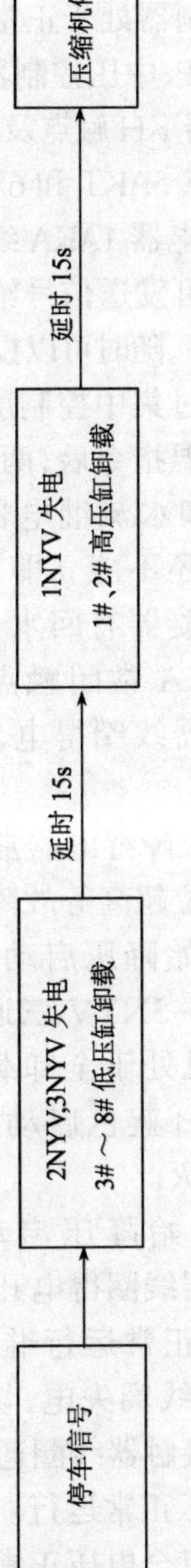

图 5-15 "Z"压缩机停机程序方框图

1)本机型有自动/手动两种控制方式。接通控制电源后，将选择开关2SA拨到右45°自动位置,氨压缩机便纳入自动运行程序。若将选择开关2SA拨到左45°手动位置,需要再按启动按钮1SF或按控制台上1SF、1SF′启动按钮后,氨压缩机也会按自动程序运行。

当2SA选择开关在自动位置时,如若氨压缩机各项安全保护控制器处于正常工作状态,那么串联的高压控制器GSP、中压控制器ZSP(双级氨压缩机才配备)、热继电器KH触点及油压差控制器和冷却水的常闭延时接点5AKT和6AKT均处于正常闭合状态,于是监视继电器1AKA线圈得电,2HG绿色信号灯亮,1AKA还可发送信号给集中控制屏,表明氨压缩机已准备就绪,随时可以投入运行。

2)当冷间通过集中控制屏或监控系统中央操作站发出要求降温指令后,两个KKA常开触点闭合,油位控制器和水流继电器通电,水电磁阀开启。但氨压缩机还不能立即启动,只有当氨压缩机水套有水和冷凝器有回水信号,即液流信号继电器LKA和XKA常闭触点处于通电状态时,2AKA启动继电器线圈得电,氨压缩机才开始降压启动。

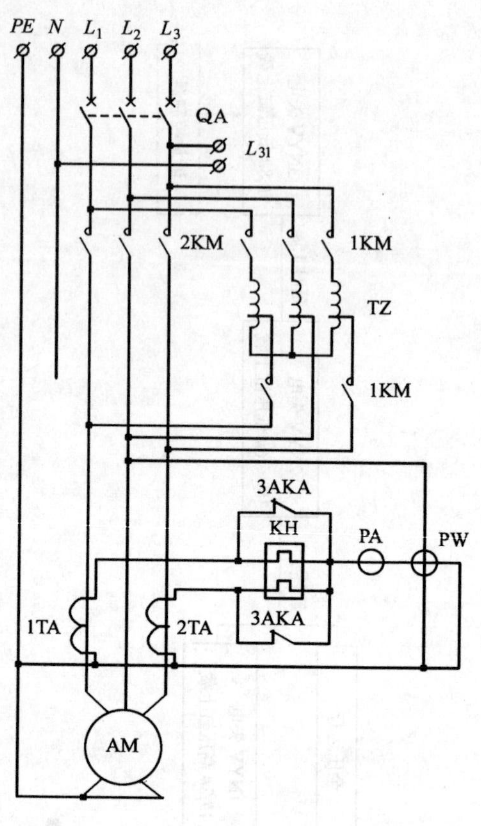

图5-16　"Z"压缩机主回路原理图

2XKA系统故障继电器常闭触点,引自集中控制屏,包括冷凝器缺水、低压循环贮液桶和中间冷却器液位超高等故障。

氨压缩机开始降压启动的同时,连接卸载机构的1～3NYV三通电磁阀通电卸载,使压缩机处于全卸载工况下轻载启动。同时HB蓝色启动信号灯亮,1HG绿色信号灯灭。

氨压缩机开始降压启动的同时,1AKT时间继电器线圈得电开始延时,延时15s后,3AKA正常运行继电器得电,1KM交流接触器线圈失电,切除自耦变压器,2KM交流接触器线圈通电吸合,氨压缩机转入全电压正常运行。

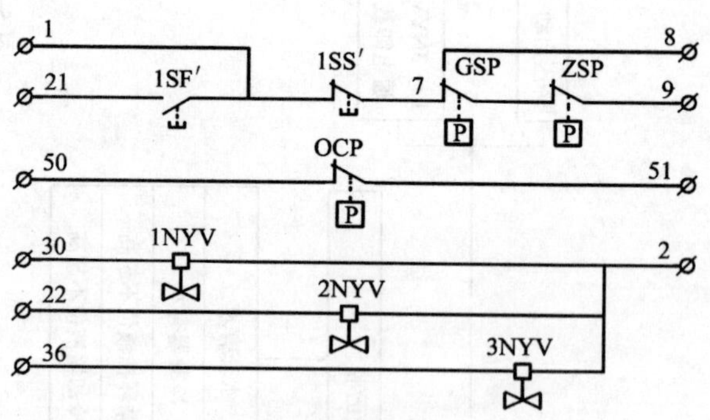

图5-17　"Z"压缩机控制合原理接线图

3)当氨压缩机全电压正常运行的同时。1NYV电磁阀失电,第一组气缸(两个高压缸)上载,2AKT时间继电器得电开始延时。

4)2AKT时间继电器得电延时15s后。2NYV电磁阀失电,第二组气缸(四个低压缸)上载,3AKT时间继电器得电开始延时。

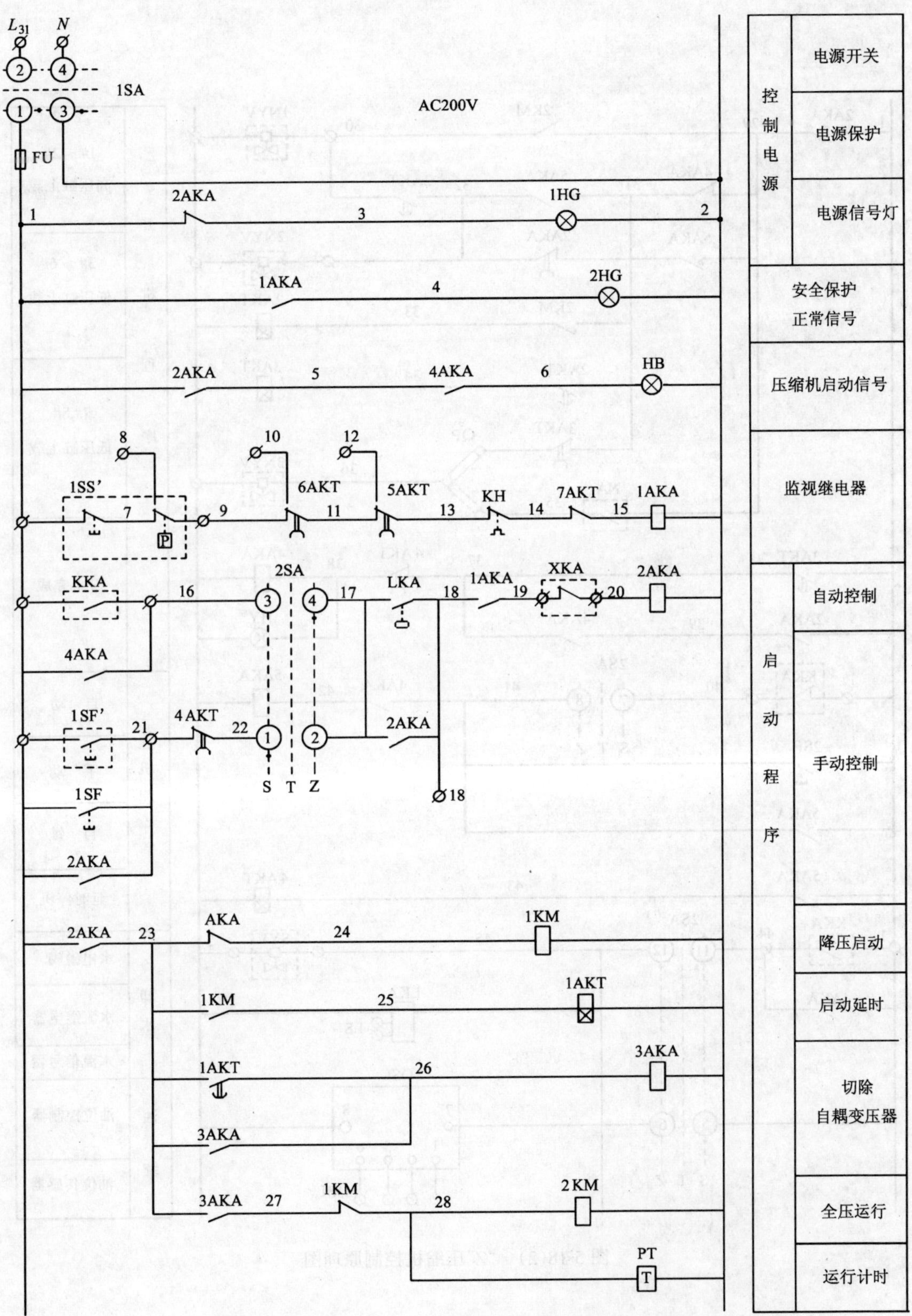

图 5-18(1) “Z”压缩机控制原理图

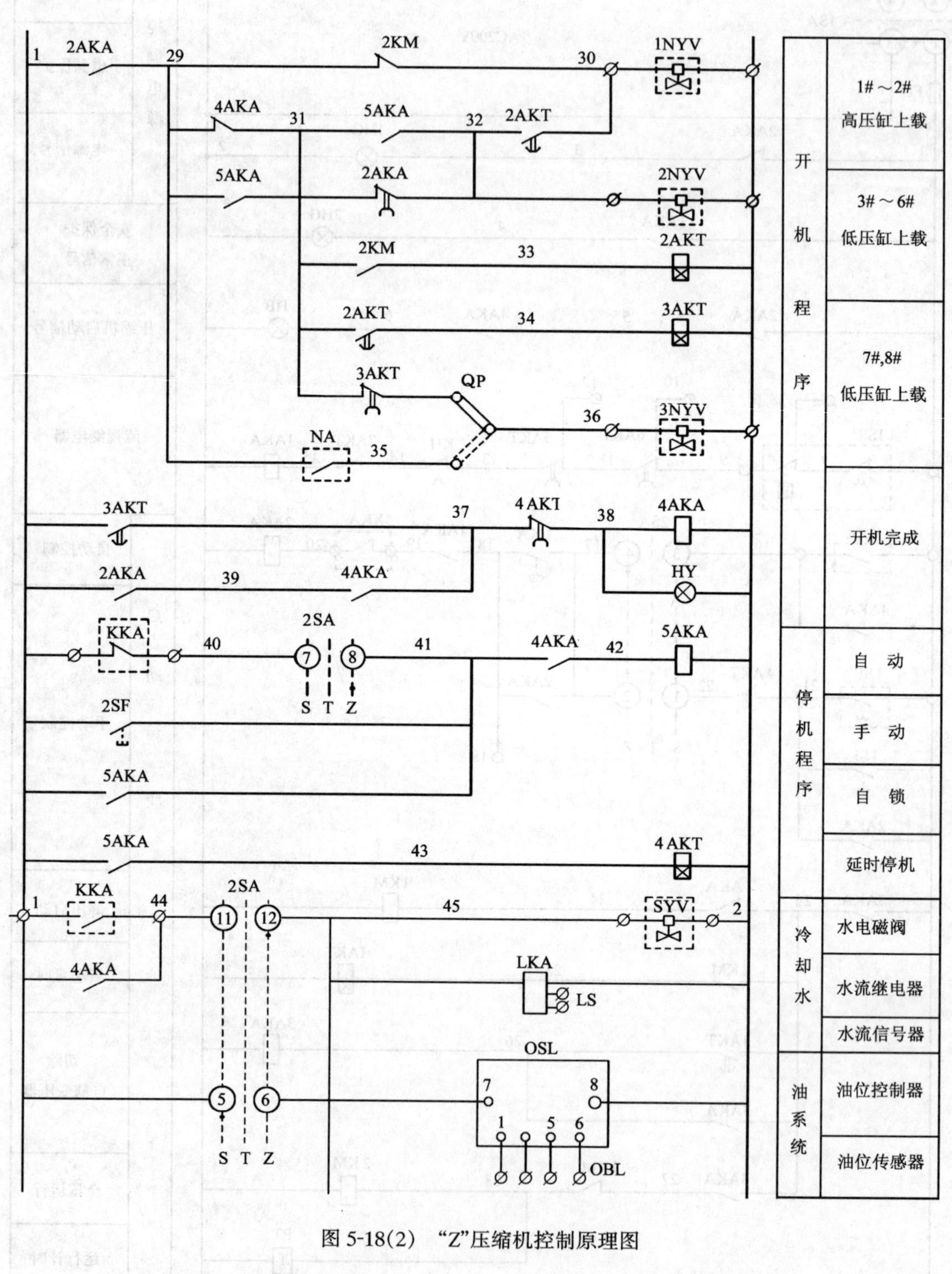

图 5-18(2) “Z”压缩机控制原理图

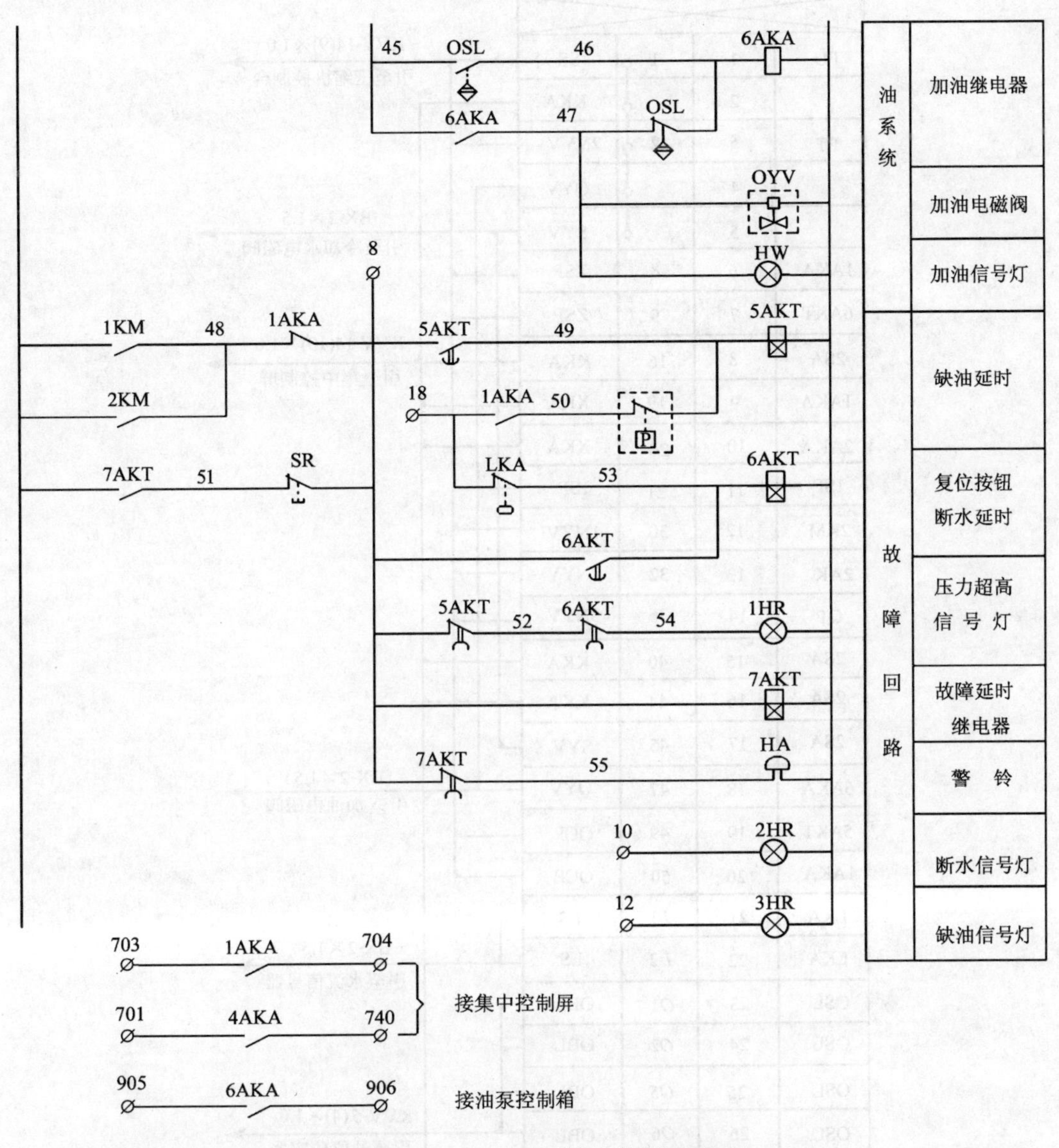

图 5-18(3) "Z"压缩机控制原理图

5)3AKT 时间继电器得电延时 15s 后。3NYV 电磁阀失电,第三组气缸(二个低压缸)上载,氨压缩机达到 100%能量级正常运行,至此开机完成,HY 黄色信号灯亮,HB 蓝色信号灯灭。

第 3 组气缸也可由能量控制器 NA 控制,将切换片 QP 从接线号"31-36"改接到"35-36"。3NYV 电磁阀受能量控制器 NA 控制,如若 NA 不吸合,4AKA 完成开机继电器也得电,宣告开机完成,只不过氨压缩机按 75%能量级运行而已。

(3)停机程序

1)自动停机程序

自动停机程序如图 5-15 所示。集中控制屏发出完成降温指令 KKA 常闭接点通电,使 5AKA 停机继电器线圈得电,2NYV、3NYV 电磁阀得电,使六个低压缸全部卸载,二个高压缸仍继续运行,使中间冷却器降压。同时 2AKT 时间继电器再次得电延时 15s 后,1NYV 电

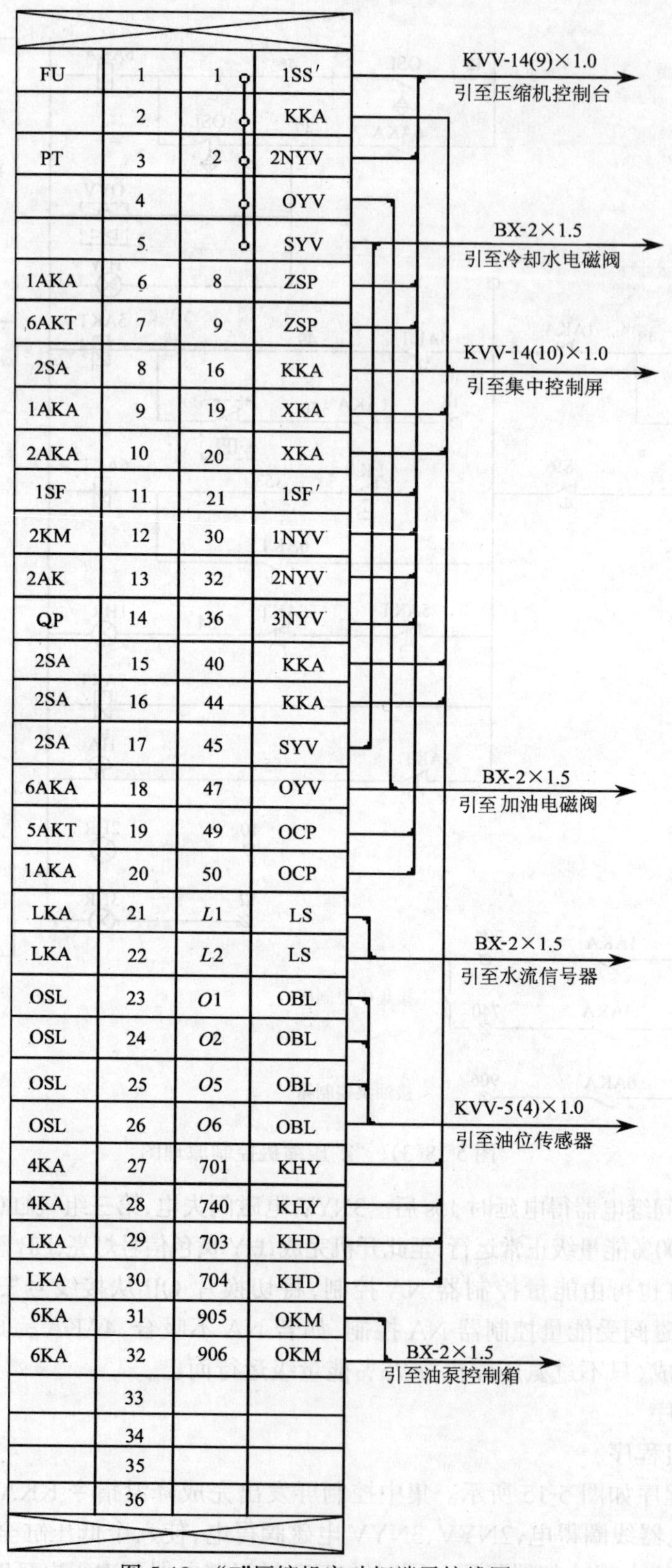

图 5-19 “Z”压缩机启动柜端子接线图

磁阀得电,两个高压缸卸载,至此压缩机全部卸载。但仍继续轻车运转15s后。待4AKT时间继电器延时到15s时,压缩机才停止运行。HY黄色运行信号灯灭,1HG绿色电源信号灯亮。

2)手动停机程序

手按下1SS(常开接点)停机按钮,压缩机便按自动程序停机。与自动停机程序相同。

3)紧急停机

无论压缩机处于自动或手动运行状态,如发现故障需要紧急停机时,操作控制台上1SS′按钮,能立即停机,并且铃响,红灯亮。因是故障按钮,再开机时,须先复位。

(4)压缩机启动前需做的准备工作

1)检查压缩机的吸、排气阀门,应全部打开,如若是双级压缩机还应检查中间冷却器有关阀门,开闭状态是否符合要求。

2)将低压断路器QA合闸,接通动力电源。

3)将选择开关1SA拨到左45°位置,接通控制电源,1HG绿色电源信号灯亮。

(5)启动过程中可能出现的故障

1)压缩机控制电源接通后,没有安全保护正常的信号,1AKA监视继电器线圈不通电,HW白色信号灯不亮。

首先检查热继电器、压力控制器、油压差控制器的手动复位按钮,是否已复位?再检查排气阀是否打开?因为高、中压控制器接管都接在各自排气管前。排气阀不打开,压力超高,氨压缩机不能启动。

2)压缩机接到开机信号后,或手按1SF启动按钮,机器不转动

检查压缩机水套是否来水?冷凝器是否有水?低压循环贮液桶和中间冷却器液位是否超高?

压缩机水套有水,冷凝器有水,但回水信号发不出,不能开机。检查液流信号器有无故障。

若是低压循环贮液桶和中间冷却器液位超高。则关闭供液电磁阀。

3)压缩机带负荷启动

压缩机带负荷启动,说明未曾卸载,首先检查三通电磁阀的阀芯是否被卡住?然后检查控制线路:三通电磁阀的线圈是否断路?三通电磁阀控制回路中各接点的连接是否牢固?

4)油位信号不准确

检查油位控制器的电气盒电源部分,浮球接近开关是否有电源?浮球接近开关有电源但无信号,检查信号接线是否断路?信号和浮球接近开关是否失灵?

(6)运行中可能出现的故障

1)高压控制器GSP或中压控制器ZSP(双级氨压缩机才配备)的压力超过设定值,自动紧急停车,电铃响,红色故障信号灯1HR亮。

高压控制器设定值一般定为1.47MPa,南方夏季可调为1.57MPa。中压控制器设定值一般定为0.78MPa。

2)压缩机水套突然断水,水流继电器LKA常闭触点通电,断水延时继电器6AKT延时15s后,如不恢复供水,压缩机自动紧急停车,HA电铃响,2HR红色故障信号灯亮。

3)压缩机曲轴箱油位下降至下限位,油位控制器OSL下限位接近开关吸合,发出加油信号,HW白色加油信号亮。自动或手动加油到上限位,上限位接近开关断开,加油信号消除,HW灯灭。

4)油压下降低于设定值(设定值一般为0.147MPa),油压差控制器OCP接通5KT时间继电器延时,延时45s后,油压仍不能恢复,自动紧急停车,电铃响,红色故障信号灯3HR亮。

5)电动机过电流,热继电器KH动作,紧急停车,故障铃不响,无故障信号灯。

6)冷凝器断水,低压循环贮液桶和中间冷却器液位超高,故障信号传来,立即紧急停机,由于不是压缩机本身故障,在压缩机启动控制柜上未曾设置故障信号。当故障消除,压缩机即重新自启动。

5.2.4 液位自动控制

制冷系统中的低压循环贮液桶、氨液分离器、中间冷却器等容器内的制冷剂需要自动保持相对稳定的工作液位。液位的自动控制,一般均采用UQK-40型浮球液位控制器控制供液电磁阀的启、闭,自动保持相对稳定的正常工作液位。当液位超高时能自动报警。

冷库液位控制中,广泛采用宁波制冷自控元件厂和辽宁岫岩制冷自控仪表厂生产的YKX-1型液位回路控制箱来控制供液电磁阀的启、闭,使容器内有相对稳定的工作液位。当液位超过设定值高液位时能自动报警,并能与氨压缩机安全保护系统连锁,使之自动停车。

(1)液位控制回路的制冷工艺示意图

图5-20和图5-21分别是低压循环贮液桶、氨液分离器液位控制回路的制冷工艺示意图。每套液位回路有5个元件:UQK-40型浮球液位控制器2个;ZCL-20型电磁阀(或ZCL-32YB型电磁主阀)1个;ZYG-20型过滤器(或ZYG-32型过滤器)1个;YKX-1液位回路控制箱1个。

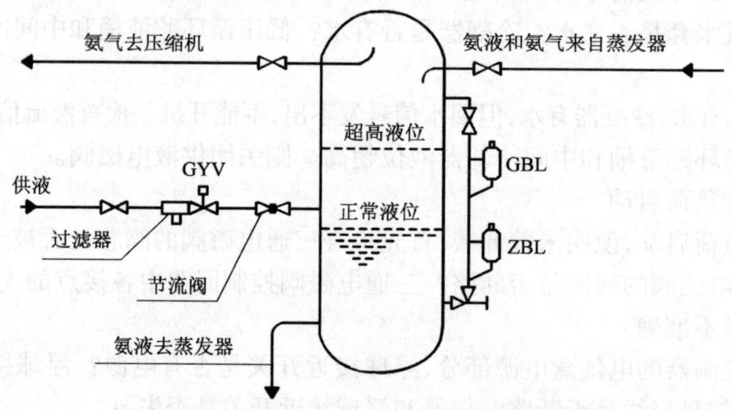

图5-20 低压循环贮液桶工艺示意图

正常液位控制器阀体ZBL安装在距离桶底1/3处(按桶身全长计算)。超高液位控制器的阀体GBL安装在距离桶顶1/3处。

图5-22是中间冷却器液位控制回路制冷工艺示意图,因液面要淹没蛇型盘管所以正常液位控制器的阀体ZBL安装在桶身长1/2处。有的制造厂在中间冷却器中部的外表面焊有一小条铁块,作为液位控制高度的标志,安装时应将ZBL阀体上标有“A”的红线对齐铁块。超高液位控制器阀体GBL安装在距离桶顶1/3处。

低压循环贮液桶、氨液分离器和中间冷却器的液位控制器阀体GBL安装位置略有不同,但液位控制要求相同。正常液位控制器用于保证容器内具有稳定的液位,所控制的上下限液位幅差较小,一般在60mm之内调整。立式容器在50～60mm之间。液位低于下限位时，ZBL 传送交流电压信号至液位控制箱内电气盒，电气盒发出供液指令，令供液电磁阀开启向容器供液。当液位到达上限位，消除供液指令，供液电磁阀关闭，停止供液。如若遇到系统或元件发生故障，容器内的液位不断上升达到超高液位时，GBL 发出报警信号，高液位控制器电气盒收到报警信号后，立即声光报警，并同时发出电信号，指令压缩机停机。以避免压缩机气缸受损。

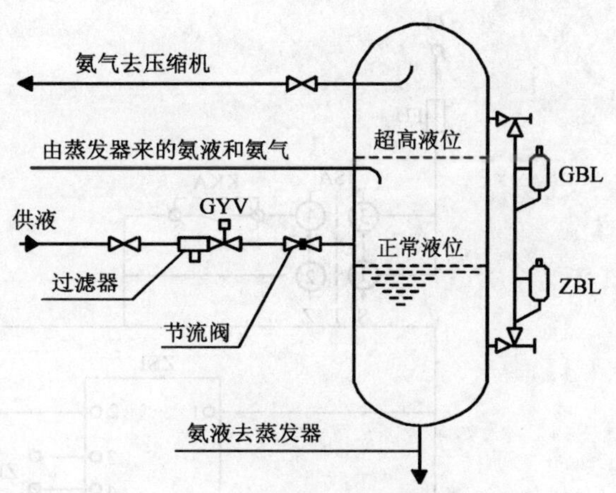

图 5-21 氨液分离器工艺示意图

(2)液位回路的电气控制原理

液位回路制冷自控程序方框图，如图 5-23 所示。

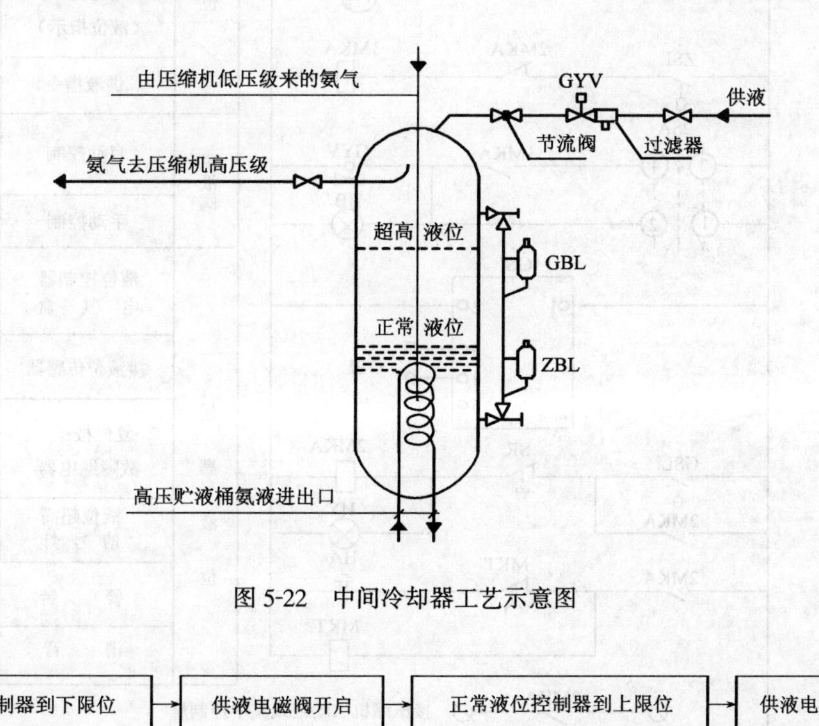

图 5-22 中间冷却器工艺示意图

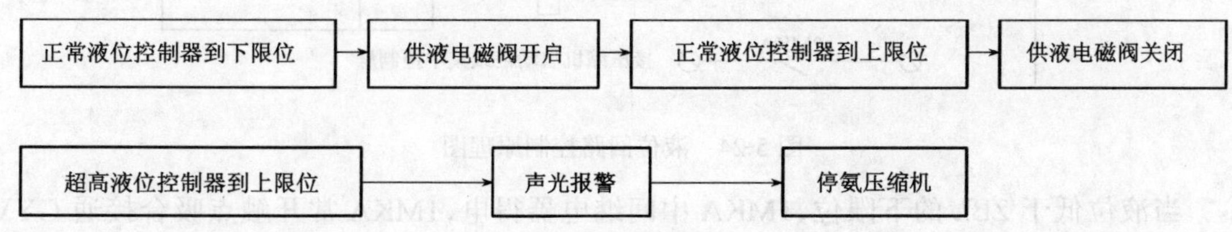

图 5-23 液位控制回路程序方框图

液位回路的电气控制原理如图 5-24 所示，供液电磁阀有自动和手动两种控制方式。将选择开关 1SA 和 2SA 转到自动位置，液位控制回路纳入冷库自控系统。KKA 接点闭合(引自集中控制屏降温指令)。接通电源，绿色电源信号灯 HG 亮，此时，正常液位控制器 ZSL 的电气盒、ZBL 阀体和超高液位控制器 GSL 的电气盒、GBL 阀体，即通电工作。

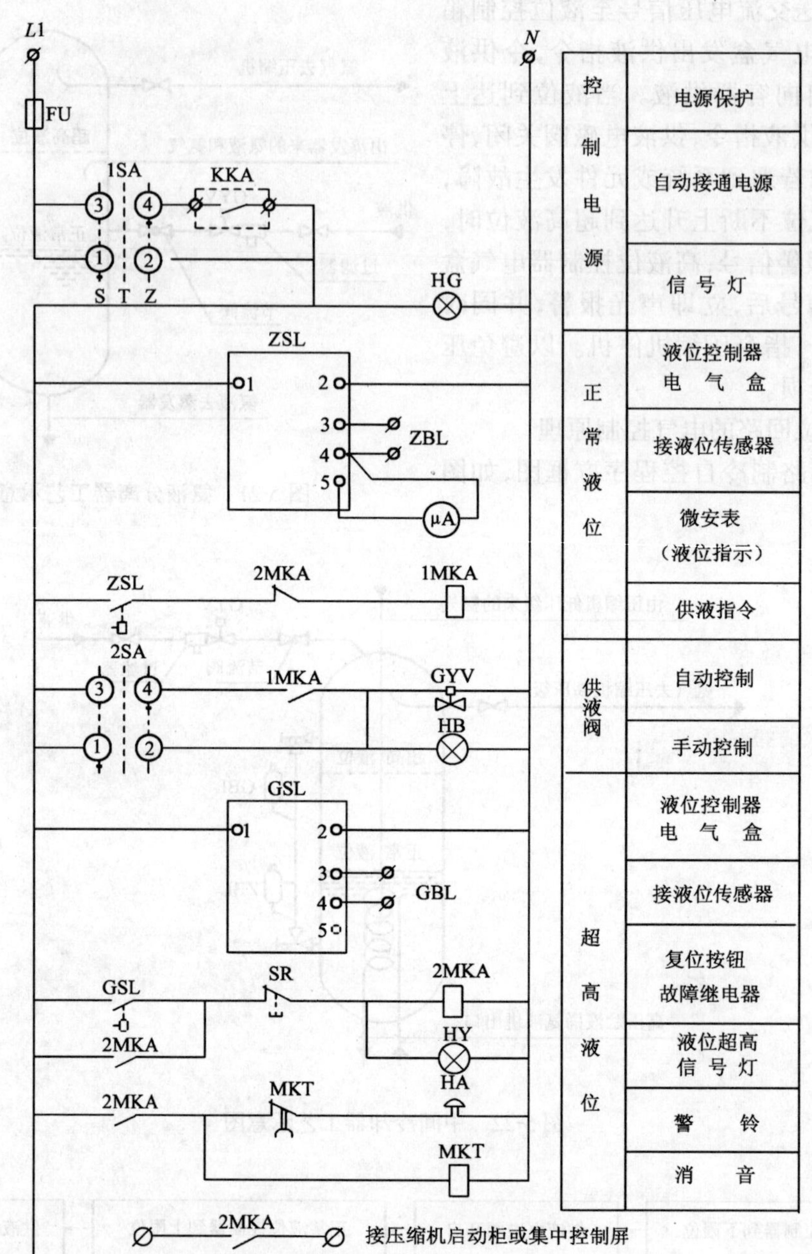

图 5-24　液位回路控制原理图

当液位低于 ZBL 的下限位，1MKA 中间继电器得电，1MKA 常开触点吸合接通 GYV 供液电磁阀线圈，阀口开启向容器供液，同时黄色供液信号灯 HY 亮。当液位到达 1ZBL 的上限位（正常液位），1MKA 中间继电器失电，GYV 供液电磁阀线圈失电，阀口关闭停止供液，信号灯 HY 熄灭。

如果遇到制冷系统或自控元件发生故障，容器内液位不断上升达到超高液位 GBL 的上限位时，2MKA 中间继电器得电，发出声光报警，红色故障信号灯 HR 亮，HA 电铃响。同时指令氨压缩机立即停车。以防止氨液进入氨压缩机。

当液位超高故障排除后,可按 SR 复位按钮。消除液位超高信号,恢复机器设备正常运行。

故障电铃 HA 音响,延时 10s 自动消音,时间继电器 MKT 在 120s 内可调。

接在正常液位控制器电气盒上的微安表,安装在控制箱门上,显示正常液位上下范围内的液位。从微安表的指针可以看出和 ZBL 阀体内的浮球工作情况。指针移动表明浮球作相应浮动,指针在 400μA 以内不动,说明浮球卡住。指针在 500μA 端头不动,说明浮球室线圈损坏。

5.2.5 氨泵及低压循环贮液桶液位的自动控制

氨泵及低压循环贮液桶液位的自动控制,是在液位控制器、供液电磁阀、差压控制器等自控元件配合下,自动向低压循环贮液桶补供氨液,自动保证氨泵正常运行,并能自动对氨泵和氨压缩机的危险运行状态进行报警,设计中广泛采用宁波制冷自控元件厂和辽宁岫岩制冷自控仪表厂生产的定型产品—BKX 系列氨泵回路控制箱。

BKX 系列氨泵回路控制箱分手动控制和自动控制(也能手动)两种类型,基本型号有:

BKX-11(手动)、BKX-11Z(自动),一桶一泵;

BKX-12(手动)、BKX-12Z(自动),一桶二泵;

BKX-13(手动)、BKX-13Z(自动),一桶三泵;

BKX-22(手动)、BKX-22Z(自动),二桶二泵;

BKX-23(手动)、BKX-23Z(自动),二桶三泵。

(1)氨泵及液位回路的工艺要求,以 BKX-12Z 氨泵控制箱(一桶两泵)为例。工艺示意图如图 5-25 所示。图上自控元件有 ZBL 和 GBL 浮球液位控制器阀体(液位传感器)各 1 个,GYV 供液电磁主阀 1 个,差压控制器 2 个及氨泵与电气有关。节流阀、止回阀、自动旁通阀等阀门,属机械阀类,与电气无关。

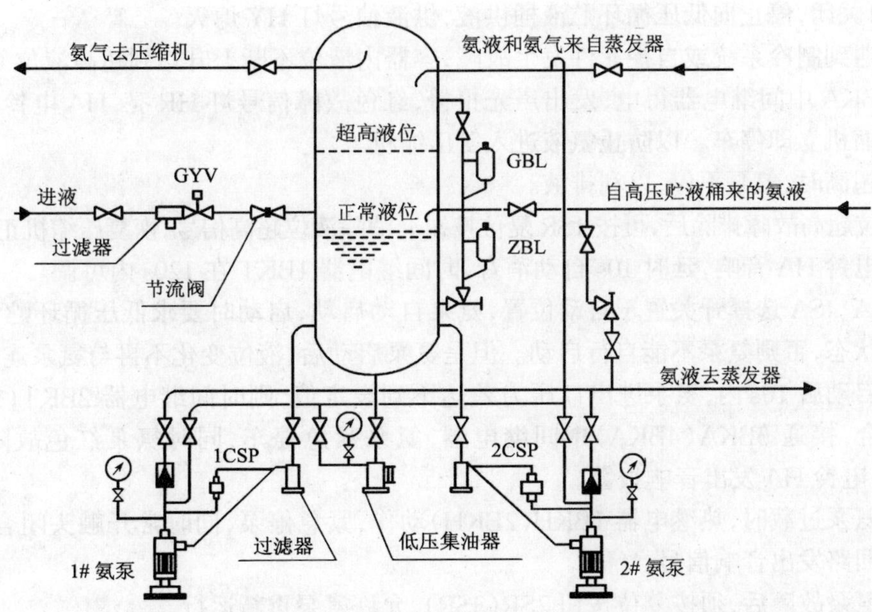

图 5-25 氨泵回路(一桶两泵)工艺示意图

1CSP 和 2CSP 差压控制器主要用于氨泵保护,延时以后仍不能建立压差,应停氨泵排除故障。

(2)氨泵回路的制冷自控程序方框图见图 5-26。液位控制方框图与图 5-23 相同。

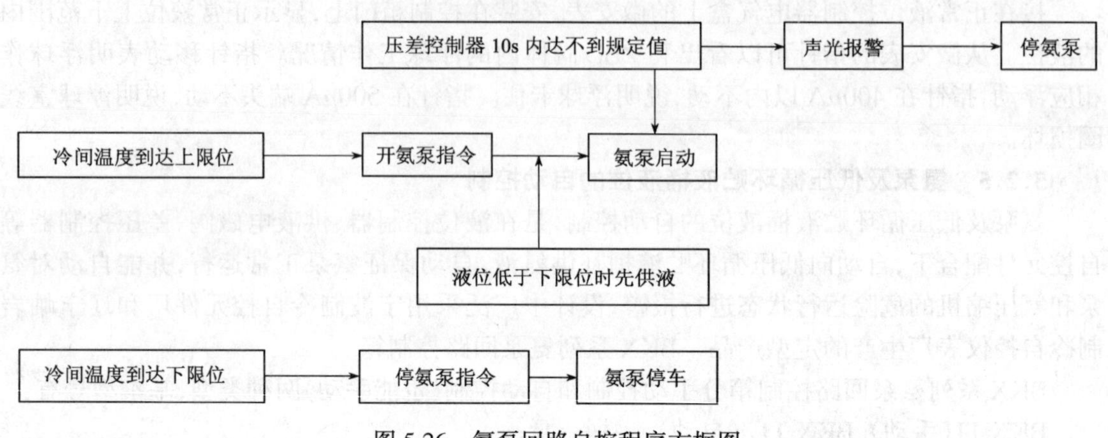

图 5-26 氨泵回路自控程序方框图

(3)氨泵及液位回路电气控制原理图,以 BKX-12Z 型为例,如图 5-27 所示。氨泵及液位回路电气控制有自动和手动两种控制方式,由 1SA～4SA 转换开关选择。

将 1SA 开关转到右 45°自动位置,KKA_1 吸合(引自集中控制屏降温指令)自动接通电源。氨泵及液位控制回路即投入冷库自控系统。此时 ZSL 正常液位控制器和 GSL 超高液位控制器即通电工作。

将选择开关 2SA 转到自动位置,当液位低于 ZSL 的下限位时,中间继电器 1BKA 线圈得电,1BKA 常开触点吸合,供液电磁主阀 GYV 线圈得电,阀口开启向低压循环贮液桶供液,黄色供液信号灯 HY 亮,当液位到达正常液位(上限位)时,1BKA 线圈失电,GYV 线圈失电,阀口关闭,停止向低压循环贮液桶供液,供液信号灯 HY 熄灭。

如果遇到制冷系统或自控元件发生故障,容器内液位不断上升达到超高液位 GBL 的上限位时,2BKA 中间继电器得电,发出声光报警,红色故障信号灯 HR 亮,HA 电铃响。同时指令氨压缩机立即停车。以防止氨液进入氨压缩机。

液位超高时,氨泵不停,以利排液。

当液位超高故障排除后,可按 1SR 复位按钮。消除液位超高信号,恢复压缩机正常运行。

故障电铃 HA 音响,延时 10s 自动消音,时间继电器 1BKT 在 120s 内可调。

将 3SA、4SA 选择开关置于自动位置,氨泵自动启动,启动时要求低压循环贮液桶处于正常液位状态,否则氨泵不能自行启动。但是氨泵启动后,液位变化不再与氨泵连锁。

氨泵启动后 10s 内,氨泵进出口压力差达不到设定值,则时间继电器 2BKT(3BKT)延时触点闭合,接通 3BKA(4BKA)中间继电器,氨泵紧急停车,同时氨泵红色故障灯 2HR(3HR)亮,电铃 HA 发出音响报警。

如果氨泵过载时,热继电器 1BKH(2BKH)动作,紧急停泵,同时常开触头闭合,也接通故障报警回路发出音响信号。

排除氨泵故障后,须按复位按钮 2SR(3SR),允许氨泵重新运行。

当所有冷间完成降温,KKA 触点断开,切断氨泵和液位回路电源,停止运行。

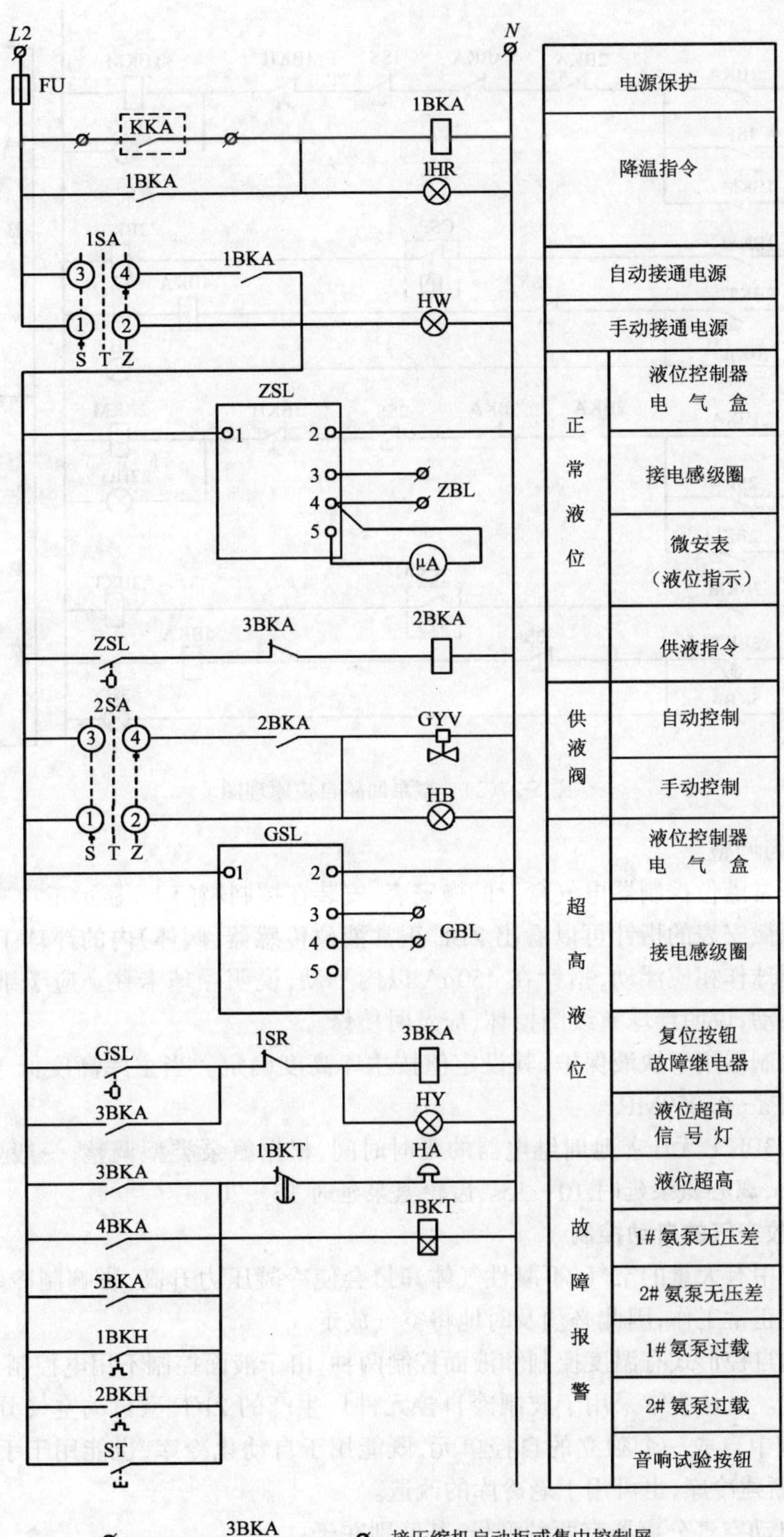

图 5-27(1) 氨泵回路控制原理图

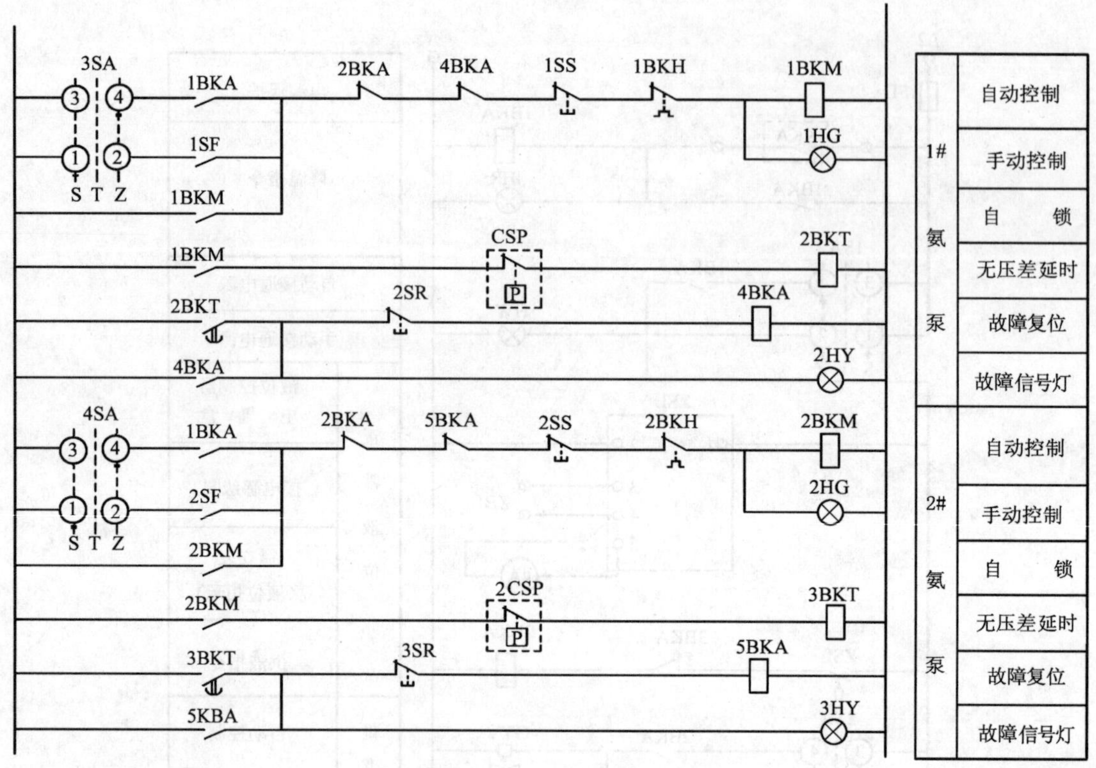

图 5-27(2) 氨泵回路自控原理图

(4)使用与调整

1)接在正常液位控制器电气盒上的微安表,安装在控制箱门上,显示正常液位上下范围内的液位。从微安表的指针可以看出 ZBL 正常液位传感器(阀体)内的浮球工作情况。指针移动表明浮球作相应浮动,指针在 450μA 以内不动,说明浮球卡住。应予维修。指针在 500μA 端头不动,说明浮球室线圈损坏,应及时检修。

2)差压控制器用于缺液保护,其设定值按主库高度确定。当主库高度低于 20m 时,一般取 0.049MPa~0.059MPa。

3)2BKT、3BKT 无压差延时继电器的延时时间,根据氨泵类型调整,一般要求:屏蔽氨泵延时 8~10s,离心氨泵延时 10~15s,齿轮氨泵延时 15~20s。

5.2.6 放空气的自动控制

制冷系统中有大量的空气(不凝性气体)时,会使冷凝压力升高,影响制冷效率,甚至使制冷系统不能正常工作,因此必须及时地将空气放走。

放空气的自控形式有温度控制和液面控制两种,由于液面控制不用电控制,这里只介绍温度控制形式。设计中常采用宁波制冷自控元件厂生产的 ZKF 型自动空气分离器。它在冷库制冷系统中自成一个独立的自控单元,既能用于自动化冷库,也能用于手动操作的冷库;既可用于新建冷库,也可用于老冷库的改造。

ZKF 型自动空气分离器有两种型号,其区别在于:

ZKF-1 型配用手动膨胀阀供液,可以自动控制也能手动操作。工艺示意图如图 5-28

所示。

ZKF-2 型，配用热力膨胀阀供液，只能自动控制不能手动操作，工艺示意图如图 5-29 所示。

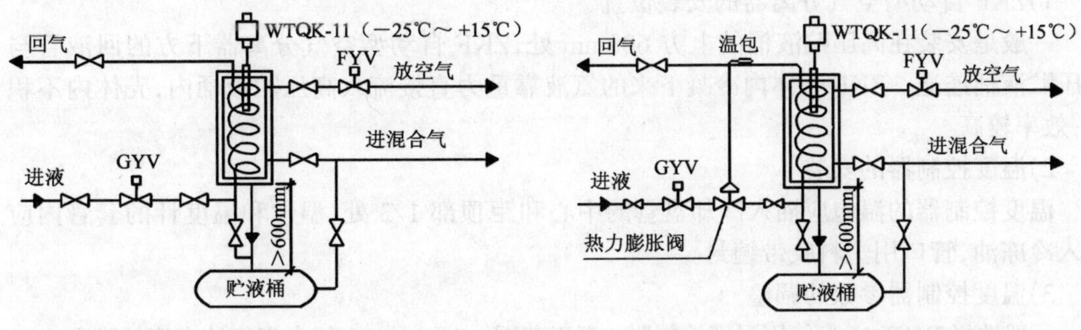

图 5-28 ZKF-1 型工艺示意图　　图 5-29 ZKF-2 型工艺示意图

(1) 工作原理

从图 5-28，图 5-29 可以看到，自动空气分离器内安装有螺旋式蒸发盘管，当从冷凝器和贮液桶引来的混合气体进入空气分离器中，即被螺旋管降温冷却，氨气被冷凝成液体，靠重力回流至高压贮液桶，而空气不凝结被积留在螺旋管四周，并被不断进来的混合气体推挤至容器的上部，经过一段时间，不凝结的空气越积越多，温度越降越低，等温度降到设定值时，氨用温度控制器 ST（WTQK-11 型）发出信号，打开放空气电磁阀 FYV 缓慢地放出空气。空气放出后，容器内压力降低，混合气体又补充进来，容器温度又逐渐升高，当温度回升到温度控制器上限时，发出信号，关闭放空气电磁阀，停止放空气。如此周而复始，逐渐将制冷系统的空气放出。

从图 5-29 看到，回气管上还有一个温包与热力膨胀阀相连。该温包控制其进液流量大小。

(2)电气原理接线图

如图 5-30 所示，当选择开关 SA 拨到“0”位时，控制电源切断，ZKF-1 型可手动操作方式工作，ZKF-2 型因有热力膨胀阀阻隔，不能手动操作。

当选择开关 SA 拨到“1”(右 45°)位时，为常规操作，供液电磁阀 GYV 与压缩机开机信号 AKA 连锁，AKA 触头吸合，供液电磁阀 GYV 开启，HG 绿色信号灯亮，则表示 ZKF 工作，当温度控制器 ST 下限接通，放空气电磁阀 FYV 开启放空气。HY 黄色信号灯亮，则表示正在放空气，当温度回升，温度控制器 ST 到达上限，ST 触点断开。放空气电磁阀 FYV 断电关闭停止放空气，同时 HY 黄色信号灯熄灭。进入下一个工作周期。

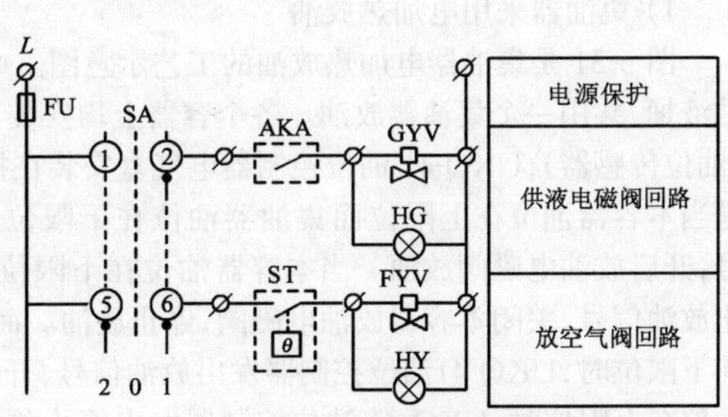

图 5-30 ZKF-1 型控制原理图

当选择开关 SA 拨到“2”(左 45°)位时，切除了供液电磁阀 GYV，此时应将供液电磁阀下方的旁通阀杆往回退,使旁通供液,再用手动膨胀阀调节供液量。ZKF 则长期自行供液降温。其余控制程序与“1”相同。

(3)使用与调整

1)ZKF 自动型空气分离器的安装位置

一般是安装在高压贮液桶的上方 600mm 处,ZKF 自动型空气分离器下方的回液管与高压贮液桶连通。ZKF 壳体内冷凝下来的氨液靠重力直接流入高压贮液桶内,壳体内不积液,效率较高。

2)温度控制器的安装

温度控制器的温包应插入冷却盘管的中心和距顶部 1/3 处,温包和温度计的套管内应灌入冷冻油,管口用塑料胶带缠封。

3)温度控制器参数的调整

一般选择 WTK-11 型氨用温度控制器。温度范围 -25℃～+15℃。温度给定值的确定:

单级压缩蒸发温度为 -15℃系统,温度控制器下限调在 -5℃放空气,上限调在 +5℃以上停止放空气。

双级压缩蒸发温度为 -30℃左右系统,温度控制器下限调在 -15℃(或 -10℃)放空气,上限调在 +5℃以上停止放空气。

5.2.7 油系统的自动控制

油系统自动控制包括放油、油处理、压缩机加油三项内容。

(1)自动放油

氨压缩机中的润滑油随排出气体进入排气管。虽经氨油分离器将油从氨气中分离出来,但是总还有一部分润滑油进入制冷系统,因为氨只是微量溶解于油,而油不能随氨带回曲轴箱,所以必须定期地从各容器中将油放出来。需要放油的容器有:低压循环贮液桶、中间冷却器、油分离器、冷凝器等。

氨制冷系统中有高压、中压、低压容器,低压容器由于温度低,黏度大,放油比较困难,所以大、中型冷库中,一般高、中压系统共用一个放油系统。低压系统另设一个放油系统。

1) 集油器采用电加热放油

图 5-31 是集油器电加热放油的工艺示意图。中间冷却器、油分离器、冷凝器、低压循环贮液桶、共用一个集油器放油。各个容器上均安装了 1 个 UKQ-41 油位控制器的阀体 OBL(油位传感器),UKQ-41 油位控制器电气盒安装在控制柜内。除集油器外,所有容器放油都是当本容器油位在上限位而集油器油位在下限位时,本 UKQ-41 油位控制器发出放油信号,开启放油电磁阀放油。当本容器油位在下限位时,本容器 UKQ-41 油位控制器发出停止放油信号,关闭本容器放油电磁阀,停止放油。而集油器收油、放油动作与其相反,当油位在下限位时,UKQ-41油位控制器发出放油信号,开启相应该放油的容器的电磁阀放油。当油位在上限位时,UKQ-41 油位控制器发出停止放油信号,关闭放油的容器电磁阀,停止放油。

集油器上还安装了1kW 电加热器 EE(也可采用热氨盘管加热),帮助油中氨液挥发。当集油器油位到达上限位,关闭放油的容器电磁阀,停止放油的同时接通电加热器的电源开始加热。由 ST(WTQK-11 型,0～+40℃)温度控制器控制加热温度。当油温≥30℃时,停止加热,当油温≤22℃时,电加热器又继续加热。加热时间在 0～2 小时之内调整。当到达加热给定时间,关闭降压电磁阀 1PYV,开启 5OYV 电磁阀开始放油。当油桶安装位置高于集油器时,则需设置加压电磁阀 2PYV,利用压力将油排进油桶。加压电磁阀 2PYV 受 SP(YWK-11 型)压力控制器控制,压力控制值根据油桶的高低可在 0.049~0.588MPa 之内调整。

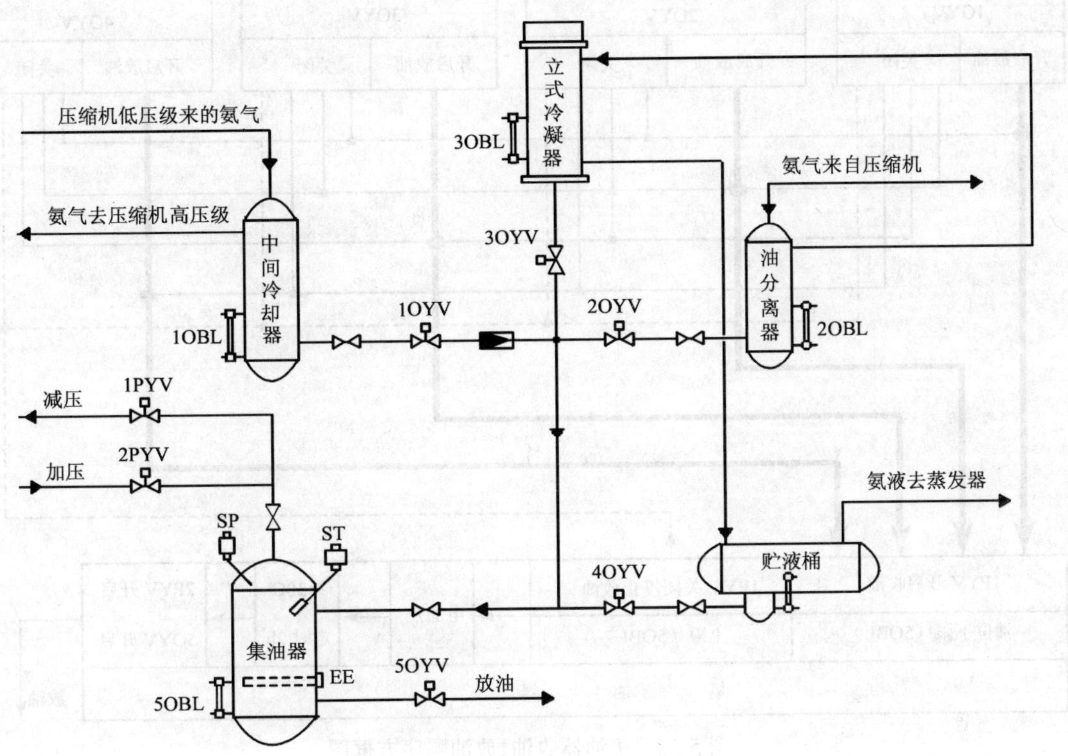

图 5-31 集油器加热放油工艺示意图

当集油器中的油位到达下限位时,关闭 2PYV 加压电磁阀和 5OYV 放油电磁阀,开启 1PYV 减压电磁阀。按放油程序安排相应容器开始往集油器中放油。

根据工艺要求各容器不能同时往集油器中放油,只允许逐个轮流放油。因此需要按集油器收油和放油程序,实行步进程序自控。放油、收油顺序如方框图 5-32 所示。

在上述放油过程中,若集油器内的油位上升至上限位时,则正在放油的电磁阀自动关闭停止放油。当集油器的油位降到下限时,关闭放油电磁阀 5OYV 后。上次未放完油的容器会再次打开放油电磁阀继续放油。当所有的容器按程序放油完毕。又开始一个新的循环,重复上述程序进行放油。

2)集油器采用热氨盘管加热放油

集油器中带有热氨盘管,如图 5-33 所示。利用热氨使集油器内油中含氨的成分蒸发,这时热氨盘管中的氨气体被冷凝成液体靠重力流入贮液桶。当油中含氨的成分全部蒸发,热氨不再冷凝,当热氨盘管进出口温度趋于一致时,4OYV 电磁阀开始放油,若油桶位置低于集油器则可取消压力控制器和加压电磁阀。其余放油、收油程序与电加热程序相同。

3)多台容器的放油

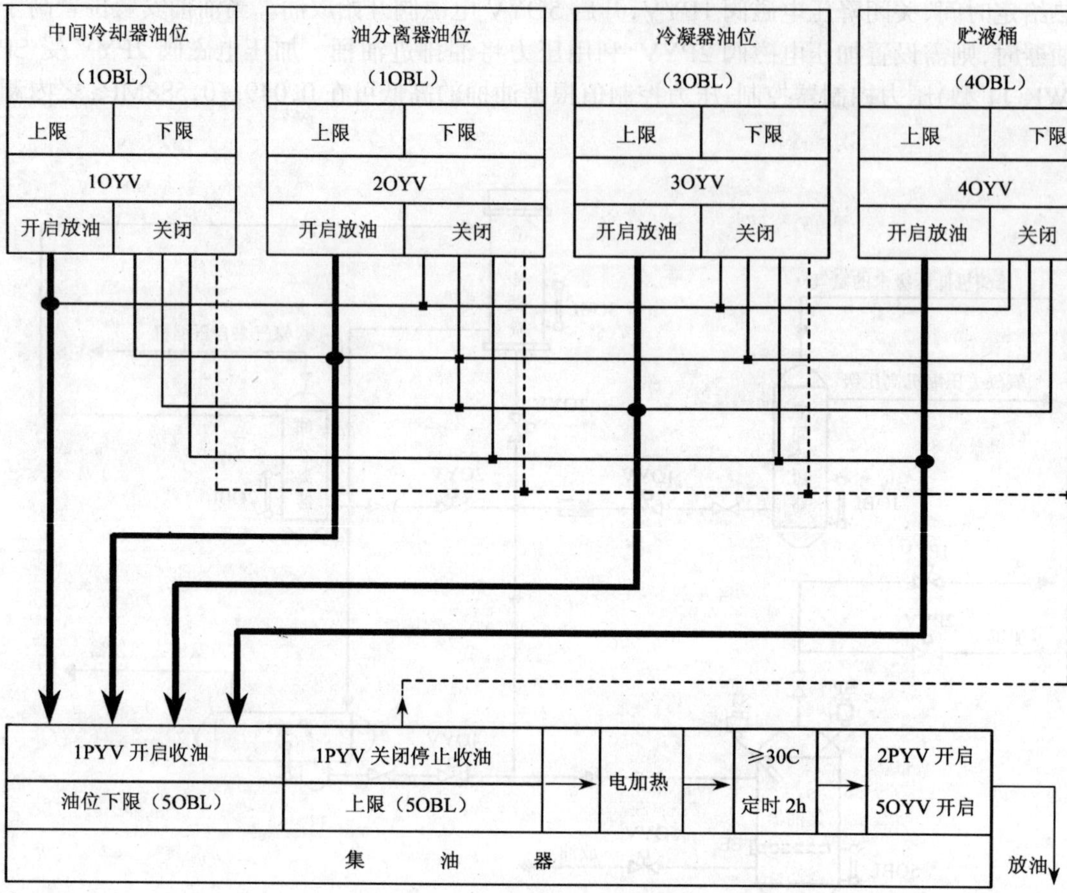

中间冷却器油位
（1OBL）
上限
下限
1OYV
开启放油
关闭
油分离器油位
（1OBL）
上限
下限
2OYV
开启放油
关闭
冷凝器油位
（3OBL）
上限
下限
3OYV
开启放油
关闭
贮液桶
（4OBL）
上限
下限
4OYV
开启放油
关闭
1PYV 开启收油
油位下限（5OBL）
1PYV 关闭停止收油
上限（5OBL）
电加热
≥30C
定时 2h
2PYV 开启
5OYV 开启
集　油　器
放油

图 5-32　集油器收油、放油顺序方框图

氨气去冷凝器
1PYV
减压
2PYV
加压
SP
1ST
1OYV
氨气从压缩机引来
油分离器
1OBL
氨气从压缩机低压级引来
氨气去压缩机高压级
集油器
中间冷却器
4OBL
4OYV
2OYV
2OBL
2ST
放油
贮液桶
3OYV
3OBL

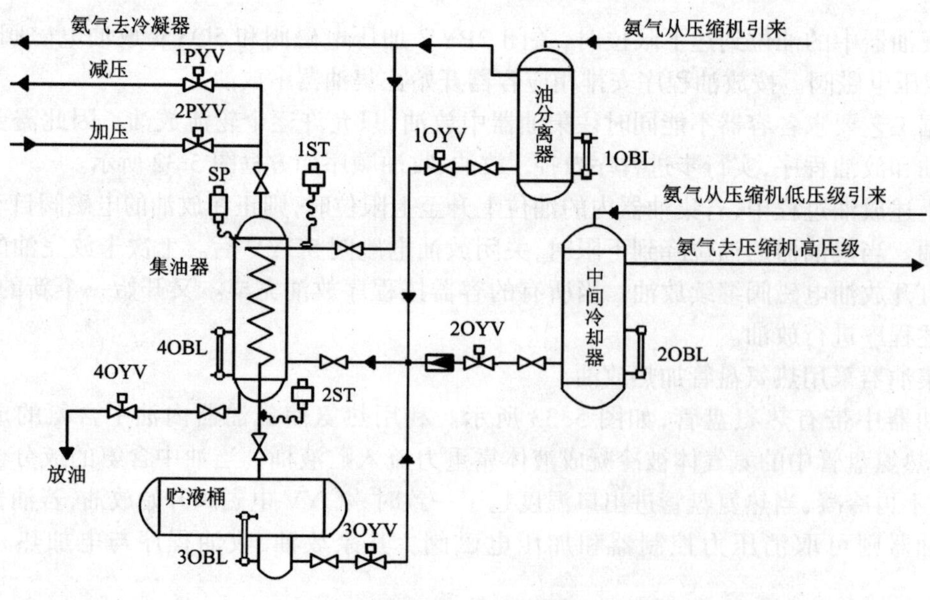

图 5-33　集油器采用热氨盘管加热

大型冷库容器较多时，可按容器类别集中几处放油，以简化自控系统。例如图 5-34 所示，四台油分离器集中在一个小油桶放油，这样就只安装一套油位控制器和一个放油电磁阀。但是每台油分离器放油管与干管连接时应有油封弯头，并且干管要坡向小油桶，以免各台油分离器压力不完全一致时，影响压力低的容器放油。同一温度的多台中间冷却器和低压循环贮液桶，也可集中在一个小油桶放油。多台冷凝器和贮液桶，可集中在一个油分离器中处理，此时油分离器设置在冷凝器和贮液桶之间为好，这样可以避免油进入系统。

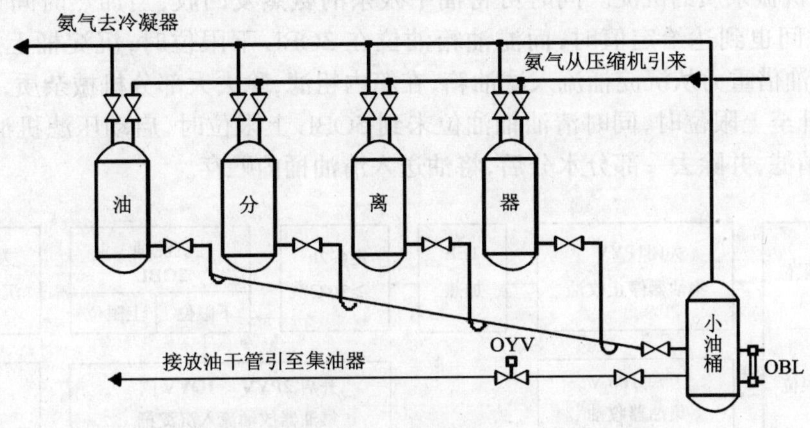

图 5-34 多合油分离器放油工艺示意图

(2) 油处理

油处理是采用沉淀和过滤的方法除去油中的机械杂质。油处理工艺示意图如图 5-35 所示，集油器、沉淀桶、滤油箱、清油桶等容器上均安装了 UKQ-41 油位控制器的 OBL 油位传感器。集油器和沉淀桶内都安装了电加热器，帮助氨液的蒸发和回收。

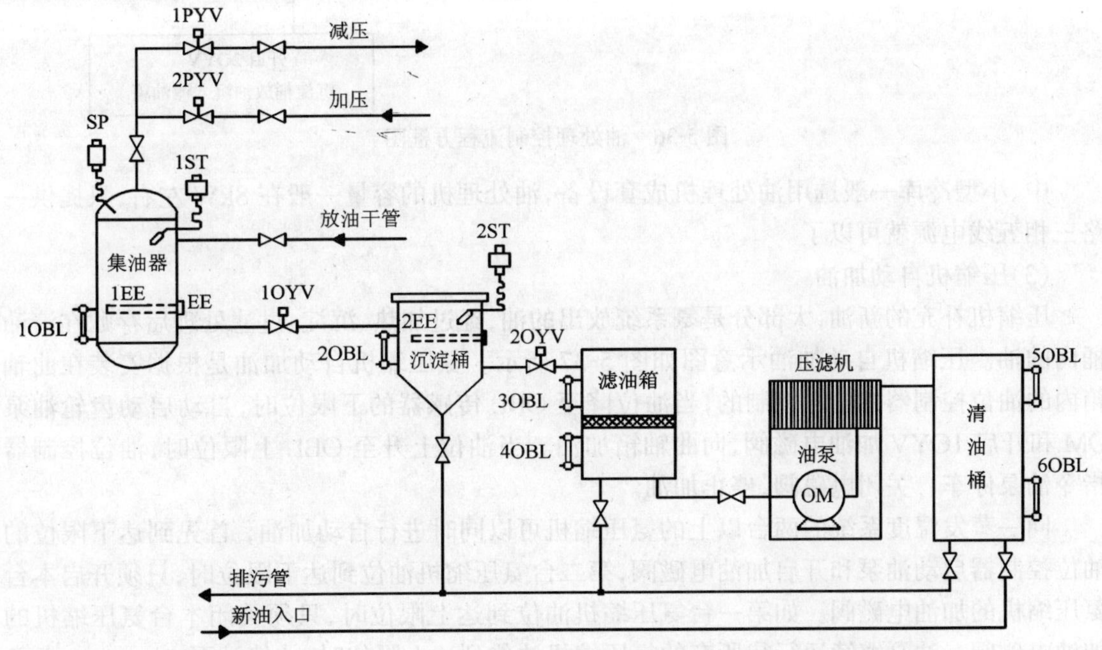

图 5-35 油处理工艺示意图

油处理自控流程如图5-36所示，当集油器到了具备放油条件，而沉淀桶内油位未到达2OBL油位传感器上限位时，关闭1PYV减压电磁阀，开启2PYV加压电磁阀和1OYV放油电磁阀，油从集油器排入沉淀桶内沉淀，当沉淀桶油位到达2OBL上限位时，关闭集油器上加压电磁阀2PYV和放油电磁阀1OYV。同时接通沉淀桶内2EE电加热器(3kW)电源加热，2ST温度控制器(WTQK-11，+50～+90℃)控制电加热器。当油温高于≥90℃时停止加热。低于≤70℃时继续加热。加热时间可在0～2小时范围内调节。通过加热，降低了油的黏度，便于机械杂质的沉淀。同时可将油中残余的氨蒸发回收，当加热时间达到90℃预定值，加热时间也到达给定值时，而滤油箱油位在3OBL下限位时，沉淀桶上放油电磁阀2OYV开启，油借重力从沉淀桶流入滤油箱，在箱内粗滤，除去大部分机械杂质，当滤油箱油位在4OBL升至上限位时，同时清油桶油位未到5OBL上限位时，启动压滤机油泵，油通过压滤机进行精滤，并除去一部分水分后，将油送入清油桶内贮存。

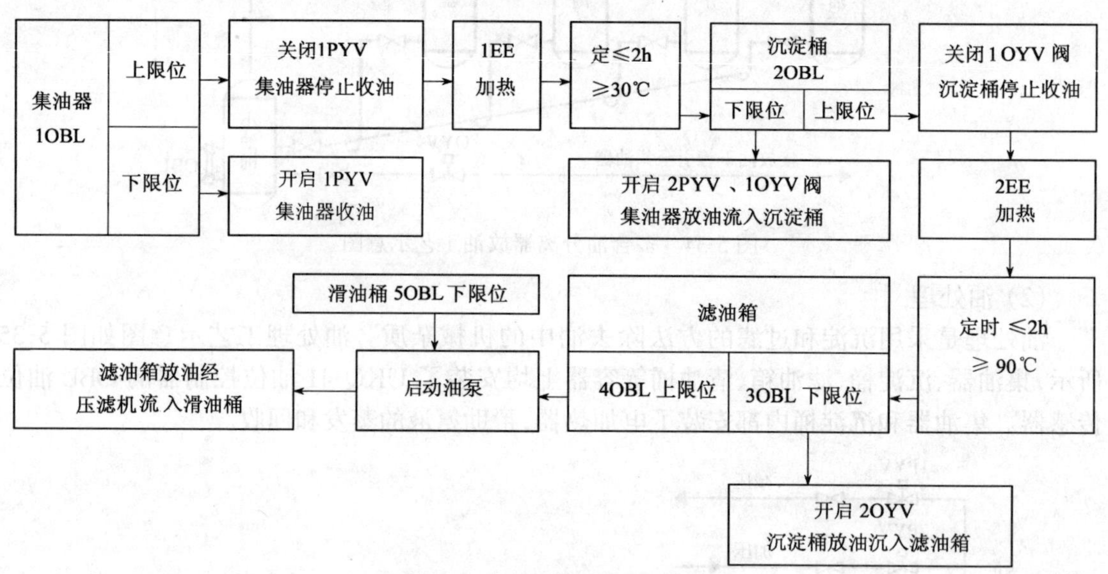

图5-36　油处理控制流程方框图

中、小型冷库一般选用油处理机成套设备，油处理机的容量一般在8kW左右，只提供一路三相五线电源就可以了。

(3)压缩机自动加油

压缩机补充的新油，大部分是氨系统放出的油，经过加热、沉淀、过滤处理后存贮在清油桶内的油。压缩机自动加油示意图如图5-37所示。氨压缩机自动加油是根据安装在曲轴箱内的油位控制器的信号控制的，当油位降至OBL传感器的下限位时，自动启动齿轮油泵OM和开启1OYV加油电磁阀，向曲轴箱加油。当油位上升至OBL上限位时，油位控制器指令油泵停车。关闭电磁阀，停止加油。

同一蒸发温度系统的两台以上的氨压缩机可以同时进行自动加油，首先到达下限位的油位控制器启动油泵和开启加油电磁阀，第二台氨压缩机油位到达下限位时，只须开启本台氨压缩机的加油电磁阀。如第一台氨压缩机油位到达上限位时，只须关闭本台氨压缩机的加油电磁阀。油泵继续运行待所有的氨压缩机油位到达上限位时，才停油泵。

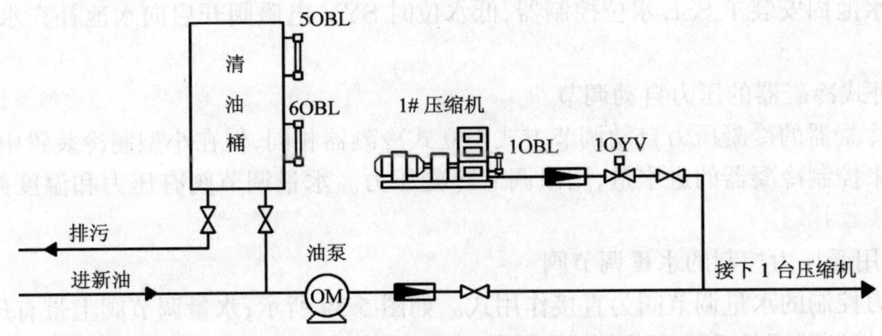

图 5-37　氨压缩机自动加油示意图

5.2.8　冷凝压力的自动调节

为保证制冷装置的安全运行,冷凝压力不能超过设定值,冷凝压力高过设定值,则说明水量不足或水温偏高,影响氨气在冷凝器内冷却为液体的效果。而且会导致压缩机消耗功率增加,引起电机过载,设备受损。冷凝压力低虽然能改善压缩机的运转工况,增加产冷量,降低单位产冷量的电耗。但是冷凝压力过低也不好,节流阀前后压差小,可能导致蒸发器供液不足,也影响热氨冲霜效果。因此,要使冷凝压力保持一定值,自动调节冷凝压力是很必要的。冷凝器种类不同,调节方法亦不相同。

(1)立式冷凝器的压力自动调节

大中型冷库一般采用立式冷凝器,根据安装在热氨管上的压力控制器或压力变送器检测到的压力与给定值比较,确定增减循环水泵和冷却塔运转台数的方法,改变冷却水量或冷却水温来达到冷凝压力自动调节的目的。工艺示意图如图 5-38 所示。除冷凝器热氨进口管线上装了 GSP 压力控制器(控制冷凝压力上限值)外,还在水泵出水管上安装了 1ZSP,2ZSP 压力控制器(控制水泵出口压力下限值)作为水泵保护用。

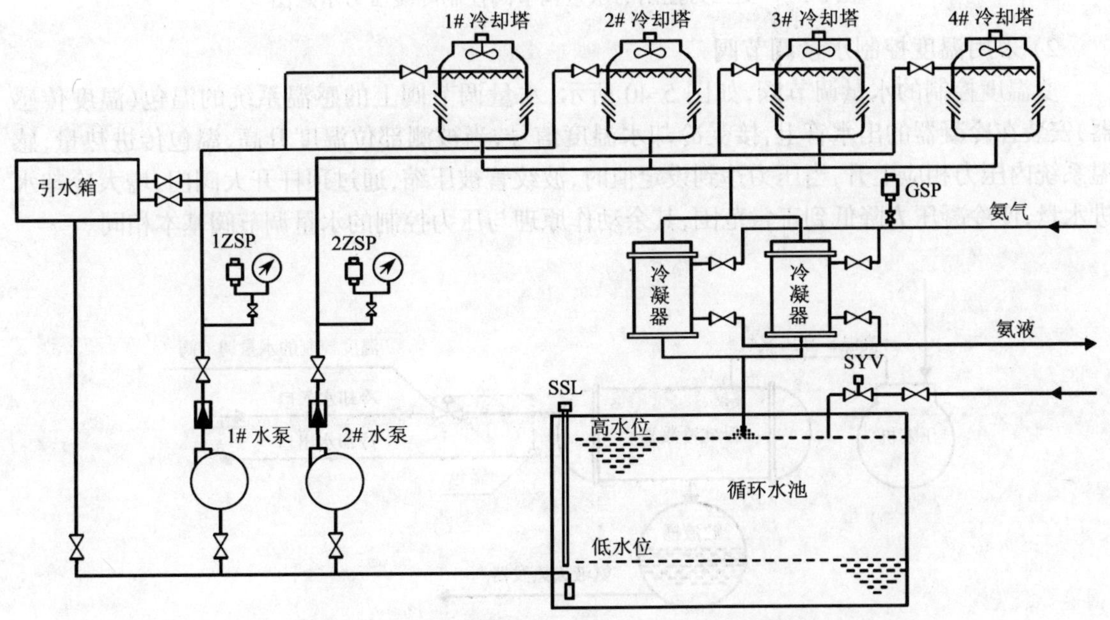

图 5-38　立式冷凝器的冷凝压力控制工艺示意图

循环水池内安装了 SSL 水位控制器,低水位时 SYV 电磁阀开启向水池补充水,高水位时关闭。

(2) 卧式冷凝器的压力自动调节

卧式冷凝器的冷凝压力自动调节方式与立式冷凝器相同,但在小型制冷装置中,常用水量调节阀来控制冷凝器的进水量,用以调节冷凝压力。水量调节阀有压力和温度两种控制方式。

1) 采用受压力控制的水量调节阀

受压力控制的水量调节阀为直接作用式。如图 5-39 所示,水量调节阀上带有压力控制装置,压力控制装置的毛细管(压力传感器)插入冷凝器内的上部空间,以感受冷凝压力的变化。当冷凝器运行过程中,由于水量不足而使冷凝压力升高,高于设定值时,水量调节阀上压力控制装置的气箱内波纹管被压缩,通过顶杆开大阀门,增大冷却水进水量,使冷凝压力降低到正常范围,反之,如若由于水量增大,而使冷凝压力下降,则水量调节阀关小,减少冷却水进水量,保证了冷凝压力稳定在设定值范围内。

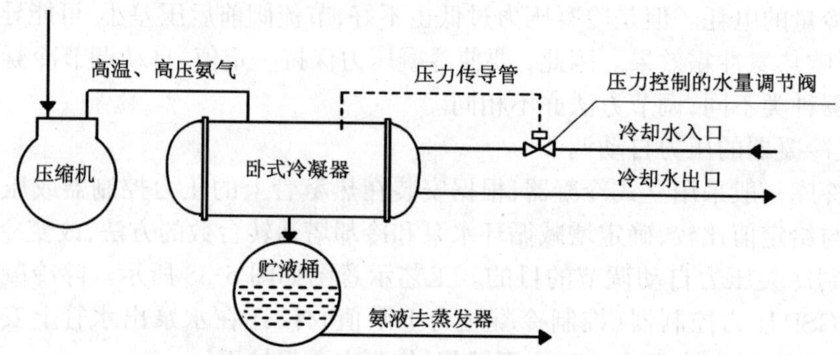

图 5-39 受压力控制的水量调节阀控制冷凝压力示意图

2) 采用温度控制水量调节阀

受温度控制的水量调节阀,如图 5-40 所示,水量调节阀上的感温系统的温包(温度传感器)安装在冷凝器的出水管上,接受冷却水温度信号,当被测部位温度升高,温包传进热量,感温系统内压力相应上升,当压力达到设定值时,波纹管被压缩,通过顶杆开大阀门,增大冷却水进水量,使冷凝压力降低到正常范围,其余动作原理与压力控制的水量调节阀基本相同。

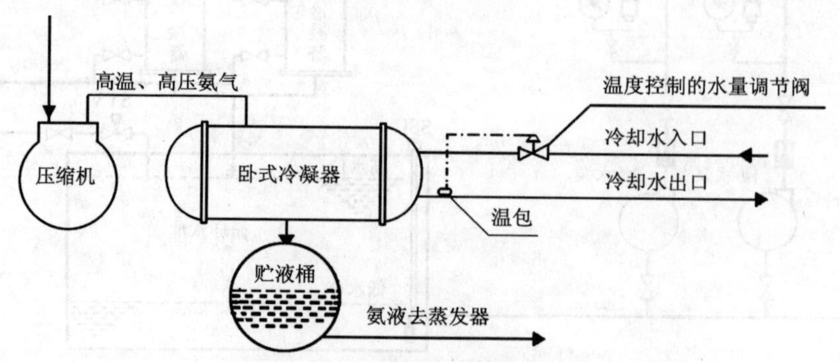

图 5-40 受温度控制的水量调节阀控制冷凝压力示意图

(3)蒸发式冷凝器的冷凝压力自动调节

蒸发式冷凝器的冷凝压力自动调节有下述3种方法,其工艺示意图如图5-41所示。

1)根据冷凝压力调节风量,降低冷凝压力。

在蒸发式冷凝器热氨管入口处安装SP压力控制器,冷凝压力高于设定值时,FM风机就启动运行,低于设定值时风机就停车。也可控制1YF(进风口)或2YF风阀(出风口)。风机最好选择调速电机,以避免频繁起停。

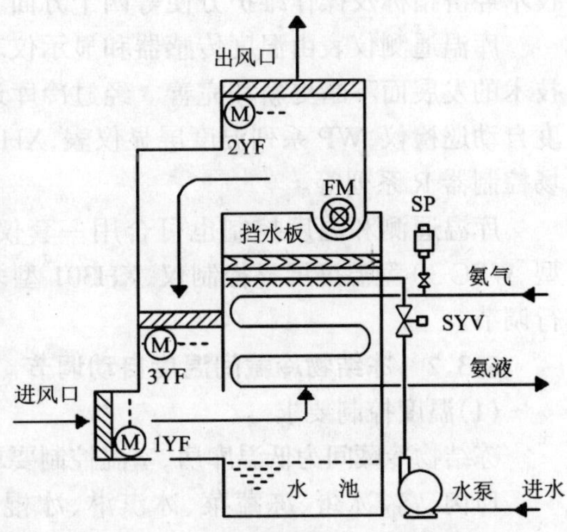

图5-41 蒸发式冷凝压力调节示意图

2)根据冷凝压力调节进风湿度,使冷凝压力回升

在进风口和出风口之间安装1个旁通风道,设置旁通阀(3YF),当冷凝压力过低时,控制它的开启度改变旁通风量,使一部分排出的湿空气与进风混合,提高冷凝器内的进风湿度,降低蒸发冷凝的效果,使冷凝压力回升。

3)根据冷凝压力改变喷淋水量,使冷凝压力保持在稳定范围内

根据冷凝压力调节SYV水量调节阀的开启度,改变喷淋水量,使冷凝压力保持在稳定范围内。

(4)风冷式冷凝器的压力调节

风冷式冷凝器的压力调节有如下两种方式。

1)根据冷凝压力,调节冷却风机的风量的方法调节冷凝压力

在热氨进口处安装有压力控制器,传感实际的冷凝压力,控制冷风机开停台数和调节风速,以达到调节冷凝压力的目的。

2)利用压力调节阀和旁通调节阀来稳定冷凝压力

根据压力调节阀前的压力,控制阀的开启度,使风冷式冷凝器的冷凝压力稳定在给定范围内。旁通调节阀的开启度是根据贮液器内压力来控制的,使贮液器内压力和冷凝器压力始终保持一定的差值。其工艺示意图如图5-42所示。

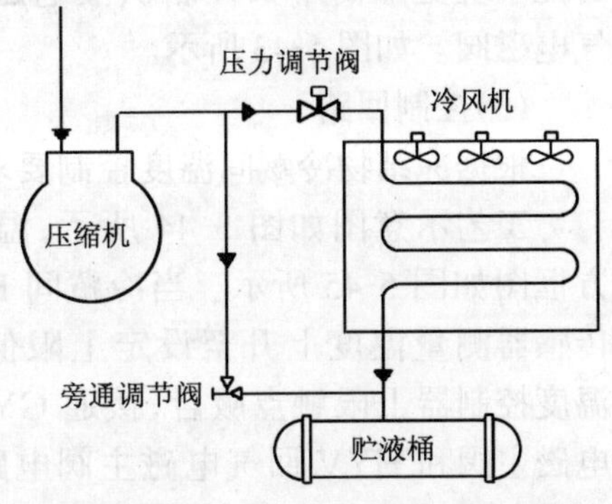

图5-42 风冷式冷凝器压力调节工艺示意图

5.3 库房自动控制

冷间自控内容有:温度遥测、温度调节、自动程序冲霜、呼人信号和电动冷库门等项目。蔬菜库有温湿度遥测和控制。气调库有气体调节等。

5.3.1 冷间温度遥测

温度参数是制冷系统自动控制中的主要参数,因此随时掌握库温是非常必要的,正确选择和应用温度检测仪表也是很重要的。选择温度检测仪表一般是根据冷库规模、测量精度、

技术经济指标及操作维护方便等四个方面考虑。

库温遥测仪表由温度传感器和显示仪表组成。库温遥测仪表也随着计算机技术和通信技术的发展而不断更新和完善。经过冷库运行考验的库温遥测仪表有XH101、XH201型温度自动巡检仪，WP系列温度屏显仪表，XH2000冷冻、冷藏监控系统计算机网络配套智能现场控制器R系列等。

库温遥测和温度控制也可合用一套仪表。例如WSK系列温度数显控制仪，WPK-15型、WPC-30型温度屏显控制仪，XH301型多点温度控制器等，既可遥测温度又可对库温进行调节。

5.3.2　冻结物冷藏间温度自动调节

(1)温度控制要求

冻结物冷藏间为低温库房，室温控制要求如下：

1)肉、禽、冰蛋、冻蔬菜、冰淇淋、冰棍等室内温度为：－15℃～－20℃；

2)鱼虾类室内温度为：－23℃～－30℃。

控制温度上、下限位值由工艺设计决定。温度控制精度为±1℃。

(2)控制对象

控制供液电磁阀和回气电磁阀的启闭，并使氨压缩机等制冷设备联动运行。有的冷库为了使自控系统更加简单只控制供液电磁阀，不控制回气电磁阀。如图5-43所示。

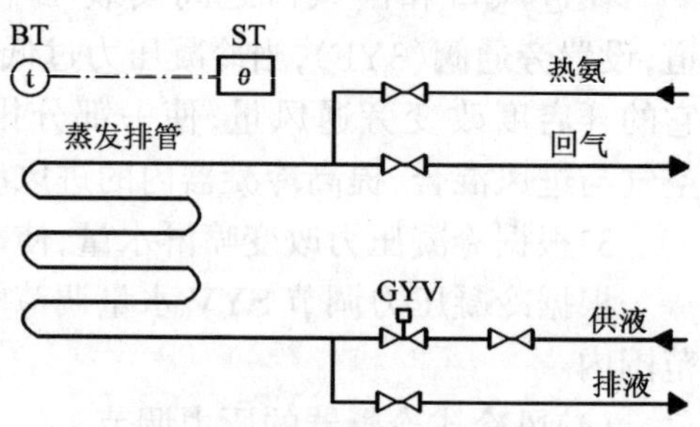

图5-43　冻结物冷藏间温度调节工艺示意图(1)

(3)控制回路

根据冻结物冷藏间温度控制要求控制供液电磁主阀和回气电磁主阀的启闭。

工艺示意图如图5-44所示，温度调节方框图如图5-45所示。当冷藏间BT温度传感器测量温度上升至设定上限值时，ST温度控制器上限触点吸合，接通GYV供液电磁主阀和HYV回气电磁主阀电路，使其开启。同时指令循环水泵、氨泵、氨压缩机等制冷系统设备联动投入运行，库房开始降温。当冷藏间BT温度传感器测量温度下降至设定下限值时，ST温度控制器下限触点吸合，切断GYV供液电磁主阀电路，使其关闭，延时几分钟后(由工艺提出具体时间要求)，再令HYV回气电磁主阀关闭。并指令压缩机等制冷系统设备停车。

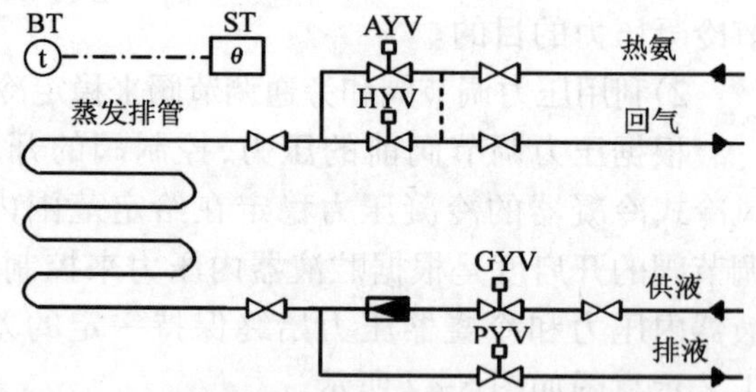

图5-44　冻结物冷藏间温度调节工艺示意图(2)

延时关闭HYV回气电磁主阀的原因是：如果供液电磁主阀同时关闭，在阀门关闭过程中，仍有氨液通过供液电磁主阀进入排管内，直至阀门全部关闭为止。这样排管内充满了氨液，当HYV回气电磁主阀再次开启时，排管内存留的氨液突然返回低压贮液桶，会产生“水锤”现象。为了避免产生“水锤”现象。所以需要延时关闭HYV回气电磁主阀。

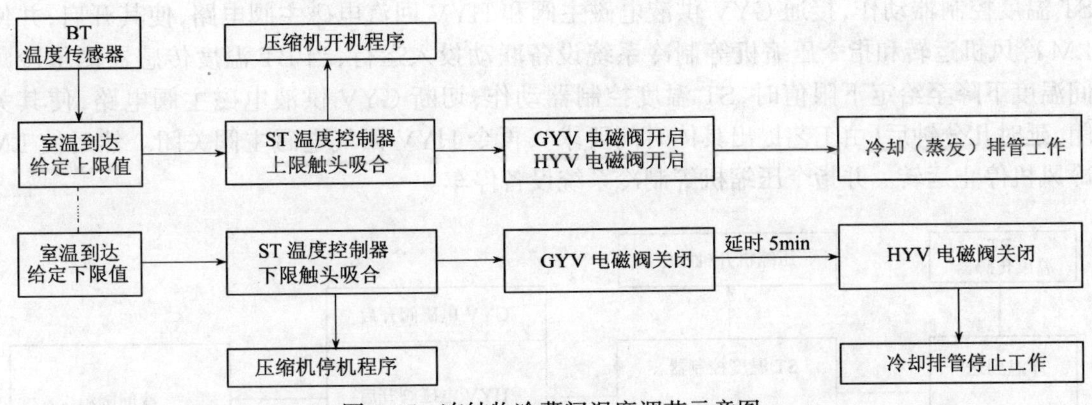

图 5-45 冻结物冷藏间温度调节示意图

5.3.3 冷却物冷藏间温度自动调节

(1)温度控制要求

冷却物冷藏间室温控制要求如下：

1)冷却后的肉、禽为：0℃；

2)鲜蛋为：－2～＋1℃；

3)冰鲜鱼为：－1～＋1℃

4)苹果、鸭梨等为：0～＋2℃；

5)大白菜、蒜薹、葱头、菠菜、香菜、胡萝卜、甘蓝、芹菜、莴苣等为：－1～＋1℃；

6)土豆、橘子、荔枝等为：＋2～＋4℃；

7)柿子椒、黄瓜、番茄、菠萝、柑等为：＋7～＋13℃；

8)香蕉等为：＋11～＋16℃。

控制温度上、下限值由工艺设计决定。温度控制精度为±0.5℃。

(2)控制对象：供液和回气电磁阀、冷风机，并使氨压缩机等制冷设备联动运行。

(3)控制回路

1)只控制供液电磁阀，不控制回气阀方案，在回气管上安装手动阀门，如图 5-46 所示。

2) 控制供液电磁阀，也控制回气阀方案

工艺示意图如图 5-47，有一台空气冷却器，供液管上安装了 GYV 电磁主阀，回气管上安装了 HYV 电磁主阀。

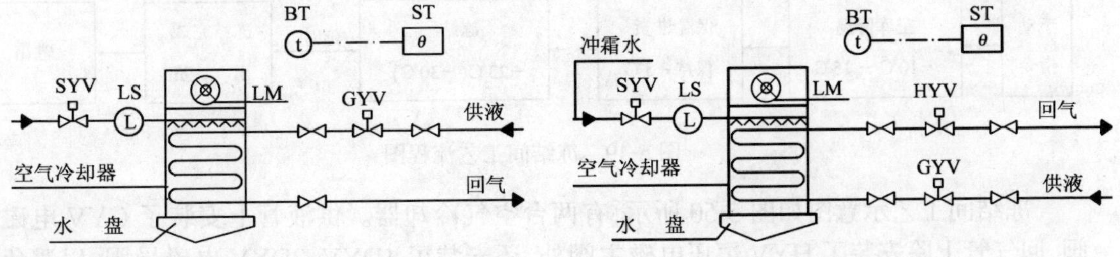

图 5-46 冷却物冷藏间温度调节工艺示意图(1)　图 5-47 冷却物冷藏间温度调节工艺示意图(2)

控制方框图如图 5-48 所示，当 BT 温度传感器测量冷藏间温度上升至给定上限值时，

ST温度控制器动作，接通GYV供液电磁主阀和HYV回汽电磁主阀电路，使其开启，并使LM冷风机运转和指令压缩机等制冷系统设备联动投入运行，当BT温度传感器测量冷藏间温度下降至给定下限值时，ST温度控制器动作，切断GYV供液电磁主阀电路，使其关闭，延时几分钟后（由工艺提出具体时间要求），再令HYV回气电磁主阀关闭。然后使LM冷风机停止运转。并指令压缩机等制冷系统设备停车。

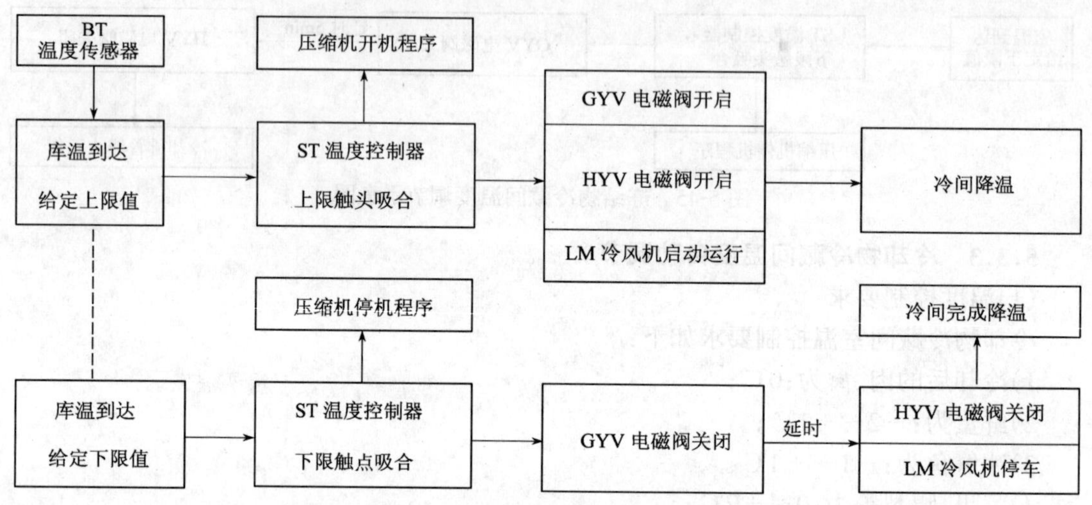

图5-48 冷却物冷藏间温度调节方框图

5.3.4 冻结间温度自动调节

(1)冻结间控制温度要求：

1)空库库温：－10～－15℃；

2)冻结库温：肉类——－18℃～－23℃；鱼虾类——－23℃～－30℃。

库温数值和冻结时间由工艺设计决定。

(2)控制对象：供液和回气电磁阀、冷风机，并使氨压缩机等制冷设备联动运行。

(3)控制回路

冻结间工艺流程图如图5-49所示，工艺流程一般分五个阶段，食品未进库前先要空库降温（或空库保温），空库降温一般降低到－10℃～－15℃，空库保温要保持在－5℃左右。进货过程中也要保持在－5℃左右，以防止建筑物因冻、融循环而破坏。

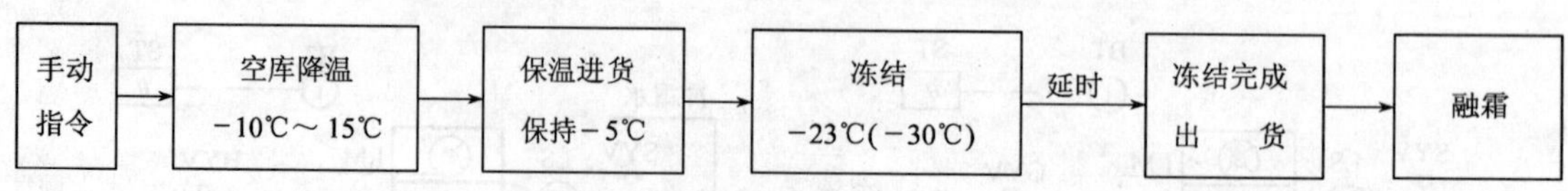

图5-49 冻结间工艺流程图

冻结间工艺示意图如图5-50所示，有两台空气冷却器。供液管上安装了GYV电磁主阀，回气管上除安装了HYV恒压电磁主阀外，还安装了1DYV、2DYV电磁导阀，以避免自控阀门的压力损失，而导致吸入压力过低而降低压缩机的制冷量。

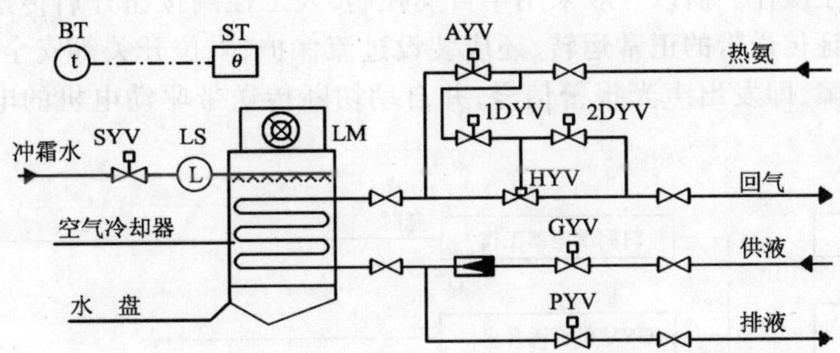

图 5-50 冻结间温度调节工艺示意图

空库降温控制程序方框图如图 5-51 所示。当开始空库降温时,人工指令,接通 GYV 供液电磁主阀和 1DYV 导阀的电源,使其开启。LM 冷风机启动运行。由于 1DYV 导阀的开启,将系统压力导入 HYV 回气主阀活塞顶部,从而 HYV 回气恒压主阀开启,并指令制冷系统设备联动投入运行。当库房温度下降至设定下限值(-10℃~-15℃,具体数值由工艺定)时,ST 温度控制器发出指令,制冷系统停止工作,同时发出声光信号,告知值班人员空库降温完成。食品可以入库。当温度上升到-5℃时,ST 温度控制器发出指令时,制冷系统又启动运行。

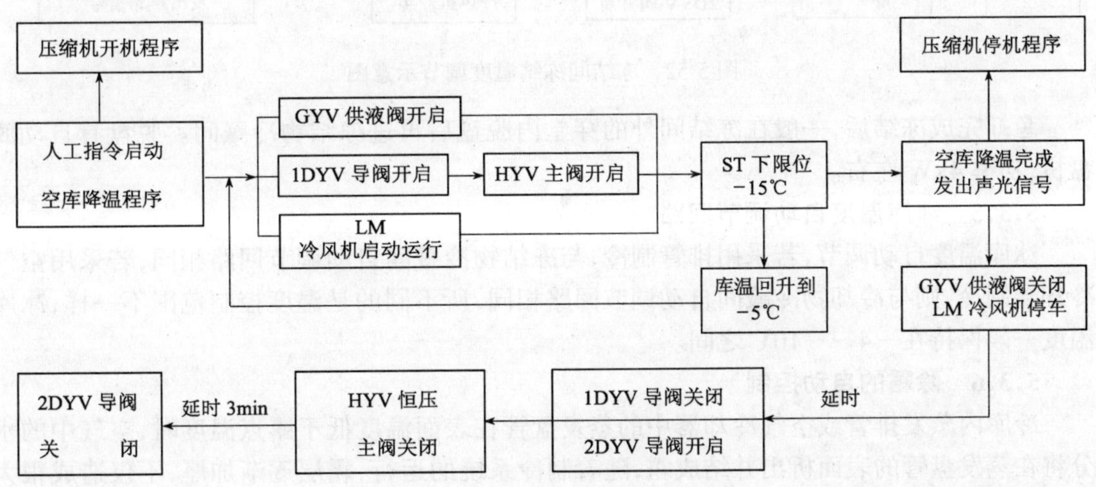

图 5-51 冻结间空库降温自动调节图

当食品入库完毕,开始冻结程序,控制流程方框图如图 5-52 所示。人工指令制冷系统和时间控制器工作。时间控制器动作时间的调定,由工艺根据不同食品的要求而定。当累计冻结时间达到给定值,而温度继电器又达到冻结要求的下限值时,发出冻结完成信号,随即切断供液电磁阀和冷风机电源,使其自动停车。延时关闭回气阀 1DYV 回气电磁导阀同时,开启泄压管上的 2DYV 电磁导阀,使 HYV 恒压主阀上部压力释放而关闭,HYV 主阀关闭后延时 3min,2DYV 电磁导阀关闭。冻结过程即告结束。食品开始出库,食品出库完毕,开始冲霜。

大、中型冷库货物进冻结间是用吊轨传送带运货,由于货物挂上传送带和从传送带上卸下来都是人工操作。所以一般采用半自动控制,人工控制按钮开启传送带,将货物入库冻结。为了保证传送带的正常运转,还应装设过流保护、限位开关等安全保护装置。一旦传送带发生故障,即发出声光报警信号,并自动切断传送带驱动电机的电源,以免发生事故。

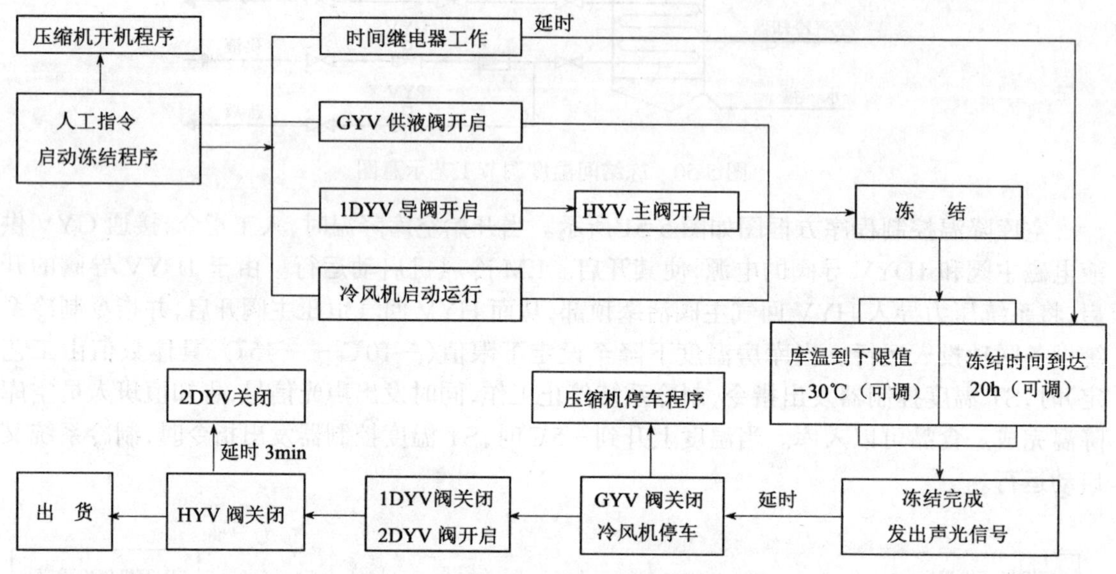

图 5-52 冻结间冻结温度调节示意图

鱼虾完成冻结后,一般在冻结间外的穿堂内脱盘后再进冻结物冷藏间。脱盘有自动脱盘机,功率 4kW 左右。

5.3.5 冰库温度自动调节回路

冰库温度自动调节,若采用排管制冷,与冻结物冷藏间自动调节回路相同,若采用空气冷却器制冷,则与冷却物冷藏间自动调节回路相同,所不同的是温度控制范围不一样,冰库温度一般保持在-4~-10℃之间。

5.3.6 除霜的自动控制

冷库内蒸发排管或空气冷却器中的蒸发盘管在表面温度低于露点温度时,空气中的水分将在蒸发盘管的表面析出并结成霜,随着制冷系统的运行,霜层逐渐加厚,不仅造成很大的管壁附加热阻,而且使蒸发盘管翅片间的空气通道变窄,增大空气流动阻力,降低制冷效率。因此为了保证空气冷却器的制冷效率,需要定期除霜。除霜方式有水冲霜、热氨融霜、水冲霜与热氨融霜相结合的方式,还有电加热除霜和自然除霜等方式。

(1)水冲霜的控制

当水温高于 20℃时,可单独采用水冲霜方式,这种冲霜方式适用于冷却间和冷却物冷藏间的空气冷却器蒸发盘管冲霜。如图 5-46、5-47 工艺示意图所示,在冲霜水管上安装了 SYV 电磁阀和 LS 水流信号器。

水冲霜指令可采用手动指令,定时程序冲霜,或采用 CPK-1 型微压差控制器指令冲霜。

CPK-1 型微压差控制器指令冲霜的原理是:在蒸发盘管的前、后端引导压管接至微压差控制器，根据空气冷却器回风口和出风口的空气压差来实现自动冲霜，当空气冷却器蒸发盘管上霜层增厚到一定程度，空气阻力达到设定值时（设定值相当于冷风机空气流量减半时的阻力，一般调定值 $\Delta P \geq 18mmH_2O$），微压差控制器即发出冲霜指令。

冲霜程序如图 5-53 所示。冲霜指令发出后，即进行程序冲霜。冲霜时间由时间继电器控制，先自动切断供液电磁阀和冷风机的电源，使它们在冲霜时不会因库温升高而自动投入运行。延时 8～10min（让空气冷却器盘管内的氨气和氨液流走）后，打开冲霜水电磁阀和开冲霜泵，延时 10～20min，将霜冲尽，然后停水泵和关闭冲霜水电磁阀，再延时 5～10min，让水滴尽。到此冲霜结束，供液电磁阀自动开启，冷风机恢复运行。

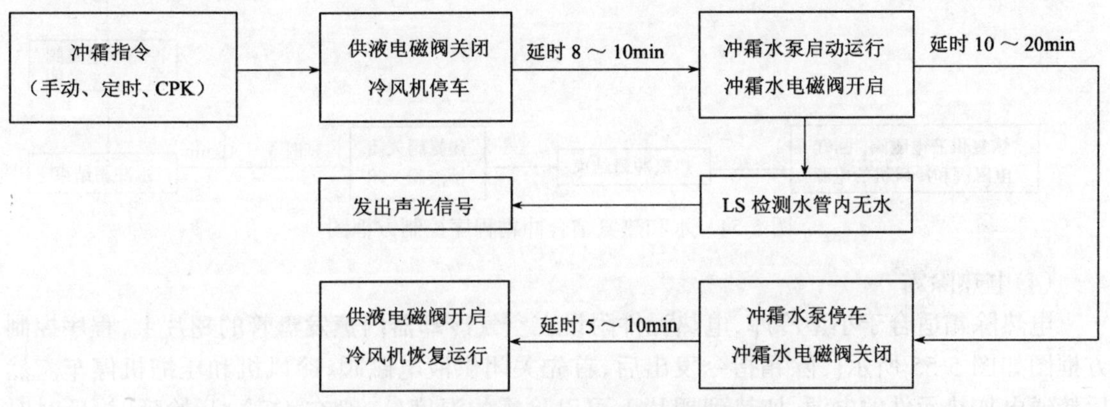

图 5-53 水冲霜程序控制方框图

给排水专业在设计冲霜水时，从经济的角度出发，只设置一台工作冲霜泵，一台备用冲霜泵，而冷库的冷间多，如若几个冷间同时冲霜，则冲霜水量不够用。因此在电气自控线路的安排上，需要安排各个冷间依次顺序冲霜。

传统的程序冲霜采用 TDS-04(05)型时间程序控制器，这也是专用于冷库程序冲霜的调节器。随着计算机技术的发展，采用可编程方法使自动冲霜控制更加完善。XH-2000 冷冻、冷藏控制软件具有除霜程序。

(2)热氨融霜

冻结物冷藏间大多采用光滑墙排管或顶排管，以扫霜为主，只有库房货物出尽后才采用热氨融霜。由于热氨融霜不经常使用。一般采用手动控制。

(3)水冲霜和热氨融霜相结合的程序控制

冻结间也有采用水冲霜方式的，但是蒸发盘管内的积油夹缝内的积霜不易除尽，还需定期人工热氨除霜。所以冻结间以采用水和热氨冲霜相结合为宜。

水和热氨结合的冲霜程序控制，所需自控元件比水冲霜程序控制要多，如图 5-50 工艺示意图所示，除在冲霜水管上安装了 SYV 电磁阀和 LS 水流信号器外，还安装了 AYV 热氨电磁阀和 PYV 排液电磁阀。

冻结间内的货物全部出库后才开始冲霜，所以一般都为手动指令，程序冲霜，冲霜时间由时间继电器控制，冲霜程序见图 5-54。冲霜指令发出后，先自动切断供液、回气电磁阀和冷风机的电源，使它们在冲霜时不会因库温升高而自动投入运行。同时打开热氨阀和排液阀，延时 5～10min 后，再打开冲霜水电磁阀和开冲霜泵，再延时 10～20min，将霜冲尽，然后停水泵和关闭冲霜水电磁阀，再延时5～10min，让水滴尽。到此冲霜结束，热氨电磁阀和排液电磁阀关闭，然后恢复供液电磁阀和冷风机的电源。

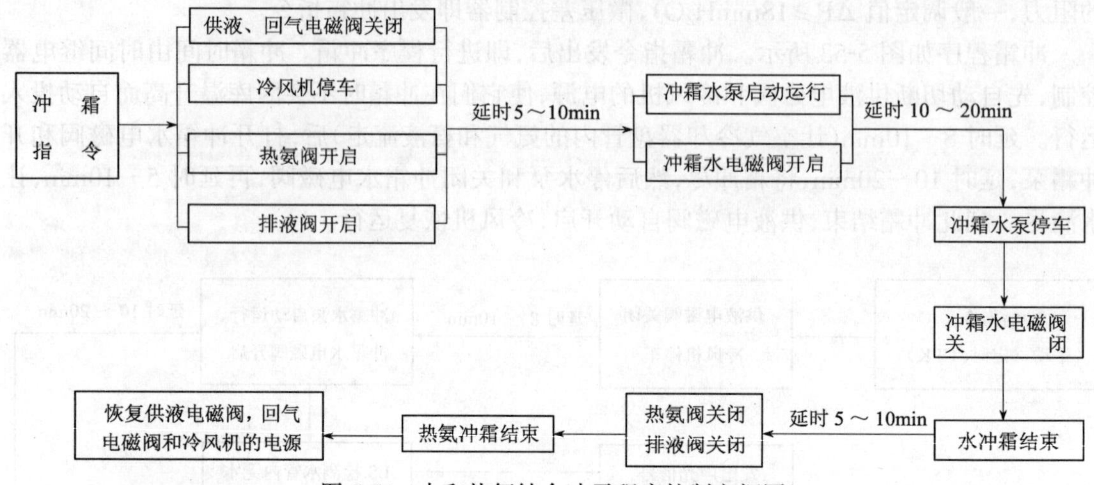

图5-54 水和热氨结合冲霜程序控制方框图

(4)电热除霜

电热除霜适合于小型冷库，电热元件附设在空气冷却器内蒸发盘管的翅片上，程序控制方框图如图5-55所示。除霜指令发出后，首先关闭供液电磁阀，冷风机和压缩机停车。然后接通电加热元件的电源，加热到翅片上可以除霜的温度(一般在1℃)，开始延时，延时时间根据实际运行经验调整(一般15～30min)。延时时间到达设定值，加热元件断电，供液电磁阀开启，压缩机恢复运行。待温度降到0℃，冷风机恢复运行。以防止吹热风。电热除霜融化的水要及时排出室外，以免再结冰。

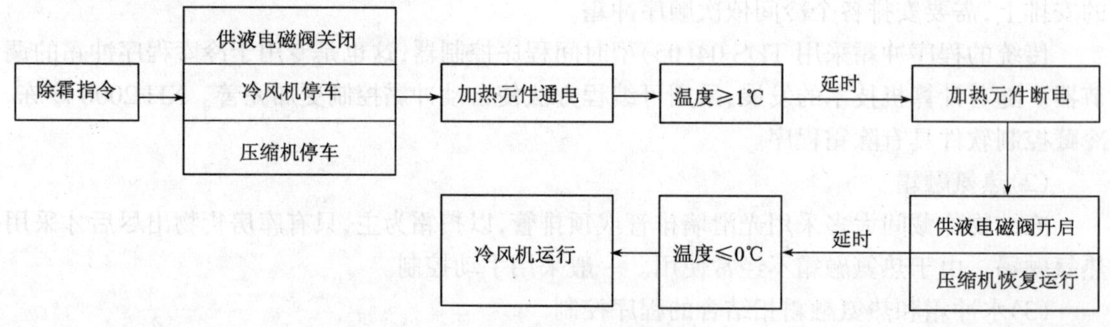

图5-55 电热除霜程序控制方框图

(5)自然除霜

库温大于5℃的冷间，可以采用自然除霜方式，就是停止制冷，但冷风机继续运行，使库内空气中的热焓将表面霜层除掉。

5.3.7 冷库湿度的自动控制

贮藏水果、蔬菜、鸡蛋等的冷却物冷藏间，为了保证食品贮藏质量，不仅需要适宜温度，而且还需要有适宜的湿度。因此湿度测量和控制也很重要。湿度控制内容有加湿、除湿控制。

(1)相对湿度的要求

各种果、蔬相对湿度的要求如下：

1)鸭梨、土豆、橘子、荔枝、香蕉等要求相对湿度为85%～90%。

2)大白菜、蒜薹、菠菜、葱头、香菜、胡萝卜、甘蓝、芹菜、莴苣等要求相对湿度为90%～95%。

当库内湿度大于上述相对湿度值时需要除湿，小于上述相对湿度值时需要加湿。采用湿度调节器或控制器与加湿器和除湿装置配合，可达到自动调节湿度的目的。

(2)湿度遥测

湿度遥测由湿度传感器和显示仪表组成，湿度传感器也可和湿度调节器组成，既可显示又可调节湿度。湿度传感器有TH干湿球信号发送器，氯化锂湿度传感器等，湿度调节仪表有TS系列湿度调节器、MSK-06型湿度显示控制仪。WS-ZI智能温湿度巡测仪等。

(3)加湿控制

加湿方法一般有喷雾式、蒸汽发生式加湿器和自然蒸发式等三类。

1)喷雾式

冷却间和冷却物冷藏间一般安装了空气冷却器，可以在冷风机出风口安装喷嘴或具有小孔的水管，按控制湿度给定值自动启闭水电磁阀，向室内空气中喷水雾或蒸汽，使空气中的含湿量增加。也可利用现有的冲霜水装置进行喷淋加湿。加湿方法如图5-56所示，某蔬菜库的冷却物冷藏间的墙上安装带有喷嘴的水管(或采用有小孔的水管)。喷雾方向呈水平或略向上，注意不要喷到顶棚、梁、柱和食品上，否则就要发生结露。

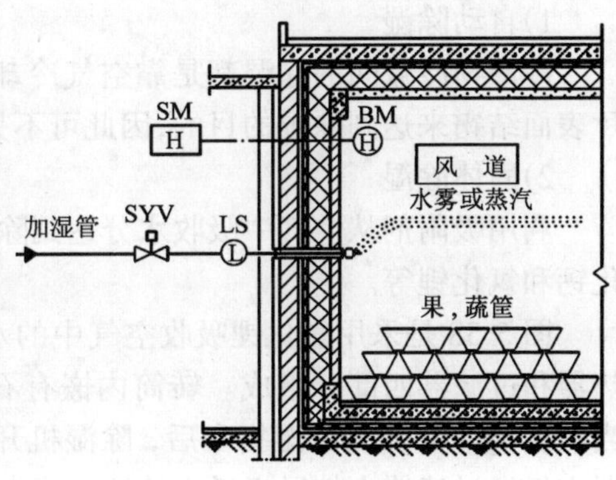

图5-56　喷水加湿法示意图
BM—湿度传感器；SM—湿度控制器；SYV—水电磁闸

冷却物冷藏间如若安装水喷雾离心式加湿器，要注意加湿器安装在适当位置，不能正对风道出口安装，因为空气冷却器吹出的有速度的冷风，会使喷雾逆向返回，造成结露。也不能安装在空气冷却器吸入口附近，因为会使空气冷却器盘管结霜增多。相对两面墙上都安装加湿器时，要考虑喷雾的射程，避免相对喷雾的碰撞，故要交错安装。

加湿控制可采用武汉市仪器仪表研究所的WSL-305型温、湿度指示控制仪和复合传感器(氯化锂湿敏电阻和RC4型热敏电阻)，当库内湿度降到设定值下限值时，接通加湿水电磁阀(可以利用冲霜水)电路，开启阀门喷水雾，并且音响报警。当湿度上升到设定值上限值时关闭阀门，停止喷雾，实现两位式调节。这种加湿方法简单，投资省、运行费用低。

而+1℃以下的果蔬冷库不宜采用水喷雾加湿和自然蒸发加湿。因为存在水滴，容易结露，喷嘴容易冻坏或阻塞。一般采用蒸汽发生式加湿器。

2)蒸汽发生式加湿器

肉类冷库不宜采用水喷雾加湿，除存在结露问题外，还存在喷雾时，水滴中所带来的细菌会污染肉类食品。蒸汽发生式加湿器最适用于肉类冷库的加湿。大中型冷库蒸汽发生式加湿器需要建立锅炉房。小型冷库可采用电极式蒸汽加湿器或电热式加湿器。蒸汽加湿器安装在库外,蒸汽分布软管安装在墙内通风装置内。蒸汽直接由通风机送出,混入库内空气中,这样可避免风道内及风道喷出口附近结露。

蒸汽加湿器原理如图5-57所示,蒸汽圆筒内的电极将水加热产生成蒸汽,水变成蒸汽后,导电率有所变化,导电率的输出信号和室内湿度检测信号送给SM加湿调节器,控制1SYV给水电磁阀和2SYV排水电磁阀的启闭,控制通过蒸汽圆筒内的水位和蒸汽浓度。在喷蒸汽的同时启动通风机,以利将喷出的蒸汽扩散到整间库房空气中去。从而达到库内湿度调节。通风机运行时,朝外开的保温小门要打开,以利新鲜空气进入。通风机停车时,小门要关严,以免产生冷桥。

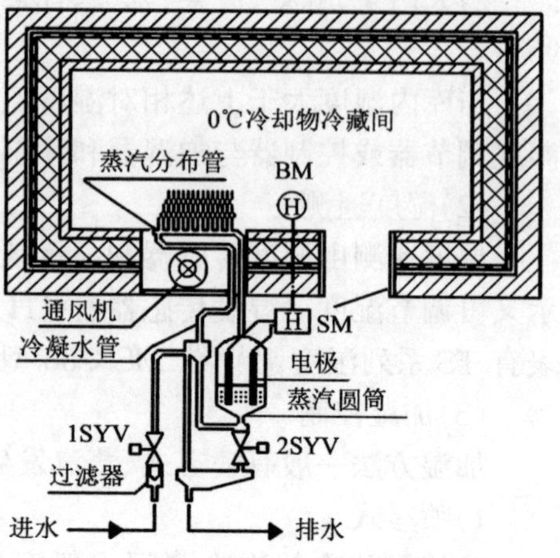

图5-57　电极式蒸汽加湿器示意图

(4)除湿方法

1)自动除湿

冷却物冷藏间的除湿都是靠空气冷却器盘管翅片表面结霜来达到除湿的目的,因此可不另设除湿装置。

2)固体除湿

利用吸附剂从空气中吸收水分达到除湿的目的,常用的吸附剂有硅胶、铝胶、活性炭、氯化钙和氯化锂等。

图5-58是采用氯化锂吸收空气中的水分的除湿机。它由风机系统,转筒组件、温控加热器和过滤器四部分组成。转筒内嵌有石棉纸裹住的氯化锂晶体,由电动机减速器转动。当湿度调节器发出降湿指令后, 除湿机开始工作,鼓风机和轴流风机启动,转筒转动,库内湿空气经过滤器由鼓风机送入转筒内蜂窝通道,湿空气中的水分被氯化锂吸收含浸在石棉纸上,已除湿的干燥空气从另一端送出回到库内空气中,同时除湿机吸进室外空气经过过滤器,由轴流风机送入加热器加热后送进转芯的石棉纸部位将氯化锂和石棉纸上的水分带走。并将这部分湿热空气从另一端排走。就这样连续不断地除掉库内空气中的水分,直至湿度调节器发出停止降湿指令后,除湿机才停止工作。

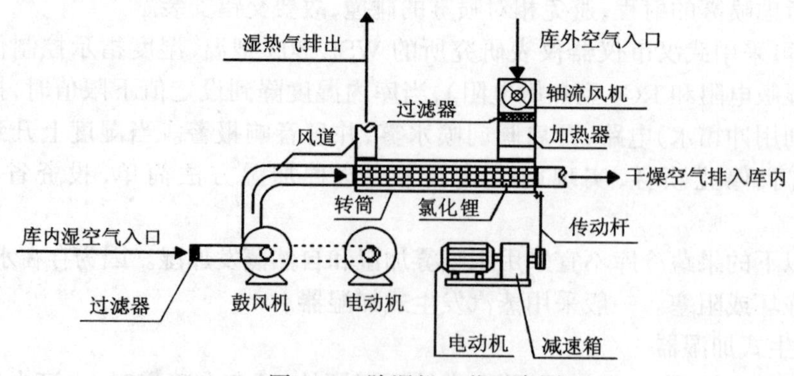

图5-58　除湿机工艺示意图

5.3.8 冷库门的自动控制

冷库门有手动和电动两种，但不管是手动还是电动，一般均在门上方安装了空气幕，以便开门时阻隔库内外空气的对流。低温库门上还安装了防冻电热丝。

(1) 冷却物冷藏间手动冷库门的自动控制回路

在冷库门框上方安装行程开关，当冷库门打开时，行程开关接通空气幕电路，风幕启动。当冷库门关闭，行程开关切断空气幕电路，冷风幕停止运转。空气幕控制原理图见图5-59。

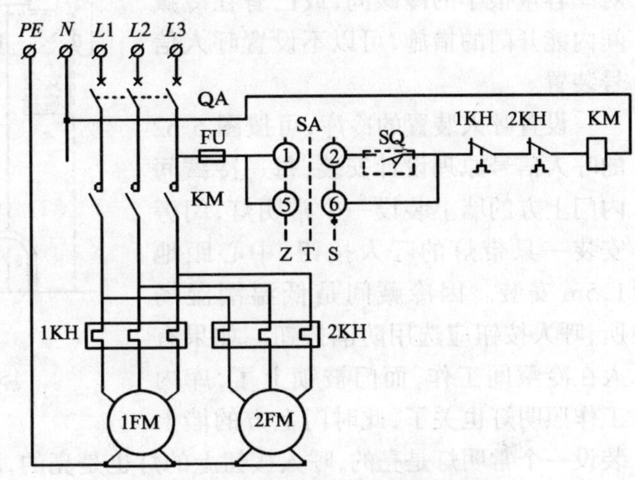

图 5-59　手动冷藏门空气幕控制原理图

1FM，2FM—空气幕；SQ—行程开关

(2) 冻结物冷藏间、冻结间手动冷库门的自动控制回路

冻结物冷藏间和冻结间的手动冷库门的自动控制回路控制原理与冷却物冷藏间手动冷库门相同，只是门上加装了24V电热丝。控制原理图见图5-60。

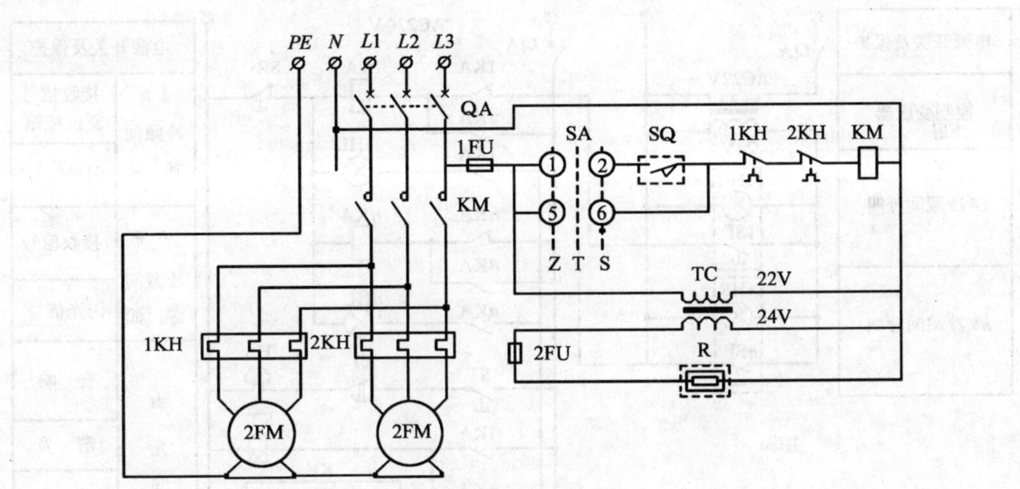

图 5-60　低温库手动冷藏门控制原理图

1FM，2FM—空气幕；SQ—行程开关；TC—控制变压器；R—冷藏门上电热丝

(3) 电动冷库门自动控制回路

电动冷库门有定型产品。现以“宜兴冷库附件厂”生产的DLM型电动冷库门举例介绍如下，该门设有停电或发生故障时，手动开门装置。以及库内卸锁脱险装置。门的基本结构如图5－61所示。

5.3.9 呼人信号

《冷库设计规范》GB50072—2001第7.3.13条指出：“根据需要冷间内可设呼唤信号装

置，此时库内门上方墙上应装设常明灯”。这是为了保障人身安全，防止职工被误关在冷藏间而作出的规定。但对库容量很小的冷藏间，或已有在冷藏间内能开门的措施，可以不设置呼人信号装置。

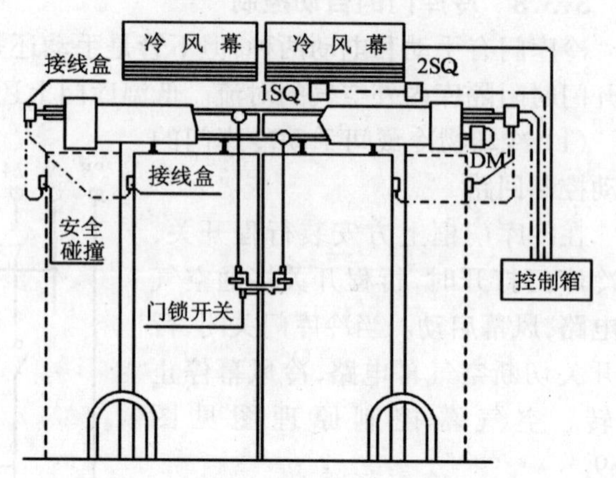

图 5-61 电动冷库门示意图
1SQ，2SQ—接近开关；DM—门传动电机

设置呼人装置的冷库，可按图 5-62 的呼人信号原理设计安装，每一冷藏间内门上方的墙上装设一个常明灯，门旁安装一只带灯的呼人按钮，中心距地 1.5m 安装。因冷藏间是低温潮湿场所，呼人按钮应选用防潮按钮。如果有人在冷藏间工作，而门被锁上了，库内工作照明灯也关了，此时门上方的墙上装设一个常明灯是亮的，呼人按钮上的灯也是亮的，就不难寻找门和按钮的位置，此时只要按下按钮，在控制室的控制屏上就有该冷藏间的闪光信号，同时发出音响信号，通知值班人，那间库房有人在呼叫，需要去开门。

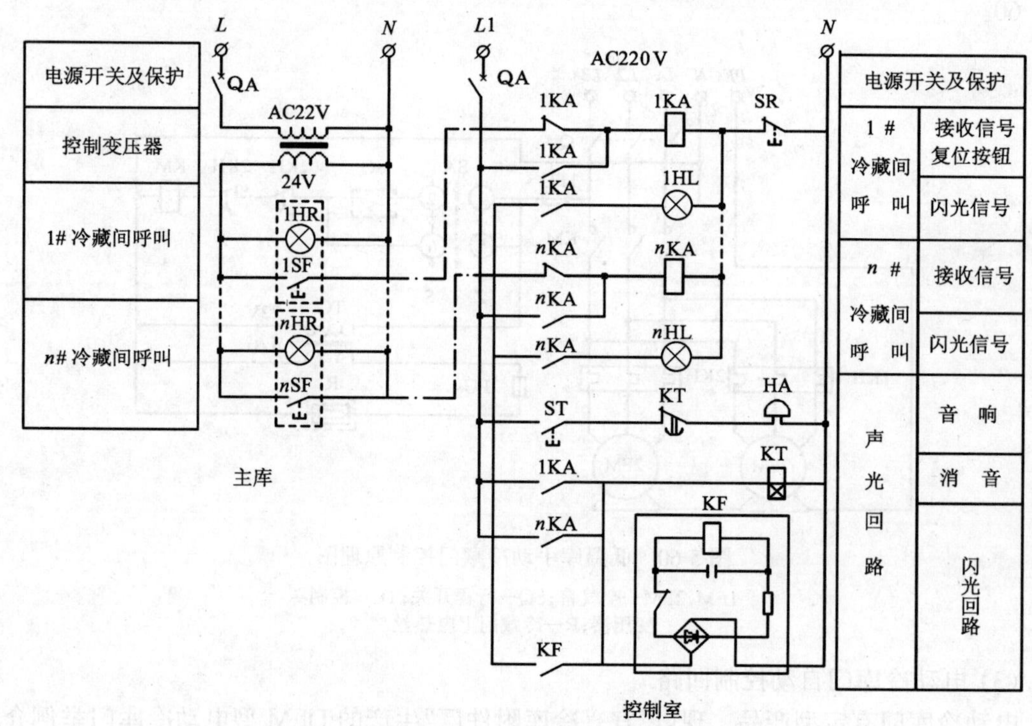

图 5-62 呼人信号原理接线图

呼人信号的传输线路，选用普通的铜芯绝缘线就可以。考虑机械强度和电压损失，宜选择 1.5mm^2 铜芯绝缘线或控制电缆。

对具有计算机监控网络的冷库,呼人按钮信号可输入现场智能控制器。

5.4 气调库的自动控制

水果、蔬菜在冷库内贮藏时,仍然有呼吸作用,这种呼吸作用消耗了水果、蔬菜组织中的糖类、酸类及其他的有机物质。这种呼吸作用越强,水果、蔬菜衰老就越快。因此低温贮藏还达不到理想的保鲜效果。必须抑制果、蔬的呼吸作用,延缓衰老,达到保鲜目的。抑制水果、蔬菜的呼吸作用的方法,就是采用气调方法改变水果、蔬菜库内空气组成比例,适当降低空气中氧的含量,提高二氧化碳的浓度,这就需要建立气调机房。主要气调设备有:催化燃烧降氧机、二氧化碳脱除机、碳分子筛制氮机,一般机器上自带启动控制设备,只提供一路电源就可以了。

(1)催化燃烧降氧机

催化燃烧降氧机是利用催化燃烧反应,降低库内空气中的含氧量,达到降氧的目的。主要用于水果和蔬菜的低氧贮藏,即气调贮藏。可以达到长期保鲜的效果。

1)催化燃烧降氧机的组成

催化燃烧降氧机也叫做气体发生器,是快速降氧的有效方法。一般由催化燃烧反应器、气体冷却器、离心鼓风机、电磁阀、工艺管道、测量仪表和控制设备等部件组成。

2)催化燃烧降氧机工艺流程

如图 5-63 所示,运行时,气调库内的气体通过离心鼓风机进入管道,而丙烷或天然气燃料按控制的比例也流入管道中,与库气体混合后,进入催化燃烧反应器的底部加热(电热元件加热),在预热到反应温度(CR-10 和 CR-20 型为 410℃,DR-4-20 型为 580℃)后,混合气流通过催化剂床层,在催化剂床层内发生催化燃烧反应(氧化反应),但没有火焰产生,氧和燃料气体之间只是放热反应,在催化燃烧反应时,库气流中的氧(O_2)与燃料中碳(C)和氢(H)化合生成二氧化碳(CO_2)、水蒸汽(H_2O)和氮气(N)。水蒸汽(H_2O)进入冷却器被冷凝后,随下水道排出。热气体(CO_2和 N)进入冷却器后与冷却水逆向流过拉西瓷环填料层,使热气体降温,降至接近周围环境温度。排出送至气调库内。

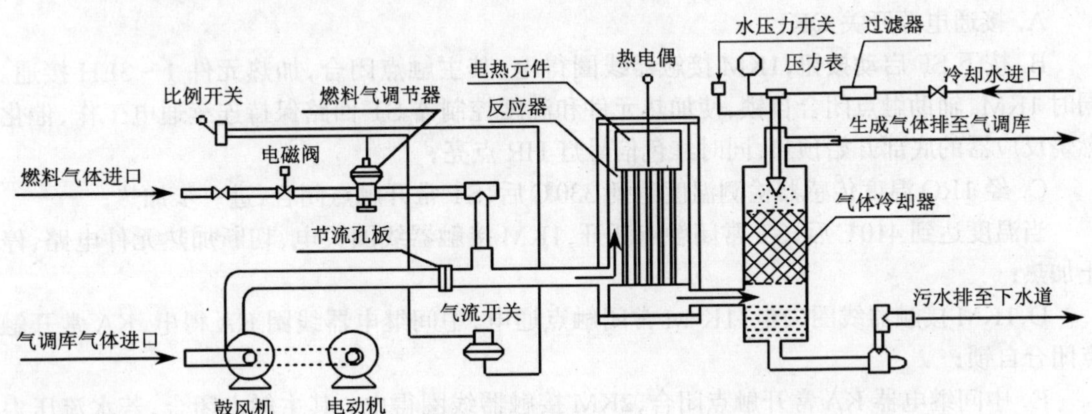

图 5-63 催化燃烧降氧机工艺示意图

为了调整库气流和燃料气流量，在管道上安装了节流孔板、平衡气体调整器和反馈线路组成的压力反馈系统，使在全部运转时间内，库气流和燃料气流量的配比保持一定比例，并使之低于燃料与氧混合物的爆炸极限。

一般气调库内气体含氧量降至给定值5%～10%时，催化燃烧降氧机即停止工作。

3)催化燃烧降氧机控制原理

图5-64是CR-20型催化燃烧降氧机控制原理图。操作顺序如下：

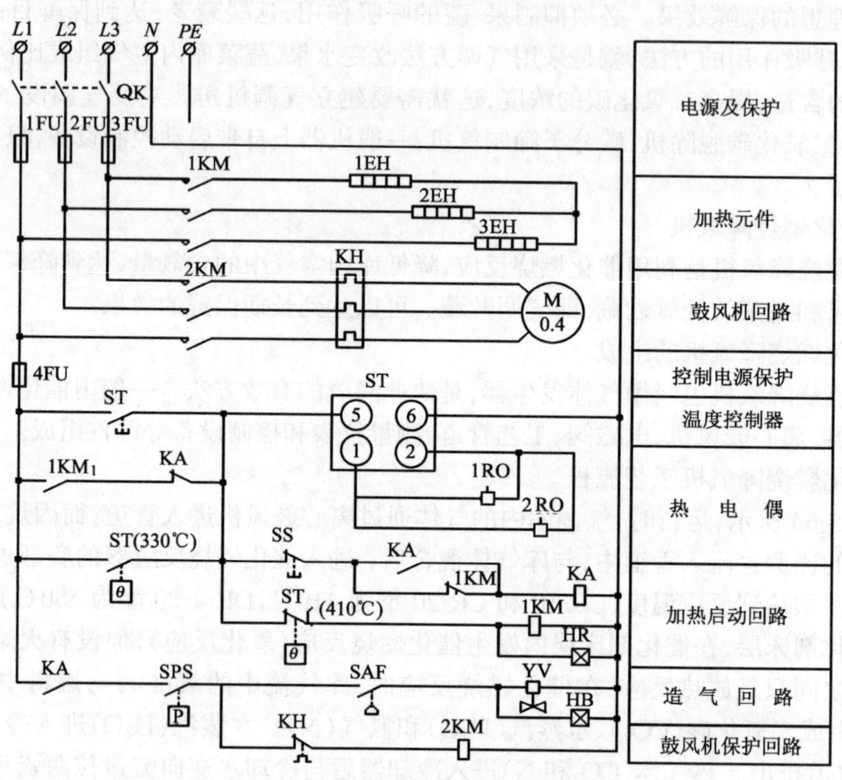

图5-64　催化燃烧降氧机控制原理图

A. 接通电源开关QK；

B. 按下SF启动按钮，1KM接触器线圈得电，其主触点闭合，加热元件1～3EH接通。同时$1KM_1$辅助触点闭合自锁，使加热元件和温度控制器ST回路保持连续通电工作，催化燃烧反应器的底部开始预热，同时红色信号灯HR点亮；

C. 经1RO温度传感器检测温度达到330℃后，ST常开触点闭合，进一步加热；

当温度达到410℃后，ST常闭触点断开，1KM接触器线圈失电，切断加热元件电路，停止加热；

D. 1KM接触器线圈失电，1K-M常闭触点通电，中间继电器线圈KA得电，KA常开触点闭合自锁；

E. 中间继电器KA常开触点闭合，2KM接触器线圈得电，其主触点闭合，若水流压力开关也是闭合的，鼓风机就启动运行。当鼓风机投入运行时，如果库气流开关是闭合的，燃料气电磁阀通电开启，催化燃烧降氧机开始造气。蓝色信号灯HB点亮；

F. 当温度低于 410℃时,温度控制器 ST 常闭触点接通,又开始加热,通过 ST 的通断,使反应器内的温度始终保持在 410℃;

G. 如果系统不造气,其原因是:

a. SAF 库气流开关没有闭合;

b. SPS 水压力开关没有闭合;

c. 没有提供燃料。

(2)二氧化碳脱除机

二氧化碳脱除机是用来控制气调库中二氧化碳(CO_2)的浓度,主要用于水果和蔬菜的气调贮藏。可以达到长期保鲜的效果。

1)二氧化碳脱除机的组成

二氧化碳脱除机一般由两个吸附罐、两台鼓风机(用同一电动机驱动)、相互连接的管道和 6 个三角形三通阀门及控制设备组成。

每个吸附罐内装有粒状活性炭吸附剂,能高效率的脱除二氧化碳(CO_2),用以控制气调库内二氧化碳气体的含量。但是新鲜干净的活性炭在经过数分钟的吸附二氧化碳后,即达到饱和状态,失去吸附能力。因此必须再生,采用风机抽入新鲜空气进行吹扫而再生,使活性炭恢复对二氧化碳的吸附能力。两个吸附罐一个在吸附,另一个在再生,两个吸附罐交替使用,自动切换。

2)二氧化碳脱除机工艺流程

二氧化碳脱除机工艺流程如图 5-65 所示,工作时,B 吸附罐吸附脱除二氧化碳气体的同时,A 吸附罐吹扫再生。吸附风机抽出气调库内含量较高的二氧化碳气体,经开启的 1YMS、6YMS 三通阀门进入 B 吸附罐,气体中的二氧化碳在 B 吸附罐内被活性炭吸附脱除,再将吸附后不含或只含少量的二氧化碳气体经开启的 4YMS、2YMS 三通阀门送回气调库内。

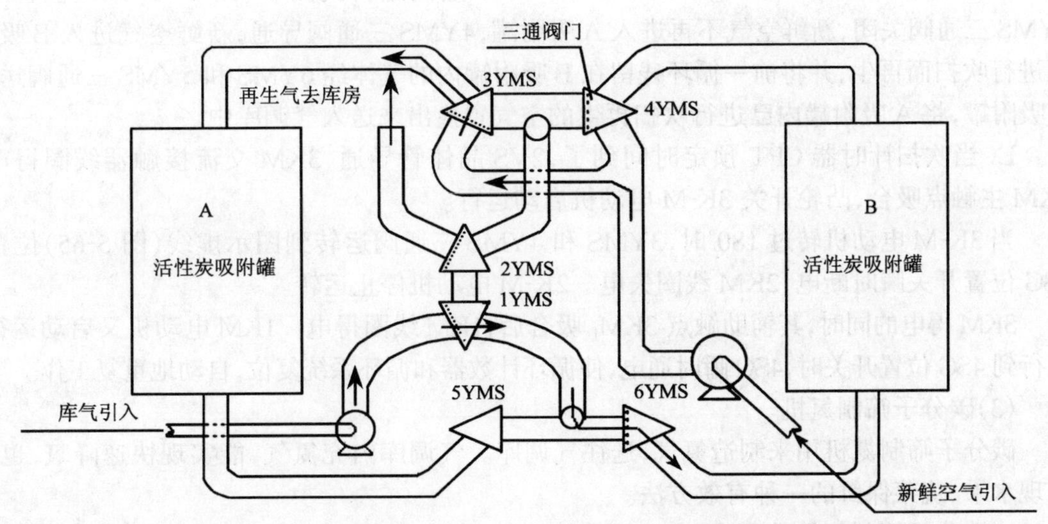

图 5-65 二氧化碳脱除机工艺流程图

当 B 吸附罐进行脱除来自库内气体中的二氧化碳气体的同时,吹扫风机将新鲜空气经开启的 3YMS 三通阀门送入 A 吸附罐内进行吹扫而再生。两个吸附罐按一定的时间交替循环使用,定时切换。引入的库气体和再生的气流全部由控制板上的1～6YMS三通阀门切换控制,1～2YMS吸附和吹扫循环的变换由电子计时器进行程序控制。时间间隔一般4～6min。

如若要求再生空气中不含二氧化碳气体,可将吹扫风机的吸风口用管子接至干净的新鲜的空气点。

3)二氧化碳脱除机工作原理

如图5-65、5-66所示,1～2YMS三通阀为一组,由凸轮开关上的1K-M电动机控制启闭。3～4YMS三通阀为一组,由凸轮开关上的2K-M电动机控制启闭。5～6YMS三通阀为一组,由凸轮开关上的3K-M电动机控制启闭,控制程序如下:

A. 合上SH开关,吸附、吹扫风机同时启动运行。同时循环计时器XPT和吹扫计时器CPT通电开始投入工作。

吸附风机抽出气调库内含量较高的二氧化碳气体。经开启的1YMS、6YMS三通阀门进入B吸附罐,气体中的二氧化碳在B吸附罐内被活性炭吸附脱除后,再将不含或只含少量的二氧化碳气体经开启的4YMS、2YMS三通阀门送回气调库内。

当B吸附罐进行脱除来自库内气体中的二氧化碳气体的同时,吹扫风机将新鲜空气经开启的3YMS三通阀门送入A吸附罐进行吹扫而再生。

B. 当循环计时器XPT到了设定时间(4～6min可调),晶体管1VS导通,于是交流接触器1KM线圈得电,1KM主触点吸合,凸轮开关上1K-M电动机启动运行。当1K-M电动机转过180°时,1YMS和2YMS三通阀运转到图示(图5-65)虚线位置关闭,此时系统中的库气流完全与二氧化碳脱除机隔离。

C. 在1K-M电动机转过180°,1SG位置开关向上时,1KM线圈失电,1K-M电动机停车。2KM交流接触器线圈得电。

D. 当2KM交流接触器线圈得电,2KM主触点吸合,凸轮开关2K-M电动机启动运行。在2K-M电动机转过180°时,3YMS和4YMS三通阀运转到图示(图5-65)虚线位置时,3YMS三通阀关闭,新鲜空气不再进入A吸附罐,4YMS三通阀导通,新鲜空气进入B吸附罐进行吹扫而再生,并将前一循环残留在B吸附罐内的气体经6YMS和5YMS三通阀送入A吸附罐,将A吸附罐内已进行吹扫再生的空气置换出来送入气调库中。

E. 当吹扫计时器CPT预定时间到了,2VS晶体管导通,3KM交流接触器线圈得电;3KM主触点吸合,凸轮开关3K-M电动机启动运行。

当3K-M电动机转过180°时,3YMS和4YMS三通阀运转到图示虚线(图5-65)位置。3SG位置开关瞬时断电,2KM线圈失电。2K-M电动机停止运转。

3KM得电的同时,其辅助触点$3KM_1$吸合后,1KM线圈得电。1KM电动机又启动运行。运行到4SG位置开关时,4SG瞬时通电,使循环计数器和循环系统复位,自动地重复工作。

(3)碳分子筛制氮机

碳分子筛制氮机用来制造氮气,送往气调库。气调库内充氮气,能实现快速降氧,也是实现水果、蔬菜保鲜的一种有效方法。

1)碳分子筛制氮机的组成

碳分子筛制氮机一般由空气压缩机、空气过滤器、贮气罐、缓冲贮气罐、两个吸附塔、真空泵和电控气动阀门、程控微处理机及气体分析仪器等组成。利用吸附分离作用制氮,将氮气送入气调库内,可以脱除空气中的二氧化碳和乙烯。

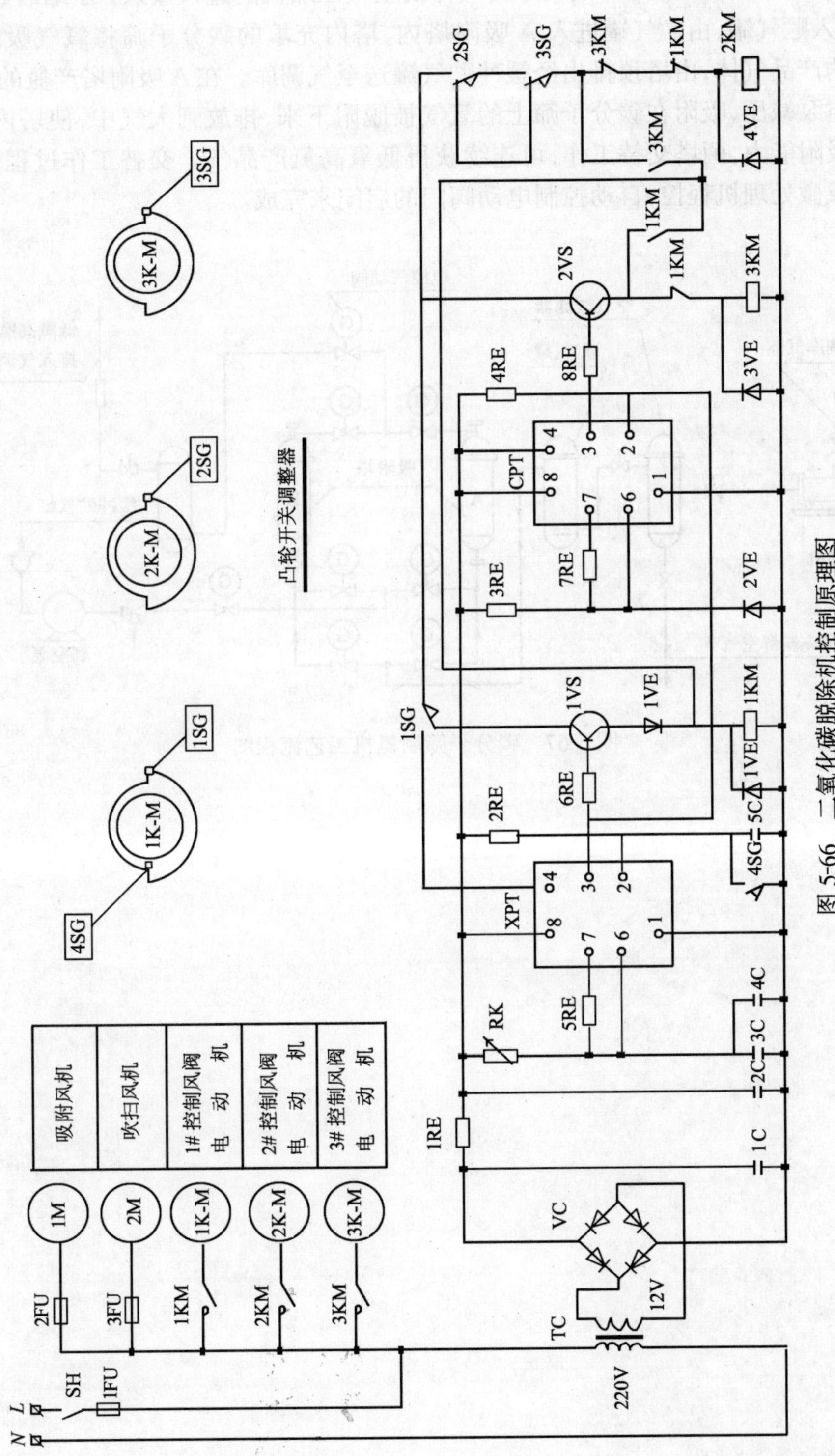

图 5-66 二氧化碳脱除机控制原理图

2)工艺流程

工艺流程如图5-67所示，气调库内气体由空气压缩机的进口吸入，压缩后经空气过滤器过滤，进入贮气罐，由贮气罐进入A吸附塔内，塔内充填的碳分子筛将氧气吸附后，产生低氧高氮的产品气体，由塔顶排出经缓冲贮气罐送至气调库。在A吸附塔产氮的同时，B吸附塔由真空泵减压，吸附在碳分子筛上的氧气被脱附下来，排放到大气中，使塔内碳分子筛再生恢复吸附能力，两塔交替工作，可连续获得低氧高氮产品气。交替工作过程，由时间程序控制器或微处理机程控，自动控制电动阀门的启闭来完成。

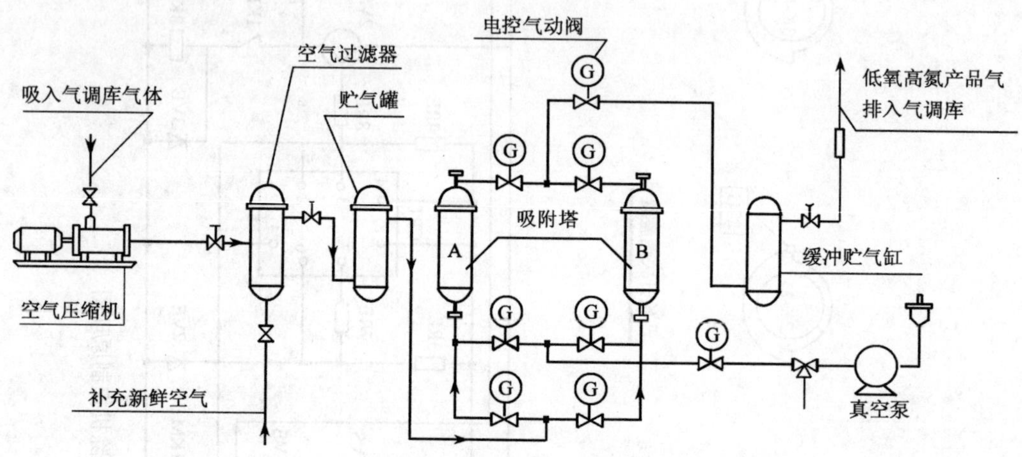

图5-67　碳分子筛制氮机工艺流程图

第6章 继电器接点控制线路的逻辑设计在冷库中的应用

6.1 基 本 概 念

6.1.1 继电器接点控制线路的几种设计方法

当代微电子计算机技术已进入了过程控制和位置控制等领域,但是继电器接点控制线路,仍是控制系统中最基本的控制理论基础。以微处理器为核心的可编控制器中的梯形图设计也是借鉴继电器接点控制线路图翻译绘制的。

在继电器接点程序控制系统中,有经验设计方法、逐步探索方法和逻辑设计方法等。现将这三种设计方法简略介绍如下:

(1) 经验设计方法

冷库自控设计中大多采用经验设计方法。设计者利用自己掌握的成熟经验,或参考他人的经验来设计控制原理图,首先画出生产工艺流程图,然后从满足控制要求出发,设置检测元件、继电器等。分析检测元件信号传入继电器后,如何发出信号带动执行机构动作的,继而分析执行机构动作的结果,将使那些检测元件发生变化,又引起那些继电器发生变化,这样一直分析到一个循环的结束,将全部线路兜完后,画出控制原理图,这种经验设计方法,往往能得到满意的效果,是冷库设计者常采用的一种方法。

(2)逐步探索方法

逐步探索方法是指以步为核心,从实现首步起,一步一步的设计下去,一直到完成整个程序为止,每步设计中从全局考虑约束条件,本步缺少约束条件时,可重新修改其他步,或增加器件和接点,也可改变器件位置,逐步探索方法,器件和接点用量最多,在继电器控制线路中,可能多到不允许的地步。

(3)逻辑设计方法

继电器接点控制线路中的逻辑设计方法是用逻辑代数和图表分析的方法来设计电路。首先根据工艺流程作出执行元件节拍表和检测元件状态表(也叫转换表);然后作出待相区分组,确定必要的中间记忆元件的开关边界线,并据此设置中间记忆元件;列写主令元件、检测元件、中间记忆元件及执行元件的逻辑函数式,画出相应的电路图。然后进一步检查、化简、完善线路。使之完全符合工艺要求。本设计方法能全面展示要设计的控制线路全部元件状态变化情况,状态变化之间的联系及制约关系,逻辑设计方法是极为有效的形象的设计方法。但是,当系统复杂时,很难用列表的方法表示清楚各元件状态变化的起始线。同时图表分析也很麻烦。

1)逻辑设计方法与经验设计方法的共同点是:

A. 两种设计方法都只适用于那些不十分复杂的控制线路设计,对于复杂的控制线路设计，可以分成几个不是很复杂的单元，分别加以逻辑设计，然后按照要求将各单元连接起来。例如库温自控，牵涉到库房供液、回气电磁阀自动启、闭、冷风机的自动开停、氨压缩机自动开停与安全保护、氨泵和液位自动控制、冷凝压力自动控制等单元设计。然后用中间继电器将各控制回路有机的连接起来，成为一个完整的冷库控制系统。如果不分单元，作为整体设计也是可能的，但是调整、维修工作将十分困难，各受控单元连成一体而互相制约，当发生故障时就难以检查、分析。

B. 两种设计方法都是以继电器接点串联、并联的组合方式直接控制受控元件的线圈的得电与否。所以都存在继电器接点不敷使用的矛盾，常常迫使设计者为扩展接点而增加新的中间记忆元件。

C. 两种设计方法的图例、符号、网络接线都是相同的。都要熟悉各种自控元件的结构、技术性能，才能恰当的配置在控制线路中。都要熟悉各种自控元件的图例符号，线路标号，才能绘制出一张完整的图来。

2)逻辑设计方法与经验设计方法的区别在于：

A. 对中间记忆元件的设置，逻辑设计方法是从“少到多”，而经验设计方法是从“多到少”。但是我们不能将经验设计方法与逻辑设计方法对立起来，而放弃从实际中得来的经验，二者应互相补充，使控制线路真正做到经济、合理、适用。

B. 逻辑设计方法只适用于固定程序的控制系统设计对于输入信号出现先后不固定，或者对带随机性的控制系统来说，由于不能作出本设计方法的转换表，因此，就不再适用了。而经验设计方法可不受此限制。

冷库自控设计中大多采用经验设计方法。因为在电子计算机监控系统中，常采用梯形图编制生产控制程序，而梯形图的设计采用继电器控制系统中的逻辑设计方法。比较形象直观，又可使梯形图简化。所以本章重点介绍逻辑设计方法。

6.1.2 继电器接点控制线路的组成

继电器接点控制线路电控线路由输入机构、中间记忆元件、执行机构等组合成的网络。

(1)输入机构：主要由检测元件和主令元件组成。

1)检测元件：用于测量生产过程中的某些参数，包括电量和非电量，并按其被测参数的大小转换成电信号。例如行程开关检测行程距离、压力变送器检测压力、温度传感器检测温度、湿度传感器检测湿度。

检测元件还包括时间继电器，它的主要功能是检测某程序进行的时间，作为电控线路进行定时切换程序的控制信号。

检测元件给出的控制信号作为程序转换的控制信号。

2)主令元件：有控制按钮、转换开关、万能转换开关、主令控制器等。它们的功能是对控制系统进行启动、停止操作。对控制系统进行切换选择。

主令元件给出的控制信号就称为主令信号。检测信号和主令信号即构成控制线路的输入信号。

(2)中间记忆元件：中间记忆元件在继电器接点控制线路中，主要由中间继电器承担，中间记忆元件最主要、最基本的功能是用来记忆输入信号的变化，以达到各程序可以两两相区分的目的，以利于对生产过程进行调节。在这个意义上相应的继电器、调节器都可称为中间记忆元件。

(3)执行机构:执行机构主要由执行元件组成。其主要功能是直接控制生产设备的运动部件进行工作,以满足工艺要求,完成预定的生产任务。执行机构可分为有记忆功能和无记忆功能两种:

1)有记忆功能的执行元件:各种容量的接触器、继电器等就是有记忆功能的执行元件。

2)无记忆功能的执行元件:电磁阀、电磁铁、灯光负载等就是无记忆功能的执行元件。

(4)组合网络:就是控制线路的组成,将主令元件、中间记忆元件、检测元件、执行元件,按照设计意图用线条(电线)连结起来组成控制回路,保证中间记忆元件通断情况完全符合设计指定要求,保证执行元件在各程序中的通断情况完全符合节拍表的要求。

6.1.3 冷库控制线路图一般绘制规则

(1)控制线路图的图例、文字符号的选用:除选用国家标准《电气技术中的文字符号制定通则》(GB7159—87)外,还根据冷库特点,补充了一些辅助文字,因为冷库各控制单元是互相连锁,协同工作的。各控制单元的互相通信是靠继电器的接点输入、输出的。为了便于检查线路,各控制单元的继电器用辅助文字加以区别,例如氨压缩回路是"A",氨泵回路是"B"。详见附表"图例、符号"。文字符号组成格式如下:

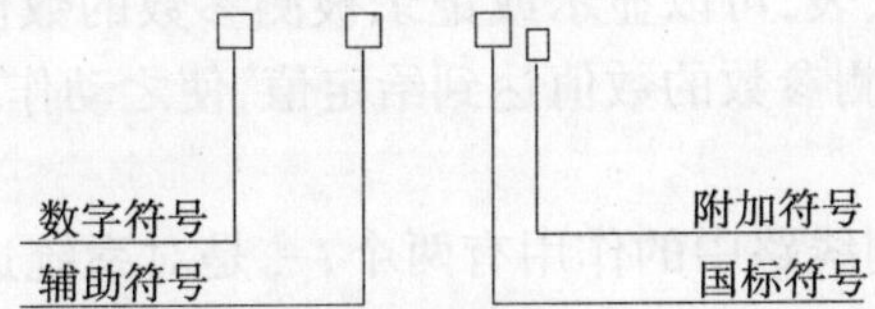

例如氨压缩回路的中间继电器的文字符号是:1AKA、2AKA 表示 1#和 2#中间继电器的线圈。$1AKA_1$、$1AKA_2$ 表示 1#中间继电器的第一个触点和第二个触点的文字符号。

又例如氨泵回路的时间继电器的文字符号是:1AKT、2AKT 表示 1#和 2#时间继电器的文字符号。$1AKT_1$、$1AKT_2$ 表示 1#时间继电器的第一个触点和第二个触点的文字符号。

当设计中使用的触点数量不多时,可以省略附加号。

(2)控制(二次)线路的标号按控制单元编制,如下所示:

1)单机回路(不纳入联动自控系统)………………………………………… 1~99

2)氨压缩机控制线路………………………………………………… A01~A99

多台氨压缩机控制线路(加氨压缩机编号),如:

1#氨压缩机控制线路 ………………………………………… A101~A199

2#氨压缩机控制线路 ………………………………………… A201~A299

3)液位控制线路 ………………………………………………… M01~M99

4)氨泵控制线路………………………………………………… B01~B99

5)循环水系统控制线路 ……………………………………………… S01~S99

6)融霜系统控制线路………………………………………………… R01~R99

7)冻结间控制线路………………………………………………… D01~D99

多个冻结间控制线路(加上冻结间编号),如:

1#冻结间控制线路 ………………………………………… D101~D199

2#冻结间控制线路 ………………………………………… D201~D299

8)冷藏间控制线路………………………………………………… L01~L99

多个冷藏间控制线路(加上冷藏间编号),如:

1＃冷藏间控制线路 ……………………………………………………… L101～L199

2＃冷藏间控制线路 ……………………………………………………… L201～L299

9)制冰控制线路 ……………………………………………………………… Z01～Z99

10)油系统控制线路 …………………………………………………………… O01～O99

11)事故排风机控制线路 ……………………………………………………… P01～P99

12)通风机控制线路 …………………………………………………………… F01～F99

13)集中屏控制、信号线路 …………………………………………………… 701～799

6.1.4　冷库继电器控制线路中常用的自动控制器件

(1)检测器件

测量生产过程中某些参数,包括电量的和非电量的参数,并按被测参数的大小成比例地转换成电信号。

检测器件有电流、电压、功率等电量测量仪表。温度测量仪表、湿度测量仪表、压力测量仪表、压差测量仪表、物位测量仪表、机械测量仪表、成分分析仪器等。

检测器件可附有显示仪表,可以显示或记录被测参数的数值。以便操作人员监督。也可带继电器或控制器,当被测参数的数值达到给定值,使之动作。

(2)主令电器

主令电器在继电器控制线路中的作用有两个,一是对系统进行启动,停止操作;二是对系统运转条件进行切换选择。主要有以下四类元件。

1)控制按钮

目前国内生产的控制按钮品种较多,可以满足不同的需要。LA10、LA18、LA19、LA20、LAY1系列控制按钮,均适用于AC380V或DC220V额定电流不大于5A的控制线路中,作为接通或开断磁力启动器、接触器、继电器及其他电气线路远距离控制之用。但在结构上各型号有所不同。

A.冷间呼人按钮和氨压缩机房事故排风机的室外按钮,需要防水防潮。可选择LA10-S系列防水控制按钮。具有密封的外壳,可以防止雨水的浸入。触头数量组合有1常开1常闭;2常开2常闭;3常开3常闭。

B.氨压缩机、氨泵、循环水泵等的控制按钮,可选择按LA19-D、LA20-D、LAY1-D等系列带信号灯的控制按钮。由按钮元件和信号灯组成。信号灯安装在按钮的颈部,钮头兼作信号灯的灯罩,有红、绿、黄、白、蓝、无色透明多种颜色,作区别信号之用。带信号灯的按钮,其信号灯适用于AC6V和DC6V的信号电路中。

C.主库无人值班,空气冷却器的冷风机的控制按钮,可选择LA18-Y钥匙式控制按钮,可防止非操作人员操作。

2)LS2型主令开关:适用于电压380V及以下的控制电路中,控制接触器,继电器线圈及其他控制电路中的各种非自动的换接电气装置。LS2型主令开关体积和按钮大小相同。可进行二位置或三位置操作和切换。冷库继电器控制线路中常用它来作为手控、自控的转换开关。

3)万能转换开关

A.LW2系列万能密闭转换开关:适用于AC220V和DC220V及以下的电气设备中远

距离控制之用。亦可作为各种电气仪表,伺服电机及微电机的转换开关。它有1个动触头由操作手柄带动旋转。4个静触头。按其结构和功能可分为:

- 普通型——作为电气测量仪表及其他电路的转换开关;
- 钥匙型(H)——作为带有可取出式手柄保护式的转换开关;
- 信号灯型(Y)——传送各种配电设备接通或断开的命令并将其开断状态反映到控制屏上。
- 自复型(W)——作为伺服电机转速及电压调整的控制开关;
- 定位自复型(Z)——操作带远距离电动操作机构的配电设备;
- 自复信号灯型(YZ)——操作带电动操作机构的断路器。

B. LW5系列万能转换开关:其接点为压接式,电流容量与断流容量均较大,开关比较坚实可靠。适用于AC500V和DC500V及以下的电路中,作为主令电器、电气测量仪表的转换开关,电气设备的遥控开关。亦可作为伺服电机及容量5.5kW以下三相交流电动机的启动、换向、变速开关。按其接触系统档数分类可分为1~16、18、21、24、27、30等21种。

4)主令控制器:按一定位置或时间控制的器件称为主令控制器。冷库常用的控制的器件有以下三类:

A. 作为单一位置控制用的器件有行程开关、微动开关、接近开关。

a. 行程开关:是位置控制的最常用器件,它是通过机械碰撞,将机械信号转变为电信号,冷库的冷藏门上冷风幕的开停,及自动冷库门的门锁开关、都采用行程开关。常用的型号有JLXKI、X2、LX-19、LX22等型号。选用时除考虑碰撞条件外,还应考虑选用的外壳及尺寸大小符合现场安装条件。

b. 微动开关:功能与行程开关一样、只是用于碰撞压力很小且动作行程距离很小的场所。冷库常用它作为自控器件中的一个组件,用于温度、压力控制器中。常用的型号有JW、KWX、LXW1-11、JLXW1-11等型号。

c. 晶体管接近开关:也是一种位置开关,但它与上述两种控制原理不同,它不是用机械碰撞来作为位置开关,而是采用电磁感应原理,当运动的金属物体接近开关的感应面达到动作距离之内,无接触又无压力地自动发出检测信号,并由晶体管电路加上转换放大而动作。用以驱动继电器或逻辑门实现对位置的控制,例如制冷系统的油位控制器的传感器采用的就是接近开关。自动冷库门也有采用晶体管接近开关作为开门、关门的定位开关。常用的型号有LJ1A-24、LJ2系列晶体管接近开关。

B. 步进选择器:它是电气传动中位置控制的主令电器,可直接与执行机构电路连接,能顺序地进行程序转换。它实际上是一种步进继电器。只要将各程序的步进母线分别依次接到步进选择器的各接点片上,再将程序转换信号加到线圈两端,就可在一个一个程序转换信号作用下使它一步一步的步进,从而使程序一步一步地转换下去。每转换一次,就将前一步的程序指令取消,而使本步程序指令起作用。可用于制冷系统各容器自动放油系统。

C. 步进程序控制器:根据时间的顺序产生各组触点的转换。例如压缩机能量调节所用的步进程序控制器就是主令控制器。

(3)继电器

继电器接点控制线路是由继电器和其他逻辑元件组成,完成给定的程序操作。因此继电器在继电器接点控制线路中是基本自动化元件。常用的有中间继电器、时间继电器、保护继电器及特殊用途继电器等四种类型。

1)中间继电器:是继电器接点控制线路中最基本的元件。应用它可以组合成各种逻辑功能线路。且能扩大接点。中间继电器型号很多。冷库常用的中间继电器有以下几个型号。

A. JTX系列小型通用继电器:体积小,最大尺寸只有37(宽)×35.7(深)×46(高)mm。电源电压有交流和直流两种。线圈消耗功率小,线圈消耗功率直流为1W;交流为2.5VA。适用于一般的自动装置、继电保护装置、信号装置和通信设备中作信号指示和启闭电路的元件。

继电器动作特性:交流电压继电器,在额定电压85%以上能可靠动作;直流电压继电器,在20℃时,在额定电压85%以上能可靠动作;直流电流继电器,在额定电压90%以上能可靠动作。在额定负荷下,能可靠地吸合10万次,而不需调整。主要技术数据见表6-1。

JTX系列小型中间继电器主要技术数据　　**表6-1**

电压 (V)		接点数量	吸动值不大于 (V)	释放值不小于 (V)	工作电流 (mA)	电阻负荷 (A)		电感负荷(A) $\cos\varphi=0.4$ 或 $t=0.06$	
						JTX^{1}_{2}	JTX-3	JTX^{1}_{2}	JTX-3
AC	6		5.1	—	415	—	—	—	—
	12	JTX-1	10.2		208				
	24	1对转换	20.4		102				
	36	JTX-2 2对转换	30.6		69				
	110	JTX-3	93.5		24.2				
	127	3对转换	108		19				
	220		187		11.5	7.5	3.0	5.0	2.0
DC	6		5.1	2.7	150	7.5	7.0	5.0	4.6
	12	JTX-1	10.2	5.4	80	7.0	6.5	4.6	4.3
	24	1对转换	20.4	10.8	42	4.5	4.0	3.0	2.4
	48	JTX-2	40.8	21.6	21.5				
	110	2对转换	93.5	49.5	11				—
	220	JTX-3	187	99	11	1.0	0.5	1.0	
DC	20mA	3对转换	18mA	8.1mA	—	—	—	—	—
	40mA		0.11	16.2mA	—	—	—	—	—

注:生产厂家有上海永嘉仪表厂、广州第四电器厂、天津第三机床电器厂。

B. JQX-10F小型中间继电器:体积小,最大尺寸只有35(宽)×68(深)×35(高)mm。电源电压有交流和直流两种。接点容量AC220V 4A,127V8A;DC24V无感负荷10A。线圈消耗功率直流不大于2W;交流不大于3.5VA。适合自动装置及电力系统中用作换接交流或直流电路之用。

动作电压不大于额电压的 85%;释放电压,交流不小于额定电压的 30%,直流不小于额定电压的 15%;连续工作最高电压不超过 110%。

继电器具有透明防尘罩和插座,便于安装和更换。主要技术数据见表 6-2。

JQX-10F 系列小型中间继电器主要技术数据 表 6-2

电压(V)		接点数量	接点容量(A)	消耗功率(VA)	吸动值(V)	释放值(V)	无感负荷(A)
AC	6,12,24,36,48,100,127,200,220	2 对转换 3 对转换	220V,4A 127V,8A	3.5VA	不大于额定电压的 85%	不小于额定电压的 30%	—
DC	6,12,24,48,60,100,220		—	2W		不小于额定电压的 15%	24V 10A

注:生产厂家有上海无线电八厂。

C. JZ7 系列中间继电器:适用于 AC500V,50Hz 或 60Hz 及 DC440V 及以下的控制电路中,用来控制各种电磁线圈,使信号放大或将信号传给数个有关控制元件之用。

继电器动作机构为直动式。接点较多,有 8 对。接点为双断点排列成上下两层。每层各安装 4 对触点。下层接点为常开式,上层接点为常开式或常闭式。继电器的壳体用塑料压制而成,结构紧凑,便于接线。主要技术数据见表 6-3。

JZ7 系列中间继电器主要技术数据 表 6-3

型号	接点额定电压(V)		接点额定电流(V)	接点数量		吸引线圈电压(V)		吸引线圈消耗功率(VA)	
	AC	DC		常开	常闭	50Hz	60Hz	起动	吸持
JZ7-44	500	440	5	4	4	12,24,36,48,110,127,220,380,440,500	4 12,36,110,127,220,380,440	75	12
JZ7-62				6	2				
JZ7-80				8	0				

注:生产厂家有上海机床电器厂、北京机床电器厂、重庆电器厂、广州第四电器厂等。

D. JZ11 系列中间继电器:适用于 AC500V,50Hz 或 60Hz 及 DC440V 及以下的控制电路中,用来增加信号大小及数量。本系列继电器有以下两个特点:

JZ11-S 型在普通继电器基础上多加一个保持线圈,使继电器处于释放位置时,保持线圈通电吸住衔铁,以增加在外界有振动和冲击时继电器工作的可靠性。

JZ11-P 型在普通继电器基础上多加一个电磁复位线圈,还有一个锁扣装置,在吸引线圈断电后,锁扣装置仍将衔铁保持在闭合位置,当输入另一信号使电磁复位线圈励磁后继电器才复位。电磁复位线圈仅能短时通电,其线圈串联一个常开接点接外电路。仅适用于反复短时工作制(持续通电时间最大为 6min)。

继电器吸引线圈能在 85%~105%额定电压范围内可靠工作。继电器吸合和释放的固有时间不大于 0.05s。

继电器带有透明防护盖,以适用于尘土较多场所。主要技术数据见表 6-4。

JZ11 系列中间继电器主要技术数据　　**表 6-4**

型　号	接点电压（V）	接点额定电流（A）	接　点　组　合	额定操作频率（次/h）	通　电持续率（%）	吸引线圈电压（V）	吸引线圈消耗功率
JZ11-□□J/□	AC500	5	4常开4常闭 6常开2常闭 2常开6常闭 JZ11-P型增加 8常开0常闭	2000	60	110、127, 220、380	10VA
JZ11-□□JS/□							
JZ11-□□JP/□							
JZ11-□Z/□	DC440					12、24、48、110, 220	7.5W
JZ11-□□ZS/□							
JZ11-□□ZP/□							

注：1. 生产厂家有广州第四电器厂、沈阳第二电器厂等。

2. 型号说明：□□表示常开常闭接点数量；J 表示交流；Z 表示直流；S 表示带有保持线圈；P 表示带有电磁复位线圈。/□表示结构特征代号。

E. JJDZ4 系列中间继电器：可作为晶体管电路与强电电路联系的环节，在晶体管电路中作执行元件，或在一般自动控制电路中作信号传递及放大。

继电器在接通交流 220V，接点电流为 1A，$\cos\varphi=0.6\sim0.7$ 和断开接点电流 0.1A，$\cos\varphi=0.3\sim0.4$ 的条件下，其电寿命不低于 20 万次。

继电器具有透明外罩和插入式结构。每个继电器出厂时附有八脚电子管插座，或者带接线端子板的变换插座。若采用板后接线，可直接采用八脚电子管插座，主要技术数据见表 6-5。

JJDZ4 系列中间继电器主要技术数据　　**表 6-5**

电压种类	接点电压（V）	接点电流（A）	接点组合	额定操作频率（次/h）	吸引线圈直流电压（V）	吸合电流（mA）	吸引线圈电阻（Ω）	吸引线圈消耗功率
交流	220	1	2转换	1200	24	≤25	800	AC0.5VA DC0.5W
直流	—	—			12	≤50	200	
					6	≤100	50	

注：生产厂家有沈阳 213 机床电器厂等。

2）时间继电器：是继电器接点控制线路中仅次于中间继电器的常用继电器。按其延时动作原理可分为：电磁式、钟摆式、电动式、空气式、晶体管式等。按其延时接点动作状态可分为：通电延时、断电延时、断电延时复位、定时动作、脉动延时、瞬时动作等。

A. 电磁式时间继电器

电磁式时间继电器一般在其铁芯上装有阻尼线圈。由阻尼线圈中感应电流阻碍主磁增加或减少以达到延时动作或延时返回的目的。延时时间很短。以下几种型号的时间继电器属于电磁式时间继电器。

a. DS-110、120 系列电磁式时间继电器：是带有延时机构吸入式电磁时间继电器，适用于各种保护和自控线路中，使被控的元件得到所需要的延时。

热稳定性：DS-111C、DS-112C、DS-113C 型的线圈能长期耐 110% 额定电压。其他型号的线圈能耐受 110% 额定电压历时 2min。

接点断开容量：在电压不高于 220V，电流不大于 1A 的直流感性负荷电路中（时间常数）主要技术数据见表 6-6。

DS-110、120 系列时间继电器主要技术数据　　表 6-6

型号	额定电压(V)	接点数量	延时整定范围(s)	动作电压不大于(%)	返回电压不小于(%)	主接点动作时间变差不大于(s)	功率消耗不大于
DS－111C	DC 24、48、110、220	1 对瞬时转换接点 1 个常开延时接点	0.1～1.3	70% 额定电压	5% 额定电压	0.06	12W
DS－112C			0.25～3.5			0.12	
DS－113C			0.5～9			0.25	
DS－111			0.1～1.3			0.06	30W
DS－112			0.25～3.5			0.12	
DS－113			0.5～9			0.25	
DS－115			0.25～3.5			0.12	
DS－116			0.5～9			0.25	
DS－121	AC 100、110 127、220 380	1 对瞬时转换接点 1 个常开延时接点 1 个延时滑动接点	0.1～1.3	80% 额定电压		0.06	85VA
DS－122			0.25～3.5			0.12	
DS－123			0.5～9			0.25	
DS－125			0.25～3.5			0.12	
DS－126			0.5～9			0.25	

注：生产厂家有沈阳继电器厂、上海继电器厂、阿城继电器厂、天津继电器厂等。

时间常数不大于 5×10^{-3}s，接点断开功率为 100W。

b. DZS-10B 系列电磁式时间继电器：是电磁式延时中间继电器，适用于各种保护和自控线路中，以增加接点数量和接点容量。

DZS-11B、DZS-13B 型继电器为动作延时继电器。

DZS-12B、DZS-14B 型继电器为返回延时继电器。

DZS-15B、DZS-16B 型继电器为电压延时动作和电流保持的继电器。

主要技术数据见表 6-7。

DZS-10B 系列延时中间继电器主要技术数据　　表 6-7

型号	额定电压(V)	接点数量	延时时间(s)	动作电压不大于(%)	返回电压不小于(%)	接点容量	功率消耗不大于
DZS-11B	DC 220 48 24 12	2 常开延时 2 转换延时	＞0.06s	70%U_N	2%U_N	电压不大于 220V，电流不大于 1A 的直流感性负荷电路中断开容量为 500VA	5W
DZS-12B			＞0.04s		不要求		
DZS-13B		3 常开延时	＞0.06s		2%U_N		
DZS-14B			＞0.04s		不要求		
DZS-15B		4 常开延时	＞0.06s		2%U_N		
DZS-16B		3 常开延时	＞0.06s				

注：生产厂家有阿城继电器厂。

c. DZS-100 系列电磁式时间继电器：是吸片式电磁延时中间继电器，作为辅助继电器，用于直流操作的保护回路中，以增加主保护继电器的接点数量或接点容量。

DZS-115、DZS-117 型继电器为动作延时继电器，有 1 个工作线圈（电压线圈）。

DZS-145 型继电器为延时返回继电器,有 1 个工作线圈(电压线圈)和 1 个阻尼线圈。

DZS-127、DZS-136 型继电器为延时电压动作和电流保持的继电器。有 1 个工作线圈(电压线圈)和两个保持线圈(电流线圈)。

主要技术数据见表 6-8。

DZS-100 系列延时中间继电器主要技术数据　　**表 6-8**

型号	额定值		接点数量		动作电压不大于($\%U_e$)	动作时间不大于(s)	保持电流不大于($\%I_e$)	返回时间不小于(s)	功率消耗不大于(W)	
	直流电压(V)	电流(A)	常开	常闭					电压线圈	电流线圈
DZS-115	24、48 110、220	—	2	2	70	0.06	—	立即返回	3.4	—
DZS-117		—	4	—			—			
DZS-127	110、220	1、2、4	4	—			80		5.5	2.5
	24、48	2、4、6		—						
DZS-136	110、220	1、2、4	3	—						
	24、48	2、4、6		—						
DZS-145	110、220	—	—	—		—	—	*	6.5	—
	24、48	—	—	—						

注:1. * 在额定电压下,通电时间不小于 0.5s,切断电源后返回时间不小于 0.4s;如切断电源,同时将线圈端子短接,返回时间不小于 0.8s。

2. 生产厂家有上海继电器厂、沈阳继电器厂、天津继电器厂等。

B. 电动式时间继电器

电动式时间继电器是利用同步微电机与特殊的电磁传动机构来产生延时。JS-10 和 JS17 属于电动式时间继电器。

a. JS-10 时间继电器:适用于各种机械、电信或电气设备中作为自动控制系统的延时元件。使用前电动机应先接入电源,使之运转。但此时并不起延时作用。只有当控制信号输入电磁启动器的线圈,才起延时作用。线圈可靠工作电压在 85%～110%额定电压之间。延时接点为 1 常开、1 常闭。主要技术数据见表 6-9。

JS-10 系列时间继电器主要技术数据　　**表 6-9**

不同电压等级的规格代号				延时调整范围	电动机与启动器先后启动		电动机与启动器同时启动时间误差(s)
AC380V	AC220V	AC127V	AC110V		时间间隔(s)	时间误差(s)	
SRM4.560.201	.560.202	.560.203	.560.204	10s～2min	4	±2	±4
SRM4.560.205	.560.206	.560.207	.560.208	20s～4min	8	±4	±8
SRM4.560.209	.560.210	.560.211	.560.212	30s～6min	12	±6	±12
SRM4.560.213	.560.214	.560.215	.560.216	1～12min	30	±15	±30
SRM4.560.217	.560.218	.560.219	.560.220	2～24min	60	±30	±60
SRM4.560.221	.560.222	.560.223	.560.224	4～48min	120	±60	±120

注:生产厂家有上海无线电八厂。

b. JS17 时间继电器:适用于 AC500V 及以下的自动控制线路中,用来由一个电路向另一个需要延时的被控电路发送信号。由于这种时间继电器属同步电动机式,所以其延时长,最长延时时间达 72h。主要技术数据见表 6-10、表 6-12。

JS-17 系列时间继电器接点组合及延时范围 **表 6-10**

序号	有延时的接点				带不延时的接点		延时范围
	线圈接通时延时		线圈断开时延时				
	常开	常开	常开	常闭	常开	常闭	
1	3	2	—	—	1	1	0～8s;0～40s;0～4min;0～20min; 0～2h;0～12h;0～72h
2	—	—	3	2	1	1	

C. 钟摆式时间继电器

钟摆式时间继电器是由电磁铁带动钟表延时机构来完成延时动作。例如 DS-30 系列时间继电器就是钟摆式时间继电器,它作为辅助元件用于各种保护及自动装置中,使被控元件达到所需要的延时。继电器有交流和直流两种,交流时间继电器内部装有桥式整流器。

本系列时间继电器控制精度高,但价格也高,不宜用在经常反复动作的场所。主要技术数据见表 6-11。

D. 空气式时间继电器

空气式时间继电器是利用空气室中的气动机构改变气流量来达到延时动作。其特点是体积小,结构简单,延时范围大,接点对数多等优点。但延时精度很差,常用的型号有 JS7-A 等系列。主要技术数据见表 6-13。

E. 晶体管式时间继电器

晶体管式时间继电器是利用电阻电容充放电,经晶体管放大,动作小型中间继电器,而达到延时输出。延时精度较高,可频繁操作。常用的型号有 JS14A、JS20、JJSB1 等。

a. JS14A 型晶体管式时间继电器:为通电延时型,当其线圈通电后,接点按整定时间动作,其常开延时接点吸合接通电路,其常闭延时接点断开则复位,适用于 AC50Hz 或 60Hz、电压 380V 及以下和 DC220V 及以下的控制电路中作延时元件。主要技术数据见表 6-14。

b. JSJ 系列晶体管式时间继电器:为通电延时型,插入式结构,印刷电路组件。具有体积小,重量轻、精度高耐震耐击等特点。适用于 AC50Hz、电压 380V 及以下和 DC110V 及以下的控制电路中作延时元件。主要技术数据见表 6-15。

c. JS20 型晶体管式时间继电器:为全国统一设计产品,具通用性、系列性强,工作稳定可靠、精度高、延时范围广、输出接点容量较大等优点。适用于 AC380V 及以下,50Hz 或 60Hz、DC110V 及以下的控制电路中作为控制时间的元件。以延时接通或开断电路。主要技术数据见表 6-16。

d. JJSB1 型晶体管式时间继电器:适用于 AC50Hz 或 60Hz、电压 AC380V 及以下或 DC24V 的控制电路中作延时元件。

JJSB1 型晶体管式时间继电器分延时型和脉动型两种。延时型继电器是在接通电源后,经过一个预先整定时间,其接点转换,适用于需要时间延迟的控制电路中。脉动型继电器是在接通电源后,其接点进行周期性的重复动作。按预先整定时间接通或断开电路。

继电器接通与开断能力:交流 400V,5A,$\cos\varphi = 0.3 \sim 0.4$ 的条件下,能 20 次接通和开断,每次间隔时间为 3s。通电时间不大于 6s。主要技术数据见表 6-17。

DS-30 系列时间继电器主要技术数据 **表 6-11**

型号 短期工作	型号 长期工作	额定电压 (V)	延时范围 (s)	延时主接点	瞬时转换接点	滑动延时接点	拖针	延时变差 (s)	动作电压不大于	返回电压不小于	接点长期接通电流 (A)	功率消耗不大于 短期工作	功率消耗不大于 长期工作
DS-31	DS-31C	DC 220 48 110 24	0.125～1.25	1	2	—	—	0.06	70%U_N	5%U_N	5	25W	15W
DS-31/2	DS-31C/2			1	2	√	—						
DS-31/X	DS-31C/X			1	2	—	√						
DS-31/2X	DS-31C/2X			1	2	√	√						
DS-32	DS-32C		0.5～5	1	2	—	—	0.125					
DS-32/2	DS-32C/2			1	2	√	—						
DS-32/X	DS-32C/X			1	2	—	√						
DS-32/2X	DS-32C/2X			1	2	√	√						
DS-33	DS-33C		1～10	1	2	—	—	0.25					
DS-33/2	DS-33C/2			1	2	—	—						
DS-33/X	DS-33C/X			1	2	—							
DS-34	DS-34C		2～20	1	2	—	—√	0.5					
DS-34/2	DS-34C/2			1	2	√	—						
DS-34/X	DS-34C/X			1	2	—	√						
DS-34/2X	DS-34C/2X			1	2	√	√						
DS-35	DS-35C	AC 220 127 110 100	0.125～1.25	1	2	—	—	0.06	85%U_N	5%U_N	5	20VA	15VA
DS-35/2	DS-35C/2			1	2	√							
DS-36	DS-36G		0.5～5	1	2	—		0.125					
DS-36/2	DS-36C/2			1	2	√							
DS-37	DS-37C		1～10	1	2	—		0.25					
DS-37/2	DS-37C/2			1	2	√							
DS-38	DS-38C		2～20	1	2	—		0.5					
DS-38/2	DS-38C/2			1	2	√							

注：1. 表中有"√"者表示有滑动延时接点和拖针。

2. 生产厂家有许昌继电器厂、苏州继电器厂、成都继电器厂等。

表 6-12

JS-17 系列时间继电器主要技术数据

型 号	接点额定电压 (V)	接点接通和开断能力				主令脉冲持续时间 (s)	继电器返回时间 (s)	操作频率 (次/h)	线圈电压（离合电磁铁电动机）	线圈消耗功率	
		接通电流 (A)	开断电流 (A)	cosφ	通断次数					离合电磁铁 (VA)	电动机 (VA)
JS17-□□	220	3	3	0.3～0.4	20	0.2	0.2	1200	50Hz:110、127、220、380	4	4

注：生产厂家有上海机床电器厂、北京机床电器厂等。

表 6-13

JS7-A 等系列时间继电器主要技术数据

型 号	不带延时接点数量		有延时接点数量				接点额定电压 (V)	接点额定电流 (A)	线圈电压 (V)	延时范围 (s)	额定操作频率 (次/h)
			通电延时		断电延时						
	常开	常闭	常开	常闭	常开	常闭					
JS7-1A	—	—	1	1	—	—	380	5	AC 50Hz:24、36、110、127、220、380、420 60Hz:36、110、127、220、380、440	0.4～60 0.4～180	600
JS7-2A	1	1	1	1	—	—					
JS7-3A	—	—	—	—	1	1					
JS7-4A	1	1	—	—	1	1					
JS7-1B	—	—	1	1	—	—	380	5	AC 50Hz:36、110、127、220、380 60Hz:36、110、127、220、380、440	0.4～60 0.4～180	600
JS7-2B	1	1	1	1	—	—					
JS7-3B	—	—	—	—	1	1					
JS7-4B	1	1	—	—	1	1					
JSK1-1	—	—	1	1	—	—	380	5	AC 50Hz:36、110、127、220、380	0.4～60 0.4～180	600
JSK1-2	1	1	1	1	—	—					
JSK1-3	—	—	—	—	1	1					
JSK1-4	1	1	—	—	1	1					

注：生产厂家：JS7-A 系列由上海机床电器厂、北京机床电器厂、苏州机床电器厂、杭州机床电器厂等生产。JS7-B 系列由广州第四电器厂生产。JSK1 系列由北京机床电器厂、长江机床电器生产。

JS14A 系列晶体管时间继电器主要技术数据　　表 6-14

型　号	结构型式	工作电压 (V)	接点数量 常开	接点数量 常闭	延时范围 (s)	误差 重复	误差 综合	环境温度 (℃)	复位时间 (s)	消耗功率 (AC VA,DC W)
JS14A□/□	交流装置式	AC　50Hz	2	2						
JS14A□/□M	交流面板式	36、110、127、220、380	2	2	1、5、10、30、60、					
JS14A□/□Y	交流外接式		1	1	120、180、240、	≤±3%	≤±10%	-10～+40	1	1.5
JS14A□/□Z	直流装置式		2	2	300、600、900					
JS14A□/□ZM	直流面板式	DC 24	2	2						
JS14A□/□ZY	直流外接式		1	1						

注：生产厂家：有上海第二机床电器厂。

JSJ 系列晶体管时间继电器主要技术数据　　表 6-15

型　号	工作电压 (V)	延时范围 (s)	接点容量 交流 电压 (V)	接点容量 交流 电流 (A)	接点容量 直流 电压 (V)	接点容量 直流 电流 (A)	接点数量 常开	接点数量 常闭	重复误差 (%)	环境温度 (℃)	功率消耗 (AC VA;DC W)
JSJ-001、001Y		1									
JSJ-01、01Y		10									
JSJ-03、03Y		30							±3		
JSJ-1、1Y	AC:50Hz:	60									
JSJ-2、2Y	36、110、127、220、380、	120	380	0.5	24	2	1	1		0～+40	1
JSJ-3、3Y	DC:24、48、110	180									
JSJ-4、4Y		240							±6		
JSJ-5、5Y		300									
JSJ-10、10Y		600									

注：生产厂家：有北京电器厂、无锡机床电器厂。天津第三机床电器厂等。

JS20 系列晶体管时间继电器主要技术数据 表 6-16

型 号	结构型式	延时整定元件位置	接点数量				不延时接点数量		延时范围 (s)	误差 (%)		环境温度 (℃)	带瞬动接点电流		不带瞬动接点电流	
			通电延时		断电延时								cosφ 0.3～0.6	时间常数 0.05～0.1s	cosφ 0.3～0.6	时间常数 0.05～0.1s
			常开	常闭	常开	常闭	常开	常闭		重复	综合					
JS-20□/00	装置式	内 接	2	2												
JS-20□/01	面板式	内 接	2	2	—	—	—	—								
JS-20□/02	装置式	外 接	2	2					0.1～300							
JS-20□/03	装置式	内 接	1	1			1	1								
JS-20□/04	面板式	内 接	1	1	—	—	1	1								
JS-20□/05	装置式	外 接	1	1			1	1								
JS-20□/10	装置式	内 接	2	2												
JS-20□/11	面板式	内 接	2	2	—	—	—	—		±3	±10	−10～40	220V3A 380V1.5A	24V2A 220V0.2A	220V2A 380V1A	24V1A 220V0.2A
JS-20□/12	装置式	外 接	2	2												
JS-20□/13	装置式	内 接	1	1			1	1	0.1～3600							
JS-20□/14	面板式	内 接	1	1	—	—	1	1								
JS-20□/15	装置式	外 接	1	1			1	1								
JS-20□D/00	装置式	内 接			2	2										
JS-20□D/01	面板式	内 接	—	—	2	2	—	—	0.1～180							
JS-20□D/02	装置式	外 接			2	2										

注:生产厂家:有北京电器厂、上海第二机床电器厂。广州第四电器厂、杭州机床电器厂。

JJSB1 系列晶体管时间继电器主要技术数据　表 6-17

<table>
<tr><th rowspan="2">型　号</th><th rowspan="2">型　式</th><th rowspan="2">延时范围
(s)</th><th colspan="2">接点数量</th><th colspan="2">工作电压(V)</th><th colspan="3">误　差　(%)</th><th rowspan="2">环境温度
(℃)</th><th colspan="2">接点额定电压(V)</th><th rowspan="2">接点额定电流
(A)</th></tr>
<tr><th>常　开</th><th>常　闭</th><th>交　流</th><th>直　流</th><th>重　复</th><th>电　压</th><th>温　度</th><th>交　流</th><th>直　流</th></tr>
<tr><td>JJSB1-11、11Y</td><td rowspan="6">交流供电
延时型</td><td>0.1～1</td><td rowspan="20">1</td><td rowspan="20">1</td><td rowspan="10">127
220
380</td><td rowspan="10">—</td><td rowspan="20">±3</td><td rowspan="20">±3</td><td rowspan="20">0.5</td><td rowspan="20">-20～+40</td><td rowspan="20">380</td><td rowspan="20">24</td><td rowspan="20">1</td></tr>
<tr><td>JJSB1-12、12Y</td><td>1～10</td></tr>
<tr><td>JJSB1-13、13Y</td><td>3～30</td></tr>
<tr><td>JJSB1-14、14Y</td><td>6～60</td></tr>
<tr><td>JJSB1-15、15Y</td><td>12～120</td></tr>
<tr><td>JJSB1-16、16Y</td><td>18～180</td></tr>
<tr><td>JJSB1-31</td><td rowspan="4">交流供电
脉动型</td><td>0.1～1</td></tr>
<tr><td>JJSB1-32</td><td>1～10</td></tr>
<tr><td>JJSB1-33</td><td>3～30</td></tr>
<tr><td>JJSB1-34</td><td>6～60</td></tr>
<tr><td>JJSB1-21、21Y</td><td rowspan="6">直流供电
延时型</td><td>0.1～1</td><td rowspan="10">—</td><td rowspan="10">24</td></tr>
<tr><td>JJSB1-22、22Y</td><td>1～10</td></tr>
<tr><td>JJSB1-23、23Y</td><td>3～30</td></tr>
<tr><td>JJSB1-24、24Y</td><td>6～60</td></tr>
<tr><td>JJSB1-25、25Y</td><td>12～120</td></tr>
<tr><td>JJSB1-26、26Y</td><td>18～180</td></tr>
<tr><td>JJSB1-41</td><td rowspan="4">交流供电
脉动型</td><td>0.1～1</td></tr>
<tr><td>JJSB1-42</td><td>1～10</td></tr>
<tr><td>JJSB1-43</td><td>3～30</td></tr>
<tr><td>JJSB1-44</td><td>6～60</td></tr>
</table>

注:1. 型号后面带 Y 者,表示电位器为外接型。
2. 脉动型时间继电器,"接通"与"断开"时间都可在延时范围内调整。

3)保护继电器

保护继电器的类型很多,这里只介绍冷库设计中涉及的保护继电器。

A. 瞬时过流继电器:常用的有 DL-10 系列电流继电器,可作为电动机。变压器和输电线路的瞬时过载和短路保护。例如冷库的吊轨传送带的电动机,当传送带卡住时,即可跳闸。选用时应注意到,电流继电器的整定值应躲过电动机启动时的正常过电流。

B. 反时限过流继电器:常用的 GL-10 系列、GL-20 系列过流继电器可作为电动机、变压器和输电线路的瞬时过载和短路保护。它在过电流时动作时间与电流大小成反比。例如冷库的大容量氨压缩机的过流保护,采用热继电器跳闸时间往往过长,采用反时限过流继电器可及时跳闸。

4)特殊用途继电器

A. 光电继电器:由光电头(包括发光头和接收头)、继电器两部分组成,是自动化元件之一。除作光电控制外,可用于位置计数、液面控制等。常用的光电继电器有 JG-A 型和 JG-D 型。

B. 闪光继电器:为电路故障指示的专用元件。通过闪光继电器的接点控制,可发出醒目的闪烁信号。用于冷间呼叫信号。常用的闪光继电器有 DX-3 型及 JSZ-2 型。

C. 记数继电器:用于控制动作次数及记数,常用的型号有 JDM_1、JDM_2、JDM_3 系列记数继电器。

D. 冲击继电器:用于继电保护及自动控制线路中作集中信号之用。常用的型号有 ZC-11A 交流冲击继电器和 ZC-23A 直流冲击继电器。

E. 信号继电器:用于继电保护及自动控制线路中作辅助继电器和动作指示器。具有掉牌信号。牌上可标字符。停电后可手动复位。常用的型号有 DX-11、DX-30 型信号继电器。

F. 干簧管:干簧管在永久磁铁或通电线圈等外界磁场的驱动下,可作为限位、液面、转数等控制元件。常用的型号有 SH-10 系列干式舌簧管和 CM 系列密封触点。

(4)调节器

冷库调节器有能量调节器、温度控制器、压力控制器、压差控制器、湿度控制器等。

(5)执行机构

执行机构按照动作的能源可分为电动、气动、液动三大类。冷库用得最多的是电动执行机构,电动执行机构有电磁阀和电动阀。

1)电磁阀:是冷库自动化中应用最多的元件。按其作用原理可分为直动和伺服动作两类。直动动作型是由电磁阀直接启、闭管道的通断。伺服动作型是由电磁阀启、闭很小的导阀,再由导阀利用管道流体本身的压差来启闭口径较大的主阀。

按其电磁阀动作状态可分为常开式和常闭式。即通电时和断电时电磁阀的状态是开启式或关闭式。

按其电磁阀的通路可分为两通、三通、四通等。电磁阀电源一般为 AC220V。在选用电磁阀时需了解管道的口径及流体性质和压力。

2)电动阀:由电动机减速装置、限位开关及其保护设备组成。电动阀一般用于冷库水系统。

电磁阀和电动阀型号规格由制冷工艺或给排水专业选择。

(6)信号装置

继电器接点控制信号装置一般安装在控制箱或控制屏(台)上。便于观察,便于及时掌握生产运行过程,一般所用声光信号有下列元件:

A. 信号灯:信号灯的颜色有红(HR)、绿(HG)、黄(HY)、蓝(HB)、白(HW)、无色透明(HN)等六种颜色。

信号灯的外形有圆形和方形两种。有的信号灯自身带变压器或电阻器降压。也有用串联电阻降压、限流,以延长使用寿命。信号灯型号式样较多,应配合安装场所合理选用。

B. 光字牌:光字牌即为方型信号灯,外罩毛玻璃。在毛玻璃上可写字或绘制图案。当灯亮时,即显示字样或图案。

C. 音响信号:有电铃、电笛、蜂鸣器等,作事故报警用。

(7)控制屏、控制箱中常用配件

1)标志框:安装在控制屏、控制箱面板上元件的下方,用以标明元件的名称或用途。

2)控制线路保护,一般采用单极断路器或小型熔断器保护。可以安装在端子板上,也可安装在配电板上。

3)接线端子排:安装在控制屏、控制箱内的侧面或下方。

6.2 逻 辑 代 数

逻辑代数是用数学公式来描述逻辑关系的方法。逻辑代数,又称为开关代数、布尔代数或双值代数。设计一个可靠、合理和经济的继电器接点控制线路,需要采用逻辑代数。在电子计算机控制系统中编程序采用的也是逻辑代数。

逻辑代数的数制是二进制,即"0"和"1"。"0"表示电信号截止(失电)。"1"表示电信号导通(得电)。

在普通代数中,有加、减、乘、除等基本运算,变量实行基本运算后就能得到相应的初等函数,一些初等函数也可由变量通过基本运算表示出来。逻辑代数也有相似的情况,逻辑代数中有逻辑与(逻辑乘)、逻辑或(逻辑加)、逻辑非(反相)三种基本运算,对逻辑变量实行这三种基本运算,就能得到逻辑函数。逻辑函数也可由逻辑变量通过基本运算表示出来。逻辑代数中三种基本运算在控制线路结构中对应着很明确的物理意义,"逻辑与"运算是继电器接点的串联结构。"逻辑或"运算是继电器接点的并联结构。逻辑非运算是继电器常闭接点结构。因此当一个逻辑函数用逻辑变量的"与"、"或"、"非"运算出来后,就很容易画出该逻辑函数的控制线路图。

6.2.1 逻辑变量

在继电器接点控制线路中,所有控制元件、接点都有"1"和"0"两个对立的稳定物理状态,在逻辑代数中,把"1"和"0"这两种对立的稳定物理状态的量称为逻辑变量。

例如:

继电器线圈是得电(1)或是失电(0);

继电器接点是吸合(1)或是释放(0);

开关是闭合(1)或是断开(0);

电磁阀线圈是得电(1)或是失电(0)。

在继电器接点控制线路的逻辑设计中明确规定:开关元件的受激状态(如继电器线圈得

电,行程开关受压状态)为"1"状态,读为逻辑1状态;开关元件的原始状态(如继电器线圈失电,行程开关未受压状态)为"0"状态,读为逻辑0状态。

接点的吸合状态为"1"状态;

接点的断开状态为"0"状态。

例如图6-1所示,是冷藏门上风幕的控制原理图,图中SA、SQ、KH、KM都是逻辑变量。都存在"1"和"0"两个对立的物理量,

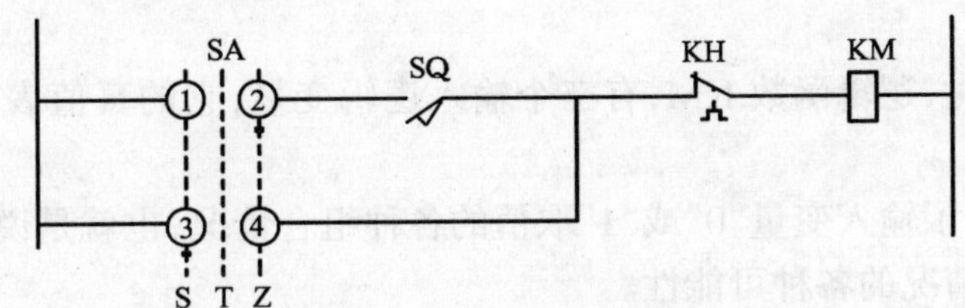

图6-1 逻辑变量示意图

$SA_{1.2}=1$——SA选择开关在自动位时,处于闭合状态;

$SA_{1.2}=0$——SA选择开关在手动位时,处于断开状态。

$SA_{3.4}=1$——SA选择开关在手动位时,处于闭合状态;

$SA_{3.4}=0$——SA选择开关在自动位时,处于断开状态。

SQ=1——行程开关处于受压闭合状态;

SQ=0——行程开关处于断开状态。

KH=1——继电器处于得电状态;

KH=0——继电器处于失电状态。

KM=1——交流接触器处于得电状态;

KM=0——交流接触器处于失电状态。

从以上各元件的物理意义可见,逻辑代数中逻辑变量取"1"值或"0"值的意义与普通代数中变量取"1"值或"0"值的意义完全不同。普通代数中变量表示数量多少。例如"1"值表示1台压缩机,1个电磁阀等。"0"值则表示没有。而逻辑代数中逻辑变量"1"值或"0"值则完全没有数量多少的概念。只表示该逻辑变量所处的状态,是导通还是截止。

6.2.2 逻辑函数

在继电器接点控制线路中,通常将表示接点状态的逻辑变量称为输入逻辑变量,将表示受控元件线圈状态的逻辑变量称为输出逻辑变量,输出逻辑变量是各输入逻辑变量的函数。例如图6-1所示,SA、SQ、$\overline{KH}$为输入逻辑变量,KM为输出逻辑变量。

自动控制时交流接触器线圈KM为$SA_{1.2}$、SQ、$\overline{KH}$的逻辑函数。可写为:

$$KM=f_{KM}(SA_{1.2},SQ,\overline{KH})$$

也可写为:

$$f_{KM}=SA_{1.2}\cdot SQ\cdot\overline{KH}$$

手动控制时KM为$SA_{3.4}$、KH的逻辑函数,可写为:

$$KM=f_{KM}(SA_{3.4},\overline{KH})$$

也可写为:

$$f_{KM}=SA_{3.4}\cdot\overline{KH}$$

6.2.3 真值表

真值表是表示逻辑函数的基本方法，真值表能全面地展示逻辑函数的取值与其输入逻辑变量取值的对应情况。例如表6-18(手动控制)和表6-19(自动控制)是图6-1的真值表。从表6-18、6-19可以看到真值表有下述规律：

(1)逻辑函数的输入逻辑变量越多，则真值表的行数越多，逻辑函数有几个输入逻辑变量，则它的真值表就有 2^n 行。

例如图6-1选择手动控制时有两个输入逻辑变量，它的真值表就有 $2^2=4$ 行。如表6-18所示。

选择自动控制时，逻辑函数KM，有三个输入逻辑变量，它的真值表就有 $2^3=8$ 行。如表6-19所示。

(2)真值表给出了输入变量"0"或"1"取值的各种组合情况，也就是说，给出了 n 个接点闭合或断开的组合情况的各种可能性。

(3)真值表上最后一列，给出了逻辑函数的取值与其输入逻辑变量取值的对应情况。从而得出了线路通电和断电的情况，例如表6-18，第4行KM=1，说明控制线路导通。第1、2、3行KM=0，说明控制线路为失电状态。

又例如表6-19第8行KM=1，说明控制线路导通。其余行KM=0，说明控制线路均为失电状态。

真 值 表　　表6-18

$KM=f_{KM}(SA_{3.4},\overline{KH})$ ⟶

序号	$SA_{3.4}$	$\overline{KH}$	$KM=f_{KM}$
1	0	0	0
2	1	0	0
3	0	1	0
4	1	1	1

真 值 表　　表6-19

$KM=f_{KM}(SA_{1.2},SQ,\overline{KH})$ ⟶

序 号	$SA_{3.4}$	SQ	$\overline{KH}$	$KM=f_{KM}$
1	0	0	0	0
2	1	0	0	0
3	0	1	0	0
4	0	0	1	0
5	1	1	0	0
6	1	0	1	0
7	0	1	1	0
8	1	1	1	1

6.2.4 逻辑运算

(1)逻辑与(逻辑乘)

逻辑"与"的运算在继电器接点控制线路中对应于接点A、B的串联结构。逻辑变量A、

B 的“与(乘)”运算得出逻辑“与”函数“L”。即：

$$L = A \cdot B \tag{6-1}$$

如图 6-2 所示，氨压缩机的启动继电器 1AKA(L)是逻辑变量 KTE_1(A)、$2AKA_1$(B)的逻辑函数。逻辑与的运算即为：

$$1AKA = KTE_1 \cdot 2AKA_1$$

KTE_1 接点为库房温度上限继电器接点，$2AKA_1$ 是氨压缩机安全保护监视继电器接点，二者串联控制氨压缩机的起停。表 6-20 是这个线路的真值表。

真值表　　表 6-20

序号	A(KTE_1)	B($2AKA_1$)	L(1AKA)
1	0	0	0
2	0	1	0
3	1	0	0
4	1	1	1

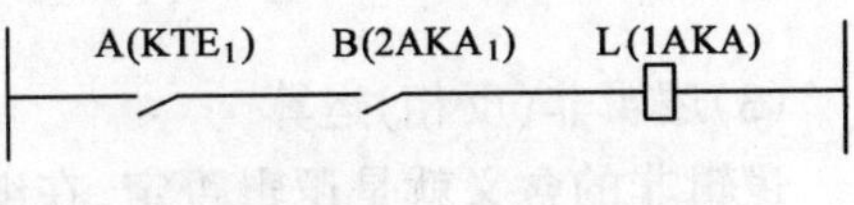

A(KTE_1)　B($2AKA_1$)　L(1AKA)

图 6-2　逻辑与

从上图和真值表中可以看出逻辑“与”函数 $L = f_L(A,B)$ 的取状态值的规律为：

“有 0(逻辑变量)出 0(逻辑函数)”；

“全 1(逻辑变量)出 1(逻辑函数)”。

从上述两条规律可以明确图 6-2 接点线路的物理意义：

“有 0 出 0”——只要 KTE_1 和 $2AKA_1$ 中有任一个接点断开(0)状态，则 1AKA 压缩机启动继电器处于失电状态；

“全 1 出 1”——只有 KTE_1 和 $2AKA_1$ 两个接点都处于闭合(1)状态，1AKA 压缩机启动继电器处于得电状态；

逻辑“与”的一般逻辑符号为：

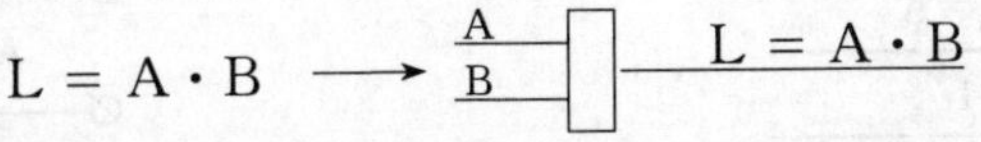

$$L = A \cdot B \longrightarrow \text{A, B} \rightarrow [\;] \quad L = A \cdot B$$

(2)逻辑或(逻辑加)

逻辑“或”的运算在继电器接点控制线路中对应于接点 A、B 的并联结构。逻辑变量 A、B 的逻辑“或(加)”运算给出“或”函数“L”。

即：

$$L = A + B \tag{6-2}$$

逻辑变量 A、B 的“或(加)”运算的物理意义，在继电器接点控制线路中对应于接点 A、B 的并联结构，如图 6-3 所示，并联的 A(1MKA)、B(2MKA)两个中间继电器的常开接点控制音响报警 L(HA)电铃的线路，表 6-21，是这个线路的真值表。

真值表　　表 6-21

A($1MKA_1$)	B($2MKA_1$)	L(HA)
0	0	0
0	1	1
1	0	1
1	1	1

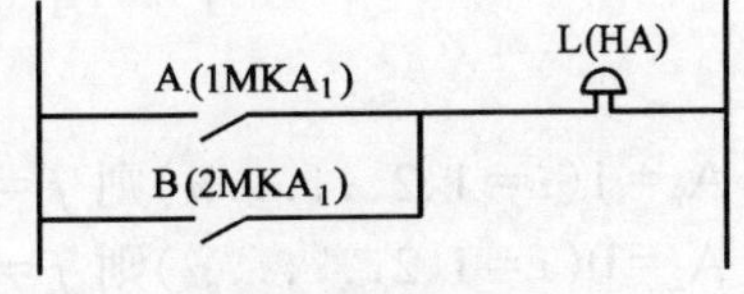

图 6-3　逻辑或

从上图和真值表中可以看出逻辑函数 $L=f_L(\mathrm{A,B})$ 的取状态值的规律为：

"有1(逻辑变量)出1(逻辑函数)"；

"全0(逻辑变量)出0(逻辑函数)"。

从上述两条规律可以明确图6-3接点线路的物理意义：

"有1出1"——只要中间继电器常开接点1MKA和2MKA有任一个接点处于吸合(1)状态,则电铃必响(1)状态"；

"全0出0"——只有当中间继电器常开接点1MKA和2MKA都为断开(0)状态,电铃L(HA)才处于消音(0)"状态。

逻辑"或"的一般逻辑符号为：

$$L=A+B \longrightarrow \boxed{+}\; L=A+B$$

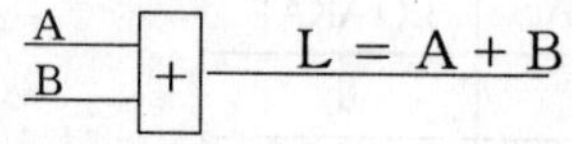

(3)逻辑非(反相)运算

逻辑非的含义就是逻辑否定,在继电器接点控制电路中对应于常闭接点。在继电器接点控制电路中常常需要获取一个与输出逻辑变量A取值状态反相的信号 $f_{反}$,$f_{反}$ 称为逻辑变量A的反相函数,或称对A进行逻辑非运算,并在A上加一杠"$\overline{A}$"表示(读作"非A"或"A非"),即:$f_{反}=\overline{A}$。

逻辑非运算在继电器接点控制电路中的物理意义：

在继电器接点控制线路中常开接点信号"A"的反相"$\overline{A}$",是相对应的常闭接点信号,常开接点信号"A"称为原变量,常闭接点信号"$\overline{A}$"称为反变量。

在继电器接点控制电路中常用元件,如按钮、行程开关、继电器、交流接触器等,一般都能同时提供原变量和反变量。对于无触点开关线路,需要经过一级反相器才能获取反变量。

图6-4所示,是一个中间继电器的常开接点和常闭接点。表6-22是它的真值表。

真值表 表6-22

A	$f_{反}=\overline{A}$
0	1
1	0

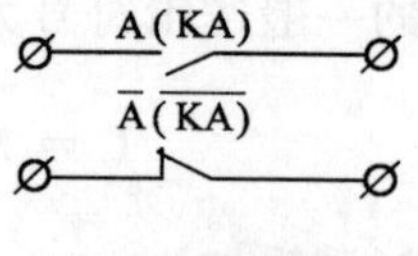

A(KA)

$\overline{A}$($\overline{KA}$)

图6-4 逻辑非

逻辑非(反相)运算的一般逻辑符号为：

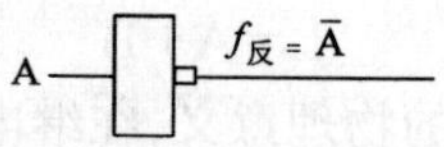

A —▷○— $f_{反}=\overline{A}$

(4)多变量的逻辑运算

1) n 个自变量 A_1、A_2......A_n 的逻辑"与"运算可表示为：

$$f=A_1\cdot A_2\cdots\cdots A_n=\prod_{i=1}^{n}A_i$$

其意义为：

全部 $A_i=1(i=1、2......n)$ 则 $f=1$(全1出1)

任一 $A_i=0(i=1、2......n)$ 则 $f=0$(有0出0)

图6-5(a)是三个自变量 A_1、A_2、A_3 的逻辑与运算及一般逻辑符号图和在继电器接点控制线路中对应的结构图。

图 6-5(b)是三个自变量中出现了一个反变量 $\bar{A}_2$ 的逻辑与运算及一般逻辑符号图和在继电器接点控制线路中对应的结构图。

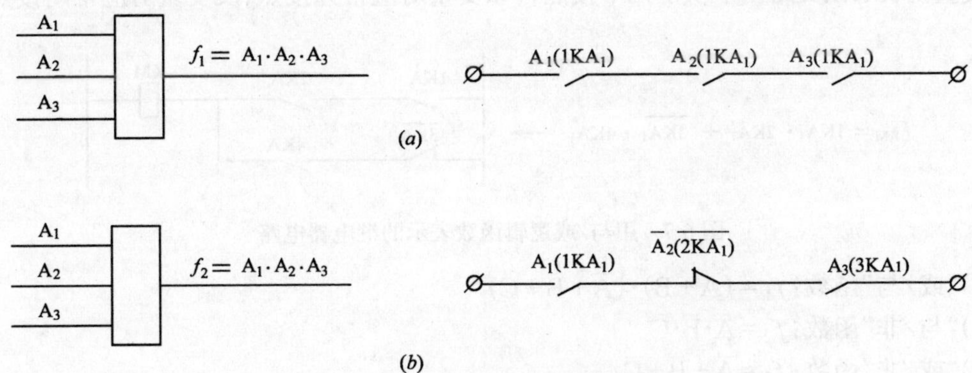

图 6-5 三变量逻辑与的逻辑符号图和电路图

2)n 个自变量 A_1、A_2……A_n 的逻辑或运算可表示为:

$$f = A_1 + A_2 + \cdots\cdots A_n = \sum_{i=1}^{n} A_i$$

其意义为:

任一 $A_i = 1(i = 1、2......n)$则 $f = 1$(有 1 出 1)

全部 $A_i = 0(i = 1、2......n)$则 $f = 0$(全 0 出 0)

图 6-6(a)是三个自变量 A_1、A_2、A_3 的逻辑或运算,一般逻辑符号图和在继电器接点控制线路中对应的结构图。

图 6-6(b)是三个自变量中出现了一个反变量 $\bar{A}_2$ 的逻辑或运算,一般逻辑符号图和在继电器接点控制线路中对应的结构图。

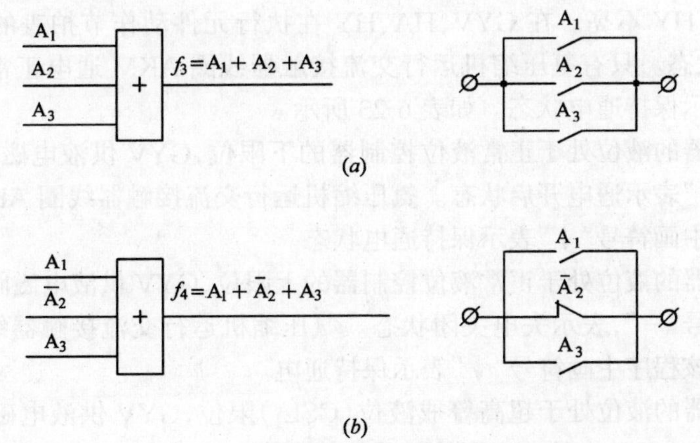

图 6-6 三变量逻辑或的逻辑符号图和电路图

(5)常见的逻辑函数式

在继电器接点控制线路中,最常见的是“与/或”函数形式,“或/与”函数形式,“与/非”函数形式,“或/非”函数形式。

1)“与/或”函数:在继电器接点控制线路中,最常用的是“与/或”函数。

“与/或”函数中有几个“与”项被“或”起来,就表示有几条并联支路;每个“与”项中有几个逻辑变量就表示该支路中串联了几个接点,(原变量对应常开接点,反变量对应常闭接点)。

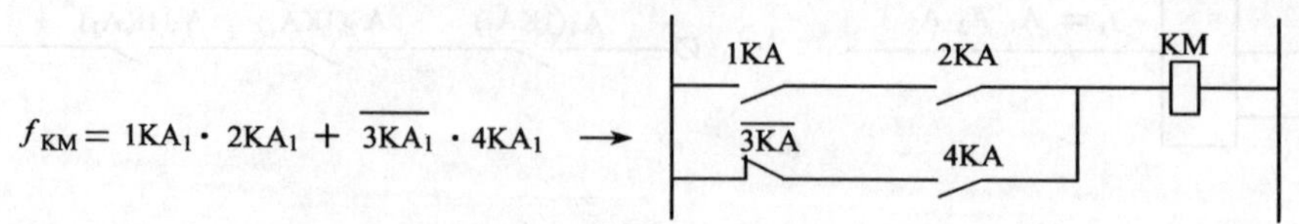

图6-7　用与/或逻辑函数表示的继电器电路

2)“或/与”函数:$f_1=(A+B)\cdot(\overline{A}+B+C)$

3)“与/非”函数:$f_2=\overline{A}\cdot\overline{B}\cdot\overline{C}$

4)“或/非”函数:$f_3=\overline{A}+\overline{B}+\overline{C}$

6.3 转换表

转换表也是继电器接点电路逻辑设计的主要工具。转换表的内容包括执行元件节拍表、检测元件状态表、待区分组、中间记忆元件的设置等。

6.3.1 执行元件动作节拍表

执行元件动作节拍表是根据工艺控制流程方框图,逐次分析反应各程序中执行元件的通断情况而填写的。执行元件动作节拍表集中反应了制冷设备对电气控制的要求。因此填写执行元件动作节拍表时,首先要确定有那几个“程序”。例如图6-8是低压循环贮液桶、中间冷却器等容器的液位控制流程方框图。从图6-8中分析有以下程序,并将分析结果列入表6-23中。

“0”程序:原始状态。容器的液位处于正常状态,GYV供液电磁阀关、HA报警电铃不响。事故信号灯HY不亮。在GYV、HA、HY在执行元件动作节拍表的该程序中画符号“-”,表示失电状态。只有氨压缩机运行交流接触器线圈AKM通电正常工作。在该程序中画符号“↓”表示保持通电状态。如表6-23所示。

“1”程序:容器的液位处于正常液位控制器的下限位,GYV供液电磁阀开启供液,在该程序中画符号“+”表示通电开启状态。氨压缩机运行交流接触器线圈AKM仍然通电正常工作。在该程序中画符号“↓”表示保持通电状态。

“2”程序:容器的液位处于正常液位控制器的上限位,GYV供液电磁阀关闭,停止供液,在该程序中画符号“-”,表示失电关闭状态。氨压缩机运行交流接触器线圈AKM仍然通电正常工作。在该程序中画符号“↓”表示保持通电。

“3”程序:容器的液位处于超高警戒液位(GSL_1)限位,GYV供液电磁阀仍处于关闭状态画符号“-”。HA报警电铃响。事故信号灯HY亮。在该程序中画符号“+”表示得电状态。同时交流接触器线圈AKM失电。氨压缩机停车,在该程序中画符号“-”表示失电。

“4”程序:HA报警电铃延时10s自动消音。事故信号灯HY仍亮。交流接触器线圈AKM仍处于失电,氨压缩机停车状态。

“5”程序:液位下降到正常液位,AKM得电,氨压缩机恢复运行。或事故处理完毕,手

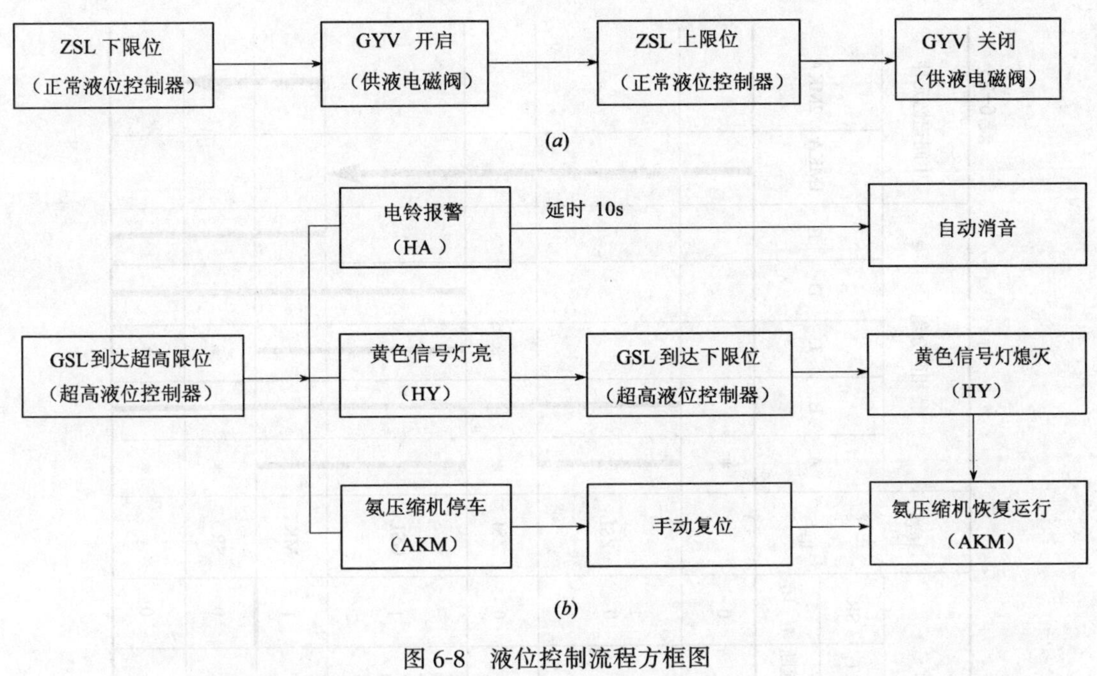

图 6-8 液位控制流程方框图

动复位。氨压缩机恢复运行。

"0"程序：原始状态。

从表 6-23 执行元件动作节拍表填写方法可见。执行元件在一个程序中处于失电状态，则在该元件所在程序格子中填写"－"；若处于得电状态，则在该元件所占格子中填写"＋"。交流接触器线圈处于得电状态在所在程序格子中填写"↓"，处于失电状态，则在该元件所在程序格子中填写"－"。

6.3.2 检测元件状态表

检测元件状态表是根据工艺控制流程方框图，逐次分析检测元件在各程序中的状态列成表格形式，以便清楚地审察各检测元件状态变化的全貌。填写检测元件状态表的过程，就是进一步熟悉工艺流程的过程，无论是对于线路的分析，还是进行逻辑设计都有十分重要的意义。

例如，根据图 6-8 填写检测元件状态表。如表 6-23 所示。逐个分析检测元件在各程序中的状态，就可清楚地审察各检测元件状态变化的全貌。

在检测元件状态表上填写主令信号，每一个程序切换处都有一个主令信号，它的状态转换标志着电控线路转入新的程序，在相应的边界线上划以粗线表示，从图 6-8 可以确定本设计主令信号是由 ZSL 和 GSL 液位控制器、MKT 时间继电器及 SR 复位按钮，作为切换 5 个程序的控制信号。显然填写检测元件状态表的过程，就是进一步熟悉液位自控的工作进程，该表是进行电控线路逻辑设计的重要依据，因此填写检测元件状态表时应该特别审慎、细致、力求正确。

从表 6-23 中可以看出填写检测元件状态表有如下规则：

(1)在一个程序中检测元件处于原始状态，则在该元件所处程序格子中填写"0"；若处于受激状态，则在该元件所占格子中填写"1"。

液位控制转换表 表6-23

程序	名称	执行元件动作节拍表				检测元件状态表					转换主令信号	待相区分组					中间记忆元件	
		GYV	HA	HY	AKM	ZSL 下限	ZSL 上限	GSL 上限	MKT_1 常闭延断	SR 常闭		A	B	C	D	E	1MKA	2MKA
0	原始状态	−	−	−		0	1	0	0	0		*						
1	供液电磁阀开启 氨压缩机运行	+	−	−		$\frac{1}{0}$	0	0	0	0	ZSL							
2	供液电磁阀关闭	−	−	−		0	1	0	0	0	ZSL	*		*				
3	声（电铃）、光（信号灯）报警 氨压缩机停车	−	+	+	−	0	0	1	$\frac{1}{\Delta t_1}$	1	GSL							
4	电铃自动消音	−	−	+	−	0	0	1	0	1	MKT							
5	液位超高事故复位	−	−	−		0	1	0	0	0	SR	*		*				
0	原始状态	−	−	−		0	1	0	0	0		*		*				

(2)"转换主令"一栏,列写出程序转换主令信号的检测信号,它的状态的转换标志着电控线路转入新的程序,在相应的程序分界线上划以粗线表示。

(3)在一个程序中,检测元件的状态发生变化(从 0→1 或 1→0),则在相应的格子中填写清楚,并用横线划分,例如,用"$\frac{1}{0}$"分别表示 ZSL 下限位接点在"1"程序中的变化的状态,当供液电磁阀开启供液后,液位不断上升,到达上限位时,下限位接点失电。因此下限位接点是从 1→0。ZSL 和 GSL 都是两位式浮球液位控制器,一对继电器转换接点,液位向上升到给定上限位时,或下降到下限位时,接点才发出信号。

(4)时间继电器的常开延时吸合接点在相应的程序中用符号"Δt"表示。常闭延断接点在相应的程序中用符号"$\frac{1}{\Delta t_1}$"表示。

6.3.3 待相区分组和中间记忆元件的设置

待相区分组是转换表的另一个内容,也是检查检测元件状态表中各程序之间是否已经两两相区分了,当两个程序不存在相同的特征码时,表明这两个程序已相区分了。当两个程序存在相同的特征码时,表明这两个程序会出现相同的接点组合状态,是不能相区分的,将会引起逻辑混乱的误动作。就需要设置中间记忆元件(继电器)将待区分的特征码区分开来。

(1)程序特征码

一个程序中所有检测元件状态开关量所构成的二进制数码称为该程序特征码。例如表 6-23 的程序特征码为:

0 程序:01000;

1 程序:10000;

2 程序:01000;

3 程序:00111;

4 程序:00101;

5 程序:01000;

0 程序:01000。

(2)待区分组

A 组:"0"程序特征码为"01000",与"1、2、3、4、5"程序比较,"0"程序与"1、3、4"程序特征码各不相同,已经彼此两两相区分。在已区分的程序中画粗线,以示区分。"0"程序与"2、5"程序特征码相同,说明出现相同的接点组合,是待区分组,在"0、2、5"程序所处的格子中记上符号"*"。

B 组:"1"程序特征码为"10000",与"2、3、4、5"程序比较,特征码各不相同,已经彼此两两相区分。在已区分的程序中画粗线,以示区分。

C 组:"2"程序特征码为"01000",与"3、4、5"程序比较,"2"程序"3、4"程序的特征码各不相同,已经彼此两两相区分。在已区分的程序中画粗线,以示区分。"2"程序与"5"程序特征码相同,说明出现相同的接点组合,是待区分组,在"0、5"程序所处的格子中已记上符号"*"。

D 组:"3"程序特征码为"00111",与"4、5"程序比较,特征码各不相同,已经彼此两两相区分。在已区分的程序中画粗线,以示区分。

E 组:"4"程序与"5"程序比较,特征码各不相同,已经彼此两两相区分。在已区分的程序中画粗线,以示区分。

(2)设置中间记忆元件(继电器)的具体方法

1)待相区分组要设置中间记忆元件,使其程序两两相区分,例如“0”程序和“2”程序、“5”程序的特征码相同,都是01000。

首先分析“0”程序和“2”程序的特征码相同的原因。都是容器的液位处于正常状态,GYV供液电磁阀关、因此两程序有相同的接点组合。所以在ZSL下限位增加一个1MKA中间继电器作为中间记忆元件,不用ZSL下限位接点直接去控制GYV供液电磁阀的启闭,而是用$1MKA_1$常开接点去控制GYV供液电磁阀的启闭,那么“2”程序的特征码变成了010000。就与“2、5”程序两两相区分了。

分析“0”程序和“5”程序的特征码相同的原因。都是容器的液位处于正常状态,因此两程序有相同的接点组合。所以在GSL上限位增加一个2MKA中间继电器作为中间记忆元件。在正常液位控制回路串联$2MKA_1$常闭接点那么“0”程序的特征码变成了010001。就“5”与“0”程序两两相区分了。增加1MKA和2MKA区分程序的目的,是为了自锁和互锁。详见图5-24(第5章)。

2)控制接点不敷使用时,增加中间记忆元件,在应用实例中,将涉及这个问题。

6.4　继电器接点控制线路的逻辑设计在冷库中的应用实例

冷库制冷工艺具有固定程序,适合采用逻辑设计方法,冷库自动控制有库温自控和自动冲霜两大程序,但是又互相关联,而库温自控,牵涉到库房供液,回气电磁阀自动启,闭,冷风机的自动开停,氨压缩机自动开停与安全保护,氨泵和液位自动控制,水泵和冷却塔的自动控制等。为了简化设计,分成若干个单元进行逻辑设计,然后用中间继电器将各个单元有机的联系起来,形成整个冷库的自动控制系统。下面以自动冲霜程序作为逻辑设计实例。

6.4.1　工艺对自动冲霜的要求

某冷库有四间冷却物冷藏间,每间有空气冷却器一台,在空气冷却器上安装一个CPK-1型微压差控制器,测量空气冷却器回风口与出风口的空气压差,当$\Delta P>18mmH_2O$时即发指令进行自动程序水冲霜,因为只设置一台工作冲霜水泵,四间冷却物冷藏间不允许同时冲霜,各冷却物冷藏间冲霜水电磁阀应互相联锁。即先发出指令的冷却物冷藏间先冲霜,待该间冲霜完成冲霜后,才能进行第2间冷却物冷藏间冲霜,其余间依次类推。

6.4.2　设计步骤如下

(1)根据工艺要求作出自动冲霜控制程序方框图,图6-9所示为1#冷藏间冲霜程序。2#～4#冷藏间与1#冷藏间冲霜程序相同,只是元件编号随冷藏间改变,如2#冷藏间执行元件的编号为:2LKM、2GYV、2RYV,其余以此类推,图中省略。

(2)根据自动程序冲霜方框图填写控制程序转换表,包括执行元件节拍表、检测元件状态表、待区分组、中间记忆元件设置表。

1)填写节拍表,节拍表是反应执行元件在各程序中的通断情况,因此首先要确定有那几个“程序”,从自动冲霜程序方框图6-9可以确定1#～4#冷藏间的自动冲霜程序。

为了叙述方便,冲霜顺序按1#冷藏间→2#冷藏间→3#冷藏间→4#冷藏间排列进行冲霜,但在实际运行中,先发出冲霜信号的冷藏间先冲霜。

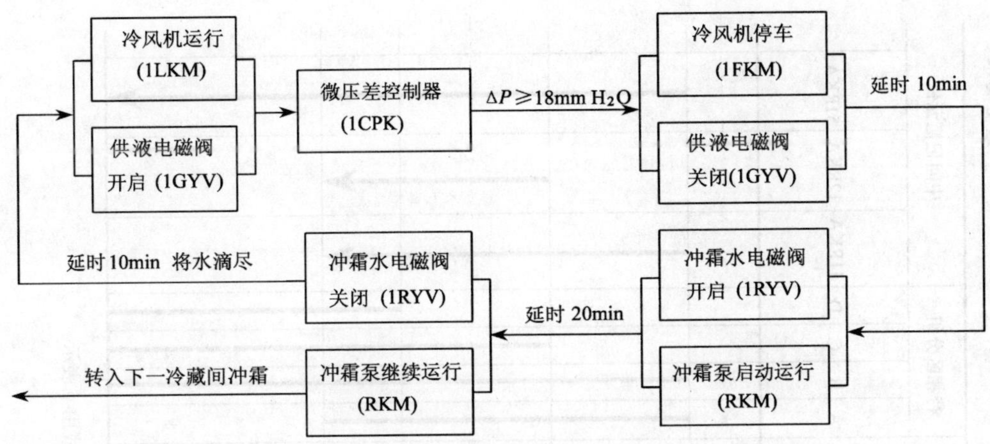

图 6-9 自动程序冲霜方框图

1＃冷藏间执行元件节拍表如表 6-24 所示。执行元件在各程序中的状态如下：

"0"程序—原始状态，即 CPK-1 型微压差控制器发出冲霜指令前各执行元件的工作状态：1GYV 供液电磁阀开启供液，1LKM 冷风机运行。1RYV 冲霜水电磁阀处于失电关闭状态，1RKM 冲霜水泵处于失电停车状态；

"1"程序—当 CPK-1 型微压差控制器发出冲霜指令后，各执行元件的工作状态：关闭 1GYV 供液电磁阀，1LKM 失电冷风机停车。1RYV 冲霜水电磁阀仍处于失电关闭状态，RKM 冲霜水泵仍处于失电停车状态。同时 11RKT 时间继电器得电延时。

"2"程序—在完成"1"程序动作的同时，11RKT 时间继电器完成延时 10min，$11RKT_1$ 常开延时接点吸合时各执行元件的工作状态：1GYV 供液电磁阀仍处于失电关闭状态，1LKM（交流接触器线圈）冷风机仍处于失电停车状态。1RYV 冲霜水电磁阀得电开启，RKM（交流接触器线圈）冲霜水泵得电启动运行，进行冲霜。同时 12RKT 时间继电器得电延时。

"3"程序—当"2"程序进行 20min 冲霜后，各执行元件的工作状态：1GYV 供液电磁阀仍处于关闭状态，1LKM 冷风机仍处于停车状态。1RYV 冲霜水电磁阀失电关闭，同时 13RKT 时间继电器得电延时。RKM 冲霜水泵继续运行（当所有的冷间冲霜完毕才停车）；

"4"程序—当"3"程序完成冲霜后，延时 10min，将冲霜水滴尽，除 RKM 冲霜水泵继续运行外（当其他冷藏间还需要接着冲霜时），1＃冷藏间其他元件恢复原始状态：1GYV 得电供液电磁阀开启，1LKM 通电冷风机恢复运行。1RYV 冲霜水电磁阀关闭状态。

2＃～3＃冷藏间执行元件节拍表如表 6-25、表 6-26 所示。执行元件在各程序中的状态和 1＃冷藏间相同，只是"0"程序中冲霜泵为通电运行状态。4＃冷藏间执行元件节拍表如表 6-27所示，冲霜完成，回到 1 个循环冲霜的"0"程序冲霜泵停车。

2）填写检测元件状态表，检测元件是电控线路进行程序转换的控制信号，对照图 6-9 逐个分析，就可清楚地审察各检测元件状态变化的全貌，主令元件信号是由 1CPK 微压差控制器发出冲霜指令，但是冲霜指令是否能发出还受其他冷藏间是否在进行冲霜的制约，因为不允许几个冷藏间同时冲霜，就需要设置三个状态检测元件。即 $22RKA_1$、$32RKA_1$、$42RKA_1$ 常闭接点（2＃～4＃冷藏间正在进行冲霜指令继电器）。当 22RKA、32RKA、42RKA 继电器线圈失电时，1CPK 微压差控制器才能发出冲霜指令。

自动程序冲霜转换表（1） 表6-24

程	序	名称	执行元件动作节拍表				检测元件状态表						转换主令信号	待相区分组				中间记忆元件		
			1GYV	1LKM	1RYV	RKM	1CPK	$11RKT_1$ 常开 延合	$12RKT_1$ 常闭 延断	$12RKT_2$ 常开 延合	$13RKT_1$ 常闭 延断	$22RKA_1$ $32RKA_1$ $42RKA_1$ 常闭		A	B	C	D	11RKA	12RKA	51RKA
1#冷藏间冲霜	0	原始状态	+	↓	—	—	0	0	0	0	0			*						
	1	供液电磁阀关闭 冷风机停车	—	—	—	—	1	Δt_1	0	0	1	1	1CPK							
	2	冲霜水电磁阀开启 冲霜水泵启动运行	—	—	+		ϕ	1	$\frac{1}{\Delta t_2}$	Δt_1	1	1	11RKT							
	3	冲霜水电磁阀关闭	—	—	—		0	0	0	1	$\frac{1}{\Delta t_3}$	1	12RKT							
	4	供液电磁阀开启 冷风机恢复运行 冲霜水泵继续运行	+	↓	—		0	0	0	0	0	0	13RKT	*						

注：1. CPK在2程序中的状态是不定的，开始冲霜是“1”，在冲霜过程中，压差逐渐减小，未曾结束冲霜，压差可能变成了“0”，故用ϕ表示。

2. 待相区分组（即未能两两相区分的组）在所在程序里，用符号“*”表示。

3. 1#冷藏间若是最后一间完成冲霜，那么“4”程序后即是“0”程序。

4. 交流接触器和继电器线圈在一个程序里保持通电，用符号“↓”表示。

自动程序冲霜转换表（2） 表 6-25

程序	序	名称	执行元件动作节拍表				检测元件状态表						转换主令信号	待相区分组				中间记忆元件		
			2GYV	2LKM	2RYV	RKM	2CPK	$21RKT_1$ 常开 延合	$12RKT_1$ 常闭 延断	$22RKT_2$ 常开 延合	$23RKT_1$ 常闭 延断	$12RKA_1$ $32RKA_2$ $42RKA_2$ 常闭		A	B	C	D	21RKA	22RKA	51RKA
2#冷藏间冲霜	0	原始状态	+	↓	—		0	0	0	0	0			*						
	1	供液电磁阀关闭 冷风机停车	—	—	—		1	Δt_1	0	0	1	1	2CPK							
	2	冲霜水电磁阀开启 冲霜水泵启动运行	—	—	+		ϕ	1	$\frac{1}{\Delta t_2}$	Δt_1	1	1	21RKT							
	3	冲霜水电磁阀关闭	—	—	—		0	0	0	1	$\frac{1}{\Delta t_3}$	1	22RKT							
	4	供液电磁阀开启 冷风机恢复运行 冲霜水泵继续运行	+	↓	—		0	0	0	0	0	0	23RKT	*						

注：与表 6-24 相同。

自动程序冲霜转换表（3） 表 6-26

程	序	名称	执行元件动作节拍表				检测元件状态表						转换主令信号	待相区分组				中间记忆元件		
			3GYV	3LKM	3RYV	RKM	3CPK	$31RKT_1$ 常开延合	$32RKT_1$ 常闭延断	$32RKT_2$ 常开延合	$33RKT_1$ 常闭延断	$12RKA_2$ $22RKA_2$ $42RKA_3$ 常闭		A	B	C	D	31RKA	32RKA	51RKA
3#冷藏间冲霜	0	原始状态	+	↓	—		0	0	0	0	0			*						
	1	供液电磁阀关闭 冷风机停车	—	—	—		1	Δt_1	0	0	1	1	3CPK							
	2	冲霜水电磁阀开启 冲霜水泵启动运行	—	—	+		ϕ	1	$\frac{1}{\Delta t_2}$	Δt_1	1	1	31RKT							
	3	冲霜水电磁阀关闭	—	—	—		0	0	0	1	$\frac{1}{\Delta t_3}$	1	32RKT							
	4	供液电磁阀开启 冷风机恢复运行 冲霜水泵继续运行	+	↓	—		0	0	0	0	0	0	33RKT	*						

注：与表 6-24 相同。

自动程序冲霜转换表（4） 表 6-27

程	序	名称	执行元件动作节拍表				检测元件状态表						转换主令信号	待相区分组				中间记忆元件			
			4GYV	4LKM	4RYV	RKM	4CPK	$41RKT_1$ 常开延合	$42RKT_1$ 常闭延断	$42RKT_2$ 常开延合	$43RKT_1$ 常闭延断	$12RKA_3$ $22RKA_3$ $32RKA_3$ 常闭		A	B	C	D	41RKA	42RKA	51RKA	52RKA
4#冷藏间冲霜	0	原始状态	+	↓	—		0	0	0	0	0			*							
	1	供液电磁阀关闭 冷风机停车	—	—	—		1	Δt_1	0	0	1	1	4CPK								
	2	冲霜水电磁阀开启 冲霜水泵启动运行	—	—	+		ϕ	1	$\frac{1}{\Delta t_2}$	Δt_1	1	1	41RKT								
	3	冲霜水电磁阀关闭	—	—	—	—	0	0	0	1	$\frac{1}{\Delta t_3}$	1	42RKT								
	4	供液电磁阀开启 冷风机恢复运行 冲霜水泵继续运行	+	↓	—	—	0	0	0	0	0	0	43RKT	*							
	0	原始状态	+	↓	—	—	0	0	0	0	0	0									

注：与表 6-24 相同。

作为定时切换程序的控制信号是时间继电器,有三个时间段,就需要设置三个时间继电器作为时间检测元件。显然填写检测元件状态表的过程,就是进一步熟悉自动冲霜设备工作进程,该表是进行电控线路逻辑设计的重要依据,因此填写检测元件状态表时应该特别审慎、细致、力求正确。

3)在转换表上填写主令信号,每一个程序切换处都有一个主令信号,它的状态转换标志着电控线路转入新的程序,我们在相应的边界线上划以粗线表示,从图6-9可以确定本设计主令信号。

1#冷藏间主令信号是:1CPK及11RKT、12RKT、13RKT。

2#冷藏间主令信号是:2CPK及21RKT、22RKT、23RKT。

3#冷藏间主令信号是:3CPK及31RKT、32RKT、33RKT。

4#冷藏间主令信号是:4CPK及41RKT、42RKT、43RKT。

4)做出待相区分组,确定必要的中间记忆元件的开关边界线,并据此设置中间记忆元件,完成对程序的两两相区分(即各程序特征码彼此不同)的要求,是有条不紊地实现一定控制要求的必要条件。根据表6-24检测元件状态确定1#冷藏间待相区分组。

1#冷藏间待相区分组:

A组:"0"程序特征码为:"000000"。"0"程序与"1、2、3"程序比较,程序特征码各不相同,说明已两两相区分。"0"程序与"与"4"程序比较,特征码相同,都是"000000",不能彼此两两相区分。说明存在相同的接点组合,冲霜泵不能继续运行。需要增加一个中间记忆元件44RKA,使"4"程序的特征码"0000001"就能两两相区分了。如图6-10所示。

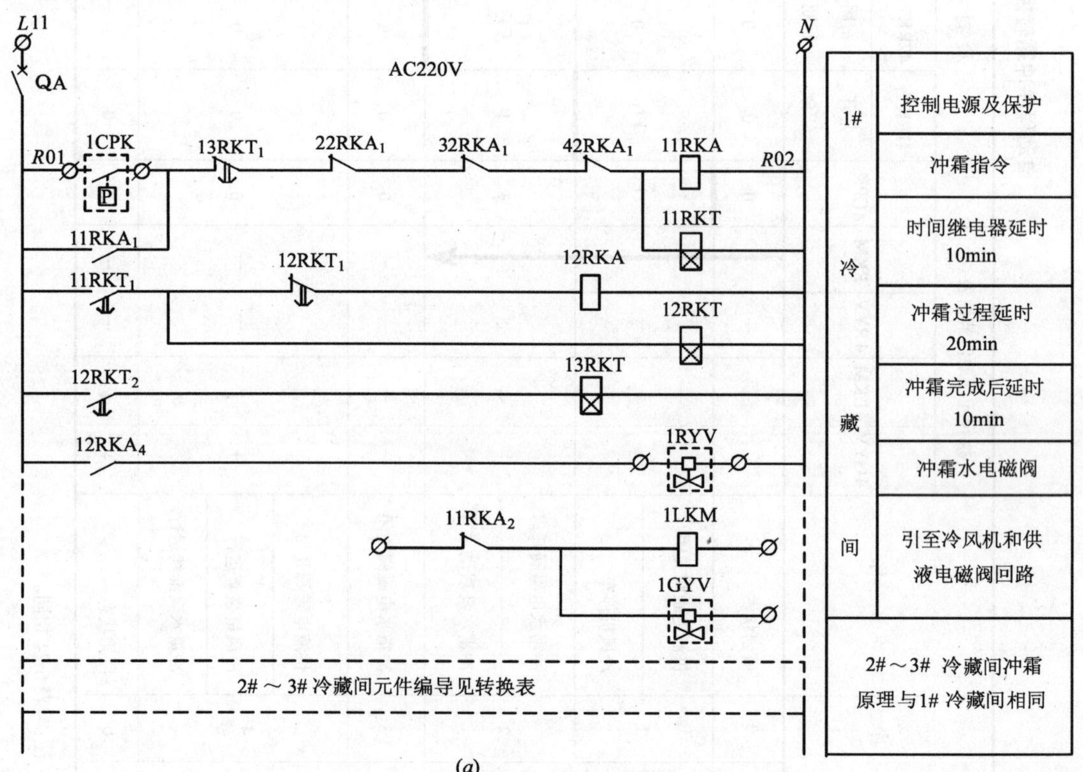

图6-10 自动程序冲霜原理图(一)

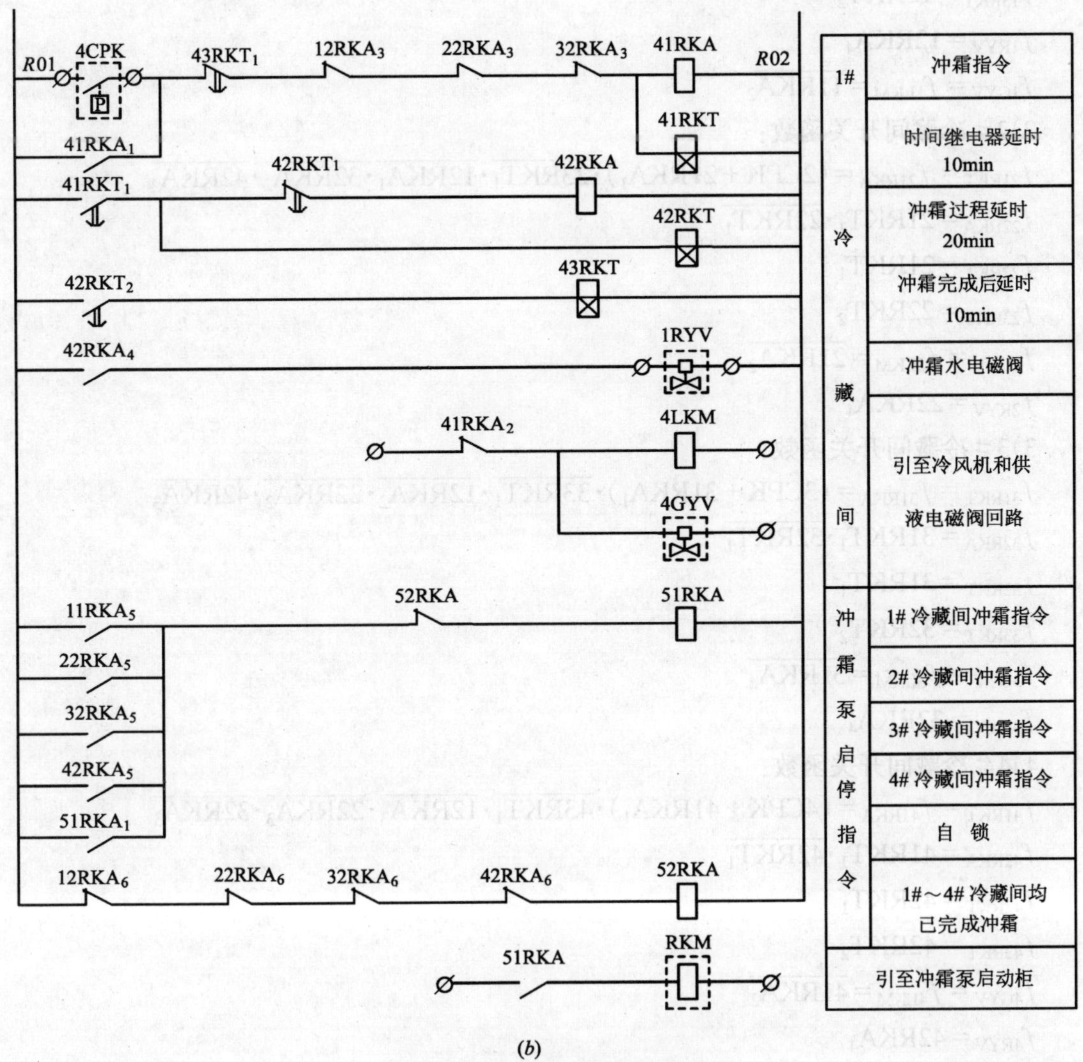

图 6-10　自动程序冲霜原理图(二)

B组:“1”程序特征码为:“100011”。“1”程序与“2、3、4”程序比较,特征码各不相同,已经彼此两两相区分;

C组:“2”程序特征码为:“ϕ11011”。“2”程序与“3、4”程序比较,特征码各不相同,已经彼此两两相区分;

D组:“3”程序特征码为:“000111”。“3”程序与“4”程序比较,特征码各不相同,已经彼此两两相区分。

(3)列出中间继电器、时间继电器及执行元件的开关函数,

1)1#冷藏间开关函数:

$f_{11RKT}=f_{11RKA}=(1CPK+11RKA_1)\cdot\overline{13RKT_1}\cdot\overline{22RKA_1}\cdot\overline{32RKA_1}\cdot\overline{42RKA_1}$

$f_{12RKA}=11RKT_1\cdot\overline{12RKT_1}$

$f_{12RKT}=11RKT_1$

$f_{13RKT}=12RKT_2$

$f_{1RYV}=12RKA_4$

$f_{1GYV}=f_{1LKM}=\overline{11RKA_2}$

2)2＃冷藏间开关函数:

$f_{21RKT}=f_{21RKA}=(2CPK+21RKA_1)\cdot\overline{23RKT_1}\cdot\overline{12RKA_1}\cdot\overline{32RKA_2}\cdot\overline{42RKA_2}$

$f_{22RKA}=21RKT_1\cdot\overline{22RKT_1}$

$f_{22RKT}=21RKT_1$

$f_{23RKT}=22RKT_2$

$f_{2GYV}=f_{2LKM}=\overline{21RKA_2}$

$f_{2RYV}=22RKA_4$

3)3＃冷藏间开关函数:

$f_{31RKT}=f_{31RKA}=(3CPK+31RKA_1)\cdot\overline{33RKT_1}\cdot\overline{12RKA_2}\cdot\overline{22RKA_2}\cdot\overline{42RKA_3}$

$f_{32RKA}=31RKT_1\cdot\overline{32RKT_1}$

$f_{32RKT}=31RKT_1$

$f_{33RKT}=32RKT_2$

$f_{3GYV}=f_{3LKM}=\overline{31RKA_2}$

$f_{3RYV}=32RKA_4$

4)4＃冷藏间开关函数:

$f_{41RKT}=f_{41RKA}=(4CPK+41RKA_1)\cdot\overline{43RKT_1}\cdot\overline{12RKA_3}\cdot\overline{22RKA_3}\cdot\overline{32RKA_3}$

$f_{42RKA}=41RKT_1\cdot\overline{42RKT_1}$

$f_{42RKT}=42RKT_1$

$f_{43RKT}=42RKT_2$

$f_{4GYV}=f_{4LKM}=\overline{41RKA_2}$

$f_{4RYV}=42RKA_4$

5)冲霜泵启停指令开关函数:

冲霜泵启动运行指令开关函数,从图6-9和表6-24、表6-27转换表中得知,只要有一个冷藏间发出冲霜指令后,延时10min冲霜泵启动运行。直至最后一个冷藏间冲霜完毕才停车。因此,在冲霜泵启、停指令回路,增加了51RKA和52RKA中间继电器作为中间记忆元件。一是为了冲霜泵一经启动保持连续运行,二是为了实现所有冷藏间冲霜完毕冲霜泵才停车的工艺要求。

冲霜泵启动运行指令开关函数如下:

1＃冷藏间:$f_{RKM}=12RKA_5$

2＃冷藏间:$f_{RKM}=22RKA_5$

3＃冷藏间:$f_{RKM}=32RKA_5$

4＃冷藏间:$f_{RKM}=42RKA_5$

从上述开关函数式可以看出冲霜泵RKM执行元件开关函数,是多个逻辑与的运算,本身可提取公因子(公共接点)51RKA使中间继电器作为中间记忆元件。若使冲霜泵一经启动就能自保持连续运行，采用 51RKA$_1$ 常开接点使 51RKA 线圈自保持，就可实现冲霜泵连续运行。控制线路可以进行简化。

1＃～4＃冷藏间均完成冲霜后，冲霜泵才能停车，从而得冲霜泵停车指令开关函数如下：

$$f_{52RKA}=\overline{12RKA_6 \cdot 22RKA_6 \cdot 32RKA_6 \cdot 42RKA_6}$$

简化后冲霜泵启、停指令的开关函数如下：

$$f_{51RKA}=12RKA_5+22RKA_5+32RKA_5+42RKA_5+51RKA_1 \cdot \overline{52RKA_1}$$

从上述简化后的开关函数式可以确定，只用 51RKA$_2$ 常开接点作为一个公共接点去控制冲霜泵(RKM)的开停。引一对线路去冲霜泵回路即可。可节省四对线路，即：$f_{RKM}=$ 51RKA$_2$。

$$f_{RKM}=\overline{12RKA_6 \cdot 22RKA_6 \cdot 32RKA_6 \cdot 42RKA_6}$$

(4)根据流程图、转换表、开关函数明确的各执行元件先后程序转换的关系，各检测元件，中间记忆元件自锁、互锁、连锁的关系，画出自动程序冲霜原理图，如图 6-10 所示。

(5)检查、化简

在列写开关函数式的过程中已经进行了简化，例如冲霜泵启、停指令中，增加 51RKA、52RKA 中间继电器作为中间记忆元件，利用 51RKA$_2$ 常开接点作为一个公共接点去控制冲霜泵(RKM)的开停。

1)本设计 6-24 转换表中“0”程序与“4”程序特征码相同，未能两两相区分。为了区分“0”和“4”程序，在开停冲霜泵指令中，需设置 51RKA$_1$ 常开接点作自保持接点，特征码就不相同了，这样冲霜泵一经启动就能连续运转，直到所有冷藏间冲霜完毕才停车。

“0”和“4”程序两两相区分后，本设计执行元件的覆盖情况良好。

2)本设计四个冷藏间冲霜指令，均通过 CPK 微压差控制器发信号，信号先到者先冲霜，如果两个或两个以上的微压差控制器同时发信号，又不允许同时冲霜。就存在竞争现象，有产生误动作的可能。像图 6-10 那样，互相连锁，一次只能发出一个冷藏间冲霜指令，是解决竞争的一个方法。或采用顺序步进控制器的方法解决竞争。

在实际生产运行中，还可采用手动按钮指令进行程序冲霜，或采用时间继电器指令定时程序冲霜。

自控元件选型表 **表 6-28**

序 号	符 号	名 称	型号及规格	单 位	数 量	备 注
1	CPK	微压差控制器	CPK-1，～220V	个	4	生产厂家：武汉江新仪表厂
2	11RKA 12RKA	中间继电器器	JZ7-44，～220V	个	10	符号中的编号为 1＃冷藏间，数量为 4 个冷藏间冲霜程序的数量
3	11RKT 13RKT	时间继电器	JS20-600/13	个	8	
4	12RKT	时间继电器	JS20-1200/13	个	4	

第 7 章　可编程控制器在冷库中的应用

7.1　基　本　知　识

可编程控制器(Programmable Controller)简称为“PC”。因为个人计算机(Personal Computer)的简称也是“PC”,所以常常沿用以前的简称“PLC”来表示可编程控制器,以便与个人计算机相区别。

自从 1971 年美国芝加哥国际机床展览会上出现第一台可编程逻辑控制器(Programmable Logic Controller,简称“PLC”)以来,经过 30 多年的发展,逐步形成了微型(I/O 点数,32 点以下)、小型(I/O 点数,128 点以下)、中型(I/O 点数,1024 点以下)、大型(I/O 点数,2048 点以下)、超大型(I/O 点数,可达 81922 点及以上)等各种规格的系列 PLC 产品,它应用大规模集成电路、微型机技术和通讯技术的发展成果,可以构成各种综合控制系统,例如构成逻辑控制系统、过程控制系统、数据采取和控制系统、图形工作站等。它已经成为工业控制领域应用最多的工业控制微型计算机。目前,世界上所有的先进的机械设备几乎都配用可编程控制器作为控制主机,PLC 已和数控技术及工业机器人并列为工业自动化的三大支柱。

我国从 1982 年以来引进了美国、日本、德国的 PLC 机,随后国内有几家电脑公司,分别开发成功了我国自己的系列化可编程控制器(PLC 机),其性能完全可与国外同类产品兼容,例如北京联想计算机集团公司开发成功的 GK40 可编程控制器,北京远宝工业电脑技术开发部开发成功的 YB 系列可编程控制器,上海香岛机电制造公司生产的 ACMY-S80 型可编程控制器,苏州机床电器厂生产的 CKY-20/40/40H 型可编程控制器,在结构及性能上与国外同类产品完全兼容。其性能价格比远高于国外同类产品,这就为国内推广应用创造了条件。

7.1.1　应用可编程控制器优点

冷库控制设备多用开关信号,过去自动控制方法多采用继电器接点控制线路,如第 6 章中所述,就是将温度、压力、液位等控制器和中间继电器、时间继电器、自动计数器、多位开关等用导线连接成各种组合,实现复杂的保护、连锁、顺序等控制。当工艺要求改变程序时,控制线路也跟着改变。而且控制柜体积大,耗能多,元件触点接触容易不实,易老化,寿命短等缺点,有的冷库改用可编程控制器后,不但能克服以上缺点,而且还具有以下优点:

(1)可靠性高:可靠性是用户首选的依据。可编程控制器的可靠性高于继电器控制装置,它的硬件和软件均采取了大量的抗干扰措施,平均无故障时间可达 30 万小时以上,使用寿命长。

(2)控制功能强:PLC 机用计算机系统代替继电器装置。用软件程序代替硬件接线,使其比继电器接点电路控制功能强。PLC 机的内部结构,是由许多电子继电器、定时器、计数器组成的一个组合体。采用编程器编制简单程序来实现复杂的内部接线。具有逻辑判断、计数、定时、步进、跳转、移位、记忆、四则运算和数据传送等功能,可以实现顺序控制、逻辑控制、位置控制和过程控制等。因此控制功能强。

(3)适用范围广泛:PLC机不仅能作逻辑控制,实现开关量的工作,而且能胜任模拟量和数字量的处理,有的可编程器还具有联网和通讯的串行接口,还可与多台PLC机或上位计算机组成网络控制系统,实现大型复杂的过程控制。适用范围非常广泛。用于冷库监控系统,能使制冷设备的性能大幅度提高。

(4)编程方便,易于使用:PLC机采用与继电器电路相似的梯形图编程,比较直观。容易掌握,程序修改灵活方便,当工艺要求改变程序时,在硬件方面不需要作任何变动,不需要改变线路,不需要动用电烙铁,只需要改变软件上的控制程序,而控制程序的改变,只要从键盘上往可编程控制器里键入你所需要的梯形图程序,就可改变程序和参数,适应新的工艺要求。

(5)具有各种接口,与外部设备连接非常方便。可编程控制器之间、可编程控制器与监控计算机之间可以相互进行数据通讯。数据通讯标准接口是RS-232C、RS-449、RS-422-A和RS-423-A。

(6)结构易于扩展:采用积木式结构或模块式结构,扩展灵活方便。

(7)体积小:PLC机由可编程控制器的主机和编程器组成,结构紧凑、小型轻便、成本降低。它的体积比继电器控制柜的小得多。例如,EX40系列的主机箱(基本单元)和扩展单元的外形尺寸都是320(W)×110(H)×112(D)mm。液晶显示编程器的外形尺寸是220(W)×100(H)×33(D)mm。

(8)维修方便:PLC上有I/O指示灯(LED),那个I/O元件有故障一目了然。

7.1.2 可编程控制器的结构

尽管各种PLC机型号不同,主要参数也有差异。但原理相同,结构相似。

(1)外部结构

PLC机的外部结构如图7-1所示,由控制器主机(基本单元)、液晶显示器和编程键盘组成,有的型号的编程键盘就在主机面板上,有的型号采用独立的编程键盘。例如YB-K40和YB-K256型的编程键盘就在主机面板上。GK40、EX20/40/40H、F1系列采用独立的编程键盘。

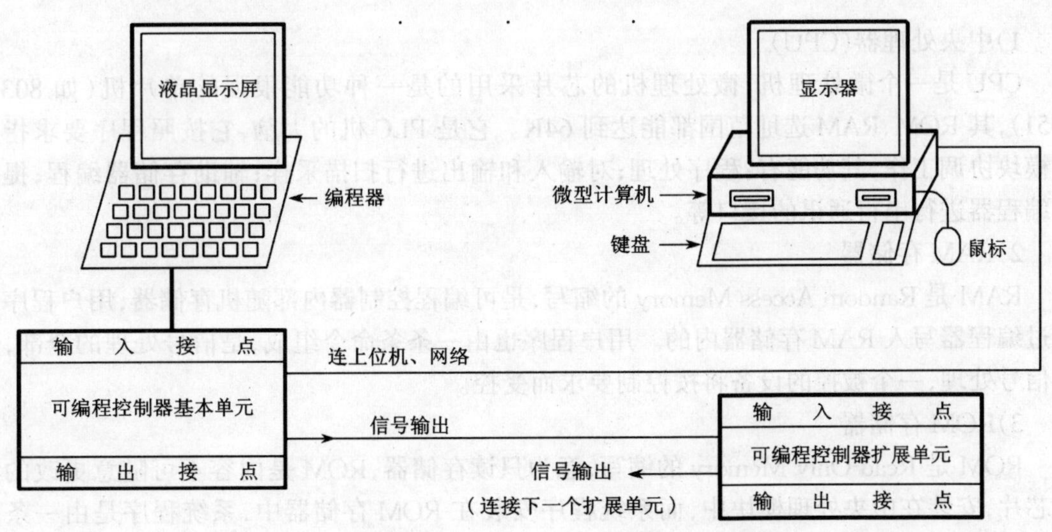

图7-1 PLC机的外部结构图

设计时,如若发现I/O输入输出点数不够用,可增加扩展单元,扩展单元由机箱、电源插件及输入、输出插件组成。有的PLC机不用增加扩展单元,如IP1612-220系列,采用矩阵扩展法,不用增加硬件(扩展单元),可成倍扩展I/O点数,而且可灵活分配I/O比例。

(2)电气结构

PLC的电气结构如图7-2所示。它包括了一台微型计算机所必需的部件:中央处理器CPU;存贮器RAM、ROM和EPROM或EEPROM;时钟CTC;并行接口PIO和串行接口SIO等用户输入输出部分和外围设备接口等。还配置键盘等。构成了一个完整的以计算机技术为基础的自动控制设备。

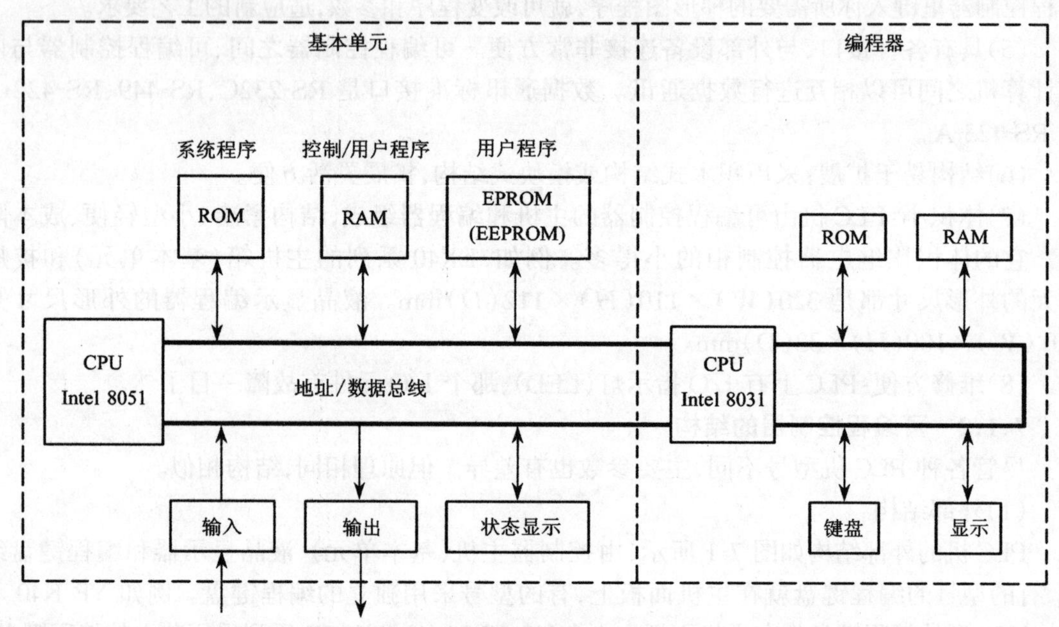

图7-2　PLC机的电气结构图

1)中央处理器(CPU)

CPU是一个微处理机,微处理机的芯片采用的是一种功能很强的单片机(如8031、8051),其ROM、RAM选址范围都能达到64K。它是PLC机的大脑,它按照程序要求指挥各模块协调工作,其功能有:程序处理;对输入和输出进行扫描采样;辅助存储器编程;提供和编程器进行串行通讯的接口等。

2)RAM存储器

RAM是Random Access Memory的缩写,是可编程控制器内部随机存储器,用户程序是通过编程器写入RAM存储器内的。用户程序也由一条条命令组成,是信号处理的全部,通过信号处理,一个被控的设备将按控制要求而受控。

3)ROM存储器

ROM是Read-Only Memory的缩写,意为只读存储器,ROM是内容不可随意更改的集成芯片,安装在中央处理模块中,而系统程序安装在ROM存储器中,系统程序是由一条条命令组成,为实现控制器内部运行功能的全部命令和安排,指示处理器实行对各个模块的管理,实现各部分的功能,检查错误,执行控制任务。用户不能读取系统程序。ROM存储器有以下三种类型：

A. 普通ROM，是内容不可更改的集成电路芯片，只适用于需要严密保护的BIOS系统内容。PLC不采用。

B. 可编程PROM，允许用户根据自己的需要编入具体内容，但只允许编写一次，使用还是不方便。PLC不采用。

C. 可擦除的EPROM，可以多次改写，更新十分方便，但在改写前，必须先擦除原有的信息，按擦除方法可分为UVEPROM和EEPROM(或E^2 PROM)两种：UV E PROM采用紫外线擦除方式，用紫外线照射芯片一定时间，即可擦除原有信息。EEPROM(或E^2 PROM)采用电擦除方式，只要加12V高电压，ROM中的内容就会消失，回到初始状态，在主板上通过跳线可设置成这种高电压的消除/写入状态，由于EEPROM容易改写，因而在PLC系统中应用很广泛。

4)I/O(输入/输出)接口电路，分为开关量、模拟量和数字量，有的PLC机的I/O接口是通用的。所有输入输出信号都要经过光电耦合器或继电器。输入信号一般有两种形式：交流输入(AC)和直流输入(DC)。输出信号一般有三种形式：继电器输出型、晶体管输出型和可控硅输出型。

(3)D/A和A/D转换器

可编程控制器和电子计算机，只能对数字量进行运算和处理。如若输入的是模拟量，必须经过A/D(模/数)转换器，将模拟量转换为数字量后才能输入可编程控制器或电子计算机。

可编程控制器或电子计算机按照预先编好的程序，对输入的数字信息进行运算和处理，再经过输出通道去控制生产过程。如若控制的对象是电动机的开停或电磁阀的通断，可直接输出开关量；如若控制的对象是伺服电机或可控硅执行机构，调速电机或电动调节阀，输出量必须经过D/A(数/模)转换器，将数字量转换为模拟量后才能输出控制生产设备。

由于大规模集成电路的迅速发展，已经生产出许多集成化的A/D和D/A转换器供用户选用。许多工业控制微机(包括PLC机)都配置有A/D和D/A转换器。

1)A/D(模/数)转换器

模拟量是制冷系统中被测量和控制对象的具体状态，表现为一定的数值，如温度、湿度、压力、压差、液位等都是连续变化的物理量，称为模拟量，而计算机只认得二进制的机器码语言，所以，必须将连续变化的模拟量转换为离散的数字量。这就需要进行模/数转换后才能接入PC(计算机)或PLC的I/O端口。

A/D(模/数)转换器就是将模拟量转换为数字量的器件。它是PC机或PLC机完成温度、湿度、压力、压差、液位等参数采集和检测的输入接口。其模拟输入通道接口原理如图7-3所示。图中各元件作用如下：

A. 放大器的作用是：它将传感器送来的微弱信号放大，以满足A/D转换器需要的电平，提高转换精度。

B.S/H(采样/保持器)的作用是：在A/D进行转换期间，为了保持输入信号不变。采样的时间由计算机控制。

C. 多路选择开关的作用是：在实时控制和实时数据处理系统中，为了能对多路信号进行检测又不增加元件的情况下，采用多路模拟开关轮流切换各个被测回路与A/D之间的通道，达到分时转换的目的。

2)D/A(数/模)转换器

模拟量输出是对被控对象的连续控制,如制冷系统中的供液电动调节阀、空气冷却器的变速风机等,实行连续变化的控制,这就需要模拟量输出。而计算机输出的是数字量,所以必须进行数/模转换后才能接至被控设备(执行机构)。如图7-3所示。

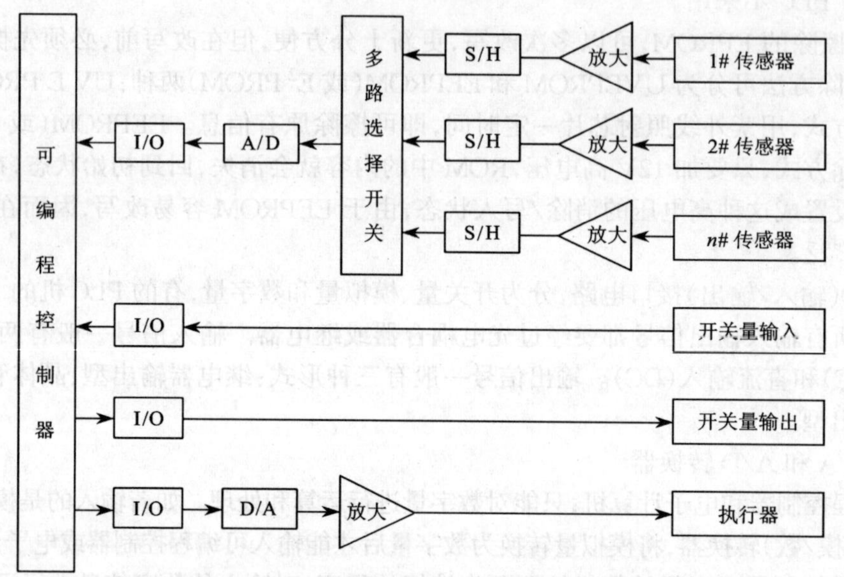

图7-3 开关量、模拟量输入、输出通道示意图

D/A(数/模)转换器就是将数字量转换成模拟量的器件。它是计算机对外部设备实行控制的重要接口电路之一。按照转换形式可以分为串行数/模转换器和并行数/模转换器两种。

A. 串行D/A(数/模)转换器,它将数字量转换成脉冲序列数目,一个脉冲对应于数字量的一个单位。然后使每个脉冲变成单位模拟量。并将所有的模拟量相加,就得到和数字量成正比的总的模拟量输出,实现了从数字量变成模拟量的转换。

B. 并行数/模转换器。它的转换速度很快,只要有足够多的位数,其精度也很高。转换时间取决于转换器中的电流或电压建立时间及求和时间,一般是微秒(μs)数量级。它广泛用于工业控制。

7.1.3 工作原理

PLC机的工作原理,就是在系统软件的控制下,由中央处理器(即CPU)一条条地执行用户程序,目前所有的PLC机都采用程序储存顺序扫描执行方式,其过程如下:

(1)外部信号通过输入模块读进控制器(存储于输入存储器中),将执行逻辑运算结果从存储器输出,通过输出模块送出,控制各个相关的执行器(设备),这一步称为输入/输出(简称I/O)过程。

(2)将用户程序全部执行(扫描)一遍,执行结果存储进存储器ROM中。

(3)检查执行情况

从扫描输入开始到扫描输出口的时间,称为一次扫描周期。不同型号的PLC机,采用的硬件和软件有所不同,因此在梯形图扫描区执行过程不一样,大致可分为两种扫描执行方式。

1)屏幕执行方式

在一个扫描周期中,一个屏幕一个屏幕的连续扫描,对每一个屏幕的所有功能线圈的输入、输出端扫描,从上到下,从左至右按顺序扫描,最后按照程序要求进行运算,根据运算结果,分别使线圈同时置位或复位。

采用屏幕执行方式的PLC机,在一个扫描周期中,线圈状态的改变,能影响这个线圈以下屏幕中自身接点的状态。

日本东芝EX系列PLC机和国产GK系列PLC机采用这种屏幕执行方式。

2)线圈执行方式

在一个扫描周期中,以线圈为单元,将线圈输入端按不同的逻辑分区段进行扫描运算,最后,以逻辑运算结果来决定本线圈的置位或复位。

采用线圈执行方式的PLC机,在一个扫描周期中一个线圈的状态改变,只能影响本线圈以下的自身接点状态。

日立D系列、三菱F系列采用线圈执行方式。

只有知道PLC机的程序执行方式,才能在设计中有意识地安排线圈和接点的位置,以加强程序的即时性,使程序的逻辑更加严密。

7.2 PLC程序设计方法

PLC程序设计方法相当于继电器程序控制中的原理图,目前各种型号的PLC程序设计方法,大都采用梯形逻辑控制图的设计方法,只是由这种梯形图产生的梯形逻辑命令有所不同罢了,所以只要掌握这种梯形图的设计方法,就可随意使用各种型号的PLC机了。

7.2.1 程序设计步骤

(1)画出控制程序流程图,在对控制对象的运行过程充分了解的情况下,确定控制系统或设备必须完成的动作,以及完成这些动作的逻辑关系(即动作顺序)。除了考虑控制系统的动作顺序外,还要注意时序关系,即动作之间的定时要求和各种动作之间的关系。画出较详尽的控制程序流程图,然后就可进行梯形图设计。

(2)确定输入点和输出点,也就是确定来自控制系统或设备的输入信号,那些是控制系统所希求的输出信号。要接到PC机上的输入、输出点,以确定PLC机的输入、输出点数目,即I/O点数,并给这些点分配相应的地址编号。以便选择机型。

(3)画出梯形图

梯形图应当充分体现控制程序流程图所分析的逻辑、时序关系,满足控制系统或设备的全部要求。

(4)根据逻辑图写出相应的梯形逻辑控制命令,并用编程器将控制命令输入至LPC机内。

(5)对输入PLC机内的梯形逻辑控制命令进行编辑,并对程序进行测试。

(6)在完成以上工作后,就可以将PLC机和控制系统或设备连接起来,进行调试。调试成功后,就可投入运行。

7.2.2 设计梯形图的方法和步骤

(1)设计梯形图的方法

梯形图与继电器有接点控制原理图非常相似,所以往往采用先画出继电器系统的控制原理图,再翻译成梯形图的方法进行程序设计。继电器有接点程序控制系统的设计方法有逻辑设计方法、经验设计方法和逐步探索方法等。

1)采用继电器系统的逻辑设计方法设计梯形图,能使设计的梯形图简单,占用元件最少,内存占有量也少,但对初学者来说,此方法不易掌握,当系统比较复杂时,很难用列表的方法表示清楚各元件的状态变化的起始线,同时也使表过于复杂,待图画好后,再安排一些诸如复位等特殊开关时,原有逻辑关系往往被破坏,还必须加一些中间元件,因此在较复杂的系统设计时,往往只用此方法设计一些局部程序。

2)采用经验设计方法进行程序设计,设计者根据自己的成熟经验或参考他人的经验来设计一个系统的控制原理图,先画出继电器系统的控制原理图,再翻译成梯形图,用此方法设计梯形图,也可以得到满意的结果,但对初学者来说,设计开始时往往无从下手。

3)采用逐步探索法设计方法进行程序设计,逐步探索法设计方法是指以步为核心,从实现首步开始,一步一步设计下去,一直完成整过程序为止,每步设计中,从全局考虑约束条件,本步缺少约束条件时可以修改其他步,或增加器件和接点,也可改变器件的位置。这种设计方法设置的器件和接点较多,在继电器系统中可能大到不可允许的程度,但在PLC梯形图设计中,这已经不是主要矛盾,往往采用此方法会缩短设计周期,因为PLC机内部功能器件(如内部线圈)较多,I/O接点有40点的可编程控制器最少有128个内部线圈、128个锁存线圈、128个移位寄存器、16个定时器和16个计数器。其接点在内存允许的情况下可重复使用多次,PLC机采用程序存扫描执行的方式工作,没有竞争,存储量大,执行快等特点。因此不必为器件和接点过多而担心,一旦控制程序流程画好后,便有头绪马上进行梯形图设计,程序转换及一些特殊功能容易实现。

当然,无论采用什么方法设计梯形图,最后得到的梯形图要经过简化、修改。

(2)设计梯形图的步骤如下:

根据工艺控制流程,画出继电器有接点控制原理图;

1)选择PLC软件中和继电器系统中一一对应功能相同的器件;

2)按接点和器件对应关系画出梯形图;

3)简化和修改梯形图,使其符合PLC的特殊规定和要求。在修正中可以适当增加器件或接点。

4)将检测元件(如行程开关、温度控制器、按钮等)合理安排,并且接入输入口。

5)将被控元件(如电动机、电磁阀等)接入输出口。

例如图7-4是一台水泵电动机的继电器有接点控制原理图,如按"SF"启动按钮,则水泵电动机启动,如按"SS"停止按钮,则水泵电动机停车,启动按钮"SF"与交流接触器的常开接点"KM_1"并联运行是逻辑"或"。再跟停止按钮"SS"串联运行是逻辑"与"来控制交流接触器线圈"KM",再由"KM"控制水泵电动机的起停,继电器的开关逻辑函数为:

$$f_{KM} = SF + KM_1 \cdot \overline{SS}$$

将继电器接点电路图7-4翻译成梯形图,首先选择PLC机软件中和图7-4中一一对应功能相同的器件,按接点和器件对应关系画出梯形图,如图7-5所示。再根据梯形图,将"SF"和"SS"接入PC机输入口,将交流接触器线圈"KM"和"HR"红色信号灯接入输出口如图7-6所示。

这是最简单的梯形图设计例子,比较复杂的梯形图设计,详见本章可编程控制器在冷库中应用实例。

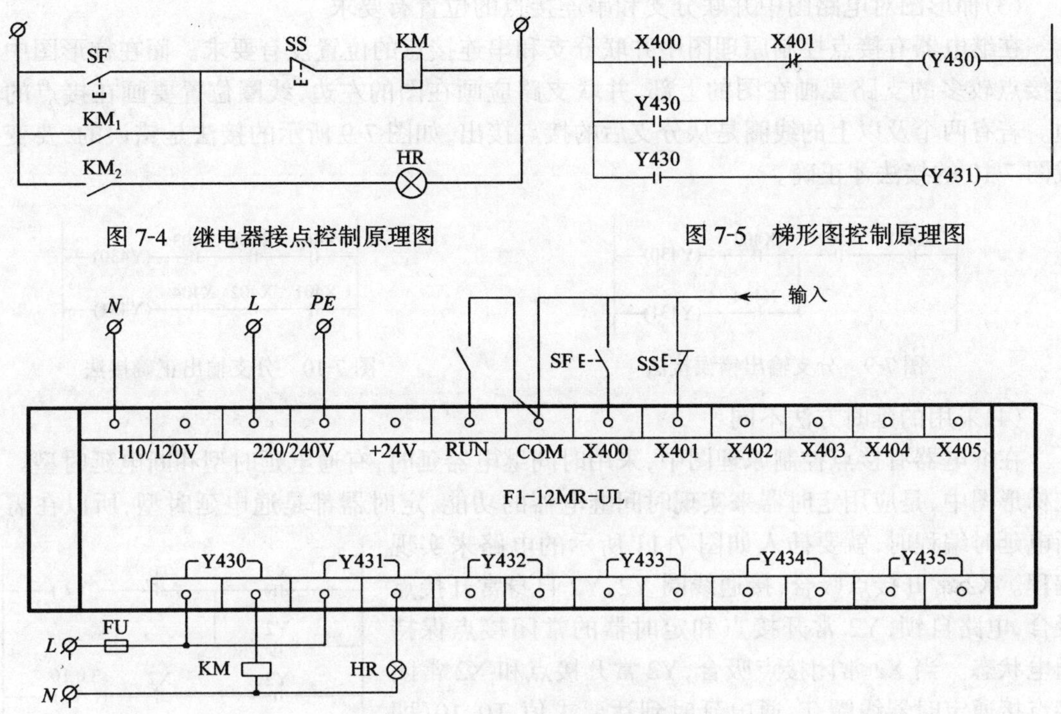

图 7-4 继电器接点控制原理图

图 7-5 梯形图控制原理图

图 7-6 PLC 输入输出接线图

7.2.3 梯形图与继电器有接点控制原理图的不同之处

虽然梯形图与继电器有接点控制原理图很相似,但也有些不同的地方。

(1)线圈和触点符号不同

在继电器有接点控制原理图中的线圈和触点符号,代表实际上存在的继电器线圈、常开触点、常闭触点。而在 PLC 指令系统介绍中可以看到,梯形图中的内部线圈和触点并非实际存在。它是为了编程而设计出来的概念,沿用了继电器有接点控制原理图中的符号叫法,梯形图中这些线圈和触点仅是存储器中的一些单元而已。因而同一个定义号的常开和常闭接点,可以在梯形图中可以不受次数的限制。但是任何一个内部线圈或输出点、定时器和计数器的线圈只能在梯形图中出现一次。

(2)梯形图中不允许出现桥式电路

在继电器有接点控制原理图中有桥式电路,而梯形图中不允许出现桥式电路,因为梯形图中流过的不是物理电流,而是“概念”电流,又称为“能流”。它是用户程序执行过程中满足输出执行条件的形象表示方式,所以严格要求“能流”从左向右流动。遇到图 7-7 的情况,要改为图 7-8 的形式才能编程。

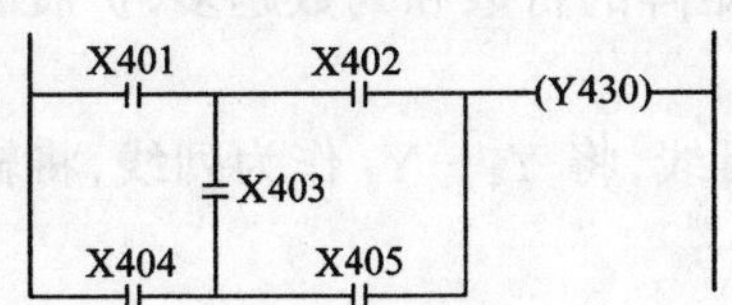

图 7-7 错误的桥式梯形图

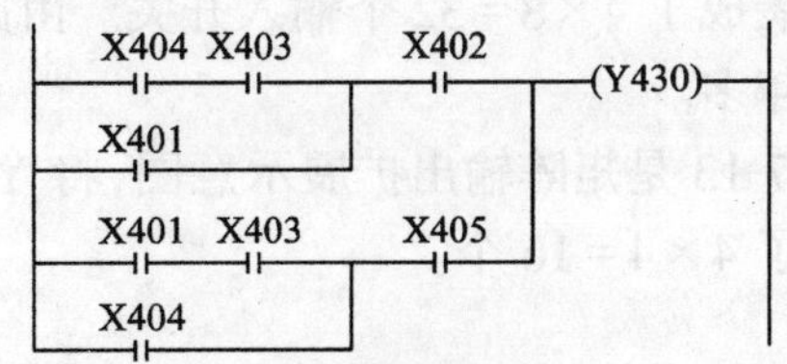

图 7-8 正确的梯形图

(3)梯形图对电路图中并联分支和串连接点的位置有要求

在继电器有接点控制原理图中并联分支和串连接点的位置没有要求。而在梯形图中串连接点较多的支路要画在图的上部,并联支路应画在图的左边,线圈位置要画在接点的右边。若有两个及以上的线圈是从分支后的接点接出,如图7-9所示的接法是错误的,要变换成图7-10的接法才正确。

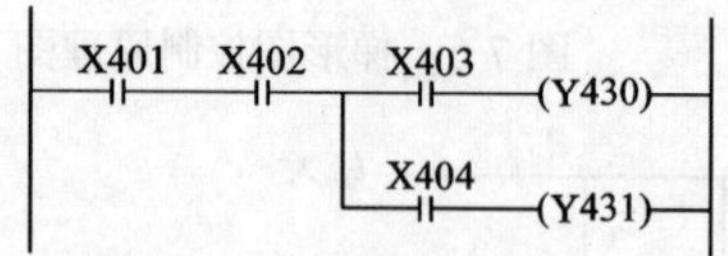

图7-9 分支输出错误接法

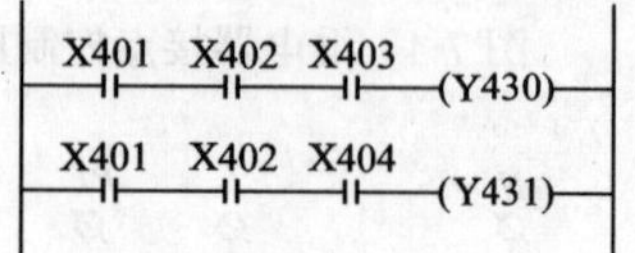

图7-10 分支输出正确接法

(4)采用的延时方法不同

在继电器有接点控制原理图中,采用时间继电器延时,有通电延时型和断电延时型。而在梯形图中,是应用定时器来实现时间继电器的功能,定时器都是通电延时型,所以在需要断电延时编程时,就要插入如图7-11所示的电路来实现编程。X2常开接点吸合,接通线圈Y2,Y2自身常开接点吸合,电路自锁,Y2常开接点和定时器的常闭接点保持通电状态。当X2常闭接点吸合,Y2常开接点和X2常闭接点接通定时器线圈T,通电延时到达要求值T0.10(即10s),定时器T0常闭接点断开,Y2线圈失电。

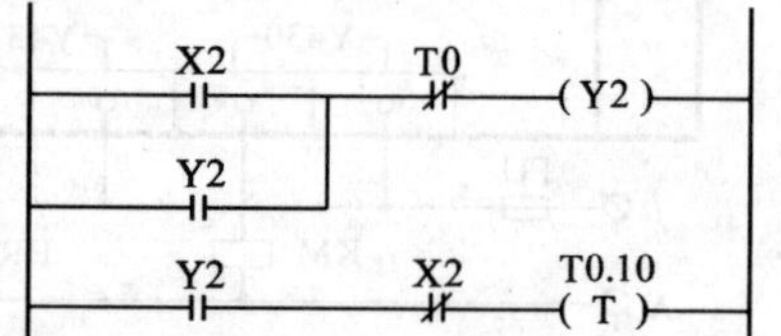

图7-11 定时器梯形图

定时器的定时不依赖编程语句的执行,定时器被导通后,每隔0.1s减1,当定时器减到"0"时,其接点就动作。定时器的工作范围为0.1s到999.9s。延时设定值在此范围内选择。

(5)梯形图中不用连接线路编号,只标注触点、线圈的地址编号。

7.2.4 输入/输出(I/O)点的扩展方法

在设计控制程序时,就确定了I/O点数后再选用可编程控制器的型号规格,但是在现场调试中发现I/O点数不够用,或者现场又增加了设备。为了不增加硬件(扩展单元)费用的前提下,可采用如下方法扩展输入/输出(I/O)的点数。

(1)采用矩阵扩展法

IP-1612微型可编程控制器,具有矩阵扩展法的功能。可成倍扩展I/O能力,且可灵活分配I/O比例。如图7-12和图7-13所示。

图7-12是矩阵输入扩展示意图,将输入口X0~X7作为行线,将输出口Y0~Y3作为列线,这种接法与计算机键盘扫描相类似,只要在输出口依次编码,而在输入口读入,将输出码和读入码拼码逻辑运算后,就可判别输入开关的动作,应用这种方法将4个输出点和8个输入点扩展成了4×8=32个输入开关。由此可知,输入矩阵的行数和列数越多,扩展的输入点数就越多。

图7-13是矩阵输出扩展示意图,将Y_0~Y_3作为行线,将Y_4~Y_7作为列线,将输出点扩展成了4×4=16个。

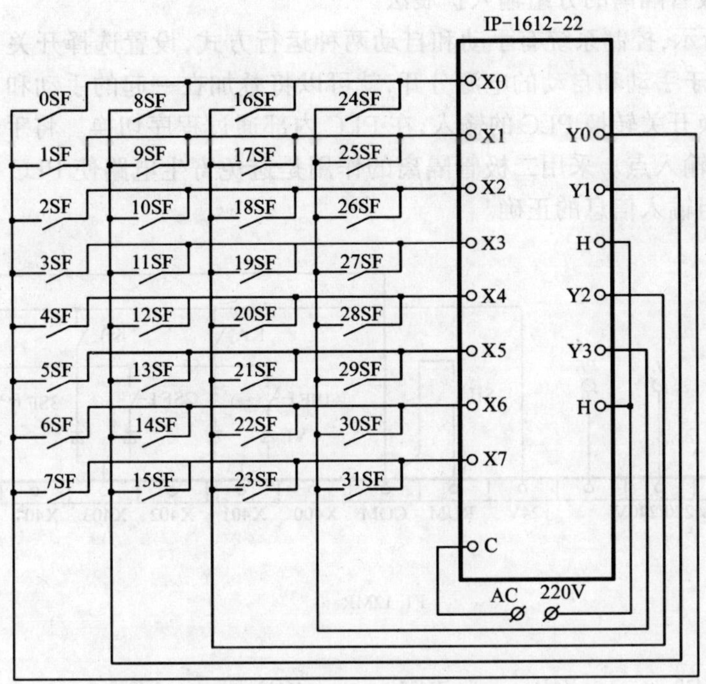

图 7-12 矩阵输入扩展示意图

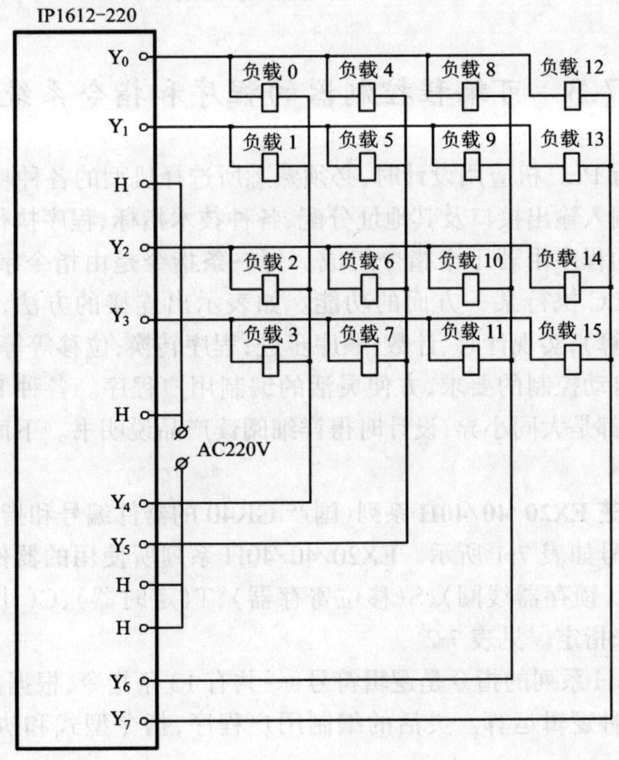

图 7-13 矩阵输出扩展示意图

(2)采用二极管隔离的分组输入扩展法

如图7-14所示,控制系统有手动和自动两种运行方式,设置选择开关SA转换PLC的运行方式。将用于手动和自动的电源分开,就可以将叠加在一起的手动和自动的开关信号分隔开,并由转换开关转换PLC的输入,在PLC内部通过程序切换。将手动和自动也分隔开。相当于扩展输入点。采用二极管隔离的作用是避免寄生电路使PLC接到错误的输入信号,保证了分组输入信息的正确。

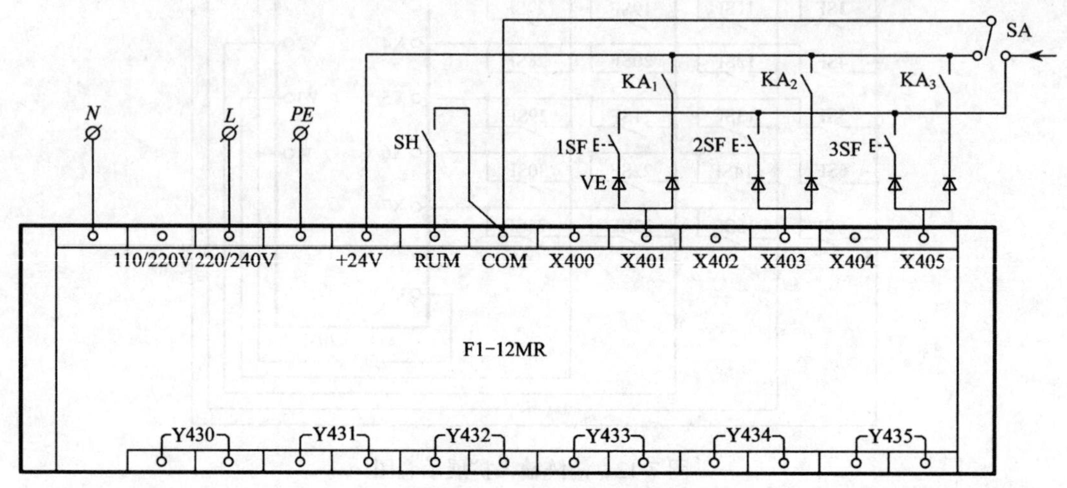

图7-14 分组输入扩展法

7.3 可编程控制器的程序和指令系统

设计工作者进行PLC机应用设计时,必须熟悉所选择机型的各种功能,如指令系统、编辑调试、各种命令、输入输出接口及其地址分配、各种技术指标、程序执行方式等等。

可编程控制器的程序由若干个指令组成。每一条指令是由指令字和器件编号组合而成,每一条指令使PLC执行某一方面的功能。如表示出连接的方法,实现各种逻辑运算("与"、"或"、"非"运算);实现计时、计数;顺序步进;程序转换;位移等等。有了指令,就可根据被控对象的各种自动控制的要求,方便灵活的编制用户程序。各种PLC型号不同,其指令系统也不相同,但都是大同小异,设计时得详细阅读产品说明书。下面介绍几种型号的器件编号和指令系统。

7.3.1 日本东芝EX20/40/40H系列(国产GK40的器件编号和指令系统与其相同)

(1)器件地址编号如表7-1所示。EX20/40/40H系列所使用的器件有X(输入)、Y(输出)、R(内部线圈)、L(锁存器线圈)、S(移位寄存器)、T(定时器)、C(计数器)等七种类型。器件由代号和地址来指定。见表7-2。

(2)EX20/40/40H系列的指令是逻辑符号,一共有13条指令,根据控制要求,运用这13条指令,就可实现各种逻辑运算。灵活的编制用户程序,指令型式和执行时间如表7-3所示。

EX 系列 PLC 器件编号 **表 7-1**

<table>
<tr><th rowspan="2">型　号</th><th rowspan="2">组合点数</th><th>输　　入</th><th>输出线圈</th><th>内部输出</th><th>锁存器线圈</th><th>移位寄存器</th><th>定时器</th><th>计时器</th></tr>
<tr><th>X</th><th>Y</th><th>R</th><th>L</th><th>S</th><th>T</th><th>C</th></tr>
<tr><td rowspan="2">EX20</td><td>20</td><td>X0－X13</td><td>Y0－Y7</td><td rowspan="2">R0－R7
(64)</td><td rowspan="2">L0－L77
(64)</td><td rowspan="2">—</td><td rowspan="2">T0－T7
(8)</td><td rowspan="2">C0－C7
(8)</td></tr>
<tr><td>20＋20</td><td>X0－X13</td><td>Y0－Y7</td></tr>
<tr><td rowspan="3">EX40</td><td>40</td><td>X0－X27</td><td>Y0－Y17</td><td rowspan="3">R0－R177
(128)</td><td rowspan="3">L0－L177
(128)</td><td rowspan="3">S0－S177
(128)</td><td rowspan="3">T0－T17
(16)</td><td rowspan="3">C0－C17
(16)</td></tr>
<tr><td>40＋20</td><td>X0－X27</td><td>Y0－Y17</td></tr>
<tr><td>40＋40</td><td>X0－X27</td><td>Y0－Y17</td></tr>
<tr><td rowspan="5">EX40H</td><td>40</td><td>X0－X27</td><td>Y0－Y17</td><td rowspan="5">R0－R177
(128)</td><td rowspan="5">L0－L177
(128)</td><td rowspan="5">S0－S377
(256)</td><td rowspan="5">T0－T77
(64)</td><td rowspan="5">C0－C77
(64)</td></tr>
<tr><td>40＋20</td><td>X0－X27</td><td>Y0－Y17</td></tr>
<tr><td>40＋40</td><td>X0－X27</td><td>Y0－Y17</td></tr>
<tr><td>40＋40＋20</td><td>X0－X73</td><td>Y0－Y17</td></tr>
<tr><td>40＋40＋40</td><td>X0－X27</td><td>Y0－Y17</td></tr>
</table>

注:括号内器件地址编号是十进制数。没有括号的有效器件地址为八位数。

EX 系列指令和器件的关系 **表 7-2**

<table>
<tr><th rowspan="2">指　　令</th><th colspan="7">器　　件　　符　　号</th><th colspan="3">型　　号</th></tr>
<tr><th>X</th><th>Y</th><th>R</th><th>L</th><th>S</th><th>T</th><th>C</th><th>EX20</th><th>EX40</th><th>EX40H</th></tr>
<tr><td>接点(常开,常闭)</td><td>○</td><td>○</td><td>○</td><td>○</td><td>○</td><td>○</td><td>○</td><td>○</td><td>○</td><td>○</td></tr>
<tr><td>线圈</td><td>×</td><td>○</td><td>○</td><td>○</td><td>×</td><td>×</td><td>×</td><td>○</td><td>○</td><td>○</td></tr>
<tr><td>主控线圈</td><td>×</td><td>×</td><td>×</td><td>×</td><td>×</td><td>×</td><td>×</td><td>○</td><td>○</td><td>○</td></tr>
<tr><td>转移线圈</td><td>×</td><td>×</td><td>×</td><td>×</td><td>×</td><td>×</td><td>×</td><td>×</td><td>○</td><td>○</td></tr>
<tr><td>定时器</td><td>×</td><td>×</td><td>×</td><td>×</td><td>×</td><td>○</td><td>×</td><td>○</td><td>○</td><td>○</td></tr>
<tr><td>计数器</td><td>×</td><td>×</td><td>×</td><td>×</td><td>×</td><td>×</td><td>○</td><td>×</td><td>○</td><td>○</td></tr>
<tr><td>边沿触发器</td><td>×</td><td>×</td><td>○</td><td>×</td><td>×</td><td>×</td><td>×</td><td>×</td><td>○</td><td>○</td></tr>
<tr><td>步进输出</td><td>×</td><td>×</td><td>○</td><td>○</td><td>×</td><td>×</td><td>×</td><td>×</td><td>○</td><td>○</td></tr>
<tr><td>触发器</td><td>×</td><td>○</td><td>○</td><td>○</td><td>×</td><td>×</td><td>×</td><td>×</td><td>○</td><td>○</td></tr>
<tr><td>移位寄存器</td><td>×</td><td>×</td><td>×</td><td>×</td><td>○</td><td>×</td><td>×</td><td>×</td><td>○</td><td>○</td></tr>
</table>

注:表中"○"为有效。"×"为无效。

EX 系列指令系统 **表 7-3**

<table>
<tr><th rowspan="2">名　　称</th><th rowspan="2">指　令　型　式</th><th rowspan="2">字　数</th><th rowspan="2">可 用 器 件</th><th colspan="3">执　行　时　间　(μs)</th></tr>
<tr><th>EX20</th><th>EX40</th><th>EX40H</th></tr>
<tr><td>空白连接</td><td>· ·</td><td>1</td><td>—</td><td rowspan="4">60</td><td rowspan="4">60</td><td rowspan="4">1.7</td></tr>
<tr><td>水平连接</td><td>—</td><td>1</td><td>—</td></tr>
<tr><td>垂直连接</td><td>│</td><td>1</td><td>—</td></tr>
<tr><td>水平和垂直连接</td><td>└</td><td>1</td><td>—</td></tr>
</table>

续表

名　称	指　令　型　式	字　数	可用器件	执行时间 (μs)		
				EX20	EX40	EX40H
常开接点	┤├	1	X,Y,R,L,S,T,C	60	60	2.0
常闭接点	┤/├	1				
线　圈	—(　)—┤	1	Y,R,L	76	76	2.7
定时器	—(T)—┤	2	T	140(*3)	140(*3)	140(*3)
计数器	—(C)—┤ —(RC)—┤	2	C	400(*3)	400(*3)	400(*3)
步进输入	┤├,(├□—)(*1)	1	R,L	(*2)	80(*3)	80(*3)
步进输出	—(ST)—┤(—□—┤)(*1)	1	R,L	(*2)	270(*3)	270(*2)
边沿触发器	┤/├—　—┤↑├—)(*1)	1	R	(*2)	90	2.7
主控线圈	—(　S　)—┤:置位 —(　R　)—┤:复位	1 1	—	72 72	72 72	40 40
转移线圈	—(　S　)—┤:置位 —(　R　)—┤:复位	1 1	—	(*2) (*2)	72 72	4.0 4.0
移位寄存器	—(SR　)—┤:　输入 —(S　　)—┤:　移位脉冲 —(　　R)—┤:　复位	5	S	(*2)	255+8n (*2)(*4)	255+8n (*2)(*4)
触发器 (功能1)	—(S　F)—┤:置位 — 输入 —(R　F)—┤:复位 — 输入	3	Y、R,L	(*2)	290 (*3)	290 (*3)
结　束	—(E)—┤	1	—	—	—	—

注:(*1)编程器的键盘符号。　　(*2)在EX20型号没有用。
　　(*3)最坏情况下。　　(*4)表示移位寄存器的数目。

7.3.2　三菱F系列

(1)器件编号如表7-4～表7-5所示。

(2)F系列的每条指令由三部分组成,如表7-6所示。

1)排列在首位的是指令序号,简称步序号。PLC按指令序号顺序执行各条指令。步序号范围为0～999,也称为程序容量为1000步。

2)排列在第二位的是指令名称,它规定 PLC 执行某一特定功能。顺序指令共有 22 条,顺序指令和执行时间如表 7-7 所示。功能指令共有 85 条,功能指令执行时间如表 7-8 所示。

3)排列在第三位的是数据,它表示地址号及计数器、计时器的设定值。

F 系列输入/输出继电器地址编号表 **表 7-4**

型号		输入继电器(X)		输出继电器(Y)		扩展连接器编号
		地址编号	输入点数	地址编号	输出点数	
基本单元	F1-12M	X400－X405	6	Y430－Y435	6	400
	F1-20M	X400－X413	12	Y430－Y437	8	
	F1-30M	X400－X413	12	Y430－Y437	8	
		X500－X503	4	Y530－Y535	6	500
	F1-40M	X400－X413	12	Y430－Y437	8	
		X500－X513	12	Y530－Y537	8	
	F1-60M	X000－X013	12	Y030－Y037	8	400
		X400－X413	12	Y430－Y437	8	
		X500－513	12	Y530－Y535	8	500
扩展单元	F-4T	X□20－X□23	4	Y□40－Y□43	4	与基本单元相对应
	F2-8EY			Y□40－Y□47	8	
	F1-10E F-10E	X□14－X□17	4	Y□40－Y□45	6	
	F2-12EX	X□14－X□27	12			
	F1-20E F2-20E F-20E	X□14－X□27	12	Y□40－Y□47	8	
	F1-40E F2-40E F-40E	X414－X427	12	Y440－Y447	8	
		X514－X527	12	Y540－Y547	8	
	F1-60E F2-60E	X104－X027	12	Y040－Y047	8	
		X414－X427	12	Y440－Y447	8	
		X514－X527	12	Y540－Y547	8	

注:1. X400－X407 输入继电器,通和断的响应时间延迟都为 0～60ms。由断变通,和由通变断的标准响应延迟约为 10ms。输出继电器外部输出接点由通变断和由断变通的响应延迟约为 10ms。内部接点没有这种机械响应延迟。

2. □中的值分别为“0”、“4”、“5”。

F系列器件编号及功能表　　**表7-5**

名　　称	编　　号	输出点数	主　要　功　能
常用辅助继电器	M100－M177	128	带有若干个常开和常闭接点,但是这些接点只在PC内选择使用,不能直接驱动外部负载,必须通过输出继电器来驱动
	M200－M277		
保持辅助继电器	M300－M377	64	
专用辅助继电器	M70		运行监视,其接点用于驱动功能指令等
	M71		初始化脉冲,其接点用于对计数器、移位寄存器、状态指示器等进行初始化
	M72		100ms时钟,其中50ms通,50ms断。用计数器对该接点的工作进行计数,就可作为一个0.1～99.9秒的定时器
	M73		10ms时钟,其中5ms通,5ms断。用计数器对该接点的工作进行计数,就可作为一个0.01～9.99秒的定时器
	M76		当电池电压下降,其接点驱动输出继电器接通外部指示灯,显示电压下降
	M77		禁止输出,当程序使其M77线圈工作时,所有输出继电器自动断开,此时,其他的继电器、定时器和计数器仍保持工作状态
	M471		正向/反向选择。指定C660和C661计数器对的计数方向。通……正向计数; 断……反向计数
	M470		高速计数器。根据通/断条件按下述方式对计数器作计数输入。 接通时:X400作计数输入。M401作复位输入。X400和X401的输入。滤波器自动地变为200μs左右。从而能执行2kHz的高速计数。 断开时:PC内所选用的接点可用作计数输入,或用作复位输入。但是,此时由于计数速度取决于PC执行周期,通常限于几十赫兹
	M472		启动信号,在M470接通时,使用M472。 通……执行计数; 断……不执行计数
	M473		标志:当计数器的现行值由999999变为0(正向计数),或由0变为999999(反向计数)时,M473接通,功能指令F670、K110作复位用,在计数器对用作反向计数的情况下,可以用其他计数器为M473的工作进行计数,从而组成9位数计数器
	M570 M571 M572 M573		错误标志:当对功能指令的条件设定线圈,设定了错误的指令对象器件编号时,该标志接通;当设定正确时,该标志断开。在使用若干功能指令,它们都有可能影响该标志工作的情况下,功能指令每执行一次M570都接通或断开 M571:进位标志。当现行计数器为0～99时接通 M572:零位标志。当现行计数器为100时接通 M573:借位标志。当现行计数器为101～999时接通
移位寄存器	M100－M117		辅助继电器可作移位寄存器,一旦某组辅助继电器(M)用作移位寄存器,则这组辅助继电器就不能作其他使用
	M120－M137		
	M140－M157		
	M160－M117		
	M200－M217		
	M220－M237		
	M240－M257		
	M260－M277		电池支持
	M300－M317		电池支持
	M320－M337		电池支持
	M340－M357		
	M360－M377		

续表

名　　称	编　　号	主　要　功　能
定时器	T050－T057	
	T450－T457	24 点……0.1～999S,三位　　数设定值,最小设定单位为 0.1S
	T550－T557	
	T650－T657	8 点……00.1～99.9S,三位　　数设定值,最小设定单位为 0.01S
状态器	S600－S647 (40 点,八进制, 电池支持)	状态器是用来存贮机械工作过程的各种工作状态,从此有序地控制机械设备的一种器件 其编号在 PC 内可以任意选择使用,在不用步进梯形指令时,状态器可以作为普通的辅助继电器使用(电池支持)
计数器	G60－G067	三位数反向计数器,总共 30 个点 (电池支持)
	C460－C467	
	C560－C567	
	C662－C667	
	C660 (三位低数) C660 (三位低数)	六位数正向/反向计数器,可作为高速计数器也可作普通计数器用。 高速计数方式:外部计数方式,当 M470 接通时,C660 和 C661 变为高速计数方式,当 M471 接通时,计数器变为正向计数方式;当 M471 断开时,计数器变为反向计数方式。 复位输入为固定的 X401。 普通计数方式:为内部计数方式。当 M470 断开时,C660 和 C661 变为内部计数方式,当 M471 接通时,计数器呈正向计数方式工作;当 M471 断开时,计数器呈反向计数方式工作。 如果给 C660 提供 RST(复位)指令,则 C661 自动复位

F 系列指令的组成 表 7-6

指令序号	指令名称	数　据 (地址号或设定值)	程 序 说 明	逻　辑　图
0	LD	X400	逻辑操作开始,与 X400 常开接点相连	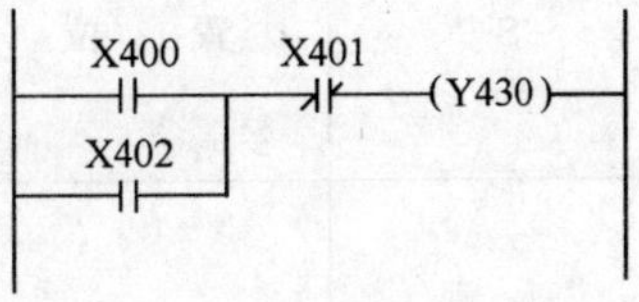 X400　X401　(Y430) X402
1	OR	X402	逻辑加,与 X402 常开接点并联	
2	AND1	X401	逻辑与非,与 X401 常闭接点串联	
3	OUT	Y430	输出,线圈驱动指令	
4	END		程序结束	

F 系列顺序指令和执行时间表 表 7-7

指　令	含　义	可 用 器 件	执行时间(μs)		一　般　功　能	
			通	断		
LD	连	X、Y	5.4		逻辑操作开始	常开接点
LD1	连　反					常闭接点
ADN	与	M、T	4.2		逻辑乘	常开接点
ANDI	与　反				逻辑与非	常闭接点
OR	或	C、S	4.2		逻辑加	常开接点
OR1	或　反				逻辑或非	常闭接点

续表

指令	含义	可用器件	执行时间(μs)		一般功能
			通	断	
ORB	或块		3.6		电路块并联
ANB	与块				电路块串联
OUT	输出	Y	34.5		线圈驱动指令
		M	31.5		
		S	36.3	48.8	
		T-K	108	142	
		C-K	120	72	
		F671－F675K	126	58.9	
PLS	脉冲	M100－M377	49.4	47.0	上升脉冲形成指令
STL	步进梯形	S600－S647	14.3＋69n(*2)		步进梯形开始
RET	返回		14.3		步进梯形结束
SFT	移位	M100、120、140、160	70.2	50.0	移位寄存器移位指令
RST	复位	M200、220、240、260 M300、320、340、360	63.7	51.8	移位寄存器、计数器的复位指令
		除C661外的C	44.6	41.7	
S	置位	Y	35.7	29.8	运行保持线圈驱动指令(*3)
		M200－M377	32.7	26.2	
		S	44.6	38.1	
R	复位	Y	38.1	28.0	运行保持线圈复位驱动指令
		M200-M377	35.1	25.0	
		Y	50.6	32.7	
MC	主控	M100-M177	23.8	23.8	公共串联接点
MCR	主控复位		3.0	3.0	复位公共串联接点
CJP	条件转移	700-777	55.4	28.0	条件转移
EJP	转移结束		0	0	指定条件转移目的地
NOP	不处理		0	0	不处理
END	结束		1101(*1)		程序结束

注：(*1)包括输入/输出处理时间。

(*2)"n"表示STE指令纵向连接数目(并联连接数目)。

(*3)在STL电路块中，接通时间为51.2＋31.5μs；断开时间为36.9μs。

F系列功能指令和执行时间表

表7-8

指令名称	指令编号 F670	含义	指令对象器件	执行时间(μs) 输入ON	执行时间(μs) 输入OFF	备注
输入/输出高速处理指令	K00 K100	所有输入点刷新	X000－X027, X400－X427, X500－X527	582	55.4	与K100相同,本指令不具备任何设定线圈,只能由执行线圈建立
	K02 K102	所有输出点刷新	X030－X047; X430－X447; X530－X547;	289	55.4	与K102相同,本指令不具备任何设定线圈,只能由执行线圈建立
	K101	部分输入点刷新	X400－X407	213＋22n	213＋14.9n	在输入端X400－X407接通(或断开)大于3ms之后,执行本指令,使印象贮存器接通(或断开),在输入端X400－X407接通(或断开)小于3ms之后,执行本指令,则印象贮存器保持不变
	K112	X400上升检测	X400	70.2	75.6	K112、K113和K114、K115指令,这两对功能是相同的,只是各自的对象器件不同
	K113	X400上升检测		67.3	72.6	
	K114	X401上升检测	X401	70.2	75.6	
	K115	X401上升检测		69.6	75.0	
	K122	测量X402脉冲信号宽度	X402	138	78	在测量指令接通时,可以用1ms的增量来测量X402的通(断)信号脉冲宽度
	K123	测量X403脉冲信号宽度	X403	138	78	在测量指令接通时,可以用1ms的增量来测量X403的通(断)信号脉冲宽度
	K124	X400脉冲信号计数	X400	113	81	本指令可与K112的上升检测功能结合使用
	K125	X401脉冲信号计数	X401	113	81	本指令可与K114的上升检测功能结合使用
复位指令	K26 (K103)	同时复位	Y030－Y547, M100－M377 S600－S647	223＋58.3 (ms)	55.4	在输入接通时,指定范围内的所有器件的印象贮存器同时复位,如若输入断开时,不执行任何处理。注意设定时,一定要使复位启动编号小于复位结束编号,否则只进行启动编号复位
	K04	WDT刷新	监视时钟(WDT)	71.4	55.4	本指令不具备任何设定线圈,只能由执行线圈建立
	K10 K110	M473复位	M473(上/下移动标志)	60.7	55.4	与K110相同
	K11 K111	C660复位	C660(计数器对)	60.7	55.4	与K111相同
	K116	外部复位禁止	C660、C661	64.3	55.4	

续表

指令名称	指令编号 F670	含义	指令对象器件	执行时间(μs) 输入ON	输入OFF	备注
复位指令	K14	进位标志 M571 置位	M571－M573	70.8	55.4	本指令没有设定线圈，只能与执行线圈一起建立
	K15	进位标志 M571 复位				
	K16	零位标志 M572 置位				
	K17	零位标志 M572 复位				
	K18	借位标志 M573 置位				
	K19	借位标志 M573 复位				
	K46	数据寄存器零校验	D770－D777	113	55.4	对指定数据寄存器编号进行零校验
	K48	指定位清零	D	169	55.4	对指定数据寄存器编号指定清零位 对指定存贮结果的数据寄存器编号执行清零
数据(数值)传送指令	K104	写 M→C	数据源：M260－M273(BCD三位数)，数据传送目的地：计数器的现行值寄存器(C060－C667)，指定指令对象计数器号：C460	213	55.4	将 M260－M273 中的三位 BCD 数据写入指定计数器的现行值寄存器中(M260……最低位数/M73……最高位数)
	K105	读 C→M	数据源：计数器(C060－C667) 数据传送目的地：M260－M273 指定指令对象计数器号：C567	192	55.4	传送的数据是三位 BCD 码，该数据最低位数在 M260，最高位数在 M273
	K27	写 K→Y、M、S(十进制)	Y030－Y547，M100－M377 S600－S647	186/180/219	55.4	传送十进制常数，设定十进制常数为 895。
	K28	写 K→Y、M、S(八进制)	Y030－Y547，M100－M377 S600－S647	179	55.4	传送三位八进制常数，设定三位八进制常数为 357。
	K29	传送 X、Y、M、S→Y、M、S	传送源：X、Y、M100－377、S。传送目的地：Y、M100－377、S。	242→61.6m	55.4	传送 N 位，传送位的数量(1～16 位)
	K33	写 K→T、C、D	T、C、D	231	55.4	十进制常数写入现行值寄存器

续表

指令名称	指令编号 F670	含义	指令对象器件	执行时间(μs) 输入 ON	执行时间(μs) 输入 OFF	备注
数据(数值)传送指令	K109	写 K1K2→M	M240－M253; M260－M273	120	55.4	传送十进制常数,设定十进制常数 234、567(0～999),234→M240－M253; 567→M260－M273
	K34	写 X、Y、M、S→T、C、D	传送源:M100－377、S。 传送目的地:T、C、D。	667	55.4	本指令为 BCD 输入转移指令。
	K35	读 T、C、D→Y、M、S	转移源:T、C、D 转移目的地:Y、M、S。	696	55.4	本指令为现行值 READ(读)指令
	K36	写 X、Y、M、S→D	传送源: X、Y、M100－377、S。 传送目的地: D700－D777	233	55.4	本指令为十进制数据(BCD)的传送
	K37	写 D→Y、M、S	传送源: D700－D777 传送目的地: Y、M100－377、S。	214	55.4	注意传送源标题编号的最高位应设定为"0"否则不执行本指令。
	K38	写 K→n×D	D700－D777	139＋21.5m	55.4	相同数据(常数)N 次传送
	K39	传送 D→n×D	D700－D777	170＋21.5m	55.4	相同数据作 N 次传送至数据寄存器
	K51	传送 T、C、D→T、C、D	T、C、D700－D777	398—158	55.4	传送现行寄存器和数据寄存器
	K52	间接传送(D)→D	D700－D777	179	55.4	
	K53	间接传送(D)→D	D700－D777	179	55.4	
	K54	间接传送(D)→D	D700－D777	213	55.4	
现行计数器值比较指令	K107	比较 C:M260－M273	计数器:C060－C667 BCD 数据:M260－M273	238	55.4	BCD 数据与计数器现行值比较
	K108	六位数范围比较 K1K2—K3K4:C	计数器:C060－C667	365	55.4	十进制六位数常数,2 点
	K40	比较 K:T、C、D	T、C、D700－D777	263	55.4	接通:常数＜现行值;常数＝现行值; 常数＞现行值

续表

指令名称	指令编号 F670	含义	指令对象器件	执行时间(μs) 输入 ON	执行时间(μs) 输入 OFF	备注
现行计数器值比较指令数据的算术运算指令	K41	比较 T、C、D: X、Y、M、S	T、C、D700－D777 X、Y、M100－M377、S	685	55.4	接通:输入＋偏置＜现行值;输入＋偏置＝现行值; 输入＋偏置＞现行值
	K42	比较 C、D:X、Y、M、S	D700＋D777、C X、Y、M、S	345	55.4	BCD 输入(S1)与 G、数据寄存器(S2)比较指,接通:S1＜S2;S1＝S2;S1＞S2
	K43	范围比较 K1—K2:T、C、D	T、C、D700－D777	T314; C268; D176	55.4	T、C、D 范围的比较指令: K2＜现行值;K1＜＝现行值＜＝K2; K1＞现行值
	K44	六位数范围比较 K1K2—K3K4:D、C	D700－D777、C	C/415 D/297	55.4	六位计数器和数据库寄存器范围的比较:低端设定值为 A,高端设定值为 B。 B＜现行值(D);A＜＝现行值＜＝B; A＞现行值。
	K45	比较 D、C:D、C	D700－D777、C	C/374; D/719	55.4	D、C(S1)与 D、C(S2)的比较: S1＜S2;S1＝S2;S1＞S2
	K106	范围比较 K1—K2:C	C060－C667	248	55.4	C 现行值范围比较
数据的算术运算指令	K55	加法 D＋K	D700－D777 (三位数 BCD)	207	55.4	BCD3 位　BCD3 位　BCD3 位　BCD3 位　进位　零位标志 S1 ＋ K ＋ Cy ＝ D , Cy , Z D700－777　K000－999　M571　D700－777　M571　M572
	K56	加法 D＋K＋Cy	D700－D777 (六位数 BCD)	223	55.4	BCD6 位　BCD3 位　BCD3 位　BCD3 位　进位　零位标志 S1＋1·S1＋ K＋1·K ＋ Cy ＝ D＋1·D , Cy , Z D700－777　K000000－999999　M571　D700－777　M571　M572
	K57	加法 D＋D	D700－D777 (三位数 BCD)	228	55.4	BCD3 位　BCD3 位　BCD3 位　BCD3 位　进位　零位标志 S1 ＋ S2 ＋ D ＝ D , Cy , Z D700－777　D700－777　D700－777　D700－777　M571　M572

续表

指令名称	指令编号 F670	含义	指令对象器件	执行时间 (μs)		备注
				输入 ON	输入 OFF	
数据的算术运算指令	K58	加法 D+D+Cy	D700－777 三位数 BCD	232	55.4	BCD3 位 S1 D700－777 + BCD3 位 S2 D700－777 + Carry Cy M571 = BCD3 位 D D700－777，进位 Cy M571，零位标志 Z M572
	K59	加法 D+D+Cy	D700－777 六位数 BCD	272	55.4	BCD6 位 S1+1.S1 D700－776 + BCD6 位 SS2+1.S2 D700－776 + 进位 Cy M571 = BCD6 位 D+1D D700－776，进位 Cy M571，零位标志 Z M572
	K60	加法 D+D	D700－777 三位数八进制	245	55.4	OCT3 位 S1 D700－777 + OCT3 位 S2 D700－777 = OCT3 位 D D700－777，进位 Cy M571，零位标志 Z M572
	K61	递增 D+1	D700－777 三位数 BCD	138	55.4	D721 BCD 三位 +1→ D721 BCD 三位 进位 Cy M571 零位标志 Z M572
	K62	递增 D+1	D700－777 六位数 BCD	164	55.4	(D753)(D752)+1→(D753)(D752)，进位 Cy M571，零位标志 Z M572
	K63	递增 D+1	D700－777 三位数八进制	148	55.4	D773 OCT +1→(D773)，进位 Cy M571，零位标志 Z M572
	K64	递增 C+1	D060－667 计数器 现行值(三位数 BCD)	223	55.4	(C461)+1→(C461)，进位 Cy M571，零位标志 Z M571
	K66	减法 D－K－Br	D700－777 三位数 BCD	225	55.4	BCD3 位 S1 D700－777 － BCD3 位 K K000－999 － 借位 Br M573 = BCD3 位 D D700－777，进位标志 Br M573，零位标志 Z M571

续表

指令名称	指令编号 F670	含义	指令对象器件	执行时间 (μs)		备注
				输入ON	输入OFF	
数据的算术运算指令	K67	减法 D－K－Br	D700－777 六位数 BCD	268	55.4	BCD6位 BCD6位 Borrow BCD6位 借位标志 零位标志 S1＋1.S1 － K＋1.K － Br ＝ D＋1.D ， Br ， Z D700－776 K000000 M573 D700－776 M573 M572
	K68	减法 D－D	D700－777 三位数 BCD	248	55.4	BCD3位 BCD3位 BCD3位 借位标志 零位标志 S1 － S2 ＝ D ， Br ， Z D700－776 D700－777 D700－777 M573 M572
	K69	减法 D－K－Br	D700－777 三位数 BCD	251	55.4	BCD3位 BCD3位 借位 BCD3位 借位标志 零位标志 S1 － S2 － Br ＝ D ， Br ， Z D700－776 D700－777 K573 D700－777 M573 M572
	K70	减法 D－K－Br	D700－777 六位数 BCD	296	55.4	BCD6位 BCD6位 Borrow BCD6位 借位标志 零位标志 S1＋1.S1 － S2＋1.S2 － Br ＝ D＋1.D ， Br ， Z D700－776 D700－776 M573 D700－776 M573 M572
	K71	减法 D－D	D700－777 三位数八进制	240	55.4	OCT3位 OCT3位 OCT3位 借位标志 零位标志 S1 － S2 ＝ D ， Br ， Z D700－776 D700－777 D700－777 M573 M572
	K72	递减 D－1	D700－777 三位数 BCD	136	55.4	借位标志 零位标志 (D725)－1→(D725)， Br ， Z M573 M572
	K73	递减 D－1	D700－777 六位数 BCD	164	55.4	借位标志 零位标志 (D745)(D744)－1→(D745)(D744)， Br ， Z M573 M572
	K74	递减 D－1	D700－777 三位数八进制	145	55.4	借位标志 零位标志 (D745)(D744)－1→(D745)(D744)， Br ， Z M573 M572

续表

指令名称	指令编号 F670	含义	指令对象器件	执行时间 (μs) 输入ON	输入OFF	备注
数据的算术运算指令	K75	递减 C-1	C060-667 计数器现行值 三位数 BCD	224	55.4	(C561)-1→(C561), 借位标志 Br M573, 零位标志 Z M572
	K77	乘法 D×K	D700-777 三位数 BCD	629	55.4	BCD3位 S D700-777 × BCD3位 K K000-999 = BCD6位 D+1 D700-776 $D^{(LSB)}$
	K78	乘法 D×K	D700-777 六位数 BCD	3438	55.4	BCD6位 S1+1,S1 D700-776 × BCD6位 KH,KL K000-999999 = BCD12位 D+3,D+2,D+1,D D700-774
	K79	乘法 D×D	D700-777 三位数 BCD	654	55.4	BCD3位 S1 D700-777 × BCD3位 S2 D700-777 = BCD6位 D+1,D D700-776
	K80	乘法 D×D	D700-777 六位数 BCD	3438	55.4	BCD6位 S1+1,S1 D700-776 × BCD6位 S2+1,S2 D700-776 = BCD12位 D+3,D+2,D+1,D D700-774
	K81	除法 D/K	D700-777 三位数 BCD	1490	55.4	BCD3位 S D700-777 ÷ BCD3位 K K1-999 = BCD3位 D+1 D700-776 余数 BCD3位 D+1 D701-777
	K82	除法 D/K	D700-777 六位数 BCD	4571	55.4	BCD6位 S1+1,S1 D700-776 ÷ BCD6位 S2+1,S2 D700-776 = BCD6位 D+1,D D700-774 余数 BCD6位 D+3,D+2 D702-776
	K83	除法 D/D	D700-777 三位数 BCD	1514	55.4	BCD3位 S1 D700-777 ÷ BCD3位 S2 D700-777 = BCD3位 D D700-776 余数 BCD3位 D+1 D701-777
	K84	除法 D/D	D700-777 六位数 BCD	4601	55.4	BCD6位 S1+1,S1 D700-776 ÷ BCD6位 S2+1S2 D700-776 = BCD6位 D+1,D D700-774 余数 BCD6位 D+3,D+2 D702-776

续表

指令名称	指令编号 F670	含义	指令对象器件	执行时间(μs) 输入 ON	执行时间(μs) 输入 OFF	备注
计数器对的自动再装入	K117	传送作自动再装入的比较数据	数据源:M240－M253 M260－M273 数据传送目的地: G660/G661 的比较数据寄存器	130	55.4	自动再装入功能是将计数器现行值与分别设定的比较数据比较,当这些值一致时,计数器自动复位。且该设定值(在 OUT,G 值之后的 K 值)预置到现行值寄存器中
	K118	自动再装入有效	G660/G661 计数器对	67.3	72.4	
高速行数器直接输出指令	K119	设定高速输出表	表寄存器	180	55.4	采用这种功能指令,可同时最多设置四点直接输出。使用这种功能指令时,最大的计数频率为 1.5kHZ
	K120	禁止高速输出	Y430－Y437	78.0	83.3	
	K121	高速输出同时允许	Y430－Y437	67.3	72.6	
其他应用指令	K49	数据转换	D700－777	170	55.4	
	K85	读模拟单元数据	D700－777	661	55.4	
	K86	写模拟单元数据	D700－777	700	55.4	
	K88	数据寄存器 BCD 校验	D700－777	$133+22n$	55.4	
	K130	移位寄存器	M100－377	$328+38n$	55.4	
	K131	二进制变换	传送源: X、Y、M100－377、S 传送目的地: Y、M100－377、S	430	55.4	
	K132	BCD 变换	传送源: X、Y、M100－377、S 传送目的地: Y、M100－377、S	375	55.4	

7.3.3 美国 IP1612-220 系列

IP1612-220 系列有专用于编辑梯形图程序的软件——IP-EPS。它可以在任何与 IBM 兼容的个人计算机上运行。指令系统见表 7-9。面板布置图如 7-15 所示。

美国 IP1612-220 系列指令表 表 7-9

类别	指令符号	含义
器件符号	X	外部输入
	Y	外部输出
	R	内部继电器
	T	定时器
	C	计烽器
	A	模拟量输入
	D	数据寄存器
梯形图符号	─┤├─	常开触点
	─┤/├─	常闭触点
	─┤Δ├─	脉冲触点
	─( )─	线圈
	─[ ]─	算法或显示值
	─┘	右上分支
	└─	左上分支
运算符号	+	加
	−	减
	*	乘
	/	除
功能键	ESC	退出
	ESC Q CARRIAGE RETURN	退出 IP-EPS 软件包
	ESC T	将梯形图程序下载到 PLC
	G	清除存贮器中老的梯形图程序，开始新建一个梯形图程序
	H	得到在线人工帮助
	P	打印出梯形图程序
	Q	退出 IP-EPS 软件包(你的梯形图程序将以第一次进入 IP-EPS 时所用的名字作为文件名保存下来)
	S	仿真梯形图程序命令(离线编程)
	T	向 IP1612-220PLC 传送(下载)梯形图程序
屏幕上菜单符号	UP	将光标上移一个屏幕位置
	DOWN	将光标下移一个位置
	LEFT	将光标左移一个位置
	RIGHT	将光标右移一个位置
	BACK SPACE	将光标后退并删除一个字符
	TAB	将光标移到下一个元件位置
	BACK TAB	将光标移到前面一个元件位置上去，或表格停止的位置上去
	CARRLAGE REIURN	回车键，将光标移到下一行去
	PgUP	翻到前一页去
	PgDn	翻到包括行的下一页去
	Del	删除光标所在行，并压缩梯形图程序

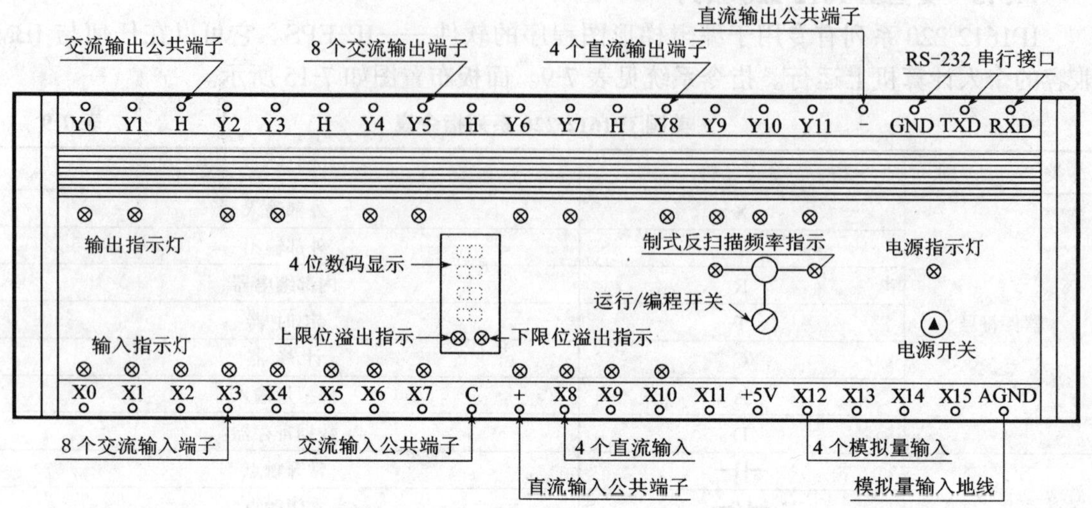

图7-15　IP-1612编程器面板示意图

7.4　编程器的使用方法

7.4.1　编程器的功能

编程器有编程、修改程序和监视三个方面的功能：

(1)编程：将用户程序写入主机的RAM存储器内，主机有了用户程序，才能按控制要求对生产设备进行控制。

(2)修改程序：具有液晶显示屏的编程器，可从屏幕上直接察看所编写的程序，进行修改，清除主机内的程序。

具有数字显示屏的编程器也可通过编程，读出所编写的程序，进行修改，清除主机内的程序。

(3)在监视状态下，能监视器件的开/关状态，指令触点的通断情况。I/O点的工作状态。为调试程序提供方便。

7.4.2　大屏幕液晶显示编程器的组成和作用

(1)液晶显示编程器的组成：以EX系列为例，外形图如图7-16所示。LCD编程器由液晶显示屏和键盘组成。

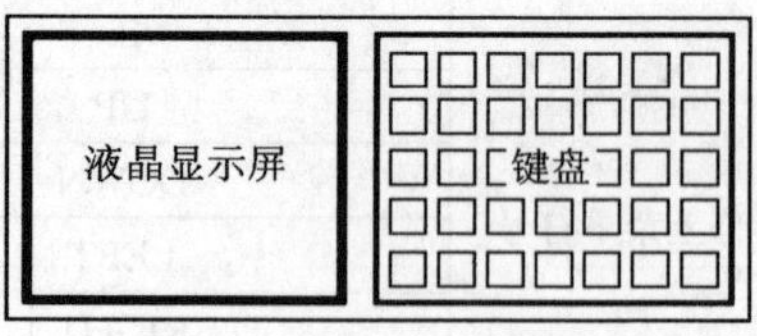

图7-16　LCD编程器外形图

(2)液晶显示屏显示内容：可分为信息区、状态区、梯形图区等三个区域。如图7-17所示。

1)信息区：屏幕上显示出键入的数据(数和符号)；器件的状态和操作次数，这个区域也用于跟踪监视。

2)状态区：屏幕上显示出编程器有下列工作方式：

操作方式显示——CMD(命令状态)；MONIT(监视方式)；PRG(编程方式)。

PROM模块状态显示——PROM是否已经插入。

PLC机状态显示——RUN(在工作)，HALT(暂停)。

FORCE/SHIFT 状态显示——梯形图区显示和通电和关闭的装置/选择键上部状态)

3)梯形图区:该区域可以显示最大为 8 行 9 列的逻辑电路图。

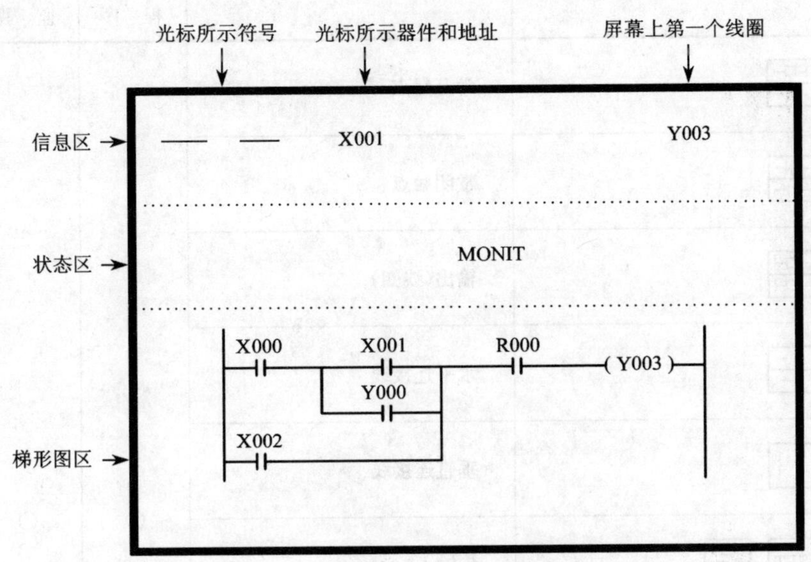

图 7-17 液晶显示器分区示意图

(3)编程器键盘平面图如图 7-18 所示。键盘上各按键键名及其作用见表 7-10。基本指令的键盘操作如表 7-11 所示。

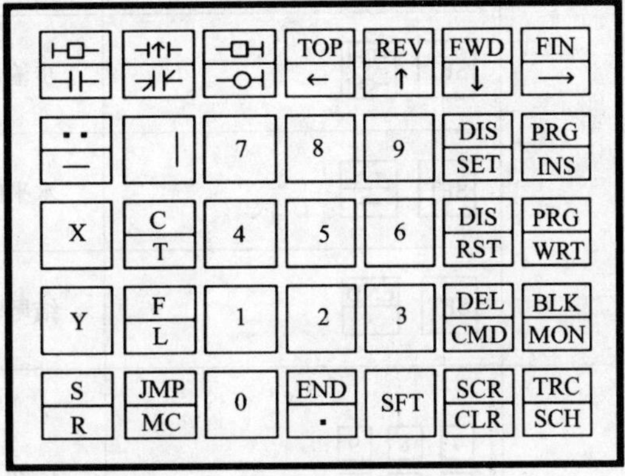

图 7-18 EX 型编程器键盘平面图

1)键盘上许多按键具有双重功能,直接按该键,执行下档键功能,倘若先按 SFT 键,再按该键,则完成上档功能。

2)命令键中方块内输入命令号码后的状态:

输入"0" 显示 HALT(停机);

输入"1" 显示 RUN(运行);

输入"2" 显示复位;

输入"3" 显示第一幅程序,PC 转入程序方式;

输入"4","0" 显示 ERASE(擦除);

输入"4","1" 显示 WRITE(程序写入 PROM);

输入"4","2"显示 COMPARE(程序比较),如果 RAM 和 EPPROM 的内容有差别,就显示"ERR. 26. VERIFY"(出错信息);

输入"4","3" 显示 LOAD(程序已从 EPOM 装入 RAM)。

EX 型键盘按键类型及作用　　**表 7-10**

类　别	符　号	作　用	运行方式		
			程　序	监　视	命　令
符号键		常开触点			
		常闭触点			
		输出(线圈)			
		水平连接线			
		垂直连接线			
	SFT	步输入	○	○	×
	SFT	边沿触发器输入			
	SFT	步输出(线圈)			
	SFT	水平间隔(断开)			
	SFT　END ·	结尾电路			
数字键	7 8 9 4 5 6 1 2 3 0	1. 设置器件地址(8进制)。 2. 设置定时器/计数器数值。 3. 设置命令编号。	○	○	○
上档键	SFT	选择后面所按键的上档功能	○	○	×
清除键	SCR CLR	清除 LCD 屏幕信息区	○	○	×
结束键	END ·	定时器,计数器件中,器件与设计数值之间的分隔符	○	×	×

续表

类别	符号	作用	运行方式		
			程序	监视	命令
功能键	X	输入	○	○	×
	Y	输出(线圈)			
	S/R	内部线圈			
	F/L	锁存线圈			
	C/T	定时器			
	SFT C/T	计数器			
	SFT JMP/MC	转移线圈			
	JMP/MC	主控制线圈			
	SFT F/L	触发器(功能1)			
	SFT S/R	移位寄存器(功能2)			
屏幕编程键	SFT SCR/CLR	清除梯形图显示区	○	×	×
	PRG/WRT	将信息区的内容写入光标所在位置。			
	PRG/INS	(列插入)在光标所在列插入水平连线,与此同时,光标右边的连线右移一列 (行插入)当光标位于线圈列时,在该光标所在行位置			
	SFT DEL/CMD	插入空白行,原有行下移			

续表

类别	符号	作用	运行方式		
			程序	监视	命令
光标控制键	FLN →	向右	○	○	×
	TOP ←	向左			
	REV ↑	向上			
	FRD ↓	向下			
编程键	SFT PRG WRT	将当前梯形图程序写入控制器的RAM中,其内存地址就是原一幅程序的地址,因此原一幅程序被取代	○	○	×
	SFT PRG INS	将当前梯形图程序插入当前的RAM内存中,从该地址开始的其他程序全部保留,其他地址区向下顺延			
屏幕搜索键	SFT TOD ←	监视首场屏幕	○	○	×
	SFT FWD ↓	监视下一屏幕			
	SFT REV ↑	监视上一屏幕			
	SFT FIN →	监视最后一屏幕			
监视键	BLK MON	信息区上显示光标所示器件的状态	×	○	×
	SFT BLX MON	显示2×32个器件的成块状态			
命令键	DEL CMD　命令　号码　PRG WRT	输入命令号码后与代号相对应的命令将被执行 见注2	×	×	○

注:1. 表中运行方式栏中符号"○"表示成效。"×"表示无效。

2. 命令号码

输入0显示HALT(停机);

输入1显示RUN(运行);

输入2显示复位;

输入3显示第1幅程序,PLC转入程序方式;

输入4 0显示ERASE(擦除);

输入4 1显示WRITE(写入);

输入4 2显示COMPARE(比较),如果RAM和EPPROM的内容有差别,就显示ERR.26.VERIFY(出错信息);

输入4 3显示LOAD(开始工作)。

基本指令的键盘操作 **表 7-11**

名称	显示	键盘操作
空白连接	··	SFT ‖ ··/— ‖ PRG/WRT
水平连接	—	··/— ‖ PRG/WRT
垂直连接	|	| ‖ PRG/WRT
水平和垂直连接	┘	··/— ‖ | ‖ PRG/WRT
常开接点	┤├	┤├ ‖ (D) ‖ (A) ‖ PRG/WRT
常闭接点	┤/├	┤/├ ‖ (D) ‖ (A) ‖ PRG/WRT
线圈	—( )—	—( )— ‖ (D) ‖ (A) ‖ PRG/WRT
步进输入	┤├	SFT ‖ ┤├ ‖ S/R ‖ (A) ‖ PRG/WRT
步进输出	—(ST)—┤	SFT ‖ —( )— ‖ S/R ‖ (A) ‖ PRG/WRT
边缘触发输入	┤/├	SFT ‖ ┤/├ ‖ (D) ‖ (A) ‖ PRG/WRT
定时器	—(T)—┤	—( )— ‖ C/T ‖ (A) ‖ END/· ‖ (P) ‖ PRG/WRT
计数器	—(C)—┤ —(RC)—┤	—( )— ‖ SFT ‖ C/T ‖ (A) ‖ END/· ‖ (P) ‖ PRG/WRT
主控线圈	—(S)—┤ 置位	—( )— ‖ JMP/MC ‖ SFT ‖ S/R ‖ PRG/WKT
	—(R)—┤ 复位	—( )— ‖ JMP/MC ‖ S/R ‖ PRG/WKT
移位线圈	—(S)—┤ 置位	—( )— ‖ SFT ‖ JMP/MC ‖ SFT ‖ S/R ‖ PRG/WKT
	—(R)—┤ 复位	—( )— ‖ SFT ‖ JMP/MC ‖ S/R ‖ PRG/WKT
移位寄存器（功能 2）	—(SR)—┤ —(S)—┤ —(R)—┤	—( )— ‖ SFT ‖ F/L ‖ 2 ‖ END/· ‖ SFT ‖ S/R ‖ (B) END/· ‖ SFT ‖ S/R ‖ (E) ‖ PRG/WKT
触发器（功能 1）	—(S F)—┤ —(R F)—┤	—( )— ‖ SFT ‖ F/L ‖ 1 ‖ END/· ‖ (D) ‖ (A) ‖ PRG/WKT
结束	—(E)—┤	SFT ‖ END/· ‖ PRG/WKT

注：(A)地址；(B)移位寄存器开始地址；(D)器件型号；(E)移位寄存器结束地址；(P)时间预置值(S)。

7.4.3 数字显示编程器的组成及作用

数字显示编程器的组成：以 F_2-20P 编程器为例，如图 7-19 所示。

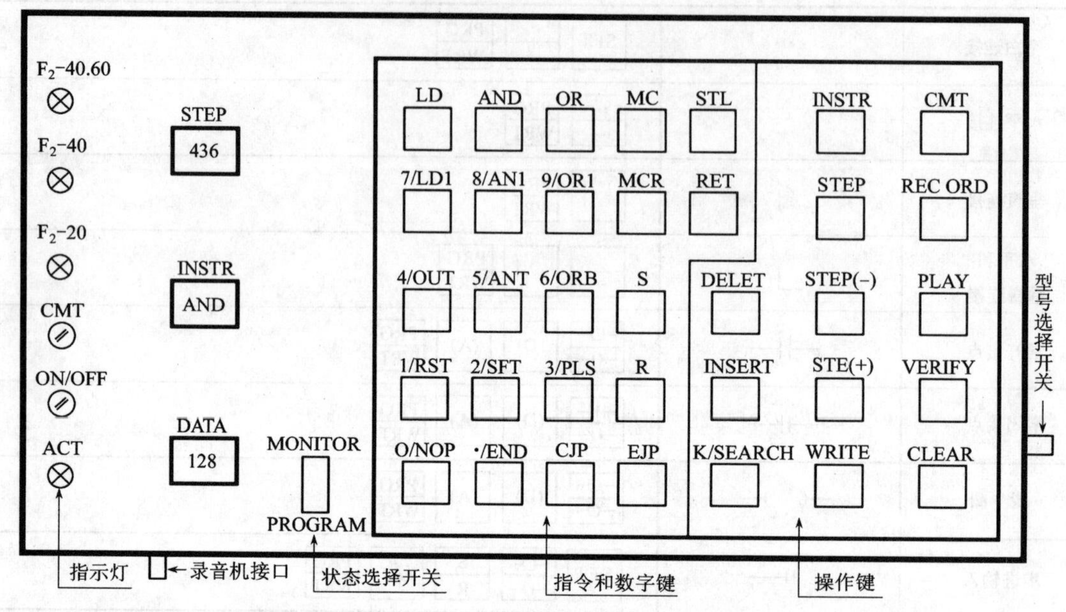

图 7-19 F2-20P 编程器面板布置示意图

(1)面板左边6个指示灯分别是6个发光二极管，其作用如下：

1)前3个指示灯(自上而下)显示所选择设置的 PLC 型号，指示灯上分别标注有 F_2-40。60；F_1-40；F_1-20 等型号。

2)CMT 指示灯显示录音机状态，由"录音机"键(RECORD)控制。

3)ON/OFF 指示灯显示，监视 PLC 中器件的开/关状态(对于计时器和计数器，只有当现时值等于设定值时，发光管才显示)。

4)ACT 指示灯显示监视时指令触点的通断情况(对于 F_1-40，F_2-40 和 F_2-60 监视追踪，由步序号控制)。

(2)STEP 液晶显示窗口：显示步序号。

(3)INSTR 液晶显示窗口：显示指令。例如：LD。LDI，AND 或 K 常数。

(4)DATD 液晶显示窗口：显示器件号或常数值。

(5)状态选择开关：按上端 MONTTOR 是选择运行，按下端 PROGRAM 是选择编程。

(6)键盘如图 7-19 所示：共有 22 个顺序指令和数字键，13 个操作键。顺序指令键的功能见表 7-7，操作键功能见表 7-12。

操作键功能 **表 7-12**

名称	功能	名称	功能	名称	功能	名称	功能
INSTR	开机命令	STEP(－)	步序号减	CMT	录音机状态选择	DELET	删改
STEP	步序操作	STEP(＋)	步序号增	RECORD	录音机控制键	INSERT	插入
VERIFY	确认	CLEAR	清零	SEARCH	搜索	WRITE	存储
PLAY	连接						

7.4.4 采用软件编程序，以 IP1612-220 的 IP-EPS 软件为例。将 IP－EPS 编程软盘插入你的计算机软盘驱动器中，键入文件名，屏幕上显示出一个空的梯形图画面，如图 7-20 所示。

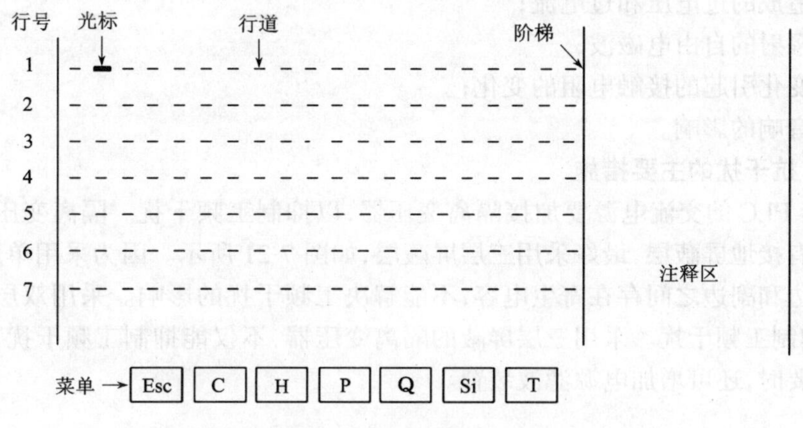

图 7-20 梯形逻辑图画面

菜单的含义如下：

Esc 退出刚键入的命令；　Q 退出 IP-EPS 软件；

C 清除；　Si 仿真；

H 帮助；　T 下载；

P 打印。

你可在显示的空的梯形图屏幕上，按表 7-8 列出的指令画出你的控制梯形逻辑图程序(最多能画 100 个逻辑行)。当你的梯形图画好后，将 PLC 上的运行/编程开关拨到编程的位置上，然后键入'ESC'和'T'两个键，梯形图程序通过 RS-232C 串行口传送到 PLC 上，下载运行。

7.5 PLC 控制系统的抗干扰措施和调试方法

7.5.1 控制系统干扰的来源

虽然制造厂家对可编程控制器采取了许多抗干扰措施，但是外来干扰仍会通过电源线和输入、输出传输线影响 PLC 机的工作。主要的干扰来源有：

(1)来自电气设备内部的干扰

1)由于逻辑设计不合理所产生的干扰；

2)由于电路参数和工作点选择不当，而引起的振荡或波形畸变；

3)器件的物理噪声，例如元件热噪声、散粒噪声、触点热电势等。这些噪声在超高频电路和精密电子电路中影响较大；

4)具有快速上升时间的脉冲源及其在传输时阻抗不匹配。

(2)来自电气设备外部的干扰

1)各种电气设备、断路器、接触器、电磁铁线圈的通断操作；

2)电动机等旋转机械的运行所产生的振动;

3)电焊机以及电力系统的短路故障;

4)大功率可控硅的导通与截止;

5)雷击造成的过电压和过电流;

6)宇宙辐射的自由电磁波;

7)冷热变化引起的接触电阻的变化;

8)各种音响的影响。

7.5.2　抗干扰的主要措施

(1)供给PLC的交流电源要加接隔离变压器,以抑制工频干扰。隔离变压器的原边和副边之间要有接地屏蔽层,最好采用三层屏蔽层,如图7-21所示。因为采用单层屏蔽,隔离变压器的原边和副边之间存在寄生电容,不能解决工频干扰的影响。采用双层屏蔽的隔离变压器,能抑制工频干扰。采用三层屏蔽的隔离变压器,不仅能抑制工频干扰,还能抑制共模干扰。必要时,还可增加电源滤波装置。

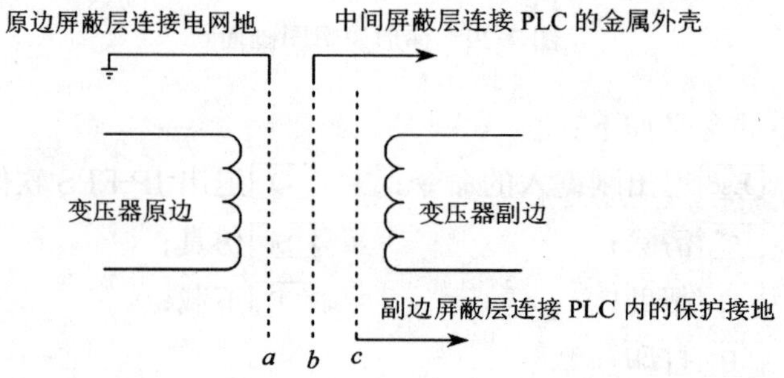

图7-21　变压器屏蔽层接地方法示意图

(2)电源线截面积应根据电压降选择,以避免产生超过PLC机允许电源电压波动的范围。一般PLC机允许电源电压波动在±15%之间,若超过该范围,则应有检测元件检测波动信号,使PLC机停止运行。

(3)PLC的输入设备主要有温度、湿度、压力、压差等传感器,按钮,行程开关,转换开关等。输出设备主要有接触器线圈,电磁阀线圈,信号灯,警铃等。由于这些输入/输出设备分布较为分散,因此在运行过程中将大量的干扰信号带入PLC机内而影响其性能。可采取表7-13所示主要的抗干扰措施。

抗干扰主要措施　　**表7-13**

项　目	抗干扰措施	实　施　方　案
旋转机械	滤　波	采用RC、LC滤波器等
继电器等感性负荷	滤波、隔离	采用RC、二极管等
电子电路	隔　离	采用旁路电容器、压敏电阻、积分电路、光电隔离器等
电源回路	滤　波	采用常模、共模滤波器,铁氧体磁棒,电源变压器,非线性电阻等
信号回路	滤　波	采用共模滤波器、传输滤波器等

续表

项 目	抗干扰措施	实 施 方 案
配 线	屏 蔽	采用强电、弱电分类布线，屏蔽线、双绞线、同轴电缆等
连接器		采用带屏蔽的连接插件、滤波连接器等
设备外壳	接 地	通过建筑物、机房、柜、屏、箱、盒等接地
电路、导线		各种电缆外皮接地

1)输入/输出信号线，最好采用屏蔽电缆，并且注意一端接地。如无条件采用屏蔽电缆时，则输入电缆、输出电缆与电力电缆都要分开敷设，不能绑扎在一起。

2)输入/输出信号线采用多芯电缆时，备用芯线也要一端接地。可以扩大屏蔽作用，也可抑制芯线之间相互串扰和外部干扰。

3)输出接点连接交流线圈时，在接点两端并联一个RC吸收回路，如图7-22所示。也可在电感线圈的两端要并联一个RC吸收回路，如图7-23所示。

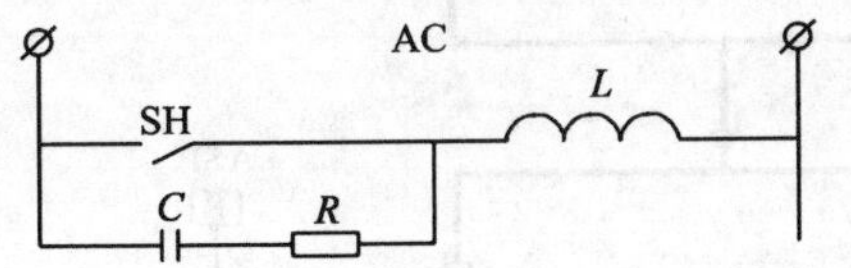

图7-22 交流输出接点保护电路图(1)

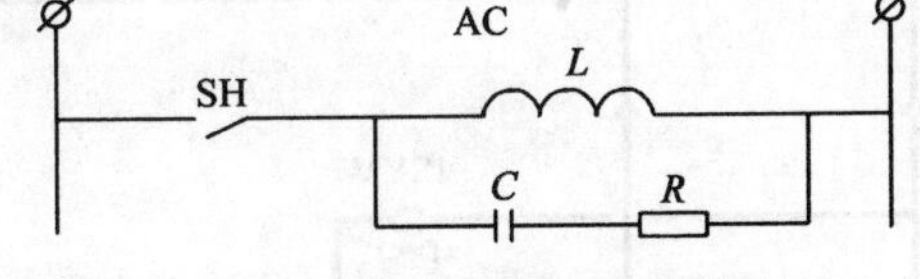

图7-23 交流输出接点保护电路图(2)

4)输出接点连接直流线圈时，在线圈两端并联一个二极管吸收回路，如图7-24～7-25所示。以吸收浪涌电压，保护PLC的输出接点。

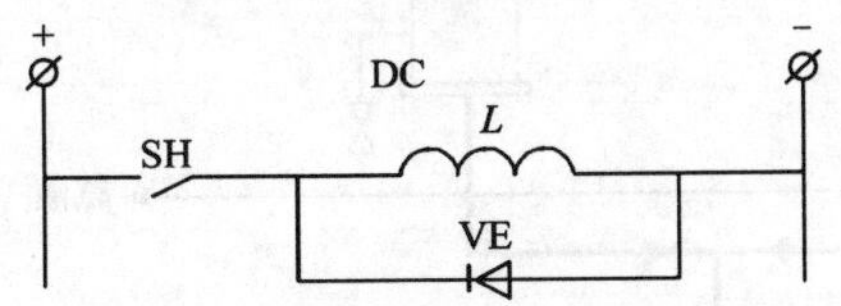

图7-24 直流输出接点保护电路图(1)

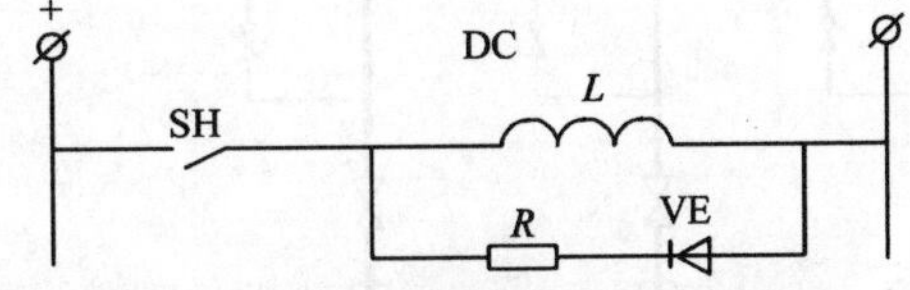

图7-25 直流输出接点保护电路图(2)

功率1～2kW配置电阻、电容的经验数据如下：

电阻(R)——100～200Ω；

电容(C)——0.1μF，对AC220V电源，电容耐压≥400V；对AC380V电源，电容耐压≥550V。

5)数字信号和模拟信号应分开电缆进行传输。模拟信号传输线宜采用双芯屏蔽线，并尽量缩短I/O信号线的长度。

(4)PLC机应有独立的保护接地线，接地电阻不得大于10Ω。

(5)冷库用PLC机的安装位置，一般都安装在启动柜中，要选择PC密封性能好的PLC。要注意到PLC机四周保持有50mm净空间，以确保有良好的通风环境。但应考虑周围环境的影响。不要安装在多尘、有油烟、有导电灰尘、有腐蚀性气体、振动或潮湿的地方。

7.6 PLC机在冷库工程中的应用实例

7.6.1 冷凝压力自控

例如某冷库循环水泵房内有3台循环水泵，机房屋顶安装两台冷却塔。工艺示意图如图7-26所示。冷凝器进气管上安装有ASP压力控制器，控制冷凝压力。循环水泵出水管上分别安装有1SSP、2SSP、3SSP压力控制器，作为循环水泵安全保护。给水管上安装有1SYV和2SYV电磁阀作为备用泵投入时管路切换。

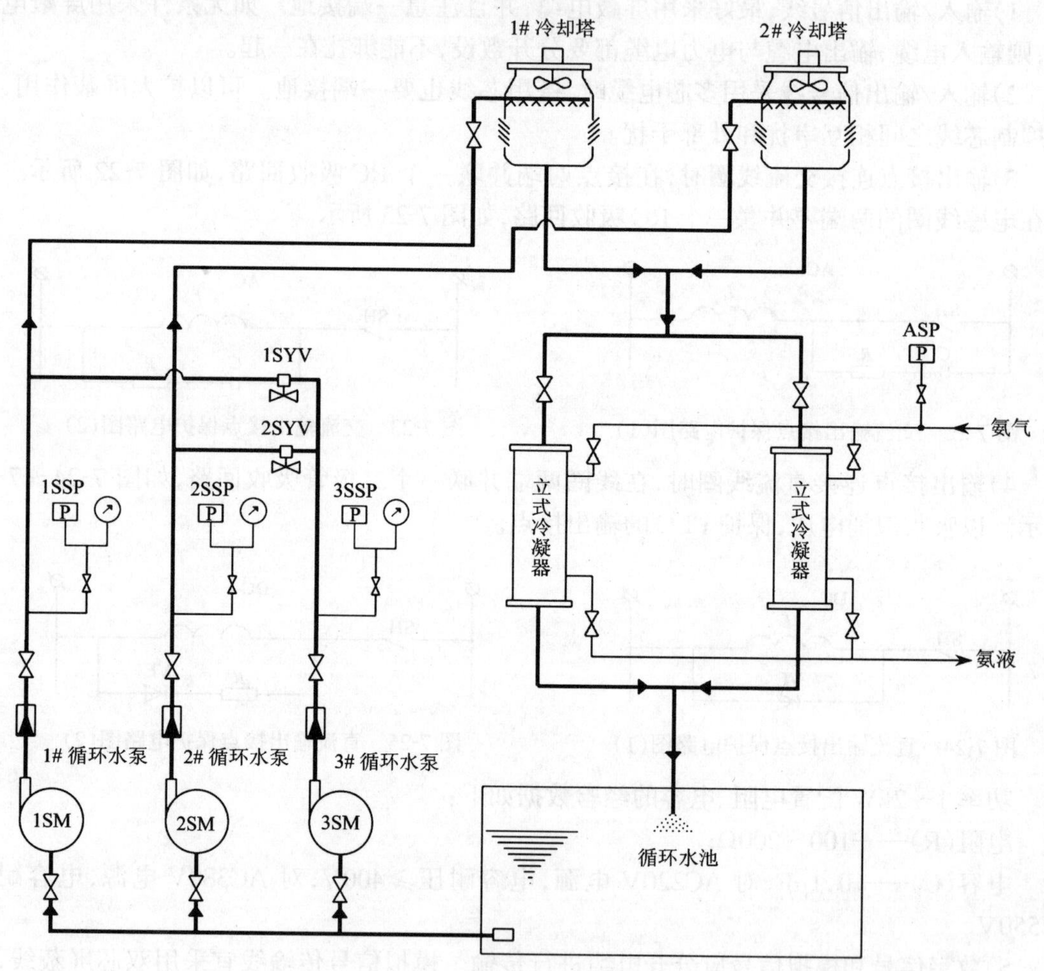

图7-26　循环水系统工艺示意图

(1)工艺要求：

1)两台循环水泵工作，一台备用。3台循环水泵可以互为备用。工作循环水泵启动，对应的冷却塔上的风机也启动。

2)控制方式分为手动和自动两种形式，自动工作时，循环水泵和冷却塔上的风机受库温控制。开停台数由冷凝压力调节。当有冷间发出降温(库温达到上限)请求时，首先启动第1台循环水泵和第1台冷却塔上的风机。如冷凝压力超过1.2MPa时，则ASP压力控制器上限位触头吸合，延时30s后(大于1台泵的启动时间)，启动第2台循环水泵和第2台冷却塔上的风机，如冷凝压力低于1.05MPa时，ASP压力控制器下限位触头吸合，使第2台循环水泵和第2台冷却塔的风机停车。当所有的冷间库温到达下限时。工作的循环水泵延时5min停车。

1SSP～3SSP压力控制器分别保护1＃～3＃循环水泵，当水泵启动后出水管无水，出口压力小于0.16MPa时，则相应的SSP压力控制器下限位触头吸合，延时30s后声光报警，水泵自动停车，备用循环水泵自动投入运行。如出口压力≥0.18MPa时，则相应的SSP压力控制器上限位触头吸合，循环水泵正常运行。工艺流程如图7-27所示。

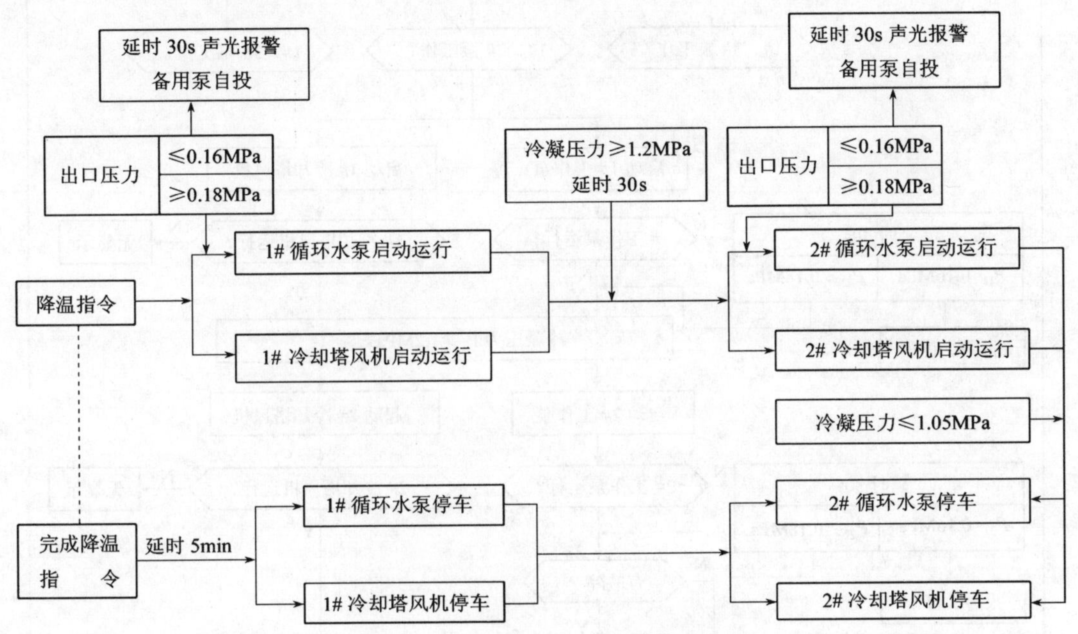

图7-27 冷凝压力工艺控制流程图

(2)设计步骤

1)根据上述工艺要求先画出控制流程图，如图7-28所示。

2)根据控制流程方框图画出主回路电气原理及继电器接点控制原理图，如图7-29～7-30所示。11SA～31SA转换开关选择1＃～3＃循环水泵手动或自动运行方式和工作顺序。41SA～51SA转换开关选择1＃～2＃冷却塔风机手动或自动运行方式。

3)将图7-30继电器接点控制原理图翻译成梯形图，如图7-31所示。在翻译时不仅要选择可编程控制器软件中与继电器控制系统中一一相对应的器件，按接点和器件的对应关系画出梯形图。而且还要考虑梯形图的特点，例如在图7-30继电器接点控制原理图中，转换开关用了7个，而在图7-31梯形图中只用了2个。1SA转换开关选择3台循环水泵和2台冷却塔风机手动或自动运行方式。2SA选择3台循环水泵工作顺序。又如在图7-30中，降温指令继电器(上限位)用了2个中间继电器，以解决触点数量不够用的问题。而在图7-31梯形图中只用1个R0内部继电器，因为PLC中的继电器触点可以多次使用，从而简化了控制原理图。

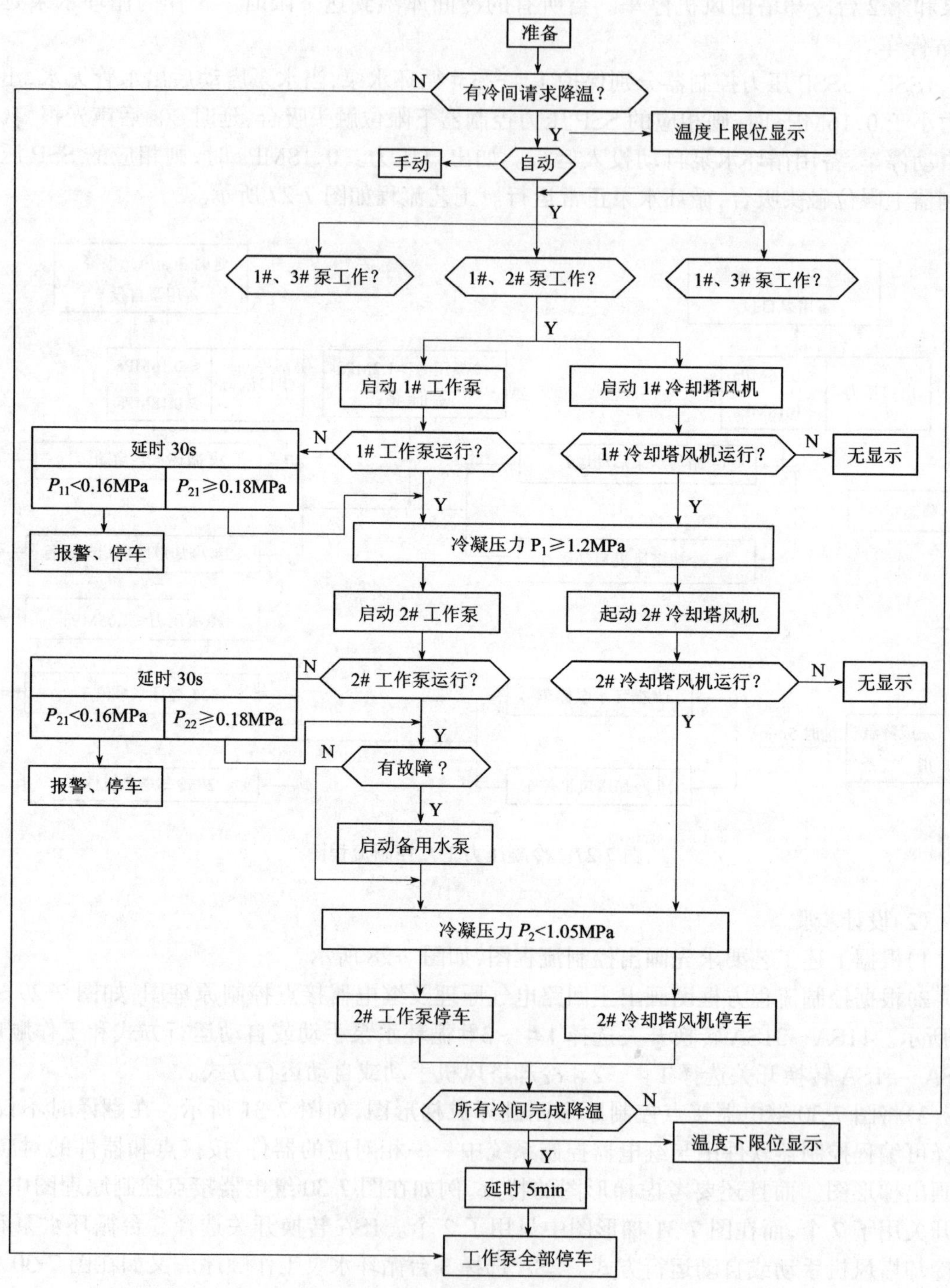

图 7-28　冷凝压力自控流程图

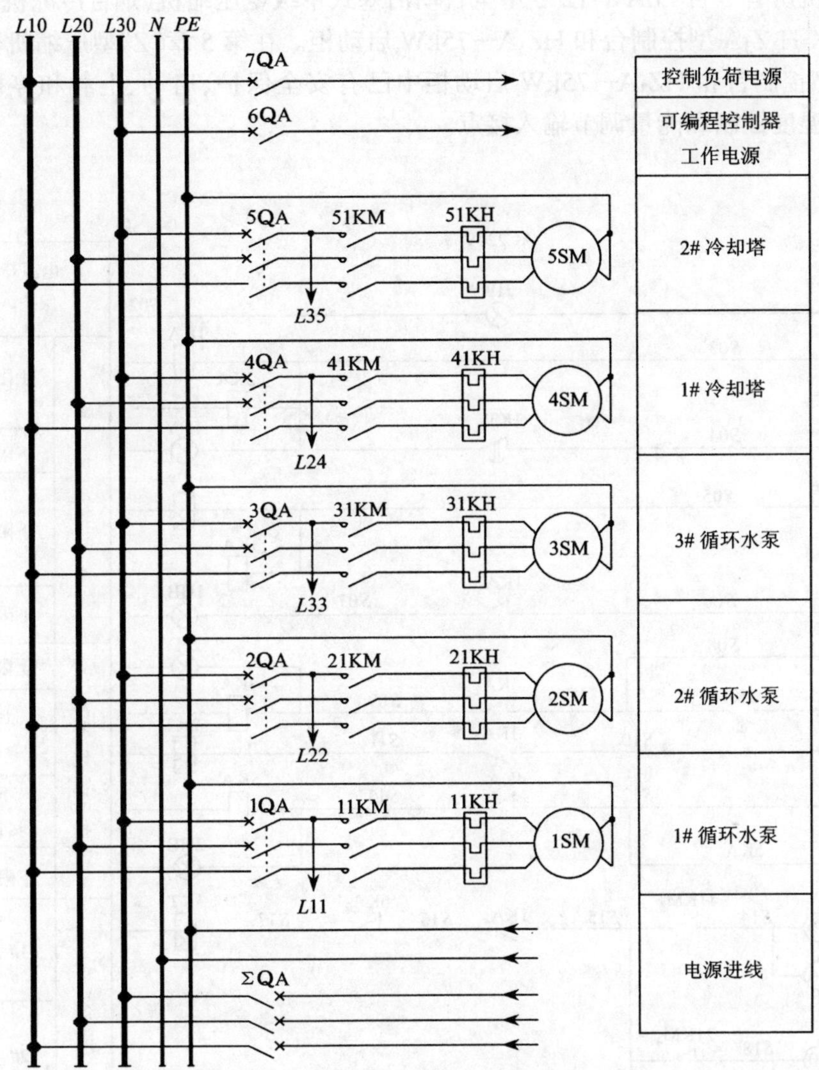

图 7-29 主回路电气原理图

4)从梯形图上确定PLC机的输入/输出(I/O)接点数,输入有33点,输出有24点。选用具有RS232接口的EX40型基本单元和EX20型扩充单元串接,具有输入36点(X0~X43),输出有24点(Y0~Y27)。能满足使用要求。

5)PLC机型号确定后,根据梯形图写出相应的梯形命令,如表7-14所示(本表只列出几个典型步骤的梯形命令,屏幕编辑操作详见用户手册)。用编程器将梯形命令输入到PC机RAM内,然后对输入可编程控制器的梯形命令进行编辑(即用户程序),并对程序进行测试。在完成上述工作后,就可将可编程控制器与循环水泵控制系统相关元件连接起来(见图7-32),进行调试,调试成功后,将用户程序输入到EEPROM中固化,以确保用户程序不丢失,然后就可投入运行了。

7.6.2 压缩机能量调节实例

某冷库机房有5台Z6AW-12.5型全自动活塞式单级氨压缩机(烟台冷冻机总厂产品),成套带来ZK-H_6Z_3A型控制台和HZ_3A—75kW启动柜。在第5章"Z"型压缩机介绍中已知ZK-H_6Z_3A型控制台和HZ_3A—75kW启动柜中已有安全保护、启动、上载和停机程序等内容。并留有温度控制和能量调节输入接点。

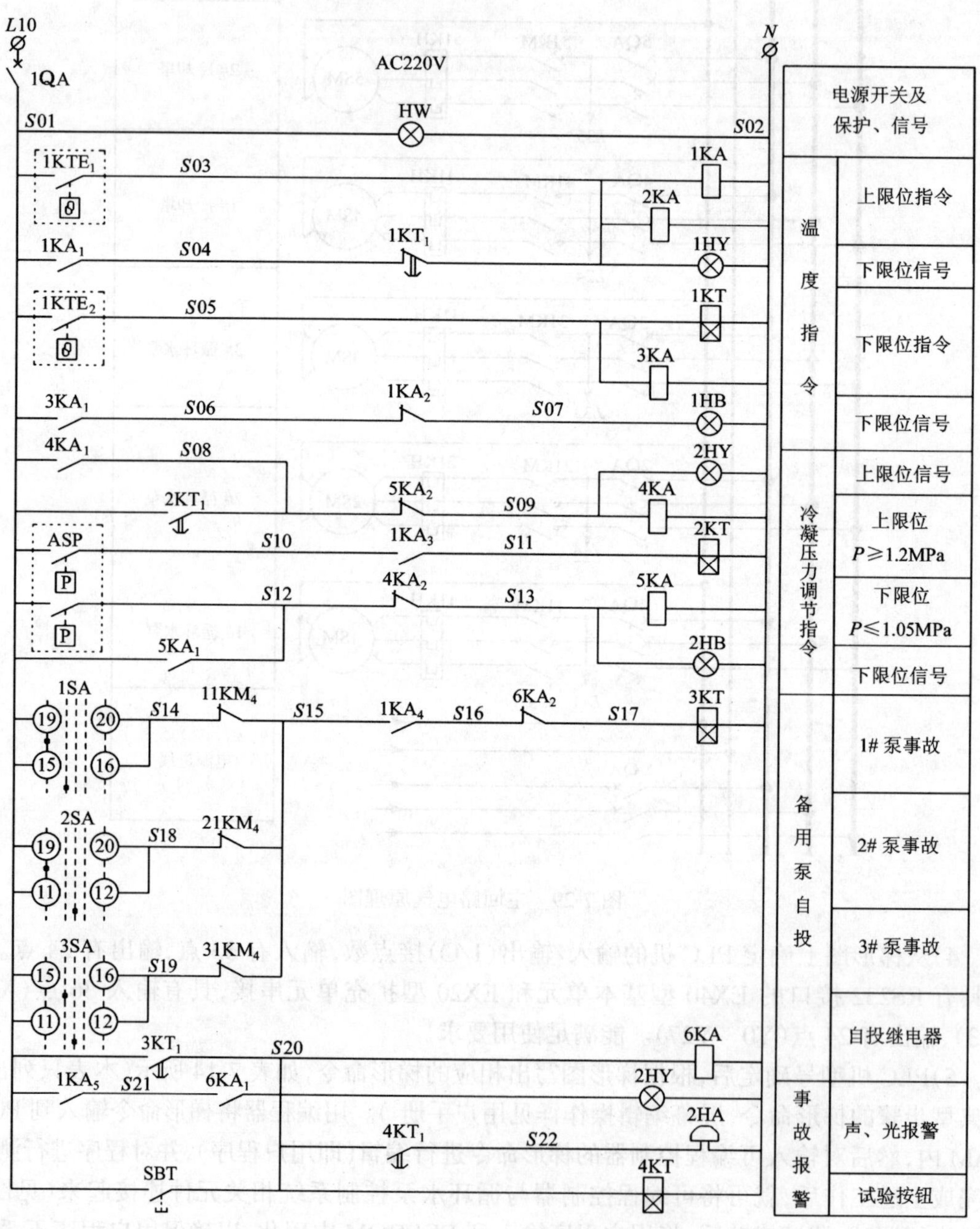

图7-30(1) 继电器接点控制原理图

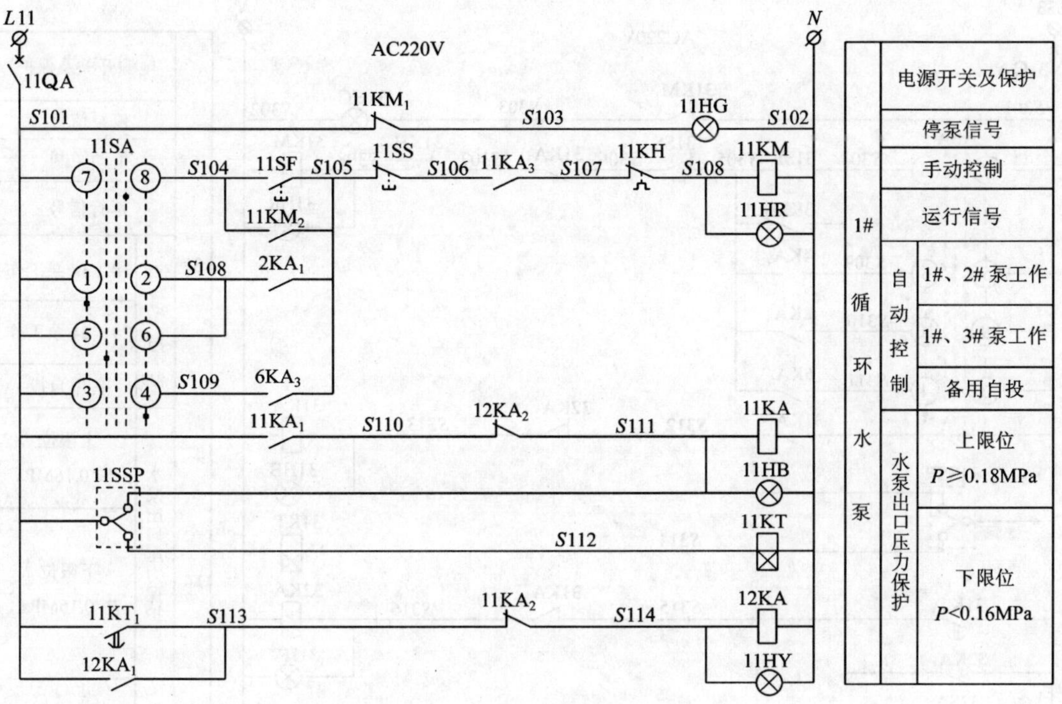

图 7-30(2) 继电器接点控制原理图

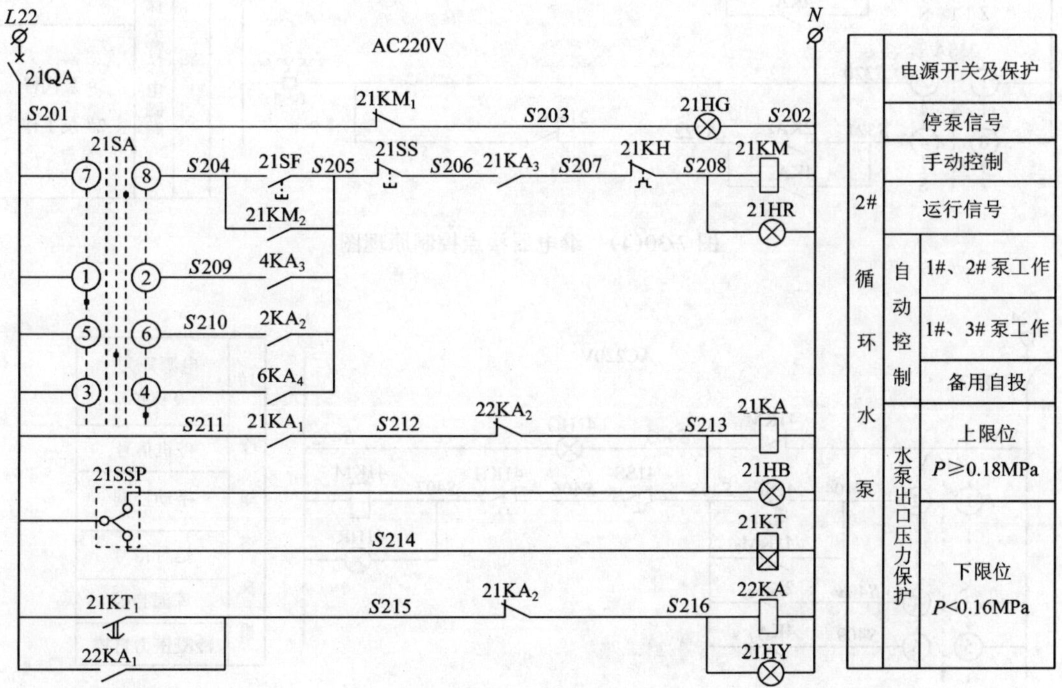

图 7-30(3) 继电器接点控制原理图

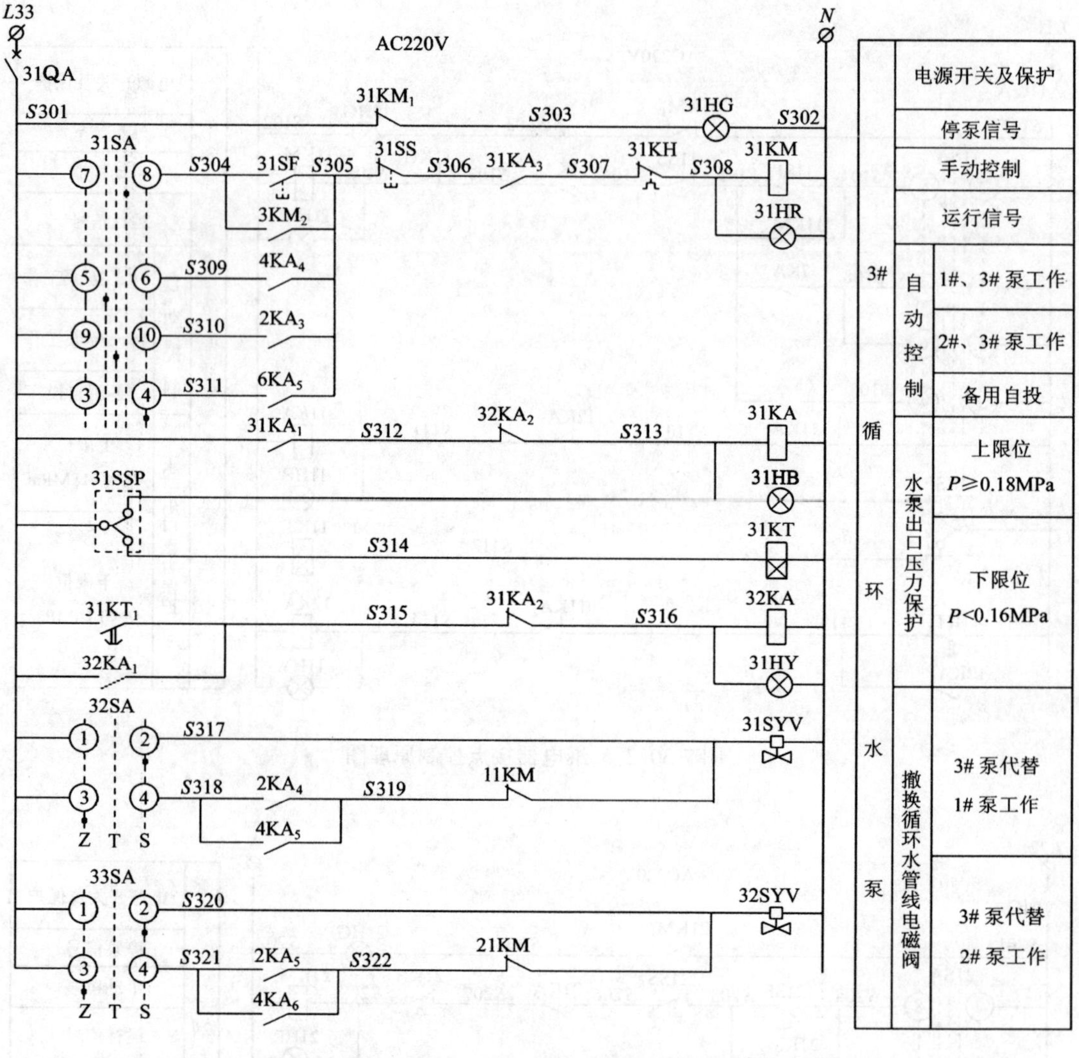

L33
31QA
AC220V
N
S301
31KM1
S303
31HG
S302
31SA
S304
31SF
S305
31SS
S306
31KA3
S307
31KH
S308
31KM
3KM2
31HR
S309
4KA4
S310
2KA3
S311
6KA5
31KA1
S312
32KA2
S313
31KA
31SSP
31HB
S314
31KT
31KT1
S315
31KA2
S316
32KA
32KA1
31HY
32SA
S317
31SYV
S318
2KA4
S319
11KM
4KA5
Z T S
33SA
S320
32SYV
S321
2KA5
S322
21KM
4KA6
Z T S
电源开关及保护
停泵信号
手动控制
运行信号
3# 循环水泵
自动控制
1#、3# 泵工作
2#、3# 泵工作
备用自投
水泵出口压力保护
上限位
P≥0.18MPa
下限位
P<0.16MPa
撤换循环水管线电磁阀
3# 泵代替
1# 泵工作
3# 泵代替
2# 泵工作

图 7-30(4) 继电器接点控制原理图

L24
41QA
AC220V
N
S401
41KM1
S403
41HG
S402
41SA
S404
41SF
S405
41SS
S406
41KH
S407
41KM
41KM2
41HR
S408
2KA6
S409
4KA7
1# 冷却塔风机
电源开关
及保护
停机信号
手动控制
运行信号
库温自控
冷凝压力自控

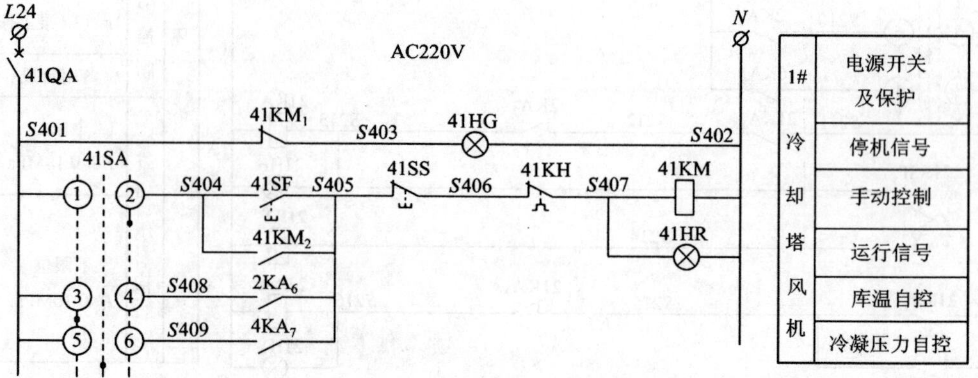

图 7-30(5) 继电器接点控制原理图

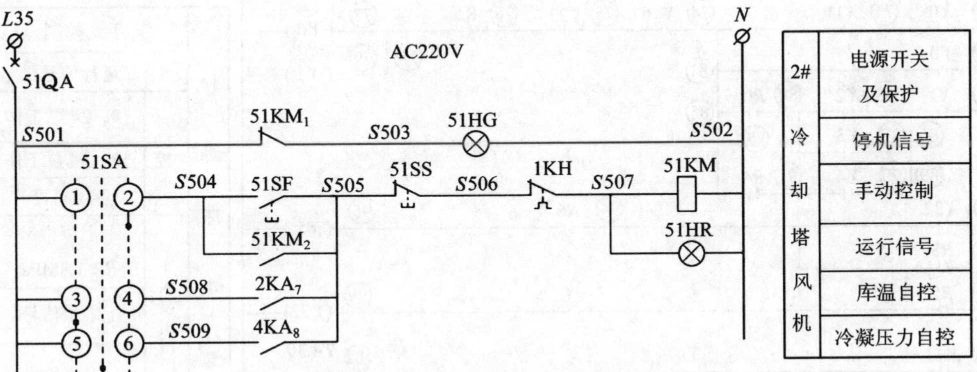

图 7-30(6) 继电器接点控制原理图

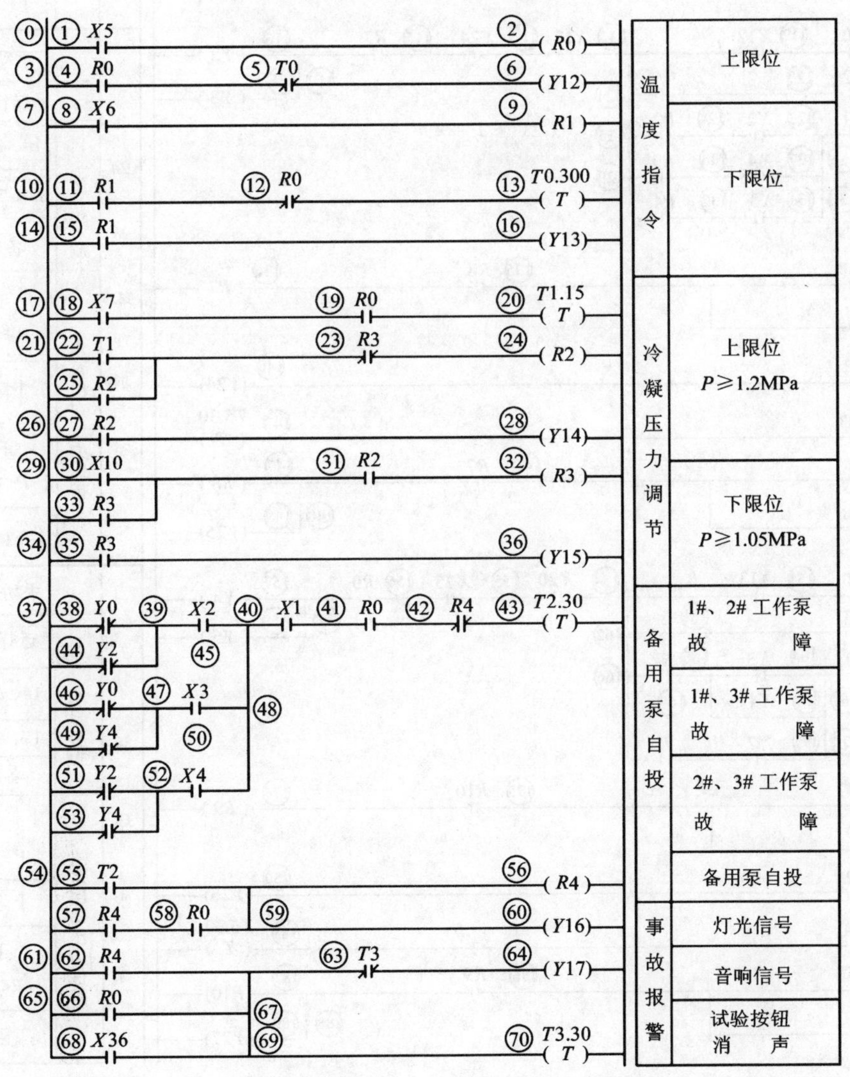

图 7-31(1) 梯形图

1# 循环水泵
手动控制
运行信号
自动控制
1#、2# 泵工作
1#、3# 泵工作
备用自投
水泵出口压力保护
上限位 P≥1.8MPa
上限位信号
下限位 P<1.6MPa
下限位信号
2# 循环水泵
2#、3# 泵工作
3# 循环水泵
X0 X11 X16 X23 R5 (Y0) (Y1)
X32 R6 (R5)
(Y22)
X33 T4.30 (T)
T4 R5 (R6) (Y23)
X12 X17 X24 R7 (Y2) (Y3)
X32 R8 (R7)
(Y24)
X33 T5.30 (T)
T5 R7 (R8) (Y25)
X13 X20 X25 R9 (Y4) (Y5)
X37 R10 (R9)
(Y26)
X40 T5.30 (T)
T5 R9 (R10) (Y27)

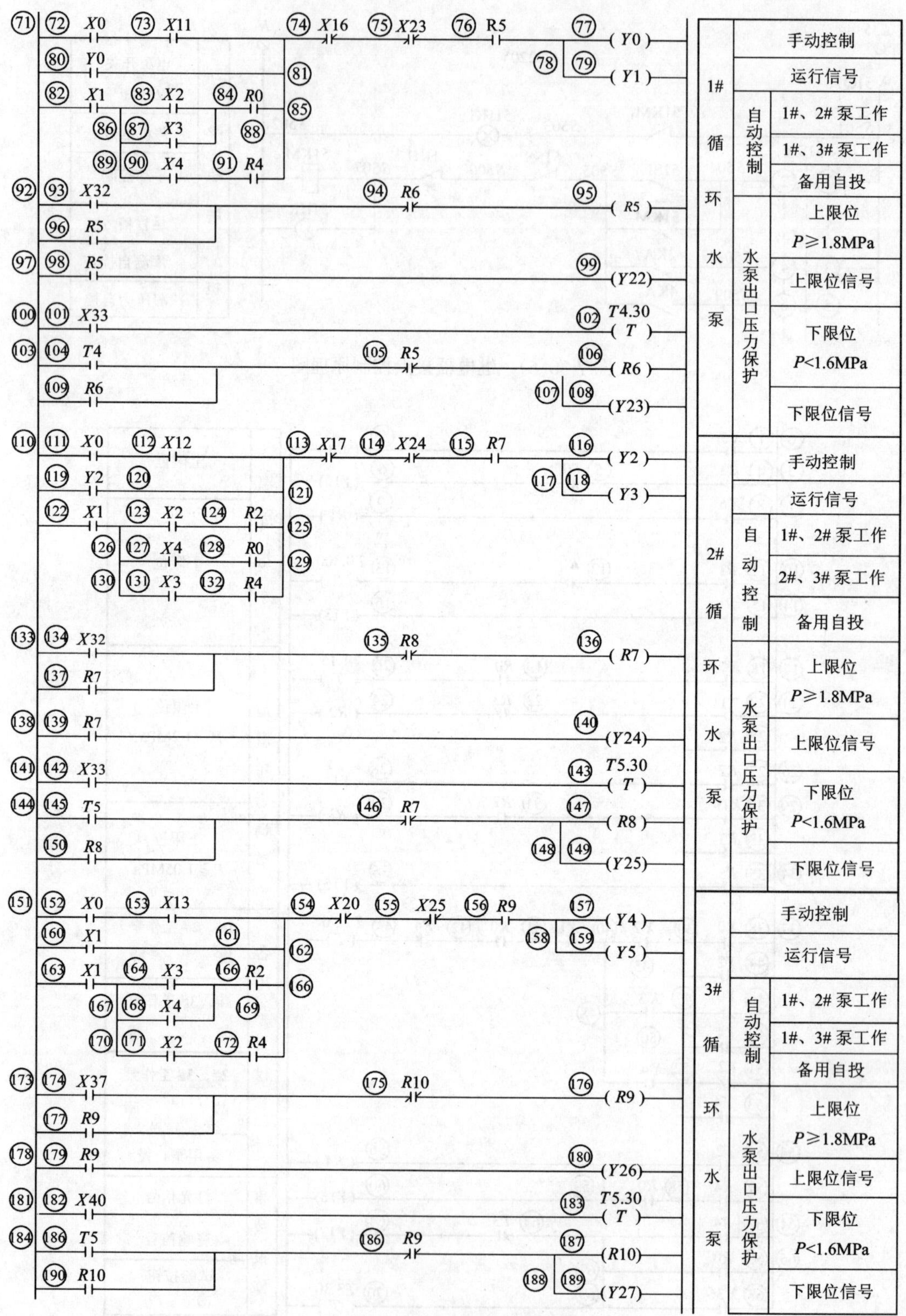

图 7-31(2) 梯形图

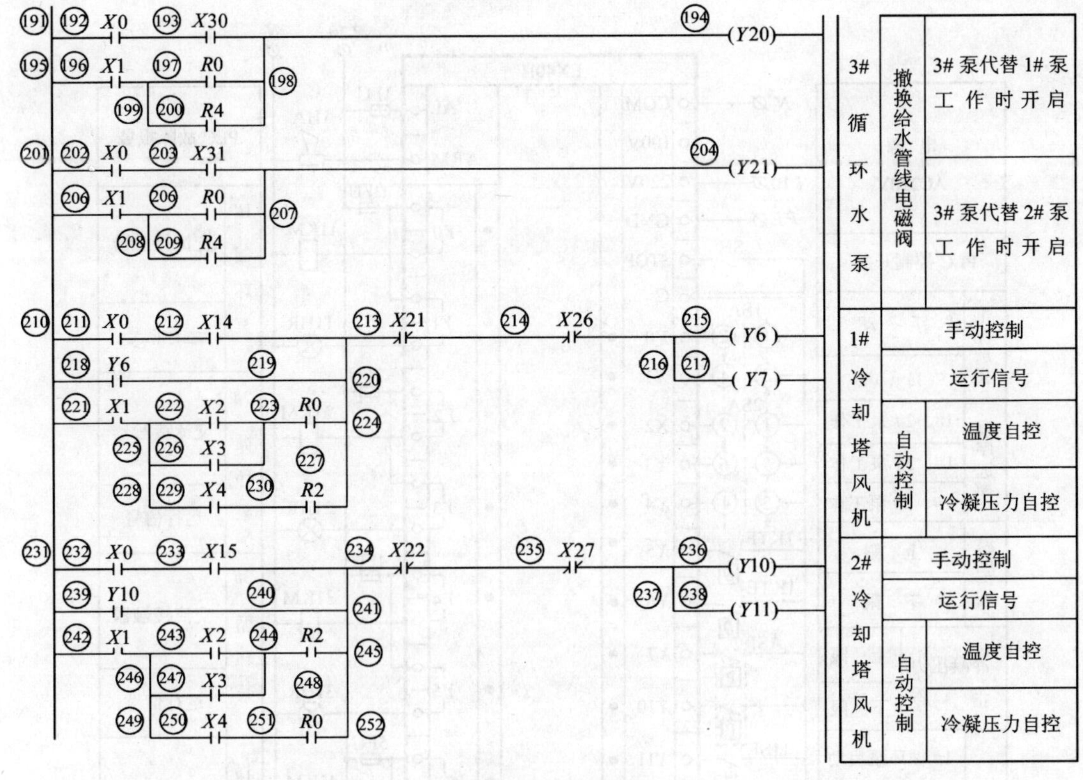

图 7-31(3) 梯形图

(1)工艺要求

1)能量分级

每台压缩机能量调节范围有:0;1/3(33%);2/3(75%);1(100%)等 4 个能量级别。5 台压缩机可以组成 15 级能量。

能量增、减的执行元件是三通电磁阀,每 2 个缸有 1 个三通电磁阀。

2)能量调节参数

第 1 级能量的开、停受库温控制,5 个冷间中任何 1 个冷间温度到达上限位,有降温请求,1#压缩机启动,第 1 级能量投入运行,当所有冷间温度到达下限位,完成降温,第 1 级能量卸载,压缩机停车。其余级能量受库房总回气压力控制,回气压力定为 4 个限位:

$P_1=0$MPa(最低位);

$P_2=0.1$MPa(低位);

$P_3=0.5$MPa(高位);

$P_4=0.8$MPa(最高限位)。

当回气压力在 P_1 和 P_2 值之间能量不增不减,保持在现有能量级运行。当回气压力上升到$\geqslant P_3$,则每延时 15min 增加 1 级能量,当回气压力继续上升到$\geqslant P_4$ 值,则每延时 2min 上 1 级能量。

当回气压力下降到$\leqslant P_2$ 值,则延时 15min 减 1 级能量。当回气压力仍继续下降到$\leqslant P_1$ 值,则每延时 2min 减 1 级能量。

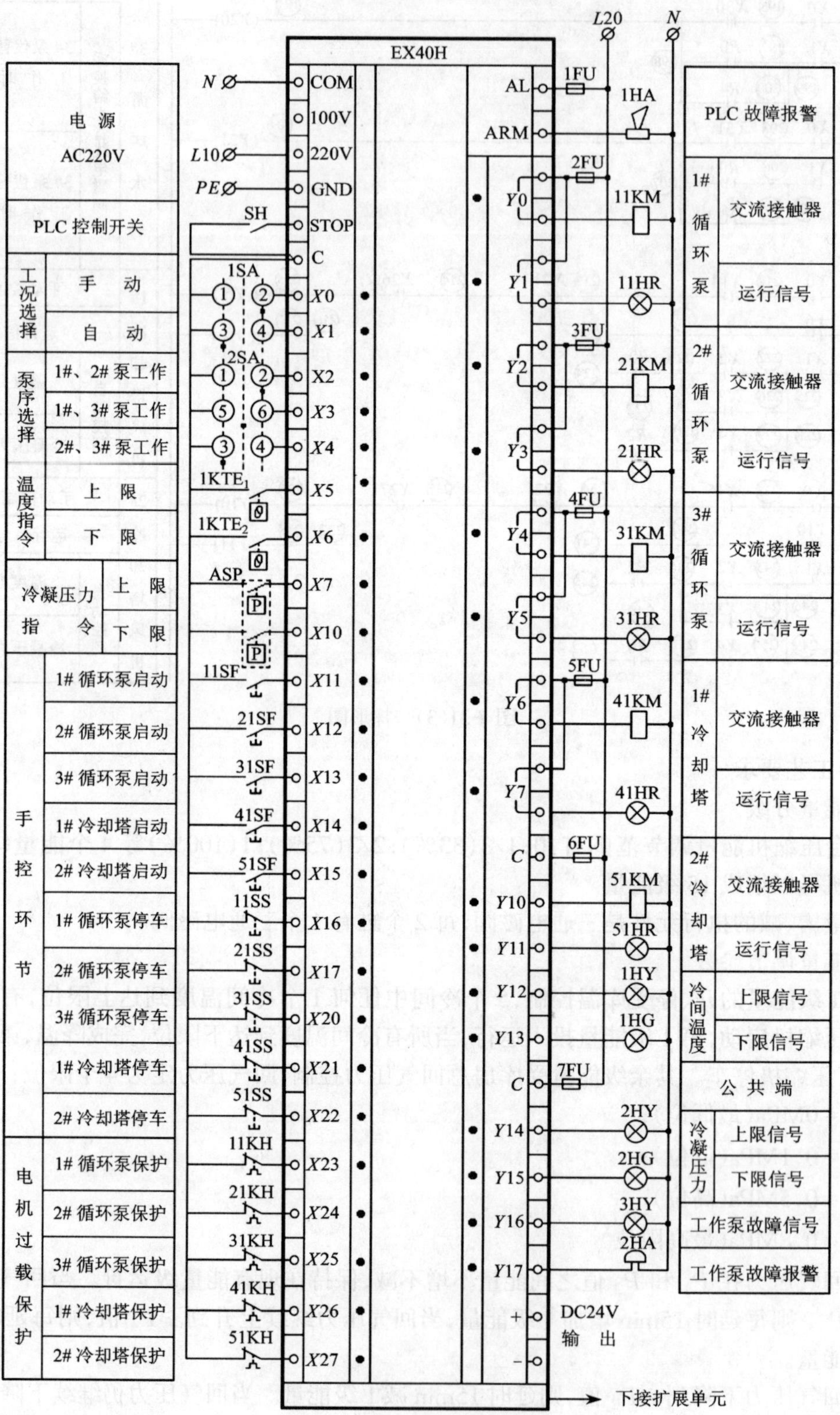

图 7-32(1) PLC 输入/输出接线图

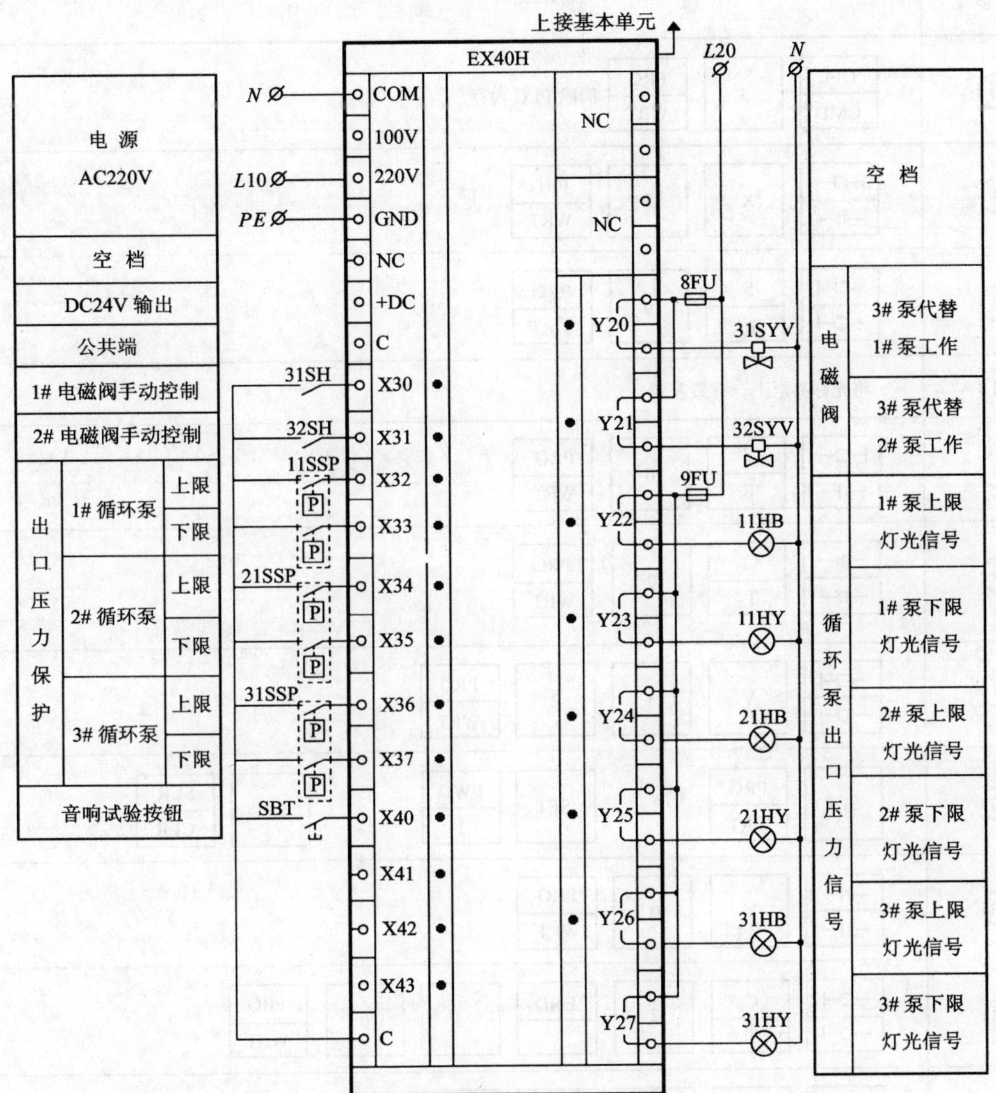

图 7-32(2) PLC 输入/输出接线图

其工艺控制流程方框图如图 7-33 所示。

(2)设计步骤

1)根据上述工艺提供的设备情况和控制要求，确定那些元件的控制功能在启动柜中实现。那些元件的控制功能纳入可编程控制器的范围。

启动柜内已有安全保护回路、电机降压启动、上载和停机程序，这些功能仍在启动柜内实现。

编程操作步骤表　　**表 7-14**

操作步骤	键盘操作
⓪	[DFL / CMD] [3] [PRG / WRT] 清除 PLC 内存
①	[├□─ / ─┤├─] [X] [5] [PRG / WRT]
②	[─□┤ / ─○┤] [S / R] [0] [PRG / WRT]
③	将光标移至下一行最左端
④	[├□─ / ─┤├─] [S / R] [0] [PRG / WRT]
⑤	[─┤┤├─ / ─┤/├─] [C / T] [0] [PRG / WRT]
⑥ ⋮	[─□┤ / ─○┤] [Y] [1] [2] [PRG / WRT]
㊲	[SFT] [PRG / WRT] [SFT] [FWD / ↓] [SFT] [SCR / CLR]
㊳ ⋮	[─┤┤├─ / ─┤/├─] [Y] [0] [PRG / WRT]
㊸	[─□┤ / ─○┤] [C / T] [2] [END / ▪] [3] [0] [PRG / WRT]
㊹	[─┤┤├─ / ─┤/├─] [│] [Y] [2] [PRG / WRT]
㊺ ⋮	[SFT] [▪ ▪ / —] [PRG / WRT]
(251)	[├□─ / ─┤├─] [│] [S / R] [0] [PRG / WRT]
(252)	[SFT] [PRG / WRT] 编程结束，将程序写入 PLC 内存 RAM 中

注：屏幕编辑操作详见用户手册。

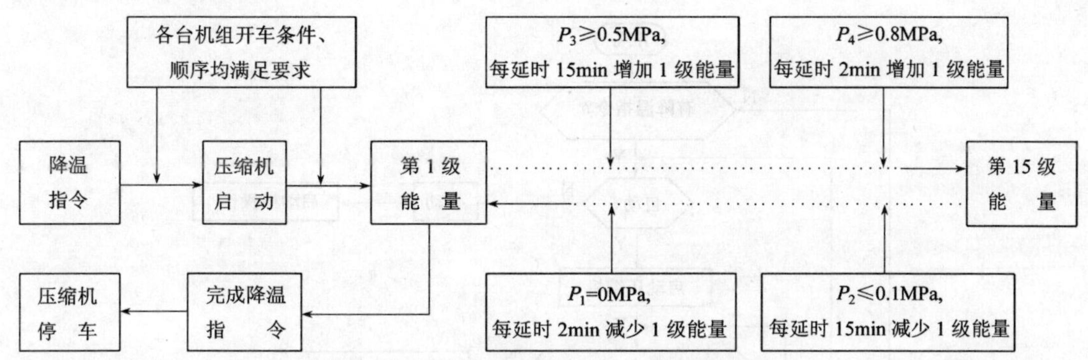

图 7-33 压缩机能量调节工艺流程方框图

每台压缩机的每组气缸有一套卸载机构,执行元件是三通电磁阀。该启动柜的控制线路图中,有 2 组气缸由库温控制,1NYV、2NYV 电磁阀执行。1 组气缸可由能量调节器控制(预留有接点,将切换片改接就成)。现工艺要求,每两缸作为 1 级能量,即以卸载电磁阀来分级,那么,启动柜中的接线需稍作改接,便可实现工艺能量分级的要求。1#压缩机第 1 组气缸(每组 2 个缸)作为起始能量级受库温控制,称为第 1 级能量,其余气缸组(包括 1#~5#压缩机的气缸组)组成第 2 级能量……第 15 级能量均根据库房总的回气压力调节,压缩机的能量调节由可编程控制器实现。控制流程图如 7-34 所示。

2)温度和压力传感元件的选择

本冷库若有监控系统计算机网络,温度控制和压力控制接收中央操作系统的指令,没有监控系统计算机网络,每一个冷间选择 WSK-1 型位式温度控制仪。回气压力控制选择两个 YWK-50 型控制器,根据图 7-34 控制流程方框图可直接画出梯形图,如图 7-35 所示。

本图采用 S0~S7 和 S10~S17 构成 16 位移位寄存器。实际用 15 位。

按手动按钮 1SF(X2 输入)一次可增加一级能量,按手动按钮 2SF(X3 输入)一次可减少一级能量。

自动控制时,输入 1 个温度上限位信号,移位寄存器 S0 接通 12AKM(Y0)交流接触器线圈电源,1#压缩机降压启动,1NYV(Y1)能量调节阀通电卸载,当 1#压缩机全压运行时,12AKM(Y0)失电,1NYV(Y1)能量调节阀失电,第 1 级能量上载,当回气压力达到 P_3 压力数值时,输入 1SP 压力控制器下限位信号,每隔 900s(15min)发出 1 个时间脉冲,移动 1 位,增加 1 级能量。当回气压力达到 P_4 压力数值时,输入 1SP 压力控制器上限位信号,每隔 120s(2min)发出 1 个时间脉冲,移动 1 位,增加 1 级能量。当回气压力下降至 P2 压力数据值时,输入 2SP 压力控制器上限位信号,每隔 900s(15min)发出 1 个时间脉冲,复位 1 次,减少 1 级能量。当回气压力继续下降至 P2 压力数据值时,输入 2SP 压力控制器下限位信号,每隔 120s(2min)发出 1 个时间脉冲,复位 1 次,减少 1 级能量。

3)从梯形图上确定 PLC 机的输入/输出(I/O)接点数,输入有 28 点,输出有 21 点。选用 CKY-40H 型(36/24)能满足使用要求。

4)PLC 机型号确定后,根据梯形图写出相应的梯形命令,输入/输出地址如表 7-15 所示。用编程器将梯形命令输入到 PC 机 RAM 内,然后对输入可编程控制器的梯形命令进行编辑(即用户程序),并对程序进行测试。在完成上述工作后,进行调试,调试成功后,将用户程序输入到 EEPROM 中固化,以确保用户程序不丢失,然后就可投入运行了。

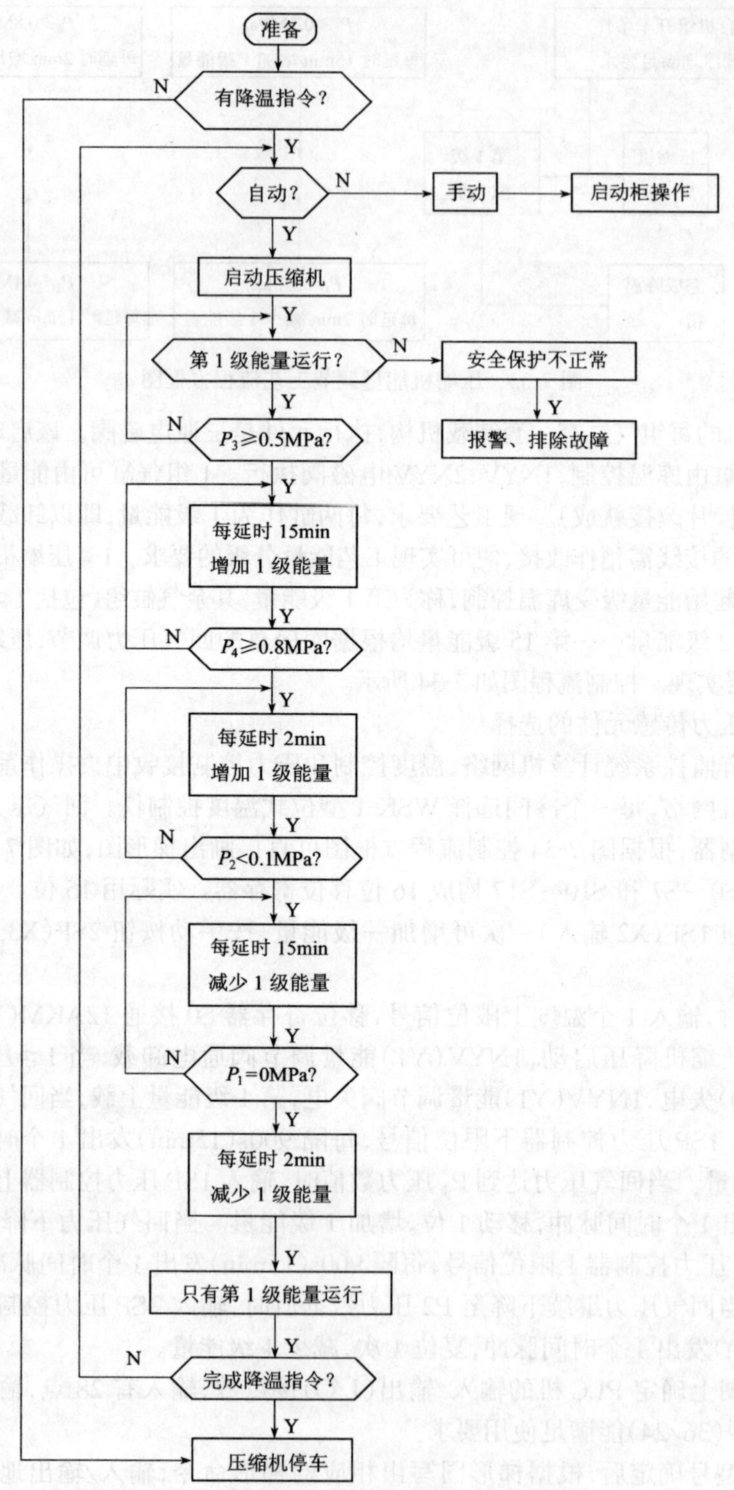

图7-34 压缩机能量调节控制流程方框图

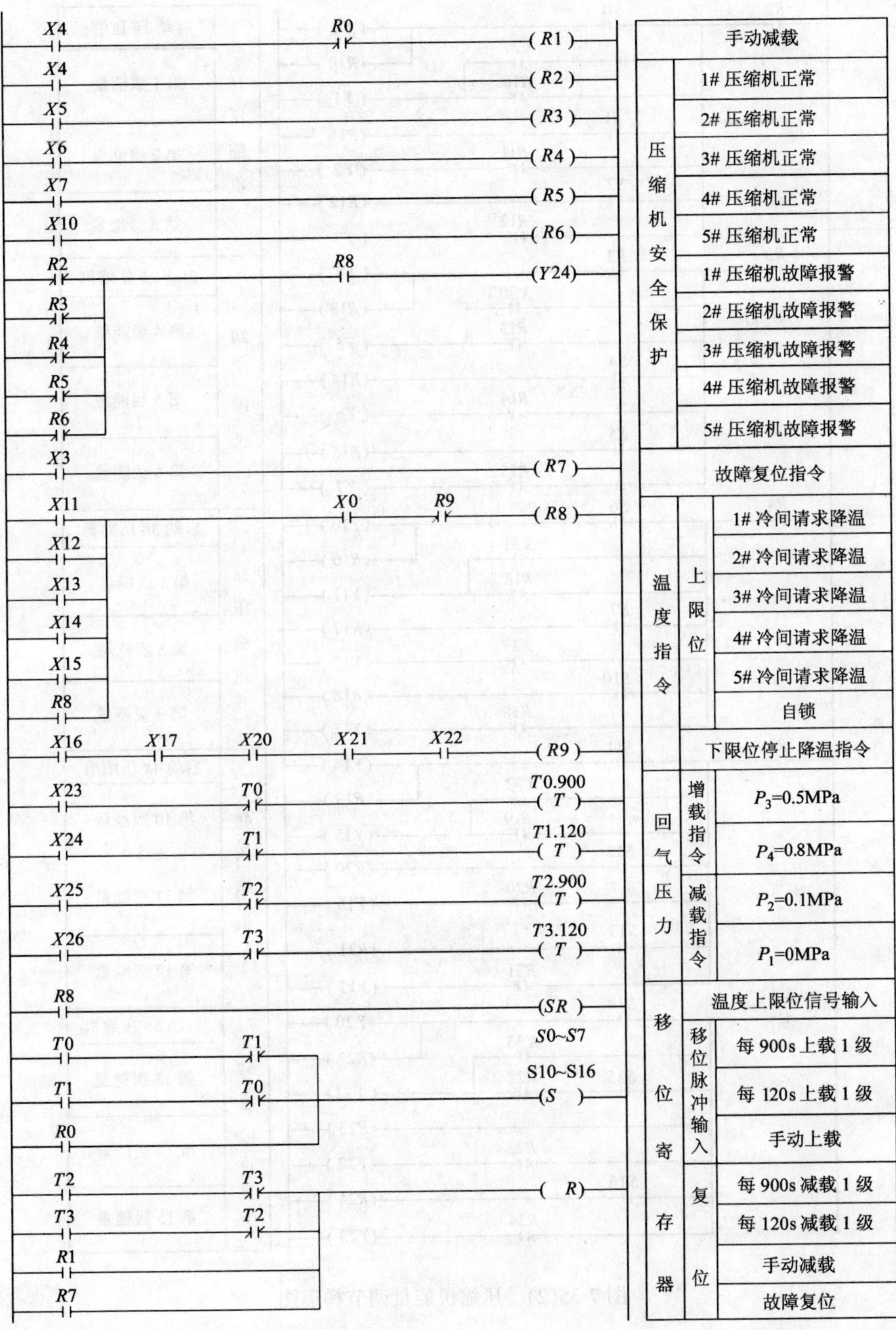

图 7-35(1) 压缩机能量调节梯形图

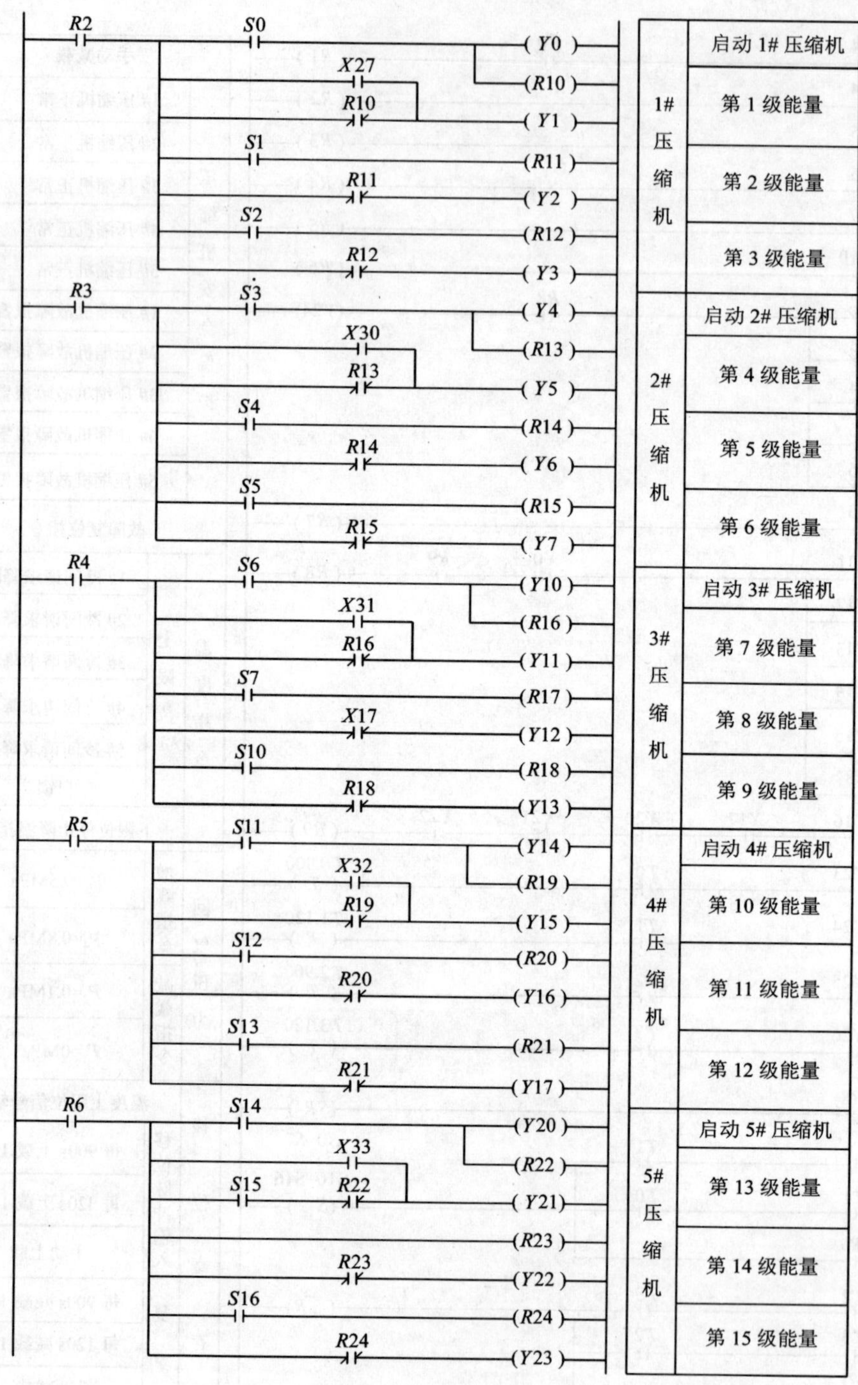

图7-35(2) 压缩机能量调节梯形图

I/O 地 址 表 表7-15

PLC地址		连接外部元件	备 注
输入	X0	1SA选择开关	左45°PLC工作;右45°PLC退出控制功能。由启动柜控制
	X1	1SF手动增载按钮	按1次按钮增载1级
	X2	2SF手动减载按钮	按1次按钮减载1级
	X3	1SR复位按钮	故障处理完毕复位
	X4	1KA常开接点	1#压缩机安全保护监视继电器接点
	X5	2KA常开接点	2#压缩机安全保护监视继电器接点
	X6	3KA常开接点	3#压缩机安全保护监视继电器接点
	X7	4KA常开接点	4#压缩机安全保护监视继电器接点
	X10	5KA常开接点	5#压缩机安全保护监视继电器接点
	X11	$11KAE_1$上限位常开接点	1#冷间温度控制器
	X12	$21KAE_1$上限位常开接点	2#冷间温度控制器
	X13	$31KAE_1$上限位常开接点	3#冷间温度控制器
	X14	$41KAE_1$上限位常开接点	4#冷间温度控制器
	X15	$51KAE_1$上限位常开接点	5#冷间温度控制器
	X16	$12KAE_2$下限位常开接点	1#冷间温度控制器
	X17	$22KAE_2$下限位常开接点	2#冷间温度控制器
	X20	$32KAE_2$下限位常开接点	3#冷间温度控制器
	X21	$42KAE_2$下限位常开接点	4#冷间温度控制器
	X22	$52KAE_2$常开接点	5#冷间温度控制器
	X23	$1SP_1$压力控制器常开接点	回气压力:$P_3=0.5$MPa(高位,增载)
	X24	$1SP_2$压力控制器常开接点	回气压力:$P_4=0.8$MPa(最高位,增载)
	X25	$2SP_1$压力控制器常开接点	回气压力:$P_2=0.1$MPa(低位,减载)
	X26	$2SP_2$压力控制器常开接点	回气压力:$P_1=0$MPa(最低位,减载)
	X27	11AKM常开接点	1#压缩机启动接触器
	X30	21AKM常开接点	2#压缩机启动接触器
	X31	31AKM常开接点	3#压缩机启动接触器
	X32	41AKM常开接点	4#压缩机启动接触器
	X33	51AKM常开接点	5#压缩机启动接触器

续表

PLC 地址		连接外部元件	备　　注
输出	Y0	11AKM 线圈	1#压缩机启动接触器
	Y1	11YV 电磁阀	
	Y2	12YV 电磁阀	1#压缩机能量调节阀
	Y3	13TV 电磁阀	
	Y4	22AKM	2#压缩机启动接触器
	Y5	21YV 电磁阀	
	Y6	22YV 电磁阀	2#压缩机能量调节阀
	Y7	23TV 电磁阀	
	Y10	32AKM	3#压缩机启动接触器
	Y11	31YV 电磁阀	
	Y12	32YV 电磁阀	3#压缩机能量调节阀
	Y13	33TV 电磁阀	
	Y14	42AKM	4#压缩机启动接触器
	Y15	41YV 电磁阀	
	Y16	42YV 电磁阀	4#压缩机能量调节阀
	Y17	43TV 电磁阀	
	Y20	52AKM	5#压缩机启动接触器
	Y21	51YV 电磁阀	
	Y22	52YV 电磁阀	5#压缩机能量调节阀
	Y23	53TV 电磁阀	
	Y24	警铃	

7.7　部分可编程控制器产品型号及主要性能

7.7.1　国产可编程控制器产品型号及主要性能

(1)北京联想计算机集团产品 GK-40 系列见表 7-16。

GK-40 系列 PLC 主要技术指标 表 7-16

项目		主要技术指标
硬件配置		主机(中央处理机芯片 Intel 8051)、编程器、大屏幕显示器
编程方式		梯形图语句
平均执行时间		扫描周期 $60\mu s$
内存容量		ROM、RAM 选址范围都能达到 64K 字节 系统监控 ROM16K 字节 系统 RAM 和用户 RAM 各有 2K 字节
指令系统		13 条指令:连线;常开触头;常闭触头;线圈;步进;上升边触发;定时器;计数器;主控线圈;转移线圈;触发器;移位寄存器;结束
基本输入/输出点数(I/O)		24/16(输入采用光电隔离)
最大输入/输出点数(I/O)		48/32
内部器件	内部继电器 (R)	128 个
	内部锁存继电器(L)	128 个
	定时器 (T)	16(0.1-999.9s)
	计数器 (G)	16(1-9999 次)
	移位寄存器 (S)	128 个
通信接口		RS232C
电源电压		AC220V,输出最大负载 2A/点
连上位机(IBM-PC/XT)		可以控制 16 台 GK40PLC

(2)北京远宝工业电脑技术开发部 YB 系列见表 7-17。

YB 系列 PLC 主要技术指标 表 7-17

项目 \ 型号		YB-K40	YB-K256	YB-M256
硬件配置	外部结构	主机由输入/输出端点、显示器和键盘组成(编程器就在主机面板上)		由主机、编程器(带显示器)和键盘组成
	中央处理机芯片	Intel 8031	Intel 8031	Intel 8097
编程方式		梯级命令		
执行时间(扫描周期)		50ms	50ms	100ms
用户内存容量		8KB	8KB	16KB
指令系统		梯级图命令 21 条,编辑命令十条		
开关量输入/输出点数(I/O)		24*/16	128/*128	256/*256
模拟量输入/输出点数(I/O)		—	—	48/48
内部器件	内部继电器 (R)	256 个	256 个	512
	内部锁存继电器(L)	127 个	127 个	255
	定时器 (T)	32 个 (32767×0.05s)	32 个 (32767×0.05s)	128 个 (65535×0.1s)
	计数器 (C)	32 个	32 个	128 个

续表

项目 \ 型号		YB-K40	YB-K256	YB-M256
电源电压		AC220V±30%		
功率		35VA	70VA	100VA
存贮后备电池		双重保护镍镉电池(长期使用)		
连上位机(IBM-PC/XT)		可以		
环境要求	存贮温度	-40~+85℃		
	连续工作温度	0~50℃		
	连续工作湿度	5%~95%RH不结露		
主机箱	外形尺寸 长×宽×高 (mm)	325×155×126	325×155×126	470×120×210
扩展箱		—	470×120×210	470×120×210
键盘		—	—	350×150×35
编程器		—	—	350×220×35
主机	重量 (kg)	3.7	3.7	7.5
扩展箱		—	7.5	7.5
编程器		—	—	2

注:*各个I/O插件的内部线路与外部信号的连接均通过光电隔离。

(3)上海香岛机电制造公司ACMY-S80型见表7-18。

ACMY-S80型PLC主要技术指标 **表7-18**

项目		主要技术指标
中央处理机芯片		Intel 8031
编程方式		用梯形图、梯形图语句在S80P编程器上编程或用S80软件包在上位机(IBM-PC/XT)上编程
执行时间		扫描周期<20ms/千步
内存	容量	1千步
	形式	RAM、EPROM(锂电池保持)
指令系统		基本命令21条,编辑命令10条、数值运算指令12条
开关量(I/O)	输入点数	基本单元为24点,可扩展至72点,光耦隔离
	输出点数	基本单元为16点,可扩展至48点 继电器输出:AC220V/DC24V,2A,$\cos\varphi=1$ 晶体管输出:DC24V 可控硅输出:AC36~250V,0.5A
内部继电器	辅助继电器 (M)	256点。地址编号:3000~3715;4000~4715 在PLC内起传递信号作用
	断电保持继电器	128点。地址编号:6000~6715。在PLC停电时保持数据
	高速计数	1路,2kHz
	延时/计数继电器(T)	32点。地址编号:5000~5015;5100~5115。提供延时或计数操作
	特殊继电器	地址编号:0001 1点,提供周期为0.1s的时钟脉冲; 地址编号:0002 1点,提供周期为0.2s的时钟脉冲; 地址编号:0003 1点,提供周期为1s的时钟脉冲; 地址编号:0004 1点,提供周期为10s的时钟脉冲; 地址编号:0005 1点,运行开始时发一负单脉冲; 地址编号:0006 1点,运行开始时发一正脉冲

续表

项 目		主 要 技 术 指 标
主要功能	自诊断功能	CPU故障,CTC故障,RAM故障,电池异常
	通讯功能	自带RS-232串行接口
	特殊功能	TIM、CNT串行接口
	运行监视	能以占通道为单位,实时监视各I/O点,各类继电器、定时器、计数器的状态和现值
连上位机(IBM-PC/XT)		可 以
性能指标	功 耗	≤25W
	绝缘电阻	R≤500MΩ(1500V AC/2100V DC端子与接地端之间)
	耐 压	1500V AC,50Hz,一分钟端子与接地端之间
	抗干扰强度	1150V,脉宽20μs,矩形波
	抗震强度	10~35Hz,2mm双振幅(X、Y、Z方向各≤30min)
外形尺寸(长×宽×高mm)		300×110×100
环境要求	工作温度	0~55℃
	贮藏温度	-20~+65℃
	相对湿度	35%~95%RH
电源电压		AC220V(或AC110V)±15%
电池寿命		25℃环境下其使用寿命为3~5年。BAT指示灯亮后,一周内应更换电池

(4) 苏州机床电气厂CKY系列见表7-19。

CKY-20/40/40H型PLC主要技术指标 **表7-19**

项 目		CKY20	CKY40	CKY40H
处 理	扫描方式	存储程序循环扫描		
	执行系统	解释程序(软件)		位处理机
	执行时间	60μs/步	60μs/步	3μs/步
内存记忆	类 型	CMOS RAM(后备电池支持)/PROM(任选)		
	容 量	1024步	1024步	1024步
I/O点数及地址号	20点	12/8,X0~X13 Y0~Y7	—	—
	40点	24/16,X0~X27 Y0~Y17	24/16,X0~X27 Y0~Y17	24/16,X0~X27 Y0~Y17
	60点	—	36/24,X0~X43 Y0~Y27	36/24,X0~X43 Y0~Y27
	80点	—	48/32,X0~X57 Y0~Y37	48/32,X0~X57 Y0~Y37
	100点	—	—	60/40,X0~X73 Y0~Y47
	120点	—	—	72/48,X0~X107 Y0~Y57

续表

<table>
<tr><th colspan="2">项　　目</th><th>CKY20</th><th>CKY40</th><th>CKY40H</th></tr>
<tr><td rowspan="5">内部器件点数和地址号</td><td>内部线圈　(R)</td><td>128点,R0～R177</td><td>128点,R0～R177</td><td>128点,R0～R177</td></tr>
<tr><td>锁存线圈　(L)</td><td>128点,L0～L177</td><td>128点,L0～L177</td><td>128点,L0～L177</td></tr>
<tr><td>移位寄存器(S)</td><td>128点,S0～S177</td><td>128点,S0～S177</td><td>256点,S0～S377</td></tr>
<tr><td>定时器　(T)</td><td>64点,T0～T77
设定时间:0.01～99.99s</td><td>64点,T0～T77
设定时间:0.1～999.9s</td><td>64点,T0～T77
设定时间:0.1～999.9s</td></tr>
<tr><td>计数器　(C)</td><td>64点,C0～C77
设定值:1～9999</td><td>64点,C0～C77
设定值:1～9999</td><td>64点,C0～C77
设定值:1～9999</td></tr>
<tr><td colspan="2">指令系统</td><td colspan="3">主控制、定时器、计数器、步进顺序、转移、触发器、移位寄存器、结束</td></tr>
<tr><td colspan="2">自诊断功能</td><td colspan="3">电源,运行,错误,PROM故障报警信号</td></tr>
<tr><td colspan="2">输入类型</td><td colspan="3">干接触;输入电压内供;输入电流10mA</td></tr>
<tr><td rowspan="3">输出类型</td><td>继电器输出</td><td colspan="3">AC 115/230V;DC 24V。额定电流2A</td></tr>
<tr><td>可控硅输出</td><td colspan="3">AC 110V;额定电流1A</td></tr>
<tr><td>晶体管输出</td><td colspan="3">DC 24V;额定电流1A</td></tr>
<tr><td rowspan="10">性能指标</td><td>电　源</td><td colspan="3">AC 110/220V+10%～-15%;　47～62Hz</td></tr>
<tr><td>功　耗</td><td colspan="3">CKY20型少于20VA;CKY40/40H型少于25VA</td></tr>
<tr><td>瞬时电压故障</td><td colspan="3">在10ms及以内不受影响</td></tr>
<tr><td>承受电压</td><td colspan="3">AC 1500V(1min)</td></tr>
<tr><td>环境温度</td><td colspan="3">工作:0～60℃;储存:-15～75℃</td></tr>
<tr><td>环境湿度</td><td colspan="3">相对湿度10%～90%,没有凝结</td></tr>
<tr><td>震　荡</td><td colspan="3">JIS CO911 11B3相等于16.7Hz,3mmP-P</td></tr>
<tr><td>冲　击</td><td colspan="3">JIS CO9112(X,Y,Z方向10g,3次)</td></tr>
<tr><td>抗干扰</td><td colspan="3">1000V,1μs,用干扰模仿器方法</td></tr>
<tr><td colspan="4"></td></tr>
<tr><td rowspan="3">重量(kg)</td><td>基本单元</td><td>2.0</td><td>2.5</td><td>2.5</td></tr>
<tr><td>扩展单元</td><td>1.0</td><td>1.5</td><td>1.5</td></tr>
<tr><td>液晶显示器</td><td colspan="3">0.3</td></tr>
</table>

7.7.2　日本可编程控制器产品型号及主要性能

(1)日本东芝(TOSHIBA)EX系列见表7-20。

日本东芝 EX 系列 PLC 主要技术指标表 表 7-20

项目 \ 型号			主要技术指标		
			EX20	EX40	EX40H
硬件配置			主机(中央处理机芯片 Intel 8051)、液晶显示编程器、打印机		
编程方式			梯形图语句		
内存	类型		RAM(锂电池支持)/EPOM/EEPOM		
	容量		510 步	1022 步	1022 步
处理	执行系统		存贮程序,循环扫描系统,解释程序(软件)		
	执行时间		60μs/步	60μs/步	3μs/步
指令系统			13 条指令:连线;常开触头;常闭触头;线圈;步进;上升边触发;定时器;计数器;主控线圈;转移线圈;触发器;移位寄存器;结束		
I/O 点数	20 个	基本单元	12/8	—	
	40 个	基本单元	12/8	24/16	24/16
		扩展单元	12/8	—	—
	60 个	基本单元	—	24/16	24/16
		扩展单元		12/8	12/8
	80 个	基本单元		24/16	24/16
		扩展单元		24/16	24/16
	100 个	基本单元	—	24/16	24/16
		扩展单元		24/16+12/8	24/16+12/8
	120 个	基本单元	—	24/16	24/16
		扩展单元		24/16+12/8	24/16+12/8
内部器件	输入(X)		干接触 10mA;AC 120V,DC24V		
	输出(Y)	继电器输出	AC 100~240V,DC24V;电阻 2A;电感 1A;4 个点至 1 个公共点 4A		
		晶体管输出	DC24V;电阻 1A;4A/8 点;8A/16 点		
		双向可控硅	AC 100~240V;电阻 1A		
	内部线圈(R)		R0~R77(64)	R0~R177(128)	R0~R177(128)
	锁存线圈(L)		L0~L77(64)	L0~L177(128)	L0~L177(128)
	移位寄存器(S)		—	S0~S177(128)	S0~S177(256)
	定时器(T)		T0~T7(8)	T0~T17(16)	T0~T77(64)
	计数器(C)		C0~C7(8)	C0~C17(16)	C0~C77(64)
自诊断	显示		POWER(电源),RUN(工作),PROM、EROM(出错),ALARM(报警)		
	项目		程序控制定时器,内存检查,执行时间检查,电池电压检查		

续表

项目		型号 主要技术指标 EX20	EX40	EX40H
其他性能	电源	AC 100/200V,+10%,-15%;47~63HZ		
	耗电量	EX20型少于20VA;EX40型少于25VA		
	电源故障	在10s以内,不受影响		
	承受电压	AC 1500V(1min)		
	环境温度	工作温度0℃~60℃。贮藏温度-75℃~+75℃		
	湿度	10%~95%相对湿度。没有凝结水		
	抖动、振动、噪声	16.7Hz,3mm峰—峰;X,Y,Z方向10g,3次;1000V,1μs,用噪声信真器试验		
外形尺寸,长×宽×高(mm)		240×112×110	320×112×110	320×112×110
重量(kg)	基本(扩展)单元	2.0(1.0)	2.5(1.5)	2.5(1.5)
	液晶显示器	0.3		

(2)日本三菱(MITSUBISHI) F、FX系列

F系列PLC主要规格　　表7-21

基本单元					
型号(F2同F1)	F1-12MR	F1-20MR	F1-30MR	F1-40MR	F1-60MR
I/O点数	6/6	12/8	16/8	24/16	36/24
扩展单元					
型号(F2同F1)	F1-10ER	F1-20ER	F1-40ER	F1-60ER	
I/O点数	4/6	12/8	24/16	36/24	
规格	箱式				
外形尺寸(mm)长×宽×高	165×90×90	250×90×90	275×90×90	300×110×100	35×140×100
重量(kg)	≅1.2	≅1.5	≅1.9	≅2.3	≅3.5
电源电压	AC110V-120V±10%;AC220V-240V±10%;50/60Hz				
电源功耗	18VA	20VA	22VA	25VA	40VA

F系列PLC主要技术指标 表7-22

型　　号		F1	F2
主 要 特 点		微型系统	
编 程 方 式		逻辑符号(语言)	
最大I/O点数		120	
处 理	执行系统	循环扫描	
	执行时间	12μs/步	7μs/步
基本指令/应用指令		20/87	
内存容量RAM		1K步	2K步
输入继电器(X)		NPN集电极开路晶体管,无源触点,光耦合隔离	
输出继电器(Y)		继电器输出方式,继电器隔离,电阻性负载2A/点,电感性负载500,000次操作/35VA	
移位寄存器(S)		64点	192点
		工作方式:数据库输入处理;复位输入处理;移位输出处理;中间继电器的置位/复位	
辅助继电器(M)		常用继电器128点,保持继电器64点	
定时器(T)		24点—0.1～999s; 8点—0.01～99.9s	
计数器,高速计数器(G)		三位数反向计数器30点;六位数正向/反向计数器1/1。高速Built－in,1ph 1kHz	
状态器(S)		40点,用于步进式过程控制	
位 置 控 制		F2-30GM 1信道	
A/D转换器		F2-6A-E 4信道	
D/A转换器		F2-6A-E 2信道	
显示器	发光二极管	F-20DU-SET	
	液晶显示器	MAC 50/F	
计算机连接RS232		F2-232GF	
编程设备	轻便编程器	F1-20P-E;F2-20P-E;FX-20P-E;	
	图形编程器	GP-80F-E	
	个人计算机	MELSEC MEDOC	
网 络	类　　型	MELSECNET/MINI	
	接　　口	F-16NT/NP-E	
	通信速度	1.5Mbps	
	最大站数	32站	
	工作站区间	50m/100m	

FX 系列 PLC 主要规格 表 7-23

单元 \ 型号	继电器输出	可控硅输出	晶体管输出	I/O 点数	实际占用 I/O 点数
基本单元	FX2-16MR	—	FX2-16MT	8/8	8/8
	FX2-24MR	—	FX2-24MT	12/23	16/16
	FX2-32MR	—	FX2-32MT	16/16	16/16
	FX2-48MR	—	FX2-48MT	24/24	24/24
	FX2-64MR	—	FX2-64MT	32/32	32/32
	FX2-80MR	—	FX2-80MT	40/40	40/40
扩展单元	FX2-32ER	—	—	16/16	16/16
	FX2-48ER		FX2-48ET	24/24	24/24
输出扩展模块	FX-8ER	—	—	4/4	8/8
	FX-8EYR	FX-8EYS	FX-8YET	0/8	0/8
	FX-16EYR	FX-16EYS	FX-16YET	0/16	0/16
	—	FX-4EYS-H(1A)	FX-4YET-H(1A)	0/4	0/8
	—	FX-8EYS-H(1A)	FX-8YE-TH(1A)	0/8	0/8
输入扩展模块	FX-8EX			8/0	8/0
	FX-16EX			16/0	16/0
	FX2-24EI(转接 F2 系列模块)			12/8	16/8
特殊功能模块(不影响地址分配,最多能接 8 台)	FX-1GM(单轴定位脉冲输出模块)			8 点,不影响地址	
	FX-1HC(高速计数模块)			8 点,不影响地址	
	FX-2DA(双通道,12 位数模转换器)			8 点,不影响地址	
	FX-4AD(4 通道,12 位模数转换器)			8 点,不影响地址	
	FX-2AD-PT 双通道,12 位 PT100 输入模数转换器			8 点,不影响地址	
	FX-16NP(M-NET/MINI 网光纤接口模块)			12/8	16/8
	FX-16NT(M-NET/MINI 网电缆接口模块)			12/8	16/8
特殊功能模块(接在主机的左端不占用点数)	FX-8AV(8 路模拟定时设定模块)			不占用 I/O 点数	
	FX2-40AP(光纤连接,并联运行模块)				
	FX2-40AW(电缆连接,并联运行模块)				
特殊功能模块(接在主机的编程口)	FX-232AW(与个人计算机通讯模块)			不占用 I/O 点数	
	FX-20DU-E(数据设定/显示模块)				

FX2 和 AIS 系列 PLC 主要技术指标 **表 7-24**

项目	型号	FX2	AIS
主要特点		高速度	紧凑型
规格		箱式,模块式	模块式
编程方式		逻辑符号(语言)	
最大 I/O 点数		256 点	
处理	执行系统	循环扫描	
	执行时间	0.74μs/步	1.0μs/步
基本指令/应用指令		20/85	26/131
程序容量	内部 RAM	2K 步	8K 步
	选配	2K～8K	—
数据寄存器		512 点	1024 点
文件寄存器		最大 2K 点	最大 4096 点
定时器/计数器		256/256 点	
微程序		—	有
中断方式		有	有
实时时钟		FX-RTC 选配	有
特殊功能单元	高速计数器	Built-in 8 信道 20kHz	A1SD61,1 信道 50kHz
	位置控制	F2-30GM,FX-1GM	—
	A/D 转换器	FX-4AD	AIS64AD,4 信道
	D/A 转换器	FX-2DA	AIS62DA,2 信道
	温度控制	FX-2AD-PT,2 信道	AIS62RD3/RD4,2 信道
显示器	发光二极管	FX-2DU-SET	—
	液晶显示器	—	AD57
	阴极射线管	—	AD58
计算机连接 RS232 接口		FX-232AW	AISJ71C24-R2
编程设备	轻便编程器	FX-20PE	A7PU,A7PUS
	图形编程器	GP-80FX-E	A6GPPE,A6PHPE
	个人计算机	MELSEC MEDOC	
网络	类型	MELSECNET/MINI	MELSECNET/B
	接口	F-16NT/NP-E,FX-40AW/AP	AISJ71T21B
	通信速度	1.5Mbps	
	最大站数	32	—
	工作站区间	50m/100m	—

7.7.3 德国西门子(SIEMENS)公司 SIMATIC S5 系列

SIMATIC S5 系列主要规格 表 7-25

型号 \ 规格		程序存储器（语句）	数据存储器（字节）	扫描时间 K 语句（ms）	数字 I/O（点数）	模拟 I/O（点数）
S5-101U		1K	—	70	40/20	—
S5-100U	CPU100	1K	—	70	128	8
	CPU102	2K	—	7.0	256	16
S5-115U	CPU942	9K	—	2.2	512	64/64
	CPU941	21K	—	1.6	1024/1024	64/64
S5-135U		32K	128～256K	0.5～8	4096	192
S5-150U		48K	128～256K	2.5	4096	192

SIMATIC S5-100U 系列 PLC 主要技术数据 表 7-26

中央处理单元		CPU100	CPU100	CPU100
处理器		一个标准处理器	一个标准处理器	一个标准处理器 一个 STEP5 协处理器
功能范围		布尔逻辑，嵌套操作，输出赋值，置位/复位(锁存/打开)，定时器/计数器功能，装载、传送、比较和跳转操作，程序块调用，特殊功能，逻辑字选通，算术运算		
编程语言		SETP5(用控制系统流程图、梯形图、语句表达)		
编程表示法		STL(语句表)、CSF(控制系统流程图)、LAD(梯形图)		
程序构成		线性或结构化		
程序存储器	内部 RAM	2K 字节	2K 字节	2K 字节
	EPROM 或 EEPROM 子模板	2K 字节	2K 字节	2K 字节
		注：可插入存储器子模板字数可达到 32K 字节。1 个语句通常指定为：1 个字 = 2 字节 = 存储器中 16 位。2.RAM 的备份时间最小 1 年		
执行时间(μs)	布尔逻辑运算	40～80	7.0	0.8
装载和输送	I、Q、F、T、C	55～70	15	0.8
	数据字	55～65	30～40	0.2
	算术操作	55～80	25	0.8
	跳转和转换操作	60～70	2～10	0.8
	定时器和计数器操作	90～125	30～75	1.9
	块调用	125～150	50	0.85～3.35
	置换操作	—	—	150
	DO 操作	—	—	150～170
编程扫描		循环		循环，时控，中断驱动
扫描周期监测时间(ms)		350		500、可变
标志位(内部继电器)		1024，其中 512 可用备用电池记忆	1024，其中 512 可用备用电池记忆	204，其中 512 可用备用电池记忆

续表

中央处理单元		CPU100	CPU100	CPU100
定时器	内部个数	16	32	128
	时间范围	10ms～9990s	10ms～9990s	10ms～9990s
	外部的	用单独的模板	用单独的模板	用单独的模板
计数器	内部个数	16、其中8个可用备用电池记忆	32、其中8个可用备用电池记忆	128、其中8个可用备用电池记忆
	时间范围	0～999(加/减计数)	0～999(加/减计数)	0～999(加/减计数)
	外部的	用单独的模板	用单独的模板	用单独的模板
数字量输入/输出总和,最多		128	256	256
模拟量输入/输出总和,最多		8	16	32
I/O模板的配置和布置		最多32个I/O模板,最多元化组,各组之间最大距离为10m。水平或垂直布置,垂直布置时,需降低允许环境温度		
总线(LAN)连接		无	SINEC L1(作为从设备)	
适用的编程器		PG 605U,PG 710,PG 730,PG 750PG (XT/AT—兼容)		

SIMATIC S5-135U,S5-155U系列PLC主要技术数据 表7-27

中央处理单元	S5-135U	—	CPU928B	CPU928	CPU922	CPU920
	S5-155U	CPU946/947	CPU928B	CPU928	CPU922	CPU920
功能		与或逻辑(8层嵌套);计数;定时;装载和传送操作;字、字节和双字处理(8位、16位、32位);比较操作;4种基本的浮点和定点数的算术运算;集成的移位寄存器和PID控制算法				
编程语言		STEP5				C、CBASIC
执行时间(ms)	每千二进制语句	1.4	0.6	1.1	20	—
	每千典型用户程序(65%二进制,35%字操作)	1.7	0.9	7.5	20	—
程序/数据存储	RAM内部	128K字节	46K字节(数据用)		22K字节(数据用)	
	RAM,EPROM	—	64K字节	64K字节	64K字节	126K字节
	存储模板	768K字节	—	—	—	—
	磁泡存储器	256K字节	256K字节	256K字节	256K字节	—
	CP580	40M字节	40M字节	40M字节	40M字节	—
标志位(可保持)		2048	2048	2048	2048	—
S标志位(可保持)		32768	8192	—	—	—
定时器(0.01～9990s)		256	256	256	128	—
计数器(0～999)		256	256	256	128	—
算术运算	定点16位	+,-,·,÷	+,-,·,÷	+,-,·,÷	+,-,·,÷	—
	定点32位	+,-,·,÷	+,-,·,÷	+,-,·,÷	+,-,·,÷	—
	浮点	+,-,·,÷	+,-,·,÷	+,-,·,÷	+,-,·,÷	—

续表

中央处理单元	S5-135U	—	CPU928B	CPU928	CPU922	CPU920
	S5-155U	CPU946/947	CPU928B	CPU928	CPU922	CPU920
输　入	开　关　量	最多1024过程映象区		用于信号电压AC	+5V~230V	
	加	最多3072不包括过程映象区				
	加	最多4096直接存储区存取				
	加	最多518152页地址方式				
	模　拟　量	最多192		用于信号范围±12.5mV~±10V和±10mA		
	加	最多256直接存储区存取				
	加	最多32130页地址方式				
输　出	开　关　量	最多1024过程映象区		用于信号电压AC	+24V~230V	
	加	最多3072不包括过程映象区				
	加	最多4096直接存储区存取				
	加	最多518152页地址方式				
	模　拟　量	最多192	用于信号范围±10mV和0~20mA			
	加	最多256直接存储区存取				
	加	最多32130页地址方式				
接　口	第一个接口（已内装）	编程器	编程器	编程器	编程器	编程器
	第二个接口（配接口模板）		TTY或RS232C或RS422C			
可能配置接口装置（用通信处理器）		本地配置（远至2m）；扩展配置（远至3000m）可带二个或更多的扩展（或ET100）中央控制器连至计算机、PLC及模板、CRT、键盘、打印机				
智能模板		如位置解码，位置控制，闭环控制或阀控制				
可用编程器		PG635，PG685，PG710，PG730，PG750，PG770				PG685

7.7.4 美国可编程控制器产品型号与主要技术数据

(1)IPM公司IP1612-220系列

美国IP1612-220系列主要技术数据　　表7-28

型　号	输入 220V交流	输入 5~24直流	输入 0~5V模拟量	输出 交流开关220V 8A	输出 直流开关5~24V 8A	输出 直流开关5~48V 8A	输出 其　他	与上位电脑的通讯接口
IP1612-220	8	4	4	8	4	—	—	—
IP1612L-220	8	4	4	8	4	—	—	有
IP1612DC-220	—	12	4	—	—	12	—	有
IP1612A-220	—	12	4	—	10	—	2点，20mA电流圈	有
IP1612A10-220	—	12	4	—	10	—	2点，0~10V模拟量	有
IP1612A10B-220	—	12	4	—	10	—	2点，-10~10V模拟量	有
IP1612A5-220	—	12	4	—	10	—	2点，0~5V模拟量	有
IP1612A5B-220	—	12	4	—	10	—	2点，-5~5V模拟量	有

(2)霍尼韦尔公司(HONEYWELL)9000系列主要规格和技术性能

9000系列主要规格 表7-29

项目 \ 型号		9000e	9100e	9200e
电源要求	电压AC (V)	115或230±15%	115或230±15%	115或230±15%
	频率 (Hz)	50/60	50/60	50/60
	功耗 (VA)	95/110	95/110	95/110
电池后备		至少半年		
通信接口	RS232口至操作员盘	1	1	1
	DMCS口至监控站	1	1	1
	DMCS口至外部霍尼韦尔设备	1	1	1
环境温度 (℃)		0~60	0~60	0~60
相对湿度(无凝结) (%RH)		5~95	5~95	5~95
振动	频率 (Hz)	500	500	500
	加速度 (g)	2	2	2
机械冲击	加速度($9.8m/s^2$) (g)	15	15	15
	持续时间 (ms)	11	11	11
尺寸:W×H×D (mm)		483×272×191	483×272×191	483×272×191
重量 (kg)		18	18	18
安装方式		盘装,或480mm机架安装		

9000系列脉冲输入组件 表7-30

项目		规格
输入通道		4
电压范围,DC (V)		4.7~9.0;10~32;32~60;
电流(典型值)		7~15mA
最高输入频率	低(经滤波)	200Hz
	高(经滤波)	100kHz
最小脉冲宽度	经滤波	2.5ms
	未曾滤波	5μs
输入隔离		DC 2500V光隔离

9000系列模拟量I/O模件参数　　**表7-31**

模拟量输入

参数	模件型号 通用模拟量A	模件型号 强信号模拟量B
输入	16路差分(隔离)输入	8路差分(隔离)输入
分辨率	14位	12位
精度	±0.05%满量程	±0.1%量程
转换速率	20次转换/s (无烧断检查) 16次转换/s (有烧断检查)	8个输入/33ms
输入阻抗	10MΩ	<200kΩ
输入电压范围	1～5V 0～5V 0～10mV 10～50mV 直接传感器	0～10V -10～10V 0～5V -5～5V 1～5V
输入电流范围	4～20mA 0～20mA (用1～5V范围,带分流)	
共模电压	最大连续30Vrms	
温度系数	0.004%/℃	0.06%/℃
点至地和点至点隔离	300V峰值	300V峰值

模拟量输出

参数	模件型号
输出	4路非隔离
分辨率	12位
模件供电	DC　+5V,285mA DC　-15V,120mA DC　+15V,85mA 另为每路电流输出加20mA
输出范围: 电压 电流	DC　±10V DC　±5V DC　0～10V 4～20mA
负载: 电压 电流	 最小8kΩ 0～600Ω
精度	25℃时为0.15%满量程
温度系数: 电压 电流	±0.006%满刻度/℃ 加3/4最小分辨位 ±0.003%满刻度/℃ 加3/4最小分辨位

9000系列开关量输入模件　　**表7-32**

模件类型		DC　24V　输入	AC　115V　输入	AC/DC　230V　输入
输入通道		16	16	8
电压范围		18～28V	90～140V	195～250V
电流范围		3～9mA	500mA	4.5～10mA
开关电平	逻辑1	DC　18V	AC　75V	AC　140V/DC 155V
	逻辑0	DC′　11V	AC　43V	AC　63V/DC 90V
最大泄漏电流	AC	—	1.5mA	1mA
	DC	1.3mA	—	1.5mA
输入延时	OFF至ON	2.4ms±20%	2.4ms±20%	2.4ms±20%
	CN至OFF	17ms±2%	30ms±20%	17ms±20%

9000系列开关量输出模件 表7-33

模件类型	DC 24V	AC 115V隔离	AC 115V	AC 230V
输出通道	16	6	16	8
电压范围	18～28V	90～140V	90～140V	195～250V
最大电流范围	2A/路	2A/路	2A/路	2A/路
	5A/4路	5A/4路	5A/4路	5A/4路
	12A/模件	12A/模件	12A/模件	12A/模件
浪涌电流	8A,10ms 不重复	10A,1个周期 不重复	10A,1个周期 不重复	10A,1个周期 不重复
现场电源要求	25mA/导通路	—	—	—
断开状态泄漏电流	≤5mA	≤5mA	≤5mA	≤5mA
导通状态电压降	≤2V,2A时	≤2V,2A时	≤2V,2A时	≤2V,2A时
熔 断 器	每4路组1只7A快速熔断器			

第 8 章　微型计算机网络在冷库中的应用

8.1　计算机网络基本知识

8.1.1　冷库监控系统计算机网络的定义

冷库监控系统计算机网络的定义是:采用自动控制技术、微型计算机技术、CRT 显示技术和通信技术相结合,利用通信设备和通信线路将地理位置不同的、功能独立的多个具有微处理机和网络通信功能的现场监控器及中央操作系统互连起来,以功能完善的网络软件(即网络通信协议、信息交换方式、网络操作系统等)实现网络中资源共享和信息传递,完成冷库监控系统分散控制集中管理功能的系统。

8.1.2　冷库监控系统计算机网络的主要功能

冷库监控系统是以微处理机为核心的计算机网络。属于局域网范畴。主要功能表现在对制冷系统生产运行过程实现监测和控制。计算机网络对冷库科学管理、实现制冷设备,工艺过程自动化、智能化,安全生产、改善操作环境、节约能源,降低冷库的成本,保证食品贮藏质量,提高经济效益均有明显的作用。

(1)通信功能

通信功能是计算机网络最基本的一个功能。计算机网络与一般计算机互连系统的区别就在于有无通信功能。计算机网络特有的通信技术,能够实现凡是连接在计算机网络上的现场智能控制器(下位机)与中央操作站监控主机(上位机或称为服务器)都能分享网络上的所有数据和信息。

凡是连接在网络上的现场智能控制器,包括分散在主库、机房、设备间、循环水泵房、变电所等处的现场智能控制器,都可以同时进入网络工作,各个现场智能控制器与监控主机之间,能够快速而又可靠地相互传递数据和信息。并以最佳的程序迅速而正确地处理数据和信息,实现实时分散控制集中管理和科学管理。

(2)通过应用软件的支持,冷库监控系统计算机网络实现如下功能:

1)对温度、湿度、压力、压差、液位等参数进行采集、分析和处理。

2)对制冷系统各种动力设备进行启停控制,可采用自动、遥控和就地控制三种运行方式。

3)自动控制程序。

A. 直接数字式温度控制程序,实现库温自动调节。

B. 压力自动控制程序,实现冷凝压力自动调节。

C. 除霜控制程序,提高制冷效率。

D. 湿度自动控制,保证食品保鲜贮藏质量。

E. 液位自动控制,实现低压循环贮液桶和中间冷却器自动供液,压缩机安全保护。

F. 比例积分微分(PID)控制回路,实现螺杆式压缩机能量无级调节,以节约能源。

G. 活塞式压缩机能量分级调节,以节约能源。

4)清晰、友好、全汉化的人机界面。

每一控制单元都有彩色流程图画面显示,显示被控参数,设备运行状态,制冷剂或冷却水流方向动态显示。各种信息一目了然。使操作人员监视制冷系统运行更方便。

5)报警管理:各被控参数越限、设备运行故障、设备到达维修期均发出报警,报警形式为音响报警与屏幕显示同时进行。或与打印输出同时进行。

6)运行报告:浏览并打印以下内容:

A. 每日主要动力设备运行时间累计;

B. 每日各冷间温度数据、压缩机参数记录,以及历史记录;

C. 每日各制冷设备报警信息,以及历史记录;

D. 各冷间的库温曲线。

7)能量管理:按月统计电量、水量、冷量,以报表方式输出。

8)密码管理:为确保生产运行安全。在软件中内置密码设置功能,操作人员输入正确密码后,方能进行参数修改和系统选择。

8.1.3 计算机网络通信协议

计算机网络通信协议是指两台计算机之间管理数据交换的一整套规则。不同的计算机网络有不同的通信协议。但都必须遵守 ISO 的 OSI 参考模型和 TCP/IP 参考模型的规则。才能实现计算机网络中的各台计算机交换信息的目的。

(1)ISO 的 OSI 参考模型

国际标准化组织 ISO(International Standards Organization)1979 年提出了开放系统互连协议的参考模型(Open Systems Interconnection),简称 OSI 基本参考模型。现已成为开放式标准化计算机网络的基础。它是为了在终端设备、计算机、网络、处理机和操作人之间交换信息时,所需要遵守的那些标准化协议(即规则)。ISO 的 OSI 参考模型为开放系统提供了一个概念上和功能上的结构。它反应了互连开放系统通信结构相互之间的逻辑关系。ISO 的 OSI 参考模型主体结构共分七层协议。分层模型如图 8-1 所示。每一层都有特定功能,每一层都连接了较低层和较高层,每一层都有明确的分工,提供特定的服务。上层建立在下层基础上,下层为上层提供必要的服务功能。各层主要功能简介如下:

1)物理层功能

物理层是 OSI 分层模型的最低层协议,它向下直接与传输介质相连接。向上服务于相邻的链路层。为了在物理传输介质上传输原始的数据比特流(比特是物理层数据传输单位),从而提供位传输所需要的物理连接的建立、保持和拆断。提供机械的、电气的、功能性的和规程性的特性。具体地说物理层协议是提供主机、工作站等数据终端设备(DTE)与通信线路上通信设备(DCE)之间连接的标准接口。使 DTE/DCE 为完成物理层功能在各条线路上的动作序列或动作规则。

A. 机械特性:机械特性规定了 DTE 与 DCE 实际连接用的连接器的标准,插座和插头的尺寸、引线数目、排列方式及用途。例如:

ISO—2110:是一种 25 芯连接器,应用于串/并行音频调制调解器、公用数据接口、电报接口和自动呼叫应答设备接口。它与美国电子工业协会(EIA)制定出的 RS-232C、RS368A 串行接口标准兼容。

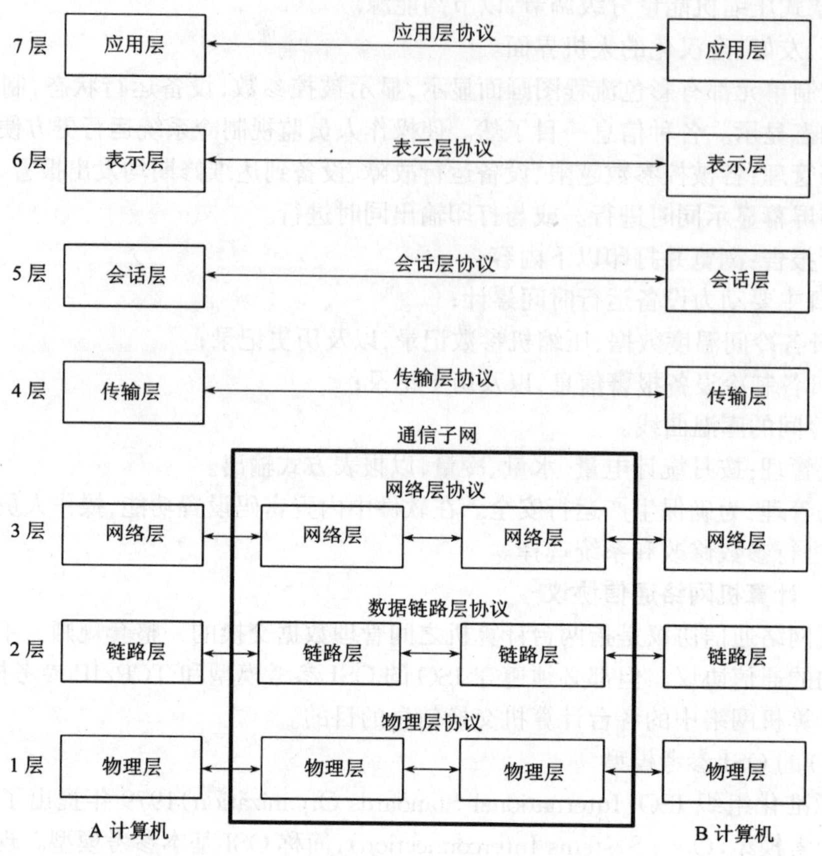

图8-1　ISO/OSI分层结构模型

ISO—4902:是一种37芯或9芯连接器,应用于音频的或宽带的调制调解器、与EIA标准RS-499串行接口兼容。

B. 电气特性:电气特性规定了数据交换信号特性及电压变化的定时关系。DTE与DCE都必须用同样的电压表示相同的东西。例如已被CCITT(国际电报电话咨询委员会的简称)标准化的几种接口的电气特性有:

- V.10/X.26:新型的非平衡式电气性能,与EIA RS-423A兼容;
- V.11/X.27:新型的平衡式电气性能,与EIA RS-422A兼容;
- V.28:非平衡式电气性能,与EIA RS-232C兼容。

C. 功能特性:功能特性规定了接口信号所具有的特定功能,它定义了每个插针交换电路的数据、控制、定时、接地四种功能。CCITT建议书中常用的两种接口交换电路是:

- V.24:它通过在电话和音频传输线上进行数据通信的DTE/DCE和DTE/ACE之间的交换电路(ACE为自动呼叫设备)。它定义了43种交换电路使用在不同的DTE/DCE接口;
- X.24:适用于公共数据网中的DTE/DCE交换电路。

D. 规程特性:是指DTE和DCE完成物理层功能在各线路上的动作系列或动作规则。CCITT建议书中为物理层定义了几种通信规程:

- X.20、X.21:在公共数据网上进行同步操作的规程;
- X.24:报文分组交换和线路交换数据网的物理接口规程;
- V.24:利用公共电话网进行数据传输的规程。

2)数据链路层

数据链路层是OSI分层模型的第二层协议,它是通过校验、确认和反馈重发等手段,将原始的由外界噪声干扰等因素造成物理层传输的差错改造成无差错的数据链路。为网络层提供透明的,正确的有效的传输线路。数据链路层协议要保证建立链路、拆除链路、流量控制、同步控制和差错控制等一系列功能。为网络层提供设计良好的数据链路服务接口。

A. 数据链路的服务:数据链路层为网络层提供良好的数据链路服务接口。数据链路层和网络层之间的接口通信,使用的是标准的OSI服务原语。以建立连接链路为例,有请求、指示、响应和确认四个原语。

a."连接请求"原语是网络层向数据链路层发出请求,要求数据链路层为其建立一条连接链路。

b."连接指示"原语是由数据链路层向网络层发出的通知,有一个连接请求到来。

c."连接响应"原语是网络层对"连接指示"原语的应答。

d."连接确认"原语是数据链路层用于证实网络层所发的"连接请求"原语,是否已被成功执行,如不成功,返回原因。

B. 数据帧(Frame)传输

物理层以"比特"为单位进行数据传输。数据链路层以"帧"为单位进行数据传输。并为每一个帧计算校验和。以检测和纠正物理层所传输的原始的"比特流"的差错。20世纪70年代问世的高级数据链路控制规程(HDLC)规定:以帧作为数据传输单位。无论信息本身还是控制信息。都用统一的称为标志的8位编码结构来将它打包成一个帧进行传输。

帧是具有一定长度和格式的信息块,由一些字段和标志组成。一个帧如表8-1所示的五部分组成,所有的收发数据都采用这种统一格式进行传输,但是只含有监控程序的帧不带信息字段"I"。

帧的组成部分　　表8-1

标志字段 F	地址字段 A	控制字段 C	信息字段 I	帧效验序列 FCS	标志字段 F

- 标志字段"F"(Flag):它有固定的结构,如"01111110"是标志帧的位结构。它既表示一个帧的开始,又表示一个帧的结束。
- 地址字段"A"(Address):是一个8位的地址信息系列,用来指明站点地址,特别适合多点的连接场合。
- 控制字段"C"(Control):也是一个8位的地址信息系列,用来定义帧的参数和类型,同时也能指明对方的动作和响应类型。
- 信息字段"I"(Information):可以是任意长度的数据,在实际环境中,长度一般是8的倍数,而且不会超过255个字符。
- 帧校验序列"FCS"(Frame Checking Sequence):是一个16位帧校验序列,采用循环冗余校验方式生成多项式($X^{16}+X^{12}+X^{5}+1$)来检验地址字段、控制字段和信息字段的内容在传输时是否正确。

C. 差错控制

由于信息是以电信号的形式在网络中传输,难免受到传输线路上噪声的干扰和本身信号的衰减而产生的差错。差错控制服务是保证数据正确无误到达目的地。但是差错控制不能保证100%的准确无误,被破坏的数据依然会到达目的地。但是差错控制会检测到错误的发生。并要求发送方重发此数据。从而保证接收方收到的是正确数据。

差错控制一般采用校验和与循环冗余校验(CRC)来检测处理数据破坏和数据丢失错误。

D. 流量控制

流量控制是保证发送方和接收方的速度一致。流量控制必须对数据传输速率进行管理,并考虑接收方数据缓冲能力。

E. 链路管理

链路管理内容:提供各种服务质量参数,如漏检差错率、传输延迟和吞吐量等。

3)网络层

网络层是OSI分层模型的第三层,是通信子网与资源子网之间的接口。也是高、低层协议间的界面层。它是控制通信子网、处理端对端数据传输的最低层。它的主要功能是路由选择、流量控制、传输确认、中断、差错及故障的复位等。当本地端和目的端不处于同一网络中,也由网络层处理这些差异。保持网络服务的一致性。

A. 网络层的服务项目

网络层为传输层提供的服务项目主要有:

a. 网络地址:网络地址是识别传输实体的标志。

b. 网络连接:为要传输数据的两个传输实体间建立、维持和释放网络连接提供服务。

c. 报文分组的传输:报文分组是网络服务数据单元,也称为信息包。网络层为它们在网络链路上传输,提供完整性的保证。

d. 其他服务:有服务质量参数,差错报告,有序传输、流量控制和加快数据传输服务等。

B. 服务项目和类型

网络层提供了面向连接服务和面向无连接服务两种类型。

a. 面向连接服务:在通信子网中面向连接服务称为虚电路,类似电话系统要建立实在物理线路,网络层提供链接、协商服务质量、流量和拥塞控制等服务。

b. 面向无连接服务:在通信子网中,面向无连接的称为数据包,类似电报系统无须建立实在的物理线路。网络层提供的是发送包原语、接收包原语和少量的其他服务的包原语。

C. 路由选择

当本地端和目的端不在同一个网络中时,就存在路由选择问题。路由选择方法有固定式路径选择和自适应路径选择两种方法。

D. 交通控制

是分组交换网中的关键技术。控制进入通信子网中的分组数量,从而避免网络中出现的交通拥塞。

4)传输层

传输层是OSI分层模型的第四层。它为转送层。将网络层传来的正确数据再传给应用程序。所以传输层是整个协议层次结构中最核心的一层。它的主要功能是:传输服务、传输地址和数据流量控制。并为会话层提供进程连接的服务和接口。

5)会话层

会话层是OSI分层模型的第五层。它作为用户和网络的接口。它的主要功能是:在传输层所提供的服务基础上,为两主机的用户进程建立会话连接,提供会话服务,控制两主机之间的数据交换和释放功能。

6)表示层

表示层是OSI分层模型的第六层。它为应用层提供共同需要的数据或信息表示方法的服务。大多数用户间交换的不仅是随机的比特数据,而是要交换诸如地址、日期、报表之类的信息。这些信息是通过字符串,整数型、浮点数等组合成的各种数据结构来表示的。表示层的功能就是将不同类型的计算机采用的不同字符串和编码进行转换,采用抽象的标准方法定义数据结构,采用标准的编码形式,使计算机联网交换后,能够互相理解数据的值。

7)应用层

应用层是OSI分层模型的第七层,也是最高层。是用户与网络的界面。由用户程序组成。网络操作系统也驻留在该层。有以下几个基本功能。

A. 文件处理

文件处理内容包括文件传送、访问和管理。是计算机网络最基本的服务。实现了不同类型的计算机之间传送不同文件格式的功能。它采用一种虚拟文件结构作为网络的共同标准,发送方将所要发送的文件转换成虚拟文件发送出去。接收方将收到的虚拟文件还原成自已的文件格式。

B. 电子邮件

电子邮件系统由用户代理和报文传输代理两部分组成。

用户代理:用户代理是电子邮政系统的用户接口,负责生成、发送或接收报文以及管理邮箱。

报文传输代理:报文传输代理用于传输报文。根据报文的接收地址投给目的端。如若发送方和接收方的计算机类型不同,在发送前先将报文转换成虚拟文件再发送出去。在接收或发送的同时完成收发工作。如登记接收或发送的时间,文件内容等。

C. 虚拟终端

虚拟终端是用网络定义的一种统一的终端格式,如定义了统一的字符集、终端命令、格式控制符等。虚拟终端的功能是为了不同的实终端(用户的终端)能够通过互联的开放系统彼此互相访问。

D. 简单网络管理

简单网络管理有被管理节点、管理站点、管理信息、管理协议等四项内容。

a. 被管理节点:被管理节点是主机、路由器、网桥或其他网络设备。被管理的设备必须运行简单网络管理的引导程序。每个设备的引导程序要维护本地数据库的变量。

b. 管理站点:管理站点可以是网络上任何一台运行了管理程序的普通计算机。通过它来完成网络管理。

c. 管理信息:管理信息由管理机中运行一个或多个进程,通过网络向被管理节点发出命令以及得到回应。

d. 管理协议:管理协议允许管理站询问本地机的状态,管理站点与被管理节点之间的协议能互相作用和交流信息。

e. 查询和远程作业登录

在大型网络中,采用分明的层次目录结构来满足查询的需要。使用查询服务,能够找到某个网络用户或某种服务的名称。

远程作业登录可使用户计算机通过因特网(Internet)登录到世界任何角落的计算机中,从各地的信息源中收集到可用的程序和文件,然后可存储到用户计算机上。

(2)TCP/IP 协议(传输控制协议/互联网络协议)

TCP/IP 是 Transmission Control Protocol/Internet Protocol 的简写,为传输控制协议/互联网络协议。它是中文译名因特网(Internet)最基本的协议。利用共同遵守的 TCP/IP 协议,使 Internet 成为一个允许连接不同类型计算机和不同操作系统的国际性网络。TCP/IP (传输控制协议/互联网络协议)分层参考模型是五层协议。如图 8-2 所示。

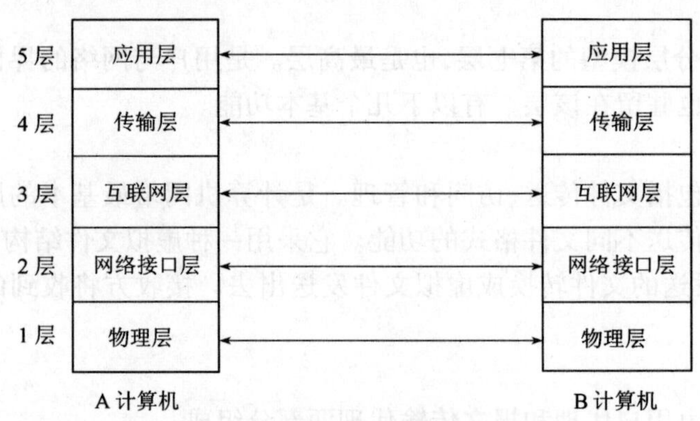

图 8-2　TCP/IP 分层结构模型

TCP/IP 是两个协议,功能不尽相同可以分开使用,但其功能是互补的,例如网络中的计算机只要安装 IP 软件,就能加入 Internet 网络。而 TCP 协议具有自动调整"超时值"的功能,能适应 Internet 网络上各种各样的变化,确保传输数值的正确。故所以凡是接入 Internet 网络的计算机,必须同时安装和运行 TCP/IP 协议。

从图 8-1 和图 8-2 中可以看到,TCP/IP 参考模型的分层与 ISO/OSI 参考模型有相同的地方,也有不同之处。

A. 物理层:TCP/IP、ISO/OSI 均具有的。对应于网络的基本硬件。

B. TCP/IP 的网络接口层:类似 ISO/OSI 参考模型的第二层(数据链路层)。它定义了将数据组成正确帧的规程和在网络中传输帧的规程。

C. TCP/IP 的互联网层,本层是 ISO/OSI 参考模型所没有的,因为 OSI 参考模型问世时,还没有发明互联网,本层定义了互联网中传输的"信息包"格式,以及从一个用户通过一个或多个路由器到最终目标的"信息包"转发机制。

D. TCP/IP 的传输层:相当于 ISO/OSI 参考模型的第四层(传输层),为两个用户进程之间建立、管理、拆除可靠而又有效的端到端的连接。

E. TCP/IP 的应用层:相当于 ISO/OSI 参考模型的第六层(表示层)和第七层(应用

层)。它定义了应用程序使用互联网的规程。

8.1.4 计算机局域网络的组成

计算机网络的按地域或覆盖范围分类,可分为局域网、广域网、城域网、互联网(中文译名为因特网)。它们有各自的特点,适用不同的范围,如表 8-2 所示。冷库采用的控制网络属于局域网范畴,这里简单介绍局域网的组成。

网络特点 表 8-2

名称	传输距离(km)	数据传输率(Mbps)	传输误码率	用途
局域网 LAN (Local Area Network)	直径 <2.5	0.1~100	10^{-6}~10^{-8}	为单一组织机构所专用
城域网 MAN (Metropolitan Area Network)	10 100*	50	10^{-9}	覆盖整个城市的网络,既可用作专用网,又可用作公用网
广域网 WAN (Wide Area Network)	100~1000	100	10^{-3}~10^{-5}	属于多部门所有,通信子网为公用网,属于多通信部门所有,用户主机为资源子网
互联网 Internet(因特网)	10,000			不同规模的网络互联,全球通信,共享信息

注:*为覆盖直径。

局域网通常由传输介质、网络适配器、网络服务器、工作站和网络软件组成。

(1)传输介质

传输介质是指网络的传输线路,就是传输信息的载体,它直接影响数据通信的性能指标。计算机网络的传输线路可分为两类,一类是有线线路,包括双绞线、同轴电缆和光纤等。另一类是无线线路,包括微波通信、卫星通信、短波通信、散射通信、激光通信、红外线传输等。局域网一般采用有线线路,以下简单介绍双绞线、同轴电缆和光纤等传输介质的性能。

1)双绞线

双绞线有电话用的双绞线,屏蔽双绞线、非屏蔽双绞线。

A.电话用的双绞线:按一定的规则缠绕在一起的两根绝缘铜芯线。一般采用直径为 0.5mm 铜芯聚氯乙烯绝缘双绞线。

B.屏蔽双绞线:电线用镀锡铜丝编织屏蔽,可防外部电磁波的干扰。一般采用直径为 0.5mm 铜芯聚氯乙烯绝缘屏蔽线。

C.非屏蔽双绞线:是综合布线用的,通常在一条电缆内有 4 对直径为 0.5mm 的铜芯聚氯乙烯绝缘双绞线,每对线的绝缘外层颜色不同,便于施工接线。

非屏蔽双绞线按最高传输频率的不同分为 3 类线(16MHz)、4 类线(20MHz)、5 类线(100MHz)。

冷库监控网络的传输线路一般采用非屏蔽双绞线,因为非屏蔽双绞线价格便宜,易于安装,既可传输模拟信号,也能传输数据信号,而且传输速度比较快,传输质量也能保证,但是传输衰减大,受到传输距离的限制(传输距离只有几百米)。因此只作为建筑物内部的或距离较短的局域网干线。非屏蔽双绞线特性见表 8-3 和表 8-4。

非屏蔽双绞线特性　**表 8-3**

分类		数据速率与距离的关系		加适配器后最长传输距离(m)			
类别	最高频率(MHz)	数据速率(kbps)	最长距离(m)	桥接的工作站数量	最长距离*(m)	桥接的工作站数量	最长距离*(m)
3	16	19.2	91	1	914.4	5	426.7
4	20	9.6	183	2	701.0	6	365.7
5	100	4.8及以下	305	3	579.1	7	309.9
—	—	—	—	4	487.7	—	—

注：* 从主机端口到每个工作站的最长距离。

非屏蔽双绞线衰减特性　**表 8-4**

最大衰减特性(dB/km)				连接硬件衰减标准(dB)			
频率(MHz)	3类	4类	5类	频率(MHz)	3类最大	4类最大	5类最大
0.512	18.373	15.092	14.704	1.0	0.4	0.1	0.1
0.772	22.310	18.701	18.045	4.0	0.4	0.1	0.1
1.0	25.591	21.325	20.669	8.0	0.4	0.1	0.1
4.0	55.774	42.651	42.651	10.0	0.4	0.1	0.1
8.0	85.302	62.336	59.055	16.0	0.4	0.2	0.2
10.0	98.425	72.178	65.617	20.0	—	0.2	0.2
16.0	131.234	88.583	82.021	25.0	—	—	0.2
20.0	—	101.706	91.863	31.25	—	—	0.2
25.0	—	—	104.987	62.5	—	—	0.3
31.25	—	—	118.110	100	—	—	0.4
62.5	—	—	170.604	—			
100	—	—	219.816				

当传输距离较长时，则采用同轴电缆或光纤电缆。

2)同轴电缆

同轴电缆是由内外两条导线构成。内导线是单股铜线或多股细铜线；外导线是一个空心金属网圆柱导体，内外导线之间有一层绝缘材料，最外层塑料护套。同轴电缆按其传输性能分为特性阻抗为50Ω基带同轴电缆和特性阻抗为75Ω宽带同轴电缆。

A. 基带同轴电缆：特性阻抗为50Ω，阻抗特性均匀，抗电磁干扰屏蔽性能好。数据信号可以直接加载到电缆上，误码率低，易于连接，适用于各种局域网。

B. 宽带同轴电缆：特性阻抗为75Ω的CATV电缆，其传输性能比基带同轴电缆好。但需要附加信号处理设备，安装比较困难，适用长途电话网、宽带计算机网络以及电视电缆系统。

C. 光纤：光纤是光导纤维的简称，是传送光信号的一种媒体。光纤的结构呈圆柱形，内部是纤芯，采用二氧化硅掺以锗和磷等材料制成，纤芯的外包层采用纯二氧化硅制成，最外的护套层是塑料制成。

光纤分单模和多模两种。单模光纤的所有光线与芯轴平行，频带宽，损耗少，传输距离远。多模光纤的光线与芯轴成一定的角度,频带窄,衰减大,传输距离近。光纤各方面性能优良,但价格高,通常用作建筑物之间的连接干线。

(2)网络适配器

网络适配器又称网卡(NIC),是一块布满电子元件的插板,它是为特定网络技术而制造的,不同的网络有不同的网卡。网卡插在计算机的总线上,通过插座与网络传输介质(通讯电缆)连接,网卡是冷库监控系统计算机网络中的通信控制板或称通信处理机。网卡上有独立的 CPU 和完整的网络管理程序。可完成上、下位机间的全部双向通信操作和数据链路控制。也就是说网卡能将网络传输介质中的串行信号转换成计算机中的并行数据流,又能将数据格式由并行变为串行。为了使数据传输需要的距离,还需要对信号进行放大。网卡的另一个重要工作是控制对介质的访问。介质访问的控制通常有三种形式:传输前监听、顺序站点号以及令牌传送。

在某些情况下,一台服务器中插入两块或多块网卡,以便各条电缆分担负荷,减少拥挤。

(3)网络服务器

网络服务器由微型计算机承担,在冷库监控系统计算机网络中的网络服务器也称为监控主机或上位机,一般选用工业微型计算机来承担,网络监控主机是监控系统的心脏,要求具有一定的通讯处理能力、快速访问应答能力和安全容错能力。大量的网络软件都贮存在监控主机上,由此可见网络的功能主要由监控主机来实现,它的性能好坏直接影响整个网络的运行。

监控主机通过网络接口(网卡、路由器等)与分散的现场控制器互联,进行双向通信,资源共享。在应用软件的支持下,实现对监控系统管理功能,包括在线监控和在线组态,各种报警的显示与打印。同时也负责提供数据、文件管理、打印、通信接口等标准化服务。

(4)工作站

工作站在冷库监控系统计算机网络中是现场智能控制器,它是监控系统计算机网络的前端窗口,采用以微型计算机为核心的现场智能控制器,它具有对生产现场的各种参数采集、处理功能。通过网卡和传输介质向上位机提供所需的数据,亦能得到上位机的服务,并访问上位机中的共享资源。执行上位机下载的应用程序和命令。

(5)网络软件

网络软件对实现计算机通信是非常重要的,没有网络软件,网络就不能运行。所以冷库监控系统计算机网络中的监控主机和各台智能监控器都应安装和运行网络软件,才能时刻接收和发送数据信息。才能实现对冷库生产过程的监控。网络软件包含了网络通信协议和网络操作系统及应用软件等。

1)网络通信协议软件

冷库监控系统计算机网络通信协议软件主要用于实现 OSI 分层模型中物理层和数据链路层的部分通信功能,例如 CAN 控制网络和 Ethernet(以太网)属于网络低层协议,实现 OSI 模型物理层和数据链路层的功能。直接利用每个智能控制器上的通信网卡连接器接到总线上,就可完成上、下位机间的全部双向操作和数据链路控制。从而完成网络传输控制任务。如果要路由至另外的局域网,则必须安装 TCP/IP(传输控制协议/互联网协议)协议。

2)网络操作系统

网络操作系统是计算机上最重要的系统软件,它为网络用户提供所需的各种服务和有关协议。从而能使在网络环境中的各台计算机方便而有效地使用共享资源。除具备一般操作系统的功能外,还提供了高效可靠的通信和多种网络服务功能。网络操作系统可以决定你与计算机的交互方式。还会影响用户使用计算机的难易程度。

20世纪60年代开发了Unix网络操作系统,20世纪80年代开发了Net Ware网络操作系统。近年开发的Windows95/98/2000, WindowNT/2000/XP中文版等网络操作系统,是目前计算机最流行的版本。它们都是新一代的32位操作系统,支持32位应用软件和驱动程序,支持同一时刻运行多个软件。四个中文版本的操作系统发行的先后不同,但作为网络操作系统,其设置是一样的,具有共同的优点。只是后一个版本比前一个版本功能更加完善。以Windows95中文版操作系统为例,介绍其特性。

A. 提供了最好的桌面操作系统

具有清晰、友好的用户界面,用户界面包括真正的桌面,各种图标;施放式拷贝和删除;可嵌套的文件夹;易于访问的对话框。

各程序使用标准的对话框。全面汉化的菜单,帮助文件等用户界面,并运行全面汉化的应用软件。

B. 具有完整的联网功能

它具有三方面的联网功能:单机电缆连接,与本网络内计算机连接,与其他网络计算机连接。

Windows95支持的两台计算机之间的连接,可用电缆直接连接,不需要任何互联设备。

Windows95支持下的网络中,每台计算机都处于对等的地位,都可看成一台非专用的网络服务器、可以使网络上各台计算机共享文件、数据和外部设备。

由于Windows95支持多种软件和协议,所以很容易与其他网络联网,例如可以WindowsNT服务器或Novell NetWare网络服务器上的资源。也可通过电话线和局域网与Internet网连接,访问Internet网所以它实际上是客户/服务器模式下最好的客户机操作系统。

C. 支持各种流行网络

Windows95内置网络功能以图形方式支持其他厂家的网络软件。Windows95的Setup文件夹内按需要安装各种客户软件和网络协议。

Windows95内置网络组件支持各种各样的网络传输协议(如TCP/IP及IPX/SPX),各种工业标准的通信网络协议(如RPC、Net BIOS),已有的网络设备标准(如NDIS和ODI)。

由于Windows95采用层次化可扩展的结构,其他厂家网络可以往其中添加网络连接,增强功能和应用支持

Windows95提供了对Net Ware和Unix网络客户的支持。

D. 一致性的网络登录

用户第一次登录到Windows95上时,显示器屏幕上会弹出登录对话框。提示输入本地计算机的用户名和密码,并将这些信息输入到文件夹中的密码列表中,如果说要访问网络资源,则本地计算机的用户名和密码将送到服务器中检测,证实与文件夹中的密码列表中的第一次登录相同时,即可让运行Windows95的用户入网。

E. 统一的网络资源浏览

"网上邻居"图标工具,是Windows95浏览操作中心,它提供以下功能:

- 网络管理员通过系统策略为某个用户定制"网上邻居"。例如让用户以一个快捷方

式访问拨号网络上的资源。

用户可以为要访问网络上的任意资源创建快捷访问图标。

• 用户双击网上邻居图标,即可浏览和使用网上的计算机和打印机,而无需通过工具栏上的"映射网络驱动器"按钮来连接网络资源。

在每个应用程序里,都能利用新的对话框,直接打开网络文件或保存文件,无论此文件是在本地,还是在异地的网络上。

• 用户可以像浏览本地硬盘一样浏览网络资源。

F. 对等式资源共享

在 Windows95 中,有两种对等式的资源共享服务:一是为 Net Ware 网络提供的文件和打印机共享服务。二是为 Microsoft 网络提供的文件和打印机共享服务。它们都能让用户共享网络上任何一台运行 Windows95 的计算机上的目录、打印机或 CD-ROM。

G. 网络安全性

Windows95 提供两类安全防护:一是共享级安全性:管理员用特定的访问权限来配置每一网络共享点。二是用户级安全性:用户的登录名字明确地给出了用户对每一网络资源的访问权限。

Windows95 网络安全性特点能满足大多数人的需要,并且易于使用和管理。但是,如果要获取更好更严密的安全性防护,则应与 Windows NT Server 结合起来,利用 Windows NT Server 作为服务器,利用 Windows95 作为客户机,而构造的客户/服务器方案,是一种集安全性,易用性于一体的最优秀应用集成方案。

H. 网络及通信组件

Windows95 内除带有网络支持外,还在整个软件包中提供了广泛的网络工具和通信工具。以及相应的 API 编程接口。对小型到中型局域网可提供所需要的全部联网功能。与 Windows NT Server 相结合,Windows95 可以形成一个优秀的客户/服务器计算平台。

3)应用软件

应用软件就是用户应用计算机工作所必备的程序,一般由用户提出具体要求,厂家提供软件。冷库应用软件是设备管理到现场检测和控制的工具。从温度、湿度、液位、压力、压差的检测到寻优控制。将各种各样的数据变成为有用的信息,以提高设备的效率,节能和降低成本。冷库监控系统大致需要以下应用软件:

A. 程序管理软件

程序管理软件为工程师和操作者提供一个简单的界面去选择和启动应用程序,每一个应用程序用一个极小的图标(菜单盒)表示,操作者只要用鼠标箭头敲击菜单盒,就能启动相应的应用程序。

B. 绘图软件

绘图软件有预制的图形库和工具箱。可绘制出各控制单元的显示画面。可以显示设备运行状态,各点工况参数的动态显示,允许对显示画面上的参数设定值进行调整修改、记录。

C. 编程软件

该软件能绘制梯形图程序,或逻辑控制流程图,这些程序通过串行口能下载至现场智能控制器,实施对设备的监控。

D. 报警软件

该软件用于温度、液位、压力、压差等越限报警。设备故障、通信故障报警。可采用语音报警。操作人员启动相应的报警记录、显示、打印，详细报道出报警信号的类型、发生地点、时间和日期。以便通知有关人员去处理故障。

E. 数据库管理系统软件

数据库管理系统软件，是一个记录保存信息系统，它为大信息量的管理工作提供了通用信息贮存和检索工具，这些信息可以是各项参数的记录，也可以是设备运行时间或故障记录。它允许用户输入信息到计算机文件中，然后对它们施以查找、编辑、排序、搜索、浏览等操作，最后按用户要求格式打印出来。

数据库管理系统软件版本有：在DOS环境下运行的DBASE系列。在Windows环境下运行的有Access、Windows Base等软件，既能在DOS环境下又能在Windows环境下运行的有Paradox、Lotus1-2-3、File Maker Pro、Approach、Data Ease Express等软件。网络操作系统是用户与局域网交互的界面，它除具有一般操作系统的基本功能外，还应具备以下网络通信和服务功能。

8.1.5 计算机网络的互联设备

网络互联的目的是为了实现多个网络之间的通信。冷库计算机网络互联的方式一般有两种：一是本库区内网络互联，例如制冷监控系统计算机网络、变配电监控系统计算机网络、生产管理系统计算机网络互联。二是和库区外的局域网络互联，例如本系统的另一座冷库的计算机网络互联。互联的方法是提供与其他网络的传媒介质服务，在连接中强调互联网在OSI分层模型中的物理层、数据链路层、传输层的兼容性和实现电子邮箱、数据库、资源共享、数据处理等高层协议的服务。与之对应的互联设备是中继器、网桥、路由器、网关和调制调解器。

(1)中继器(Repeater)

中继器是用以扩展局域网的硬件设备。工作于OSI模型的物理层上。具有放大、重新传输信号及消除噪声的能力。它能增加局域网地理覆盖范围。例如：以太网(Ethernet Network)标准规定一个信号在单一网段内的最大传输距离是500m，利用中继器连接两个距离较远的网段，中继器可以将一网段传来的信号放大后，然后发送到另一网段，这样传输距离就增加了一倍。

中继器作为连接设备，最多连接五个网段，传输的最大距离可达到2500m。也就是说在任一对工作站之间，中继器不能超过四个，因为中继器和网段信号传递会增加延迟，如果延迟太多，网络就不能正常工作。

中继器的缺点是不能理解一个完整的帧，在它传输信号时，不能区分是一个失效的帧还是其他信号。所以当在一个网段内信号发生冲突时，中继器会向另一网段发出不正确的信号。

(2)网桥

网桥和中继器一样，可以连接局域网中的网段，也可连接局域网中两种不同的通信介质。可以在不同类型的介质上发送数据包和帧。但是它克服了中继器不能理解一个完整的帧的缺点。它能理解一个完整的帧。它以一种随机方式侦听每个网段上的信号，当它从一个网段接收到一个帧时，先检查并确认该帧是否完整到达，然后才将该帧传输到另一网段上。

网桥必须成对出现,并使用与计算机相同的接口设备。

网桥可分为本地网桥和远程网桥。本地网桥是指传输介质允许长度范围内互联网络的网桥。远程网桥是指连接的距离超过网络的常规范围内使用的网桥。通过远程网桥互联的局域网将成为城域网或广域网。远程网桥也必须成对出现,并使用与计算机相同的接口设备。

(3)路由器

路由器工作于OSI模型的网络层上。在工作时只接收源站或其他路由器的信息,它与子网所使用的硬件设备无关,但要求运行与网络层协议相一致的软件。

路由器是异种网络互联或多个子网互联设备。是比网桥功能更好的一种网络互联设备。具有判断网络地址和选择路径的功能。它不但能过滤和分隔网络的信息,还能提高数据包的传输速率。

(4)网关

网关是网络上每个用户都能访问大型主机的通用工具。当连接不同类型而协议差别又较大的网络时,就要选用网关设备。网关的功能体现在OSI模型的最高层(应用层)。它将协议进行转换,将数据重新分组。以便在两个不同类型的网络系统之间进行通信。由于协议进行转换较为复杂,很难实现通用的协议转换。只能进行一对一的转换或几种特定应用的协议转换。用于网关转换的应用的协议有文件传输、电子邮件和远程工作站等。

网关和多协议路由器组合在一起,可以连接多种不同的系统。网关和网桥一样,可以是本地网关也可以是远程网关。

(5)调制调解器(Modem)

内置Modem安装在主机内。外置Modem有它自己特殊的盒子,通过电缆线的插座连接至主机的机箱后面的普通串行口上,或接至它的专用接口上,Modem是让PC通过电话线与另外一台也装有Modem的PC进行通信的一种电子设备。Modem可广泛用于Internet(国际互联网络),On Line(在线服务)连接,LAN网和以太网等局域网专线连接等。其基本功能有:

1)数据/模拟,模拟/数据转换功能:当前电话通信网是模拟信道,传输的是模拟信号,而计算机传输的是数字信号,于是Modem在发送端将计算机将要传输的离散的数字信号转换成模拟信号,在电话通信网的模拟信道上传输至另一台计算机,这就是调制过程。另一台计算机的接收端,Modem又要将模拟信号转换成离散的数字信号这就是调解的过程。也是Modem最基本的功能。

2)传真功能:大多数Modem都带有传真(FAX)功能,只要借助传真管理软件的驱动,通过Modem就很容易实现传真。

3)语音功能:由于Modem连结在电话线上,所以使PC充当了智能电话的角色,通过使用语音软件和Modem可以回答电话呼叫,记录电话信息,还可以预先设定的语音信息播放给对方。

4)传真/语音交换功能:它可以自动检测对方呼叫的信号是一个语音电话还是数据/传真,如果检测到的信号是数据/传真,就自动关闭电话机的振铃,只让PC或传真机处理。

5)数、话同传功能:允许在进行电话交谈的同时,传输数字信号,这样,收发传真的同时,不影响电话线的正常使用。

8.1.6 网络通信的控制方法

网络通信的控制方法又称为传输介质访问控制方法,用于控制网络中各个节点间的信息传输。按其控制方式可分为集中式和分布式控制。冷库监控系统计算机网络采用的是分布式控制方法。分布式控制方法有带有冲突检测的载波侦听多路访问(CSMA/CD)、令牌通信、时隙控制法和寄存器延迟插入法等控制方法。

(1)CSMA/CD控制法

CSMA/CD是Carrier Sense Multiple Access With Collision Ditiction的缩写,它是一种具有冲突检测(CD)功能的载波侦听多路访问(CSMA)的分布式控制技术。也是一种网络各节点在竞争的基础上随机访问传媒介质的方法,其控制原则是各节点之间采用竞争方法取得发送信息的权利。已广泛应用于局域网中。以太网(Ethernet)就采用了这一技术。

(2)令牌通信控制法

令牌(Token Passing)通信控制法又称许可证法。它既适用于环形拓扑结构的局域网络也适用于总线形拓扑结构局域网络,网络中有一个令牌从一个节点传送到另一个节点,作循环传送。只有捕获到令牌的结点才能发送信息。令牌有“空闲”和“忙碌”两种状态。

1)空闲表示网络中没有节点发送信息。要发送信息的节点,可以捕获令牌。

2)忙碌表示网络中有节点发送信息。别的节点,不可以捕获令牌。

(3)时隙控制法

时隙控制法是利用时间分割的通信介质上,为每个节点预先安排一个特定的时间片段,当某一节点需要通信时,必须在指定的时间片段范围内进行,如果通信内容较多,通信时间较长,就需要将通信内容分为若干段。必须使每一小段信息能在规定的时间内完成传输。

(4)寄存器延迟插入法

寄存器延迟插入法用于环形结构的网络中的介质访问方法,环路接口中增加了移位寄存器硬件,所以它综合了令牌法和时隙法的优点。从任一个节点的环路接口中,利用移位寄存器,可在环上流通的多个报文分组中随时插入并发送一个新的报文分组,也可随时接收并删除送来的报文分组。各节点的环接口可同时独立操作。从而使网络系统具有很高的并行性和很短的传输响应时间。

8.1.7 网络的管理

冷库监控计算机网络有故障管理、性能管理、配置管理、安全管理等。

(1)故障管理

网络故障管理要完成检测故障、孤立故障、排除故障等三项工作。

1)检测故障:在网络中故障是多方面的,有硬件故障,也可能是软件故障、还可能是人为的故障。首先就要检测故障类型和对故障定位;

2)孤立故障:根据检测故障结果,限制故障扩展;

3)排除故障:根据故障类型和对故障定位,采取相应措施,纠正故障,恢复系统的正常运行。

(2)性能管理

性能管理负责收集网络运行统计数字,维护和分析网络的流量,降低故障率,并对网络进行优化。

(3)配置管理

网络配置管理具有记录网络设备配置参数、当前网络拓扑结构图、网络运行状态。网络用户以及更改的情况。操作人员在网络管理站上就能查询或修改网络配置参数。

(4)网络安全管理

网络安全管理一是防止网络中病毒的出现和“黑客”的入侵,二是限制非操作人员对制冷系统进行参数设置和系统修改,使网络的安全受到威胁,因而采取下列措施:

1)简单口令

使用简单口令机制启动网络操作软件和应用软件,这种方法原理简单,开发费用不高。

2)密码设置

操作人员输入密码,经软件验证后。才能对制冷系统进行参数设置修改和系统选择修改。

3)建立防火墙

有两个不同的网络联网时,防火墙是有效安全措施。包过滤器是防火墙的主要组成部分。在路由器上运行包过滤器程序,可以阻止病毒和“黑客”的包通过路由器。这就在网络边界上建立起网络通信监控系统,从而隔离了内部和外部网络。阻挡外部网络的敌意入侵。构成内部网络的安全边界。

8.1.8 冷库监控计算机网络的拓扑结构

网络中各结点相互连接的方法和形式称为计算机网络的拓扑结构。计算机网络的拓扑结构就是信道的拓扑结构。不同的拓扑结构的信道访问技术、网络性能、设备的选择等各不相同。它影响着整个网络的设计、功能、可靠性和投资费用等。因此,选用合理的拓扑结构。是设计冷库监控系统计算机网络的重要环节。

计算机网络的拓扑结构有点到点通信方式的星形、树形等、环形拓扑结构。有广播通信方式的总线形、环形、任意形等拓扑结构,以及以上各种结构的组合。冷库监控计算机网络多采用广播通信方式的总线形或环形拓扑结构。

(1)总线形拓扑结构

总线形拓扑结构采用单根传输线作为传输介质(总线),所有的站点都通过相应的硬件接口直接连接到总线上。总线形拓扑结构多用于微机局域网中,冷库监控系统计算机网络也适合采用总线形结构的计算机网络。

图 8-3 是一个中小型冷库监控系统总线网络结构。通信设备(网卡)置于现场控制器和监控主机内部,所有现场控制器都挂在总线上。互相交换,共享信息的网络。

图 8-4 是一个大型冷库监控系统两层总线网络结构。上层网络由工程师站、中央监控站、机房操作站、变配电所监控站组成、以太网(Ethernet Network)总线作为互相交换,共享信息的通道。下层网络由机房操作站、现场智能控制器、CAN 控制网络总线组成,是机房操作站和现场控制器之间相互通信的网络。总线形结构中,结点的插入和拆卸非常方便,易于网络的扩充。当网络中某一结点发生故障时,不影响整个网络的运行,所以可靠性较高。

(2)环形结构

图 8-5 所示,大型冷库监控系统采用的环形结构的计算机网络。将多个子网互联,各子站与监控主机之间在结构上不分任何级别。因此也无需增加硬件。组网比较灵活,可以根据设备的分布情况逐步组成网络,也可根据需要随时拓展网络。而且运行比较可靠。一个子网出现故障不影响其他子网和整个网络。

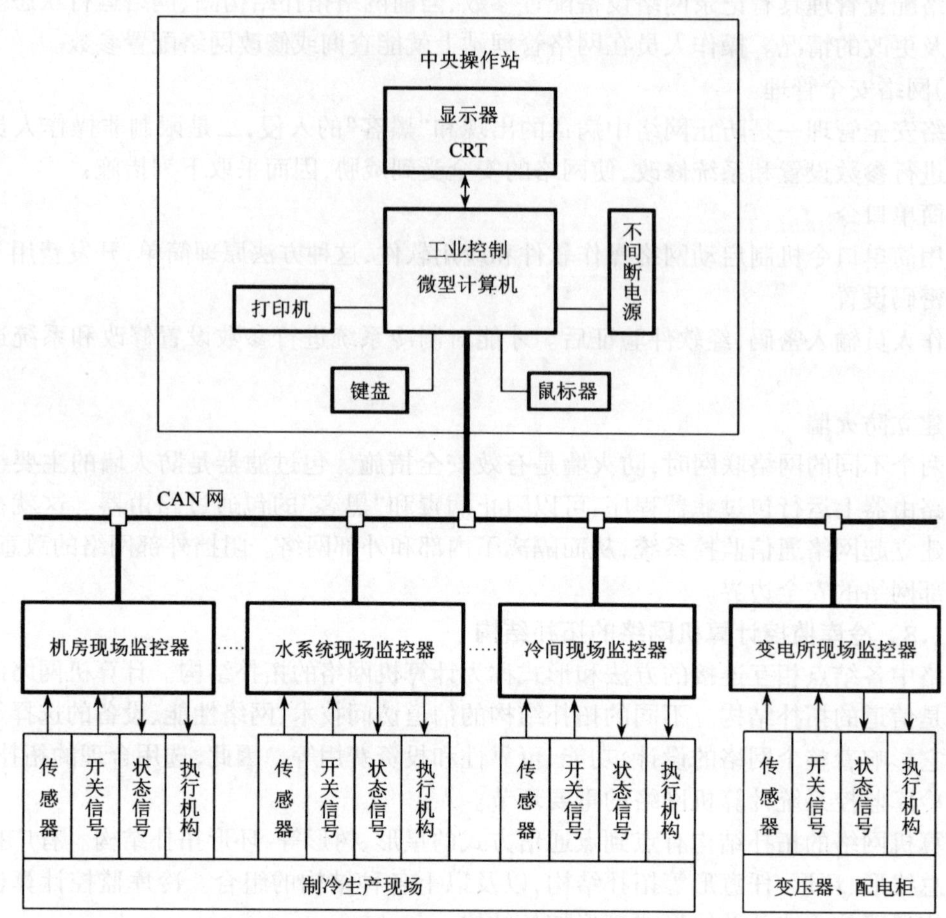

图8-3 中、小型冷库监控系统总线网络结构示意图

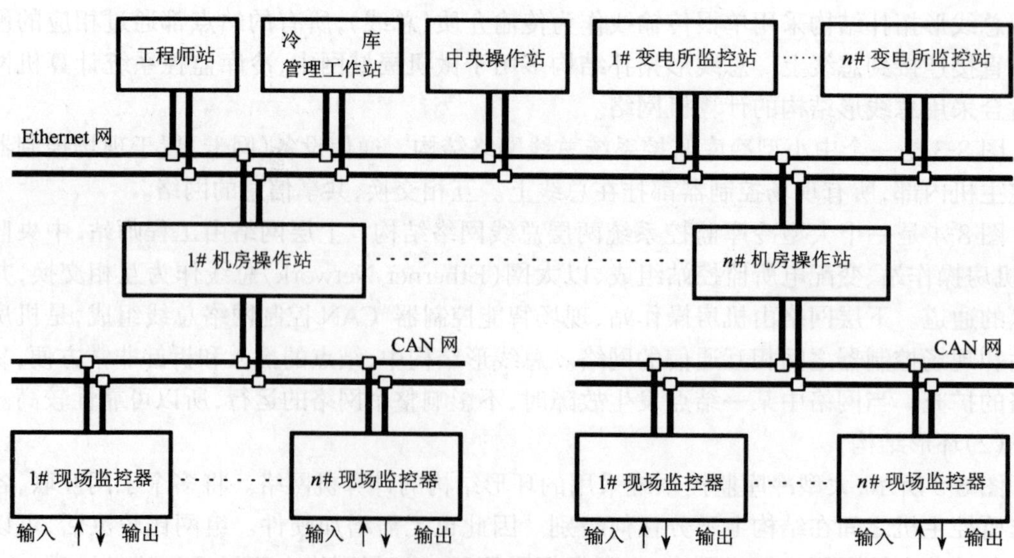

图8-4 大型冷库监控系统总线网络结构示意图

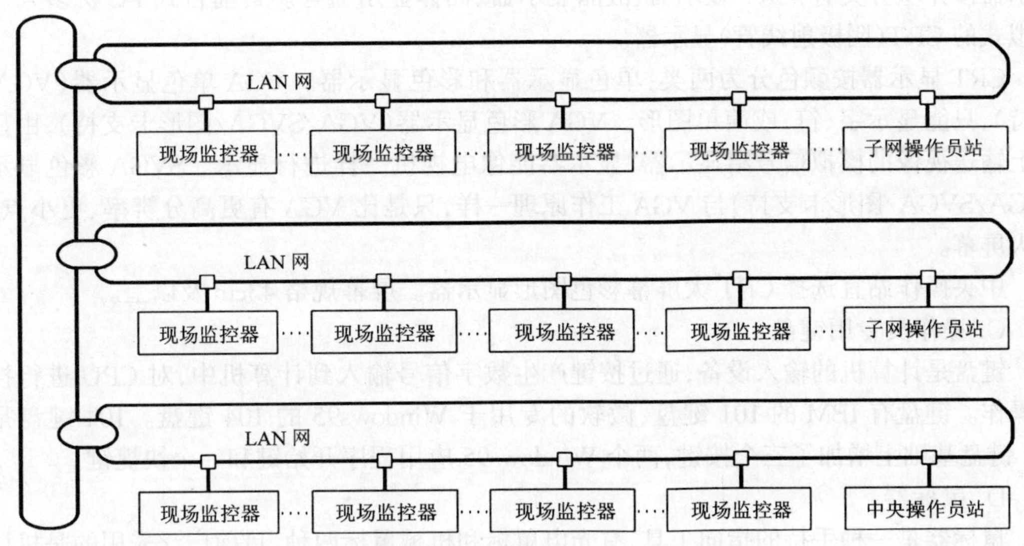

图 8-5 大型冷库监控系统环形网络结构示意图

8.1.9 冷库监控系统计算机网络设备配置

(1)工程师站

工程师站的硬件平台根据经济实力和工作需要选用普通个人微型计算机,或高档微型计算机。并配备显示器、键盘、鼠标器、打印机。打印机用于数据报表的打印。网络操作系统软件可采用 Windows95/98/2000 中文操作系统上运行全汉化的组态软件。

在工程师站可进行系统管理组态、数据库组态、控制策略组态。通过这些组态完成配置监控系统硬件,形成监控策略和在线调试、修改等功能。通过以太网(Ethernet)下载组态信息至各机房操作站。使系统成为具有特定功能的冷库监控系统。当不设工程师站时,它的职能由中央操作站承担。

(2)中央操作站

1)硬件配置

中央操作站主要由工业控制微机、键盘、鼠标器等输入设备,大屏幕图形显示器、音箱、打印机等外围设备组成的综合体。它是集散式微机监控系统的管理调度中心,操作员通过操纵鼠标器或键盘,在 CRT 显示屏前能监视和控制整个冷库的生产运行,实现对全系统的集中数据管理、历史数据存储、计算机远动控制等中央管理调节功能,它是运行人员和制冷系统进行交换的平台。

A. 监控主机

监控主机(上位机)选用工业控制微机,也称为过程控制机,是监控系统的"大脑"。它除具备通用计算机的功能外还需要配备与生产过程相联系的过程通道。

微处理器(CPU)型号应为 Pentium 级及以上,内存(RAM)容量在 32MB 及以上。符合网络操作系统对硬件的需求。

B. 显示器

显示器是计算机的主要输出设备,是操作人员用来与计算机进行信息交流的主要工具。显示器将计算机传出的运算结果转换成可以直接观察的字符、图形或图像显示在显示屏上。

显示器按介质分类有:CRT显示器、液晶显示器、固体显示器等。目前台式PC机多采用的模拟式的CRT(阴极射线管)显示器。

CRT显示器按颜色分为两类:单色显示器和彩色显示器。VGA单色显示器(VGA卡支持),只能显示字、符,或简单图形。VGA彩色显示器(VGA/SVGA/图形卡支持),由显示卡上输送视像的模拟信号给显示器,显示器能像电视机一样进行显示。SVGA彩色显示器(VGA/SVGA/图形卡支持)与VGA工作原理一样,只是比VGA有更高分辨率、更小点距,更大屏幕。

中央操作站宜选择CRT大屏幕彩色图形显示器。屏幕规格43cm及以上。

C. 操作员专用键盘

键盘是计算机的输入设备,通过按键产生数字信号输入到计算机中,对CPU进行控制和操作。键盘有IBM的101键盘、微软的专用于Windows95的104键盘。104键盘是在101键盘基础上增加了三个按键,两个Windows95应用程序开始键和一个快捷键。

D. 鼠标器

鼠标器是一种手持的指向工具,有光电鼠标和机械鼠标两种,目前广泛采用的是机械鼠标。机械鼠标在桌面上移动时,鼠标的状态转换成一系列的脉冲信号,送入PC机内处理,带动显示屏上的光标完成输入工作。机械鼠标上有2个键、3个键、或4个键用于选择命令或其他操作。

通用的2个键的鼠标器,一般能满足操作要求。选择微软或与其兼容的鼠标器最好,因为其操作系统采用Windows系列,而Windows系列操作系统是微软公司(Microsoft)研制的。鼠标一般有如下4种操作方式:

- 定位:手持鼠标器在桌面上移动,使鼠标指针指向选择对象。为以后的操作对象做准备;
- 左键单击:表示确定选择一项,并取消其他项的选择;
- 左键双击:表示打开或运行该项程序;
- 右键单击:表示激活快捷菜单;
- 拖动:按住鼠标器左键移动选择对象的位置。

机械鼠标结构简单,价格低廉,但小球容易污染,影响探测感应器的正常工作。需要买一块专用的鼠标垫板来防尘。还须经常清洁小球和探测感应器。

E. 打印机

打印机是完整计算机系统必备的设备,常与PC机配套的打印机有3种,根据投资能力选择1台针式打印机、喷墨打印机或激光打印机。

a. 针式打印机

针式打印机也叫点阵打印机,是利用打印钢针击打色带在纸上打印出点阵组成的字符、汉字或图形。点阵打印机有9针、24针、32针3种类型。目前标准的点阵打印机均采用24针。可以达到铅字质量的效果。价格也比较便宜,所以被广泛地用作PC打印机。但是从事专业图形、图像处理的单位,就不宜采用点阵打印机。要选用喷墨打印机或激光打印机才能满足要求。

b. 喷墨打印机

喷墨打印机工作原理是向纸上喷射细小的墨水滴组成的字符、汉字或图形。它可以打印出任何一种字形、字体、图形和图象、能提供比点阵打印机更好的打印质量。分辨率高,清晰可读,接近激光打印机的质量。它比点阵打印机打印速度要快,每分钟能打印1~4页的文本,价格比激光打印机便宜。

c. 激光打印机

激光打印机是目前市场上最高档的打印机,打印速度是喷墨打印机的两倍,打印质量接近印刷质量,且噪声小,价格也在不断的下降。是目前最理想的计算机打印机。它的工作原理是:感光鼓从书写机构接收一幅图像,变为由电荷阵列组成的潜在的图像,用墨粉对图像显影后,再将显影的图像传输到纸上,最后将纸上的墨粉进行加热(180℃)熔化,然后一橡胶辊施加一定的压力,将熔化的墨粉挤入纸的纤维中,就变成了字形、字体、图形和图像。

F. 不间断电源

选用在线UPS

2)操作系统软件

采用Windows 95/98/2000中文版,或Windows NT2000中文版。

3)应用软件

国内贸易工程设计研究院近年开发了XH2000冷冻、冷藏监控系统应用软件。已经有比较成熟的应用经验。在本章8.2节中有简单介绍。

(3)现场监控器

现场监控器可选择XH2000系列专用于冷库的智能控制器或具有与计算机接口(RS-232或RS485等)的可编程控制器,现场控制器采集被控对象的参数,如温度、湿度、压力、压差、设备运行状态并进行处理等,同时通过计算机网络向上位机发送信息。同时也通过接受上位机的控制指令。

8.2 XH-2000冷冻、冷藏监控系统计算机网络

XH-2000冷冻、冷藏监控系统计算机网络是国内贸易工程设计研究院所属的欣辉制冷空调设备有限公司近年为冷库监控系统开发的计算机网络系列产品。XH-2000冷冻、冷藏监控系统计算机网络是一个以制冷自控技术与微型计算技术、数字通信技术相结合的,对冷冻、冷藏设备进行集中管理,分散控制的集散式监控系统计算机网络。以功能完善的网络软件和冷冻、冷藏应用软件,对冷库生产过程实行监控。使冷库实现自动寻优控制、安全生产、科学管理。

XH-2000已形成一套标准化、系列化产品,可完全根据用户要求,随意构成各种规模的采集和控制系统,已在多个工程中得到应用。

XH-2000冷冻、冷藏监控系统计算机网络结构为总线形拓扑结构,系统由若干个现场监控器和中央操作站组成,如图8-6所示。

8.2.1 通信网络

XH-2000通信网络采用现场总线CAN控制网络。

(1)传输介质

传输介质采用两芯双绞线构成网络。最高通信速率可达1Mbit/s,最大通信距离可达5km。

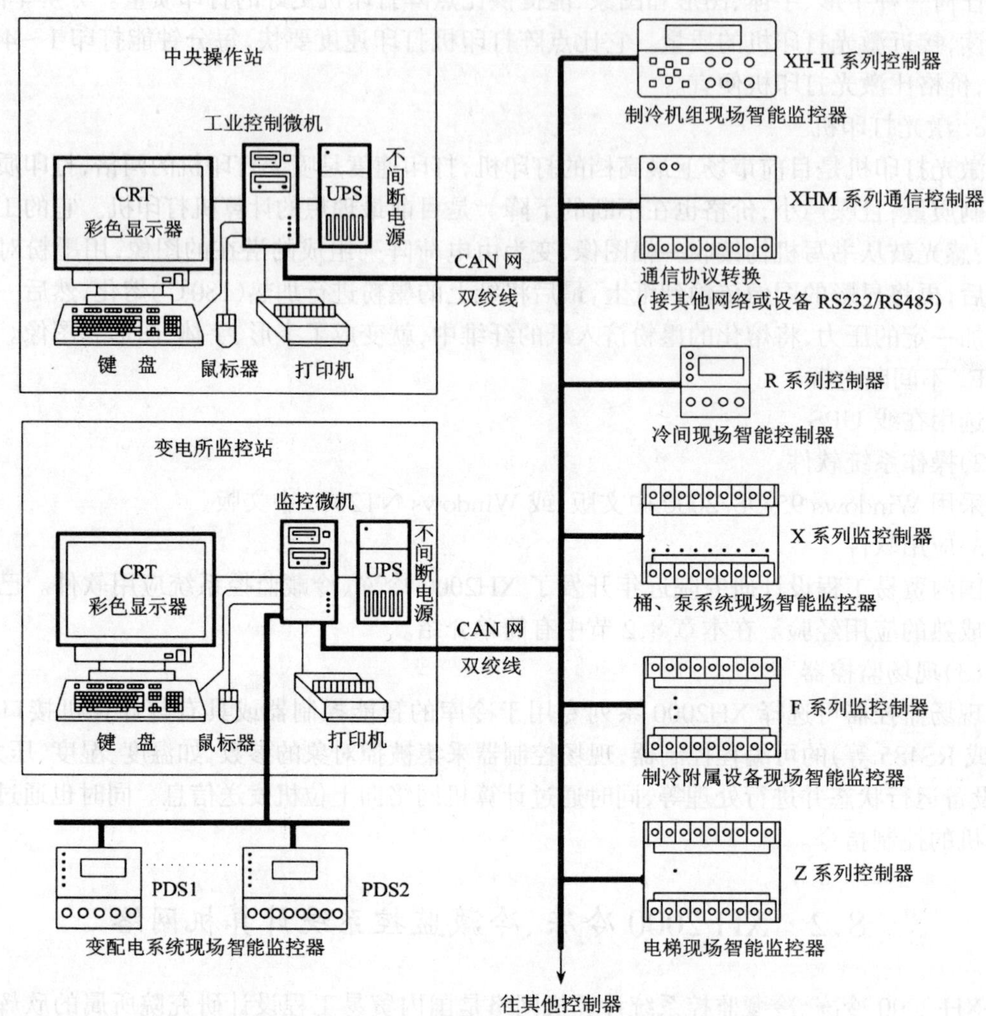

图 8-6 XH-2000 冷冻、冷藏监控系统网络结构

(2)通信模块

通信模块采用CAN智能通信网卡。中央操作站的监控主机内和每一个现场监控器内都有CAN智能通信网卡,通过总线上的插座和两芯双绞线连接到网络中。

CAN智能通信网卡上有独立的CPU和完整的网络管理程序,可完成各现场监控器与监控主机之间的全部双向通信操作和数据链路控制。CAN智能通信网卡与其他模块之间采用共享RAM方式交换信息。

(3)CAN通信网络具有开放功能,通过XHM1辅助单元完成通信协议转换,可以与具备RS232或RS485接口的设备联网。因而组网灵活,便于扩展。

8.2.2 中央操作站

中央操作站是冷库微机监控系统的管理调度中心,它给操作者提供一个可以对整过系统的各种信号进行检测和控制的界面,操作者在CRT显示器屏幕前监视和控制整个冷库的生产运行。实现对全系统的集中数据管理,历史数据存储,计算机远动控制等中央管理调节功能。

(1)硬件配置

1)监控主机

监控主机(上位机)选用工业控制微机一台,微处理器(CPU)型号为Pentium166 MMX, 32M内存;

2)显示器

选用CRT大屏幕(17″或20″)彩色图形显示器1台。

3)键盘、鼠标器。

选用操作员专用104键键盘、双键机械鼠标器或网络键机械鼠标器。

4)打印机

选用打印机1台,根据投资能力,选择24针式打印机、喷墨打印机或激光打印机。

5)不间断电源

选用在线型UPS不间断电源1台。

6)专用通讯卡(CAN)

通讯卡上有独立的CPU和完整的网络管理程序,可完成各上、下位机之间、现场控制器之间的全部双向通信操作和数据链路控制。

7)传输介质:非屏蔽双绞线。

(2)操作系统软件

采用Windows95操作系统软件。全汉化的操作界面,全汉化的彩色图形和菜单,使人机界面清晰、友好,各种信息一目了然。便于操作。Windows 95上运行全汉化的组态软件,在中央操作站可进行监视图形组态、历史库生成组态、报表生成组态。冷库运行人员通过中央操作站监视实时数据动态画面、参数趋势图、历史趋势图和报警画面等。还可根据需要对监视画面进行修改、补充,它是运行人员与监控系统进行交换的平台。

(3)XH-2000冷冻、冷藏应用软件

XH-2000冷冻、冷藏应用软件为工程师和操作者提供了一个现场控制与设备管理的最有力的工具。从现场数据的采集,设备运行状态、故障报警等信号的基本检测到分散现场的控制和集中管理。将各种各样的复合数据综合成为有用的信息。提高了设备的效率,减少了能源的浪费,降低了成本。

XH-2000冷冻、冷藏应用软件为分布式客户机/服务器体系结构。具有如下主要功能:

1)程序管理

程序管理是冷库监控系统的操作中心。XH-2000应用软件的每一个应用程序在屏幕上用一个极小的图标表示,当XH-2000应用软件启动后,便进入主画面。主画面共有5组15个图标,单击图标可进入相应的窗体,启动该应用程序。

A.画面显示8个图标:【冻结间】、【冷却物冷藏间】、【冻结物冷藏间】、【压缩机】、【桶泵】、【水系统】、【变配电】、【电梯】。(注:可根据工程需要增减图标)

B.数据报表显示3个图标:【数据记录及打印】、【测量数据实时显示】、【实时温度趋势/历史温度曲线显示】。

C.密码管理显示1个图标:【密码管理】。

D.系统操作显示1个图标:【系统操作】。

E. 功能设定显示2个图标:【系统选择】、【参数设定】

2)编程功能

A. 根据工艺要求编写整个制冷系统控制流程,实现监控主机集中管理。

B. 根据工艺要求编写各现场控制器的控制程序下载运行,实现分散控制。本软件有如下控制程序:

a. 直接数字式温度控制程序,用于冷间温度自动调节;

b. 压力控制程序,用于冷凝压力自动控制;

c. 除霜控制程序,用于冷间空气冷却器除霜控制;

d. 湿度控制程序,用于蔬菜水果库湿度调节;

e. 比例积分微分(PID)控制回路,用于螺杆式压缩机能量调节;

3)直观的人机界面,可对冷库工艺生产过程实时监控

制冷系统各控制单元均有画面显示。用简明,形象的画面实时显示设备运行状态和各工况参数。

A. 冷间画面显示

显示各冷间的工作情况:运行方式、温度设定值、实时温度、冷风机状态、制冷剂、冲霜水的工作状态及流向。

B. 压缩机单元画面显示

显示各台压缩机(包括油泵)的工作状态,运行方式、制冷剂、冷却水的状态及流向。

显示各台压缩机各项参数:电流值、电流百分比、能量百分比、油温、油压差、精滤器压差、吸气温度、排气温度、吸气压力及排气压力等实时测量值。

C. 低压循环贮液桶、氨泵单元画面显示

动态实时显示低压循环贮液桶、氨泵工作状态及氨液流向。

D. 水系统单元画面显示

动态实时显示循环水泵、冷却塔风机、冲霜水泵运行状态及水的流向。

E. 变配电画面显示

高、低压配电系统单线图,显示出开关运行状态,电流、电压、有功电度、无功电度、有功功率,无功功率,功率因数等模拟量,变压器温度等。

4)完整的数据报表

A. 数据测量

a. 实时采集并显示各制冷系统所有设备的工作参数和测量数据。

b. 实时采集并显示各配电回路的电流、电压、有功电度、无功电度、有功功率,无功功率,功率因数等模拟量,变压器温度测量数据。

B. 数据记录

a. 浏览并打印每日各冷间温度数据、压缩机参数。以及历史数据记录。数据记录间隔可以调整。

b. 浏览并打印每日各制冷系统所有设备的报警信息,以及报警信息的历史记录。

c. 浏览并打印每日各配电回路的电流、电压、有功电度、无功电度、有功功率,无功功率,功率因数等模拟量,变压器温度数据记录,报警信息,以及历史记录。

d. 按月统计用电量、用水量、制冷制用量,实现能源管理。

C. 库温曲线

a. 冷间组合库温曲线：实时对比显示冷间库温变化趋势。

b. 实时库温曲线：实时显示任一冷间库温变化趋势。

c. 历史库温曲线：显示任一冷间历史库温曲线。

D. 变压器运行负荷曲线

a. 每台变压器组合负荷曲线：实时对比各台变压器负荷变化趋势。

b. 实时负荷曲线：实时显示任一变压器负荷变化趋势。

c. 历史负荷曲线：显示任一变压器历史负荷变化曲线。

5)监控系统安全保护

在软件中内置密码设置功能，限制非工作人员对制冷系统和变配电系统进行参数设置、系统选择及开关操作。以确保监控系统安全。

6)对本计算机网络上的各制冷设备进行遥控操作

进行遥控操作之前，需要输入密码。可以对各冷间进行降温或除霜操作(包括冷间内设备，循环水泵、冷却塔、冲霜泵、氨泵等)。对压缩机只进行关机操作。

7)报警管理

从冷间温度越限至设备安全保护故障报警，除在显示器上推出画面外，还发出音响信号，并启动相应的报警记录、显示、打印。详细报道故障类型、发生地点、时间和日期。

8.2.3 现场监控器

现场控制器种类齐全，有用于冷间监控的R系列智能控制器；有用于压缩机监控的XH系列智能监控器；有用于氨泵、水泵系统监控的X系列智能监控器；有用于变配电监控系统的PDS系列监控器。

现场控制器采用模块式结构，系统扩展能力强。现场控制器通过不同的传感器，对现场的各种参数进行采取和巡检，经过微机运算和判断，根据工艺要求对执行机构进行实时控制。独立组成多路输入/输出的监测控制系统，也可以通过计算机通信网络将信息传送中央操作站监控主机进行统一处理，同时也可接收中央操作站监控主机下载的指令运行，以满足全局的要求。

用户只需填写设备控制功能一览表和I/O点数一览表，就能给配置合适的现场监控器。以下简单介绍几个有代表性的现场监控器的功能和主要技术数据。

(1)R系列现场智能监控器

R系列现场智能监控器适用于冻结间、冷藏间、准备间、冷穿堂等。能独立应用的集散系统现场智能监控器。具有内置的网络通信能力，可编程的控制策略，完成冷间温度数据采集和温度调节，实现对本冷间的制冷设备监控和冲霜程序闭环控制。

1)主要技术数据

A. 电源：AC220V(－15%～＋10%)，50～60Hz。耗电＜6VA；

B. 输入：2个专用温度传感器接口(热敏电阻)，3个开关量输入点，..5个开关量输出点，接点负荷为AC220V，2.5A，$\cos\varphi = 1$；

C. 网络适配器(网卡)：CAN智能通信网卡；

D. 测温、控温范围：－30℃～＋50℃；

E. 测温、控温精度：±0.3℃；

F. 分辨率:0.1℃;

G. 参数显示方式:5位LED数码管;

H. 运行环境:0℃～50℃,45%～85%RH(无结露);

I. 外形尺寸:宽(W)×高(H)×深(D)。见表13-5;

J. 安装方式:可在启动箱或控制屏内安装。

2)R系列主要监控功能

A. 温度模拟量信号采集和处理

实时采集冷间内温度传感器(热敏电阻)传送的温度模拟量信号、完成模拟量转换成数字量功能。为冷间温度调节提供参数。

B. 实时采集开关量输入信号。

开关量输入信号引自启动柜(箱)上的选择开关、交流接触器无源常开接点、热继电器的无源常开接点、液流信号器的无源常开接点。经光电耦合器隔离后传送到微处理器(CPU)运算、处理,CPU判断开关状态的变化,并将分析结果及变位时间除在本控制器上数码管显示外,还经通信模块传送给上位机。

开关量输出。当CPU判别温度信号到达上或下限值参数时,或上位机下发遥控指令时,将指令送至接口芯片,经光电耦合器交流驱动芯片送给温度执行元件的控制线圈,启、停冷风机和启、闭电磁阀。

C. 联网通信功能

R系列监控器内置通信模块,采用CAN智能通信网卡,通过插座和通信电缆接入CAN计算机控制网络。网卡上有独立的CPU和完整的网络管理程序。通过CAN控制网络,本监控器与中央操作站监控主机进行双向通信。本控制器采集的输入信号,包括温度测量值、控制参数、冷风机运行状态、电磁阀启闭状态及故障信息等,实时传送给监控主机。同时也能接受监控主机下发的操作、设定及系统控制命令。

D. 可编程功能

控制器所对应的冷间单元温度调节程序和除霜程序,根据制冷工艺要求在上位机上编程,然后下载写入本监控器内,通过上、下位机联网通讯投入制冷系统自动运行。

E. 自动检测功能

无论冷间内处在降温运行状态,还是在停止状态。都能自动检测库温,及时判断该控制单元是否满足冷冻冷藏食品对温度的要求条件,该间冷风机是否故障,上、下位机通讯是否故障。

F. 参数设定、修改功能

可在上位机进行温度调节参数、除霜时间参数设定,然后下载到本控制器,也可通过本控制器面板上按键对控制参数和限定参数进行修改,修改时需输入密码,否则只能检查参数设定值。

密码由4位数组成。可由主管操作人员编码。通过监控器面板上按键输入密码。

G. 强制除霜功能

无论冷间(冻结间除外)在降温运行或停止状态下,根据空气冷却器蒸发盘管结霜情况,或上次除霜不彻底,输入密码后可进行强制除霜。

3)R系列智能控制器的面板功能如图8-7所示。

4)R532型输入/输出接线如图8-8所示。

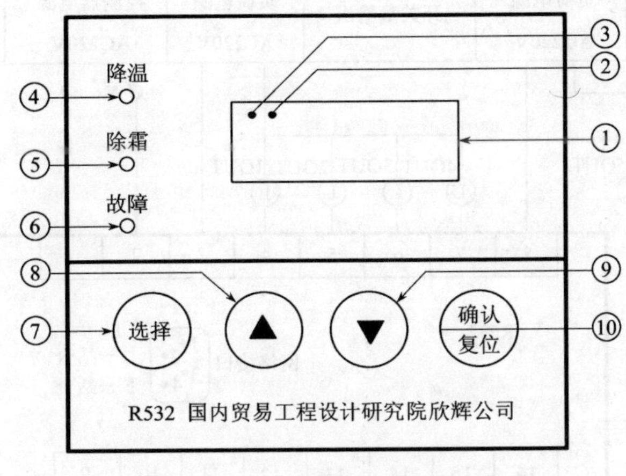

图8-7 R532面板功能示意图

R532面板功能介绍:

- 序号①—5位LED数码管显示屏。
- 序号②—冷间工况指示,当冷间设为低温工况时亮,否则为高温。
- 序号③—运行方式指示,手动或遥控方式时亮,自动方式时灭。
- 序号④—降温指示灯(绿),本冷间要求降温时闪烁;当已投入降温运行时,由闪转为亮;停止降温时灯灭。
- 序号⑤—除霜指示灯(黄),本冷间要求和等待除霜时闪烁;当已执行除霜程序时,由闪转为亮;除霜结束时灯灭。
- 序号⑥—指示灯(红),当本控制单元通信故障时灯亮;故障排除后灯灭;
- 序号⑦—选择键,用于检阅和修改设定参数选项翻页。
- 序号⑧—增加键,用于密码或参数设定值修改。
- 序号⑨—减少键,用于密码或参数设定值修改。
- 序号⑩—确认/复位键,用于密码或参数设定,手动强制除霜输入后的单项确认和故障后代码显示的消除复位。

(2)XH－Ⅱ型压缩机电脑控制器

XH－Ⅱ型电脑控制器是制冷压缩机的现场控制器。它有联网通信、监测、控制、用于螺杆式压缩机制冷量PID无级调节、用于活塞式压缩机制冷量分级调节,压缩机安全保护及故障报警等功能。通过数据通信口将本单元的设定参数、控制参数、运行状态及故障等信息实时传给中央操作站上位机。同时也接受上位机的操作、设定和控制命令。

1)主要技术数据

A.电源:AC220V±15%,3A,50Hz;

B.输入:12路数字量输入,14路模拟量输入;

C.输出:12个数字量输出,接点负荷为220VAC,2A,$\cos\varphi=1$;

D.网络适配器(网卡):CAN;

E.显示方式:液晶中文显示屏;

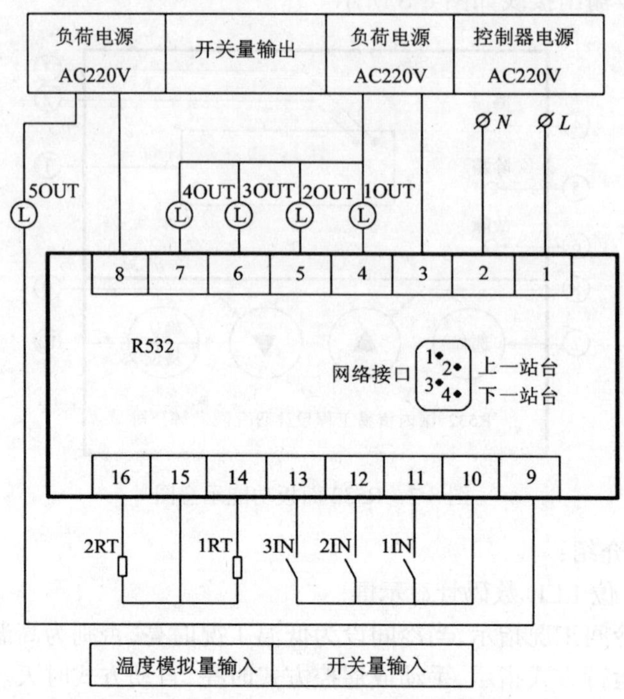

图8-8　R532智能控制器接线图

F. 运行环境：0℃～40℃，45%～85%RH(无结露)；

G. 外形尺寸：300(H)×450(W)×130(D)mm；

H. 安装方式：壁挂式。

2)主要功能

A. 联网通信

本控制器的通信模块，采用CAN网卡，通过插座及通信电缆接入CAN控制网络。通过CAN控制网络，本控制器与中央操作站监控主机进行双向通信。本控制器采集的电流、冷量、压力、压差等参数、设定控制参数、运行状态及故障等信息实时传给中央操作站监控主机(上位机)。同时也接受上位机下载的操作、设定和控制命令。

B. 清晰的人机界面

控制面板上设置有液晶显示屏，用于显示和读取信息，提供了清晰的人机交换界面。液晶显示屏基本画面如图8-9所示，按【确认】键后，液晶显示屏上出现主菜单，主菜单6个项标的功能：

【测量显示】项标：实时测量压缩机的冷量比、电流比、电流值、吸气压力、吸气温度、排气压力、排气温度、供油压、供油温、油泵压、油压差、滤压差，以及日累计工作时间等，并在液晶显示屏上显示。

【运行方式】项标：有自动和手动两种运行方式，输入密码后，按面板上的“上”或“下”方向键，可进行运行方式转换。当采用自动运行方式时，根据上位机给与的制冷降温条件自动运行，包括自动启、停压缩机和油泵、能量自动无级调节等。手动运行方式时，操作面板上的按钮启、停压缩机和油泵及手动调节能量。

【参数设定】项标：输入密码后，可更改参数设定值。

【故障记录】项标：在此画面内可查阅故障记录

【系统选择】项标：输入密码后，可进行高/低温制冷系统转换。

【帮助信息】项标：当机组在运行中出现问题，或在操作过程遇到疑难问题，可以打开本菜单，提供帮助信息。解答你的问题。

C. 密码输入：为保证机组和系统安全可靠运行，对运行方式，系统选择和参数设定的修改，须输入密码后，方能进行。密码由4位数字组成，可由操作人员自己确定密码。

D. 时间设置：在有日历和时钟的画面上进行设置和校对。日历参数有时间参数，年、月、日的设定；时间参数有时、分、秒的设定。

E. 制冷量在0%～100%之间无级调节

螺杆式压缩机上安装有滑阀调节机构。能根据吸气和排气压力自动进行PID(比例、积分、微分式)调节。实现制冷量0%～100%无级调节。

3)控制面板功能示意图如图8-9所示。

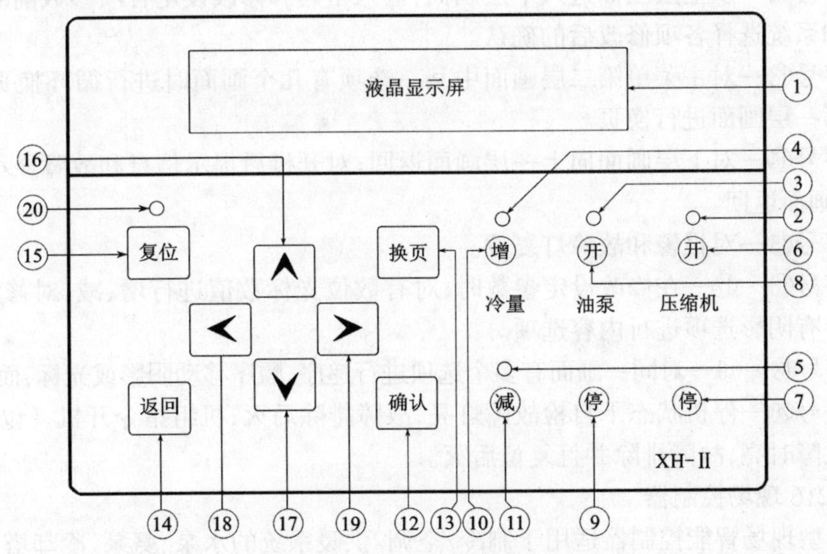

图8-9 XH-Ⅱ面板功能平面图

控制面板功能说明

A. 显示部分：

• 序号①—是一块液晶显示屏，用于显示和读取信息。当接入电源后，屏上就会显示如下基本画面：

手动位	冷量比	000 %	吸气压	±0.000MPa
00年00月00	电流比	000 %	排气压	0.000MPa
00 : 00 : 00	电流值	000 A	油压差	±0.000MPa
画面—	日计时	00: 00h	滤压差	0.000MPa

B. 控制部分：用于控制压缩机

• 序号②—绿灯亮表示压缩机运转。启动时绿灯会闪烁，直到XH-Ⅱ从启动柜收到压缩机正常运转反馈信号。

- 序号③—绿灯亮表示油泵运转。
- 序号④—绿灯亮表示冷量增载。
- 序号⑤—黄灯亮表示冷量减载。
- 序号⑥—压缩机启动按钮。
- 序号⑦—压缩机停车按钮。
- 序号⑧—油泵启动按钮。
- 序号⑨—油泵停车按钮。
- 序号⑩—手动工作方式时,用手揿动一次这个按钮,压缩机上滑阀移向较高的容量,再次揿动一次这个按钮,滑阀将停止移动。
- 序号⑪—手动工作方式时,用手揿动一次这个按钮,压缩机上滑阀移向较低的容量,再次揿动一次这个按钮,滑阀将停止移动。

C. 功能部分:用于功能操作。

- 序号⑫—从上层画面进入下层画面;输入密码和修改设定各项参数前后的确认;对运行方式和系统选择各项修改后的确认。
- 序号⑬—对主菜单第二层画面中某一选项有几个画面时进行循环换页;对开机前自检故障第一层画面进行换页。
- 序号⑭—对下层画面向上一层画面返回;对开机后提示信息和故障显示(第三层画面)向上层画面返回。
- 序号⑮—对报警和故障灯复位。
- 序号⑯～⑰—在修改设定参数时,对有数位光标数值进行增、减;对修改运行方式和系统选择有阴影选项进行内容选项。
- 序号⑱～⑲—对同一画面有多个选项进行递序,顺序移动阴影或光标,而确定选项。
- 序号⑳—停机状态下自检故障灯亮,故障排除后灭;机组指令开机,(包括手动位开油泵)后,故障时亮,故障排除并且复位后灭。

(3)X1216 现场控制器

X1216 型现场智能控制器适用于制冷/空调/供暖系统的水泵、氨泵、冷却塔等设备的控制。它是能独立应用的智能控制器。提供内置网络通信能力,可编程的控制策略,完成数据采集,实现闭环控制。通过数据通信口将本单元的设定参数、控制参数、运行状态及故障等信息实时传给中央操作站上位机。同时也接受上位机的操作、设定和控制命令。

1)主要技术数据:

A. 电源:DC12V,1A(50VA),50～60Hz;

B. 输入:16 个干触点输入;

C. 输出:12 个数字量输出,接点负荷为 AC220V,2.5A,$\cos\varphi=1$;

D. 网络适配器(网卡):CAN 或 RS485 可选择;

E. 状态指示:设 LED 指示灯,可直观指示电源和数字输入/输出状态。

F. 运行环境:0℃～50℃,45%～85%RH(无结露);

G. 外形尺寸:252(H)×132(W)×50(D)mm。

2)输入/输出接线图如图 8-10 所示。

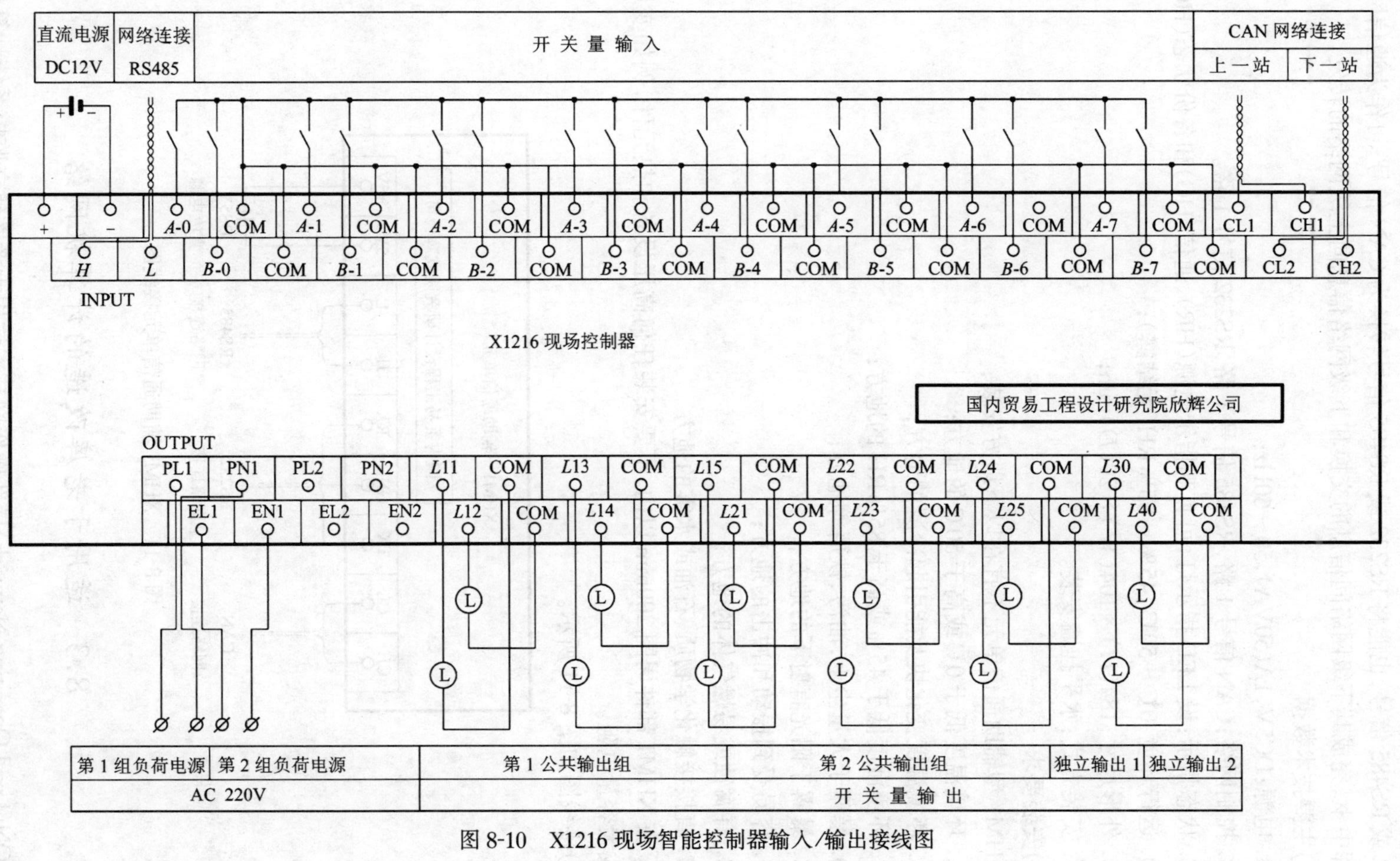

图8-10 X1216现场智能控制器输入/输出接线图

(4)XHM1 辅助通信单元

XHM1 辅助通信单元的主要功能是完成网络通信协议的转换,将 CAN 信号转换为 RS232 或 RS485 信号,也能将 RS232 或 RS485 信号转换为 CAN 信号;可作为通信网络的备份指挥中枢,完成其下级网络间信息的交换和下级网络信息向上级网络的转发。

1)主要技术数据

A. 电源:DC5V,1A(50VA),50~60Hz;

B. 控制网络:CAN 信号 1 路,RS485 信号 1 路,RS232 信号 1 路。

C. 状态指示:设 LED 指示灯,可直观指示电源(HR)、通信(HG)和备份状态(HG)。

D. 运行环境:0℃~50℃,45%~85%RH(无结露);

E. 外形尺寸:184(H)×104(W)×29(D)mm;

F. 安装方式:水平挂墙安装。

2)安装要求

XHM1 型辅助通信单元不宜在以下地方安装:

A. 环境温度低于 0℃或高于 50℃的地方;

B. 环境温度变化快及能引起冷凝的地方;

C. 环境湿度低于 45%或高于 85%RH 的地方;

D. 暴露于大量尘土,油污、铁屑等地方;

E. 暴露于阳光直射下的地方;

F. 容易受到振动和冲击的地方;

G. 有腐蚀或易燃气体的地方;

H. 直接接触化学物质、石油或水雾的地方。

I. 在 XHM1 部件周围 200mm 以内,不要安装任何高压设备和热元件,例如变压器、加热器或大容量电阻。

3)接线图如图 8-11 所示。

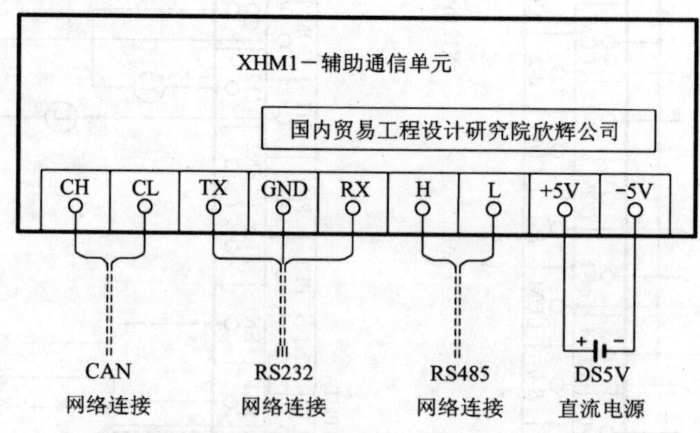

图 8-11 XHM1 辅助通信单元接线图

8.3 适用于老库改造的计算机网络

LON(Local Operating Network)局部操作网技术适用于老库建立监控系统计算机网络,

因为它不必敷设新的控制线路，它的信息传输不仅可以采用双绞线、同轴电缆。而且也可在已敷设好的电力线路中、照明线路中可靠地传输信息，因此适合老库改造。

8.3.1 LON 局部操作网主要技术性能特点

(1)网络结构相对简单，不需专用中央处理机和服务器。

(2)安装比较方便，不需要铺设专门电缆，可利用普通电力线、普通双绞线载波或无线电波传输网络信息。

(3)采用扩频技术，抗干扰能力强；

(4)网络采用总线结构，具有标准通信协议，系统扩展方便，组态灵活。

(5)LONWORKS 软件，模板齐全，可与各种接口连接，并能直接接收和转发各种传感器的开关量、数字量和模拟量等信息，适宜应用于各种自动检测、管理和控制系统。

(6)LONWORKS 软件丰富，内含开发工具，可编程性好。

8.3.2 LON 局部操作网的组成

LON 局部操作网是一个开放性网络系统。遵从 Lon Talk 局部操作网通信协议，由现场监控器(节点 Node)、路由器、网络适配器(网卡)、网络设计工具箱组成。如图 8-12 所示。

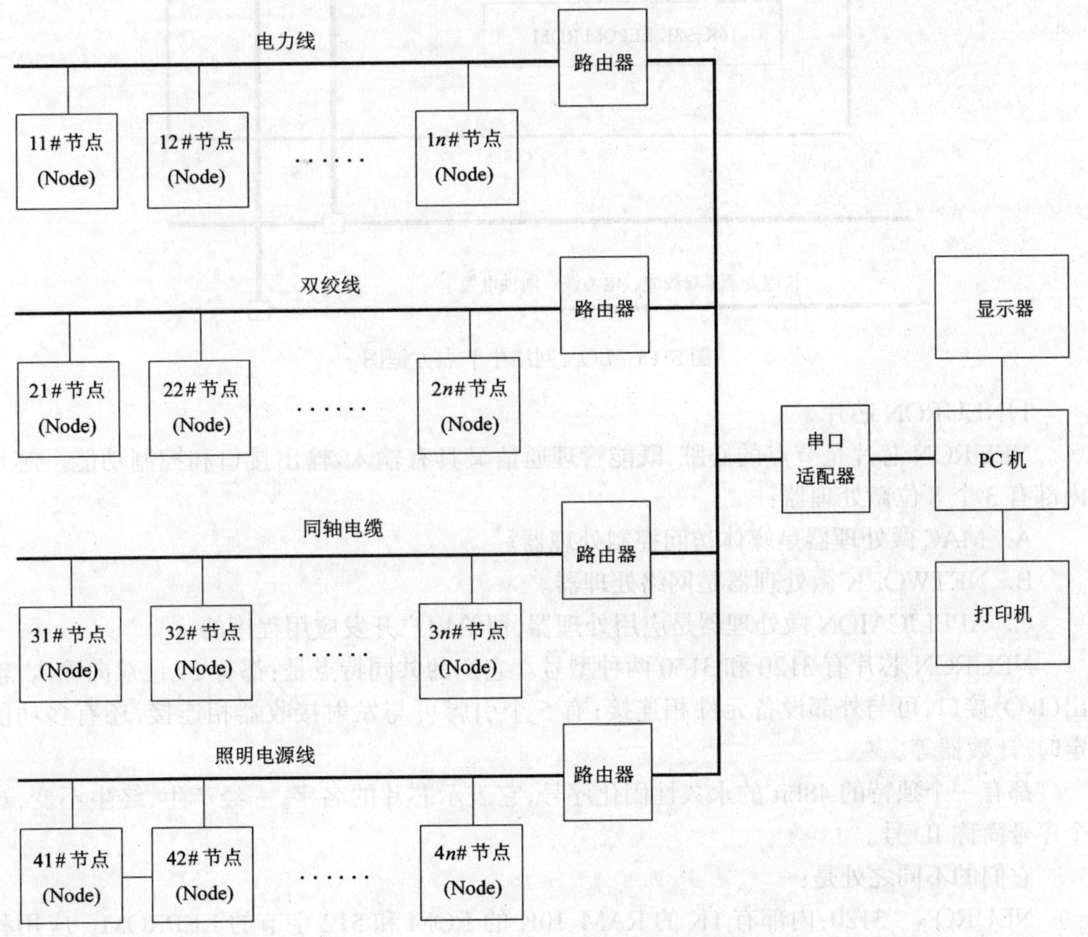

图 8-12 LON 网络监控系统方框图

(1)节点(Node)

LON网络中的节点相当于现场智能监控器。节点主要由芯片、I/O电路接口、发射接收器等组成,如图8-13所示。

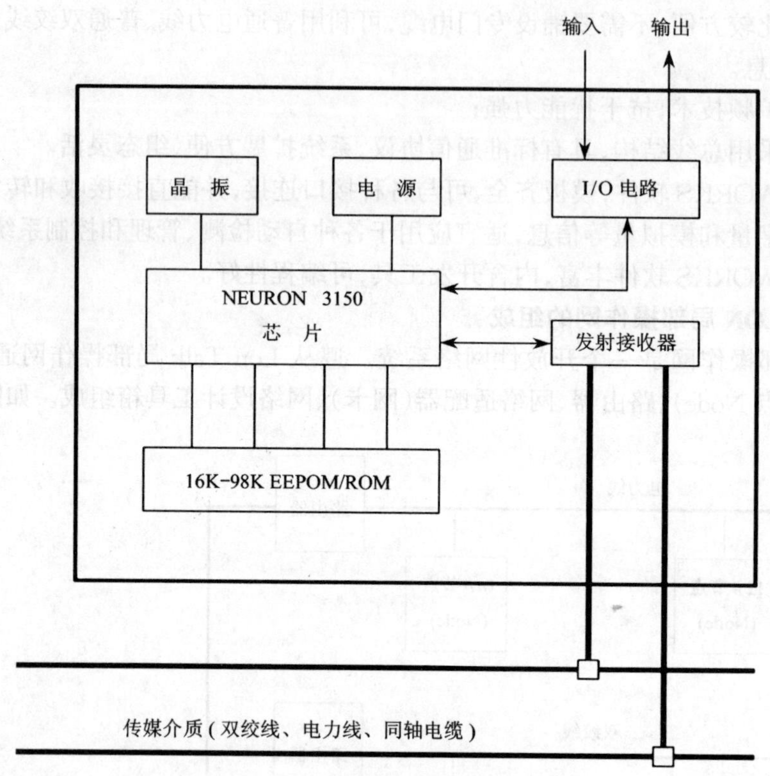

图8-13 LON网络中节点方框图

1)NEURON芯片

NEURON芯片是节点的心脏,既能管理通信又具有输入/输出接口和控制功能。芯片内部有3个8位微处理器:

A. MAC微处理器是媒体访问控制处理器。

B. NETWORK微处理器是网络处理器。

C. APPLICAION微处理器是应用处理器,留给用户开发应用程序的。

NEURON芯片有3120和3150两种型号。它们的共同特点是:都有11位双向输入/输出(I/O)接口,可与外部设备元件相连接;有5个引脚可与发射接收器相连接,还有多功能定时/计数器等。

都有一个独特的48bit的永久性固化序号,它表示芯片的名字,一经产生,终生不变,这个序号简称ID号。

它们的不同之处是:

NEURON 3120:内部有1K的RAM、10K的ROM和512字节的EEPROM。应用程序小于2K,其固件在本身的10K的ROM中。适用于比较简单的场合。

NEURON 3150:内部有2K的RAM和512字节的EEPROM。设有外接存储器接口,可寻址 64K,应用程序可大于 2K,其固件在外接的 ROM 中。适用于比较复杂的场合。

NEURON 芯片附有的固件能实现 Lon Talk 通信协议和所有的任务调度。

由于节点间的通信及任务调度都由芯片附有的固件自动实现。故用户不用关心节点是如何完成工作的。

2)发射接收器

发射接收器也是节点的核心部分,发射接收器和芯片一起,构成适合于不同媒体的节点。使信号可以在不同媒体之间传输。

I/O 接口电路可以直接接收和转换各种开关量、模拟量等信息。

(2)路由器

路由器在 LON 网络中是一个特殊的接点,由两个 NEURON 芯片组成,每个 NEURON 芯片通过发射接收器与不同的传输介质连接。它工作在 OSI 参考模型的网络层上。负责寻址、路由选择。

(3)适配器

这里的适配器为连接不同网段的硬件设备,起着中继器的作用。适配器上有完整的 Lon Talk 网络协议。完成不同传输介质的网段与 PC 机之间的双向通信操作和链路控制。还有消除噪声,放大传输信息的能力。

(4)网络系统设计工具箱(Net Maker Installation Tool)

网络系统设计工具箱。包括 LON 网络设计、组建、维护所需要的软硬件。MC143150 和 MC143120 NEURON 芯片、Lon Talk 局部操作网通信协议、发射接收器、Lon Builder 系统操作平台等。

(5)Lon Builder 系统操作平台

Lon Builder 系统操作平台是开发 LONWORKS 网,功能完备、有效的软硬件工具箱。硬件可与 PC/AT 及兼容机相连;软件也可在 PC/AT 及兼容机上运行。

Lon Builder 系统操作平台允许用户用 PC 机开发应用节点 Node。开发从两个接点开始,扩展到 24 个基本的仿真节点和 256 个远程节点。用户可用这个平台安装网络和监视控制系统。

1)Lon Builder 系统操作平台包括一系列面向开发的硬件卡。这些硬件卡有:

A. NEURON 仿真器:用于源程序语级软件和硬件样机调试。

B. Lon Builder 单片机。

C. Lon Builder 路由器。

D. Lon Builder 发射接收器试验板。

上述这些硬件卡为用户提供了一个仿真器、单片机、路由器之间或控制处理器与网络信道之间的接口。这些网络接口,可与协议分析器和网络管理器相连,并控制处理器与 PC 机高速通信。

2)Lon Builder 系统操作平台提供的有效软件工具有:

A. NEURON 开发工具箱:包括 NEURON　C 编译器和 NEURON　C 源程序,调制器。

NEURON　C 是一种基于 ANSI　C 的高级语言,但它与 ANSI　C 相比,增加了 When (什么)语句,用于描述事件和确定工作执行顺序。增加了 26 种数据类型,24 个输入/输出和2个定时器,用于使多功能的I/O口简单化和标准化。另外,还为传送报文增加了显示报文逻辑或物理地址;显示报文目的名称(报文标签);隐示报文(网络变量)等三个组合结构。

B. Lon Builder 开发集成环境:包括目标数据库、项目管理程序和编辑器。

C. Lon Builder 网络管理器:允许程序员装载配置和控制 LONWORKS 网络。

D. Lon Builder 协议分析器:允许程序员监视诊断网络通信量。

3)Lon Talk 网络的通讯协议

LON 网络遵从 Lon Talk 局部操作网通信协议,Lon Talk 协议与国际标准化组织(ISO)制定的 OSI 开放系统互连参考模式一样,具有完整的分层协议。

Lon Talk 可使简短的控制信息在各种媒体之间非常可靠地传输。并给程序员及安装者一系列可以选择的服务。例如安装一个节点或与 LONWORKS 网络的特殊应用协调时,可以根据情况改变参数,该协议使用十分方便。

表 8-5 概括了 Lon Talk 在 ISO/OSI 参考模型中每层所提供的服务。

Lon Talk 提供的服务。 **表 8-5**

层序号	OSI 层	目　的	提　供　服　务
7	应用层	—	标准网络变量类型
6	表示层	数据解释	网络变量发送
5	会话层	远程操作	请求——问答认证网络管理
4	传输层	端到端的可靠性	确认和非确认单一广播和多路发送认证排序;重复检测
3	网络层	目的寻址	寻址路由选择
2	链路层	媒体访问和数据包	数据包,数据编码;CRC 差错检测预测 CS-MA 冲突避免;选择优先级和冲突检测
1	物理层	电子设备内部连接	特定媒体接口和调制方式

注:北京威光公司提供资料。

(6)LON 节点间的通信关系的建立

节点间的通信是通过网络变量 NV(Network Variables)联系起来的。当一个网络变量在一个节点的应用程序中被赋值后,这个值就会自动发送至这个网中其他被赋值为接收这一数据的节点中。

每一种网络变量 NV 既可以被定义为输出也可以定义为输入。一个节点通过一个在该节点被定义为输出的网络变量 NV,和其具有同一类型的被定义为输入的网络变量 NV 的其他所有节点,进行潜在的通信(隐式报文)。

网络变量可以是整数,布尔数或字符串。用户可以根据需要在用户程序中定义网络变量。Lon Talk 协议中定义了标准网络变量(SNVT)。Lon Talk 最多可以支持 255 种 SNVT。SNVT 可以有选择地确定每个网络变量的输入和输出,在每个节点中,都有关于该节点的网络变量(SNVT)的关键信息片。前面的工作均在这个信息片中编辑和修改。用标准的网络管理命令,一个 LONWORKS 节点可以从其他节点得到 SNVT 信息。

用户也不一定采用 SNVT,可以定义任意的网络变量。

8.4 变配电监控系统简介

8.4.1 变配电监控系统计算机网络结构

变配电监控系统也是一个分散控制集中管理、总线式拓扑结构计算机网络。由监控站和现场智能监控器、通信卡和传输介质组成。能实现对冷库变配电系统遥测、遥信和遥控等全面管理功能。为合理调配负荷,实现优化运行,节约电能提供了必须的条件。并且可以与冷冻冷藏计算机网络联网。拓扑结构如图 8-14 所示。变配电监控系统设计为分层管理模式。下位机是分布式单元监控器,具有单元继电器保护和模拟量、开关量采集、操作回路及汉字显示功能。上位机(监控主机)具有实时采集单元监控器的数据、对数据处理和管理及实现系统管理功能。

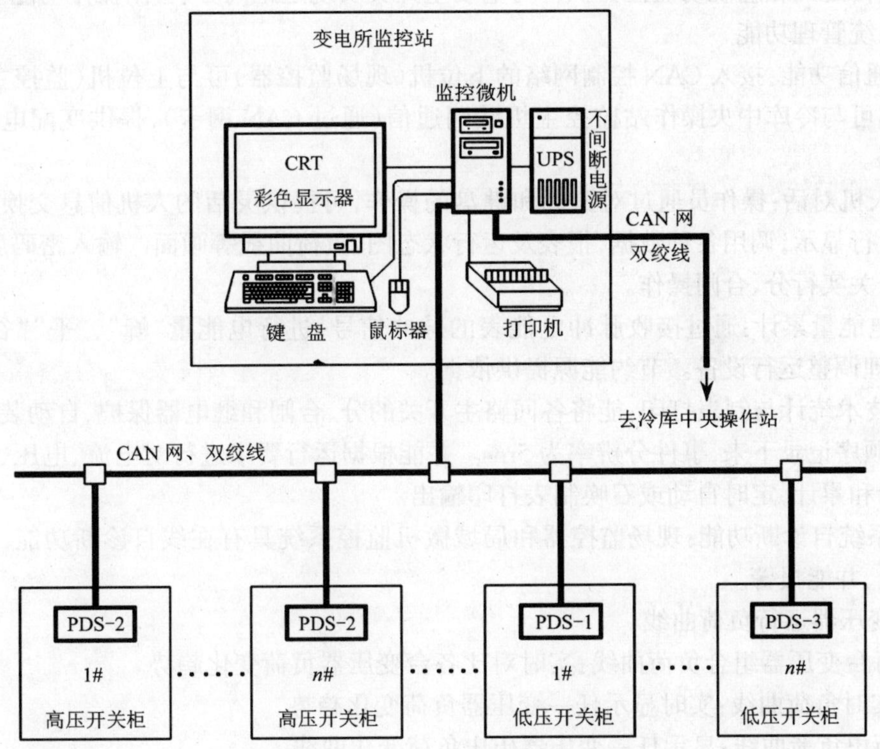

图 8-14 变配电监控系统示意图

8.4.2 监控站

(1)硬件配置

监控站设置在变配电站(所)的值班室或控制室内。变配电站(所)没有值班室或控制室,而地理位置靠近机房控制室时,监控站也可设置在机房控制室内。监控站由工业控制微机(Pentium 级以上)、CRT 大屏幕彩色显示器、打印机、在线 UPS、操作键盘、鼠标、CAN 通信网卡、传输介质(双绞线)等组成。

(2)操作软件

操作软件采用 Windows95/98/2000 中文版均可。

(3)PDS系列主要监控功能

完成对变配电系统遥测、遥信、遥控功能和系统管理功能等。

1)遥测:实时采集变配电站(所)运行过程中的各台变压器温度、各台开关柜主回路的电流、电压模拟信号,通过对电流、电压的采样,计算出电流、电压有效值,有功功率、无功功率的大小及功率因数等。所有测量数据30min存盘一次。所有数据都可通过CRT画面进行观察。

2)遥信:能对冷库变配电系统各回路的进、出线主开关运行状态实时监视,有手车位置(或隔离开关位置)、断路器状态、事故跳闸,过电流、低电压、接地以及变压器温度等事故预告信号及越限报警。当系统发生事故或运行设备异常时,自动音响报警的同时,推出事故画面,画面上相应块闪光报警,指出事故画面和异常参数值。

3)遥控:输入操作密码后,可对变配电系统的进、出线电动主开关发出分、合闸的命令,经通信口传送到相应现场监控器执行对电动主开关实现远距离分、合闸操作功能。

4)系统管理功能

A.通信功能:接入CAN控制网络的下位机(现场监控器)可与上位机(监控主机)双向通信。亦可与冷库中央操作站监控主机联网通信(通过CAN网卡),提供变配电运行状态实时数据。

B.人机对话:操作员通过对鼠标和键盘的操作,可提供灵活的人机信息交换。能提供正常的运行显示,调用各种数据,报表及运行状态图、负荷曲线等画面。输入密码后,可对各回路主开关实行分、合闸操作。

C.电能量累计:通过接收脉冲电能表的脉冲信号,进行电能量“峰”、“平”“谷”时段累计,为合理调整运行设备。节约能源提供依据。

D.技术统计与制表打印:能将各回路主开关的分、合闸和继电器保护、自动装置的运行工况,按顺序记录下来,事件分辨率为5ms。并能根据运行要求进行对电流、电压、电能量的整点记录和累计,定时自动或召唤制表打印输出。

E.系统自诊断功能:现场监控器和局域微机监控系统具有在线自诊断功能,通过通信进行互检,并能报警。

F.变压器运行负荷曲线

a.每台变压器组合负荷曲线:实时对比各台变压器负荷变化趋势。

b.实时负荷曲线:实时显示任一变压器负荷变化趋势。

c.历史负荷曲线:显示任一变压器历史负荷变化曲线。

8.4.3　PDS系列现场监控器

(1)PDS系列现场监控器型号有如下3种:

PDS-1型适用于电压互感器柜;

PDS-2适用于电源进线柜、出线柜、母联柜、变压器柜;

PDS-3型适用于低压馈电柜。

(2)硬件配置

PDS系列现场监控器由CPU主模块、模拟量采集模块、电度量采集模块、开关量输入模块、开关量输出模块、程序模块、电源模块、键盘液晶显示模块和屏蔽隔离板组成。内部出口操作模板上还设有手动分闸、合闸按钮供就地控制用。根据各个型号应用功能不一样,硬件配置略有区别。如图 8-15～8-17 所示。

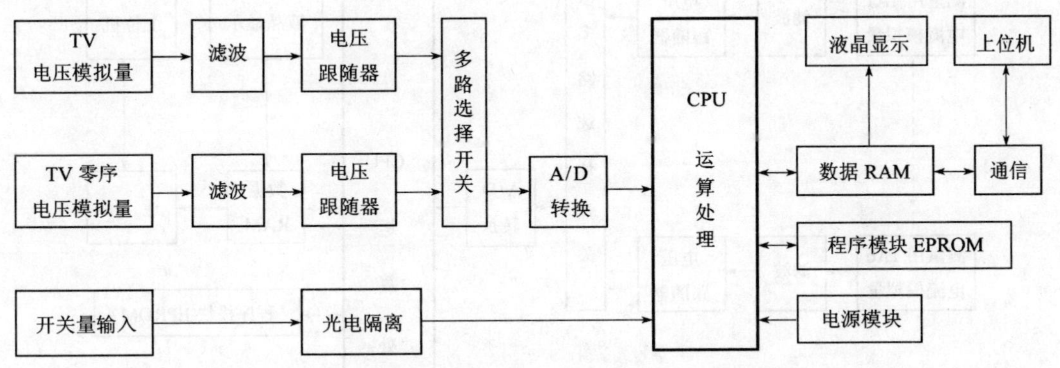

图 8-15 PDS-1 系列现场监控器原理示意图

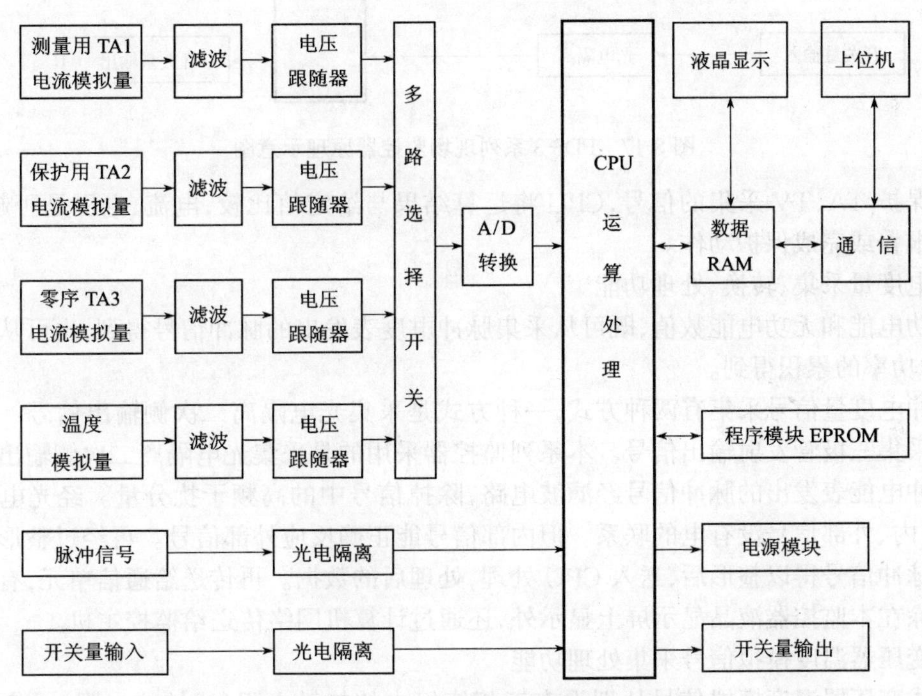

图 8-16 PDS-2 系列现场监控器原理示意图

(3)PDS 系列监控器主要功能

1)电流、电压模拟量采集和处理功能

电流、电压模拟量信号采自本开关柜主回路的测量 TA(电流互感器)和 TV(电压互感器)二次侧送来的电流、电压信号,经过监控器内各自独立的小 TA、小 TV 隔离变换后,将交流电信号转换成 0～5V 微机标准接收信号,该电信号经滤波电路除掉信号中的高频干扰部分,再由电压跟随器实现阻抗匹配后。信号经多路选择开关送至 A/D 转换器,将模拟信号转换为数字信号后送至 CPU 运算、处理,计算出电流、电压有效值、有功功率、无功功率、功率因数等数据。再传送给通信单元,电参量除在本监控器液晶显示屏上显示外,还通过计算机网络实时传送给监控主机。

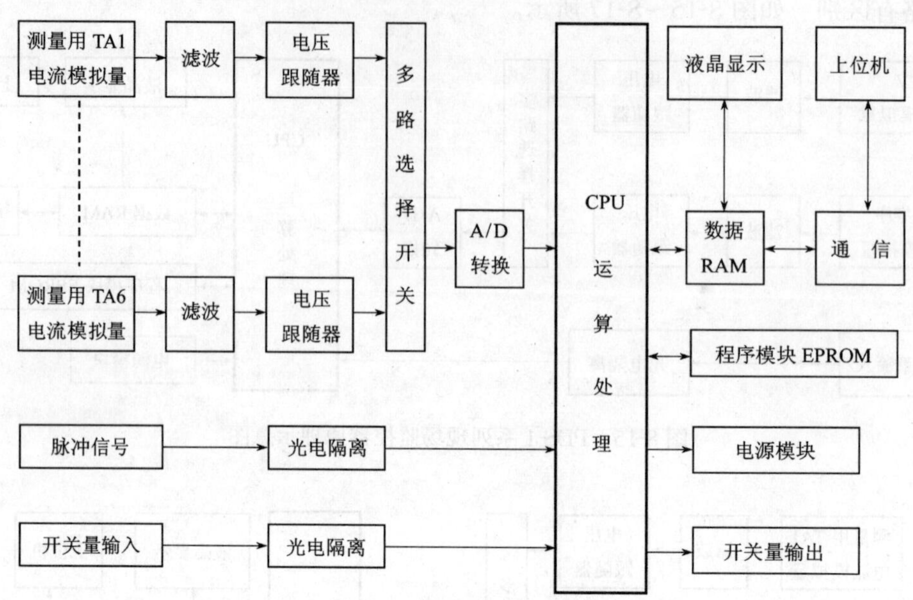

图8-17　PDS-3系列现场监控器原理示意图

从保护TA、TV采集的信号，CPU将运算结果与给定值比较，电流、电压是否越限、判断是否报警或完成保护动作。

2)电度量采集、转换、处理功能

有功电能和无功电能数值，既可从采集脉冲电度表发出的脉冲信号得到，也可从有功功率、无功功率的累积得到。

脉冲电度量信号采集有两种方式，一种方式是采集光电隔离二次侧输出信号。另一种方式是采集三极管发射输出信号。本系列监控器采用的是采集光电隔离二次侧输出信号。

脉冲电能表发出的脉冲信号经滤波电路，除掉信号中的高频干扰分量。经光电耦合器隔离，使内、外部信号没有电的联系。但内部信号能正确反应外部信号。再经过整形电路使畸变的脉冲信号得以整形后，送入CPU处理，处理后的数据。再传送给通信单元，有功和无功电能除在本监控器液晶显示屏上显示外，还通过计算机网络传送给监控主机。

3)变压器温度模拟信号采集处理功能

干式变压器温度模拟信号从埋设在三相绕组内的热敏电阻(或铂热电阻)采集模拟信号。油浸变压器温度模拟信号从插入油箱内的温度传感器采集。温度模拟信号经滤波电路除掉信号中的高频干扰部分，由电压跟随器实现阻抗匹配，信号经多路选择开关送至A/D转换器，将模拟信号转换为数字信号后送至CPU运算、处理。将实时温度测量值与给定值比较，判断是否报警或开冷却风扇或使主开关跳闸。实时温度测量值除在本监控器液晶显示屏上显示外，还通过计算机网络传送给监控主机。

4)开关量采集处理功能

开关量信号引自开关柜各信号继电器的一对无源干触点，经光电耦合器件隔离，进入CPU处理，判断开关状态的变化，并将分析结果及变位时间送至通信单元。除在本监控器液晶显示屏上显示外，还通过计算机网络实时传送给监控主机。

5)开关量输出功能

输入密码后，操作人员可在监控器面板上，进行开关的分、合闸操作。也可完成对监控主机下发的控制操作指令的处理，并返送校核信号，执行控制命令。开关的分、合闸状态除在本监控器液晶显示屏上显示外，还通过计算机网络实时传送给监控主机。

6）继电保护功能

PDS系列监控器有过电流、电流速断、低电压、接地等继电保护功能程序。可在上位机上编程下载写入监控器程序模块(EPROM)中。开关柜内仪表盘中原有的继电器可作为后备保护。

7）PDS-1型控制面板功能如图8-18所示。

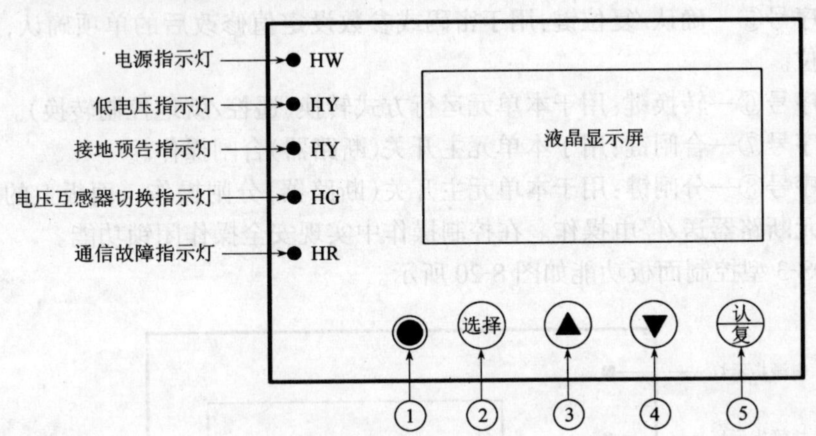

图8-18 PDS-1现场智能监控器面板功能示意图

PDS-1面板功能序号说明：

- 序号①—监控器电源开关。
- 序号②—选择键：用于检阅和设定参数翻页。本监控器可在液晶显示屏上检阅相电压、线电压、零序电压、低电压保护动作设定值，输入密码后可修改低电压保护动作设定值。
- 序号③—增加键：用于密码或参数设定值修改。
- 序号④—减少键：用于密码或参数设定值修改。
- 序号⑤—确认/复位键：用于密码或参数设定值修改后的单项确认，及故障代码消除后的复位。

8）PDS-2型控制面板功能如图8-19所示。

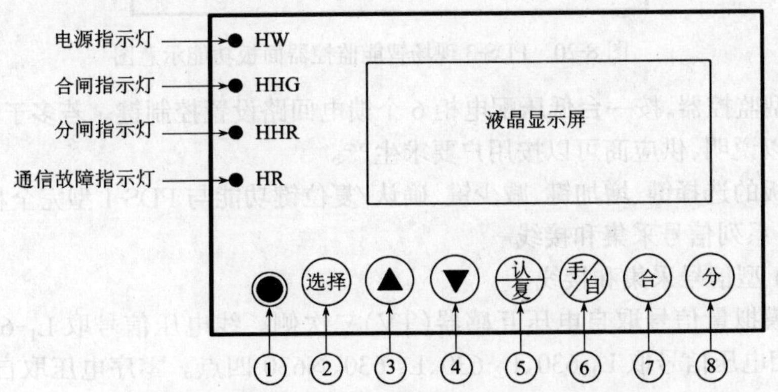

图8-19 PDS-2现场智能监控器面板功能示意图

PDS-2 面板功能序号说明：

- 序号①—监控器电源开关。
- 序号②—选择键：用于检阅和设定参数翻页。本控制可以检阅电流、有功电度、无功电度、功率因数。变压器温度，过电流设定值等参数值。输入密码后可修改过电流及电流速断保护动作时间设定值及变压器温度越限值。
- 序号③—增加键：用于密码或参数设定值修改。
- 序号④—减少键：用于密码或参数设定值修改。
- 序号⑤—确认/复位键：用于密码或参数设定值修改后的单项确认，及故障代码消除后的复位。
- 序号⑥—转换键：用于本单元运行方式转换（遥控/就地控制转换）。
- 序号⑦—合闸键：用于本单元主开关（断路器）合闸操作。
- 序号⑧—分闸键：用于本单元主开关（断路器）分闸操作。面板上的合/分按键，执行对本单元断路器送/停电操作。在控制操作中实现安全操作闭锁功能。

9）PDS-3 型控制面板功能如图 8-20 所示。

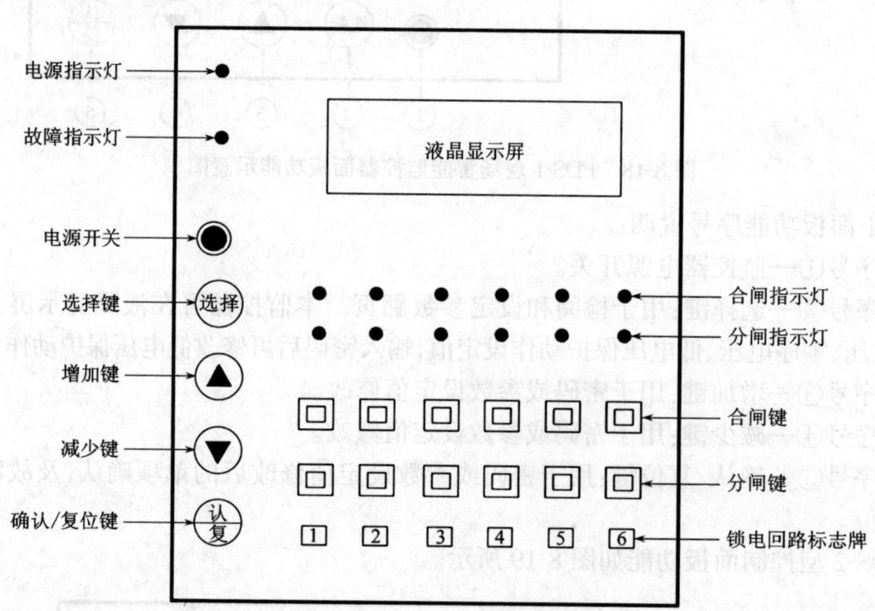

图 8-20　PDS-3 现场智能监控器面板功能示意图

PDS-3 型监控器，按一台低压配电柜 6 个馈电回路设置控制键。若多于 6 个馈电回路，在订货时加以说明，供应商可以按用户要求生产。

控制面板的选择键、增加键、减少键、确认/复位键功能与 PDS-1 型完全相同。

（4）PDS 系列信号采集和接线

1）PDS-1 型信号采集和接线

电压流模拟量信号取自电压互感器（TV）二次侧。线电压信号取 L_1-630、L_2-630、L_3-630 三点。相电压信号取 L_1-630、L_2-630、L_3-630、N630 四点。零序电压取自二次辅助线圈（开口三角）L630、N630 两点。如图 8-21～8-22 所示。

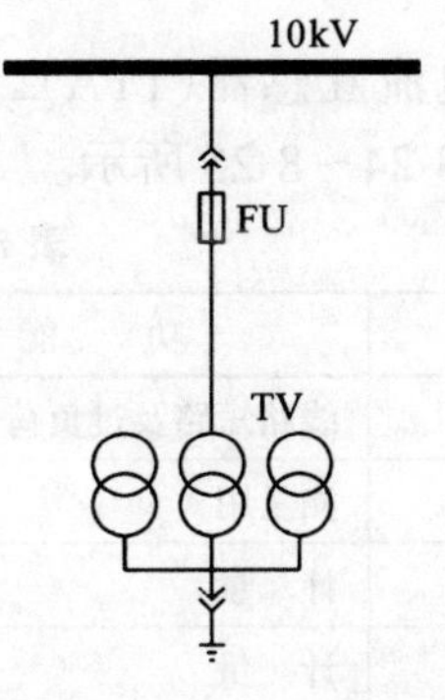

图 8-21 一次接线图

表 8-6

符 号	名 称	功 能
FU	高压熔断器	电压互感器短路保护
TV	电压互感器	测量电压、电能、功率。以及继电器保护用
1-3FU	低压熔断器	二次线路短路和过负荷保护
SKP	电压继电器	绝缘监视，接地保护
1～2kV	电压继电器	低电压保护
R	电 阻	镇流和调整线路电阻

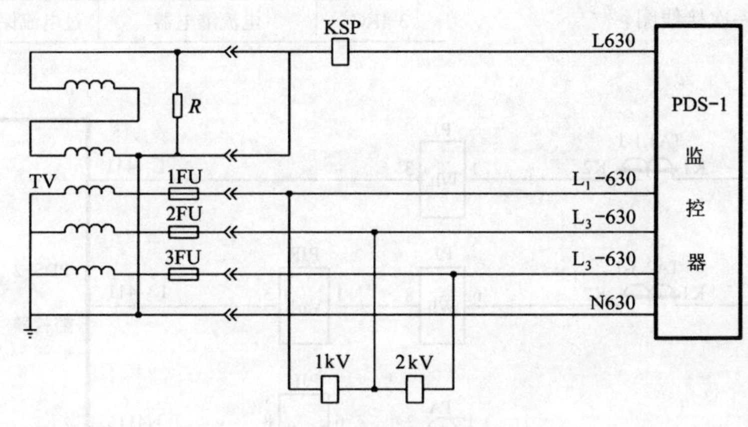

图 8-22 电压模拟量采集示意图

开关量输入取自各保护继电器无源干触点。由各工程二次接线图决定。

监控器接线图如图 8-23 所示。

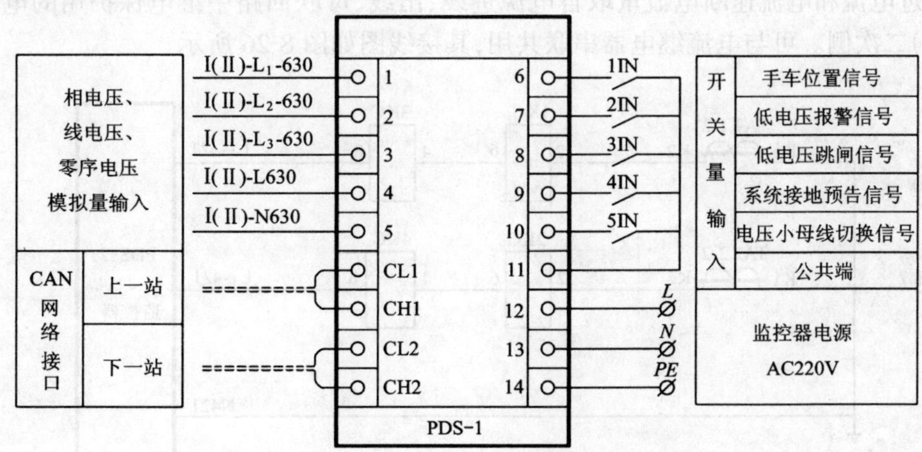

图 8-23 PDS-1 型监控器接线图

2)PDS-2 型信号采集和接线

A. 正常工作电流模拟量信号采集方法

正常工作电流量取自电源进线、出线、母联回路中测量用的电流互感器(1TA)二次侧。可与有功电度表、无功电度表、电流表等串联共用,其示意图如图 8-24~8-25 所示。

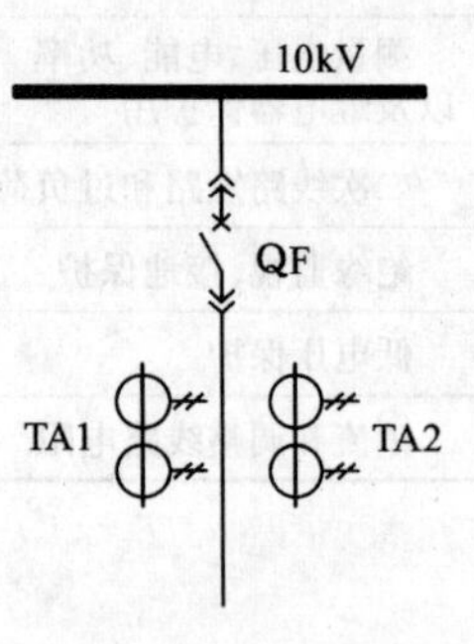

图 8-24 一次接线图

表 8-7

符号	名称	功能
QF	高压断路器	线路短路及过负荷保护
TA2	电流互感器	测量用
PJ	有功电度表	计 量
PJR	无功电度表	计 量
PA	电流表	
1-2KC	电流继电器	电流速断保护
3-4KC	电流继电器	过电流保护

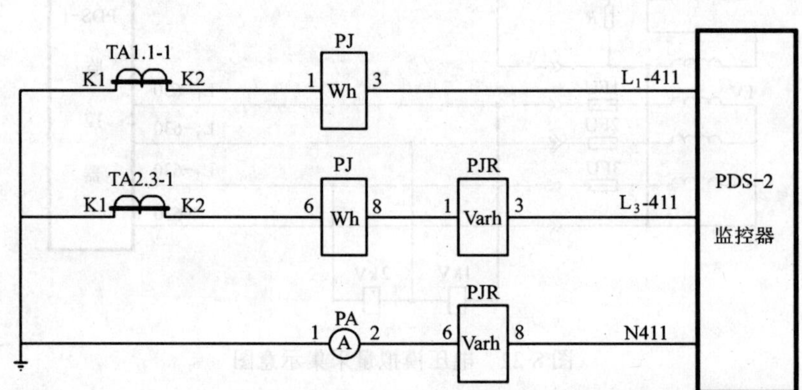

图 8-25 电流测量回路采集示意图

B. 过电流和电流速断电流量取自电源进线、出线、母联回路中继电保护用的电流互感器(2TA)二次侧。可与电流继电器串联共用,其接线图如图 8-26 所示。

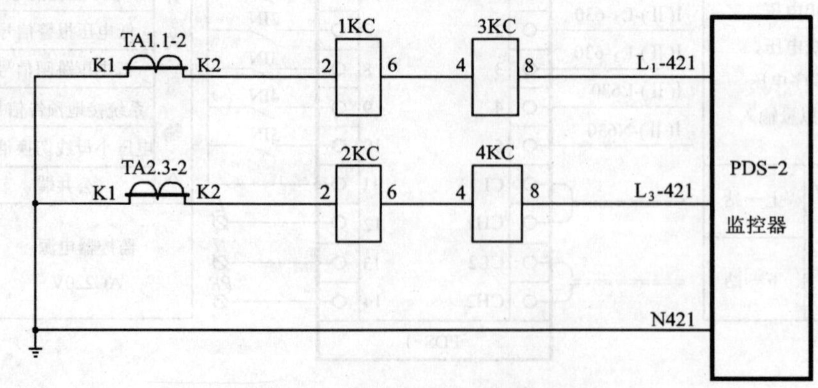

图 8-26 保护回路电流采集示意图

C. 零序电流模拟量采取方法：零序电流模拟量取自零序电流互感器(3TA)二次侧。可与零序电流继电器(KCZ)串联共用，其接线图如图 8-27～8-28 所示。

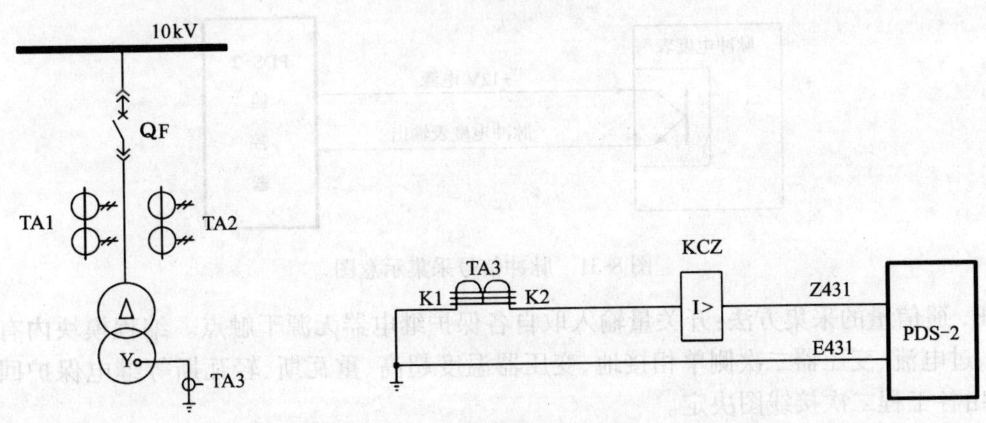

图 8-27 一次接线图

图 8-28 零序电流模拟量采取示意图

D. 变压器温度模拟量采取方法

油浸式变压器温度模拟量取自放在油箱内的感温元件。干式变压器温度模拟量取自埋在 L_1、L_2、L_3 三相绕组内的热敏电阻或铂热电阻。测量温度经变送器将温度信号转换为 0～20mA 直流信号提供给监控器。也可采用智能温度变送器直接转换为数字信号输入监控器。不过目前智能温度变送器价格较高。油浸式变压器温度信号采集如图 8-29 所示。干式变压器信号采集如图 8-30 所示。

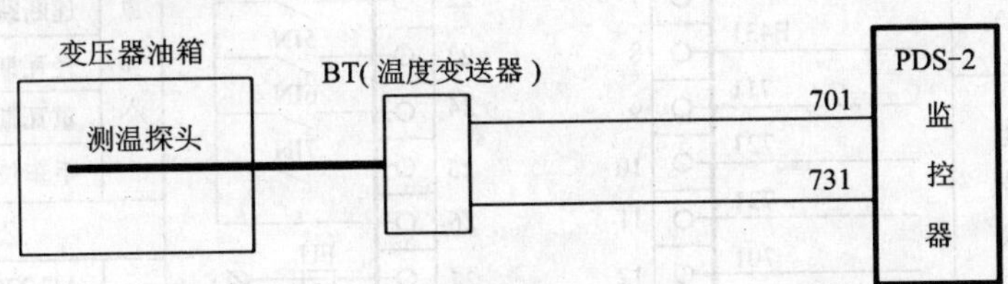

图 8-29 油浸变压器温度模拟量采集示意图

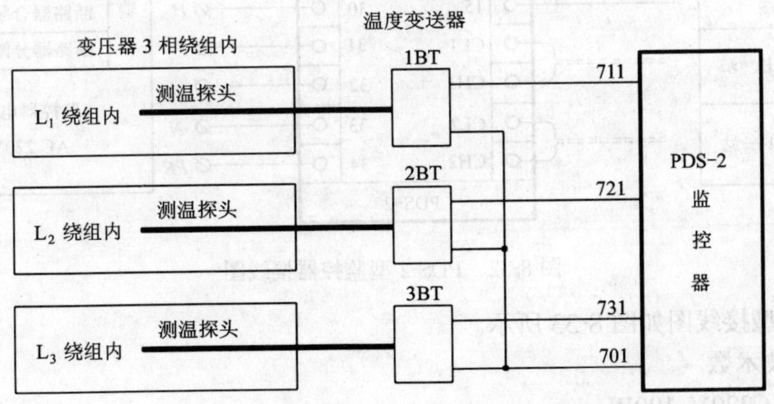

图 8-30 干式变压器温度模拟量采集示意图

E. 脉冲电度量信号采集：脉冲电度量信号输出方式有三极管发射极输出和光隔二次侧输出两种，这里选择光隔二次侧输出方式，如图8-31所示。

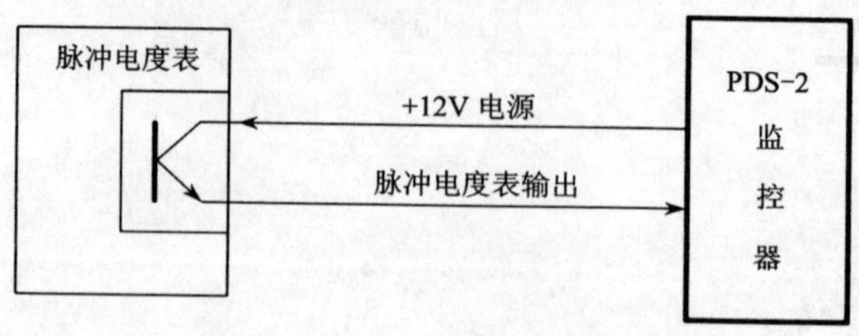

图8-31 脉冲信号采集示意图

F. 遥信量的采集方法：开关量输入取自各保护继电器无源干触点。编程模块内有电流速断、过电流、变压器二次侧单相接地、变压器温度超高、重瓦斯、轻瓦斯等继电保护回路程序。由各工程二次接线图决定。

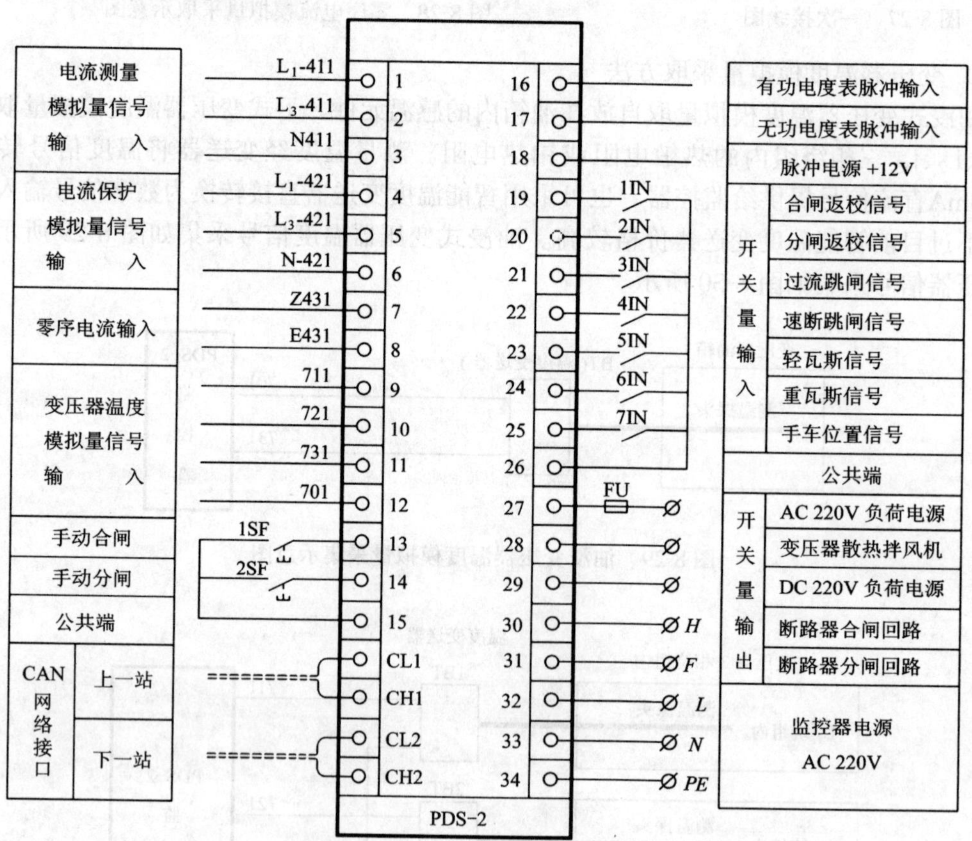

图8-32 PDS-2型监控器接线图

3）PDS-3型接线图如图8-33所示。

（5）主要技术数

1）电源：AC220V，100W。

2）输入：

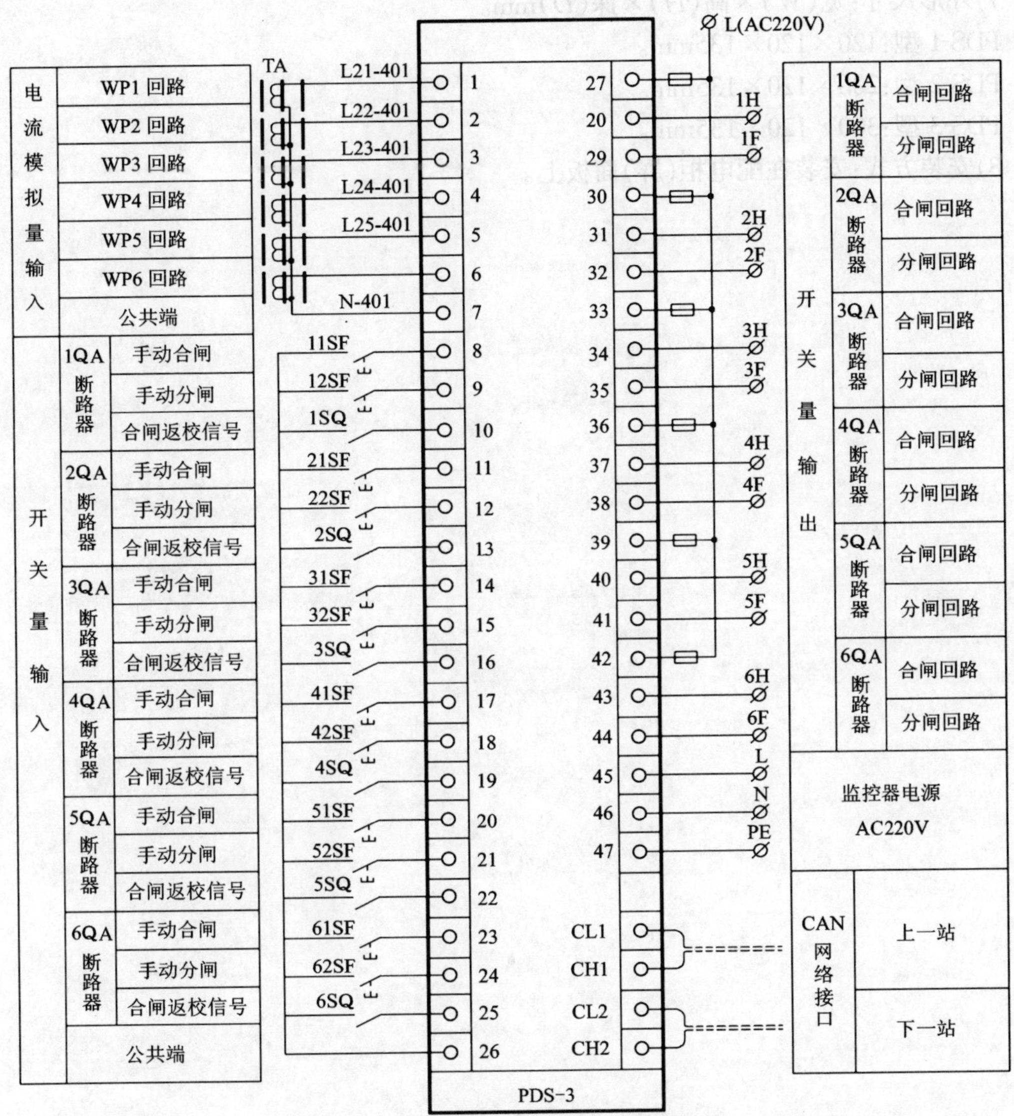

图 8-33 PDS-3 型监控器接线图

PDS-1 型——电压模拟量 2 路，开关量 5 个无源干触点。

PDS-2 型——电流模拟量 3 路，温度模拟量 3 路，脉冲电度量 2 路，开关量 9 个无源干触点。

PDS-3 型——电流模拟量 6 路，开关量 18 个无源干触点。

3)输出：

PDS-2 型——开关量 3 个干触点。

PDS-3 型——开关量 12 干触点。

4)网络通信卡：CAN。

5)状态指示：液晶显示屏。

6)运行环境：0℃～50℃，45%～85%RH(无结露)。

7)外形尺寸:宽(W)×高(H)×深(D)mm。

PDS-1 型:120×120×135mm。

PDS-2 型:200×120×135mm。

PDS-3 型:300×120×135mm。

8)安装方式:安装在配电柜(屏)面板上。

附录1　图形、符号

1. 说　　明

1)编制依据

依据下列国家标准编制

A. 中华人民共和国国家标准—电气图用图形符号(GB4728—84、85);

B. 中华人民共和国国家标准—电气技术中的项目代号(GB5094—85);

C. 中华人民共和国国家标准—电气技术中的文字符号制订通则(GB7159—87);

D. 中华人民共和国国家标准—采暖通风与空气调节制图标准(GBJ114—88);

E. 图形符号中有"＊"号者,是根据北京土建学会电气设计情报网颁发的《贯彻国家标准执行细则》中的图形、符号。既无编号又无"＊"者为编者根据设计经验,自编的图形、符号。

2)使用说明

A. 图形符号中有形式1、形式2,在同一个工程中,只能选同1种形式。

B. 绘制图形符号的尺寸大小和线宽应与图的比例及图的线宽相适应。

2. 图形符号

1)系统图、原理接线图的图形符号见附表1-1～1-10。

2)平面图的图形符号。见附表1-11～1-20。

3)常用电气工程图上设备、灯具、布线的标注方式见附表1-21～1-24。

4)文字符号见附表1-25～1-27。

1)系统图、原理接线图的图形符号

变压器、调压器、电抗器、消弧线圈　　　　附表1-1

序号	图形符号来源 GB4728	图形符号		说明
		形式1	形式2	
1	06-19-03 06-19-04	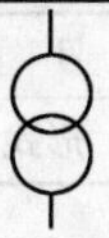		双绕组变压器
2	06-19-06 06-19-07	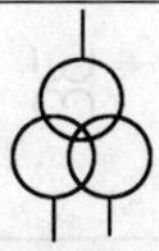	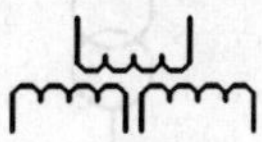	三绕组变压器
3	06-20-07 06-20-08		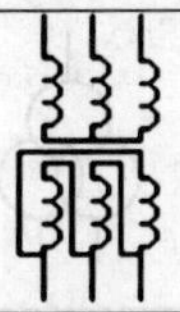	三相变压器 星形-三角形连结

续附表

序号	图形符号来源 GB4728	图形符号 形式1	图形符号 形式2	说明
4	*		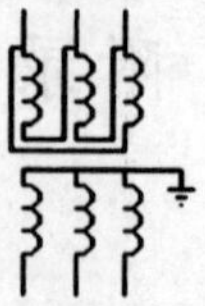	三相变压器 三角形-星形连结
5	*		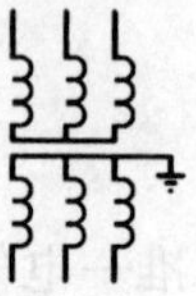	三相变压器 星形-星形连结
6	06-19-08 06-19-09		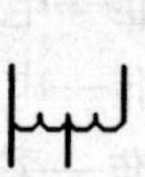	单相自耦变压器
7	06-21-03 06-21-04		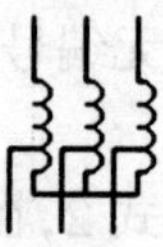	三相自耦变压器 星形连接
8	06-21-05 06-21-06	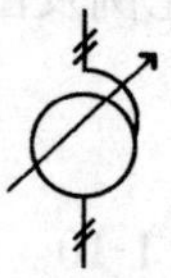		可调压单相自耦变压器
9	06-19-10 06-19-11 06-03-01		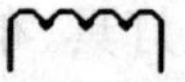	电抗器、扼流圈
10	*			消弧线圈

电压互感器和电流互感器

附表 1-2

序号	图形符号来源 GB4728	图形符号 形式1	图形符号 形式2	说明
1	*			单相双绕组电压互感器一般符号
2	*			单相三绕组电压互感器一般符号

续附表

序　号	图形符号来源 GB4728	图　形　符　号 形式1	形式2	说　　明
3	*			两个单相双绕组电压互感器 V-V连接
4	*			三绕组电压互感器 星形-星形-开口三角形连结
5	*			3个单相3个单绕组电容式互感器
6	06-19-12 06-19-13			单次级绕组电流互感器
7	06-23-02 06-23-03			两个铁芯和两个次级绕组的电流互感器，两端有端子符号，表示一个器件
8	06-23-04 06-23-05			一个铁芯和两个次级绕组的电流互感器（形式2铁芯符号必须示出）
9	*	3 3 4		3根导线，每根都带1个电流互感器
10	06-23-10 06-23-11	3		零序电流互感器

电动机、发电机　　附表1-3

序　号	图形符号来源 GB4728	图　形　符　号	说　　明
1	06-04-01	★	电机一般符号 ★　用以下文字表示： C—同步变流机 G—发电机 GS—同步发电机 M—电动机 MG—能作为发电机或电动机使用的电机 MS—同步电动机 SM—伺服电机 TG—测速发电机 TM—力矩电动机 TS—感应同步器 注：1）可在字母下加注“－”或“～”以区分直流、交流 2）在不会混淆情况下圆内字母可省略
2		A B	A：电机编号 B：电机容量（kW）

开关、断路器、接触器、熔断器、避雷器 **附表 1-4**

序号	图形符号来源 GB4728	图形符号	说明
1	07-13-01	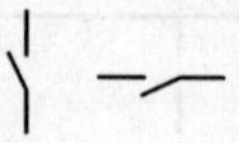	单极开关一般符号
2	07-13-02		多极开关一般符号（单线表示）
3	07-13-03	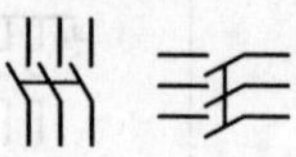	多极开关（多线表示）
4	07-13-04		接触器（常开触点）
5	07-13-06		接触器（常闭触点）
6	07-13-05	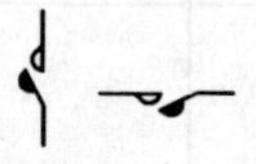	自动脱扣接触器（带有继电器线圈的）
7	07-13-07	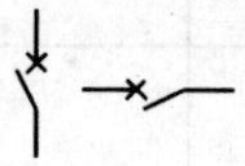	断路器
8	*	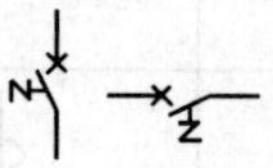	中性线断线保护断路器
9	07-13-08	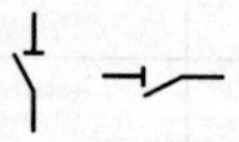	隔离开关
10	07-13-09	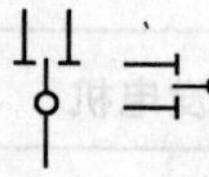	具有中间断开位置的双向隔离开关
11	*	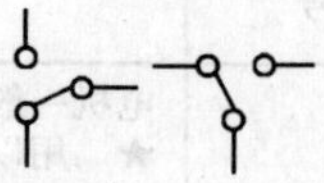	转换开关
12	*	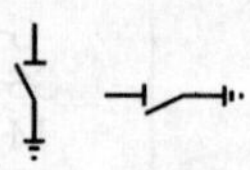	接地开关
13	*	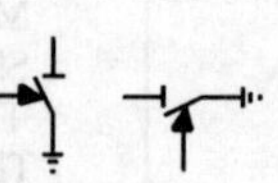	快速接地开关
14	07-13-10	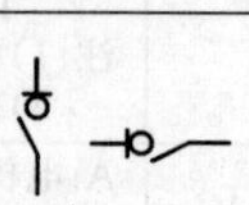	负荷开关（负荷隔离开关）

续附表

序 号	图形符号来源 GB4728	图 形 符 号	说 明
15	07-13-11		具有自动释放的负荷开关
16	07-21-01		熔断器一般符号
17	07-21-05		具有独立报警电路的熔断器
18	07-21-06		跌开式熔断器
19	07-21-07		熔断器式刀开关
20	07-21-08		熔断器式隔离开关
21	07-21-09		熔断器式负荷开关
22	07-21-03		带机械连杆的熔断器（撞击式熔断器）
23	07-21-04		具有独立报警触点的三端熔断器
24	*		带漏电流保护的断路器
25	*		漏电流保护器
26	07-22-01		火花间隙
27	07-22-02		双火花间隙
28	07-22-03		避 雷 器

触点、位置和限位开关及其他 附表 1-5

序号	图形符号来源 GB4728	图形符号	说明
1	07-02-01		动合触点(常开) 注:本符号也可用作开关一般符号及继电器触点用
2	07-02-03		动断触点(常闭)
3	07-02-04		先断后合的转换接点
4	07-02-05		中间断开的双向触点
5	07-02-07		先断后合的转换接点(桥接)
6	07-05-02		吸合时延时闭合的动合触点
7	07-05-04		释放时延时断开的动合触点
8	07-05-06		释放时延时闭合的动合触点
9	07-05-07		吸合时延时断开的动断触点
10	*		吸合时延时闭合和释放时延时断开的动合触点
11	07-07-01		手动开关的一般符号
12	07-07-02		按钮开关(不闭锁)动合接点
13	*		按钮开关(不闭锁)动断接点
14	07-07-03		拉拔开关(不闭锁)动断接点

续附表

序　号	图形符号来源 GB4728	图　形　符　号	说　　明
15	*	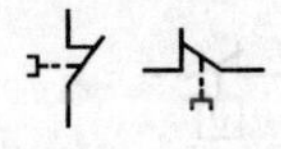	拉拔开关(不闭锁)动断接点
16	07-07-04	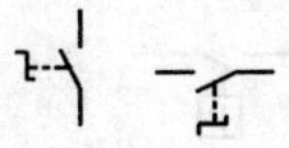	旋钮开关、旋转开关(闭锁)
17	02-12-07 07-02-01	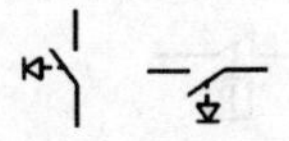	自动复位动合触点(常开)
18	02-12-07 07-02-03	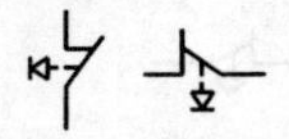	自动复位动断触点(常闭)
19	07-08-01	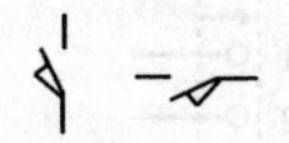	位置开关动合触点 限位开关动合触点
20	07-08-02		位置开关动断触点 限位开关动断触点
21	*	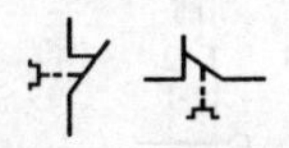	热继电器触点
22	07-10-02	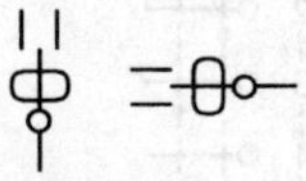	三端水银开关或三端液位开关
23	07-10-03	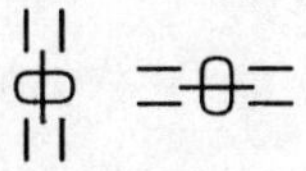	四端水银开关或四端液位开关
24	07-20-01 02-13-07	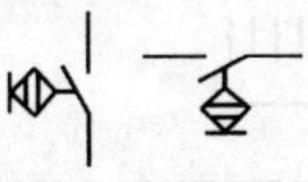	接触敏感开关动合触点
25	07-20-02 02-13-06	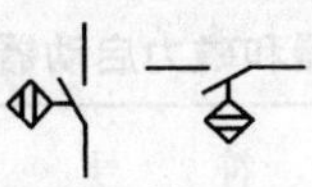	接近开关动合触点
26	02-14-01	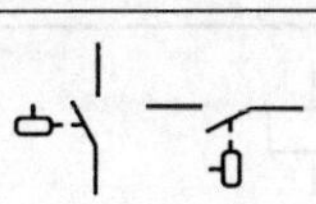	液位控制动合触点(常开)
27		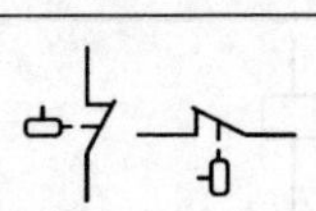	液位控制动断触点(常闭)
28	02-14-06 07-02-01	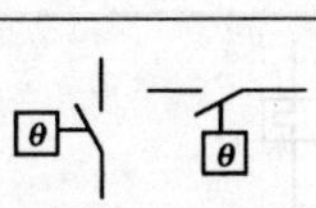	温度控制动断触点(常开)

续附表

序 号	图形符号来源 GB4728	图 形 符 号	说 明
29	02-14-06 07-02-03	θ θ	温度控制动断触点(常闭)
30	02-14-07 07-02-01	P P	压力控制动合触点(常开)
31	02-14-07 07-02-03	P P	压力控制动断触点(常闭)
32	*		紧急开关动断触点
33	07-A1-03	1 2	自动复归操作开关或控制器。示出两侧复位到中央两个位置,箭头表示自动复归的符号
34	07-A1-02	后 前 2 1 0 1 2 1 2 3 4	操作开关或控制器 这是五个位置的操作开关,以0代表操作手柄在中间位置,两侧的数字表示操作位置数,此数字处亦可写手柄转动位置的角度。在该数字上方可注文字符号表示操作位置(如向前、向后、自动、手动等) 短画线表示手柄操作触点开闭的位置线,有黑"·"者,表示(手轮)转向此位置时触点接手柄通,无黑"·"者,表示不接通,复杂开关可用触点闭合表示而不用黑点表示闭合。可在触点符号上加注线路号或触点号,一个开关的各触点允许不画在一起
35	07-11-04		单极多位开关(示出6位)

继电器、接触器和磁力启动器的线圈 附表1-6

序 号	图形符号来源 GB4728	图 形 符 号	说 明
1	07-15-01		线圈的一般符号
2	07-15-08		时间继电器线圈
3	07-15-21		热继电器的驱动器件

续附表

序　号	图形符号来源 GB4728	图　形　符　号	说　　明
4	*	I	电流线圈
5	*	U	电压线圈
6	02-13-24		电磁操作机构
7	07-13-26	M	电动机操作机构

配电系统继电保护装置测量仪表 附表1-7

序　号	图形符号来源 GB4728	图　形　符　号	说　　明	
1	07-16-01	★	测量继电器、继电保护装置的一般符号。"★"可以用文字符号和国际中规定的相应限定符号代入	
2	*	I	电流继电器	
3	07-16-07	I ⏚	接地继电器	
4	07-17-01	U=0	零电压继电器	
5	07-17-07	U<	欠电压继电器	
6	07-18-01		气体继电器 (GB312—64为瓦斯继电器)	
7	08-01-01	★	指示仪表	★用被测量单位的文字,化学分子式或图形符号代替
8	08-01-02	★	记录仪表	
9	*08-01-03	★	积算仪表	
10	08-02-01	V	电 压 表	
11	*	A	电 流 表	
12	08-02-02	A $I\sin\varphi$	无功电流表	

续附表

序 号	图形符号来源 GB4728	图 形 符 号	说 明
13	*08-02-03	→ ◯ W P_{max}	最大需量指示器（由一台积算仪表操纵）
14	08-02-04	◯ var	无功功率表
15	08-02-05	◯ $\cos\varphi$	功率因数表
16	08-02-06	◯ φ	相 位 表
17	08-02-07	◯ Hz	频 率 表
18	08-02-08	◯ θ	温度计(θ 可以用 t^0 代替)
19	08-02-15	◯ n	转 速 表
20	08-02-08	◯ ↑	同 步 表
21	08-03-01	A	记录式功率表
22	08-04-03	Wh	有功电度表
23	08-04-08	Wh	多费率电度表(示出二费率)
24	08-04-13	Wh P_{max}	带最大需量指示器的电度表
25	*	W Var	组合式记录功率表和无功功率表
26	08-04-09	Wh P>	超量电度表
27		t	计 时 表
28	*	SA	电流表切换开关
29	*	SV	电压表切换开关

电阻、电容、电感器

附表 1-8

序号	图形符号来源 GB4728	图形符号	说明
1	04-01-01		电阻器一般符号
2	04-01-03	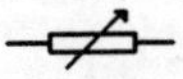	可变电阻器
3	04-01-04		压敏电阻器,图例中的 U 可以用 V 代替
4	04-01-05	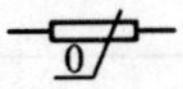	热电阻器（图例中的 0 可用 t^0 代替）
5	04-01-15	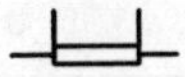	分路器（带分流或分压接线头的电阻器）
6	04-01-16	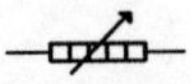	碳堆电阻器
7	04-01-17		加热元件
8	04-01-11	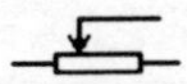	滑线变阻器
9	*	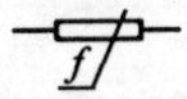	频敏变阻器
10	04-02-01	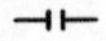	电容器一般符号
11	04-02-07	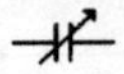	可变电容器
12	04-03-01		电感器、线圈、绕组、扼流圈（符号中半圈不得少于三个）
13	04-03-02	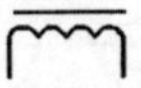	带铁芯的电感器
14	04-03-05		有抽头的电感器

半导体管、整流器和蓄电池

附表 1-9

序号	图形符号来源 GB4728	图形符号	说明
1	05-03-01	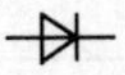	半导体二极管一般符号
2	05-03-02		发光二极管一般符号
3	05-03-05	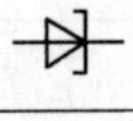	隧道二极管
4	05-03-06	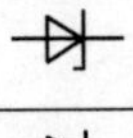	反向二极管（单隧道二极管）
5	05-04-08	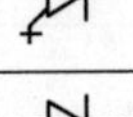	可关断三极晶体闸流管,N 型控制极（阳极侧受控制）
6	05-04-09	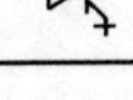	可关断三极晶体闸流管,P 型控制极（阴极侧受控制）

续附表

序号	图形符号来源 GB4728	图形符号	说明
7	05-04-10		反向阻断四极晶体闸流管
8	05-04-11		双向三极晶体闸流管 三端双向晶体闸流管
9	05-04-15		光控晶体闸流管
10	05-05-01		PNP型半导体管
11	05-05-02		NPN型半导体管
12	05-05-04		具有P型双基极单结型半导体管
13	05-05-05		具有N型双基极单结型半导体管
14	05-05-09		N型沟道结型场效应半导体管 (栅极与源极的引线应绘在一直线上)
15	05-05-10		P型沟道结型场效应半导体管
16	05-06-01		光敏电阻 具有非对导电性的光电器件
17	05-06-02		光电二极管 具有非对称导电性的光电器件
18	05-06-11		光电二极管型光耦合器
19	05-06-13		光电三极管型光耦合器
20	05-06-12		达林顿型光耦合器
21	05-06-17		光耦合器 光隔离器(示出发光二极管和光电半导体管)
22	12-27-01	≥1	"或"单元通用符号,只有一个或一个以上的输入呈现出"1"状态,输出才呈现出"1"状态 (如果不会引起意义混淆,"≥1"可以用"1"代替)
23	12-27-02	&	"与"单元通用符号,只有所有输入呈现出"1"状态,输出才呈现出"1"状态

续附表

序号	图形符号来源 GB4728	图形符号	说明
24	12-27-11	1	非门,反相器(在用逻辑非符号表示器件的情况下)只有输入呈现外部"1"状态,输出才呈现出外部"0状态"
25	12-27-01	>1	或非门
26	12-27-02	&	与非门
27	12-27-12	L	反相器(在用逻辑极性符号表示器件的情况下)只有输入呈现H电平,输出才呈现L电平
28	12-32-01	X/Y	编码器,代码器转换器的通用符号 注:X和Y可分别用输入和输出信息,代码伯适当符号代替
29	12-42-01	S R	RS触发器 RS锁存器
30	05-06-03		光电池
31	06-25-02		整流器
32	06-25-03		桥式全波整流器
33	06-25-04		逆变器
34	06-25-05		整流器/逆变器
35	*		交流变频器
36		D/A	数/模转换器(工程设计通用符号)
37		A/D	模/数转换器(工程设计通用符号)
38	06-26-01		蓄电池、源电池 (长线代表阳极,短线代表阴极)
39	06-26-02		蓄电池组、源电池组 注:06-26-01也可表示电池组,但其电压或电池的类型和数量应标明
40	06-26-03		
41	06-26-04		带抽头的蓄电池组、源电池组

导线连结 附表1-10

序号	图形符号来源 GB4728	图形符号 形式1	图形符号 形式2	说明
1	03-03-01 03-03-02			插座或插座的1个极
2	03-03-03 03-03-04			插头或插头的1个极
3	03-03-05 03-03-06			插头和插座
4	03-03-08	n		多极插头和插座 (单线表示 n 为个数)
5	03-03-23			插头插座式连接器, (如U形连接) 插头-插头
6	03-03-25			插头插座式连接器 (如U形连接) 带插座通路的插头-插头
7	03-04-03			电缆终端关
8	03-02-02			端子
9	03-02-03	11 12 13 14 15 16		端子板 (示出带线端标记的端子板)
10	03-02-10			可拆卸的端子
11	03-02-09			导线的多线交叉连接
12	03-03-20 03-03-21			接通的连接片
13	03-03-22			断开的连接片
14	*			切换片

2)平面图的图形符号

变配电所及电站 附表1-11

序号	图形符号来源 GB4728	图形符号 形式1	图形符号 形式2	说明
1	11-01-01 11-01-02			发电厂(站)
2	11-01-05 11-01-06			变电所、配电所一般符号
3	11-02-17 11-02-18	V/V	V/V	变电所(示出电压等级)
4	11-02-21 11-02-22			杆上变电所 (杆架变压器)

续附表

序号	图形符号来源 GB4728	图形符号 形式1	图形符号 形式2	说明
5	11-02-27			地下变电站(所)
6	*			箱式变电站
7	11-02-05			牵引变电站
8	11-02-23			移动变电所
9	*			总降压站
10	*			整流所
11	11-01-03			热电站
12	11-02-03			火力发电站
13	*	E		应急发电站
14	*			配电站(开闭所、开关站)

电力、控制线路 附表 1-12

序号	图形符号来源 GB4728	图形符号	说明
1	03-01-01		导线、导线组、电缆、线路一般符号
2	03-01-02		3根导线
3	03-01-03	N	N根导线(3根以上用数字表示)
4	03-01-06		软导线、电缆
5	03-01-07		屏蔽导线
6	11-05-02		地下线路
7	11-05-03		水下(海底)线路
8	11-05-04		架空线路
9	11-05-06	n	管道线路(n表示管道孔数)
10	11-05-16		挂在钢索上的线路
11	11-05-17		应急照明线路

续附表

序号	图形符号来源 GB4728	图形符号	说明
12	13-05-18		电压为36V及以下线路
13	11-05-19		控制或信号线路
14	11-05-20		用单线表示的多种线路
15	11-05-21		用单线表示的多回路线路（或电缆管束）
16	11-05-22		母线一般符号
17	11-05-24		装在支架上的封闭母线（插接式母线）
18	11-05-25		装在吊钩上的封闭母线（插接式母线）
19	*		装在支架上或吊架的封闭母线（插接式母线）
20	11-05-26		滑触线
21	11-05-27		中性线
22	11-05-28		保护线
23	11-05-29		保护和中性共用线
24	11-08-17		母线伸缩接头
25	*		母线连接片
26	11-08-10		电缆铺砖保护
27	11-08-11		电缆穿管保护
28	11-08-14		电缆预留段
29	11-08-18		电缆中间接线盒
30	11-08-19		电缆分支接线盒
31	11-08-32		人孔的一般符号
32	11-08-33		手孔的一般符号
33	11-08-37	a	电力电缆与其他设施交叉，电缆无保护 a—交叉点编号

续附表

序号	图形符号来源 GB4728	图形符号	说明
34	11-08-38		电力电缆与其他设施交叉,电缆有保护 a—交叉点编号
35	*	—— CT ——	电缆桥架敷设
36	*	a: —— MR —— b: —— PR ——	a:金属线槽敷设 b:塑料线槽敷设
37	*		电缆沟
38	*		电缆隧道
39	11-04-14		走线槽(地面明槽)
40	11-04-15		走线槽(地面暗槽)
41	11-04-15		走线槽(地面暗槽)
42	*		电源引入、引出线 (箭关相反表示引出线)
43	11-06-01		导线引上
44	11-06-02		导线引下
45	11-06-03		导线引上并引下
46	*		导线由上引来并引下
47	*		导线由下引来并引上
48	*		导线由上引来
49	*		导线由下引来
50	*		接地检查井
51	11-08-20	a: b:	接地装置 a:接地线(可用于水平接地极) b:带有垂直接地极的接地线
53	11-B1-10		避雷针
54	*		带有照明灯塔的避雷针
55	*		避雷线
56	*		避雷线(针)的保护范围
57	11-07-20		电信电杆上装设避雷线
58	11-07-21		电杆上装设带有火花间隙的避雷线

续附表

序号	图形符号来源 GB4728	图形符号	说明
59			电杆上装设放电器（可在 A 处标注放电器型号）
60	11-08-12		电缆上方敷设避雷线
61	02-15-01		接地一般符号
62	02-15-02		无燥声接地
63	02-15-04 02-15-05	形式1　形式2	用电设备机壳或底板接地
64	02-15-06		等电位
65	02-15-03		保护接地（本符号可代替02-15-01,以表示具有保护作用,例如在故障情况下防止触电的接地）

电杆 附表1-13

序号	图形符号来源 GB4728	图形符号	说明
1	11-07-01	$a\frac{b}{c}$	电杆的一般符号（单杆、中间杆）可加注文字符号表示： a—编号　b—杆型　c—杆高
2	11-07-02		单接腿杆（单接杆）
3	11-07-03		双接腿杆（品接杆）
4	11-07-04	H	H形杆
5	11-07-11		带撑杆的电杆
6	11-07-12		带撑拉杆的电杆
7	11-07-13		引上杆（小黑点表示电缆）
8	11-07-14	$a\frac{b}{c}Ad$	带照明灯的电杆一般画法 a—编号　b—杆型　c—杆高 d—容量　A—连接相序
9	11-07-15	$a\frac{b}{c}Ad$	需要示出灯具的投照方向时带照明灯电杆的画法。 标注文字符号意义同上
10	11-07-16	$a\frac{b}{c}Ad$	加画灯具本身图形的带照明灯电杆的画法， 标注文字符号意义同上

续附表

序 号	图形符号来源 GB4728	图 形 符 号	说 明
11	11-07-23		电杆保护用围桩（河中打桩杆）
12	11-07-18	$ab\frac{c}{de}\alpha A$ θ T或C	投光灯塔架 T—投光灯塔 C—安装在建筑物顶上的投光灯架 a—编号 b—投光灯型号 c—容量 e—灯塔高度 d—投光灯安装高度 A—连接相序 α—俯角 θ—偏角 投照方向偏角的基准线可以是坐标轴线或其他基准线

序 号	图形符号来源 GB4728	图形符号 形式1	图形符号 形式2	说 明
13	11-07-19	$ab\frac{c}{de}\alpha A$ θ $ab\frac{c}{de}\alpha A$ θ		装有投光灯的架空线电杆 1. 一般画法 需要时允许加画投光灯图形 a—编号 b—投光灯型号 c—容量 d—投光灯安装高度 A—连接相序 α—俯角 θ—偏角 投照方向偏角的其准线可以是坐标轴线或其他基准线
14	11-07-26 11-07-25			拉线一般符号（示出单方拉线）
15	11-07-27 11-07-28			有V形拉线的电杆
16	11-07-29 11-07-30			有高桩拉线的电杆

配电箱、屏、柜及其他 **附表1-14**

序 号	图形符号来源 GB4728	图 形 符 号	说 明
1	11-15-01		屏、台、箱、柜一般符号
2	11-15-02		动力或动力—照明配电箱（需要时符号内可标示电流种类符号）
3	11-15-03		信号板、信号箱(屏)
4	11-15-04		照明配电箱(屏)

续附表

序号	图形符号来源 GB4728	图形符号	说明
5	11-15-05		事故照明配电箱(屏)
6	11-15-06		多种电源配电箱(屏)
7	11-15-07		直流配电箱(屏)
8	11-04-03 11-04-05		单面列柜、双面列柜
9	11-B1-11		电源自动切换箱(屏)
10	11-B1-14		低压断路器箱
11	*		低压断路器箱(带剩余电流保护)
12	11-B1-15		刀开关箱
13	11-B1-16		低压负荷开关箱
14	11-B1-17		熔断器箱
15	11-B1-18		组合开关箱
16	*		电度表箱
17	*		就地操作箱(按钮箱)
18	*	UPS	不停电电源
19	11-18-14		插座箱(板)
20	*		地面插座箱
21	*	π	π接箱
22	*		电容器屏
23	07-14-01		电动机启动器一般符号
24	*		防爆启动器
25	11-B1-12		电阻箱
26	11-B1-13		鼓形控制器
27	*		变阻器

按钮、信号灯及其他 附表1-15

序号	图形符号来源 GB4728	图形符号	说明
1	11-16-07		按钮一般符号（小圆圈可以涂黑）
2	11-16-08		一般或保护型按钮盒（示出1个按钮）
3	11-16-09	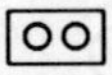	一般或保护型按钮盒（示出2个按钮）
4	11-16-10	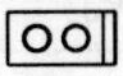	密闭型按钮盒
5	11-16-11	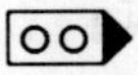	防爆型按钮盒
6	11-16-12		带指示灯的按钮
7	11-16-13		限制按动的按钮（玻璃罩）
8	11-16-14		电 锁
9	11-06-04		盒（箱）配线用一般符号
10	11-06-07		连结盒或接线盒
11	*		地面接线盒
12	*		伸缩缝穿线盒
13	*		行程开关、限位开关
14	02-13-10	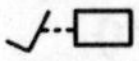	脚踏开关
15	*		组合开关或转换开关
16	08-10-01		信号灯一般符号（若要表示颜色可在上方标注颜色代号字母）
17	08-10-02		闪光信号灯
18	08-10-05	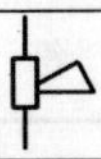	电 喇 叭
19	08-10-06		电 铃
20	08-10-09		电 警 笛
21	08-10-10		蜂 鸣 器
22	*		防爆信号灯
23	*		防爆电喇叭
24	*		防爆电铃
25	*		防爆电警笛
26	*		防爆蜂鸣器

通用电器 附表1-16

序号	图形符号来源 GB4728	图形符号	说明
1	11-16-02		阀的一般符号
2	11-16-03		电磁阀
3	11-16-04		电动阀
4	*		防爆电磁阀
5	*		防爆电动阀
6	11-16-05		电磁分离器、电磁铁
7	11-16-06		电磁制动器
8	*		整流器式电焊机
9	11-17-06		交流电焊机
10	11-17-08	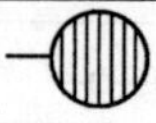	热水器
11	11-17-09		风扇一般符号
12	*		轴流风扇
13	*		暖风机或冷风机
14	*		电钟

制冷、空调器件 附表1-17

序号	图形符号来源 GBJ114—88	图形符号	说明
1	GB4728 11-17-01	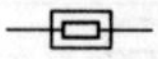	电阻加热器（冷库门上电热丝）
2	8-4		电加热器
3	*	T	温度控制器
4	*	H	温度控制器
5	*	P	压力控制器
6	*	C	压差控制器

续附表

序号	图形符号来源 GBJ114—88	图形符号	说明
7	*	(t)	测温点（温度传感器）
8	*	(h)	测湿点（湿度传感器）
9	10-2	(p)	压力传感元件
10		(C)	压差传感元件
11	10-3		流量传感元件
12	10-5	(M)	液位传感元件
13		(L) 或	液流信号器
14	3-3		管道泵
15	8-8	±	风机盘管
16	8-9		窗式空调器
17	*	*	分体式空调器 *：AC—空调器 AF—冷凝器
18	*	(3C)	3速开关
19	*	(Ct)	温度与3速开关控制器
20			手动调节阀
21			热力膨胀阀
22			止回阀
23			旁通阀
24			温度调节阀
25			压力调节阀

插座 附表 1-18

序号	图形符号来源 GB4728	图形符号	说明
1	11-18-02		单相插座 明装
2	11-18-03		单相插座 暗装

续附表

序　号	图形符号来源 GB4728	图 形 符 号	说　明
3	11-18-04		单相插座 密闭(防水)
4	11-18-05		单相插座 防爆
5	11-18-06		带接地插孔的单相插座 明装
6	11-18-07		带接地插孔的单相插座 暗装
7	11-18-08		带接地插孔的单相插座 密闭(防水)
8	11-18-09		带接地插孔的单相插座 防爆
9	11-18-10		带接地插孔的三相插座 明装
10	11-18-11		带接地插孔的三相插座 暗装
11	11-18-12		带接地插孔的三相插座 密闭(防水)
序　号	图形符号来源 GBJ114—88	图 形 符 号	说　明
12	11-18-13		带接地插孔的三相插座 防爆
13	11-18-15	3	多个插座(示出三个)
14	11-18-16		具有保护板的插座
15	11-18-17		具有单极开关的插座
16	11-18-18		具有联锁开关的插座
17	11-18-19		具有隔离变压器的插座 (如电动剃须刀插座)
18	11-18-21		带熔断器的单相插座
19	*		具有保护板的单相暗装插座
20	*		具有单极开关的暗装插座
21	*		具有单极开关带接地 插孔的单相暗装插座
22	*		带熔断器的单相暗装插座
23	*		具有保护板的带熔断器的单相插座
24	*		具有保护板及带熔断器的带接地 插孔的单相暗装插座
25	*		带熔断器及带接地 插孔的单相暗装插座

续附表

序 号	图形符号来源 GBJ114—88	图 形 符 号	说 明
26	*		带熔断器及带接地插孔的三相暗装插座
27	*		带漏电开关的插座
28	*		示例：2联1个带接地插孔单相插座和1个扁圆两用单相插座
29	*		示例：2联1个带接地插孔3相插座和1个单相插座带接地插孔

照 明 开 关　　附表 1-19

序 号	图形符号来源 GBJ114—88	图 形 符 号	说 明
1	11-18-22		开一般符号
2	11-18-23		明装单极开关
3	11-18-24		暗装单极开关
4	11-18-25		密闭单极开关
5	11-18-26		防爆单极开关
6	11-18-27		明装双极开关
7	11-18-28		暗装双极开关
8	11-18-29		密闭双极开关
9	11-18-30		防爆双极开关
10	11-18-3		明装三极开关
11	11-18-32		暗装三极开关
12	11-18-33		密闭三极开关
13	11-18-34		防爆三极开关
14	11-18-35		单极拉线开关
15	*		防水式拉线开关
16	11-18-36		单极双控拉线开关
17	11-18-37	t	单极限时开关
18	11-18-38		双控开关(单极三线)

续附表

序号	图形符号来源 GBJ114—88	图形符号	说明
19	11-18-39		有指示灯的开关
20	11-18-40		多拉开关(用于不同的照度)
21		G	光控开关
22		SG	声、光控开关
23	11-18-43	t	限时装置
24	*	S	风扇调速开关(S—带指示灯)
25		2	示例:三联二个单控开关和一个双控开关

照明灯具 **附表1-20**

序号	图形符号来源 GBJ114—88	图形符号	说明
1	*		点光源正常照明灯 灯具一般符号
2	11-B1-19		深照型灯
3	11-B1-20		广照型灯(配照型灯)
4	11-B1-21		防水防尘灯
5	11-B1-22		球型灯
6	11-B1-23		局部照明灯
7	11-B1-25		安全灯(轻度防爆型)
8	11-B1-25		隔爆灯
9	11-B1-27		天棚灯
10	11-B1-28		花灯
11	11-B1-29		弯灯
12	11-B1-30		壁灯
13	11-19-02		投光灯一般符号
14	11-19-03		聚光灯
15	11-19-04		泛光灯

续附表

序号	图形符号来源 GBJ114—88	图形符号	说明
16	*		墙座灯头裸灯泡
17	11-19-07		荧光灯的一般符号
18			
19	11-19-08		3管荧光灯
20	11-19-09	5	5管荧光灯
21	11-19-10		防爆荧光灯
22	11-19-11		在专用电路上的事故照明灯
23			投光壁光
24	*		斜照型灯
25	*		方形灯
26	*		导轨灯
27	*		导轨灯导轨
28	*		混光灯
29	*		航空障碍灯
30	*		筒灯
31	11-19-12		自带电源的事故照明灯（应急灯）
32	*		诱导灯(疏散灯) 箭头表示疏散方向
33	*		层号灯（圆圈内表示层号）
34	*	E	安全出口标志灯
35	11-20-01		警卫信号探测器
36	11-20-02		警卫信号区域报警器
37	11-20-03		警卫信号总报警器

3)常用电气工程图上设备、灯具、布线的标注方式

电力设备的标注方式 **附表 1-21**

序 号	标注方式来源 GB4728	标 注 方 式	说 明
1	11-A1-01	$\frac{a}{b}$或$\frac{a}{b}+\frac{c}{d}$	用电设备 a—设备编号 b—额定功率,kW 或 kVA c—线路首端熔断片,A d—标高,m
2	11-A1-02*	1)a 2)$a-b-c$ 例:AP1－XL1－320	动力及照明配电箱(柜、屏) 1)平面图 2)系统图 a—设备编号 b—设备型号 c—功率(kW 或 kVA)或计算电流(A)
3	11-A1-03*	1)a 2)$a-b-c/i$ 例:AF1－RTO－600/500	开关及熔断器箱 1)平面图 2)系统图 a—设备编号 b—设备型号 c—熔断器或低压断路器的额定电流(A) i—熔体电流或过电流脱扣器的额定电流(A),或漏电开关的动作电流(mA)
4	11-A1-04	$a/b-c$ 例:220/24V－200VA	照明变压器 a—一次电压(V) b—二次电压(V) c—额定容量(VA)
5	11-A1-05	$a-b\frac{c\times d\times L}{e}f$($b$可省略) 例:$4\ \frac{3\times60}{2.5}$P	照明灯 a—灯数 b—灯具型号或编号 c—每盏照明灯具的灯泡数 d—灯泡功率(W) e—安装高度(m) f—安装方式 P—管吊 L—光源种类: GGY—荧光高压汞灯 DDG—镝灯 NG—高压钠灯 ND—低压钠灯 Y—荧光灯 注:白炽灯不标注
6	*	$a-c(d\times e)f-g-h$ 例:WP1－BX(3×25＋1×10)SC40－F＋4m	电力和照明干线标注: a—编号:WP1—1号电力干线 WL1—1号照明干线 WE—事故照明干线 c—电缆或导线型号 d—电缆或导线根(芯)数 e—电缆或导线截面(mm^2) f—敷设方式 g—安装部位 h—电缆或导线安装(m)
7	*	$a-b-c(d\times e)f-g$ 例:W1－L_1－BX(3×2.5)SC15－WC	电力和照明分支线标注: a 编号:P1—1号电力分支线 W1—1号照明分支线 WE—事故照明干线 b—单相线路所接的相序(L_1,L_2,L_3) c、d,e,f、g—干线标注

续附表

序号	标注方式来源 GB4728	标注方式	说明
8	11-A1-08	$\frac{a\text{-}b\text{-}c\text{-}d}{ef}$	电缆与其他设施交叉点 a—保护管根数 b—保护管直径(mm) c—管长度(m) d—地面标高(m) e—保护管埋设深度(m) f—交叉点坐标
9	11-A1-09	1. ▼ ±0.000 2. ▼±0.000	安装或敷设标高(m) 1)用于室内平面、剖面图上 2)用于总平面图上的室外地面
10	*	$\frac{a}{b(c+d-e)}$ 例:$\frac{\text{WT1}}{3(\text{L}50\times50\times5+\text{LMY}-25\times3)}$	滑触线的标注: a—编号 WT1—1号滑触线 b—极数 c—滑触线材料及规格 d—补偿母线型号 e—补偿母线规格
11	*	$\frac{a-b}{c}$	电杆的标注: a—杆材 b—杆长 c—杆号

导线敷设方式的标注 **附表 1-22**

序号	名称	文字符号	序号	名称	文字符号
1	穿焊接钢管敷设	SC	8	用塑料夹敷设	PCL
2	穿电线管敷设	TC*	9	用瓷夹敷设	PL*
3	穿水煤气管敷设	RC*	10	电缆托盘(桥架)敷设	CT
4	穿聚氯乙烯硬质管敷设	PC	11	金属线槽敷设	MR
5	穿阻燃半硬聚氯乙烯管敷设	FPC	12	塑料线槽敷设	PR
6	穿聚氯乙烯波纹电线管敷设	KPC*	13	直接埋设	DB
7	穿金属蛇皮管敷设	FMC	14	混凝土排管敷设	CE

注:注有 * 者为华北地区《建筑电气通用图集》92DQ1 上的符号。

导线敷设部位的标注 **附表 1-23**

序号	名称	文字符号	序号	名称	文字符号
1	沿屋架(梁)或跨屋架(梁)敷设	AB	7	暗敷在地板或地面下	FC*
2	沿柱或跨柱敷设	AC	8	暗敷在梁内	BC
3	沿墙面敷设	WS	9	暗敷在墙内	WC
4	沿天棚或顶板面敷设	CE	10	暗敷在柱内	CLC
5	在能进人的吊顶内敷设	SCE	11	暗敷在屋面或顶板内	CC
6	沿钢索敷设	SR	12	暗敷在不能进人的吊顶内	ACC

注: 注有 * 者为华北地区《建筑电气通用图集》92DQ1 上的符号。

灯具安装方式的标注 附表1-24

序 号	名 称	文字符号	序 号	名 称	文字符号
1	线吊式、自在器线吊式	WS	9	嵌 入 式	R
2	固定式线吊式	WS_1	10	顶棚内安装	CR
3	防水线吊式	WS_2	11	墙壁内安装	WR
4	吊线器式	WS_3	12	支架上安装	S
5	链 吊 式	CS	13	柱上安装	CL
6	管 吊 式	DS	14	座 装	HM
7	壁 装 式	W	15	在钢索上吊装	CM
8	吸 顶 式	C			

4)文字符号

电气设备常用基本文字符号 附表1-25

序 号	设备元件种类	标注方式来源 GB7159—87	文字符号	名 称
1	组件部件	=	AB	电 桥
2		*	AH	高压开关柜
3		*	AA	低压配电屏(柜)
4		*	AP	动力电箱(柜)
5		*	AD	直流配电屏
6		*	AT	电源自动切换箱
7		*	AM	多种电源配电箱
8		*	AL	照明配电箱
9		*	ALE	应急照明配电箱
10		*	APE	应急电力配电箱
11		*	AC	控制屏(箱)
12		*	AS	信号屏(箱)
13		*	ACP	并联电容器屏(柜)
14		*	AR	继电器屏
15		*	AK	刀开关箱
16		*	AF	低压负荷开关箱
17		*	ARC	漏电流断路器箱
18		*	AW	电度表箱
19		*		操 作 箱
20		*	AX	插 座 箱

续附表

<table>
<tr><th>序 号</th><th>设备元件种类</th><th>标注方式来源 GB7159—87</th><th>文字符号</th><th>名 称</th></tr>
<tr><td>21</td><td rowspan="9">非电量到电量或电量到非电量的传感变送器</td><td>=</td><td rowspan="2">B</td><td>光电池</td></tr>
<tr><td>22</td><td>=</td><td>热电传感器</td></tr>
<tr><td>23</td><td>=</td><td>BP</td><td>压力传感器(变送器)</td></tr>
<tr><td>24</td><td>=</td><td>BT</td><td>温度传感器(铂热电阻)</td></tr>
<tr><td>25</td><td></td><td>RT</td><td>温度传感器(热敏电阻)</td></tr>
<tr><td>26</td><td>*</td><td>BM</td><td>湿度传感器(变送器)</td></tr>
<tr><td>27</td><td></td><td>BTM</td><td>温、湿度传感器</td></tr>
<tr><td>28</td><td>*</td><td>BL</td><td>液位传感器</td></tr>
<tr><td>29</td><td></td><td>BJ</td><td>滑阀角度传感器</td></tr>
<tr><td>30</td><td rowspan="2">电容器</td><td>=</td><td>C</td><td>电容器(控制回路)</td></tr>
<tr><td>31</td><td></td><td>CE</td><td>电力电容器</td></tr>
<tr><td>32</td><td rowspan="2">二进制元件</td><td>=</td><td>D</td><td>寄存器</td></tr>
<tr><td>33</td><td>*</td><td>DE</td><td>电气二进制逻辑元件</td></tr>
<tr><td>34</td><td rowspan="4">其他器件</td><td>=</td><td>EH</td><td>发热元件(电加热)</td></tr>
<tr><td>35</td><td>=</td><td>EL</td><td>照明灯(发光器件)</td></tr>
<tr><td>36</td><td>=</td><td>EV</td><td>空气调节器</td></tr>
<tr><td>37</td><td>*</td><td>EE</td><td>电加热器、加热元件</td></tr>
<tr><td>38</td><td rowspan="4">保护器件(装置)</td><td>=</td><td>F</td><td>避雷器</td></tr>
<tr><td>39</td><td>*</td><td>FF</td><td>快速熔断器</td></tr>
<tr><td>40</td><td>*</td><td>FU</td><td>熔断器、跌开式熔断器</td></tr>
<tr><td>41</td><td>=</td><td>FV</td><td>限压保护器件、过电压放电器件</td></tr>
<tr><td>42</td><td rowspan="9">发电机及电源</td><td>=</td><td>G</td><td>旋转发电机</td></tr>
<tr><td>43</td><td>*</td><td>GE</td><td>发电机(通用)</td></tr>
<tr><td>44</td><td>=</td><td>GS</td><td>同步发电机</td></tr>
<tr><td>45</td><td>=</td><td>GA</td><td>异步发电机</td></tr>
<tr><td>46</td><td>=</td><td>GF</td><td>旋转(固定)式变频机</td></tr>
<tr><td>47</td><td>=</td><td>GB</td><td>蓄电池</td></tr>
<tr><td>48</td><td>*</td><td>GD</td><td>柴油发电机</td></tr>
<tr><td>49</td><td>*</td><td>GU</td><td>不间断电源</td></tr>
<tr><td>50</td><td>*</td><td>GV</td><td>稳压电源设备</td></tr>
<tr><td>51</td><td rowspan="5">信号器件</td><td rowspan="2">=</td><td rowspan="2">HA</td><td rowspan="2">声响信号(包括电铃、蜂鸣器、电笛等，可以HA1,HA2,……区分)</td></tr>
<tr><td>52</td></tr>
<tr><td>53</td><td>=</td><td>HL</td><td>光信号、指示灯</td></tr>
<tr><td>54</td><td>*</td><td>HR</td><td>红 灯</td></tr>
<tr><td>55</td><td>*</td><td>HG</td><td>绿 灯</td></tr>
</table>

续附表

序号	设备元件种类	标注方式来源 GB7159—87	文字符号	名称
56	信号器件	*	HY	黄灯
57		*	HB	蓝灯
58		*	HW	白灯
59		*	HP	位置指示器
60	接触器 继电器	=	KM	交流接触器
61		=	KR	干簧继电器
62		=	KL	双稳态继电器
63		=	KP	极化继电器
64		*	KRR	逆流继电器
65		*	KA	中间继电器
66		*	KC	电流继电器
67		*	KV	电压继电器
68		*	KS	信号继电器
69		*	KB	瓦斯继电器
70		*	KE	接地继电器
71		*	KD	差动继电器
72		*	KR	重合闸继电器
73		*	KPR	功率继电器
74		*	KZ	阻抗继电器
75		*	KP	压力继电器
76		*	KF	液流继电器
77		*	KI	冲击继电器
78		*	KH	热继电器
79		*	KT	时间继电器
80		*	KTE	温度继电器
81		*	KF	闪光继电器
82		*	KSP	绝缘监视继电器
83		*	KPD	功率方向继电器
84		*	KOS	失步继电器
85		*	KCZ	零序电流继电器
86	电感器 电抗器	=	L	感应线圈、电抗器
87		*	LF	励磁线圈
88		*	LA	消弧线圈
89		*	LL	滤波电抗器
90	电动机	=	M	电动机
91		*	ME	电动机(通用)

续附表

序 号	设备元件种类	标注方式来源 GB7159—87	文字符号	名 称
92	电动机	=	MS	同步电动机
93		*	MD	直流电动机
94	电动机	*	MW	绕线转子感应电动机
95		*	MC	鼠笼型电动机
96		*	MA	异步电动机
97		*	M	电 动 机
98	模拟元件	=	N	运算放大器
99		=		混合模拟/数字器件
100	测量设备 试验设备	=	PA	电 流 表
101		=	PV	电 压 表
102		=	PJ	电 度 表
103		=	PJR	无功电度表
104		=	PW	有功功率表
105		*	PR	无功功率表
106		*	PM	最大需用表(负荷监控仪)
107		*	PPF	功率因数表
108		*	PF	频 率 表
109		*	PPA	相 位 表
110		=	PT	时钟操作时间表
111	电力电路的 开关器件	=	QF	断 路 器
112		*	QV	真空断路器
113		*	QA	空气断路器
114		*	QR	漏电断路器
115		=	QM	电动机保护开关
116		=	QS	隔离开关
117		*	QL	负荷开关
118		*	QFS	刀熔开关,熔断器隔离开关等
119		*	QK	刀 开 关
120		*	QT	转换开关
121		*	QE	接地开关
122		*	QT	有载分接开关
123		*	QS	起 动 器
124		*	QSC	综合启动器
125		*	QSD	星-三角启动器
126		*	QSA	自耦降压启动器
127		*	QD	鼓形控制器

续附表

序　号	设备元件种类	标注方式来源 GB7159—87	文字符号	名　　称
128	电阻器	=	R	电阻器,变阻器
129		*	RE	电阻器(通用)
130		=	RP	电 位 器
131		=	RS	测量用分流器
132		=	RT	热敏电阻
133		*	RB	铂热电阻
134		=	RV	(电)压敏电阻
135		*	RPS	压(力)敏电阻
136		*	RL	光敏电阻
137		*	RG	接地电阻
138		*	RD	放电电阻
139		*	RFR	励磁变阻器
140		*	RS	启动变阻器
141		*	RF	频敏变阻器
142		*	RD	制动变阻器
143		*	RC	限流变阻器
144	控制记忆信号电路的开关器件	=	SA	选择或控制开关(万能转换开关)
145		=	SB	按　　钮
146			SF	启动按钮
147			SS	停止按钮
148		*	SBF	正转按钮
149		*	SBR	反转按钮
150			SE	紧急按钮
151		*	ST	试验按钮
152		*	SR	复位按钮
153		*	SQ	限位开关,接近开关
154		*	SE	机电式控制开关(通用)
155		*		脚踏开关
156		*	SG	位置开关
157		*	SH	手动控制开关
158		*	SK	时间控制开关
159		*	SL	液位控制器
160		*	SM	湿度控制器
161		*	SP	压力控制器
162		*	ST	温度控制器
163			CP	差压控制器

续附表

序 号	设备元件种类	标注方式来源 GB7159—87	文字符号	名 称
164	控制记忆信号电路的开关器件		SEJ	制冷能量控制器
165			SAF	冷库气流控制开关
166		*	SA	电流表切换开关
167		*	SV	电压表切换器
168	变压器	=	TM	电力变压器
169		*	TE	变压器(通用)
170		=	TA	电流互感器
171		=	TV	电压互感器
172		=	TC	控制电路电源变压器
173	变换器	=	U	整 流 器
174		*	UF	变 频 器
175		*	UC	变 流 器
176		*	UI	逆 变 器
177		*	UR	可控硅整流器
178		*	UH	高压硅整流器
179	电子管 晶体管	=	VC	控制电路用整流器
180			VD	二 极 管
181		*	VT	三 极 管
182			VL	发光二极管
183			VP	光电二极管
184	传输通道	=	W	电线,电缆,母线
185		=	WB	直流母线
186			WIB	插接式(馈线)母线
187		*	WP	电力干线
188		*	WL	照明干线
189		*	WE	应急照明干线
190		*	WT	滑 触 线
191		*	WCL(±)	合闸小母线
192		*	WC(±)	控制小母线
193		*	WS(±700)	信号小母线
194		*	WF(M100)	闪光小母线
195		*	WFS(M708) (M727)	事故声响小母线
196		*	WPS(M729)	预告声响小母线
197		*	WCS	控制回路断线预报信号小母线
198		*	WP(M703) (M716)	“掉牌未复归”信号小母线

续附表

序 号	设备元件种类	标注方式来源 GB7159—87	文字符号	名 称
199	传输通道	*	WTS(M701)	配电装置信号小母线
200		*	MV (L1-630,L2-630, L3-630,N630)	电压小母线
201	端 子 插 头 插 座	=	XB	连 接 片
202		=	XJ	测试插孔
203		=	XP	插 头
204		=	XS	插 座
205		=	XT	端 子 板
206	电气操作的机械器件	=	Y	气 阀
207		=	YM	电 动 阀
208		=	YV	电 磁 阀
209		*	YF	防 火 阀
210		*	YF	风 阀
211		*	YS	排 烟 阀
212		*	YT	跳闸线圈
213		*	YC	合闸线圈
214		*	YA	气动执行器
215		*	YE	电动执行器
216	滤 波 器	=	Z	滤 波 器
217				网 络
218		*	ZE	电延时元件

特定导线和特定设备接线端子标记的文字符号 附表 1-26

标注方式来源 GB4728	名 称		文字符号：设备端子标记	文字符号：导线线端标记	备 注
11-A1-15	交流电源系统	第1相	U	L1	
		第2相	V	L2	
		第3相	W	L3	
11-A1-16		中性线	N	N	
11-A1-17		保护线	PE	PE	
11-A1-18		保护中性线共用	—	PEN	

冷库电气常用的辅助文字符号　　**附表 1-27**

序　号	名　　称	文字符号	序　号	名　　称	文字符号
1	氨压缩机控制系统	A	6	油控制系统	O
2	氨泵控制系统	B	7	循环冷却水控制系统	S
3	冻结控制系统	D	8	融霜控制系统	R
4	冷藏控制系统	L	9	制冰控制系统	Z
5	氨液面控制系统	Y	10	自动放空气系统	F

附录2　电线电缆截面选择

1. 根据环境温度允许的导体载流量选择电线电缆截面

1)环境温度校正系数

编选的电线电缆截面的选择表中,列出了环境温度为30℃、35℃、40℃的载流量所对应的电线电缆截面,当电线电缆敷设处的环境温度与表中数据不同时,载流量要乘以校正系数。校正系数见附表2-1～2-6。

在空气中敷设时不同环境温度载流量的校正系数　　附表2-1

导体工作温度(℃)	空气温度(℃)								
	10	15	20	25	30	35	40	45	50
50	1.70	1.62	1.52	1.42	1.32	1.22	1.00	0.75	—
60	1.58	1.50	1.41	1.32	1.22	1.11	1.00	0.86	0.73
65	1.48	1.41	1.34	1.26	1.18	1.09	1.00	0.89	0.77
70	1.41	1.35	1.29	1.22	1.15	1.08	1.00	0.91	0.81
80	1.32	1.27	1.22	1.17	1.11	1.06	1.00	0.93	0.86
90	1.26	1.22	1.18	1.14	1.09	1.04	1.00	0.94	0.89

直埋地敷设时不同环境温度载流量的校正系数　　附表2-2

导体工作温度(℃)	土壤温度(℃)					
	10	15	20	25	30	35
50	1.26	1.18	1.10	1.00	0.89	0.77
60	1.20	1.13	1.07	1.00	0.93	0.85
65	1.17	1.12	1.06	1.00	0.94	0.87
70	1.15	1.11	1.05	1.00	0.94	0.88
80	1.13	1.09	1.04	1.00	0.95	0.90
90	1.11	1.07	1.04	1.00	0.96	0.92

电线、电缆穿管敷设于空气中载流量的校正系数　　附表2-3

穿管根数	校正系数	穿管根数	校正系数	管子并列根数	校正系数
2～4	0.80	9～12	0.50	2～4	0.95
5～8	0.60	12根以上	0.45	4根以上	0.90

注:1. 穿管根数系指电线、电缆的相线根数,中性线和保护线可不计在其中。

电缆在空气中多根并列敷设时载流量的校正系数　　附表 2-4

根　数		1	2	3	4	4	6	8	9	12
排　列		○	○○	○○○	○○○○	○○ ○○	○○○ ○○○	○○○○ ○○○○	○○○ ○○○ ○○○	○○○ ○○○ ○○○ ○○○
电　缆 中心距离	d	1.00	0.90	0.85	0.80	0.82	0.8	—	—	—
	$2d$	1.00	1.00	0.98	0.90	0.95	0.90	0.85	0.80	0.80
	$3d$	1.00	1.00	1.00	0.98	0.98	0.98	0.90	0.85	0.85

注：表中 d 为电缆外径，表中数据系相同外径的电缆并列敷设时载流量的校正系数。当并列的电缆外径不同时，可取平均值。

电缆直埋地多根并列敷设时载流量的校正系数　　附表 2-5

电缆间净距 (mm)	3 芯 电 缆 根 数							
	1	2	3	4	5	6	7	8
100	1.00	0.88	0.84	0.80	0.78	0.75	0.73	0.72
200	1.00	0.90	0.86	0.83	0.82	0.80	0.80	0.79
300	1.00	0.92	0.89	0.87	0.86	0.85	0.85	0.84

电缆在桥架上无间距配置多层并列敷设时载流量的校正系数　　附表 2-6

支架形式	电　缆　层　数			
	1	2	3	4
梯　架	0.80	0.65	0.55	0.50
托　盘	0.70	0.55	0.50	0.45

土壤热阻系数列出了 $\rho_t=0.8$℃.m/W；$\rho_t=1.0$℃.m/W；$\rho_t=1.2$℃.m/W；$\rho_t=1.5$℃.m/W值时的载流量，当电缆敷设处的土壤热阻系数与表中数据不同时，载流量要乘以校正系数。校正系数见附表 2-7。

不同土壤热阻系数的载流量校正系数　　附表 2-7

电压 (kV)	截面 (mm^2)	土壤热阻系数 ρ_t(℃.m/W)							
		0.8	1.0	1.2	1.5	1.8	2.0	2.5	3.0
1	35 及以下	1.06	1.00	0.95	0.89	0.84	0.81	0.75	0.71
	50～120	1.08	1.00	0.94	0.87	0.80	0.77	0.70	0.65
	150～300	1.08	1.00	0.93	0.86	0.79	0.76	0.69	0.64
	400 及以上	1.09	1.00	0.93	0.85	0.79	0.76	0.68	0.63
10	35 及以下	1.05	1.00	0.95	0.90	0.84	0.82	0.76	0.70
	50～120	1.06	1.00	0.94	0.88	0.82	0.80	0.73	0.68
	150～300	1.07	1.00	0.94	0.87	0.81	0.78	0.71	0.66
	400 及以上	1.07	1.00	0.93	0.87	0.81	0.77	0.71	0.65

2)不同敷设条件下推荐环境温度如下：

A. 电缆在空气中及隧道中敷设 +40℃

B. 电缆在土壤中直埋 +25℃

C. 电缆在水底敷设 +25℃

D. 橡皮绝缘线、聚氯乙烯绝缘线在室内配线 +30℃～+35℃

电缆在空气中敷设时取环境温度 $\theta_a=40$℃，电缆在土壤中直埋敷设时取环境温度 $\theta_a=25$℃，这两个基准温度适合我国大部分地区，但对黄河以北地区来说可能偏高一些，可以根据当地气象资料适当校正。

3)土壤热阻系的选择可参考下列数值：

华北、东北平原地区的一般土壤取： $\rho_t=1.2$℃.m/W；

丘陵和干燥地带、高原少雨地区的土壤取： $\rho_t=1.5\sim2.0$℃.m/W；

华东华南沿海、湖、河畔以及多雨地区的土壤取： $\rho_t=0.8$℃.m/W。

4)各种电线电缆的持续载流量

A. 架空裸导线 LJ、LGJ、LGJF、GJ 的持续载流量见附表 2-8～2-9。

LJ 型裸铝绞线的载流量 附表 2-8

导体工作温度(℃)	70							
环境温度(℃)	室内				室外			
	25	30	35	40	25	30	35	40
标称截面 (mm²)	载流量 (A)							
10	55	52	48	45	75	70	66	61
16	90	75	70	65	105	99	92	85
25	110	103	97	89	135	127	119	109
35	135	127	119	109	170	160	150	138
50	170	160	150	138	215	202	189	174
70	215	202	189	174	265	249	233	215
95	260	244	229	211	325	305	286	247
120	310	292	273	251	375	352	330	304
150	370	248	326	300	440	414	387	356
185	425	400	374	344	500	470	440	405
240	—	—	—	—	610	574	536	494
300	—	—	—	—	680	640	597	550

B. 辐照型交联聚乙烯绝缘架空电缆持续载流量见附表 2-10。

C. BV、BLV 型聚氯乙烯绝缘电线持续载流量见附表 2-11～2-12。

D. BV-105 型耐热聚氯乙烯绝缘电线持续载流量见附表 2-13～2-14。

E. 聚氯乙烯绝缘聚氯乙烯护套电线持续载流量见附表 2-15。

F. BX 铜芯橡皮绝缘电线持续载流量见附表 2-16。

G. BLX 铝芯橡皮绝缘电线持续载流量见附表 2-17。

H. 通用橡套软电缆持续载流量见附表 2-18。

I. 橡皮绝缘电力电缆持续载流量见附表 2-19。

J. 交联聚乙烯绝缘聚(氯)乙烯护套电力电缆持续载流量见附表 2-20～2-21。

K. 交联聚乙烯绝缘聚(氯)乙烯护套铠装电力电缆持续载流量见附表 2-22～2-24。

L. 聚氯乙烯绝缘聚氯乙烯护套电力电缆持续载流量见附表 2-25。

M. 聚氯乙烯绝缘聚氯乙烯护套铠装电力电缆持续载流量见附表 2-26。

N 矩形母线在 $\theta_n=70$℃时的载流量见附表 2-27。

N. 扁钢载流量见附表 2-28。

LGJ、LGJF、GJ 型裸钢芯铝绞线的载流量　　附表 2-9

型　号	LGJ、LGJF(防腐型)				GJ(镀锌)
导体工作温(℃)	70				
环境温度(℃)	室　外				
	25	30	35	40	25
标称截面(mm²)	载　流　量　(A)				
16	105	98	92	85	—
25	135	127	119	109	86
35	170	159	149	137	98
50	220	207	193	178	110
70	275	259	228	222	147
95	335	315	295	272	184
120	380	357	335	307	214
150	445	418	391	360	—
185	515	484	453	416	—
240	610	574	536	494	—
300	700	658	615	566	—

辐照型交联聚乙烯绝缘架空绝缘电缆持续载流量　　附表 2-10

电缆型号	额定电压(kV)	标　称　截　面　(mm²)								
		16	25	35	50	70	95	120	150	185
JKLY	0.6/1	67	87	110	130	165	200	230	260	300
JKLYJ	10	—	95	115	140	170	205	235	265	305

注:架空电缆导体工作温度为90℃,环境温度为40℃。表中载流量为参考值。

BV、BVR 型铜芯聚氯乙烯绝缘电线持续载流量　　附表 2-11

环境温度 （℃）	30	35	40	30				35				40			
导线排列	○	○	○												
导线根数				2～4	5～8	9～12	12 以上	2～4	5～8	9～12	12 以上	2～4	5～8	9～12	12 以上
标称截面 （mm^2）	明敷载流量(A)			穿管敷设载流量（A）											
1.5	23	22	20	13	9	8	7	12	9	7	6	11	8	7	6
2.5	31	29	27	17	13	11	10	16	12	10	9	15	11	9	8
4	41	39	36	24	18	15	13	22	17	14	12	21	15	13	11
6	53	50	46	31	23	19	17	29	21	18	16	20	20	16	15
10	74	69	64	44	33	28	25	41	31	26	23	38	29	24	21
16	99	93	86	60	45	38	34	57	42	35	32	52	39	32	29
25	132	124	115	83	62	52	47	77	57	48	43	70	53	44	39
35	161	151	140	103	77	64	58	96	72	60	54	88	66	55	49
50	201	189	175	127	95	79	71	117	88	73	66	108	81	67	60
70	259	243	225	165	123	103	92	152	114	95	85	140	105	87	78
95	316	297	275	207	155	129	116	192	144	120	108	176	132	110	99
120	374	351	325	245	184	153	138	226	170	141	127	208	156	130	117
150	426	400	370	288	216	180	162	265	199	166	149	244	183	152	137
185	495	464	430	335	251	209	188	309	232	193	174	284	213	177	159
240	592	556	515	396	297	247	222	366	275	229	206	336	252	210	189

注:1．本表电线额定电压为 0.45/0.75kV,导体工作温度为 70℃。

2．明敷载流量值系根据 S>2De(电线外径)计算。

附表 2-12

BLV型铝芯聚氯乙烯绝缘电线持续载流量

环境温度 (℃)	30	35	40	30				35				40			
导线排列	○	○	○												
导线根数				2~4	5~8	9~12	12以上	2~4	5~8	9~12	12以上	2~4	5~8	9~12	12以上
标称截面 (mm²)	明敷载流量(A)			穿管敷设载流量(A)											
2.5	24	23	21	13	10	8	7	13	9	8	7	12	9	7	6
4	32	30	28	18	14	11	10	16	12	10	9	16	12	10	9
6	41	39	36	24	18	15	13	22	17	14	12	21	15	13	11
10	56	53	49	33	25	21	19	31	23	19	17	29	21	18	16
16	76	71	66	47	35	29	26	43	32	27	24	40	30	25	22
25	104	97	90	65	48	40	36	60	45	37	33	55	41	34	31
35	127	119	110	81	60	50	45	74	56	46	42	69	51	43	38
50	155	146	135	99	74	62	56	91	68	57	51	84	63	52	47
70	201	189	175	127	95	79	71	117	88	73	66	108	81	67	60
95	247	232	215	160	120	100	90	148	111	92	83	136	102	85	76
120	288	270	250	189	141	118	106	174	131	109	98	160	120	100	90
150	334	313	290	217	162	135	122	200	150	125	112	184	138	115	103
185	385	362	335	254	191	159	143	235	176	147	132	216	162	135	121
240	460	432	400	307	230	191	172	283	212	177	159	260	195	162	146

注:1. 本表电线额定电压为0.45/0.75kV,导体工作温度为70℃。

2. 明敷载流量值系根据S>2De(电线外径)计算。

BV-105 型铜芯耐热聚氯乙烯绝缘电线明敷持续载流量　　附表 2-13

环境温度　(℃)	30	35	40	30	35	40
导线排列	○ ○ ○			○ ○ ○		
标称截面　(mm²)	明敷设载流量(A)					
0.75	15	14	14	22	21	20
1.0	18	17	17	26	25	24
1.5	24	23	22	32	31	30
2.5	32	31	30	44	42	41
4	43	42	40	58	56	54
6	56	54	52	76	73	70

注:1. 本表电线额定电压为0.45/0.75kV,导体工作温度为105℃。

2. 明敷载流量值系根据S>2De(电线外径)计算。

BV-105 型铜芯耐热聚氯乙烯绝缘电线穿管时持续载流量　　附表 2-14

环境温度　(℃)	30				35				40			
导线根数	2~4	5~8	9~12	12以上	2~4	5~8	9~12	12以上	2~4	5~8	9~12	12以上
标称截面　(mm²)	穿管敷设载流量(A)											
0.75	12	9	7	6	11	8	7	6	11	8	7	6
1.0	14	10	9	8	13	10	8	7	13	10	8	7
1.5	16	14	12	10	18	13	11	10	17	13	11	10
2.5	25	19	16	14	24	18	15	13	24	18	15	13
4	34	18	21	19	16	25	21	19	32	24	20	18
6	44	33	28	25	43	32	27	24	41	31	26	23

BVV、BLVV型聚氯乙烯绝缘、护套电线明敷时持续载流量 附表 2-15

环境温度（℃）		30	35	40	30	35	40	30	35	40	30	35	40	30	35	40
导线芯数		1芯			2芯			3芯			4芯			5芯		
标称截面（mm^2）		明敷设载流量（A）														
BVV 铜芯	1.0	20	18	17	15	14	13	13	2	11	—	—	—	—	—	—
	1.5	25	24	22	21	19	18	18	17	16	16	15	14	15	14	13
	2.5	35	32	30	29	27	25	24	23	21	23	22	20	22	19	18
	4	45	42	39	38	36	33	32	30	28	30	28	26	28	26	24
	6	58	54	50	49	46	43	41	39	36	38	36	33	36	33	31
	10	79	65	69	68	64	59	59	55	51	53	50	46	49	46	43
	16	—	—	—	91	85	79	78	73	68	70	66	61	66	62	57
	25	—	—	—	121	113	105	105	98	91	94	89	82	89	83	77
	35	—	—	—	144	135	125	127	119	110	115	108	100	109	103	95
BLVV 铝芯	2.5	25	24	22	20	19	17	16	15	14	—	—	—	—	—	—
	4	34	32	30	26	24	23	22	21	19	—	—	—	—	—	—
	6	43	40	37	33	31	29	25	24	22	—	—	—	—	—	—
	10	59	55	51	51	48	44	40	38	35	—	—	—	—	—	—

注：本表电线额定电压为0.30/0.50kV，导体工作温度为70℃。

BX型铜芯橡皮绝缘电线持续载流量 附表 2-16

环境温度 (℃)	30	35	40	30				35				40			
导线排列	○	○	○												
导线根数	—			2～4	5～8	9～12	12以上	2～4	5～8	9～12	12以上	2～4	5～8	9～12	12以上
标称截面 (mm^2)	明敷载流量			穿管敷设载流量											
1.5	24	22	20	13	9	8	7	12	9	7	6	11	8	7	6
2.5	31	28	26	17	13	11	10	16	12	10	9	15	11	9	8
4	41	38	35	23	17	14	13	21	16	13	12	20	15	12	11
6	53	49	45	29	22	18	16	28	21	17	15	25	19	16	14
10	73	68	62	43	32	27	24	40	30	25	22	37	27	23	20
16	98	90	83	58	44	36	33	53	0	33	30	49	37	31	28
25	130	120	110	80	60	50	45	73	55	46	40	68	51	42	38
35	165	153	140	99	74	62	56	91	68	57	51	84	63	52	47
50	201	185	170	122	92	76	69	112	84	70	63	104	78	65	58
70	254	234	215	155	116	97	87	144	108	90	81	132	99	82	74
95	313	289	265	198	149	124	111	193	144	120	108	168	126	105	94
120	366	338	310	231	173	144	130	213	160	133	120	196	147	122	110
150	419	387	355	269	201	168	151	248	186	155	139	228	171	142	128
185	484	447	410	311	233	194	175	287	215	179	161	264	198	165	148
240	584	540	495	373	279	233	209	344	258	215	193	316	237	197	177

注:1. 本表电线额定电压为0.45/0.75kV,导体工作温度为65℃。

2. 明敷载流量值系根据S>2De(电线外径)计算。

附表 2-17

BLX 型铝芯橡皮绝缘电线持续载流量

环境温度 （℃）	30	35	40	30				35				40			
导线排列	○	○	○												
导线根数				2～4	5～8	9～12	12 以上	2～4	5～8	9～12	12 以上	2～4	5～8	9～12	12 以上
标称截面 （mm^2）	明敷载流量(A)			穿管敷设载流量 (A)											
2.5	25	23	21	13	10	8	7	13	9	8	7	12	9	7	6
4	33	31	28	18	14	11	10	17	13	11	10	16	12	10	9
6	41	38	35	24	18	15	13	22	17	14	12	21	15	13	11
10	57	52	48	33	24	20	18	30	23	19	17	28	21	17	15
16	77	71	65	45	33	28	25	41	31	26	23	38	29	24	21
25	103	95	87	62	47	39	35	57	43	36	32	53	39	33	29
35	124	114	105	77	57	48	43	71	53	44	40	65	49	41	37
50	153	142	130	94	71	59	53	87	65	54	49	80	60	50	45
70	195	180	165	122	92	76	69	113	84	70	63	104	78	65	58
95	242	223	205	151	113	94	85	139	104	87	78	128	96	80	72
120	283	262	240	179	134	112	101	165	124	103	93	152	114	95	85
150	325	300	275	207	155	129	116	192	144	120	108	176	132	110	99
185	378	349	320	241	180	150	135	222	167	139	125	204	153	127	114
240	454	420	385	293	219	183	164	270	203	169	152	248	186	155	139

注:1. 本表电线额定电压为 0.45/0.75kV,导体工作温度为 70℃。

2. 明敷载流量值系根据 S>2De(电线外径)计算。

附表 2-18

通用橡套软电缆明敷时持续载流量

型号	YQ、YQW、YZ、YZW、YC、YCW														
环境温度（℃）	30	35	40	30	35	40	30	35	40	30	35	40	30	35	40
导线芯数	1 芯			2 芯			3 芯			4 芯			5 芯		
标称截面（mm^2）	明敷载流量（A）														
1.5	24	22	20	19	17	16	17	15	14	15	14	13	14	13	12
2.5	32	29	27	27	25	23	22	21	19	21	20	18	19	17	16
4	42	39	36	35	33	30	31	28	26	28	26	24	26	24	22
6	55	51	47	46	43	39	39	36	33	35	33	30	33	31	28
10	78	72	66	65	60	55	55	51	47	51	47	43	47	44	40
16	103	95	87	86	80	73	73	68	62	66	61	56	63	58	53
25	136	125	115	113	105	96	98	90	83	84	77	71	83	76	70
35	165	153	140	136	125	115	118	109	100	116	107	98	—	—	—
50	212	196	180	177	164	150	153	142	130	136	125	115	—	—	—
70	260	240	220	218	202	185	189	174	160	165	153	140	—	—	—
95	313	289	265	260	240	220	224	207	190	201	185	170	—	—	—
120	366	338	310	—	—	—	266	245	225	230	213	195	—	—	—
150	425	392	360	—	—	—	301	278	255	266	245	225	—	—	—
185	478	441	405	—	—	—	—	—	—	—	—	—	—	—	—
240	573	529	485	—	—	—	—	—	—	—	—	—	—	—	—

注：本表电缆额定电压为 0.45/0.75kV，导体工作温度为 65℃。

附表 2-19

橡皮绝缘电力电缆的持续载流量($\theta_n = 65℃$)

型号		XV	XQ	XLV	XLQ	XV_{22}	XQ_2	XLV_{22}	XLQ_2
导体工作温度	(℃)	65				65			
环境温度	(℃)	30				25			
土壤热阻系数	(℃.m/W)	—				$\rho_t = 1.2$			
敷设方式		明敷				土壤中直埋			
主线芯数×截面 (mm²)	中性线截面 (mm²)	铜芯		铝芯		铜芯		铝芯	
3×1.5	1.5	17	18	—	—	22	23	—	—
3×2.5	*1	22	23	18	20	29	30	—	—
3×4	2.5	30	32	23	25	37	39	30	31
3×6	4	37	41	30	33	47	49	37	39
3×10	6	53	56	42	45	64	67	50	52
3×16	6	71	76	55	60	84	89	65	68
3×25	10	94	100	74	79	106	111	83	87
3×35	10	116	122	91	97	128	133	99	105
3×50	16	148	159	116	124	157	165	123	130
3×70	25	179	192	140	151	187	197	148	155
3×95	35	219	235	172	184	224	235	176	185
3×120	35	251	270	198	212	246	259	194	205
3×150	50	291	315	229	246	280	294	221	232
3×185	50	336	363	266	283	314	331	249	258

注：*1　主线芯为 2.5mm² 铜芯电缆，其中性线截面为 1.5mm²；主线芯为 2.5mm² 铝芯电缆，其中性线截面为 2.5mm²。

额定电压为 500V。

附表 2-20

交联聚乙烯绝缘电力电缆明敷时持续载流量

型号	YJV、YJLV、YJY、YJLY											
额定电压 (kV)	0.6/1						12/20					
环境温度 (℃)	30		35		40		30		35		40	
标称截面 (mm^2)	铜芯	铝芯	铜芯	铝芯	铜芯	铝芯	铜芯	铝芯	铜芯	铝芯	铜芯	铝芯
1.5	24	—	23	—	22	—	—	—	—	—	—	—
2.5	32	24	30	23	29	22	—	—	—	—	—	—
4	43	33	41	31	39	30	—	—	—	—	—	—
6	51	43	49	41	47	39	—	—	—	—	—	—
10	71	55	68	52	65	50	—	—	—	—	—	—
16	94	73	89	70	86	67	—	—	—	—	—	—
25	125	95	120	90	115	87	136	104	130	99	125	95
35	153	120	146	114	140	110	164	125	156	120	150	115
50	185	142	177	135	170	130	196	153	187	146	180	140
70	244	180	224	172	215	165	240	185	229	177	220	170
95	283	218	270	208	260	200	294	223	281	213	270	205
120	327	251	312	239	300	230	338	256	322	244	310	235
150	371	283	354	270	340	260	376	289	359	276	345	265
185	425	327	406	312	390	300	431	332	411	317	395	305
240	496	382	473	364	455	350	507	387	484	369	465	355

注:本表导体工作温度为90℃。

附表 2-21

交联聚乙烯绝缘电力电缆穿管在土壤中敷设时持续载流量

型　　号	YJV、YJLV、YJY、YJLY															
额定电压　(kV)	0.6/1															
导体工作温度　(℃)	65		90		65		90		65		90		65		90	
土壤热阻系数(℃.m/W)	$\rho_t=0.8$				$\rho_t=1.0$				$\rho_t=1.2$				$\rho_t=1.5$			
标称截面　(mm^2)	铜芯	铝芯	铜芯	铝芯	铜芯	铝芯	铜芯	铝芯	铜芯	铝芯	铜芯	铝芯	铜芯	铝芯	铜芯	铝芯
1.5	20	—	—	—	19	—	—	—	18	—	—	—	17	—	—	—
2.5	25	20	32	25	24	19	30	23	23	18	28	22	21	17	27	20
4	35	27	43	33	33	25	40	31	31	24	36	30	29	22	36	28
6	42	35	53	43	40	33	50	40	36	31	48	38	36	29	44	36
10	58	44	71	55	55	42	67	52	52	40	64	49	49	37	60	46
16	75	58	91	71	71	55	86	67	67	52	82	64	63	49	77	60
25	96	75	117	91	90	71	111	86	86	67	105	82	80	63	99	77
35	113	87	139	109	107	82	131	103	102	78	125	98	95	73	117	92
50	137	106	168	133	127	98	156	123	119	92	147	116	104	85	136	107
70	168	133	208	159	156	123	193	148	147	116	181	139	136	107	168	129
95	204	160	248	195	189	148	230	180	177	139	216	170	164	129	200	157
120	230	181	283	221	213	168	262	205	200	158	246	193	185	146	228	178
150	257	204	319	248	238	189	295	230	221	176	274	214	205	163	254	198
185	292	226	358	279	271	209	332	258	252	194	309	240	233	180	286	222
240	337	266	412	323	312	246	381	299	290	229	354	278	275	212	328	257

交联聚乙烯绝缘、铠装电力电缆明敷时持续载流量 **附表 2-22**

型号	$YJV_{22\cdot32}$、$YJLV_{22\cdot32}$、$YJY_{22\cdot32}$、$YJLY_{22\cdot32}$											
额定电压 (kV)	0.6/1						12/20					
环境温度 (℃)	30		35		40		30		35		40	
标称截面 (mm^2)	铜芯	铝芯	铜芯	铝芯	铜芯	铝芯	铜芯	铝芯	铜芯	铝芯	铜芯	铝芯
4	50	38	48	36	46	35	—	—	—	—	—	—
6	62	50	59	48	57	46	—	—	—	—	—	—
10	80	60	76	57	73	55	—	—	—	—	—	—
16	107	82	102	78	98	75	—	—	—	—	—	—
25	136	104	130	99	125	95	136	105	130	100	125	96
35	164	125	156	120	150	115	164	125	156	120	150	115
50	207	158	198	151	190	145	196	153	187	146	180	140
70	262	202	250	192	240	185	245	185	234	177	225	170
95	316	240	302	229	290	220	294	223	281	213	270	205
120	360	273	343	260	330	250	338	362	322	250	310	240
150	403	311	385	296	370	285	382	294	364	281	350	270
185	458	354	437	338	420	325	436	338	416	322	400	310
240	534	414	510	395	490	380	512	398	489	380	470	365
300	610	469	582	447	560	430	583	452	556	432	535	415

注:本表导体工作温度为90℃。

交联聚乙烯绝缘、铠装电力电缆土壤中直埋时持续载流量 **附表 2-23**

型号	$YJV_{22\cdot32}$、$YJLV_{22\cdot32}$、$YJY_{22\cdot32}$、$YJLY_{22\cdot32}$															
额定电压(kV)	0.6/1															
导体工作温度(℃)	65		90		65		90		65		90		65		90	
土壤热阻系数(℃.m/W)	$\rho_t=0.8$				$\rho_t=1.0$				$\rho_t=1.2$				$\rho_t=1.5$			
标称截面(mm^2)	铜芯	铝芯	铜芯	铝芯	铜芯	铝芯	铜芯	铝芯	铜芯	铝芯	铜芯	铝芯	铜芯	铝芯	铜芯	铝芯
4	48	37	58	46	45	35	55	43	43	33	52	41	40	31	49	38
6	59	48	72	58	56	45	68	55	53	43	65	52	50	40	61	49
10	71	55	88	67	67	52	83	63	64	49	79	60	60	46	74	50
16	93	72	117	88	88	68	110	83	84	65	105	79	78	61	98	74
25	117	92	148	111	110	87	140	105	105	83	133	100	98	77	125	93
35	143	111	175	138	135	105	165	130	128	100	157	124	120	93	147	116
50	173	135	211	162	160	125	195	150	150	118	183	141	139	109	170	130
70	216	167	259	205	200	155	240	190	188	146	226	179	174	135	209	165
95	254	200	313	243	235	185	290	225	221	174	273	212	204	161	252	196
120	292	227	356	275	270	210	330	255	254	197	310	240	235	183	287	222
150	324	254	400	313	300	235	370	290	279	219	344	270	258	202	318	249
185	367	286	448	351	340	265	415	325	316	246	386	302	296	228	357	280
240	421	329	518	405	390	305	480	375	363	284	446	349	335	262	413	323
300	475	373	583	459	440	345	540	425	409	321	502	395	378	297	464	367

交联聚乙烯绝缘、铠装电力电缆土壤中直埋时持续载流量　　附表 2-24

型　　号	$YJV_{22\cdot32}$、$YJLV_{22\cdot32}$、$YJY_{22\cdot32}$、$YJLY_{22\cdot32}$															
额定电压(kV)	12/20															
导体工作温度(℃)	65		90		65		90		65		90		65		90	
土壤热阻系数(℃.m/W)	$\rho_t=0.8$				$\rho_t=1.0$				$\rho_t=1.2$				$\rho_t=1.5$			
标称截面(mm^2)	铜芯	铝芯	铜芯	铝芯	铜芯	铝芯	铜芯	铝芯	铜芯	铝芯	铜芯	铝芯	铜芯	铝芯	铜芯	铝芯
25	116	91	147	110	110	87	140	105	105	83	133	100	99	78	126	95
35	142	110	173	137	135	105	165	130	128	100	157	124	122	95	149	117
50	170	127	207	159	160	120	195	150	150	113	183	141	141	106	172	132
70	207	159	249	196	195	150	235	185	183	141	221	174	172	132	207	163
95	244	191	302	233	230	180	285	220	216	169	268	207	202	158	251	194
120	281	217	345	265	265	205	325	250	249	193	306	235	233	180	286	220
150	316	246	385	300	295	230	360	280	277	216	338	263	257	200	313	244
185	353	278	439	342	330	260	410	320	310	244	385	301	287	226	357	278
240	412	321	508	396	385	300	475	370	362	282	447	348	335	261	413	322
300	460	364	567	444	430	340	530	415	404	320	498	390	374	296	461	361

附表 2-25

聚氯乙烯绝缘、护套电力电缆持续载流量

型号	VV、VLV																			
额定电压(kV)	0.6/1														6/10					
导体工作温度(℃)	70																			
环境温度(℃)	30		35		40		—								30		35		40	
土壤热阻系数(℃.m/W)	—						$\rho_t=0.8$		$\rho_t=1.0$		$\rho_t=1.2$		$\rho_t=1.5$		—					
敷设方式	明敷						土壤中穿管敷设								明敷					
标称截面(mm^2)	铜芯	铝芯	铜芯	铝芯	铜芯	铝芯	铜芯	铝芯	铜芯	铝芯	铜芯	铝芯	铜芯	铝芯	铜芯	铝芯	铜芯	铝芯	铜芯	铝芯
4	35	26	32	25	30	23	36	29	34	27	32	25	30	24	—	—	—	—	—	—
6	43	33	40	31	37	29	45	38	43	35	40	34	38	31	—	—	—	—	—	—
10	60	45	56	42	52	39	60	46	57	43	54	41	51	38	63	48	59	45	55	42
16	75	59	70	55	65	51	76	60	72	57	69	54	64	51	82	63	77	59	71	55
25	100	77	94	72	87	67	100	79	94	75	89	71	84	67	106	83	99	78	92	72
35	121	95	113	90	105	83	122	96	115	90	109	86	102	81	127	100	119	94	110	87
50	150	121	140	113	130	105	150	115	139	107	131	100	121	93	155	121	146	113	135	105
70	184	150	173	140	160	130	186	142	172	131	162	123	150	114	190	150	178	140	165	130
95	224	178	210	167	195	155	221	173	205	160	193	150	178	139	230	178	216	167	200	155
120	265	207	248	194	230	180	253	195	234	180	220	169	204	157	265	207	248	194	230	180
150	305	236	286	221	265	205	283	221	262	205	244	191	225	176	305	234	286	221	265	205
185	345	270	324	254	300	235	314	248	291	230	271	213	250	198	345	270	324	254	300	235
240	408	316	383	297	355	275	367	288	340	267	316	248	292	230	408	316	383	297	355	275

聚氯乙烯绝缘、铠装电力电缆土壤中直埋时持续载流量 附表 2-26

型 号	$VV_{22\cdot32\cdot43}$、$VLV_{22\cdot32\cdot43}$															
额定电压(kV)	0.6/1								6/10							
导体工作温度(℃)	70															
土壤热阻系数(℃.m/W)	$\rho_t=0.8$		$\rho_t=1.0$		$\rho_t=1.2$		$\rho_t=1.5$		$\rho_t=0.8$		$\rho_t=1.0$		$\rho_t=1.2$		$\rho_t=1.5$	
标称截面(mm^2)	铜芯	铝芯	铜芯	铝芯	铜芯	铝芯	铜芯	铝芯	铜芯	铝芯	铜芯	铝芯	铜芯	铝芯	铜芯	铝芯
4	45	35	42	35	40	31	37	29	—	—	—	—	—	—	—	—
6	55	46	52	43	49	41	46	38	—	—	—	—	—	—	—	—
10	73	56	69	53	66	50	61	47	74	57	70	54	67	51	62	48
16	93	73	88	69	84	66	78	61	94	72	89	69	85	66	80	61
25	122	96	115	91	109	86	102	81	121	95	115	90	109	86	102	80
35	148	117	140	110	133	105	125	98	148	116	140	110	133	105	125	98
50	184	140	170	130	160	122	148	113	178	140	165	130	155	122	144	113
70	227	173	210	160	197	150	183	139	216	167	200	155	188	146	174	135
95	270	211	250	195	235	183	217	170	259	205	240	190	226	179	209	165
120	308	238	285	220	268	207	248	191	297	232	275	215	259	202	239	187
150	346	270	320	250	298	233	275	215	335	259	310	240	288	223	267	206
185	383	302	355	280	330	260	305	241	378	297	350	275	325	256	301	236
240	448	351	415	325	386	302	357	280	437	340	405	315	377	293	348	271

附表 2-27

矩形母线持续载流量($\theta_n=70℃$)

规格尺寸	单片铝母线载流量(A)			单片铜母线载流量(A)			规格尺寸	2片铝母线载流量(A)			2片铜母线载流量(A)		
(宽×厚,mm)	30℃	35℃	40℃	30℃	35℃	40℃	(宽×厚,mm)	30℃	35℃	40℃	30℃	35℃	40℃
15×3	155	145	134	197	185	170	60×6	1270	1184	1096	1637	1526	1413
20×3	202	189	174	258	242	223	80×6	1534	1429	1323	1985	1850	1713
25×3	249	233	215	320	299	276	100×6	1821	1697	1571	2324	2166	2005
30×4	343	321	296	447	418	385	60×8	1581	1473	1364	2032	1894	1754
40×4	451	422	389	587	550	507	80×8	1919	1789	1656	2465	2297	2127
40×5	507	475	438	658	616	568	100×8	2249	2096	1940	2879	2683	2484
50×5	625	585	540	808	757	698	120×8	2493	2324	2151	3199	2982	2761
50×6	695	651	601	898	840	775	60×10	1891	1762	1632	2409	2245	2078
60×6	818	765	706	1058	990	913	80×10	2268	2113	1957	2917	2718	2517
80×6	1080	1010	934	1390	1302	1201	100×10	2672	2508	2322	3397	3166	2931
100×6	1340	1255	1157	1700	1590	1469	120×10	3011	2806	2598	3858	3595	3329
60×8	965	902	832	1240	1160	1072		3片铝母线载流量(A)			3片铜母线载流量(A)		
80×8	1240	1160	1072	1590	1490	1372	60×6	1618	1508	1396	2108	1964	1819
100×8	1530	1430	1310	1955	1830	1689	80×6	1976	1841	1705	2559	2385	2208
120×8	1785	1670	1543	2255	2110	1949	100×6	2352	2192	2030	2983	2780	2574
60×10	1085	1016	938	1387	1300	1197	60×8	2051	1912	1770	2625	2467	2265
80×10	1390	1303	1201	1786	1670	1543	80×8	2465	2297	2127	3171	2955	2736
100×10	1710	1600	1478	2170	2030	1875	100×8	2870	2675	2476	3698	3446	3191
120×10	1950	1820	1681	2490	2330	2152	120×8	3180	2964	2744	4084	3806	3524

注:本表系母线立放时数据,当平放时且宽度≤60mm时,表中数据应乘以0.95。宽度 >63mm时,表中数据应乘以0.92。

扁钢载流量($\theta_n=70℃$，$\theta_a=25℃$) 附表 2-28

扁钢尺寸(宽×厚,mm)	截面(mm²)	载流量(A)		重量(kg/m)	扁钢尺寸(宽×厚,mm)	截面(mm²)	载流量(A)		重量(kg/m)
		交流	直流				交流	直流	
20×3	60	65	100	0.47	63×4	252	195	325	1.97
25×3	75	80	120	0.59	70×4	280	225	375	2.20
30×3	90	94	140	0.71	80×4	320	260	430	2.51
40×3	120	125	190	0.94	90×4	360	290	480	2.83
50×3	150	155	230	1.18	100×4	400	325	535	3.14
63×3	189	185	280	1.48	25×5	125	95	170	0.98
70×3	210	215	320	1.65	30×5	150	115	200	1.18
75×3	225	230	345	1.77	40×5	200	145	265	1.57
80×3	240	245	365	1.88	50×5	250	180	325	1.96
90×3	270	275	410	2.12	63×5	315	215	390	2.48
100×3	300	305	460	2.36	80×5	400	280	510	3.14
20×4	80	70	115	0.63	100×5	500	350	640	3.93
25×4	100	85	140	0.79	6.3×6.3	397	210	—	3.12
30×4	120	100	165	0.94	80×6.3	504	275	—	3.96
40×4	160	130	220	1.26	80×8	640	290	—	5.02
50×4	200	165	270	1.57	100×10	1000	390	—	7.85

2. 按电压损失校验导线截面

按照附表 2-30～2-35 电压损失校验导线截面时，应使线路电压损失应不大于附表 2-29 中规定的允许值。

线路电压损失允许值 附表 2-29

名称		允许电压损失(%)
从配电变压器二次侧母线算起的低压动力线路	户外架空线路	5
	户外电缆线路	5
	室内电线、电缆线路	5
从配电变压器二次侧母线算起的供给有照明负荷的低压线路	户外架空线路	+5，−10
	户外电缆线路	3～5
	室内电线、电缆线路	5*
10(6)kV 电源线路	户外架空线路	7
	户外电缆线路	5

注：*对视觉要求较高的场所为 2.5%，对于远离变电所的小面积工作场所允许降到 10%。

附表 2-30

10kV 三相平衡负荷架空线路电压损失

型号	截面 (mm²)	电阻 $\theta=55℃$ (Ω/km)	感抗 $D_j=1.25$ (Ω/km)	环境温度 35℃ 时的允许负荷 (MVA)	电压损失[% /(MW.km)]			按经济电流密度的允许负荷(MVA)		
					cosφ			最大负荷年利用小时(h/a)		
					0.8	0.85	0.9	<3000	3000~5000	>5000
LJ	16	2.054	0.408	1.59	2.358	2.305	2.250	0.46	0.32	0.25
	25	1.285	0.395	2.06	1.578	1.525	1.474	0.72	0.50	0.39
	35	0.950	0.385	2.60	1.235	1.186	1.134	1.00	0.70	0.54
	50	0.660	0.373	3.27	0.936	0.888	0.838	1.43	1.00	0.78
	70	0.458	0.363	4.04	0.727	0.680	0.632	2.00	1.40	1.09
	95	0.343	0.350	4.95	0.604	0.559	0.512	2.70	1.89	1.48
	120	0.271	0.343	5.72	0.526	0.482	0.436	3.43	2.39	1.87
	150	0.222	0.335	6.70	0.473	0.430	0.384	4.28	3.00	2.34
	185	0.179	0.329	7.62	0.426	0.384	0.340	5.28	3.68	2.88
	240	0.137	0.321	9.28	0.378	0.337	0.293	6.84	4.77	3.73
TJ	16	1.321	0.410	1.97	1.625	1.573	1.520	0.83	0.62	0.48
	25	0.838	0.395	2.74	1.131	1.080	1.027	1.30	0.97	0.76
	35	0.602	0.385	3.36	0.887	0.838	0.786	1.82	1.36	1.06
	50	0.423	0.374	4.12	0.700	0.652	0.602	2.60	1.94	1.51
	70	0.300	0.360	5.20	0.568	0.522	0.473	3.64	2.72	2.12
	95	0.221	0.350	6.32	0.509	0.464	0.416	4.94	3.70	2.87
	120	0.176	0.343	7.38	0.431	0.387	0.341	6.22	4.67	3.64
	150	0.138	0.335	8.68	0.389	0.348	0.301	7.78	5.83	4.55
	185	0.114	0.328	9.82	0.361	0.318	0.274	9.60	7.20	5.60
	240	0.088	0.320	11.74	0.328	0.286	0.243	12.42	9.35	7.27

附表 2-31

6kV 三相平衡负荷架空线路电压损失

型号	截面 (mm²)	电阻 $\theta=55℃$ (Ω/km)	感抗 $D_j=1.25$ (Ω/km)	环境温度35℃时的允许负荷 (MVA)	电压损失[%/(MW.km)]			按经济电流密度的允许负荷(MVA)		
					cosφ			最大负荷年利用小时(h/a)		
					0.8	0.85	0.9	<3000	3000~5000	>5000
LJ	16	2.054	0.408	0.96	6.549	6.403	6.251	0.27	0.19	0.15
	25	1.285	0.395	1.24	4.383	4.241	4.094	0.43	0.30	0.23
	35	0.950	0.385	1.56	3.431	3.293	3.150	0.60	0.42	0.33
	50	0.660	0.373	1.96	2.601	2.467	2.328	0.86	0.60	0.47
	70	0.458	0.363	2.42	2.019	1.889	1.754	1.19	0.84	0.66
	95	0.343	0.350	2.97	1.678	1.551	1.421	1.63	1.13	0.88
	120	0.271	0.343	3.43	1.462	1.339	1.210	2.06	1.43	1.12
	150	0.222	0.335	4.02	1.314	1.193	1.068	2.56	1.80	1.40
	185	0.179	0.329	4.57	1.184	1.065	0.942	3.16	2.21	1.74
	240	0.137	0.321	5.57	1.050	0.935	0.815	4.10	2.86	2.24
TJ	16	1.321	0.410	1.19	4.516	4.369	4.221	0.50	0.37	0.29
	25	0.838	0.395	1.64	3.143	3.001	2.854	0.78	0.59	0.46
	35	0.602	0.385	2.02	2.464	2.327	2.184	1.09	0.82	0.64
	50	0.423	0.374	2.47	1.944	1.811	1.672	1.59	1.17	0.91
	70	0.300	0.360	3.12	1.579	1.449	1.314	2.18	1.63	1.27
	95	0.221	0.350	3.79	1.414	1.288	1.156	2.98	2.22	1.72
	120	0.176	0.343	4.43	1.198	1.075	0.947	3.73	2.80	2.18
	150	0.138	0.335	5.21	1.081	0.960	0.835	4.67	3.50	2.73
	185	0.114	0.328	5.89	1.001	0.883	0.760	5.75	4.32	3.37
	240	0.088	0.320	7.05	0.911	0.796	0.676	7.48	5.60	4.36

附表 2-32

380V三相平衡负荷架空线路电压损失

型号	截面 (mm²)	电阻 $\theta=60℃$ (Ω/km)	感抗 $D_j=0.8m$ (Ω/km)	环境温度35℃时的允许负荷 (kVA)	电压损失[%/(kW.km)] cosφ						电压损失[%/(A.km)] cosφ					
					0.5	0.6	0.7	0.8	0.9	1.0	0.5	0.6	0.7	0.8	0.9	1.0
LJ	16	2.090	0.381	61	1.889	1.795	1.714	1.643	1.574	1.448	0.625	0.709	0.790	0.865	0.932	0.953
	25	1.307	0.367	78	1.340	1.240	1.162	1.094	1.027	0.905	0.441	0.490	0.535	0.576	0.608	0.596
	35	0.967	0.357	99	1.092	1.995	0.918	0.852	0.788	0.669	0.359	0.393	0.423	0.449	0.467	0.441
	50	0.671	0.345	124	0.070	0.780	0.706	0.642	0.579	0.465	0.288	0.308	0.325	0.338	0.343	0.306
	70	0.466	0.335	153	0.719	0.628	0.556	0.494	0.434	0.323	0.235	0.248	0.256	0.260	0.257	0.212
	95	0.349	0.322	188	0.626	0.537	0.464	0.408	0.349	0.242	0.206	0.212	0.216	0.215	0.207	0.159
	120	0.275	0.315	217	0.566	0.480	0.412	0.353	0.296	0.191	0.186	0.190	0.190	0.186	0.175	0.126
	150	0.225	0.307	255	0.524	0.439	0.373	0.316	0.260	0.157	0.172	0.175	0.172	0.166	0.154	0.103
	185	0.183	0.301	290	0.486	0.404	0.539	0.283	0.228	0.128	0.160	0.159	0.156	0.149	0.135	0.084
	240	0.140	0.293	371	0.447	0.367	0.303	0.249	0.195	0.098	0.147	0.142	0.140	0.131	0.116	0.064
TJ	16	1.344	0.381	75	1.384	1.280	1.198	1.127	1.058	0.931	0.456	0.505	0.552	0.594	0.627	0.613
	25	0.853	0.367	104	1.026	0.926	0.847	0.779	0.712	0.590	0.338	0.366	0.393	0.412	0.422	0.389
	35	0.612	0.357	128	0.847	0.749	0.673	0.607	0.542	0.424	0.279	0.296	0.310	0.320	0.321	0.279
	50	0.430	0.346	157	0.708	0.613	0.539	0.475	0.413	0.298	0.233	0.242	0.249	0.250	0.244	0.196
	70	0.305	0.332	197	0.607	0.516	0.444	0.383	0.322	0.211	0.200	0.204	0.205	0.202	0.191	0.139
	95	0.225	0.322	240	0.540	0.452	0.382	0.322	0.263	0.156	0.178	0.178	0.176	0.170	0.156	0.103
	120	0.179	0.315	280	0.499	0.413	0.345	0.286	0.229	0.124	0.164	0.163	0.160	0.151	0.136	0.081
	150	0.140	0.307	330	0.465	0.380	0.314	0.256	0.201	0.098	0.153	0.150	0.145	0.135	0.119	0.065
	185	0.116	0.300	373	0.440	0.357	0.293	0.237	0.181	0.081	0.145	0.141	0.135	0.125	0.103	0.053
	240	0.089	0.292	446	0.412	0.331	0.268	0.214	0.160	0.063	0.135	0.131	0.124	0.113	0.095	0.041

附表 2-33

380/220V 系统架空铝导线负荷力矩(kW·m)

电压损失	单相带零线截面(mm^2)						两相带零线截面(mm^2)							三相带零线截面(mm^2)									
(Δ%)	2.5	4	6	10	16	25	2.5	4	6	10	16	25	35	2.5	4	6	10	16	25	35	50	70	95
0.8	16	26	40	66	106	166	44	71	105	176	280	440	620	100	160	240	400	640	1000	1400	2000	2800	3800
1.0	20	33	50	83	133	207	55	88	132	220	350	550	770	125	200	300	500	800	1250	1750	2500	3500	4750
1.2	25	39	60	100	160	248	66	106	158	264	420	660	920	150	240	360	600	960	1500	2100	3000	4200	5700
1.4	29	46	70	116	185	290	77	123	185	308	490	770	1080	175	280	420	700	1120	1750	2450	3500	4900	6650
1.6	33	53	80	133	212	331	88	141	210	352	560	880	1240	200	320	480	800	1280	2000	2800	4000	5600	7600
1.8	37	59	90	150	238	373	99	158	237	296	630	99–	1400	225	360	540	900	1440	2250	3150	4500	6300	8550
2.0	41	66	100	166	266	415	110	176	265	440	700	1100	1540	250	400	600	1000	1600	2500	3500	5000	7000	9500
2.2	45	73	110	183	292	456	121	194	290	484	770	1210	1700	275	440	660	1100	1760	2750	3850	5500	7700	10450
2.4	49	79	120	200	320	498	132	212	315	528	840	1320	1850	300	480	720	1200	1920	3000	4200	6000	8400	11400
2.6	53	86	130	217	346	539	143	228	340	572	910	1430	2000	325	520	780	1300	2080	3250	4550	6500	9100	12350
2.8	58	93	140	234	372	581	154	246	370	616	980	1540	2160	350	560	840	1400	2240	3500	4900	7000	9800	13300
3.0	62	100	150	250	398	622	165	264	395	660	1050	1650	2300	375	600	900	1500	2400	3750	5250	7500	10500	14250
3.2	66	106	160	267	424	664	176	282	425	704	1120	1760	2500	400	640	960	1600	2560	4000	5600	8000	11200	15200
3.4	70	1130	170	284	450	705	187	300	450	748	1190	1870	2630	425	680	1020	1700	2720	4250	5950	8500	11900	16150
3.6	74	120	180	300	477	747	198	318	475	792	1260	1980	2800	450	720	1080	1800	2880	4500	6300	9000	12600	17100
3.8	78	125	190	316	503	788	209	336	500	836	1330	2090	2950	475	760	1140	1900	3040	4750	6650	9500	13300	18050
4.0	83	133	200	333	530	830	220	354	530	880	1400	2200	3100	500	800	1200	2000	3200	5000	7000	10000	14000	19000
4.2	87	140	210	35	556	870	231	372	550	924	1470	2310	3250	525	840	1260	2100	3360	5250	7350	10500	14700	19950
4.4	91	146	220	366	582	913	242	387	580	968	1540	2420	3400	550	880	1320	2200	3520	5500	7700	11000	15400	20900
4.6	95	153	230	382	610	954	253	405	610	1012	1610	2530	3550	575	920	1380	2300	2680	5750	8050	11500	16100	21850
4.8	99	160	240	399	636	996	264	423	630	1056	1680	2640	3700	600	960	1440	2400	3840	6000	8400	12000	16800	22800
5.0	103	166	250	416	662	1037	275	440	660	1100	1750	2750	3850	625	1000	1500	2500	4000	6250	8750	12500	17500	23750

10kV 交联聚乙烯绝缘电力电压损失 附表 2-34

截面 (mm²)		电阻 $\theta=80℃$ (Ω/km)	感抗 (Ω/km)	埋地25℃时的允许负荷 (MVA)	明敷35℃时的允许负荷 (MVA)	电压损失[%/(MW.km)] cosφ			电压损失[%/(A.km)] cosφ		
						0.8	0.85	0.9	0.8	0.85	0.9
铝	16	2.230	0.133	—	—	2.330	2.312	2.294	0.032	0.034	0.036
	25	1.426	0.120	1.819	1.749	1.516	1.500	1.484	0.021	0.022	0.023
	35	1.019	0.113	2.165	2.078	1.104	1.089	1.074	0.015	0.016	0.017
	50	0.713	0.107	2.511	2.581	0.793	0.779	0.765	0.011	0.012	0.012
	70	0.510	0.101	3.118	3.152	0.586	0.573	0.559	0.008	0.008	0.009
	95	0.376	0.096	3.724	3.828	0.448	0.436	0.423	0.006	0.006	0.007
	120	0.297	0.095	4.244	4.486	0.368	0.356	0.343	0.005	0.005	0.005
	150	0.238	0.093	4.763	5.075	0.308	0.296	0.283	0.004	0.004	0.004
	185	0.192	0.090	5.369	5.906	0.260	0.248	0.236	0.004	0.004	0.004
	240	0.148	0.087	6.235	6.894	0.213	0.202	0.190	0.003	0.003	0.003
铜	16	1.359	0.133	—	—	1.459	1.441	1.423	0.020	0.021	0.022
	25	0.870	0.120	2.338	2.165	0.960	0.944	0.928	0.013	0.014	0.015
	35	0.622	0.113	2.771	2.737	0.707	0.692	0.677	0.010	0.010	0.011
	50	0.435	0.107	3.291	3.326	0.515	0.501	0.487	0.007	0.007	0.008
	70	0.310	0.101	3.984	4.070	0.386	0.373	0.359	0.005	0.006	0.006
	95	0.229	0.096	4.763	4.902	0.301	0.289	0.276	0.004	0.004	0.004
	120	0.181	0.095	5.369	5.733	0.252	0.240	0.227	0.004	0.004	0.004
	150	0.145	0.093	6.062	6.564	0.215	0.203	0.190	0.003	0.003	0.003
	185	0.118	0.090	6.842	7.482	0.186	0.174	0.162	0.003	0.003	0.003
	240	0.091	0.087	7.881	8.816	0.156	0.145	0.133	0.002	0.002	0.002

6kV 交联聚乙烯绝缘电力电压损失

表 2-35

截面 (mm^2)		电阻 $\theta=80℃$ (Ω/km)	感抗 (Ω/km)	埋地25℃时的允许负荷 (MVA)	明敷35℃时的允许负荷 (MVA)	电压损失[% /(MW.km)]			电压损失[% /(A.km)]		
						cosφ			cosφ		
						0.8	0.85	0.9	0.8	0.85	0.9
铝	16	2.230	0.124	—	—	6.453	6.408	6.361	0.054	0.057	0.060
	25	1.426	0.111	1.091	1.050	4.193	4.152	4.111	0.035	0.037	0.038
	35	1.019	0.105	1.299	1.247	3.049	3.011	2.972	0.025	0.027	0.028
	50	0.713	0.099	1.506	1.548	2.187	2.151	2.114	0.018	0.019	0.20
	70	0.510	0.093	1.871	1.89	1.611	1.577	1.542	0.013	0.014	0.014
	95	0.376	0.089	2.234	2.297	1.230	1.198	1.164	0.010	0.011	0.011
	120	0.297	0.087	2.546	2.692	1.006	0.975	0.942	0.008	0.009	0.009
	150	0.238	0.085	2.858	3.045	0.838	0.808	0.776	0.007	0.007	0.007
	185	0.192	0.082	3.222	3.544	0.704	0.674	0.644	0.006	0.006	0.006
	240	0.148	0.080	3.741	4.136	0.578	0.549	0.519	0.005	0.005	0.005
铜	16	1.359	0.124	—	—	4.033	3.988	3.942	0.034	0.035	0.037
	25	0.870	0.111	1.403	1.299	2.648	2.608	2.566	0.022	0.023	0.024
	35	0.622	0.105	1.663	1.642	1.947	1.909	1.869	0.016	0.017	0.018
	50	0.435	0.099	1.975	1.995	1.415	1.379	1.341	0.012	0.012	0.013
	70	0.310	0.093	2.390	2.442	1.055	1.021	0.986	0.009	0.009	0.009
	95	0.229	0.089	2.858	2.941	0.822	0.789	0.756	0.007	0.007	0.007
	120	0.181	0.087	3.222	3.440	0.684	0.653	0.620	0.006	0.006	0.006
	150	0.145	0.085	3.637	3.939	0.580	0.549	0.517	0.005	0.005	0.005
	185	0.118	0.082	4.105	4.189	0.499	0.469	0.438	0.004	0.004	0.004
	240	0.091	0.080	4.728	5.290	0.419	0.391	0.360	0.004	0.003	0.003

主 要 参 考 文 献

1. 中华人民共和国国家标准 GB50072—2001 冷库设计规范. 北京：中国计划出版社，2001 年
2. 商业部冷藏加工企业管理局编著. 冷库制冷技术. 北京：中国财政经济出版社. 1980 年
3. 李明忠　孙兆礼编著. 中小型冷库技术. 上海：上海交通大学出版社，1997 年
4. 中国航空工业规划设计研究院等编著. 工业与民用配电设计手册. 第二版，北京：水利电力出版社，1994 年
5. 蒋孝良　胡铭发　臧亨编著. 继电器接点控制线路的逻辑设计. 上海：上海科学技术出版社，1979 年
6. 袁任光编著. 可编程序控制器(PC)应用技术与实例. 广州：华南理工大学出版社，1997 年
7. 日本东芝公司编. EX 系列可编程控制器用户手册
8. 日本三菱公司编. F 系列可编程控制器用户手册
9. 美国 IPM 公司. IP-1612 系列可编程控制器产品介绍
10. 北京联想计算机集团公司. GK-40 型系列可编程控制器产品介绍
11. 北京远宝工业电脑技术开发部. YB 系列可编程控制器使用手册
12. 黄智诚 梁坚硬 谢剑锋编著. 最新计算机网络应用基础教程. 北京：中国石化出版社，2000 年

主要参考文献

1. [illegible]
2. [illegible]
3. [illegible]
4. [illegible]
5. [illegible]
6. [illegible]
7. [illegible]
8. [illegible]
9. [illegible]
10. [illegible]
11. [illegible]
12. [illegible]